EMIL FISCHER
GESAMMELTE WERKE

HERAUSGEGEBEN VON M. BERGMANN

UNTERSUCHUNGEN ÜBER KOHLENHYDRATE UND FERMENTE II

(1908—1919)

Springer-Verlag Berlin Heidelberg GmbH

UNTERSUCHUNGEN ÜBER KOHLENHYDRATE UND FERMENTE II

(1908—1919)

VON

EMIL FISCHER

HERAUSGEGEBEN VON **M. BERGMANN**

Springer-Verlag Berlin Heidelberg GmbH

ISBN 978-3-642-98682-6 ISBN 978-3-642-99497-5 (eBook)
DOI 10.1007/978-3-642-99497-5

Ursprünglich erschienen bei Julius Springer in Berlin 1922.

Vorwort.

Die Befürchtung Fischers, seine Empfindlichkeit gegen Phenylhydrazin würde ihn hindern, an der weiteren Ausgestaltung der Zuckergruppen tätigen Anteil zu nehmen — ausgesprochen im Jahre 1908 bei der ersten Zusammenfassung seiner Untersuchungen über Kohlenhydrate und Fermente — hat sich glücklicherweise nicht bewahrheitet. Denn nach mehrjähriger Pause sehen wir die Quelle meisterhafter Untersuchungen von neuem mit großer Ergiebigkeit fließen, bis die Störungen des Krieges und zuletzt der Tod ein Versiegen erzwingen.

Ich glaube einer selbstverständlichen Dankespflicht gegen den unvergeßlichen Lehrer zu genügen, zugleich aber den Herren Fachgenossen den Überblick über die Früchte seines schaffens- und erfolgreichen Forscherdaseins zu erleichtern, wenn ich die von Fischer selbst besorgten Zusammenfassungen seiner früheren Arbeiten über Kohlenhydrate und über Aminosäuren, sowie der Arbeiten in der Puringruppe und über Gerbstoffe, durch Herausgabe einiger weiterer Bände zu einem Sammelwerk ausbaue, das alle wissenschaftlichen Schriften Fischers umfaßt.

Der vorliegende Band „Untersuchungen über Kohlenhydrate und Fermente II" enthält alle seit 1908 erschienenen Arbeiten aus der Zuckergruppe, soweit sie nicht schon in dem Band Depside und Gerbstoffe von Fischer selbst berücksichtigt sind. Die Anordnung des Stoffes ist so gewählt, daß zuvörderst die Arbeiten über Glucoside aufgeführt sind, dann folgt der Kreis der Acyl- und Acetobromverbindungen der Zucker, weiter die Arbeiten über tiefergehende Umwandlungen der Zucker und schließlich einige Untersuchungen über Fermente. In den Text sind an passender Stelle auch einige Arbeiten eingereiht, die von Fischer noch selbst begonnen oder angeregt, aber erst nach seinem Tode von Herrn Privatdozent Dr. B. Helferich oder mir fertiggestellt wurden. Wegen des nahen Zusammenhanges ist ferner im Einverständnis mit Herrn Helferich auch eine Arbeit über Purin-Glucoside aufgenommen, die er gemeinsam mit Herrn Dr. M. v. Kühlewein durchgeführt hat. Aus der Abhandlungsfolge „Teilweise Acylierung der mehrwertigen Alkohole und Zucker" ist Abhandlung IV bruchstückweise schon im Gerbstoffbuch abgedruckt. Wegen ihrer Bedeutung ist sie hier nochmals im vollständigen Wortlaut aufgeführt.

Versuchsreihen, die zunächst in den Sitzungsberichten der Akademie der Wissenschaften zu Berlin, später aber in einer Fachzeitschrift nochmals erschienen waren, sind selbstverständlich im folgenden nur einmal wiedergegeben. Von dieser Regel bin ich aber bei der ersten Arbeit über Glucal abgewichen, weil die endgültige, stark erweiterte Fassung, die in den „Berichten" abgedruckt ist, eine wesentliche Veränderung der theoretischen Ansichten gegenüber der ersten Notiz aufweist. Dagegen schien es mir nicht richtig, meine späteren eigenen, gemeinsam mit Herrn Dr. Schotte durchgeführten Arbeiten über Glucal mit aufzunehmen, welche dieses Thema weiter entwickelt haben.

Die Abhandlungen sind völlig textgetreu wiedergegeben, damit sie als Literaturquelle dienen können. Notwendige Zusätze sind durch kursiven Druck gekennzeichnet. Zur Bequemlichkeit des Lesers sind Hinweise auf solche Arbeiten Fischers, welche ebenfalls in diesem Band abgedruckt sind, durch entsprechende, gleichfalls kursiv gehaltene Seitenangaben ergänzt. Handelt es sich um Arbeiten aus den früher erschienenen Sammelbänden Fischers, so kommen entsprechende weitere Zusätze zur Seitenzahl hinzu, wobei die Abkürzungen: *Kohlenh. I*, *Proteine I*, *Depside*, *Purine* für die von Fischer selbst herausgegebenen Sammelbände benutzt werden. Eine Erleichterung für die Benutzung des Buches erhoffe ich mir auch davon, daß im Inhaltsverzeichnis hinter den Einzeltiteln der Erscheinungsort der Originalarbeiten aufgeführt ist.

Zum Schluß habe ich noch Herrn Dr. Herbert Schotte für seine treuliche Hilfe beim Lesen der Korrekturen und für die Anfertigung des Sachregisters zu danken.

Berlin-Charlottenburg, November 1921.

M. Bergmann.

Inhaltsverzeichnis.

A. = Liebigs Annalen der Chemie; B. = Berichte der Deutschen Chemischen Gesellschaft; H. = Zeitschrift für Physiologische Chemie.
Die Zahlen der Literaturangaben bedeuten Bandnummer und Seitenzahl.

I. Glucoside.

II. Acylverbindungen der Zucker.

III. Umwandlungen der Zucker.

IV. Fermente.

1. Emil Fischer: Über die Struktur der beiden Methyl-glucoside und über ein drittes Methyl-glucosid.

Berichte der Deutschen Chemischen Gesellschaft **47**, 1980 [1914].
(Eingegangen am 28. Mai 1914.)

Im Gegensatz zu der bisher üblichen Auffassung hat kürzlich Hr. I. U. Nef[1]) die Ansicht geäußert, daß die bisher bekannten 2 Methyl-glucoside und die entsprechenden Pentacetyl-glucosen nicht stereo- sondern strukturisomer seien. Nur die stabilen α-Verbindungen sollen einen γ-Oxydring enthalten, während in den β-Verbindungen ein β-Oxydring anzunehmen sei, wie folgende vier Formeln zeigen:

Methyl-glucosid α	Methyl-glucosid β	Pentacetyl-glucose α	Pentacetyl-glucose β
CH · O CH_3	CH · O CH_3	CH · O Ac	CH · O Ac
CH · OH	O CH · OH	CH · O Ac	O CH · O Ac
O CH · OH	CH	O CH · O Ac	CH
CH	CH · OH	CH	CH · O Ac
CH · OH	CH · OH	CH · O Ac	CH · O Ac
CH_2 · OH	CH_2 · OH	CH_2 · O Ac	CH_2 · O Ac

Hr. Nef dehnte seine Betrachtungen auch aus auf die Aceto-halogen-glucosen, ferner auf die verschiedenen Formen des Traubenzuckers, auf die Ketosen und schließlich auch auf die Polysaccharide. Er stützte sich dabei vorzugsweise auf die Beobachtung, daß bei den einbasischen Säuren der Zuckergruppe, z. B. der Glucon- und Mannonsäure, außer den beständigen, längst bekannten γ-Lactonen auch unbeständige isomere Körper isoliert werden können, die er als β-Lactone betrachtet. Ob aber diese an und für sich recht interessante Feststellung eine genügende Grundlage für so weitgehende Schlüsse ist, erscheint mir doch recht zweifelhaft, und was die speziellen Folgerungen des Hrn. Nef bezüglich der verschiedenen Struktur von α- und β-Methyl-glucosid oder der beiden

[1]) Liebigs Annal. d. Chem. **403**, 331 [1914].

Glucose-pentacetate betrifft, so muß ich sie entschieden bestreiten, denn sie stehen mit folgenden Beobachtungen in Widerspruch.

1. Beide Glucose-pentacetate werden durch Chlorwasserstoff oder Bromwasserstoff in dieselbe Aceto-chlor- bzw. Aceto-brom-glucose verwandelt, indem ein Acetyl abgelöst und durch Halogen ersetzt wird. Die Reaktion findet statt sowohl bei Anwendung von flüssigem Halogenwasserstoff wie auch von Eisessig-Bromwasserstoff, und es beruht darauf sogar die bequemste praktische Methode, Aceto-brom-glucose darzustellen. Wäre die Ansicht des Hrn. Nef richtig, so müßte bei dieser Reaktion außer der Abspaltung der einen endständigen Acetylgruppe auch noch ein Platzwechsel von Acetyl aus der β- in die γ-Stellung stattfinden, sobald man vom α-Pentacetat zur β-Aceto-brom-glucose übergeht. Ich halte das für wenig wahrscheinlich.

2. Durch Umsetzung von β-Aceto-bromglucose mit Silbernitrat und Natrium haben Skraup und Kremann[1]) eine Aceto-nitroglucose dargestellt, die schon beim bloßen Umkrystallisieren in die isomere beständige, längst bekannte Aceto-nitroglucose übergeht. Auch hier müßte derselbe Platzwechsel von einem Acetyl stattfinden, falls man nicht Stereoisomerie der beiden Produkte annehmen will.

3. Th. Purdie und Irvine[2]) haben gezeigt, daß es zwei Pentamethyl-glucosen gibt, die sich im Drehungsvermögen, der Hydrolysierbarkeit und dem Verhalten gegen Emulsin genau so unterscheiden wie α- und β-Methyl-glucosid. Bei der Hydrolyse geben sie dieselbe Tetramethylglucose, die ebenso wie Traubenzucker Mutarotation zeigt, und bei der Methylierung sowohl durch methylalkoholische Salzsäure wie durch Silberoxyd und Jodmethyl die beiden Pentamethyl-glucosen gleichzeitig liefert. Wären letztere strukturisomer im Sinne der Nefschen Betrachtung, so müßte in einem Falle bei dem Übergang in Tetramethylglucose ein Methyl aus der β- in die γ-Stellung oder umgekehrt wandern, und dasselbe müßte eintreten bei der Rückverwandlung der Tetramethylglucose in ihre beiden Methyl-glucoside. Nun sind aber die Methylgruppen in der Tetramethyl-glucose so fest gebunden, daß sie selbst durch Erhitzen mit wenig Salzsäure in benzolischer Lösung auf 105—115° nicht abgelöst werden[3]). Wie soll man da eine Wanderung des Methyls bei der so leicht erfolgenden Hydrolyse oder bei der umgekehrten Methylierung annehmen dürfen!

Man sieht daraus, auf wie viele Schwierigkeiten die Nefsche Auffassung stößt, und da andererseits, wie ich schon hervorgehoben habe,

---

[1]) Monatsh. **22**, 1043 [1901].

[2]) Journ. of the chem. Soc. of London **83**, 1021; **85**, 1049 [1904].

[3]) Th. Purdie und J. C. Irvine, ebenda **87**, 1022 [1905].

ihre Begründung recht dürftig ist, so scheint mir kein Grund dafür vorzuliegen, die alten von mir aufgestellten Formeln der beiden Methylglucoside und der beiden Pentacetate sowie der damit im Zusammenhang stehenden Aceto-halogenglucosen zu verlassen.

Andererseits habe ich niemals die Möglichkeit der Existenz anderer Methyl-glucoside bestritten, bin im Gegenteil seit Jahren bemüht gewesen, solche zu finden. Aber erst in jüngster Zeit ist das auf unerwartet einfache Weise gelungen.

Bei der von mir aufgefundenen Synthese entsteht aus Glucose und Methylalkohol bei Gegenwart von wenig Salzsäure neben den beiden krystallisierten Methyl-glucosiden eine sirupöse Substanz, welche im Anfang sogar an Menge überwiegt. Leider konnte sie früher wegen ihrer physikalischen Beschaffenheit nicht genügend gereinigt und deshalb auch nicht analysiert werden. Ich habe aber die Vermutung ausgesprochen, daß sie das Glucose-dimethylacetal sei, wobei ich auf die leichte Bildung der krystallisierten Thioacetale (Mercaptale) aus Glucose und Mercaptanen bei Gegenwart von starker Salzsäure hinweisen konnte. Meine Vermutung, die ich immer nur als Hypothese dargestellt habe, ist leider in viel bestimmterer Form in die allgemeine Literatur übergegangen. Ich selbst bin aber niemals frei von Zweifeln an der Richtigkeit dieser Interpretation gewesen, und ich habe deshalb schon vor mehreren Jahren versucht, in dem vermeintlichen Glucose-dimethylacetal durch Hydrolyse mit verdünnten Säuren das Verhältnis von Glucose zu Methylalkohol zu ermitteln. Das Resultat sprach mehr für das Verhältnis 1 : 1, war aber wegen der Unvollkommenheit der analytischen Methode nicht ganz eindeutig und ist deshalb nicht veröffentlicht worden.

Infolge der Publikation des Hrn. Nef habe ich die Versuche wieder aufgenommen und nun gefunden, daß die Substanz im Hochvakuum ohne Zersetzung destilliert und dadurch genügend gereinigt werden kann.

Durch die Elementaranalyse und durch die Bestimmung des Methyls nach Zeisel konnte nun der Beweis geliefert werden, daß es sich um eine neue Verbindung der Glucose mit Methylalkohol von der empirischen Zusammensetzung $C_7H_{14}O_6$ handelt.

Nach dem Verhalten gegen Emulsin, Hefen-Enzyme und verdünnte Säuren ist die Substanz sicherlich verschieden von den beiden krystallisierten Methyl-glucosiden. Andererseits beweist ihre Entstehung und ihre leichte Zurückverwandlung in Glucose und Methylalkohol, daß sie ein richtiges Glucosid ist. Ich nenne sie vorläufig γ-Methylglucosid und bemerke, daß die Buchstaben α, β, γ in diesem Falle nichts über die Struktur der Verbindungen aussagen sollen, sondern nur die alte Form der Bezeichung für Isomere sind. Leider hat Hr. Nef im Anschluß an seine Spekulationen auch den Vorschlag gemacht, die Nomenklatur der Glucoside abzuändern, d. h. das jetzige α-Methyl-glucosid als γ-Verbindung zu bezeichnen, weil es allein einen γ-Oxydring (γ-Lactonring) enthalte.

Auf diesen Vorschlag, dessen Annahme die größte Verwirrung in der Bezeichnung der Glucoside hervorrufen würde, kann ich nach dem oben Ausgeführten natürlich keine Rücksicht nehmen.

Das γ-Methyl-glucosid ist ein zähflüssiger Sirup, der leider bisher allen Krystallisationsversuchen widerstanden hat. Seine Einheitlichkeit ist also zweifelhaft, und ich halte sogar aus theoretischen Gründen für wahrscheinlich, daß es später als ein Gemisch von Isomeren (wahrscheinlich Stereoisomeren) erkannt wird.

Charakteristisch ist seine außerordentlich leichte Hydrolysierbarkeit durch Säuren, worin es sogar den Rohrzucker übertrifft. Gegen warmes Wasser, Alkali und Fehlingsche Lösung zeigt es eine ähnliche Beständigkeit wie α- und β-Methyl-glucosid. Ich halte es deshalb für sehr wahrscheinlich, daß es auch eine ähnliche Struktur hat, nur mit dem Unterschied, daß der Oxydring nicht in der γ-Stellung geschlossen ist. Ob dafür α-, β-, δ- oder gar ε-Stellung anzunehmen ist, bleibt vorläufig ungewiß. Ich will nur darauf hinweisen, daß das Vorhandensein eines solchen Oxydrings stets die Möglichkeit der Existenz von zwei Stereoisomeren bedingt, und daß ich aus diesem Grunde geneigt bin, das Produkt als ein Gemisch von Stereoisomeren zu betrachten.

Die Auffindung des γ-Methyl-glucosids eröffnet neue Gesichtspunkte für die Chemie der Glucoside und der komplizierten Kohlenhydrate. Selbstverständlich wird man bei den Isomeren des Traubenzuckers, ferner bei den Pentosen, Heptosen usw. die Bildung ähnlicher Produkte erwarten dürfen. Aber es scheint mir jetzt auch nötig, die Versuche über die Methylierung des Glykolaldehyds[1]) und des Glycerinaldehyds[2]), bei denen früher nur die richtigen Acetale, aber in ziemlich schlechter Ausbeute, isoliert wurden, zu wiederholen, um zu prüfen, ob nicht auch hier gleichzeitig Substanzen vom Typus des γ-Methylglucosids gebildet werden. Ferner ist eine erneute Untersuchung des sirupösen Methyl-fructosids[3]) angezeigt, das durch seine leichte Hydrolysierbarkeit mit dem γ-Methyl-glucosid Ähnlichkeit hat. Auch für die Beurteilung der verschiedenen Formen des Traubenzuckers kann die Kenntnis des neuen Glucosids von Bedeutung werden.

Was die gewöhnlichen Disaccharide betrifft, so scheinen mir Maltose, Cellobiose und Milchzucker schon durch ihr Verhalten gegen Enzyme

---

[1]) F. Fischer und Giebe, Berichte d. D. Chem. Gesellsch. **30**, 3053 [1897].

[2]) A. Wohl und C. Neuberg, ebenda **33**, 3103 [1900].

[3]) E. Fischer, ebenda **28**, 1160 [1895]. (*Kohlenh. I, 750*).

(Emulsin und Hefenenzyme) den beiden alten krystallisierten Methylglucosiden näher zu stehen. Noch mehr aber spricht ihre sehr viel langsamere Hydrolysierbarkeit durch verdünnte Säuren gegen eine Verwandtschaft mit dem neuen Methyl-glucosid.

Anders steht es mit dem Rohrzucker, der gerade im letzten Punkt dem γ-Methyl-glucosid gleicht. Allerdings ist der Schluß, daß der Glucoserest im Rohrzucker eine ähnliche Struktur wie im γ-Methylglucosid besitzt, nicht zulässig, denn Purdie und Irvine[1]) haben nachgewiesen, daß der methylierte Rohrzucker bei der Hydrolyse dieselbe Tetramethyl-glucose liefert, welche dem α- und β-Methyl-glucosid entspricht. Nebenbei bemerkt, steht diese Beobachtung auch im Widerspruch mit der von Nef für den Rohrzucker aufgestellten Formel[2]).

Über die Art, wie der Fructoserest im Rohrzucker gebunden ist, wissen wir nichts Bestimmtes, so daß hier der Spekulation noch viel Spielraum gelassen ist. Ich verzichte aber gerne darauf, ihn zu benutzen.

Anderen leicht hydrolysierbaren Polysacchariden ist Nef[3]) bei der Behandlung von Hexosen und Pentosen mit Basen begegnet, und hier liegt der Gedanke an eine Verwandtschaft mit dem γ-Methylglucosid sehr nahe.

Die überaus große Hydrolysierbarkeit des γ-Methyl-glucosids ist sehr wahrscheinlich durch die Struktur seines Oxydringes bedingt. Einen solchen Gedanken hat schon Hr. Nef[4]) ausgesprochen, aber mit Unrecht auf α- und β-Methyl-glucosid angewandt, von denen er folgendes sagt: „Es ist überhaupt kaum denkbar, daß zwei raumisomere Lactonpaare, wie *d*- und *l*-γ-Methyl-*d*-glucosid, in der Leichtigkeit ihrer Hydrolyse mittels Säuren oder Enzymen zu *d*-Glucose irgendwelchen Unterschied zeigen könnten."

Der Satz würde für die Wirkung der Säuren richtig sein, wenn es sich bei den beiden Glucosiden um optische Antipoden handelte. Aber sie unterscheiden sich nach den von mir aufgestellten Raumformeln nur in bezug auf **ein** asymmetrisches Kohlenstoffatom. Ihre Verschiedenheit ist also von derselben Ordnung wie diejenige von Mannonsäurelacton und Gluconsäurelacton, die bekanntlich auch verschieden leicht durch Wasser in die Säuren zurückverwandelt werden.

Übrigens wird das β-Methylglucosid nach der Angabe van Ekensteins[5]) durch Säuren nur etwa dreimal so rasch hydrolysiert wie die α-Verbindung, während die Hydrolysierbarkeit des γ-Methyl-glucosids von ganz anderer Größenordnung ist.

---

[1]) Journ. of the chem. Soc. of London **87**, 1028 [1905].

[2]) Liebigs Annal. d. Chem. **403**, 234.

[3]) Ebenda **403**, 226. [4]) Ebenda **403**, 332.

[5]) Rec. d. trav. chim. Pays-Bas **13**, 185 [1894].

Was endlich Hrn. Nef veranlaßt hat, obige Behauptung auch auf die Enzyme auszudehnen, deren Abhängigkeit von der Konfiguration des Substrats durch zahlreiche Beobachtungen nicht allein bei den Glucosiden, sondern auch bei den Polypeptiden außer Zweifel gestellt wurde, ist mir ganz unklar.

γ-Methyl-glucosid.

Für seine Darstellung wurde im wesentlichen die frühere Vorschrift für das vermeintliche Glucose-dimethylacetal[1]) benutzt. 20 g krystallisierte, trockene α-Glucose, die sehr sorgfältig gepulvert und durch ein feines Sieb getrieben ist, werden mit 400 g trocknem Methylalkohol, der 1% Chlorwasserstoff enthält, auf der Maschine bei Zimmertemperatur geschüttelt. Ist das Pulver sehr fein, so geht es im Laufe von $2^1/_2$ Stunden fast vollständig in Lösung. Nach 15 Stunden wird die klare, farblose Flüssigkeit mit einem mäßigen Überschuß von Silbercarbonat geschüttelt, bis alle Salzsäure entfernt ist und das Filtrat an der Wasserstrahlpumpe aus einem Bade, dessen Temperatur 40° nicht übersteigt, eingedampft. Hierbei färbt sich die Lösung und scheidet eine ganz geringe Menge Silber aus. Die ziemlich konzentrierte Flüssigkeit wird zum Schluß in eine Standflasche übergeführt und hier in der gleichen Weise bis zum Sirup eingedampft. Dieses Rohprodukt reduziert Fehlingsche Lösung noch ziemlich stark. Zur Isolierung des γ-Methyl-glucosids dient nun die Extraktion mit Essigäther. Zu dem Zweck wird der Sirup fünfmal mit je 200 ccm ganz neutralem Essigäther jedesmal 20—25 Minuten geschüttelt. Die vereinigten Essigätherauszüge werden filtriert, in derselben Weise an der Wasserstrahlpumpe aus einem Bade von nicht mehr als 40° eingeengt und der jetzt zurückbleibende Sirup von neuem auf die gleiche Art mit Essigäther ausgelaugt. Dabei bleibt wiederum eine kleine Menge eines Sirups zurück, der ziemlich stark reduziert. Beim abermaligen Verdampfen der Essigätherauszüge unter vermindertem Druck erhält man einen fast farblosen, dicken Sirup, der Fehlingsche Lösung kaum noch reduziert und der nun zur völligen Reinigung im Hochvakuum destilliert wird. Man füllt ihn zu dem Zwecke, gelöst in wenig Methylalkohol, in ein passendes Destillationsgefäß über, verdunstet den Methylalkohol zuerst an der Wasserstrahlpumpe, später im Hochvakuum und erhitzt dann das Destillationsgefäß im Ölbad. Unter 0,2 mm Druck geht das γ-Methyl-glucosid bei einer Badtemperatur von 200—215° als Sirup über, der farblos ist oder höchstens einen ganz schwachen Stich ins Gelbe besitzt. Die Ausbeute betrug 6,4 g oder ungefähr 30% der Theorie.

---

[1]) Berichte d. D. Chem. Gesellsch. **28**, 1145 [1895]. (*Kohlenh. I, 734.*)

Man sieht daraus, daß das γ-Methyl-glucosid nicht das einzige Produkt der Reaktion ist. Über den in kaltem Essigester unlöslichen Teil, von dem sich in heißem Essigäther noch eine erhebliche Menge löst, kann ich vorläufig nichts Bestimmtes mitteilen. Wie erwähnt, reduziert er die Fehlingsche Lösung, wenn auch lange nicht so stark wie Traubenzucker. Ich halte es nicht für ausgeschlossen, daß ein Teil dieses Sirups aus dem richtigen Dimethylacetal der Glucose besteht und behalte mir seine weitere Untersuchung vor.

Ferner habe ich mir die Frage vorgelegt, ob nicht bei der Destillation durch die hohe Temperatur eine Veränderung, z. B. die Abspaltung von Methylalkohol, hervorgerufen werde, mit anderen Worten, ob der destillierte Sirup identisch sei mit dem ursprünglichen, in Essigäther löslichen Präparat. Deshalb wurde das letztere durch mehrtägiges Aufbewahren im Hochvakuumexsiccator und öfteres Durchreiben mit einem Glasstab möglichst vom Lösungsmittel befreit und dann einer Zeisel-Bestimmung unterworfen.

0,6325 g Sbst.: 0,7938 AgI.

Gef. CH_3 8,03.

Der Vergleich mit den später für γ-Methyl-glucosid angeführten Zahlen zeigt, daß in diesem Punkt kein wesentlicher Unterschied besteht. Auch der Geschmack ist derselbe.

Das γ-Methyl-glucosid ist bei gewöhnlicher Temperatur so zähe, daß es nicht mehr fließt. Beim Erwärmen wird es dünnflüssiger. Es löst sich sehr leicht in Wasser, Methyl- und Äthylalkohol, ziemlich schwer in kaltem, etwas leichter in heißem Essigäther, sehr schwer in Äther und so gut wie gar nicht in Petroläther. Es schmeckt schwach süß und hinterher etwas bitter. Für die Analyse wurde das Destillat direkt verwendet.

0,1535 g Sbst.: 0,2466 g CO_2, 0,1010 g H_2O. — 0,1886 g Sbst.: 0,3006 g CO_2, 0,1202 g H_2O.

$C_7H_{14}O_6$ (194,11). Ber. C 43,27, H 7,27.
Gef. „ 43,81, 43,47, „ 7,36, 7,13.

Obschon die Zahlen mit der Theorie hinreichende Übereinstimmung zeigen, so würden sie doch nicht genügen, um endgültig zwischen der Formel des Methyl-glucosids, $C_7H_{14}O_6$, und derjenigen des Glucose-dimethylacetals, $C_8H_{18}O_7$, zu entscheiden; denn die letztere verlangt ziemlich ähnliche Werte (C 42,45%, H 8,0%). Ausschlaggebender ist die Bestimmung des Methyls nach Zeisel. Obschon Purdie und Irvine die Methode schon bei den hochmethylierten Glucosen mit gutem Erfolg benutzt haben, so war ich anfangs doch im Zweifel, ob sie auch bei den einfachen Zuckerderivaten anwendbar sei, da man fürchten mußte, daß der Traubenzucker selbst beim Kochen mit der Jodwasserstoffsäure flüchtige Jodverbindungen liefere, wie es für den Mannit bekannt ist. Ein Kontrollversuch mit reinem α-Methyl-glucosid zeigte aber, daß diese Sorge unnötig ist.

0,3596 g Sbst.: 0,4405 g Ag I.

$C_7H_{14}O_6$ (194,11). Ber. CH_3 7,74. Gef. CH_3 7,84.

Der durch die Hydrolyse entstehende Traubenzucker wird zwar durch den Jodwasserstoff angegriffen und zum Teil in harzartige, dunkle Produkte verwandelt, aber ohne daß eine Störung der Methylbestimmung eintritt.

Bei der Anwendung des Verfahrens auf γ-Methyl-glucosid wurde dieses in einem kleinen, ganz kurzen, becherförmigen Glasgefäß abgewogen und in den Zeisel - Apparat eingeführt.

0,4979 g Sbst.: 0,5974 Ag I. — 0,3099 g Sbst.: 0,3696 g Ag I. — 0,4117 g Sbst.: 0,4911 g Ag I.

$C_7H_{14}O_6$ (194,11). Ber. CH_3 7,74.
Gef. ,, 7,68, 7,63, 7,63.

Da das Glucose-dimethylacetal eine sehr viel größere Methylzahl (13,29%) geben müßte, so betrachte ich nach den Analysen die Formel des γ-Methyl-glucosids als genügend sicher festgestellt.

Die wäßrige Lösung des Präparates war schwach linksdrehend.

0,2343 g Sbst. Gesamtgewicht der Lösung 2,4321. $d_{18} = 1,027$. Drehung im Halbdezimeterrohr bei 18° und Natriumlicht 0,18° nach links. Mithin $[\alpha]_D^{18} = -3,64°$.

Ein anderes Präparat gab $[\alpha]_D^{18} = -1,47°$.

Ich lege aber auf diese nicht gut übereinstimmenden Zahlen keinen besonderen Wert, weil ja die Einheitlichkeit des Präparates besonders in sterischer Beziehung zweifelhaft ist.

Das γ-Methyl-glucosid zeigt bei vorsichtiger Darstellung auf Fehlingsche Lösung entweder gar keine oder nur eine ganz schwache Wirkung. Letztere rührt aber unzweifelhaft von einer ganz geringen Zersetzung her. Von Wasser wird es auch in der Hitze nicht hydrolysiert, denn eine 10-proz. Lösung, die im geschlossenen Gefäß im Wasserbade erhitzt war, reduzierte Fehlingsche Lösung kaum. Ebensowenig färbt es sich beim Erwärmen mit Alkalien. Es gleicht in allen diesen Eigenschaften durchaus den bekannten Methyl-glucosiden. Dagegen wird es von Salzsäure außerordentlich leicht hydrolysiert, wie folgende Beobachtungen zeigen.

0,538 g γ-Methyl-glucosid (entsprechend 0,5 g Traubenzucker) gelöst durch Schütteln in 10 ccm $^n/_{10}$-Salzsäure. Unmittelbar nach der Auflösung reduzierte 1 ccm der Flüssigkeit ungefähr 0,3 ccm Fehlingsche Lösung. Eine Probe der Lösung wurde 6 Minuten auf 100° erhitzt, worauf 1 ccm 10,5 ccm Fehling vollständig reduzierte. Die Hydrolyse war also so gut wie vollständig. Der übrige Teil der salzsauren Lösung wurde bei 17—18° aufbewahrt. Nach 2 Stunden reduzierte die Flüssigkeit schon die gleiche Menge Fehling, nach 7 Stunden die $2^1/_2$-fache, nach 24 Stunden die 5-fache und nach 55 Stunden die $7^1/_2$-fache Menge Fehlingsche Lösung, so daß nun ungefähr 70% hydrolysiert waren.

Zum Vergleich blieb eine Lösung von 1,026 g Rohrzucker in 20 ccm $^n/_{10}$-Salzsäure ebenfalls bei 17—18°, das heißt in demselben Thermostaten wie das γ-Methyl-glucosid. Nach 22 Stunden reduzierte die Flüssigkeit die $2^1/_2$-fache Menge Fehling, also nur etwa die Hälfte wie bei dem γ-Methylglucosid.

Man kann daraus schließen, daß die Hydrolyse des Glucosids mit $^n/_{10}$-Salzsäure bei 17—18° ungefähr doppelt so rasch verläuft als beim Rohrzucker.

Andererseits war bei α- und β-Methyl-glucosid, die in der 10-fachen Menge $^n/_{10}$-Salzsäure gelöst waren und 50 Stunden bei 17—18° gestanden hatten, keine deutliche Hydrolyse nachweisbar.

Selbst von $^n/_{100}$-Salzsäure wird das γ-Methyl-glucosid in der Wärme rasch hydrolysiert.

0,579 g (entsprechend 0,537 g Traubenzucker) gelöst in 5 ccm $^n/_{100}$-Salzsäure. Die Lösung reduzierte nach 6 Minuten langem Erhitzen auf 100° schon die 12-fache Menge Fehling und nach 30 Minuten langem Erhitzen die 21,5-fache Menge Fehling. Mithin konnte die Hydrolyse jetzt als beendet angesehen werden. Das wurde bestätigt durch die optische Untersuchung, denn die Lösung drehte jetzt im Halbdezimeterrohr 2,7° nach rechts. Da obige Menge Methyl-glucosid 0,537 g Glucose entspricht, und da ferner das Gesamtgewicht der Lösung 5,579 g und das spezifische Gewicht 1,031 war, so entsprach die spezifische Drehung $[\alpha]^{20}_D = 54{,}4°$, während sie für reinen Traubenzucker der gleichen Konzentration 52,5° ist.

Endlich wurde in dem üblichen quantitativen Apparat ein Teil der Flüssigkeit noch mit Hefe vergoren, wobei etwa 90% der berechneten Glucosemenge gefunden wurden. Eine andere Probe diente zur Bereitung des Phenyl-glucosazons.

Selbst Essigsäure wirkt in der Wärme ziemlich rasch hydrolysierend. Eine Lösung des Glucosids in der 10-fachen Menge n-Essigsäure reduzierte nach 6 Minuten langem Erhitzen auf 100° die $4^1/_2$-fache Menge Fehling. Mithin waren etwa 20% des Glucosids gespalten.

Verhalten gegen Emulsin. Eine Lösung von 0,5 g γ-Methylglucosid in 5 g Wasser wurde mit 0,2 g käuflichem Emulsin (E. Merck) und 3 Tropfen Toluol 24 Stunden bei 37° aufbewahrt und dann filtriert.

Zur Kontrolle wurde β-Methyl-glucosid genau in derselben Weise behandelt. Während die Kontrollösung schließlich die 11-fache Menge Fehling ganz reduzierte, war beim γ-Methyl-glucosid die Wirkung so schwach, daß selbst das gleiche Volumen Fehling scher Lösung noch nicht vollständig reduziert wurde. Es trat zwar beim Kochen eine Mißfärbung und geringe Fällung ein, aber die Flüssigkeit war wegen der Anwesenheit von Eiweißkörpern doch noch durch das Kupfer rotviolett gefärbt. Man kann also sagen, daß bei dieser Behandlung nur eine ganz geringe Hydrolyse stattgefunden hat, wobei es noch zweifelhaft bleibt, ob die im Emulsin enthaltenen Enzyme dabei überhaupt von Einfluß gewesen sind.

Verhalten gegen Hefenauszug. Benutzt wurde ein Auszug, der in der früher beschriebenen Weise[1]) aus trockner und mit Glaspulver fein zerriebenen Hefe durch 13-stündiges Auslaugen mit der 15-fachen Menge Wasser bei 37° hergestellt war. Das γ-Methyl-glucosid wurde in der 10-fachen Menge des Hefeauszuges gelöst und nach Zusatz von etwas Toluol 24 Stunden bei 37° aufbewahrt und schließlich filtriert. Zur Kontrolle diente eine ebenso hergestellte Lösung von α-Methyl-glucosid. Während die Kontrollprobe die 8-fache Menge Fehling scher Lösung völlig reduzierte, war bei γ-Methyl-glucosid nur eine schwache Wirkung vorhanden, denn beim Erhitzen mit der $1^1/_2$-fachen Menge Fehlingscher Lösung entstand hier eine schmutzige, gelblichgrüne Trübung, aber keine deutliche Abscheidung von Kupferoxydul, und beim Schütteln mit Luft nahm die Flüssigkeit sofort wieder eine schmutzige Blaufärbung an. Für die Enzyme der Hefe gilt also ungefähr dasselbe wie für diejenigen des Emulsins.

Es wird von Interesse sein, nach anderen Enzymen oder nach Mikroorganismen zu suchen, die auf das γ-Methyl-glucosid eine positive Wirkung ausüben.

Schließlich sage ich Hrn. Dr. Max Rapaport für die eifrige und geschickte Hilfe bei obigen Versuchen besten Dank.

[1]) Berichte d. D. Chem. Gesellsch. **27**, 2985 [1894]. (*Kohlenh. I, 836.*)

2. Emil Fischer und Karl Raske: Synthese einiger Glucoside.

Berichte der Deutschen Chemischen Gesellschaft **42**, 1465 [1909].

(Eingegangen am 30. März 1909.)

Für die künstliche Bereitung der Glucoside sind zwei Methoden bekannt. Die erste, von Michael gefundene beruht auf der Wechselwirkung zwischen Phenol und Acetochlorglucose in alkalisch-alkoholischer Lösung. Bei der zweiten werden Zucker und Alkohole durch die Wirkung von Salzsäure vereinigt. Hier kann auch an Stelle von Zucker die Acetochlorglucose verwendet werden[1]).

So lange die Acetochlorglucose in reinem Zustand kaum zugänglich war, ist die erste Methode wegen der schwierigen Ausführung und schlechten Ausbeute nur selten benutzt worden. Wir kennen aber jetzt ein bequemeres Verfahren für die Bereitung der β-Acetobromglucose. Durch ihre Benutzung ist es gelungen, die alte Michaelsche Methode so zu modifizieren, daß Kuppelung und Verseifung des Acetylkörpers getrennt und dadurch die Ausbeute, sowie die Sicherheit der Operation außerordentlich gesteigert werden[2]).

In der gleichen Weise kann, wie Königs und Knorr schon vorher gezeigt haben, die Synthese der Alkoholglucoside abgeändert werden, indem man Acetohalogenglucose, nicht wie E. Fischer bei Gegenwart von Salzsäure, sondern bei Gegenwart von Silbercarbonat auf Alkohole einwirken läßt und das hierbei entstehende Tetraacetylderivat erst nachträglich verseift. Dieses Verhalten hat den Vorzug, daß man in neutraler Lösung bei gewöhnlicher Temperatur arbeitet, und daß die hierbei resultierenden Acetylkörper nicht allein in Wasser schwer löslich sind, sondern auch meist gut krystallisieren. In der Tat kann man so manche Alkohol-glucoside gewinnen, bei denen die Salzsäuremethode versagt. Beispiele dafür sind die unten beschriebenen Glucoside des Amylenhydrats, Menthols und Borneols. Die beiden letzteren verdienen einige

[1]) E. Fischer, Berichte d. D. Chem. Gesellsch. **26**, 2400 [1893] (*Kohlenh. I, 682*); W. Königs und Knorr, ebenda **34**, 957 [1901].

[2]) E. Fischer und E. F. Armstrong, ebenda **34**, 2885 [1904]. (*Kohlenh. I, 799.*)

Beachtung, da sie die ersten künstlichen Glucoside der Terpengruppe sind, und da die Kenntnis ihrer Eigenschaften die Aufsuchung von ähnlichen natürlichen Produkten im Pflanzenreich erleichtern dürfte. Wie begreiflich, haben sie einige Ähnlichkeit mit den zahlreich bekannten Glucuronsäurederivaten der Terpenalkohole, die aus Campher, Menthol usw. im tierischen Organismus entstehen.

Endlich haben wir noch das schon von Tiemann[1]) aus Coniferin gewonnene Glucosid des Vanillins synthetisch dargestellt, indem wir eine ätherische Lösung von Acetobromglucose mit einer wäßrigen Lösung von Vanillin-natrium schüttelten und die hierbei in befriedigender Ausbeute entstehende Acetylverbindung durch Barytwasser verseiften. Es scheint uns zweckmäßig, für dieses Glucosid den von Tiemann gewählten Namen Glucovanillin beizubehalten. Die vier oben erwähnten Glucoside werden sämtlich von Emulsin hydrolysiert, gehören also der β-Reihe an, wie nach der Synthese aus β-Acetobromglucose zu erwarten war. Es scheint uns kaum zweifelhaft, daß man bei Anwendung von α-Acetohalogenglucose auf gleiche Art die drei ersten Glucoside auch in der α-Form gewinnen kann. Bei dem Glucosid des Vanillins dagegen wird das Verfahren höchst wahrscheinlich versagen, da die α-Acetohalogenglucose nach der Beobachtung von E. Fischer und E. F. Armstrong[2]) durch Alkali oder Alkalicarbonat in die β-Verbindung umgewandelt wird.

Für die Darstellung der zu den nachfolgenden Versuchen erforderlichen β-Acetobromglucose haben wir das Verfahren von Königs und Knorr mit der Abänderung, welche Moll[3]) ihm gegeben hat, benutzt. Bei Anwendung von 50 g krystallisiertem reinem Traubenzucker (Kahlbaum) erhielten wir 45—48 g reine umkrystallisierte Acetobromglucose vom Schmp. 88—89°.

Tetraacetyl-β-amylenhydrat-glucosid, $C_5H_{11} \cdot O \cdot C_6H_7O_5(C_2H_3O)_4$.

5 g Acetobromglucose werden in 50 g Amylenhydrat gelöst und mit dem Dreifachen der theoretischen Menge Silbercarbonat versetzt. Letzteres soll frisch gefällt, mit Alkohol und Äther gewaschen und im Exsiccator getrocknet sein. Sofort, besonders beim Schütteln, beginnt eine ziemlich lebhafte Kohlensäureentwicklung, welche nach ca. $^1/_2$ Stunde geringer wird. So lange schüttelt man unter häufigem Lüften des Stopfens mit der Hand, hernach auf der Maschine. Nach 20-stündigem Schütteln erwies sich die Flüssigkeit als bromfrei. Durch das Schütteln

[1]) Berichte d. D. Chem. Gesellsch. **18**, 1595 [1885].

[2]) A. a. O.

[3]) Rec. d. trav. chim. Pays-Bas **21**, 42.

ist das Silbercarbonat resp. Silberbromid so fein verteilt, daß es sich nicht filtrieren läßt. Man kann es aber durch Zentrifugieren von der Flüssigkeit trennen und dann noch mit Alkohol auslaugen. Verdampft man den Amyl- bzw. Äthylalkohol unter vermindertem Druck, so bleibt ein krystallinischer Rückstand, der aus heißem verdünntem Alkohol (70 ccm absolutem Alkohol, 180 ccm Wasser) umkrystallisiert wird. Die Ausbeute an diesem reinen Produkt betrug im günstigsten Fall bei Verwendung reinsten Dimethyl-äthylcarbinols 2,9 g oder 57% der Theorie.

Die Substanz ist leicht löslich in Alkohol, ziemlich leicht löslich in Äther, Aceton, Essigäther und Benzol, und fast unlöslich in Petroläther. Aus verdünntem Alkohol krystallisiert sie in langen, feinen glänzenden Nadeln, die bei 122—123° (korr.) schmelzen.

In kaltem Wasser ist sie sehr schwer löslich. In kochendem Wasser schmilzt sie, löst sich in merklicher Menge und fällt beim Erkalten in feinen Nadeln aus.

Zur Analyse wurde unter 15 mm Druck über Phosphorsäureanhydrid bei 78° getrocknet.

0,1745 g Sbst.: 0,3503 g CO_2, 0,1138 g H_2O.

$C_{19}H_{30}O_{10}$ (418,23). Ber. C 54,52, H 7,23.

Gef. „ 54,75, „ 7,30.

β-Amylenhydrat-*d*-glucosid, $C_5H_{11} \cdot O \cdot C_6H_{11}O_5$.

4 g fein gepulverte Tetraacetylverbindung werden mit einer Lösung von 16 g krystallisiertem Barythydrat (ca. das Dreifache der theoretisch erforderlichen Menge) in 240 ccm Wasser übergossen und bei gewöhnlicher Temperatur geschüttelt. Schon nach einer Stunde ist die Hauptmenge in Lösung gegangen. Zur Vervollständigung der Reaktion wird das Schütteln 20 Stunden fortgesetzt, dann der überschüssige Baryt durch Kohlensäure gefällt, die filtrierte Lösung unter vermindertem Druck zur Trockene verdampft und das zurückbleibende Gemisch von Glucosid und Bariumacetat wiederholt mit Alkohol ausgekocht. Beim Verdampfen des alkoholischen Filtrats bleibt ein Sirup, der nach mehreren Stunden krystallinisch erstarrt. Löst man ihn in ca. 30 ccm heißem Essigäther, so fällt aus der filtrierten Flüssigkeit beim Abkühlen das Amylenhydrat-glucosid in schönen Nadeln aus. Nach einstündigem Stehen in einer Kältemischung betrug die Menge der Krystalle, nachdem sie im Vakuumexsiccator getrocknet waren, 1,7 g. Aus der Mutterlauge konnten durch Zusatz von Petroläther noch 0,4 g eines etwas unreineren Präparates gewonnen werden, so daß die Gesamtausbeute 2,1 g oder 88% der Theorie betrug.

Das Amylenhydrat-glucosid ist außerordentlich leicht löslich in Alkohol und Wasser; denn in der Wärme genügt weniger als die gleiche Menge beider Flüssigkeiten. In Petroläther ist es so gut wie unlöslich.

Im Capillarrohr erhitzt, schmilzt es gegen 125—126° (korr.), nachdem mehrere Grade vorher schon Sinterung eingetreten ist. Der Schmelzpunkt ist also wenig verschieden von dem der Acetylverbindung.

Für die Analyse wurde noch einmal aus absolutem Äther umkrystallisiert. Dazu war allerdings ziemlich viel Äther erforderlich (für 0,5 g ca. 400 ccm Äther). Beim langsamen Verdunsten der ätherischen Lösung schieden sich die oben beschriebenen Nadeln ab, nur waren sie viel schöner ausgebildet und erheblich größer, bis zu 1 cm Länge, häufig büschel- und sternförmig verwachsen. Der Schmelzpunkt dieses aus Äther umkrystallisierten Präparats lag noch 1° höher. Zur Analyse wurde unter 15 mm Druck über Phosphorpentoxyd bei 120° getrocknet, wobei 0,1319 g Sbst. 0,0017 g an Gewicht verloren.

0,1302 g Sbst.: 0,2508 g CO_2, 0,1025 g H_2O.

$C_{11}H_{22}O_6$ (250,17). Ber. C 52,76, H 8,86.

Gef. „ 52,54, „ 8,81.

Die hohe Temperatur bei der Trocknung war veranlaßt durch den Umstand, daß wir zuerst ein Präparat mit 1 Mol. ziemlich fest gebundenem Wasser erhielten. Dieses läßt sich auch, allerdings schwerer, aus Essigäther krystallisieren und schmilzt ca. 12° niedriger, wie das wasserfreie Glucosid, nämlich bei 113°, nachdem ebenfalls vorher starke Sinterung stattgefunden hat. Das Krystallwasser entweicht recht schwer.

0,2900 g Sbst. verloren bei 6-stündigem Trocknen unter 15 mm Druck bei 100° über Phosphorpentoxyd 0,0120 g oder 4,14% H_2O. Nach weiterem 6-stündigem Trocknen im Vakuum bei 122° über Phosphorpentoxyd betrug der Gewichtsverlust 0,0186 g oder 6,41%.

Ber. für 1 Mol. H_2O 6,72%.

Hierbei schmolz die Substanz und färbte sich leicht gelblich.

Für die Analyse war aus gewöhnlichem Äther umkrystallisiert. Dabei wurde das Präparat auch in Nadeln erhalten, doch waren dieselben weniger schön ausgebildet, wie bei dem wasserfreien Glucosid. Der Schmelzpunkt wurde durch das Umkrystallisieren aus Äther nicht mehr verändert. Getrocknet wurde nur kurze Zeit ($^1/_2$ Std.) unter 15 mm Druck bei 78°.

0,1226 g Sbst.: 0,2216 g CO_2, 0,0988 g H_2O.

$C_{11}H_{22}O_6 + H_2O$ (268,19). Ber. C 49,22, H 9,02.

Gef. „ 49,30, „ 9,01.

Will man das wasserhaltige Glucosid aus dem wasserfreien Präparat gewinnen, so löst man in wenig Wasser, läßt verdunsten und krystallisiert aus Essigäther durch Zusatz von Petroläther.

Das Amylenhydrat-glucosid schmeckt sehr stark bitter. Es ist ohne Einwirkung auf Fehlingsche Lösung. Durch Kochen mit verdünnter Schwefelsäure wird es überraschend schnell hydrolysiert.

Widerstandsfähiger ist es gegen Emulsin. 0,2714 g wasserfreies Amylenhydrat-glucosid wurden in 20 ccm Wasser gelöst, 0,14 g käufliches Emulsin hinzugegeben, durchgeschüttelt und das Gemisch bei Bruttemperatur aufbewahrt. Nach 20 Stunden konnten nach dem Ausfällen der Proteine mit Natriumacetat durch Titrieren mit Fehlingscher Lösung 0,0678 g Glucose nachgewiesen werden, während bei völliger Spaltung 0,1953 g entstehen müßten. Die Substanz war also zu etwa 35% hydrolysiert worden.

Bei einem zweiten Versuch wurden 0,2496 g Amylenhydrat-glucosid in 3 ccm Wasser gelöst, mit 0,13 g Emulsin versetzt und im Brutraum erwärmt. Nach 20 Stunden wurden noch 5 ccm Wasser und 0,12 g Emulsin zugefügt und weitere 48 Stunden im Brutraum aufbewahrt. Die Menge der Glucose betrug jetzt 0,105 g oder 60% der Theorie.

Für die optische Bestimmung wurde ein wasserfreies, zweimal aus Essigäther umkrystallisiertes und unter 15 mm Druck bei 100° getrocknetes Glucosid benutzt. Angewandte Substanz 0,2716 g, Gesamtgewicht der Lösung 3,1561 g, $d^{20} = 1,0172$. Drehung im 1-dcm-Rohr bei 20° für D-Licht 1,49° nach links. Mithin

$$[\alpha]_D^{20} = -17,0^0 (\pm 0,2)^\circ .$$

Eine zweite Bestimmung ebenfalls mit wasserfreiem Glucosid gab folgende Werte:

Angewandte Substanz 0,3204 g. Gesamtgewicht der wäßrigen Lösung 4,3357 g; $d^{20} = 1,0146$. Drehung im 1-dcm-Rohr bei 20° für D-Licht 1,29° nach links. Mithin

$$[\alpha]_D^{20} = -17,2^0 (\pm 0,2)^\circ .$$

Es scheint uns der Bemerkung wert, daß in dem Amylenhydrat-glucosid das erste künstliche Glucosid eines tertiären Alkohols vorliegt.

Tetraacetyl-menthol-*d*-glucosid, $C_{10}H_{19} \cdot O \cdot C_6H_7O_5(C_2H_3O)_4$.[1])

Zur Erzielung einer befriedigenden Ausbeute ist es zweckmäßig, das Menthol in großem Überschuß anzuwenden.

Zu einer Lösung von 6 g Acetobromglucose und 20 g Menthol in 50 ccm trocknem Äther gibt man 6 g frisch bereitetes, mit Alkohol und Äther gewaschenes und im Exsiccator getrocknetes Silbercarbonat. Beim Schütteln ist die Kohlensäure-Entwicklung anfangs ziemlich lebhaft. Es empfiehlt sich deshalb, zuerst mit der Hand zu schütteln und das Gefäß häufiger zu öffnen. Nach etwa einer Stunde wird die Gasentwicklung geringer, und man kann jetzt auf der Maschine schütteln. Zuletzt verläuft die Reaktion recht träge, und nach zweitägigem Schütteln ist immer noch eine geringe Menge Bromverbindung in dem Äther vorhanden. Man kann aber jetzt die Operation unterbrechen. Beim

[1]) *Vgl. S. 58.*

Verdampfen der filtrierten ätherischen Lösung bleibt ein farbloser Sirup, der im Vakuumexsiccator bald krystallinisch erstarrt. Obwohl das reine Tetraacetyl-mentholglucosid in Petroläther fast unlöslich ist, läßt es sich nicht durch Petroläther von dem überschüssigen Menthol trennen, weil es dadurch in Lösung gehalten wird. Auch das Abdestillieren des Menthols im Vakuum gelingt nur unvollkommen. Verhältnismäßig leicht läßt sich dieses aber mit Wasserdampf entfernen. Zu dem Zweck wird das Reaktionsprodukt mit ca. 50 ccm Wasser übergossen und so lange Wasserdampf durchgeleitet, bis das Destillat keinen Mentholgeruch mehr zeigt.

Der Rückstand bildet meist eine bröcklige Masse. Bisweilen war er zuerst ölig, erstarrte aber beim Abkühlen sehr bald. Nach dem Absaugen und Trocknen im Vakuum betrug die Ausbeute an diesem Rohprodukt durchschnittlich 5 g oder 70% der Theorie.

Zur Reinigung genügt einmaliges Umkrystallisieren aus 50-proz. Alkohol, wobei die Menge auf ungefähr 4 g zurückgeht. Das Produkt bildet dann feine, biegsame, farblose Nadeln, die zur Analyse im Vakuum bei 78° über Phosphorpentoxyd getrocknet wurden.

0,1560 g Sbst.: 0,3372 g CO_2, 0,1100 g H_2O.

$C_{24}H_{38}O_{10}$ (486,29). Ber. C 59,22, H 7,87.

Gef. „ 58,95, „ 7,89.

Die Substanz schmilzt bei 130° (korr.) zu einer farblosen Flüssigkeit. Sie ist leicht löslich in Äther, Essigäther, Aceton, Benzol und Chloroform, etwas schwerer in Alkohol, sehr schwer in Wasser und fast unlöslich in Petroläther.

Gegen wäßrige Säuren ist sie verhältnismäßig recht beständig. Nach 15 Minuten langem Erhitzen einer Probe mit konzentrierter Salzsäure im Wasserbad zeigte die Flüssigkeit nach der Neutralisation noch keine Wirkung auf Fehlingsche Lösung. Erst nach 5 Minuten langem lebhaften Kochen mit Eisessig und konzentrierter Salzsäure trat eine deutliche Reduktion der Fehlingschen Lösung ein.

Menthol-*d*-glucosid, $C_{10}H_{19} \cdot O \cdot C_6H_{11}O_5$.

Zur Abspaltung der Acetylgruppen werden 4 g Tetraacetyl-mentholglucosid fein gepulvert und mit einer Lösung von 16 g krystallisiertem Barythydrat in 240 ccm Wasser und 75 ccm Alkohol 5—6 Stunden unter häufigem Umschütteln auf 55—60° erwärmt, wobei allmählich völlige Lösung eintritt. In die warme Flüssigkeit wird dann Kohlensäure eingeleitet, das Bariumcarbonat abgesaugt und mit Alkohol ausgewaschen. Die vereinigten Filtrate hinterlassen beim Verdampfen unter vermindertem Druck einen von weißen Krystallen durchsetzten Sirup. Zur Isolierung des Mentholglucosids wird mit Alkohol ausgekocht und das Filtrat wiederum eingedampft. Der zurückbleibende schwach-gelbe Sirup erstarrt langsam.

Zur Reinigung löst man in ungefähr 250 ccm kochendem Wasser und verdampft unter 15—20 mm Druck auf ein geringes Volumen. Während des Eindampfens fällt das Glucosid in schönen, meist viereckigen Blättchen aus. Die Ausbeute an diesem Präparat betrug 2,4 g oder 87% der Theorie.

Für die Analyse wurde noch einmal aus Wasser umkrystallisiert. Die bei 15 mm Druck über Phosphorpentoxyd bei 60° getrocknete Substanz enthielt noch 1 Mol. Wasser.[1])

0,1710 g Sbst.: 0,3598 g CO_2, 0,1455 g H_2O.

$C_{16}H_{30}O_6 + H_2O$ (336,24). Ber. C 57,10, H 9,59.
Gef. „ 57,38, „ 9,52.

Erhitzt man das Menthol-glucosid im Vakuum über Phosphorpentoxyd bis 100°, so schmilzt es und verliert unter Aufblähen das Krystallwasser.

0,2120 g Sbst. verloren 0,0107 g H_2O.

Ber. H_2O 5,36. Gef. H_2O 5,05.

Die bei 100° unter 15 mm Druck über Phosphorpentoxyd getrocknete Substanz gab folgende Zahlen:

0,2013 g Sbst.: 0,4452 g CO_2, 0,1720 g H_2O.

$C_{16}H_{30}O_6$ (318,23). Ber. C 60,33, H 9,50.
Gef. „ 60,32, „ 9,56.

Zur optischen Bestimmung wurde die krystallwasserhaltige Substanz verwandt.

Eine alkoholische Lösung vom Gesamtgewicht 6,0176 g, welche 0,4925 g Substanz enthielt und das spezifische Gewicht $d_4^{20} = 0,8083$ hatte, drehte im 1-dm-Rohr bei 20° und Natriumlicht 6,15° nach links. Mithin

$$[\alpha]_D^{20} = -93,0° (\pm 0,6°).$$

Eine zweite Bestimmung mit einem Präparat anderer Darstellung, welches 2 mal aus Wasser umkrystallisiert und für die Elementaranalyse benutzt war, ergab einen etwas kleineren Wert.

Gesamtgewicht der Lösung 2,5764 g, gelöste Substanz 0,2051 g, $d_4^{20} = 0,8081$. Drehung im 1-dm-Rohr bei 20° für D-Licht 5,91° nach links. Mithin

$$[\alpha]_D^{20} = -91,9° (\pm 0,2°).$$

Das wasserhaltige Menthol-glucosid schmilzt nicht scharf bei 77 bis 79° (korr.), nachdem schon mehrere Grade vorher Sinterung stattfand. Es löst sich in Wasser recht schwer, schmeckt aber trotzdem sehr bitter. Es ist leicht löslich in Alkohol und dann sukzessive schwerer

[1]) *Vgl. S. 59.*

in Essigäther, Äther, Benzol. In Petroläther kaum noch löslich. Aus der Lösung in Essigäther wird die reine Substanz durch Petroläther meist in dünnen Prismen gefällt, während die unreine unter denselben Bedingungen erst ölig herauskommt.

Durch Emulsin wird das Glucosid ziemlich leicht hydrolysiert. 0,3044 g der krystallwasserhaltigen Substanz wurden unter Erwärmen in 50 ccm Wasser gelöst, nach dem Abkühlen 0,15 g Emulsin hinzugegeben, gut durchgeschüttelt und im Brutraum 20 Stunden aufbewahrt, wobei die Flüssigkeit starken Geruch nach Menthol annahm.

Nach dem Ausfällen der Proteine mit Natriumacetat ergab die Titration mit Fehlingscher Lösung, daß 0,1429 g Glucose oder 88% der theoretisch möglichen Menge vorhanden waren.

In einer wäßrigen Lösung des Glucosids ohne Zusatz von Emulsin fand unter denselben Verhältnissen gar keine Hydrolyse statt.

Durch Mineralsäuren wird das Menthol-glucosid ebenfalls ziemlich leicht gespalten. Als 0,11 g mit 10 ccm *n*-Salzsäure 1 Stunde auf 100° erhitzt war, hatte sich aus der Lösung eine erhebliche Menge Menthol abgeschieden, und die Bestimmung der Glucose mit Fehlingscher Flüssigkeit ergab, daß ungefähr 90% des Glucosids hydrolysiert waren.

Tetraacetyl-Borneol-glucosid, $C_{10}H_{17} \cdot O \cdot C_6H_7O_5(C_2H_3O)_4$.

Die Darstellung aus gewöhnlichem *d*-Borneol war genau dieselbe wie bei der entsprechenden Mentholverbindung. Die Ausbeute an Rohprodukt bei Verwendung von 10 g Acetobromglucose betrug im besten Fall 5,7 g oder 49% der Theorie, woraus durch Umkrystallisieren aus verdünntem (50-proz.) Alkohol 4,9 g des reinen Präparates in Form von feinen Nadeln erhalten wurden.

Die Substanz schmilzt bei 119—120° (korr.) zu einer farblosen Flüssigkeit. Die übrigen Eigenschaften sind denen der Mentholverbindung sehr ähnlich. Zur Analyse wurde unter 15 mm Druck über Phosphorpentoxyd bei 100° getrocknet.

0,1568 g Sbst.: 0,3406 g CO_2, 0,1062 g H_2O.

$C_{24}H_{36}O_{10}$ (484,27). Ber. C 59,47, H 7,49.

Gef. „ 59,24, „ 7,58,

d-Borneol-*d*-glucosid, $C_{10}H_{17} \cdot O \cdot C_6H_{11}O_5$.

Die Verseifung der Acetylverbindung wurde ebenfalls genau in derselben Weise wie bei der Mentholverbindung ausgeführt. Beim Abkühlen der alkoholisch-wäßrigen Lösung haben wir zuweilen die in feinen Blättchen erfolgende Abscheidung eines Bariumsalzes des Glucosids beobachtet. Dieses wird aber durch Kohlensäure leicht zerlegt. Das Borneol-glucosid ist in heißem Wasser leichter löslich als das Mentholderivat und läßt sich deshalb etwa aus der 20-fachen Menge bequem umkrystallisieren. Die Ausbeute betrug 2,1 g reine Substanz aus 4 g Acetylkörper, und aus den Mutterlaugen konnte noch 0,4 g eines weniger reinen Präparates gewonnen werden, so daß die Gesamtausbeute fast quantitativ ist. — Die aus Wasser erhaltenen, farblosen, ziemlich großen Nadeln enthalten 1 Mol. Wasser, das nur schwer ganz zu entfernen ist. Infolgedessen ist auch der Schmelzpunkt nicht scharf. Er wurde bei 134—136° beobachtet, nachdem vorher Sinterung stattgefunden hatte.

Für die Analyse der trockenen Substanz wurde das wasserhaltige Präparat 10 Stunden bei 122° über Phosphorpentoxyd unter 15 mm Druck getrocknet. Der Gewichtsverlust hierbei war etwas geringer als 1 Mol. Wasser entspricht (4,54% statt 5,4%). Wahrscheinlich hatte das Präparat zu lange im Exsiccator gestanden.

0,1642 g getrocknete Sbst.: 0,3635 g CO_2, 0,1305 g H_2O.

$C_{16}H_{28}O_6$ (316,21). Ber. C 60,72, H 8,92.

Gef. „ 60,38, „ 8,89.

Ein anderes Präparat, das nur im Exsiccator getrocknet war, gab folgende Zahlen:

0,1539 g Sbst.: 0,3255 g CO_2, 0,1226 g H_2O.

$C_{16}H_{28}O_6 + H_2O$ (334,23). Ber. C 57,45, H 9,04.

Gef. „ 57,68, „ 8,91.

Für die optische Bestimmung wurde ein zweimal aus heißem Wasser umkrystallisiertes, an der Luft getrocknetes Präparat benutzt. Gesamtgewicht der Lösung in absolutem Alkohol 3,2202 g. Substanz 0,2605 g.

Spez. Gew. $d^{20} = 0{,}8130$. Drehung bei 20° für D-Licht im 1-dm-Rohr 2,77° nach links. Mithin

$$[\alpha]_D^{20} = -42{,}1^\circ (\pm 0{,}2^\circ).$$

Eine zweite Bestimmung ergab fast denselben Wert:

Gesamtgewicht der Lösung 2,6459 g. Gelöste Substanz 0,2263 g; $d^{20} = 0{,}8153$. Drehung bei 20° für D-Licht im 1-dm-Rohr 2,94° nach links. Mithin

$$[\alpha]_D^{20} = -42{,}2^\circ (\pm 0{,}2^\circ).$$

Das Borneol-glucosid ist geruchlos und schmeckt stark bitter. Es gleicht in mancher Beziehung dem Mentholderivat. Von verdünnten Mineralsäuren wird es ziemlich leicht gespalten. Als 0,1 g mit 10 ccm *n*-Salzsäure auf 100° erhitzt wurde, war in der anfangs klaren Lösung schon nach $^1/_2$ Stunde ziemlich viel Borneol abgeschieden, und nach 1-stündigem Erhitzen ergab die Titration des Traubenzuckers, daß fast völlige Hydrolyse eingetreten war.

Von Emulsin wird es verhältnismäßig schwer angegriffen. 0,4035 g krystallwasserhaltiges Borneol-glucosid wurden unter Erwärmen in 60 ccm

Wasser gelöst, nach dem Abkühlen 0,2 g Emulsin zugegeben und das Gemisch im Brutraum aufbewahrt. Der Geruch des Borneols war bald zu bemerken. Da aber am nächsten Tag die Reduktion der Fehlingschen Lösung noch recht gering war, so wurden noch 0,2 g Emulsin zugefügt. Nach weiterem 2-tägigem Stehen im Brutraum enthielt die Lösung 0,09 g Glucose, während 0,2173 g entstehen konnten. Von dem Glucosid waren also ca. 40% hydrolysiert.

Tetraacetyl-Glucovanillin, $C_8H_7O_2 \cdot O \cdot C_6H_7O_5(C_2H_3O)_4$.

Das trockene Kalium- oder Natriumsalz des Vanillins reagiert mit Acetobromglucose, die in trocknem Äther gelöst ist, gar nicht. Schüttelt man aber eine wäßrige Lösung des Natriumsalzes mit einer ätherischen Lösung von Acetobromglucose, so findet die Kupplung statt. Sie verläuft indessen so langsam, daß zur Beendigung des Prozesses mehr als dreitägiges Schütteln erforderlich ist. Da bei der Reaktion ein Teil des Vanillins in ein braunschwarzes öliges Produkt verwandelt wird, so erschien es zweckmäßig, einen größeren Überschuß davon anzuwenden.

Dementsprechend wurde eine Lösung von 10 g Acetobromglucose in 75 ccm gewöhnlichem Äther mit einer Lösung von 7,4 g Vanillin (2 Mol.) in der berechneten Menge (48,7 ccm) *n.*-Natronlauge bei Zimmertemperatur auf der Maschine geschüttelt. Schon nach wenigen Minuten begann die ursprünglich gelbe Lösung des Natrium-vanillins sich zu bräunen; nach dreitägigem Schütteln war die wäßrige Schicht schwarzbraun geworden und von Krystallen durchsetzt, während die ätherische Schicht hellbraun aussah. Da die Bromverbindung aus der ätherischen Schicht bis auf einen geringen Rest verschwunden war, so wurde jetzt die ätherische Schicht abgehoben und die in der wäßrigen Schicht suspendierten Krystalle von Tetraacetyl-glucovanillin abgesaugt. Ihre Menge betrug 6,3 g. Ein kleiner Teil der Acetylverbindung befand sich in dem Äther. Zu seiner Gewinnung wurde die hellbraune ätherische Lösung bis zur Entfärbung mit verdünnter Natronlauge geschüttelt. Dadurch wurde der größte Teil der im Äther gelösten Stoffe entfernt, und beim Verdampfen des Äthers blieben noch 0,6 g Acetyl-glucovanillin in fast farblosen Krystallen zurück.

Die Gesamtausbeute an Rohprodukt betrug also 6,9 g oder 59% der Theorie auf Acetobromglucose berechnet. Die Reinigung gelingt am besten durch Umkrystallisieren aus verdünntem Alkohol (70 ccm Alkohol und 120 ccm Wasser) unter Zusatz von etwas Tierkohle.

Das so dargestellte Tetraacetyl-glucovanillin bildet farblose, glänzende, manchmal 1 cm lange, dünne Prismen, welche kaum noch nach Vanillin riechen und bei 143—144° (korr.) schmelzen. Es ist leicht löslich in Essigäther und Alkohol, schwerer in Äther, noch viel schwerer in Wasser und fast unlöslich in Petroläther. Aus der essigätherischen Lösung wird es durch Petroläther zuerst ölig gefällt, erstarrt aber beim Reiben sehr bald.

Zur Analyse war unter 15 mm Druck bei 100° über Phosphorpentoxyd getrocknet.

0,1941 g Sbst.: 0,3883 g CO_2, 0,0931 g H_2O.

$C_{22}H_{26}O_{12}$ (482,20). Ber. C 54,75, H 5,43.
Gef. „ 54,56, „ 5,37.

Synthetisches Gluco-vanillin (Vanillin-*d*-glucosid).

Für die Umwandlung in das von F. Tiemann[1]) beschriebene Glucovanillin wurden 5,4 g Tetraacetylverbindung fein gepulvert, mit einer klaren Lösung von 20 g krystallisiertem Barythydrat in 300 ccm Wasser übergossen und auf der Maschine geschüttelt. Schon nach 2 Stunden war der größte Teil in Lösung gegangen. Zur Vervollständigung der Reaktion wurde das Schütteln 20 Stunden fortgesetzt. Nachdem der überschüssige Baryt durch Kohlensäure gefällt und abgesaugt war, wurde das Filtrat unter vermindertem Druck eingedampft. Wegen der geringen Löslichkeit in Alkohol ließ sich das Glucosid durch Auskochen mit Alkohol nur unvollkommen von dem Bariumacetat trennen. Es erwies sich als vorteilhafter, den Verdampfungsrückstand in wenig heißem Wasser (ca. 10 ccm) zu lösen und die Lösung in heißen Alkohol (300 ccm) zu gießen. Das ausgeschiedene Bariumacetat wurde heiß abgesaugt, nochmals mit Alkohol ausgekocht und die vereinigten alkoholischen Lösungen unter vermindertem Druck zur Trockne verdampft. Die Reinigung gelingt am besten durch Umkrystallisieren aus heißem, trocknem Methylalkohol. Das Glucovanillin scheidet sich daraus beim starken Abkühlen ziemlich vollständig in feinen, meist büschel- oder sternförmig verwachsenen Nadeln ab. Die Ausbeute betrug 2,7 g. Aus der Mutterlauge konnten noch 0,25 g eines weniger reinen Präparates erhalten werden. Der Theorie nach waren 3,5 g zu erwarten. Das synthetische Glucovanillin stimmt in seinen Eigenschaften mit dem Tiemannschen Körper überein. Es ist ziemlich leicht löslich in heißem Wasser, etwas schwerer in Alkohol und fast unlöslich in Äther. Den Schmelzpunkt des zweimal umkrystallisierten Körpers fanden wir bei 185—186° (korr. 188—189°); Tiemann gibt für das reinste Glucovanillin, welches er in Händen gehabt, den Schmp. 192° an, bemerkt aber dabei, daß häufig seine Präparate bis zu 10° niedriger schmolzen, ohne daß die Analyse irgendeine Verunreinigung ergab.

Das synthetische Präparat enthielt ebenso wie das aus Coniferin gewonnene 2 Mol. Krystallwasser.

---

[1]) Berichte d. D. Chem. Gesellsch. **18**, 1596 [1885].

0.4477 g Sbst. verloren unter 15 mm Druck bei 78° über Phosphorpentoxyd 0.047 g an Gewicht.

2 Mol. H_2O. Ber. 10,29. Gef. 10,50.

Beim Stehen an der Luft zieht die trockene Substanz ziemlich schnell wieder Wasser an.

Für die Analyse und optische Bestimmung wurde ein zweimal aus Wasser umkrystallisiertes und unter 15 mm Druck bei 100° über Phosphorpentoxyd getrocknetes Präparat benutzt.

0,1504 g Sbst.: 0,2932 g CO_2, 0,0793 g H_2O.
$C_{14}H_{18}O_8$ (314,14). Ber. C 53,48, H 5,77.
Gef. „ 53,17, „ 5,90.

Gesamtgewicht der wäßrigen Lösung 9,6679 g, Substanz 0,1042 g, spez. Gew. $d^{20} = 1,001$. Drehung im 2-dm-Rohr bei 20° für D-Licht 1,88° nach links. Mithin

$[\alpha]_D^{20} = -87,13^0$, während Tiemann $[\alpha]_D^{20}$ $-88,63^0$ angibt.

Der von Tiemann nicht erwähnte Geschmack des Glucosids ist bitter.

3. Emil Fischer und Burckhardt Helferich: Über neue synthetische Glucoside[1]).

Liebigs Annalen der Chemie **383**, 68 [1911].

(Eingegangen am 31. Mai 1911.)

Bei der weiten Verbreitung der Glucoside in der Lebewelt lohnt es sich, die synthetischen Methoden auf eine möglichst große Anzahl von Einzelfällen anzuwenden, um die Eigenschaften der Produkte festzustellen und die Aufsuchung ähnlicher Körper in der Natur zu erleichtern. Für die praktische Synthese der Alkoholglucoside ist die einfachste Methode, die Behandlung des Zuckers mit dem Alkohol bei Gegenwart von Salzsäure[2]), in vielen Fällen ungenügend, weil sie gleichzeitig α- und β-Verbindungen liefert, die schlecht krystallisierende Gemische bilden. Man kommt in solchen Fällen meist viel rascher zum Ziel durch das umständlichere Verfahren von Königs und Knorr[3]), bei dem die krystallisierte Acetobromglucose als Ausgangsmaterial dient. Wie in früheren Mitteilungen gezeigt wurde, lassen sich nach diesem Verfahren auch empfindliche Alkohole wie das Amylenhydrat oder die langsam reagierenden Alkohole der Terpengruppe, Menthol, Borneol, mit Zuckern verbinden[4]).

Wir haben das Verfahren nun auch mit Erfolg angewandt auf den hochmolekularen Cetylalkohol, das doppeltungesättigte Geraniol, das Cyclohexanol, sowie den Benzylalkohol und die Glykolsäure. Die beiden letzten Oxyverbindungen sind schon früher mit Zucker direkt, bei Gegenwart von Salzsäure, gekuppelt worden[5]), aber die Produkte waren amorph. Wir haben sie jetzt beide wohlkrystallisiert erhalten. Für die

---

[1]) Vgl. vorläufige Notiz, Berichte d. D. Chem. Gesellsch. **43**, 2522 [1910] (*S. 219*).

[2]) E. Fischer, ebenda **26**, 2400 [1893] (*Kohlenh. I, 682*) und **28**, 1145 [1895] (*Kohlenh. I, 734*). E. Fischer und L. Beensch, ebenda **27**, 2478 [1894] *und* **29**, 2927 [1896] (*Kohlenh. I, 704 und 764*).

[3]) Ebenda **34**, 957 [1901].

[4]) E. Fischer und K. Raske, ebenda **42**, 1465 [1909] (*S. 11*).

[5]) E. Fischer, ebenda **26**, 2400 [1894] (*Kohlenh. I, 682*) und **28**, 1145 [1895] (*Kohlenh. I, 734*). E. Fischer und L. Beensch, ebenda **27**, 2478 [1894] und **29**, 2927 [1896] (*Kohlenh. I, 704 und 764*).

Kuppelung mit der Acetobromglucose war die freie Glykolsäure nicht brauchbar, weil sie das für die Bindung des Bromwasserstoffs erforderliche Silberoxyd neutralisiert. Wir haben deshalb anstatt der freien Säure den Äthylester benutzt[1]). Der bei der Kuppelung entstehende Tetracetylglucosidoglykolsäureester läßt sich einerseits durch Baryt zur Glucosidoglykolsäure $C_6H_{11}O_5 \cdot O \cdot CH_2COOH$ verseifen und andererseits durch Ammoniak in Glucosidoglykolsäureamid $C_6H_{11}O_5 \cdot O \cdot CH_2CO \cdot NH_2$ verwandeln. Leider ist es nicht gelungen, die letzte Verbindung durch Wasserabspaltung in das entsprechende Nitril, das als der Stammvater des Amygdalonitrilglucosids und ähnlicher Verbindungen betrachtet werden kann, überzuführen.

Mit Ausnahme des Cetylglucosids und der Glucosidoglykolsäure werden alle oben erwähnten Glucoside von Emulsin gespalten, gehören also zur β-Reihe. Für die Glucosidoglykolsäure folgt dasselbe aus der Beziehung zum Amid. Der Unterschied zwischen Säure und Amid im Verhalten gegen Emulsin verdient hervorgehoben zu werden. An den sauren Eigenschaften liegt die Indifferenz der Säure nicht, denn die Salzwerden ebensowenig von dem Ferment angegriffen. Ähnliche Beobachtungen hat J. H. Kastle[2]) schon vor längerer Zeit mitgeteilt. Daß es sich aber hierbei nicht um eine allgemeine Erscheinung handelt, ist bereits von Max Slimmer[3]) gezeigt worden.

---

[1]) Denselben Kunstgriff hat F. Mauthner angewandt bei der Synthese von Glucosiden der Phenolcarbonsäuren (Journ. f. prakt. Chem. **82**, 271 [1910] und **83**, 556 [1911]). Daß unsere Versuche von seinen Publikationen unabhängig waren, ergibt sich aus dem Datum der vorläufigen Notiz über die Eigenschaften der Glucosidoglykolsäure (Berichte d. D. Chem. Gesellsch. **43**, 2522 [1910]) (*S. 219*).

Zur Ergänzung der von F. Mauthner gegebenen historischen Übersicht über die Methoden der Glucosidsynthese bemerke ich folgendes: Das Verfahren von Michael zur Bereitung der Phenolglucoside ist von E. F. Armstrong und mir (Berichte d. D. Chem. Gesellsch. **34**, 2885 [1901]) (*Kohlenh. I, 799*) erheblich verbessert worden, indem wir die reine krystallisierte Acetochlorglucose mit Natriumphenolat ohne Alkohol zusammenbrachten, das Tetraacetyl-β-phenolglucosid isolierten und dieses mit Baryt in Phenolglucosid verwandelten, nachdem allerdings vorher Königs und Knorr die Acetobromglucose durch Methylalkohol und Silberoxyd in Tetraacetylmethylglucosid und durch Verseifung des letzteren in β-Methylglucosid übergeführt hatten.

Ferner haben Raske und ich (Berichte d. D. Chem. Gesellsch. **42**, 1465 [1909]) (*S. 11*) durch Schütteln einer alkalischen Lösung von Vanillin mit einer ätherischen Lösung von Acetobromglucose das Glucovanillin synthetisch bereitet, womit zugleich die Synthese der Glucovanillinsäure, die nach Tiemann (ebenda **18**, 1597 [1885]) durch Oxydation des Glucovanillins entsteht, verwirklicht war. Mauthner hat sie jetzt auch direkt aus Vanillinsäureester und Acetbromglucose ganz in der gleichen Weise bereitet. E. Fischer.

[2]) Chem. Centralbl. **1902**, II, 392.

[3]) Berichte d. D. Chem. Gesellsch. **35**, 4160 [1902].

Was die Indifferenz des Cetylglucosids gegen Emulsin betrifft, so ist sie höchstwahrscheinlich bedingt durch seine sehr geringe Löslichkeit in Wasser. Aus der Bildungsweise darf man aber auch hier die Zugehörigkeit zur β-Reihe mit ziemlich großer Sicherheit ableiten.

Tetracetyl-β-benzyl-*d*-glucosid, $C_7H_7 \cdot C_6H_7O_6 \cdot (C_2H_3O)_4$.

6 g Acetobromglucose werden in 80 ccm trocknem Äther gelöst, 30 g Benzylalkohol zugegeben und mit 4 g frisch dargestelltem, im Exsiccator sorgfältig getrocknetem Silberoxyd 2—3 Stunden auf der Maschine geschüttelt, bis eine filtrierte Probe, mit Wasser und Silbernitrat gekocht, keinen Niederschlag von Bromsilber mehr gibt. Die Lösung wird durch ein mit Tierkohle gedichtetes Filter filtriert, der Äther verdampft und der überschüssige Benzylalkohol mit Wasserdampf abdestilliert. Es bleibt ein gelblich gefärbtes Öl, das beim Erkalten krystallinisch erstarrt. Ein kleiner Teil ist in dem Wasser gelöst und fällt beim Erkalten in weißen Nädelchen aus. Das Rohprodukt krystallisiert aus heißem 50-proz. Alkohol in langen weißen, seideglänzenden Nadeln. Ausbeute 3,9 g, die Mutterlauge gab beim Eindampfen noch 0,7 g eines etwas unreineren Produktes, im ganzen also 4,6 g oder 72% der Theorie. Zur Analyse wurde noch zweimal aus verdünntem Alkohol umkrystallisiert und im Vakuumexsiccator getrocknet.

0,1665 g Subst.: 0,3523 g CO_2, 0,0906 g H_2O.

$C_{21}H_{26}O_{10}$ (438,2):	Ber.	C 57,51, H 5,98.
	Gef.	„ 57,76, „ 6,09.

Die Drehung wurde in alkoholischer Lösung bestimmt, der geringen Löslichkeit wegen konnte nur eine verdünnte Lösung angewandt werden.

0,1094 g Substanz. Gesamtgewicht der Lösung 5,2800 g. $d_4^{22} = 0,7945$. Drehung im 2-dm-Rohr bei 22° für Natriumlicht 1,63° ($\pm$ 0,02°) nach links. Mithin

$$[\alpha]_D^{22} = -49,51° (\pm 0,6°) .$$

Zwei weitere Bestimmungen gaben —49,67° ($\pm$ 0,6°) und —48,29°.

Der Körper schmilzt nicht scharf zwischen 96 und 101° (korr.). Er ist in Methylalkohol, Äther, Aceton, Essigäther, Benzol, Chloroform sehr leicht löslich, etwas schwerer in kaltem Äthylalkohol, schwer in Wasser, sehr schwer in Petroläther und Ligroin. Fehlingsche Lösung wird auch beim Kochen nicht reduziert. Durch längeres Erwärmen mit verdünnter Salzsäure auf dem Wasserbad wird er hydrolysiert.

β-Benzyl-*d*-glucosid, $C_7H_7 \cdot O \cdot C_6H_{11}O_5$.

4 g Tetracetylbenzylglucosid wurden mit einer Lösung von 16 g krystallisiertem Bariumhydroxyd in 240 ccm Wasser geschüttelt. Schon nach einer Stunde war die Hauptmenge in Lösung gegangen. Es wurde

noch 15 Stunden weitergeschüttelt, dann der überschüssige Baryt mit Kohlensäure ausgefällt und die durch Zentrifugieren und Filtrieren möglichst geklärte Lösung unter vermindertem Druck bei 40—50° zur Trockne verdampft. Als der Rückstand mehrfach mit Alkohol ausgekocht und der alkoholische Auszug verdampft war, blieb ein schwach gelblich gefärbter Sirup, der nach kurzer Zeit krystallinisch erstarrte. Das Glucosid krystallisierte aus wenig warmem Essigäther in kleinen biegsamen Nädelchen. Ausbeute 2,1 g. Die Mutterlauge gab auf vorsichtigen Zusatz von Petroläther noch 0,3 g. Zusammen also 2,4 g oder 97% der Theorie. Um ein völlig aschefreies Produkt zu erhalten, wurde es mittels des Soxhletapparates aus Äther umkrystallisiert.

0,1233 g der im Exsiccator getrockneten Substanz verloren 2,5 mg bei 100° über Phosphorsäureanhydrid bei 12 mm Druck und gaben dann folgende Zahlen:

0,1208 g Sbst.: 0,2547 g CO_2, 0,0723 g H_2O.
$C_{13}H_{18}O_6$ (270,14): Ber. C 57,75, H 6,72.
Gef. „ 57,50, „ 6,70.

Zur optischen Bestimmung diente die wäßrige Lösung der getrockneten Substanz.

I. 0,1545 g Substanz. Gesamtgewicht der Lösung 3,5474 g. $d_4^{20} = 1{,}012$. Drehung bei 20° im 1-dm-Rohr für Natriumlicht 2,45° (± 0,02°) nach links. Mithin

$$[\alpha]_D^{20} = -55{,}59^\circ (\pm 0{,}4^\circ).$$

II. 0,2273 g Substanz. Gesamtgewicht der Lösung 5,2140 g. $d_4^{20} = 1{,}012$. Drehung bei 20° im 1-dm-Rohr für Natriumlicht 2,46° (± 0,02°) nach links. Mithin

$$[\alpha]_D^{20} = -55{,}76^\circ (\pm 0{,}4^\circ).$$

Die getrocknete Substanz schmilzt bei 123—125° (korr.). Das Glucosid ist in Wasser und Alkohol sehr leicht löslich, ziemlich schwer in Essigäther und Aceton, sehr schwer in Chloroform, Benzol und Äther, unlöslich in Petroläther.

Beim Verdunsten der wäßrigen Lösung bleibt es in langen wasserhaltigen Nadeln zurück.

0,1943 g der lufttrockenen Substanz verloren beim Trocknen über Phosphorsäureanhydrid bei 15 mm Druck und 100° 0,0053 g.

Aus wenig Essigäther krystallisiert die Substanz in feinen wasserhaltigen Nädelchen. Aus der kalten Lösung in Essigäther fällt das reine Glucosid durch Petroläther sofort krystallinisch, das unreine erst ölig und erstarrt dann. Es ist geruchlos, schmeckt stark bitter und reduziert Fehlingsche Lösung nicht. Durch heiße verdünnte Salzsäure wird es rasch hydrolysiert. Auch durch Emulsin wird es leicht gespalten. 0,3004 g Substanz wurden in 20 ccm Wasser gelöst, mit 0,15 g

Emulsin (käuflichem) versetzt und 24 Stunden im Brutraum aufbewahrt, die Flüssigkeit roch deutlich nach Benzylalkohol und nach dem Ausfällen der Proteine mit Natriumacetat ergab die Titration mit Fehlingscher Lösung 0,160 g Traubenzucker, während 0,200 g hätten entstehen können. Von dem Glucosid waren also 80% gespalten. Eine Vergleichsprobe ohne Emulsin zeigte bei der gleichen Behandlung keine Hydrolyse.

Aus der Tetracetylverbindung kann das Glucosid auch durch Verseifung mit Ammoniak erhalten werden. 1 g Tetracetylkörper wurde mit 65 ccm einer 2,5-proz. Ammoniaklösung geschüttelt. Da nur sehr langsam Lösung erfolgte, wurden noch 20 ccm Alkohol zugegeben. Nach zehnstündigem Schütteln wurde die nun fast klare Lösung filtriert und im Vakuum eingedampft. Der zurückbleibende Sirup wurde mit Essigester ausgezogen und die Lösung auf dem Wasserbad stark eingeengt. Beim Erkalten schieden sich 0,23 g des Glucosids in feinen Nädelchen aus. Der getrocknete Körper zeigte die gleiche Drehung wie der mit Baryt erhaltene:

$$[\alpha]_D^{20} = -55{,}44^\circ\ (\pm 0{,}8^\circ).$$

Tetracetyl-β-cyclohexanol-d-glucosid, $C_6H_{11}\cdot C_6H_7O_6\cdot(C_2H_3O)_4$.

Auf dieselbe Weise wie bei dem Tetracetylbenzylglucosid wurden aus 6 g Actobromglucose, 20 g trocknem Cyclohexanol und 3 g Silberoxyd 5,2 g Rohprodukt erhalten. Nach einmaligem Umkrystallisieren aus 25proz. Alkohol betrug die Ausbeute an reinem Acetylkörper 4,1 g oder 65% der Theorie. Er bildet lange seideglänzende Nadeln. Zur Analyse und optischen Bestimmung wurde noch zweimal aus verdünntem Alkohol umkrystallisiert und im Vakummexsiccator getrocknet.

0,1715 g Sbst.: 0,3486 g CO_2, 0,1080 g H_2O.

$C_{20}H_{30}O_{10}$ (430,23): Ber. C 55,78, H 7,03.
Gef. „ 55,44, „ 7,05.

I. 0,1297 g Substanz. Gesamtgewicht der alkoholischen Lösung 5,6072 g. $d_4^{21} = 0{,}7939$. Drehung bei 21° im 2-dm-Rohr für Natriumlicht 1,08° ($\pm$ 0,02°) nach links. Mithin

$$[\alpha]_D^{21} = -29{,}41^\circ\ (\pm 0{,}5^\circ).$$

II. 0,1193 g Substanz. Gesamtgewicht der Lösung 5,7458 g. $d_4^{22} = 0{,}7936$. Drehung bei 22° im 2-dm-Rohr für Natriumlicht 0,98° ($\pm$ 0,02°) nach links. Mithin

$$[\alpha]_D^{22} = -29{,}74^\circ\ (\pm 0{,}5^\circ).$$

Die Substanz schmilzt bei 120—121° (korr.). Sie ist in Chloroform, Benzol, Äther, Essigäther, Methylalkohol und heißem Äthylalkohol sehr leicht löslich, etwas schwerer in kaltem Äthylalkohol, sehr schwer in Wasser und unlöslich in Petroläther.

β-Cyclohexanol-d-glucosid, $C_6H_{11} \cdot O \cdot C_6H_{11}O_5$.

Die Verseifung erfolgte auf die gleiche Weise wie bei dem Benzylglucosid. Nach dem Verdampfen der alkoholischen Auszüge blieb ein schwach gelb gefärbter Sirup zurück, der nach 24 Stunden schöne sternenförmig angeordnete Nadeln abzuscheiden begann und nach 48 Stunden völlig erstarrt war. Das so gewonnene Glucosid enthält stets noch etwas Barium, von dem es durch Umkrystallisieren schwer getrennt werden kann. Es wurde daher in wenig Wasser gelöst und mit 0,7 ccm einer 10proz. Ammonsulfatlösung versetzt. Die vom Bariumsulfat abfiltrierte Lösung wurde im Vakuum eingedampft und mit Essigäther ausgezogen. Beim Erkalten krystallisierte nach dem Impfen das reine Glucosid in zu dicken Krusten vereinigten Nädelchen. Die Ausbeute an reinem Produkt betrug aus 4,5 g Tetracetylverbindung 2,45 g; aus der Mutterlauge konnte durch Eindampfen noch 0,1 g erhalten werden, zusammen 2,55 g oder 93% der Theorie. Zur Analyse und optischen Bestimmung wurde noch einmal aus Benzol (auf 1 g Glucosid etwa 300 ccm) umkrystallisiert und im Exsiccator über Phosphorsäureanhydrid getrocknet.

0,1678 g Sbst.: 0,3388 g CO_2, 0,1269 g H_2O.

$C_{12}H_{22}O_6$ (262,18): Ber. C 54,92, H 8,46.
Gef. „ 55,06, „ 8,46.

Zur optischen Bestimmung diente eine wäßrige Lösung der getrockneten Substanz.

0,2323 g Substanz. Gesamtgewicht 2,3711 g. $d_4^{20} = 1,025$. Drehung bei 20° im 1-dm-Rohr für Natriumlicht 4,16° (± 0,02°) nach links. Mithin

$$[\alpha]_D^{20} = -41,43° (\pm 0,2°).$$

Zwei weitere Bestimmungen ergaben —41,55° (± 0,3°) und —41,13°.

Das getrocknete Glucosid schmilzt nicht scharf bei 133—137° (korr.) nach geringem Sintern. Es ist in Wasser, Alkohol und Aceton sehr leicht löslich, dann sukzessiv schwerer in Chloroform, Essigester, Benzol, Äther und Petroläther. Es schmeckt sehr bitter.

0,3263 g des Glucosids wurden in 20 ccm Wasser gelöst und mit 0,16 g Emulsin 24 Stunden im Brutraum aufbewahrt. Die Flüssigkeit roch deutlich nach Cyclohexanol, und nach dem Ausfällen der Proteine mit Natriumacetat wurden durch Titration mit Fehlingscher Lösung 0,158 g Traubenzucker festgestellt. Es waren also 70% des Glucosids hydrolysiert.

Tetracetyl-β-geraniol-d-glucosid, $C_{10}H_{17} \cdot C_6H_7O_6 \cdot (C_2H_3O)_4$.

Wie in den vorigen Fällen wurden Geraniol und Acetobromglucose in Äther mit Silberoxyd geschüttelt und das überschüssige Geraniol mit

Wasserdampf abgeblasen. Da das zurückbleibende Öl nicht krystallisierte und noch schwach nach Geraniol roch, wurde es nach Abgießen des überstehenden Wassers nochmals 2 Stunden lang mit Wasserdampf behandelt. Nach 14-tägigem Stehen im Eisschrank war der Sirup krystallinisch erstarrt und die Masse konnte nun aus verdünntem Alkohol umkrystallisiert werden. Diese Krystalle dienten bei den nachfolgenden Versuchen zum Impfen. Es war dann nur nötig, einmal das Geraniol mit Wasserdampf abzudestillieren. Das aus 18 g Geraniol und 6 g Acetobromglucose erhaltene Öl wurde nach dem Impfen bei dreitägigem Aufbewahren im Eisschrank fest. Die schwach gelbe Masse wurde in 40 ccm Alkohol gelöst und mit etwa 120 ccm Wasser versetzt. Beim Erkalten fiel das Tetracetylgeraniolglucosid erst ölig aus, krystallisierte aber nach dem Impfen beim Stehen im Eisschrank langsam in weißen Nädelchen. Die Ausbeute betrug 4,1 g oder 58% der Theorie. Da das Tetracetylgeraniolglucosid in Berührung mit Wasser schon gegen 20° schmilzt, so mußte das Abfiltrieren und Trocknen in einem kühlen Raum vorgenommen werden. Zur Analyse und optischen Bestimmung wurde noch zweimal aus verdünntem Alkohol umkrystallisiert und im Vakuumexsiccator getrocknet.

0,1980 g Sbst.: 0,4309 g CO_2, 0,1335 g H_2O.
$C_{24}H_{36}O_{10}$ (484,29): Ber. C 59,47, H 7,49.
Gef. „ 59,35, „ 7,55.

I. 0,1349 g Substanz. Gesamtgewicht der alkoholischen Lösung 5,6725 g. $d_4^{22} = 0,7935$. Drehung im 2-dm-Rohr bei 22° für Natriumlicht 0,95° (± 0,01°) nach links. Mithin

$$[\alpha]_D^{22} = -25,17° (\pm 0,25°) .$$

II. 0,1315 g Substanz. Gesamtgewicht der Lösung 5,5775 g. $d_4^{22} = 0,7937$. Drehung im 2-dm-Rohr bei 22° für Natriumlicht 0,94° (± 0,01) nach links. Mithin

$$[\alpha]_D^{22} = -25,12° (\pm 0,25°) .$$

Das Tetracetylgeraniolglucosid ist in reinem Zustand weiß und geruchlos. Es schmilzt bei 29—30° zu einer farblosen Flüssigkeit. Es ist in Alkohol, Aceton, Äther, Essigester, Chloroform und Benzol sehr leicht löslich, schwer in Wasser und in Petroläther.

β-Geraniol-*d*-glucosid, $C_{10}H_{17} \cdot O \cdot C_6H_{11}O_5$.

Zur Verseifung wurden 4,1 g Tetracetylverbindung mit einer Lösung von 16 g Bariumhydroxyd in 240 ccm Wasser unter Zusatz von 80 ccm Alkohol bei etwa 20° geschüttelt. Nach 15 Stunden war fast alles in Lösung gegangen. Das Glucosid wurde ebenso wie das Cyclohexanolglucosid isoliert. Nur ist zu beachten, daß die mit Kohlensäure behandelte wäßrige Lösung beim Verdampfen unter geringem Druck stark schäumt, weshalb man sie am besten in das Siedegefäß eintropfen läßt. Zum Schluß wird das Glucosid mit Ammonsulfat von einem geringen Rest Barium befreit und aus Essigäther umkrystallisiert. Beim Impfen und Abkühlen in einer Kältemischung krystallisierten 1,9 g reines Glucosid in zentimeterlangen, feinen, wasserhaltigen Nadeln aus. Aus der Mutterlauge konnten mit Petroläther noch 0,3 g gefällt werden. Die Ausbeute betrug also 2,2 g oder 82% der Theorie.

Zur Analyse wurde noch einmal aus Essigäther umkrystallisiert und erst im Vakuumexsiccator, dann im Acetondampf bei 12 mm Druck über Phosphorpentoxyd getrocknet. Dabei sinterte die Substanz stark zusammen. 0,1772 g Substanz verloren 5 mg.

0,1722 g Sbst.: 0,3811 g CO_2, 0,1378 g H_2O.

$C_{16}H_{28}O_6$ (316,22): Ber. C 60,72, H 8,92.
Gef. „ 60,36, „ 8,96.

Die lufttrockene Substanz gab folgende Zahlen:

0,1937 g lufttrockne Sbst.: 0,4057 g CO_2, 0,1573 g H_2O.

$C_{16}H_{28}O_6 \cdot H_2O$ (334,24): Ber. C 57,44, H 9,05.
Gef. „ 57,12, „ 9,09.

Zur optischen Bestimmung wurde die wäßrige Lösung der im Ätherdampf bei 12 mm Druck über Phosphorpentoxyd getrockneten Substanz benützt.

0,1640 g Substanz. Gesamtgewicht der Lösung 2,1572 g. d_4^{27} = 1,010. Drehung bei 27° im 1-dm-Rohr für Natriumlicht 2,86° (± 0,02°) nach links. Mithin

$$[\alpha]_D^{27} = -37{,}25^\circ (\pm 0{,}2^\circ).$$

Zwei weitere Bestimmungen ergaben —37,67° (± 0,3°) und — 38,12°.

Das Geraniolglucosid schmeckt sehr bitter. Getrocknet ist es ziemlich hygroskopisch und schmilzt gegen 58° zu einem dicken Sirup. Beim Verdunsten der wäßrigen Lösung bleibt es in schönen, wasserhaltigen Nadeln zurück.

0,1929 g der lufttrocknen Sbst. verloren beim Trocknen bei 36° und 12 mm Druck über Phosphorpentoxyd 0,0093. — 0,1937 g, ebenso getrocknet, verloren 0,0098.

$C_{16}H_{28}O_6 + H_2O$ (334,2): Ber. H_2O 5,39. Gef. 4,82, 5,06.

Das Glucosid ist in Wasser, Alkohol sehr leicht löslich, dann sukzessiv schwerer in Aceton und Essigester, sehr schwer in Äther und Petroläther. Beim Erwärmen mit verdünnten Mineralsäuren wird es sehr rasch hydrolysiert, ebenso durch Emulsin.

0,309 g getrocknete Substanz wurden in 20 ccm Wasser gelöst und mit 0,15 g Emulsin 24 Stunden im Brutraum aufbewahrt. Die Titration mit F e h l i n g scher Lösung gab 0,165 g Traubenzucker. Mithin waren 94% des Glucosids gespalten.

Tetracetyl-β-cetyl-*d*-glucosid, $C_{16}H_{33} \cdot O \cdot C_6H_7O_5 \cdot (C_2H_3O)_4$.

10 g Acetobromglucose und 10 g Cetylalkohol wurden in 100 ccm Äther gelöst und mit 5 g frisch dargestelltem, trocknem Silberoxyd 4 Stunden auf der Maschine geschüttelt. Nach dem Filtrieren durch ein mit Kieselguhr gedichtetes Filter wurde der Äther verdampft. Das zurückbleibende Öl erstarrte beim Abkühlen. Es wurde zerkleinert, mit Wasser angerührt und abgepreßt, und dies so oft wiederholt, bis das Produkt Fehlingsche Lösung nicht mehr reduzierte. Um den überschüssigen Cetylalkohol mit Wasserdampf abzutreiben, mußte die Destillation 24 Stunden lang fortgesetzt werden, wobei etwa 30 Liter Destillat entstanden. Das zurückbleibende, gelbbraune Öl erstarrte beim Erkalten langsam und wurde durch Ausäthern von dem Wasser getrennt. Beim Verdampfen des Äthers blieb das Tetracetylcetylglucosid ölig zurück und erstarrte beim Erkalten. Durch viermaliges Umkrystallisieren aus je 30 ccm Methylalkohol wurde es von dem noch beigemengten Cetylalkohol befreit und bildete dann seideglänzende Nadeln. Die sehr wechselnde Ausbeute betrug im günstigsten Fall 4,6 g oder 33% der Theorie.

Zur Analyse und optischen Bestimmung wurde im Vakuumexsiccator getrocknet.

0,2031 g Sbst.: 0,4702 g CO_2, 0,1682 g H_2O.

$C_{30}H_{52}O_{10}$ (572,42): Ber. C 62,89, H 9,16.
Gef. „ 63,14, „ 9,27.

0,0871 g Substanz. Gesamtgewicht der alkoholischen Lösung 4,7006 g. $d_4^{20} = 0{,}7947$. Drehung im 1-dm-Rohr bei 20° und Natriumlicht 0,29° (± 0,02°) nach links. Mithin

$$[\alpha]_D^{20} = -19{,}69^\circ (\pm 1{,}3^\circ).$$

Zwei weitere Bestimmungen gaben −19,88° (± 0,7°) und −20,19° (± 0,6°).

Das Tetracetyl-cetylglucosid schmilzt nach geringem Sintern bei 71—73° (korr.). Es ist in Alkohol, Äther, Aceton, Chloroform, Essigäther, Benzol sehr leicht löslich, etwas schwerer in kaltem Methylalkohol und Petroläther, leicht in heißem.

Durch verdünnte Salzsäure oder Schwefelsäure wird es, seiner Unlöslichkeit in Wasser wegen, nicht angegriffen. Nach einstündigem Kochen in Eisessig mit einigen Tropfen konz. Salzsäure reduziert es stark Fehlingsche Lösung.

β-Cetyl-*d*-glucosid, $C_{16}H_{33} \cdot O \cdot C_6H_{11}O_5$.

1,5 g Tetracetylverbindung wurden in 80 ccm gewöhnlichem Alkohol gelöst, 3,5 ccm einer 10-proz. Natronlauge zugegeben und eine Stunde auf dem Wasserbad erwärmt. Beim Abkühlen und Zusatz von 400 ccm

Wasser fiel das Glucosid als sehr feine, schlecht filtrierbare Masse aus. Die Flüssigkeit wurde deshalb zentrifugiert und das nun zusammengeballte Glucosid abfiltriert, mit Wasser gewaschen, um das Alkali zu entfernen, im Vakuumexsiccator getrocknet und aus sehr wenig Essigäther (5 ccm) umkrystallisiert. Beim Abkühlen in einer Kältemischung schied sich 1 g Glucosid in kleinen biegsamen Nädelchen aus. Um es völlig zu reinigen, wurde es in 250 ccm Äther durch Kochen am Rückflußkühler gelöst. Nach dem Erkalten krystallisierten glänzende, dendritenförmig verwachsene farblose Nadeln. Zur Analyse und optischen Bestimmung wurde im Vakuumexsiccator über Phosphorpentoxyd getrocknet.

0,1499 g Sbst.: 0,3571 g CO_2, 0,1475 g H_2O. — 0,1620 g Sbst.; 0,3850 g CO_2, 0,1581 g H_2O.

$C_{22}H_{44}O_6$ (404,35): Ber. C 65,29, H 10,97.
Gef. „ 64,97, 64,81, „ 11,01, 10,92.

0,2142 g Substanz. Gesamtgewicht der alkoholischen Lösung 5,6301 g. $d_4^{24} = 0,7937$. Drehung im 2-dm-Rohr bei 24° für Natriumlicht 1,33° (± 0,02°) nach links. Mithin

$$[\alpha]_D^{24} = -22,02^0 (\pm 0,3^0).$$

Zwei weitere Bestimmungen ergaben —21,97° und —21,48°.

Das Cetylglucosid ist geschmacklos. Es hat keinen scharfen Schmelzpunkt. Gegen 78° beginnt es zu sintern. Bei etwa 110° schmilzt es zu durchsichtigen Tröpfchen, die gegen 145° zu einer farblosen Flüssigkeit mit deutlichem Meniskus zusammenfließen. Den Grund für diese Unregelmäßigkeit des Schmelzpunktes haben wir nicht ermitteln können.

Es ist in Benzol, Chloroform, Alkohol sehr leicht löslich, etwas schwerer in Essigäther, noch schwerer in Äther. In Wasser und Petroläther ist es so gut wie unlöslich. Von Fehlingscher Lösung, von verdünnten Mineralsäuren und von Emulsin wird es infolge seiner Unlöslichkeit in Wasser nicht angegriffen. In Eisessig mit einigen Tropfen konz. Salzsäure auf dem Wasserbad eine Stunde lang erwärmt, wird es hydrolysiert.

Tetracetyl-β-d-glucosidoglykolsäureäthylester, $(C_2H_3O)_4 \cdot C_6H_7O_5 \cdot O \cdot CH_2CO_2C_2H_5$.

Beim Übergießen von 65 g Acetobromglucose mit 100 g Glykolsäureäthylester[1]) ging die Hauptmenge in Lösung. Zu dieser Mischung setzten

[1]) Der Ester wurde durch sechsstündiges Kochen von Glykolsäure mit der dreifachen Menge Alkohol, der 10% Schwefelsäure enthielt, dargestellt und dann nach E. Fischer u. A. Speier, Berichte d. D. Chem. Gesellsch. **28**, 3256 [1895], isoliert.

wir unter Umschütteln und Kühlen mit Eis 32 g frisch gefälltes trocknes Silberoxyd in mehreren Portionen. Nach etwa 10 Minuten, als die Flüssigkeit sich nicht mehr erwärmte, wurde noch 2 Stunden auf der Maschine geschüttelt, dann die bromfreie Flüssigkeit filtriert und mit der dreifachen Menge Wasser versetzt. Dabei fiel der Tetracetylglucosidoglykolsäureäthylester als Öl aus, das im Eisschrank nach einer Stunde krystallinisch zu erstarren begann. Da ein anderer Teil des Esters sich bei den abfiltrierten Silberverbindungen befand, so haben wir diese dreimal mit je 20 ccm heißem Alkohol ausgezogen und die vereinigten Auszüge mit 180 ccm Wasser gefällt. Die Niederschläge wurden nach 24-stündigem Aufbewahren im Eisschrank abgesaugt und zusammen in 150 ccm Alkohol gelöst. Nach eintägigem Stehen im Eisschrank war der Ester in weißen Nadeln auskrystallisiert. Die Ausbeute betrug 27 g, aus der Mutterlauge konnten durch Fällen mit Wasser noch 4 g erhalten werden; zusammen 41 g oder 60% der Theorie.

Zur Analyse und optischen Bestimmung wurden 2 g noch zweimal aus je 5 ccm absolutem Alkohol umkrystallisiert und im Vakuumexsiccator getrocknet.

0,1825 g Sbst.: 0,3323 g CO_2, 0,0996 g H_2O.

$C_{18}H_{26}O_{12}$ (434,21): Ber. C 49,75, H 6,04.

Gef. „ 49,66, „ 6,11.

I. 0,1308 g Substanz. Gesamtgewicht der alkoholischen Lösung 5,5634 g. $d_4^{24} = 0,7934$. Drehung im 2-dm-Rohr bei 24° für Natriumlicht 1,49° (± 0,02°) nach links. Mithin

$$[\alpha]_D^{24} = -39,94° (\pm 0,5°) .$$

II. 0,1273 g Substanz. Gesamtgewicht der Lösung 5,6408 g, $d_4^{23} = 0,7940$. Drehung bei 23° für Natriumlicht im 2-dm-Rohr 1,44° (± 0,02°) nach links. Mithin

$$[\alpha]_D^{23} = -40,21° (\pm 0,5°).$$

III. 0,0657 g Substanz (aus Amylalkohol umkrystallisiert). Gesamtgewicht der Lösung in absolutem Alkohol 2,8325 g. d = 0,7960. Drehung im 1-dm-Rohr bei 20° für Natriumlicht 0,75° nach links. Mithin

$$[\alpha]_D^{20} = -40,62° .$$

Die reine Substanz schmilzt nach geringem Sintern bei 83—84° (korr.). Zur Darstellung der Glucosidoglykolsäure wurden auch tiefer schmelzende Produkte verwandt, wie man sie nach einmaligem Umkrystallisieren erhält.

Sie ist in heißem Äthylalkohol, Äther, Aceton, Essigester, Chloroform sehr leicht löslich, etwas schwerer in kaltem Alkohol und in Benzol, ziemlich schwer in Wasser, so gut wie unlöslich in Petroläther. Die wäßrige Lösung reagiert nach kurzem Kochen sauer.

β-d- Glucosidoglykolsäure, $C_6H_{11}O_5 \cdot O \cdot CH_2COOH$.

Beim Schütteln von 4 g Tetracetylester mit 300 ccm $^n/_5$-Barytwasser war nach 20 Stunden völlige Lösung eingetreten. Der Baryt wurde nun mit Schwefelsäure genau ausgefällt, die stark saure Lösung durch Zentrifugieren möglichst geklärt und bei 40—50° unter vermindertem Druck eingedampft. Der Rückstand wurde viermal mit je 10 ccm kaltem Methylalkohol ausgeschüttelt und dann noch dreimal mit je 15 ccm Methylalkohol ausgekocht. Die vereinigten kalten Auszüge (40 ccm) gaben beim Versetzen mit 150 ccm absolutem Äther einen geringen flockigen Niederschlag. Er wurde abfiltriert und das Filtrat mit weiteren 300 ccm Äther versetzt; dabei fiel die Glucosidoglykolsäure als weißes Öl aus, das sich beim Schütteln nicht zusammenballte. Nach dreitägigem Stehen im Eisschrank hatte sie sich in Form von kleinen, derben, zu Drusen vereinigten Blättchen an der Gefäßwand festgesetzt. Sie wurde abgesaugt und mit Äther gewaschen. Die Ausbeute betrug 1,35 g; aus den heißen Methylalkoholauszügen konnte durch Einengen bei gewöhnlicher Temperatur und Fällen mit Äther noch 0,2 g eines etwas unreineren Produktes gewonnen werden. Zusammen also 1,55 g oder 71% der Theorie.

Zur Analyse und optischen Bestimmung wurde im Vakuumexsiccator über Phosphorsäureanhydrid getrocknet.

0,1559 g Sbst.: 0,2288 g CO_2, 0,0854 g H_2O.

$C_8H_{14}O_8$ (238,11): Ber. C 40,32, H 5,93.
Gef. „ 40,03, „ 6,13.

I. 0,1683 g Substanz. Gesamtgewicht der wäßrigen Lösung 1,8733 g. $d_4^{21} = 1,032$. Drehung bei 21° im 1-dm-Rohr für Natriumlicht 4,09° (± 0,02°) nach links. Mithin

$$[\alpha]_D^{21} = -44,11° (\pm 0,2°).$$

II. 0,1418 g Substanz. Gesamtgewicht 1,5652 g. $d_4^{21} = 1,031$. Drehung für Natriumlicht bei 21° im 1-dm-Rohr 4,09° nach links (± 0,02°). Mithin

$$[\alpha]_D^{21} = -43,79° (\pm 0,2°).$$

Die Glucosidoglykolsäure schmilzt bei 165—167° (korr.). Sie schmeckt ziemlich stark sauer, etwa wie Äpfelsäure, und ist in Wasser sehr leicht löslich. Von heißem Methylalkohol wird sie ziemlich rasch gelöst, viel schwerer schon von Äthylalkohol. In den anderen gewöhnlichen Lösungsmitteln ist sie schwer- bis unlöslich.

Die konzentrierte wäßrige Lösung wird durch eine 10-proz. Lösung von zweifach basischem Bleiacetat nicht gefällt. Die Säure reduziert Fehlingsche Lösung nicht. Durch einstündiges Erwärmen mit verdünnter Salzsäure auf dem Wasserbad wird sie hydrolysiert. Von Emulsin wird weder die freie Säure noch ihr Calciumsalz (s. u.) angegriffen.

Selbst nach achttägigem Aufbewahren mit der doppelten Menge Emulsin, käuflichem sowohl wie aus Aprikosenkernen hergestelltem[1]), im Brutraume konnte keine Spaltung festgestellt werden.

Die bisher untersuchten Salze sind alle in Wasser leicht löslich. Die wäßrige Lösung der Säure löst Calciumcarbonat beim Schütteln in der Kälte auf. Nach dem Filtrieren und Verdunsten bleibt das Calciumsalz in amorphen, glasigen Krusten zurück. Es wurde im Alkoholdampf bei 15 mm Druck über Phosphorpentoxyd getrocknet.

0,0663 g Sbst.: 0,0076 g CaO. — 0,1068 g Sbst.: 0,0123 g CaO.

$(C_8H_{13}O_8)_2Ca$ (514,30): Ber. Ca 7,80. Gef. 8,19, 8,23.

Auf die gleiche Weise wurden das Zink-, Barium-, Blei- und Quecksilbersalz, alle in amorphem Zustand, dargestellt.

Krystallisiert haben wir nur das Natriumslaz erhalten. 0,5 g Säure wurden in 10 ccm Methylalkohol heiß gelöst und mit methylalkoholischer Natronlauge tropfenweise versetzt bis zur schwach alkalischen Reaktion. Der dabei entstehende geringe Niederschlag wurde abfiltriert. Aus dem Filtrat hatten sich nach 24-stündigem Stehen im Eisschrank mikroskopische, zu kugeligen Aggregaten vereinigte Blättchen abgeschieden. Die Ausbeute betrug 0,3 g. Zur Analyse wurde im Alkoholdampf bei 15 mm Druck über Phosphorpentoxyd getrocknet.

0,1482 g Sbst.: 0,0401 g Na_2SO_4.

$C_8H_{13}O_8Na$ (260,10): Ber. Na 8,84. Gef. 8,76.

Die wäßrige Lösung des Salzes reagiert neutral.

β-*d*-Glucosidoglykolsäureamid, $C_6H_{11}O_5 \cdot O \cdot CH_2CONH_2$.

Eine Lösung von 12 g Tetracetylglucosidoglykolsäureäthylester in 18 ccm Methylalkohol wurde durch eine Kältemischung gekühlt, mit Ammoniakgas gesättigt, 24 Stunden im Eisschrank aufbewahrt, dann unter geringem Druck zum Sirup eingedampft und dieser schnell in 30 ccm heißem absolutem Alkohol gelöst. Beim Reiben und Abkühlen begann das Glucosid bald, sich in kleinen, zu Krusten vereinigten Drusen abzusetzen. Nach 12stündigem Stehen betrug ihre Menge 5,4 g oder 82% der Theorie.

Zur Analyse wurden 1,8 g aus 100 ccm absolutem Alkohol umkrystallisiert und so in kleinen, zum Teil schön ausgebildeten, sechsseitigen Prismen erhalten. Sie wurden im Vakuumexsiccator getrocknet.

0,1588 g Sbst. 0,2341 g CO_2 und 0,0944 g H_2O.

0,1664 g „ 8,1 ccm Stickgas über 33-prozentiger Kalilauge bei 12,5° und 752 mm Druck.

$C_8H_{15}O_7N$ (237,13). Ber. C 40,48, H 6,38, N 5,91

Gef. „ 40,21, „ 6,65, „ 5,70.

[1]) Bertrand und Compton, Bull. Soc. Chim. Paris [4] VII, 996 [1910].

I. (Analysensubstanz) 0,2111 g. Gesamtgewicht der wäßrigen Lösung 2,0995. $d_4^{18} = 1,034$. Drehung im 1-dm-Rohr bei 18° für Natriumlicht 4,45° (± 0,03) nach links. Mithin

$$[\alpha]_D^{18} = -42,80° (\pm 0,3°) .$$

II. (Noch einmal aus Alkohol umkrystallisiert) 0,1252 g Substanz. Gesamtgewicht der Lösung 1,2751. $d_4^{18} = 1,034$. Drehung im 1-dm-Rohr bei 18° für Natriumlicht 4,39° (± 0,02°) nach links. Mithin

$$[\alpha]_D^{18} = -43,24° (\pm 0,2°) .$$

Das Amid beginnt gegen 162° zu sintern und schmilzt bei 167° (korr.). Es schmeckt süß mit bitterem Nachgeschmack. In Wasser ist es sehr leicht löslich, in Methylalkohol ziemlich leicht, in Äthylalkohol schwer, in den anderen gewöhnlichen organischen Lösungsmitteln sehr schwer- bis unlöslich.

Durch Kochen mit verdünnter Salzsäure wird es leicht hydrolysiert. Auch durch Emulsin wird es ziemlich rasch angegriffen.

0,1418 g Substanz wurden in 5 ccm Wasser gelöst und mit 0,1 g Emulsin (käufl.) 24 Stunden im Brutraume aufbewahrt. Nach dem Ausfällen der Proteine mit Natriumacetat ergab die Titration mit Fehlingscher Lösung 0,075 g Traubenzucker. Mithin waren etwa 70% des Glucosids gespalten.

Verschiedene Versuche, die Amidgruppe durch Wasserentziehung in Nitril zu verwandeln, sind erfolglos geblieben. Bei der Behandlung mit Essigsäureanhydrid erhielten wir statt des acetylierten Nitrils ein Produkt, dessen Analyse am besten auf ein *Pentacetat* des *Glucosidoglykolsäureamids* stimmt. Man kann sich die Bildung eines solchen Körpers durch die Annahme, daß ein Acetyl in die Amidgruppe eintritt, erklären. Wir bemerken jedoch ausdrücklich, daß die Verbindung nicht genügend untersucht ist, um ein abschließendes Urteil über ihre Struktur abzugeben.

3 g Glucosidoglykolsäureamid wurden mit 60 ccm frisch destilliertem Essigsäureanhydrid 4 Stunden am Rückflußkühler gekocht, das überschüssige Essigsäureanhydrid im Vakuum bei 70—80° möglichst verdampft, der sirupöse Rückstand mit 90 ccm absolutem Äther durch kurzes Kochen aufgenommen und die trübe, schwach gelbe Flüssigkeit, ohne zu filtrieren, in den Eisschrank gestellt. Nach 24 Stunden hatten sich kleine Nadeln in kugeligen Aggregaten an den Wänden festgesetzt. Sie wurden abfiltriert und aus 15 ccm Methylalkohol umkrystallisiert. Die Ausbeute betrug 1,3 g. Die ätherische Mutterlauge wurde auf dem Wasserbade verdampft, der zurückbleibende gelbe Sirup mit 50 ccm Äther übergossen und in den Eisschrank gestellt. Nach 3 Tagen konnte so noch 1 g allerdings ziemlich unreinen Produktes gewonnen werden. Die Gesamtausbeute betrug also 2,3 g oder etwa 41% der Theorie.

Zur Analyse wurde das Amid noch fünfmal aus Methylalkohol umkrystallisiert und so in rein weißen Nadeln erhalten, die nicht scharf bei 146—149° (korr.) schmolzen.

0,1710 g Sbst.: 0,3029 g CO_2, 0,0889 g H_2O. — 0,1865 g Sbst.: 4,8 ccm Stickgas über 33-proz. Kalilauge bei 19° und 752 mm Druck. — 0,2000 g Sbst.: 5,2 ccm Stickgas ebenso bei 17° und 768 mm Druck.

$C_{18}H_{25}O_{12}N$ (447,21): Ber. C 48,30, H 5,64, N 3,13.
Gef. „ 48,31, „ 5,82, „ 2,94, 3,06.

Der Körper ist sehr leicht löslich in Essigester und Chloroform, etwas schwerer in Alkohol und Benzol, schwer in Äther und sehr schwer in Petroläther und Ligroin. In kaltem Wasser ist er nur wenig löslich, durch heißes wird er ziemlich rasch zerstört.

Durch 20-stündiges Stehen mit überschüssigem methylalkoholischem Ammoniak wurde er in Glucosidoglykolsäureamid zurückverwandelt.

Um zu prüfen, ob die bequeme Darstellungsweise der Acetobromglucose aus Pentacetat und Eisessig-Bromwasserstoff auch bei anderen Acylderivaten der Glucose brauchbar sei, haben wir ihre Pentabenzoylverbindung der gleichen Behandlung unterworfen und so in der Tat ein analoges Benzoylbromderivat $(C_7H_5O)_4 \cdot Br \cdot C_6H_7O_5$ erhalten. Bei der Behandlung mit Methylalkohol und Silberoxyd tauscht es ebenfalls sein Brom gegen Methoxyl aus und durch nachträgliche Abspaltung der Benzoylgruppen erhielten wir β-Methylglucosid. Wir geben dementsprechend der Bromverbindung den Namen *β-Benzobrom-d-glucose.*

Die von Skraup[1]) zuerst dargestellte *Pentabenzoylglucose* haben wir im wesentlichen nach der späteren Vorschrift von Panormoff[2]) dargestellt. Da wir in der Literatur keine Angabe über das Drehungsvermögen fanden, so haben wir es für die Lösung in Chloroform bestimmt.

I. 0,2696 g Substanz. Gesamtgewicht der Lösung 3,2347 g. $d_4^{19} = 1,452$. Drehung bei 19° für Natriumlicht im 1-dm-Rohr 3,07° (± 0,02°) nach rechts. Mithin

$$[\alpha]_D^{19} = +25,37° (\pm 0,2°) .$$

II. 0,2510 g Substanz. Gesamtgewicht der Lösung 3,1937 g. $d_4^{20} = 1,453$. Drehung für Natriumlicht bei 20° im 1-dm-Rohr 2,90° nach rechts. Mithin

$$[\alpha]_D^{20} = +25,40° (\pm 0,2°) .$$

β-Benzobrom-*d*-glucose, $(C_7H_5O)_4 \cdot Br \cdot C_6H_7O_5$.

8 g Pentabenzoylglucose wurden in 120 ccm Eisessig heiß gelöst, die Lösung nach dem Abkühlen auf Zimmertemperatur mit 100 g einer ge-

---

[1]) Monatshefte f. Chemie **10**, 396 [1889].

[2]) Chem. Centralbl. **1891**, II, 853.

sättigten Lösung von Bromwasserstoff in Eisessig versetzt und eine Stunde bei etwa 18° aufbewahrt. Die schwach gelbe Flüssigkeit wurde dann in 1 Liter eiskaltes Wasser gegossen, der entstehende Niederschlag abgesaugt, mit viel kaltem Wasser gewaschen und im Vakuumexsiccator über Phosphorpentoxyd getrocknet. Ausbeute etwa 8 g. Löst man diese in 300 ccm heißem Ligroin, so fällt beim Erkalten ein zwar amorphes, aber doch recht reines Produkt aus (6 g). Um es krystallisiert zu gewinnen, löst man in etwa 15 Teilen Amylalkohol bei 80—90° und kühlt sehr langsam ab, wobei in der Regel feine weiße Nädelchen ausfallen.

Zur Analyse wurde im Vakuumexsiccator getrocknet.

Der amorphe Körper gab:

0,1709 g Sbst.: 0,3892 g CO_2, 0,0659 g H_2O. — 0,2014 g Sbst.: 0,0560 g AgBr.

$C_{34}H_{27}O_9Br$ (659,14): Ber. C 61,90, H 4,13, Br 12,13.
Gef. „ 62,11, „ 4,32, „ 11,83.

Die krystallisierte Substanz gab:

0,1610 g Sbst.: 0,3687 g CO_2, 0,0614 g H_2O. — 0,1949 g Sbst.: 0,0537 g AgBr.
Gef. C 62,46, H 4,27, Br 11,73.

Das Drehungsvermögen wurde in Toluollösung bestimmt.

I. 0,2925 g Substanz (amorph). Gesamtgewicht der Lösung 2,4608 g, $d_4^{20} = 0,9051$. Drehung bei 20° für Natriumlicht im 1-dm-Rohr 14,88° nach rechts. Mithin

$$[\alpha]_D^{20} = +138,3^\circ .$$

II. 0,2166 g Substanz (krystallisiert). Gesamtgewicht der Lösung 1,9385 g, $d_4^{20} = 0,9009$. Drehung bei 20° für Natriumlicht im 1-dm-Rohr 14,57° (± 0,03°) nach rechts. Mithin

$$[\alpha]_D^{20} = 144,7^\circ (\pm 0,3^\circ) .$$

III. 0,1841 g Substanz (krystallisiert). Gesamtgewicht der Lösung 1,6914 g, $d_4^{19} = 0,9013$. Drehung bei 19° für Natriumlicht im 1-dm-Rohr 14,23° (± 0,03°) nach rechts. Mithin

$$[\alpha]_D^{19} = +145,1^\circ (\pm 0,3^\circ) .$$

Die krystallisierte Benzobromglucose schmolz bei 125—128° (korr.). Sie war sehr leicht löslich in Aceton, Essigäther, Chloroform, Benzol, Toluol, zeimlich leicht in Äther und Alkohol, ziemlich schwer in Methylalkohol, schwer in Petroläther, so gut wie unlöslich in Wasser.

Tetrabenzoyl-*β*-methyl-*d*-glucosid, $CH_3 \cdot C_6H_7O_6 \cdot (C_7H_5O)_4$.

11 g Benzobromglucose wurden mit 300 ccm Methylalkohol aufgekocht, wobei nur ein Teil in Lösung ging, die noch warme Flüssigkeit mit 5 g frischem trockenem Silberoxyd versetzt und 6 Stunden auf der Maschine geschüttelt. Dann wurden noch 100 ccm Methylalkohol zugegeben, kurze Zeit am Rückflußkühler gekocht und filtriert. Im

Filtrat hatte sich nach 24-stündigem Stehen in Eis das Tetrabenzoylmethylglucosid in weißen Nädelchen ausgeschieden. Die Mutterlauge wurde wiederholt zum Auskochen der Silbersalze benutzt und gab beim Abkühlen neue Krystallisationen. Gesamtausbeute 7 g oder 69% der Theorie.

Zur Analyse und optischen Bestimmung wurden 2 g aus 300 ccm Methylalkohol umkrystallisiert und im Vakuumexsiccator getrocknet.

0,1821 g Sbst.: 0,4591 g CO_2, 0,0816 g H_2O.

$C_{35}H_{31}O_{10}$ (610,24): Ber. C 68,83, H 4,96.
Gef. „ 68,76, „ 5,01.

I. 0,2062 g Substanz. Gesamtgewicht der Lösung in Chloroform 2,8826 g, $d_4^{19} = 1,471$. Drehung bei 19° für Natriumlicht im 1-dm-Rohr 3,24° (± 0,02°) nach rechts. Mithin

$$[\alpha]_D^{19} = +30,79^\circ\ (\pm 0,2^\circ).$$

II. 0,2112 g Substanz. Gesamtgewicht der Lösung 2,9839 g. $d_4^{20} = 1,468$. Drehung bei 20° für Natriumlicht im 1-dm-Rohr 3,22° (± 0,03°) nach rechts. Mithin

$$[\alpha]_D^{20} = +30,99^\circ\ (\pm 0,3^\circ).$$

Der Körper schmilzt bei 160—162° (korr.). Er ist in Aceton, Chloroform und Essigester sehr leicht löslich, schwer in Äthylalkohol, noch schwerer in Äther und so gut wie unlöslich in Wasser und Petroläther.

Um die Verbindung in β-Methylglucosid zu verwandeln, haben wir 5 g mit einer Lösung von 5 g Natrium in 250 ccm gewöhnlichem Alkohol 6 Stunden auf der Maschine geschüttelt, dann vom ausgeschiedenen Natriumbenzoat filtriert und unter vermindertem Druck zur Trockne verdampft. Der Rückstand wurde mit 50 ccm Wasser aufgenommen, unter Kühlung mit verdünnter Schwefelsäure übersättigt, die Benzoesäure ausgeäthert, dann die Lösung mit Natronlauge genau neutralisiert und unter vermindertem Druck zur Trockne verdampft. Aus dem Rückstand ließ sich das β-Methylglucosid durch Auskochen mit Alkohol- und Krystallisation der eingeengten Lösung leicht isolieren. Die Ausbeute war fast quantitativ. Das β-Methylglucosid wurde identifiziert durch den Schmelzpunkt, das Verhalten gegen Emulsin, die spezifische Drehung (gefunden $[\alpha]_D^{20} = -31,6^\circ$) und die Analyse der lufttrocknen Substanz.

0,1609 g Sbst.: 0,2449 g CO_2, 0,1095 g H_2O.

$C_7H_{14}O_6 \cdot {}^1/_2\,H_2O$ (203,12): Ber. C 41,36, H 7,44.
Gef. „ 41,51, „ 7,62.

4. Emil Fischer und Hermann Strauß: Synthese einiger Phenol-glucoside.

Berichte der Deutschen Chemischen Gesellschaft **45**, 2467 [1912].

(Eingegangen am 2. August 1912.)

Bei der Darstellung von Phenolglucosiden nach dem alten synthetischen Verfahren von Michael, das von E. Fischer in Gemeinschaft mit E. F. Armstrong[1]) und K. Raske[2]) modifiziert wurde, sind bisher nur Substanzen mit einer freien Phenolgruppe verwendet worden, offenbar weil bei mehrwertigen Phenolen die Reaktion zu verwickelt wird. Andererseits haben E. Fischer und W. L. Jennings[3]) gezeigt, daß die mehrwertigen Phenole sich mit den Zuckern bei Gegenwart von Salzsäure leicht verbinden. Aber die so entstehenden Körper sind keine gewöhnlichen Glucoside, sondern haben eine kompliziertere, noch nicht aufgeklärte Struktur. Ende vorigen Jahres haben nun M. Cremer und R. W. Seuffert[4]) durch Spaltung des Phloridzins mit Barytwasser ein Phloroglucin-glucosid erhalten, das sie Phlorin nennen und das als Diabetes erzeugendes Mittel das Interesse der Physiologen verdient. Hr. Cremer hatte die Freundlichkeit, dem einen von uns (E. F.) eine Probe des krystallisierten Präparates zu senden. Dadurch angeregt, haben wir die Versuche zur Synthese der wahren Glucoside von mehrwertigen Phenolen wieder aufgenommen, und es ist uns in der Tat gelungen, durch Schütteln einer alkalischen Lösung von Phloroglucin mit der ätherischen Lösung von Acetobrom-glucose, allerdings in recht bescheidener Ausbeute, ein Produkt zu gewinnen, das nach der Entfernung der Acetylgruppen Phloroglucin-*d*-glucosid liefert. Dieses hat sich als identisch erwiesen mit dem von Cremer und Seuffert dargestellten Phlorin.

Nach demselben Verfahren erhielten wir auch das Resorcin-*d*-glucosid. Beide Glucoside werden von Emulsin gespalten und gehören also zur β-Reihe, wie übrigens nach der Synthese zu erwarten war.

---

[1]) Berichte d. D. Chem. Gesellsch. **34**, 2885 [1901]. (*Kohlenh. I, 799.*)

[2]) Ebenda **42**, 1465 [1909]. (*S. 11.*)

[3]) Ebenda **27**, 1355 [1894]. (*Kohlenh. I, 726.*)

[4]) Münch. med. Wochenschr. **1911**, Nr. 32.

Endlich haben wir noch das Glucosid des 2.4.6-Tribromphenols dargestellt, weil es als Ausgangsmaterial für hochmolekulare Substanzen von bekannter Struktur geeignet erscheint.

Die Kuppelung der Acetobromglucose mit dem Tribromphenol geht ziemlich leicht vonstatten und gibt befriedigende Ausbeute. Dagegen hat die spätere Abspaltung der Acetylgruppen aus dem zuerst entstehenden Tribrom-phenol-tetracetyl-glucosid einige Schwierigkeiten gemacht, weil Alkalien und Barytwasser hier nicht brauchbar sind. Erst durch Anwendung von flüssigem Ammoniak bei gewöhnlicher Temperatur gelang es, die Reaktion in befriedigender Weise durchzuführen.

Das Tribromphenol-glucosid unterscheidet sich von den gewöhnlichen Glucosiden durch die Unbeständigkeit gegen Alkalien, denn es wird dadurch ähnlich den Acylderivaten der Glucose schon in mäßiger Wärme unter Bildung von Tribromphenol rasch zerstört. Das ist bei der stark elektronegativen Natur des Tribromphenols nicht besonders auffallend. Die Erscheinung verdient aber doch für das Studium der Glucoside Beachtung, denn sie zeigt, daß die Behandlung dieser Körper mit Alkalien oder alkalischen Erden um so vorsichtiger sein muß, je mehr der mit dem Zucker verbundene Rest acylartigen Charakter annimmt.

Resorcin-*d*-glucosid, $HO \cdot C_6H_4 \cdot O \cdot C_6H_{11}O_5$ *).

Eine Lösung von 33,5 g Resorcin ($1^1/_4$ Mol.) in 243 ccm *n.*-Natronlauge (1 Mol.) wird mit einer Lösung von 100 g Acetobromglucose (1 Mol.) in 800 ccm Äther bei Zimmertemperatur auf der Maschine 24 Stunden geschüttelt, dann fügt man noch 60 ccm *n.*-Natronlauge zu, schüttelt wieder 24 Stunden und verdampft die abgehobene ätherische Lösung zum Sirup. Dieser wird mit 200 ccm Wasser auf dem Dampfbad unter öfterem Umschütteln erwärmt, wobei der größte Teil in Lösung geht. Die warm filtrierte Flüssigkeit scheidet beim Abkühlen sofort Öl ab, und beim 12-stündigen Stehen im Eisschrank bildet sich eine reichliche Menge von Krystallen. Diese werden abgesaugt, von dem Rest des anhaftenden Öls durch Abpressen zwischen Filtrierpapier befreit und aus kochendem Wasser (etwa 300 ccm) umkrystallisiert. Die Ausbeute schwankte zwischen 6 und 8 g. Das entspricht 5,5—7,5% der Theorie, wenn man das Produkt als reine Tetracetylverbindung betrachtet und auf die Menge der angewandten Acetobrom-glucose berechnet. In Wirklichkeit ist das Präparat aber sowohl nach dem Schmelzpunkt (90 bis 110°), wie nach dem Verhalten beim Umlösen und den Resultaten der Elementaranalyse ein Gemisch von Acetylderivaten des Resorcin-

*) *Verbesserte Darstellung S. 66.*

glucosids. Wahrscheinlich findet bei der langen Dauer der Reaktion eine partielle Abspaltung der Acetylgruppen durch das Alkali statt.

Wir haben darauf verzichtet, das Gemisch in die einzelnen Bestandteile zu zerlegen, sondern es direkt durch totale Verseifung in das einfache Glucosid verwandelt.

Zu dem Zweck wurde die Lösung von 6 g Acetylkörpern in 100 ccm Alkohol mit der Lösung von 20 g reinem krystallwasserhaltigem Bariumhydroxyd in 200 ccm Wasser vermischt und 24 Stunden bei 37° aufbewahrt. Es ist durchaus ratsam, diese Operation in einer Porzellanflasche auszuführen, da bei der Anwendung von Glasgefäßen die Verunreinigung der Lösung durch Alkalisalze kaum vermieden werden kann. Jetzt wird die Flüssigkeit unter geringem Druck bei 30° so weit eingedampft, daß der Alkohol größtenteils entfernt ist, dann das Barium genau mit Schwefelsäure ausgefällt und das Filtrat, welches keine überschüssige Schwefelsäure enthalten darf, unter 10—15 mm Druck aus einem Bade von etwa 45° zur Trockne verdampft. Wir haben diese Operation in Jenaer Geräteglas ausgeführt, um die Auflösung von Alkali zu vermeiden. Den Rückstand haben wir schließlich mit warmem absolutem Alkohol aufgenommen, um Spuren von Bariumsalzen zu entfernen. Beim Verjagen des Alkohols bleibt eine amorphe Masse zurück. Löst man diese in wenig Wasser und läßt im Exsiccator verdunsten, so scheidet sich das Glucosid krystallinisch aus. Die Krystalle werden durch Abpressen zwischen Fließpapier von der Mutterlauge befreit. Zur völligen Reinigung wurde die Lösung in Alkohol und die Krystallisation aus Wasser nochmals wiederholt. Die Ausbeute betrug dann 2,5—3 g. Die im Vakuumexsiccator getrocknete Substanz verlor bei 100° unter 15 mm Druck nicht mehr an Gewicht.

0,1588 g Sbst.: 0,3069 g CO_2, 0,0862 g H_2O. — 0,1292 g Sbst.: 0,2498 g CO_2, 0,0654 g H_2O.

$C_{12}H_{16}O_7$ (272,13). Ber. C 52,92, H 5,93.
Gef. „ 52,71, 52,73, „ 6,07, 5,67.

Zur optischen Bestimmung diente die wäßrige Lösung.

I. 0,2126 g Sbst. Gesamtgewicht der Lösung 2,6728 g. $d^{23} = 1,025$. Drehung bei 23° und Natriumlicht im $^1/_2$-dm-Rohr 2,87° nach links. Mithin $[\alpha]_D^{23} = -70,41°$ ($\pm$ 0,4°).

Weitere Bestimmungen ergaben:

II. $[\alpha]_D^{24} = -70,62°$. III. $[\alpha]_D^{24} = -69,94°$.
IV. $[\alpha]_D^{24} = -70,02°$.

Das Resorcin-glucosid krystallisiert aus Wasser in farblosen kurzen Nadeln. Im Capillarrohr erhitzt, beginnt es bei 185° zu sintern und schmilzt bei 190° (korr.). In Wasser und warmem Alkohol ist es sehr leicht löslich, dagegen in anderen indifferenten organischen Solvenzien schwer oder gar nicht löslich. Es schmeckt bitter. Fehlingsche Lösung wird beim kurzen Kochen nicht reduziert. Durch verdünnte Säuren wird das Glucosid bei 100° ziemlich rasch hydrolysiert. Ebenso wirkt Emulsin, wie folgender Versuch zeigt. Eine Lösung von 0,3 g Resorcin-glucosid in 5 ccm Wasser wurde mit 0,03 g Emulsin (aus Aprikosenkernen) und einigen Tropfen Toluol bei 37° aufbewahrt. Nach einigen Stunden war schon eine reichliche Menge von Zucker entstanden, und nach 48 Stunden betrug seine Menge 77% der Theorie.

Phloroglucin-*d*-glucosid, $(HO)_2C_6H_3 \cdot O \cdot C_6H_{11}O_5$.

49,2 g krystallwasserhaltiges Phloroglucin ($1^1/_4$ Mol.) werden in 243 ccm *n*.-Natronlauge (1 Mol.) und 50 ccm Wasser gelöst und nach Zugabe einer Lösung von 100 g Acetobromglucose (1 Mol.) in 700 ccm Äther bei Zimmertemperatur auf der Maschine 48 Stunden geschüttelt. Da die Reaktion der wäßrigen Lösung nach einiger Zeit sauer wird, so fügt man während dieser Zeit noch zweimal 31 ccm *n*.-Natronlauge hinzu. Nachdem im ganzen 72 Stunden geschüttelt ist, wird die ätherische Lösung abgehoben, auf etwa $^1/_3$ ihres Volumens eingeengt und längere Zeit bei 0° aufbewahrt. Dabei tritt in der Regel Krystallisation ein. Rascher und sicherer erfolgt diese, wenn man impfen kann. Zur Vervollständigung der Krystallisation kühlt man schließlich die Flüssigkeit noch einige Stunden im Gemisch von Salz und Eis, saugt dann die Krystalle ab, verreibt sie mit wenig Äther und erhält durch abermaliges Absaugen ein Präparat, das beim Erwärmen Fehlingsche Lösung nicht mehr reduziert. Das Produkt wird schließlich aus der 20-fachen Menge siedenden Wassers umkrystallisiert, wobei es in farblosen Nadeln ausfällt. Die Ausbeute betrug bei verschiedenen Versuchen 8—10 g oder 7—9% der Theorie, berechnet auf die angewandte Acetobromglucose unter der Voraussetzung, daß das Präparat die Tetracetylverbindung des Phloroglucin-glucosids sei. In Wirklichkeit aber ist es, ebenso wie im vorhergehenden Falle, ein Gemisch von Acetylprodukten, wie aus der Analyse und dem unscharfen Schmelzpunkt hervorging.

Wir haben deshalb auch hier das Präparat direkt durch Verseifung in Phloroglucin-glucosid übergeführt. Zu dem Zweck wurden 5 g des Acetylkörpers in die Lösung von 10 g reinem wasserhaltigem Bariumhydroxyd und 100 g Wasser eingetragen. Da der Acetylkörper saure Eigenschaften hat, so entsteht hier eine klare, schwach gelbliche Flüssigkeit. Diese wurde 15 Stunden bei 37° aufbewahrt, dann filtriert, der Baryt genau mit Schwefelsäure ausgefällt, das Filtrat unter geringem Druck zur Trockne verdampft und der Rückstand mit warmem Alkohol ausgelaugt. Die alkoholische Lösung läßt sich durch kurzes Aufkochen mit wenig Tierkohle fast völlig entfärben. Beim Verdunsten unter vermindertem Druck bleibt das Glucosid als amorphe Masse zurück. Löst man diese in wenig Wasser und läßt im Exsiccator verdunsten, so beginnt nach kurzer Zeit die Krystallisation. Viel rascher erfolgt diese beim Impfen. Die Krystalle werden schließlich von dem Rest der Mutterlauge durch scharfes Abpressen befreit. Die Ausbeute an diesem schon fast reinen Präparat betrug in der Regel die Hälfte des angewandten Acetylkörpers. Zur völligen Reinigung wurde in heißem Aceton gelöst, die Flüssigkeit mit dem gleichen Volumen Essigäther verdünnt und dann unter geringem Druck ziemlich stark eingeengt. Hierbei scheidet sich das Glucosid in farblosen Krystallen aus.

0,1527 g Sbst. (im Vakuumexsiccator über Schwefelsäure getr.): 0,2806 g CO_2, 0,0765 g H_2O. — 0,1519 g Sbst. (nochmals umkrystallisiert): 0,2789 g CO_2, 0,0766 g H_2O.

$C_{12}H_{16}O_8$ (288,13). Ber. C 49,98, H 5,60.
Gef. „ 50,12, 49,91, „ 5,61, 5,64.

Zur optischen Bestimmung diente die wäßrige Lösung.

I. 0,01835 g Sbst. Gesamtgewicht der Lösung 0,26185 g. d^{20} = 1,038. Drehung im $^1/_2$-dm-Rohr 2,72° nach links bei 20° und Natriumlicht. Mithin $[\alpha]_D^{20} = -74,79°$ (± 0,5°).

II. 0,02607 g Sbst. Gesamtgewicht der Lösung 0,29716 g. d^{20} = 1,028. Drehung im $^1/_2$-dm-Rohr bei 20° 3,36° nach links. Mithin $[\alpha]_D^{20} = -74,51°$.

Weitere Bestimmungen ergeben:

III. $[\alpha]_D^{22} = -74,58°$. IV. $[\alpha]_D^{22} = -73,71°$.

Das Glucosid hat keinen konstanten Schmelzpunkt. Im Capillarrohr rasch erhitzt, beginnt es gegen 231° (korr.) zu sintern und schmilzt bis etwa 239° (korr.) zu einer hellbraunen Flüssigkeit, in der schwache Gasentwicklung stattfindet. Es krystallisiert aus Wasser in strahligen Aggregaten. Bei langsamem Eindunsten wurde ein Krystall erhalten, der wie eine einseitige quadratische Pyramide aussah und dessen Basis 4—5 mm lang und breit war. Das Glucosid löst sich sehr leicht in Wasser und Alkohol, etwas schwerer in Aceton und sehr schwer in Äther. Von heißen verdünnten Mineralsäuren wird es rasch hydrolysiert. Ebenso wirkt Emulsin, mit welchem der Versuch unter denselben Bedingungen und mit gleichem Resultate wie beim Resorcin-glucosid ausgeführt wurde.

Wie schon oben erwähnt, ist das synthetische Phloroglucin-*d*-glucosid identisch mit dem Phlorin von M. Cremer und R. W. Seuffert. Wir haben in bezug auf die äußeren Eigenschaften, den Schmelzpunkt, das Verhalten gegen Emulsin und das optische Drehungsvermögen (gefunden $[\alpha]_D^{20} = -74,06°$ für Phlorin) keinen Unterschied beobachten können. Die Resultate von Cremer und Seuffert werden also durch die Synthese durchaus bestätigt. Da letztere ziemlich schlechte

Ausbeute gibt, so dürfte für die praktische Bereitung das Verfahren von Cremer und Seuffert vorzuziehen sein.

Dagegen ist unser Präparat ganz verschieden von dem amorphen *d*-Glucose-Phloroglucin[1]), das von Emulsin nicht gespalten wird und $[\alpha]_D^{20} = -24{,}9°$ hat.

2.4.6-Tribrom-phenol-tetracetyl-*d*-glucosid.

50,2 g Tribromphenol ($1^1/_4$ Mol.) wurden in 152 ccm n-Natronlauge ($1^1/_4$ Mol.) gelöst, eine Lösung von 50 g Acetobromglucose (1 Mol.) in 500 ccm Äther zugefügt und 8 Stunden auf der Maschine bei 20—24° geschüttelt. Während der Operation fiel eine kleine Menge des Produkts in farblosen Nadeln aus. Die Hauptmenge krystallisierte nach dem Einengen des Äthers auf etwa 100 ccm. Die abgesaugte und abgepreßte Masse wurde aus der fünffachen Menge heißen Alkohols umkrystallisiert. Ausbeute 32 g analysenreiner Substanz oder 40% der Theorie.

0,2017 g Sbst. (im Vakuumexsiccator getrocknet): 0,1728 g AgBr. — 0,1697 g Sbst.: 0,2254 g CO_2, 0,0508 g H_2O.

$C_{20}H_{21}O_{10}Br_3$ (660,93). Ber. C 36,31, H 3,20, Br 36,28.
Gef. „ 36,22, „ 3,35, „ 36,46.

Zur optischen Bestimmung diente eine Lösung in Pyridin (Kahlbaum I).

I. 0,3534 g Sbst. Gesamtgewicht der Lösung 3,7126 g. $d^{25} = 1{,}016$. Drehung bei 25° und Natriumlicht im 1-dm-Rohr 0,86° nach links. Mithin $[\alpha]_D^{25} = -8{,}89°$.

II. 0,2025 g Sbst. Gesamtgewicht der Lösung 2,1749 g. $d^{26} = 1{,}014$. Drehung 0,81° nach links im 1-dm-Rohr. Mithin $[\alpha]_D^{26} = -8{,}58°$.

Die Substanz sintert bei 190° (korr. 192°) und schmilzt bei 193 bis 194° (korr. 195—196°) zu einer farblosen Flüssigkeit. Sie bildet lange, biegsame Nadeln, ist in heißem Alkohol und Äther leicht, in kochendem Wasser sehr wenig löslich.

2.4.6-Tribrom-phenol-*d*-glucosid, $C_6H_2Br_3 \cdot O \cdot C_6H_{11}O_5$.

Die Darstellung des Glucosids aus der Acetylverbindung durch Behandlung mit Bariumhydroxyd oder Alkalien in wäßrig-alkoholischer Lösung gelingt nicht, weil Tribromphenol abgespalten wird. Recht befriedigende Resultate erhielten wir aber durch flüssiges Ammoniak bei gewöhnlicher Temperatur, wobei es vorteilhaft ist, die Reaktion durch Schütteln zu befördern. Dementsprechend wurden 20 g Acetylkörper mit ungefähr 70 ccm flüssigem Ammoniak im Einschlußrohr bei 20—25° geschüttelt, wobei langsam Lösung erfolgte. Nach 40 Stdn.

[1]) Vongerichten und Müller, Berichte d. D. Chem. Gesellsch. **39**, 241 [1906].

wurde unterbrochen, das Ammoniak nach Öffnen des Rohres verdunstet und der krystallinische Rückstand mit kaltem Wasser sorgfältig ausgelaugt. Die Ausbeute an diesem schon ziemlich reinen, stickstoffreien Produkt betrug 11 g oder 73,7% der Theorie. Zur Reinigung wurde aus heißem Amylalkohol umkrystallisiert. Zur Analyse wurde nochmals in der gleichen Weise umgelöst und im Vakuumexsiccator getrocknet.

I. 0,1352 g Sbst.: 0,1456 g CO_2, 0,0346 g H_2O. — 0,1570 g Sbst.: 0,1806 g AgBr. — II. 0,1545 g Sbst.: 0,1669 g CO_2, 0,0372 g H_2O. — 0,1974 g Sbst.: 0,2248 g AgBr.

$C_{12}H_{13}O_6Br_3$ (492,86). Ber. C 29,22, H 2,66, Br 48,65.
Gef. „ 29,37, 29,46, „ 2,86, 2,69, „ 48,95, 48,47.

Wegen der geringen Löslichkeit in den gewöhnlichen Solvenzien wurde für die optische Bestimmung die Lösung in Pyridin (Kahlbaum I) benutzt.

I. 0,1942 g Sbst. Gesamtgewicht der Lösung 2,3132 g. $d^{26} = 1,023$. Drehung im 1-dm-Rohr bei 26° und Natriumlicht 2,00° nach links. Mithin $[\alpha]_D^{26} = -23,29°$.

II. 0,1309 g Sbst. Gesamtgewicht der Lösung 1,6408 g. $d^{26} = 1,020$. Drehung im 1-dm-Rohr bei 26° und Natriumlicht 1,89° nach links. Mithin $[\alpha]_D^{26} = -23,23°$.

Das Tribromphenol-glucosid schmilzt im Capillarrohr nach kurz vorhergehendem Sintern bei 207—208° (korr.) zu einer schwach braunen Flüssigkeit und zersetzt sich bei höherer Temperatur unter Gasentwicklung. Es schmeckt sehr bitter. In heißem Alkohol, Aceton und Benzol ist es leicht löslich, dagegen recht schwer in Äther, Essigäther und Petroläther. Von kochendem Wasser wird es auch in erheblicher Menge aufgenommen. Aus allen diesen Lösungsmitteln scheidet es sich in der Regel in feinen, farblosen Nadeln ab. Bemerkenswert ist das Verhalten des Glucosids gegen Alkalien. Erwärmt man es mit verdünnter Lauge, so löst es sich ziemlich rasch. Die Flüssigkeit färbt sich etwas gelb und bleibt beim Abkühlen klar. Säuert man aber an, so entsteht sofort ein starker Niederschlag von Tribromphenol.

Offenbar wird das Glucosid in Tribrom-phenol und Zucker gespalten. Letzterer erleidet dann natürlich weitere Veränderungen durch das warme Alkali. Dementsprechend färbt sich die Flüssigkeit etwas gelb, und setzt man von vornherein Fehlingsche Lösung zu, so wird sie in erheblicher Menge reduziert. Hierdurch unterscheidet sich die Substanz von den gewöhnlichen Glucosiden, die auf Fehlingsche Lösung bei kurzem Kochen keine Wirkung ausüben. Durch Kochen mit verdünnten Mineralsäuren wird das Tribromphenol-glucosid auch leicht hydrolysiert. Ebenso wirkt Emulsin.

Für den Versuch diente eine Lösung von 0,5 g Glucosid in 100 ccm heißem Wasser. Sie wurde auf 37° abgekühlt, wobei ein Teil des Glucosids ausfiel, mit 0,2 g Emulsin und 10 Tropfen Toluol versetzt und 3 Tage bei 37° aufbewahrt. Die Menge des in Freiheit gesetzten und durch den Schmelzpunkt charakterisierten Tribromphenols, das ausgeäthert, dem Äther mit verdünntem Alkali entzogen und aus der alkalischen Lösung durch Säuren gefällt wurde, betrug 80% der Theorie.

Für die Gewinnung des Glykolaldehyd-*d*-glucosids, dessen Kenntnis für das Studium der Disaccharide sehr erwünscht wäre, schien mir die Oxydation des Allylglucosids der geeignete Weg zu sein. Ich habe deshalb letzteres durch Hrn. Dr. med. Josef Severin darstellen lassen. Allylalkohol und Acetobromglucose reagieren bei Gegenwart von Silbercarbonat in normaler Weise und geben Allyl-tetracetyl-*d*-glucosid vom Schmp. 88—89° ($[\alpha]_D^{21} = -26{,}3$). Daraus entsteht durch Verseifung mit Baryt das Allyl-*d*-glucosid vom Schmp. 102 bis 103° ($[\alpha]_D^{20} = -42{,}3°$). Ferner addiert der Acetylkörper leicht Brom. Das Dibromid schmilzt bei 87—88° und hat $[\alpha]_D^{21} = -11{,}4°$. Bei der Behandlung mit Basen verliert es nicht allein die Acetylgruppen, sondern auch Bromwasserstoff und verwandelt sich in Monobrom-allyl-*d*-glucosid. Die genauere Beschreibung der Versuche wird später erfolgen*).

E. Fischer.

*) *S. 209.*

5. Emil Fischer und Lukas v. Mechel[1]: Zur Synthese der Phenolglucoside.

Berichte der Deutschen Chemischen Gesellschaft **49**, 2813 [1916].

(Eingegangen am 21. November 1916.)

Das erste künstliche Phenolglucosid erhielt A. Michael[2]) vor 37 Jahren durch Einwirkung von Acetochlorglucose (Acetochlorhydrose) auf Phenol in alkalisch-alkoholischer Lösung. Dasselbe Verfahren benutzte er für die Synthese des Helicins. Es wurde später von E. Fischer und E. F. Armstrong[3]) dadurch verbessert, daß die reine krystallisierte Acetochlorglucose in ätherischer Lösung mit festem Phenolnatrium behandelt, die hierbei entstehende Tetracetylverbindung des Glucosids isoliert und nachträglich durch Abspaltung der Acetylgruppen in das Phenolglucosid selbst verwandelt wurde. Ferner trat bald nachher an Stelle der Acetochlorglucose die von W. Königs und Knorr entdeckte, leichter zugängliche Bromverbindung. In dieser Form ist das Verfahren für die Synthese zahlreicher Phenolglucoside benutzt worden.

Die so gewonnenen Glucoside gehören sämtlich der β-Reihe an; denn sie werden durch Emulsin hydrolysiert. Für die Herstellung der α-Phenolglucoside fehlt bisher die Methode, und auch bei den β-Verbindungen läßt das eben erwähnte Verfahren manchmal in bezug auf Ausbeute sehr zu wünschen übrig.

Wir haben deshalb versucht, das Alkali, das bei der Synthese zumal in wäßriger oder alkoholischer Lösung störend wirken kann, durch organische Basen zu ersetzen, und zunächst mit Chinolin beim gewöhnlichen Phenol einen guten Erfolg erzielt. Beim Erhitzen von Aceto-

[1]) Hr. v. Mechel war bei den ersten entscheidenden Versuchen beteiligt, mußte aber im August d. J. die Arbeit unterbrechen, weil er zum schweizerischen Heeresdienst einberufen wurde. Für die Durchführung der Versuche von der Trennung der beiden Acetylverbindungen bis zur Übertragung des Verfahrens auf die aliphatischen und hydroaromatischen Alkohole habe ich die Hilfe des Hrn. Dr. Max Bergmann in Anspruch nehmen müssen, wofür ich ihm auch hier besten Dank sage. E. Fischer.

[2]) Americ. Chemic. Journ. **1**, 307 [1879]; Compt. rend. **89**, 355 [1879].

[3]) Berichte d. D. Chem, Gesellsch. **34**, 2885 [1901]. (*Kohlenh. I, 799.*)

bromglucose mit Chinolin und einem Überschuß von trocknem Phenol auf dem Wasserbad erfolgt ziemlich rasch völlige Umsetzung, und es entsteht in reichlicher Menge Tetracetyl-phenolglucosid. Aber dieses Produkt ist ein Gemisch der längst bekannten β-Verbindung und einer isomeren, stark nach rechts drehenden Substanz. Letztere liefert nach Abspaltung der vier Acetylgruppen mittels Bariumhydroxyds ein neues Phenolglucosid, das sich von der bekannten Verbindung nicht allein durch die starke Rechtsdrehung, sondern auch durch das Verhalten gegen Fermente scharf unterscheidet; denn es wird nicht durch Emulsin, wohl aber durch Hefenextrakt (α-Glucosidase) hydrolysiert. Nach diesen Eigenschaften tragen wir kein Bedenken, die Verbindung als α-Phenolglucosid zu bezeichnen.

Die gleichzeitige Entstehung der beiden Tetracetylverbindungen aus der einheitlichen Acetobromglucose ist nicht überraschend; denn es handelt sich hier um eine Substitution am asymmetrischen Kohlenstoffatom. Dabei kann Wechsel der Konfiguration eintreten, wie man in vielen anderen Fällen beobachtet hat.

Das neue Verfahren wird bei richtiger Anwendung auf ein- und mehrwertige Phenole voraussichtlich zahlreiche neue Glucoside der α-Reihe liefern. Auch für die Bereitung einzelner β-Phenolglucoside dürfte es vorzuziehen sein. Wir haben uns ferner überzeugt, daß es übertragbar ist auf die hydroaromatischen Alkohole, z. B. das Menthol, und auf die aliphatischen Alkohole, wo als Beispiel der Methylalkohol gewählt wurde. Die Einzelheiten dieser Versuche werden aber erst später mitgeteilt werden.

In der Natur hat man die α-Glucoside bisher nicht gefunden. Nachdem sie jetzt durch die Synthese auch in der aromatischen Reihe bekannt geworden sind, scheint es uns angezeigt, sie mit Hilfe des Hefenextraktes unter den natürlichen Stoffen zu suchen.

Einwirkung von Acetobromglucose auf Phenol in Gegenwart von Chinolin.

Erwärmt man 50 g Acetobromglucose, 160 g trocknes Phenol und 19 g trocknes Chinolin (etwa 1,2 Mol.), so entsteht zunächst eine schwach gelbe, klare Flüssigkeit, die sich auf dem Wasserbade allmählich stark rotbraun färbt. Nach $1^1/_2$ Stunden ist das Brom völlig ionisiert und die Reaktion beendet. Man schüttelt nun die abgekühlte Masse mit Äther und 500 ccm n-Schwefelsäure zur Entfernung des Chinolins, hebt die Ätherschicht ab, wäscht nochmals mit Säure und dann mehrmals mit Wasser. Schließlich wird der Äther an der Wasserstrahlpumpe verjagt und dann im Hochvakuum (0,2—0,3 mm) der allergrößte Teil des überschüssigen Phenols aus einem Bad von 100—105° abdestilliert. Der

Rückstand ist in der Kälte eine zähflüssige, klare, rotbraune Masse. Sie wird in 60 ccm heißem Alkohol gelöst. Beim Abkühlen entsteht ein dicker Krystallbrei, der nach zweistündigem Stehen in einer Kältemischung scharf abgesaugt und mit wenig eiskaltem Alkohol gewaschen wird. Ausbeute etwa 32 g. Die Mutterlauge gibt beim Versetzen mit Wasser in reichlicher Menge ein Öl, dessen Untersuchung noch nicht beendet ist.

Für die Analyse war nochmals aus heißem Alkohol umkrystallisiert und bei 76° unter vermindertem Druck getrocknet.

0,1546 g Sbst.: 0,3193 g CO_2, 0,0796 g H_2O.
$C_{20}H_{24}O_{10}$ (424,19). Ber. C 56,58, H 5,70.
Gef. „ 56,33, „ 5,76.

Wie schon erwähnt, ist das Präparat ein Gemisch von zwei isomeren Tetracetylphenolglucosiden. Infolgedessen ist der Schmelzpunkt ungenau, und aus dem spezifischen Drehungsvermögen, das in 10-proz. Benzollösung bei verschiedenen Präparaten zwischen +47° und +58° schwankte, ergibt sich, daß das Gemisch ungefähr aus 6 Teilen Tetracetyl-β-phenolglucosid und 4 Teilen der isomeren α-Verbindung besteht.

Die Trennung der beiden Stoffe gelingt leicht durch Krystallisation aus Tetrachlorkohlenstoff. Man löst zu dem Zweck 30 g des Gemisches in 300 ccm des warmen Lösungsmittels und kühlt auf 0°. Nach kurzer Zeit scheidet sich ein dicker Brei von Krystallen ab, deren Menge nach mehrstündigem Aufbewahren in Eis etwa 14 g beträgt. Dieses Präparat ist schon fast rein, und einmaliges Umkrystallisieren aus heißem Alkohol genügt, um ganz reines Tetracetyl-β-phenolglucosid zu erhalten.

0,1650 g Sbst.: 0,3421 g CO_2, 0,0844 g H_2O.
$C_{20}H_{24}O_{10}$ (424,19). Ber. C 56,58, H 5,70.
Gef. „ 56,55, „ 5,72.

$$[\alpha]_D^{20} = \frac{-2{,}40^\circ \times 3{,}2182}{1 \times 0{,}901 \times 0{,}2962} = -28{,}94^\circ \text{ (in Benzol)}.$$

Schmp. 127—128° (korr.). Alle diese Werte entsprechen fast genau den früher gefundenen[1]). Schließlich haben wir die Acetylverbindung durch Behandlung mit Baryt ebenfalls nach der früher gegebenen Vorschrift in das β-Phenolglucosid umgewandelt. Die Ausbeute war, wie früher, sehr gut. Bei dieser Gelegenheit haben wir festgestellt, daß das aus Wasser krystallisierte Glucosid 2 Mol. Wasser enthält.

---

[1]) E. Fischer und E. F. Armstrong, Berichte d. D. Chem. Gesellsch. **34**, 2898 [1901]. (*Kohlenh. I, 812.*)

0,1599 g lufttrockene Substanz verloren bei 76° und 0,4 mm über Phosphorpentoxyd 0,0197 g H_2O. — 0,1925 g eines anderen Präparates verloren 0,0240 g.

$C_{12}H_{16}O_6 + 2\,H_2O$ (292,16). Ber. H_2O 12,33. Gef. H_2O 12,32, 12,47.

0,1635 g getrocknete Substanz gaben 0,3365 g CO_2, 0,0933 g H_2O.

$C_{12}H_{16}O_6$ (256,13). Ber. C 56,22, H 6,30.
Gef. „ 56,13, „ 6,39.

$$[\alpha]_D^{20} = \frac{-3{,}88^\circ \times 4{,}4100}{2 \times 1{,}005 \times 0{,}1184} = -71{,}9^\circ \text{ (in Wasser)},$$

$$[\alpha]_D^{20} = \frac{-2{,}93^\circ \times 4{,}0385}{2 \times 1{,}004 \times 0{,}0820} = -71{,}9^\circ.$$

Die beiden Drehungen zeigen genügende Übereinstimmung mit der früheren Bestimmung von E. Fischer und E. F. Armstrong ($[\alpha]_D = -71{,}0^\circ$), zumal wenn man die ziemlich starke Verdünnung der Lösungen berücksichtigt. Auch der Schmelzpunkt des neuen Präparates 175—176° (korr.) entsprach fast genau der früheren Angabe.

Tetracetyl-α-phenolglucosid. Es befindet sich in der Mutterlauge, die beim Auskrystallisieren der β-Verbindung aus Kohlenstofftetrachlorid entsteht. Diese wird zunächst unter vermindertem Druck auf ein Viertel eingeengt und allmählich mit Petroläther versetzt, so lange die rasch eintretende Krystallisation fortschreitet. Zum Schluß wird in einer Kältemischung abgekühlt und die farblose Krystallmasse nach einiger Zeit abgesaugt. Ausbeute 14,3 g. Diese Masse besteht zum größeren Teil aus der α-Verbindung, enthält aber noch schwankende Mengen von dem Isomeren. Um dieses zu entfernen, haben wir die Masse zweimal aus 350 ccm und dann noch zwei- bis dreimal aus je 250 ccm Alkohol durch Lösen in der Wärme und Abkühlen in einer Kältemischung umkrystallisiert, bis das Drehungsvermögen konstant blieb. Dabei ging die Menge auf 9 g zurück. Durch systematische Verarbeitung der alkoholischen Mutterlaugen läßt sich aber noch etwas mehr gewinnen.

Die lufttrockne Substanz verlor bei 76° und 0,4 mm nicht an Gewicht.

0,1749 g Sbst.: 0,3619 g CO_2, 0,0899 g H_2O. — 0,1734 g eines anderen Präparates gaben 0,3600 g CO_2, 0,0877 g H_2O.

$C_{20}H_{24}O_{10}$ (424,19). Ber. C 56,58, H 5,70.
Gef. „ 56,43, 56,62, „ 5,75, 5,66.

Zur optischen Untersuchung diente die Benzollösung:

$$[\alpha]_D^{20} = \frac{+12{,}98^\circ \times 2{,}4950}{1 \times 0{,}897 \times 0{,}2183} = +165{,}4^\circ.$$

Eine zweite Bestimmung an einem anderen Präparat ergab:

$$[\alpha]_D^{20} = \frac{+12{,}61^\circ \times 2{,}5786}{1 \times 0{,}899 \times 0{,}2194} = +164{,}9^\circ.$$

Die Verbindung schmilzt im Capillarrohr bei 115° (korr.), also 11° niedriger als das Isomere. Sie löst sich in kochendem Wasser recht schwer und krystallisiert beim Abkühlen bald in farblosen Nadeln. Ebenfalls in langen Nadeln erhält man sie aus heißem Alkohol, worin sie in der Hitze recht leicht, bei —20° aber schwer löslich ist. Sie löst sich ferner leicht schon in der Kälte in Aceton, Chloroform, Benzol und Eisessig, erheblich weniger in Äther und recht schwer in kaltem Ligroin.

α-Phenol-*d*-glucosid, $C_6H_{11}O_5 \cdot OC_6H_5$.

Es wird aus dem Acetylderivat ebenso dargestellt, wie die isomere Verbindung. Man schüttelt zu dem Zweck, am besten in einer Porzellanflasche, 5 g feingepulverten Acetylkörper mit einer Lösung von 15 g krystallisiertem, reinem Bariumhydroxyd in 250 ccm Wasser mehrere Stunden bei Zimmertemperatur bis zum völligen Verschwinden des Pulvers. Die klare Flüssigkeit bleibt dann 24 Stunden bei gewöhnlicher Temperatur. Jetzt wird unter mäßiger Erwärmung mit Kohlensäure gefällt, die filtrierte Flüssigkeit unter stark vermindertem Druck bis zur beginnenden Krystallisation eingeengt und nun in die fünfzehnfache Menge heißen Alkohols eingegossen. Beim Abkühlen scheidet sich der größte Teil des Bariumacetats ab. Die filtrierte Flüssigkeit wird von neuem stark eingedampft, wieder in Alkohol eingegossen, nochmals filtriert und nun zur Trockne verdampft. Durch Umlösen des Rückstandes aus wenig heißem Wasser erhält man das α-Phenolglucosid in feinen, farblosen Nadeln. Ausbeute 2,5 g. Die Mutterlauge gibt beim Einengen noch eine zweite, viel kleinere Menge. Gesamtausbeute ungefähr 90% der Theorie.

Zur Analyse wurde nochmals aus der sechsfachen Menge warmem Wasser umkrystallisiert. Die lufttrockne Substanz enthielt 1 Mol. Wasser.

0,3850 g Sbst. (lufttrocken) verloren bei 76° unter 0,4 mm 0,0255 g an Gewicht. — 0,1601 g Sbst. verloren 0,0106 g. — 0,3102 g eines anderen Präparates verloren 0,0197 g.

$C_{12}H_{16}O_6 + H_2O$ (274,14). Ber. H_2O 6,57. Gef. H_2O 6,62, 6,62, 6,35.

0,1548 g getrocknete Sbst. gaben 0,3188 g CO_2 und 0,0867 g H_2O. — 0,1570 g eines anderen, getrockneten Präparates gaben 0,3230 g CO_2 und 0,0904 g H_2O.

$C_{12}H_{16}O_6$ (256,13). Ber. C 56,22, H 6,30.
Gef. „ 56,17, 56,11, „ 6,27, 6,44.

$$[\alpha]_D^{20} = \frac{+6{,}93^\circ \times 3{,}1198}{2 \times 1{,}003 \times 0{,}0596} = +180{,}8^\circ \text{ (in Wasser)}.$$

$$[\alpha]_D^{20} = \frac{+7{,}21^\circ \times 3{,}5716}{2 \times 1{,}0035 \times 0{,}0713} = +180.0^\circ.$$

Eine weitere Bestimmung mit einem anderen Präparat ergab:

$$[\alpha]_D^{20} = \frac{+ 7.27^\circ \times 3 2652}{2 \times 1,0035 \times 0,0657} = + 180,0^\circ.$$

Das trockne α-Phenolglucosid schmilzt im Capillarrohr nach geringem Sintern bei 173—174° (korr.) zu einer farblosen Flüssigkeit. Der Geschmack ist bitter, aber lange nicht so stark, wie der des β-Phenolglucosids. Aus heißem Wasser, worin es sehr leicht löslich ist, krystallisiert es in mehrere Millimeter langen, dünnen Nadeln. In heißem Alkohol ist es sehr leicht löslich, in kaltem Alkohol aber ziemlich schwer löslich, so daß in einer 4-proz. Lösung bei Zimmertemperatur noch ziemlich rasch Krystallisation eintritt. Aus warmem Aceton, worin es auch ziemlich leicht löslich ist, krystallisiert es beim Erkalten in kleinen Prismen. Von warmem Äther wird es ziemlich schwer aufgenommen.

Hydrolyse der beiden Glucoside durch Salzsäure. Die drei isomeren Methylglucoside unterscheiden sich bekanntlich durch die Schnelligkeit der Hydrolyse mittels Säuren. Besonders leicht wird die γ-Verbindung angegriffen; denn sie übertrifft in dieser Hinsicht noch den Rohrzucker[1]). Aber auch α- und β-Verbindung unterscheiden sich noch deutlich; denn die letztere wird nach van Ekenstein[2]) von 5-proz. Schwefelsäure ungefähr dreimal so rasch hydrolysiert, als das α-Methylglucosid. Wir waren deshalb darauf vorbereitet, auch bei den beiden Phenolglucosiden einen Unterschied zu finden, und haben zu dem Zweck folgende vergleichende Versuche mit den Phenolglucosiden und dem α-Methylglucosid angestellt.

Äquimolekulare Mengen wurden in etwa 3- bis 4-proz. Lösung mit $^n/_{10}$-Salzsäure im zugeschmolzenen Röhrchen genau unter den gleichen Bedingungen eine halbe Stunde in eine große Menge siedenden Wassers, dessen Temperatur 99,8° war, eingetaucht, dann sofort in Eiswasser gekühlt, und die Menge des Zuckers titrimetrisch mit Fehlingscher Lösung bestimmt.

0,2061 g lufttrocknes α-Phenolglucosid ($C_{12}H_{16}O_6 + H_2O$), gelöst in 5 ccm $^n/_{10}$-Salzsäure und 30 Minuten auf 100° erhitzt. 1 ccm der Lösung reduzierte dann 3,9 ccm Fehlingsche Lösung.

Mithin hydrolysiert 68% des Glucosids.

0,2157 g lufttrocknes β-Phenolglucosid ($C_{12}H_{16}O_6 + 2 H_2O$), genau so behandelt wie zuvor. 1 ccm reduzierte dann 1,8 ccm Fehlingsche Lösung.

Mithin hydrolysiert 32% des Glucosids.

---

1) E. Fischer, Berichte d. D. Chem. Gesellsch. **47**, 1980 [1914]. (S. 1.)

2) Rec. d. trav. chim. Pays-Bas. **13**, 185 [1894].

0,1418 g α-Methylglucosid ($C_7H_{14}O_6$), ebenso behandelt wie zuvor. 1 ccm reduzierte dann weniger als 0,25 ccm Fehlingsche Lösung. Mithin hydrolysiert etwa 4,5% des Glucosids.

Die erhaltenen Zahlen können um einige Prozent unrichtig sein, da die Versuche, wie ersichtlich, mit kleinen Mengen Glucosid ausgeführt werden mußten. Sie genügen aber für den vorliegenden Zweck.

Wollte man eine genaue Untersuchung über die Konstante k der unimolekularen Reaktion bei verschiedenen Konzentrationen des Katalysators anstellen, so ließe sich die Menge des gebildeten Zuckers wahrscheinlich auch durch die polarimetrische Untersuchung der Flüssigkeit bestimmen, da die spezifischen Drehungen der Glucoside von der Enddrehung des Traubenzuckers weit abliegen.

Die Zahlen ergeben zunächst, daß die Phenolglucoside sehr viel leichter hydrolysiert werden als die Methylverbindung. Das dürfte zurückzuführen sein auf den negativeren Charakter des Phenyls. Wird derselbe noch mehr gesteigert, wie das bei dem Glucosid des Tribromphenols der Fall ist, so kann die Hydrolyse sogar durch Erwärmen mit verdünntem Alkali bewerkstelligt werden[1]).

Viel auffälliger ist der Unterschied zwischen den beiden Phenolglucosiden, denn er liegt gerade im umgekehrten Sinne wie bei den Methylverbindungen. Im ersten Falle wird die α-Verbindung und im zweiten Falle die β-Verbindung rascher gespalten. Man ersieht daraus, daß die Hydrolyse isomerer Glucoside nicht allein durch Struktur und Konfiguration, sondern auch noch durch andere Faktoren, die uns unbekannt sind, beeinflußt wird. Wir vermuten, daß zu diesen unbekannten Faktoren besonders die Bildung von Zwischenprodukten gehört, die wir geneigt sind bei der Wirkung von Katalysatoren allgemein anzunehmen.

Verhalten der beiden Glucoside gegen Emulsin und Hefenenzym (Bierhefen-Extrakt). Wie schon A. Michael[2]) beobachtete, wird das von ihm entdeckte Phenolglucosid durch Emulsin hydrolysiert. Dagegen ist es indifferent gegen Hefenauszug[3]). Das neue α-Phenolglucosid verhält sich umgekehrt. Wir haben die Versuche einerseits mit käuflichem Emulsin, andererseits mit dem Extrakt einer frischen, rein kultivierten Bierhefe der hiesigen Versuchs- und Lehrbrauerei (Rasse 12) ausgeführt und zum Vergleich nochmals die β-Verbindung herangezogen.

---

[1]) E. Fischer und H. Strauß, Berichte d. D. Chem. Gesellsch. **45**, 2473 [1912]. (*S. 46.*)

[2]) A. a. O.

[3]) E. Fischer, Berichte d. D. Chem. Gesellsch. **27**, 2989 [1894]. (*Kohlenh. I, 839.*)

Für die Emulsinversuche dienten einprozentige Lösungen der beiden Glucoside, wobei vom Emulsin die Hälfte des angewandten Glucosids zugesetzt wurde. Nach 20-stündigem Stehen bei 34° war das β-Glucosid nach der Bestimmung mit Fehlingscher Lösung fast vollständig gespalten. Bei der α-Verbindung war auch eine geringe Reduktion bemerkbar, aber nicht stärker als diejenige einer Kontrollösung, die mit Emulsin allein und Wasser unter den gleichen Bedingungen hergestellt und auf 34° erwärmt worden war. Man kann also sagen, daß das α-Glucosid von dem Emulsin nicht in merklicher Menge angegriffen wird.

Bei dem Hefenauszug benutzten wir eine zweiprozentige Lösung der beiden Glucoside und setzten auf je 10 ccm 3,5 ccm eines Hefenextraktes zu, der aus 1 Teil sorgfältig getrockneter Hefe[1]) und 15 Teilen Wasser durch 15-stündiges Stehen bei 30° und Filtration durch Papier hergestellt war. Schon nach 4 Stunden war beim α-Glucosid mehr als die Hälfte hydrolysiert, und nach 20 Stunden wurde durch Titration der gesamte Traubenzucker gefunden. Unter denselben Bedingungen war beim β-Phenolglucosid, übereinstimmend mit den früheren Beobachtungen, keine deutliche Hydrolyse nachweisbar.

Zur bequemeren Übersicht sind nachfolgend die Eigenschaften der beiden Glucoside und ihrer Tetracetylverbindungen zusammengestellt.

		α-Phenolglucosid	β-Phenolglucosid
Nadeln aus Wasser enthalten lufttrocken		1 Mol. H_2O	2 Mol. H_2O
Schmelzpunkt		173—174° (korr.)	175—176° (korr.)
$[\alpha]_D^{20}$ (in Wasser)		+ 180°	—71,7°
Geschmack		bitter	sehr bitter
Emulsin		nicht angegriffen	hydrolysiert
Hefenenzym		hydrolysiert	nicht angegriffen
Tetracetyl-verbindung	Schmelzpunkt	115°	127—128° (korr.)
	$[\alpha]_D^{20}$ (in Benzol)	+165°	—28,9°

[1]) Die Hefe war mehrmals mit Wasser sorgfältig gewaschen, dann abgesaugt, 12 Stunden auf porösem Ton an der Luft und dann einige Stunden im Hochvakuum über Phosphorpentoxyd getrocknet, sorgfältig zerrieben und nochmals ins Hochvakuum gebracht. Diese Operation geht sehr rasch vonstatten und liefert ein recht wirksames Präparat.

6. Emil Fischer und Max Bergmann: Weitere Synthesen von Glucosiden mittels Acetobromglucose und Chinolin. Derivate von Menthol und Resorcin[1]).

Berichte der Deutschen Chemischen Gesellschaft **50**, 711 [1917].

(Eingegangen am 11. April 1917.)

Wie kürzlich gezeigt wurde, entstehen beim Erhitzen von Acetobromglucose, Phenol und Chinolin in annähernd gleicher Menge die Tetracetylverbindungen des bekannten β-Phenolglucosids und der früher vergeblich gesuchten α-Verbindung. Wie damals schon bemerkt wurde, läßt sich das Verfahren auch übertragen auf die hydroaromatischen Alkohole, zum Beispiel das Menthol, und es ist dadurch gelungen, das bisher unbekannte α-Mentholglucosid auf recht einfache Weise darzustellen. Die nähere Untersuchung des Vorganges hat gezeigt, daß neben den Tetracetylverbindungen der beiden isomeren Glucoside auch ihre Triacetylderivate entstehen, die sich durch passende Krystallisation im reinen Zustand abscheiden lassen. Bei ihrer Bildung muß eine Abspaltung von Acetyl aus der Acetobromglucose stattfinden, obschon mit möglichst wasserfreien Materialien gearbeitet wird. Das erklärt sich durch die allgemein sehr leichte Spaltung solcher Acetate. Selbstverständlich kann diese sekundäre Reaktion auch weiter gehen bis zur Bildung von Di- und Monoacetaten der entsprechenden Glucoside, und wir glauben nicht fehlzugehen in der Annahme, daß derartige Körper in den nicht krystallisierbaren Nebenprodukten des Prozesses enthalten sind. Eine ähnliche Beobachtung wurde schon früher bei der Synthese der Glucoside von Resorcin und Phloroglucin durch Einwirkung von Acetobromglucose auf die alkalische Lösung der beiden Phenole

---

[1]) Vgl. E. Fischer und Lukas v. Mechel, Berichte d. D. Chem. Gesellsch. **49**, 2813 [1916]. (*S. 48.*)

gemacht, aber damals nicht näher verfolgt[1]). Da dadurch erhebliche Verluste entstehen können, so haben wir es im allgemeinen Interesse der Glucosid-Synthese für nötig gehalten, ein Verfahren zu finden, durch das dieser Schaden wieder ausgeglichen wird. Das gelingt durch Reacetylierung mit Pyridin und Essigsäureanhydrid. Bei den Mentholderivaten beschränkt sich dieser Vorgang auf den Zuckerrest, bei dem Resorcinderivat nimmt auch die eine, noch freie Phenolgruppe daran teil. So entstehen dann aus den Gemischen der verschiedenen Acetylkörper wieder einheitliche Produkte, die sich leichter und mit besserer Ausbeute isolieren lassen.

α- und β-Mentholglucosid zeigen das charakteristische Verhalten der beiden Klassen gegen Hefenenzyme und Emulsin oder, wie man jetzt gewöhnlich sagt, gegen α- und β-Glucosidase. Auch in der Hydrolysierbarkeit gegen verdünnte Salzsäure besteht ein Unterschied im selben Sinne wie beim α- und β-Methylglucosid, nur ist er quantitativ sehr viel geringer.

Für das α-Mentholglucosid konnten wir eine so einfache Darstellungsmethode ausarbeiten, daß es von allen künstlichen Glucosiden der aromatischen und hydroaromatischen Reihe am leichtesten zu bereiten ist, und daß man es deshalb wahrscheinlich öfters für physiologische Zwecke verwenden wird.

Wir zweifeln nicht daran, daß unsere Erfahrungen beim Menthol, wenn nötig mit kleinen Abänderungen, ohne Schwierigkeit auf die Glucoside des Borneols[2]) und ähnlicher hydroaromatischer Alkohole übertragen werden können.

Weniger günstig sind unsere Versuche mit dem Resorcin ausgefallen; denn unsere Hoffnung, durch die Chinolinmethode das noch unbekannte α-Resorcinglucosid zu gewinnen, hat sich nicht erfüllt. Dagegen konnten wir die Ausbeute an β-Resorcinglucosid erheblich dadurchsteigern, daß wir das bei der Synthese resultierende Gemisch von Acetylverbindungen der Behandlung mit Essigsäureanhydrid und Pyridin unterwarfen. Dabei entsteht eine Pentacetylverbindung des β-Resorcinglucosids, die sich verhältnismäßig leicht isolieren läßt. Die Ausbeute stieg durch diesen Kunstgriff auf 25—30% vom Gewicht der Acetobromglucose, während sie bei den alten Versuchen nur 6—8% betrug.

---

[1]) E. Fischer und H. Strauß, ebenda **45**, 2468 [1912]. (*S. 41.*)

[2]) Das β-Borneolglucosid ist schon von E. Fischer und K. Raske (Berichte d. D. Chem. Gesellsch. **42**, 1472 [1909]) (*S. 18*) und später nochmals von Hämäläinen (Chem. Centralbl. **1913**, I, 1925) beschrieben worden.

Einwirkung von Acetobromglucose auf *l*-Menthol in Gegenwart von Chinolin. Tetracetylverbindungen des α- und β-*l*-Menthol-*d*-glucosids.

Erwärmt man 50 g Acetobromglucose mit 110 g *l*-Menthol und 20 g Chinolin im Ölbade, so daß die Temperatur der klaren Mischung 100—105° beträgt, so färbt sie sich rasch gelb und weiterhin rotbraun. Nach etwa 2 Stunden gießt man die noch warme, zähe Masse auf etwa 500 ccm Eiswasser, bringt nach Zusatz von Äther durch kräftiges Schütteln in Lösung, wäscht die ätherische Schicht zweimal mit 500 ccm *n*-Schwefelsäure, dann mit Bicarbonatlösung und mit Wasser und verdampft schließlich den Äther unter vermindertem Druck. Im Hochvakuum läßt sich leicht das vorhandene Wasser und bei 0,2—0,3 mm Druck und einer Badtemperatur von etwa 100° der allergrößte Teil des unverbrauchten Menthols entfernen. Der zähflüssige, klare, rotbraune Rückstand besteht hauptsächlich aus einem Gemenge von Tetracetylverbindungen und acetylärmeren Derivaten des α- und β-Mentholglucosids. Um letztere wieder vollständig zu acetylieren, haben wir das Rohprodukt in 100 ccm Pyridin gelöst, in der Kälte mit der gleichen Menge Essigsäureanhydrid versetzt und 24 Stunden bei Zimmertemperatur aufbewahrt. Dann wurde in Eiswasser gegossen, das ausgeschiedene Öl mit Äther aufgenommen, die ätherische Schicht durch Schütteln mit verdünnter Schwefelsäure vom Pyridin, und mit Bicarbonatlösung von der Essigsäure befreit und nach Waschen mit Wasser verdampft. Es hinterblieb wiederum eine rotbraune, zähflüssige Masse. Als sie in 200 ccm warmem Alkohol gelöst und nach dem Abkühlen mit etwa 150 ccm Wasser bis zur eben beginnenden Trübung versetzt wurde, begann bald die Krystallisation von langen, flachen, glänzenden Nadeln des Tetracetyl-β-mentholglucosids, die sich rasch vermehrten. Nach mehrstündigem Stehen bei Zimmertemperatur wurde abgesaugt und mit verdünntem Alkohol gewaschen. DasRohprodukt war noch klebrig. Durch zweimaliges Krystallisieren aus 60—70-proz. Alkohol wurde es völlig krystallinisch und farblos. Ausbeute an diesem fast reinen Präparat 15,7 g.

Zur Analyse wurde nochmals aus verdünntem Alkohol umkrystallisiert und im Vakuumexsiccator über Phosphorpentoxyd getrocknet.

0,1589 g Sbst.: 0,3455 g CO_2, 0,1133 g H_2O.

$C_{24}H_{38}O_{10}$ (486,3). Ber. C 59,22, H 7,87.
Gef. „ 59,30, „ 7,98.

Zur Ergänzung der früheren Angaben[1]) haben wir jetzt auch das Drehungsvermögen in Benzollösung und die Menge des Acetyls durch Abspaltung mit Baryt bestimmt.

---

[1]) E. Fischer und K. Raske, Berichte d. D. Chem. Gesellsch. **42**, 1470 [1909]. (*S. 16.*)

$$[\alpha]_D^{17} = \frac{-5{,}40^\circ \times 1{,}8048}{1 \times 0{,}8989 \times 0{,}1642} = -66{,}0^\circ \text{ (in Benzol)}.$$

Nach abermaligem Umkrystallisieren aus 50-proz. Alkohol war

$$[\alpha]_D^{20} = \frac{-5{,}62^\circ \times 1{,}7668}{1 \times 0{,}9000 \times 0{,}1662} = -66{,}38^\circ.$$

1,0590 g wurden, wie später bei der Triacetylverbindung ausführlich geschildert ist, in verdünnter alkoholischer Lösung mit titriertem Barytwasser verseift und der überschüssige Baryt zurücktitriert. Verbraucht waren 42,7 ccm $^{n}/_{5}$-Barytlösung, während für 4 Acetyl 43,6 ccm sich berechnen. Schmp. 131—132° (korr.), nachdem 1° vorher Sinterung eingetreten ist. Er stimmt fast genau überein mit dem früher beobachteten Wert (130°).

β-Menthol-glucosid. Es wurde nach der früher angegebenen Vorschrift[1]) aus dem Acetylkörper dargestellt. Dabei ist es vorteilhaft, die alkoholische Lösung des Acetylkörpers und die wäßrige Lösung des Bariumhydroxyds bei 60° zu mischen. Die Verseifung geht dann rasch vonstatten. Die Ausbeute betrug wie früher 87% der Theorie. Das lufttrockne Glucosid enthält, wie bekannt, 1 Mol. Krystallwasser. Aber die frühere Angabe, daß dieses bei 56° und 15 mm noch nicht entweiche, haben wir nicht bestätigt gefunden. Infolgedessen ist auch eine kleine Korrektur bei dem Drehungsvermögen des Glucosids nötig.

0,2404 g Sbst. verloren bei 56° und 15 mm 0,0127 g. — 0,1605 g eines anderen Präparates verloren 0,0084 g.

$C_{16}H_{30}O_6 + H_2O$ (336,26). Ber. H_2O 5,36.
Gef. „ 5,28, 5,23.

0,1863 g getr. Sbst.: 0,4112 g CO_2, 0,1598 g H_2O.

$C_{16}H_{30}O_6$ (318,24). Ber. C 60,33, H 9,50.
Gef. „ 60,20, „ 9,60.

Die wasserfreie Substanz ergab bei der optischen Untersuchung in alkoholischer Lösung

$$[\alpha]_D^{16} = \frac{-6{,}34^\circ \times 1{,}6931}{1 \times 0{,}8150 \times 0{,}1407} = -93{,}6^\circ.$$

$$[\alpha]_D^{20} = \frac{-6{,}10^\circ \times 1{,}6444}{1 \times 0{,}8157 \times 0{,}1312} = -93{,}7^\circ.$$

Das lufttrockne Glucosid beginnt im Capillarrohr beim raschen Erhitzen gegen 65° zu sintern und schmilzt bei 75—76° zu einer von Bläschen durchsetzten Masse. Das wasserfreie Glucosid zeigte keinen bestimmten Schmelzpunkt.

Tetracetyl-*α*-mentholglucosid. Es befindet sich in der Mutterlauge, welche nach der Krystallisation der rohen *β*-Verbindung

---

[1]) E. Fischer und K. Raske, Berichte d. D. Chem. Gesellsch. **42**, 1470 [1909]. (*S. 16.*)

bleibt, und kann durch Eintragen eines Impfkrystalles[1]) zur Abscheidung gebracht werden. Die Krystallisation dauert stundenlang und wird durch allmählichen Zusatz von Wasser vervollständigt. Ausbeute 12,6 g. Die Krystalle sind in der Regel flächenreich, oft mit vorwiegendem Prisma.

Zur Analyse wurde zweimal aus Petroläther umkrystallisiert, wobei mikroskopische, sternförmig angeordnete Prismen entstanden.

0,1515 g Sbst. (im Vakuum-Exsiccator getr.): 0,3287 g CO_2, 0,1065 g H_2O.
$C_{24}H_{38}O_{10}$ (486,3). Ber. C 59,22, H 7,87.
Gef. „ 59,17, „ 7,87.

$$[\alpha]_D^{20} = \frac{+6{,}45° \times 1{,}8284}{1 \times 0{,}8953 \times 0{,}1395} = +94{,}4° \text{ (in Benzol)}.$$

Nach nochmaliger Krystallisation aus Petroläther war

$$[\alpha]_D^{19} = \frac{+7{,}04° \times 1{,}7844}{1 \times 0{,}8971 \times 0{,}1476} = +94{,}9° \text{ (in Benzol)}.$$

Die Substanz schmilzt im Capillarrohr nach geringem Sintern bei 82—83°. Sie löst sich leicht in Aceton, Essigäther, Äther, Benzol und Chloroform, etwas schwerer in Alkohol und warmem Petroläther und sehr schwer in heißem Wasser.

Die gesamte Ausbeute an den beiden isomeren Tetracetyl-mentholglucosiden betrug 28,3 g, mithin 48% der Theorie. In den Mutterlaugen sind aber noch erhebliche Mengen enthalten. Wie später gezeigt wird, läßt sich daraus durch Verseifung mit Alkali und Krystallisation aus verdünntem Alkohol das besonders schwer lösliche α-Mentholglucosid gewinnen, und wir haben bei einem quantitativ durchgeführten Versuch so noch 10,4 g lufttrocknes α-Mentholglucosid oder 25,4% der Theorie auf ursprüngliche 50 g Acetobromglucose erhalten. Die Gesamtausbeute an Glucosiden und ihren Acetylderivaten betrug also 73% der Theorie, berechnet auf die Acetobromglucose.

Triacetyl-β-mentholglucosid, $C_{10}H_{19}O \cdot C_6H_8O_5(C_2H_3O)_3$. Wie schon erwähnt, entstehen bei der Umsetzung von Acetobromglucose mit Menthol in Gegenwart von Chinolin neben den eben beschriebenen beiden Tetracetylverbindungen auch acetylärmere Substanzen, und davon haben sich ohne besondere Mühe die Triacetylverbindungen des α- und des β-Mentholglucosids isolieren lassen.

50 g Acetobromglucose wurden in der angegebenen Weise mit 150 g Menthol und 20 ccm Chinolin umgesetzt und vom Chinolin und überschüssigen Menthol befreit. Der schließlich erhaltene zähe Rückstand wurde nun sofort in 200 ccm Alkohol gelöst, mit etwa 150 ccm

[1]) Die ersten Krystalle wurden aus der unten beschriebenen Triacetylverbindung gewonnen.

Wasser versetzt und nach mehrstündigem Stehen vom abgeschiedenen Tetracetyl-β-mentholglucosid abgesaugt. Nach Umlösen aus verdünntem Alkohol betrug seine Menge 9 g. Die wäßrig-alkoholische Mutterlauge wurde unter vermindertem Druck möglichst weit verdampft, dann zweimal in nicht zu wenig absolutem Alkohol gelöst und wieder verdampft, um Wasser möglichst zu entfernen. Der zähe rotbraune Rückstand ging beim Erwärmen mit 150 ccm Petroläther völlig in Lösung, aber gleichzeitig begann die Abscheidung kaum gefärbter mikroskopischer Nädelchen, die sich beim Aufbewahren im Eisschrank noch vermehrten. Ihre Menge betrug 6—7 g, war aber manchmal auch größer, wenn neben dem β-Derivat auch schon ein Teil des Isomeren mit ausfiel. Auf jeden Fall konnte die β-Verbindung rein erhalten werden durch Lösen in der zehnfachen Menge warmen Tetrachlorkohlenstoffs und starke Kühlung. Sie bildet zentrisch vereinigte kaum gefärbte Nädelchen und schmilzt im Capillarrohr bei 143° (korr.) zu einer trüben Flüssigkeit, die bei 146° ganz klar wird. Sie löst sich leicht in Chloroform und Aceton, schwerer in Essigäther, Alkohol und besonders Benzol, nur sehr schwer in Wasser und kaltem Petroläther.

0,1647 g Sbst. (im Vakuum-Exsiccator getr.): 0,3576 g CO_2, 0,1204 g H_2O.
$C_{22}H_{36}O_9$ (444,29). Ber. C 59,42, H 8,17.
Gef. „ 59,22, „ 8,18.

$$[\alpha]_D^{17} = \frac{-1,28° \times 2,7880}{2 \times 0,8905 \times 0,1589} = -12,61° \text{ (in Benzol).}$$

Nach nochmaligem Umlösen aus Tetrachlorkohlenstoff

$$[\alpha]_D^{18} = \frac{-1,23° \times 3,2688}{2 \times 0,8903 \times 0,1774} = -12,73°.$$

Da die Elementaranalyse wegen der geringen Differenzen im Kohlenstoff- und Wasserstoffgehalt zwischen der Formel einer Tetracetyl- und Triacetylverbindung nicht entscheiden kann, so haben wir die Zahl der Acetylgruppen auch hier alkalimetrisch bestimmt.

Eine Lösung von 1,0204 g Substanz in 25 ccm warmem absolutem Alkohol wurde mit 100 ccm ebenfalls warmem $^n/_5$-Barytwasser versetzt und die klare Mischung 7 Stunden bei 20° aufbewahrt. Dann wurde mit $^n/_{10}$-Salzsäure bis zur Entfärbung des zugesetzten Phenolphthaleins zurücktitriert. Dazu waren nötig 132,94 ccm Salzsäure; demnach waren verbraucht 33,53 ccm $^n/_5$-Baryt, während sich für 3 Acetylgruppen 34,45 ccm berechnen.

Ferner haben wir die Verbindung durch Acetylierung mit Essigsäureanhydrid und Pyridin in das zuvor beschriebene Tetracetylderivat verwandelt.

0,5 g Triacetyl-β-mentholglucosid wurden in 0,5 g Pyridin gelöst und 0,5 g Essigsäureanhydrid zugegeben. Die etwas braun gefärbte

Flüssigkeit wurde noch 24 Stunden bei Zimmertemperatur aufbewahrt und dann in Eiswasser gegossen. Das ungelöste Öl begann sofort zu krystallisieren und war nach kurzem mechanischen Durcharbeiten völlig erstarrt. Ausbeute 0,51 g. Schmp. 131—132° (korr.) nach vorherigem Sintern.

$$[\alpha]_D^{20} = \frac{-2{,}69^\circ \times 1{,}0353}{0{,}5 \times 0{,}899 \times 0{,}0946} = -65{,}5^\circ \text{ (in Benzol).}$$

Diese Zahlen stimmen recht genau mit den Konstanten des Tetracetyl-β-mentholglucosids überein.

Endlich wurde die Triacetylverbindung noch in derselben Weise wie das Tetracetylderivat durch Verseifen mit Bariumhydroxyd in das freie β-Mentholglucosid übergeführt. Die Ausbeute war hier ebenso gut. Das Glucosid wurde durch Bestimmung des Krystallwassers, Elementaranalyse und optische Untersuchung identifiziert. Die letzte gab für das bei 56° und 15 mm getrocknete Präparat

$$[\alpha]_D^{20} = \frac{-6{,}19^\circ \times 2{,}8681}{1 \times 0{,}8157 \times 0{,}2314} = -94{,}1^\circ \text{ (in Alkohol).}$$

Das lufttrockne Glucosid begann bei 65° zu sintern und schmolz gegen 75—76° zu einer von Bläschen durchsetzten Masse.

Triacetyl-α-mentholglucosid, $C_{10}H_{19}O \cdot C_6H_8O_5(C_2H_3O)_3$. Es ist enthalten in der petrolätherischen Mutterlauge, die nach dem Auskrystallisieren des Triacetyl-β-mentholglucosids bleibt, und wird daraus, manchmal noch vermengt mit dem Isomeren, durch Zugabe von mehr Petroläther und Aufbewahren im Eisschrank in hübschen Krystallen erhalten. Die Reinigung gelingt durch Lösen in der zehnfachen Menge warmen 50-proz. Alkohols und mehrstündiges Aufbewahren bei 20°, während bei 0° auch der isomere Körper ausfällt. Das Triacetyl-α-mentholglucosid krystallisiert in großen, zentrisch angeordneten flachen Prismen. Ausbeute an reiner Substanz 5—6 g.

0,1475 g Sbst. (im Vakuum-Exsiccator getr.): 0,3211 g CO_2, 0,1107 g H_2O. — 0,1391 g Sbst.: 0,3029 g CO_2, 0,0988 g H_2O.

$C_{22}H_{36}O_9$ (444,29). Ber. C 59,42, H 8,17.
Gef. „ 59,37, 59,39, „ 8,40, 7,95.

$$[\alpha]_D^{18} = \frac{+8{,}68^\circ \times 1{,}7737}{1 \times 0{,}8990 \times 0{,}1592} = +107{,}6^\circ \text{ (in Benzol).}$$

$$[\alpha]_D^{20} = \frac{+9{,}24^\circ \times 1{,}7252}{1 \times 0{,}9038 \times 0{,}1641} = +107{,}5^\circ.$$

1,0085 g verbrauchten bei der Verseifung in warmer wäßrig-alkoholischer Lösung 33,9 ccm $^n/_5$-Barytwasser, während für 3 Acetylgruppen 34,05 ccm berechnet sind.

Die Substanz schmilzt im Capillarrohr bei 99—100°. Sie löst sich leicht in Alkohol, Äther, Chloroform, Essigäther, Aceton und Benzol, dagegen nur sehr schwer selbst in heißem Wasser. Von warmem Petroläther wird sie in recht erheblicher Menge aufgenommen und krystallisiert aus der nicht zu verdünnten Lösung beim Abkühlen zum allergrößten Teil in zentrisch angeordneten, flachen, dünnen Prismen.

Verwandlung in die Tetracetylverbindung: 0,2 g Triacetyl-α-mentholglucosid wurden mit 0,2 ccm Pyridin und 0,2 ccm Essigsäureanhydrid übergossen und die rasch entstehende, klare, farblose Lösung 24 Stunden bei Zimmertemperatur aufbewahrt. Jetzt wurde in Eiswasser gegossen, die ausgeschiedene farblose, zähe Masse nochmals mit frischem Wasser verrieben und dann aus 3 ccm absolutem Alkohol durch allmählichen Zusatz der gleichen Menge Wasser krystallisiert. Ausbeute sehr gut. Schmp. 82—83° und $[\alpha]_D^{20} = +94,80°$ (in Benzol).

Die petrolätherische Mutterlauge, welche nach Abscheidung des Triacetyl-α-mentholglucosids verblieben war, enthielt noch große Mengen von Acetylabkömmlingen der beiden Mentholglucoside, deren Trennung schwierig ist. Aus Bequemlichkeit haben wir sie in der später beschriebenen Weise auf das α-Mentholglucosid verarbeitet und dabei 15 g lufttrocknes Präparat erhalten. Die Gesamtausbeute betrug auch bei diesem Versuch 70—75% der Theorie.

α-*l*-Menthol-*d*-glucosid.

Es entsteht aus den verschiedenen, zuvor erwähnten Acetylverbindungen durch Verseifung mit Alkali in wäßrig-alkoholischer Lösung, und seine Isolierung ist wegen der geringen Löslichkeit in Wasser recht einfach. Es genügt deshalb, nur die Darstellung aus der Tetracetylverbindung zu schildern.

10 g werden in 50 ccm warmem Alkohol gelöst und mit 125 ccm ebenfalls warmer 2-*n*.-Kalilauge versetzt. Eine vorübergehende Trübung verschwindet beim Umschütteln sofort wieder. Man hält das Gemisch noch einige Minuten bei etwa 60° und verdünnt dann mit Wasser. Sofort erfüllt sich die Flüssigkeit mit einem Brei großer, glitzernder Krystallblätter, die nach kurzem Stehen abgesaugt und mit viel Wasser gewaschen werden. Ausbeute annähernd quantitativ. Das Präparat ist schon recht rein. Zur Analyse wurde nochmals in Alkohol gelöst und durch Wasser gefällt.

Die lufttrockne Substanz enthält ebenso wie das Isomere 1 Mol. Wasser:

0,2680 g Sbst. verloren bei 100° und 1 mm über Phosphorpentoxyd 0,0145 g an Gewicht. — 0,1813 g Sbst. verloren 0,0095 g. — 0,2022 g eines anderen Präparates verloren 0,0108 g.

$C_{16}H_{30}O_6 + H_2O$ (336,26). Ber. H_2O 5,36.
Gef. „ 5,41, 5,24 5,34.

0,1571 g getr. Sbst.: 0,3466 g CO_2, 0,1325 g H_2O. — 0,1632 g Sbst.: 0,3606 g CO_2, 0,1385 g H_2O.

$C_{16}H_{30}O_6$ (318,24). Ber. C 60,33, H 9,50.
Gef. „ 60,17, 60,26, „ 9,44, 9,50.

$$[\alpha]_D^{20} = \frac{+4{,}19° \times 2{,}0203}{1 \times 0{,}8145 \times 0{,}1631} = +63{,}7° \text{ (in Alkohol)}.$$

Ein Präparat, das aus der Triacetylverbindung gewonnen war, gab, ebenfalls wasserfrei angewandt,

$$[\alpha]_D^{20} = \frac{+2{,}32° \times 1{,}1638}{0{,}5 \times 0{,}8160 \times 0{,}1031} = +64{,}2° \text{ (in Alkohol)}.$$

Aus den alkoholischen Lösungen der angegebenen Konzentration scheiden sich manchmal nach ziemlich kurzer Zeit Krystalle ab, wodurch eine Mutarotation vorgetäuscht werden kann.

Das trockne α-Mentholglucosid schmilzt im Capillarrohr bei 159 bis 160° (korr.), nachdem wenige Grad vorher schwache Sinterung eingetreten ist. Aus wäßriger Lösung krystallisiert es in großen, dünnen, viereckigen Blättern. Es löst sich in ziemlich erheblicher Menge in kochendem, dagegen recht schwer in kaltem Wasser, denn es krystallisiert noch aus einer warm bereiteten Lösung in 2000 Teilen Wasser beim Erkalten ziemlich rasch. Das getrocknete Glucosid löst sich auch leicht in kaltem Alkohol, aber, wie oben schon erwähnt, entstehen in dieser Lösung, wenn sie nicht zu verdünnt ist, nach einiger Zeit wieder glänzende, flächenreiche Krystalle, die an der Luft verwittern und deren Zusammensetzung noch nicht sicher festgestellt ist. In warmem Essigäther und Aceton löst es sich ziemlich leicht und krystallisiert beim Erkalten der nicht zu verdünnten Lösung zum größten Teil in hübschen, millimeterlangen Prismen wieder aus. Viel schwerer löst es sich in warmem Benzol und warmem Äther und fast gar nicht in Petroläther.

Vereinfachte Darstellung des α-Menthol-glucosids.

Infolge seiner geringen Löslichkeit in kaltem Wasser läßt sich das Glucosid sehr leicht ohne Isolierung der Zwischenprodukte darstellen. Darauf beruht die nachfolgende Vorschrift:

25 g Acetobromglucose, 50 g Menthol und 10 g Chinolin werden 2 Stunden auf 100° erhitzt, dann die Masse mit Äther und Wasser aufgenommen und die ätherische Schicht nacheinander mit verdünnter Schwefelsäure und Bicarbonat gewaschen. Man verdampft nun den Äther und verjagt das überschüssige Menthol durch Wasserdampf. Das zurückbleibende braunrote Öl läßt sich nach dem Erkalten leicht vom Wasser trennen. Es wird in 60 ccm warmem Alkohol gelöst, bei etwa 60° mit 150 ccm 2-*n*-Kalilauge versetzt und die klare Flüs-

sigkeit noch 10 Minuten bei derselben Temperatur gehalten. Beim Verdünnen mit Wasser beginnt sofort die Krystallisation des α-Mentholglucosids. Man kühlt etwa 1 Stunde auf 0° und filtriert die aus glitzernden, viereckigen, ziemlich großen, aber dünnen Platten bestehende Masse. Ausbeute etwa 10 g oder 50% der Theorie. Zur völligen Reinigung des wenig gefärbten Präparats genügt einmalige Krystallisation aus verdünntem Alkohol.

Hiernach ist das α-*l*-Menthol-*d*-glucosid von allen synthetisch erhaltenen Glucosiden der aromatischen und hydroaromatischen Reihe am leichtesten zugänglich.

Hydrolyse der beiden Menthol-glucoside durch Salzsäure.

Wegen der geringen Löslichkeit der Glucoside in Wasser wurde ihre Lösung in einem Gemisch von Eisessig und $^{n}/_{2}$-Salzsäure benutzt.

0,3263 g wasserfreies α-Mentholglucosid (entspr. 0,1847 g Glucose) wurden mit 10 ccm eines Gemisches aus gleichen Teilen Eisessig und $^{n}/_{2}$-Salzsäure in ein Rohr eingeschlossen und in ein großes Bad lebhaft siedenden Wassers eingetaucht. Bei starkem Schütteln trat sofort klare Lösung ein. Nach genau 30 Minuten wurde sie möglichst rasch in Eiswasser gekühlt, die Säuren unter guter Kühlung vorsichtig mit Kalilauge abgestumpft und nun das Reduktionsvermögen der Flüssigkeit mit Fehlingscher Lösung bestimmt. 1 ccm der ursprünglichen Flüssigkeit reduzierte 1,36 ccm Fehling (entspr. 0,0646 g Glucose).

Mithin hydrolysiert etwa 35% des Glucosids.

0,3235 g wasserfreies β-Mentholglucosid mit 10 ccm des obigen Säuregemisches genau in der gleichen Weise behandelt. 1 ccm reduzierte dann 1,75 ccm Fehlingsche Lösung.

Mithin hydrolysiert etwa 45% des Glucosids.

Wie man sieht, ist die Geschwindigkeit der Reaktion hier nur wenig verschieden, aber qualitativ ist der Unterschied der gleiche wie bei den beiden Methylglucosiden, wo auch die β-Verbindung rascher hydrolysiert wird als das Isomere. Dagegen ist bei den Phenolglucosiden das Verhältnis umgekehrt[1]).

Verhalten der beiden Menthol-glucoside gegen Emulsin und Bierhefen-Extrakt. Wie schon bekannt, wird das β-Mentholglucosid durch Emulsin ziemlich leicht hydrolysiert[2]). Bei der α-Verbindung ist der Versuch wegen der geringen Löslichkeit in Wasser etwas schwerer auszuführen.

---

[1]) E. Fischer und L. v. Mechel, Berichte d. D. Gesellsch. **49**, **2818** **[1916]**. (*S. 53.*)

[2]) Berichte d. D. Gesellsch. **42**, **1471** **[1909]**. (*S. 18.*)

Wir haben deshalb 0,2 g in 500 ccm heißem Wasser gelöst, rasch auf 30° abgekühlt, dann mit 0,1 g eines wirksamen Emulsinpräparates versetzt, 20 Stunden im Brutraum aufbewahrt und nun die aufgekochte und filtrierte Lösung im Vakuum stark konzentriert. Die Prüfung mit Fehlingscher Lösung ergab, daß keine Hydrolyse eingetreten war, denn die ganz schwache Reduktion war nicht größer als bei einem Kontrollversuch, der mit demselben Emulsin in der gleichen Weise ohne Glucosid angestellt war.

Für die Versuche mit Hefenauszug haben wir bei dem β-Mentholglucosid eine Lösung von 0,25 g in 30 ccm Wasser mit 3 ccm des Hefenauszugs, der nach der jüngst gegebenen Vorschrift[1]) bereitet war, und einigen Tropfen Toluol versetzt und 20 Stunden bei 32° gehalten. Durch Fehlingsche Lösung war dann keine Bildung von Zucker nachweisbar.

Beim α-Mentholglucosid wurden 0,25 g in 600 ccm heißem Wasser gelöst, rasch auf 30° abgekühlt, ebenfalls mit 3 ccm des Hefenauszugs und einigen Tropfen Toluol versetzt und auch 20 Stunden bei 32° aufbewahrt. Die Lösung wurde dann aufgekocht, filtriert und im Vakuum stark konzentriert, wobei Menthol wegging. Das Reduktionsvermögen der Lösung entsprach schließlich 80% der Zuckermenge, die bei vollständiger Hydrolyse des Glucosids hätte entstehen müssen.

Neue Darstellung des Resorcin-*d*-glucosids[2]).

10 g Acetobromglucose, 25 g trocknes, gepulvertes und gesiebtes Resorcin und 4 g trocknes Chinolin wurden möglichst innig gemischt und im lebhaft siedenden Wasserbad erhitzt. Dabei schmolz das Gemisch bald zu einer homogenen Masse, die sich erst gelb und später rotbraun färbte. Nach 1 Stunde wurde sie abgekühlt, durch Schütteln mit 150 ccm *n*-Schwefelsäure und 70 ccm Chloroform in Lösung gebracht, nach dem Ablassen des Chloroforms die saure Flüssigkeit nochmals mit Chloroform ausgeschüttelt und die vereinigten Auszüge zweimal mit 50 ccm Wasser gewaschen. Nach möglichst vollständigem Verdampfen des Lösungsmittels blieb eine hellgelbbraune, zähe Masse. Zur Umwandlung in die Pentacetylverbindung wurde sie mit einem Gemisch von 15 ccm trocknem Pyridin und der gleichen Menge Essigsäureanhydrid übergossen, durch kurzes Schütten gelöst, nach 24 Stunden in Eiswasser gegossen, das ausfallende Öl ausgeäthert und die ätherische Lösung durch Schütteln mit Schwefelsäure und Kaliumbicarbonatlösung von Pyridin und Essigsäureanhydrid möglichst befreit. Beim Verdampfen des Äthers blieb wiederum ein zäher, rotbrauner Rückstand.

---

[1]) Berichte d. D. Chem. Gesellsch. **49**, 2820 [1916]. (*S. 55, Anmk.*)

[2]) Vgl. E. Fischer und H. Strauß, Berichte d. D. Chem. Gesellsch. **45**, 2467 [1912]. (*S. 40.*)

Seine Lösung in 15 ccm warmem Alkohol begann beim Erkalten, besonders nach dem Impfen bald farblose Nadeln oder Prismen auszuscheiden, deren Menge nach mehrtägigem Stehen 2,5—3,0 g betrug. Zu ihrer Reinigung genügt ein- bis zweimalige Krystallisation aus Alkohol.

Pentacetat des Resorcin-β-glucosids,
$(C_2H_3O)O.C_6H_4O.C_6H_7O_5(C_2H_3O)_4$.

0,1512 g Sbst. (bei 78° und 11 mm getr.): 0,3025 g CO_2, 0,0739 g H_2O.
$C_{22}H_{26}O_{12}$ (482,21). Ber. C 54,75, H 5,44.
Gef. „ 54,57, „ 5,47.

$$[\alpha]_D^{18} = \frac{-2{,}59° \times 1{,}8828}{1 \times 0{,}895 \times 0{,}1360} = -40{,}1° \text{ (in Benzol)}.$$

Es schmilzt bei 118—119° (korr.) zu einer farblosen Flüssigkeit und bildet meist lange, zentrisch vereinigte Nadeln oder Prismen. Es löst sich sehr leicht in Aceton, Essigäther, Chloroform, warmem Alkohol, auch leicht in Benzol, viel schwerer in warmem Äther und nur recht schwer in warmem Petroläther. Beim Erhitzen mit Wasser schmilzt es und wird in geringer Menge aufgenommen; beim Abkühlen der Lösung entsteht eine milchige Trübung, die sich schnell in feine Nädelchen verwandelt.

Für die Verwandlung in das Resorcinglucosid diente die Vorschrift, welche früher für das Gemisch der niedrigeren Acetylverbindungen gegeben wurde. Nur die Menge des Baryts war etwas größer.

0,1527 g Sbst. (im Vakuum-Exsiccator getr.): 0,2953 g CO_2, 0,0825 g H_2O.
$C_{12}H_{16}O_7$ (272,13). Ber. C 52,92, H 5,93.
Gef. „ 52,74, „ 6,05.

$$[\alpha]_D^{20} = \frac{-2{,}55° \times 0{,}8825}{0{,}5 \times 1{,}021 \times 0{,}0629} = -70{,}1° \text{ (in Wasser)}.$$

Das entspricht, ebenso wie der Schmelzpunkt, den früher gefundenen Werten.

7. Emil Fischer und Max Bergmann: Synthese des Mandelnitrilglucosids, Sambunigrins und ähnlicher Stoffe.

Berichte der Deutschen Chemischen Gesellschaft **50**, 1047 [1917].

(Eingegangen am 14. Juni 1917.)

Die cyanhaltigen Glucoside, deren ältester Vertreter das Amygdalin ist, waren bisher der Synthese nicht zugänglich. Der eine von uns (E. F.) hat sich wiederholt, aber ohne Erfolg, bemüht, sie aus Cyanhydrinen und Acetobromglucose aufzubauen. Auch folgender, von E. Fischer und B. Helferich[1]) eingeschlagene Weg führte nur halb zum Ziel: Acetobromglucose und Glykolsäureester ließen sich in normaler Weise kuppeln, und durch Ammoniak entstand dann das Glucosid des Glykolamids, $C_6H_{11}O_5 \cdot O \cdot CH_2 \cdot CO \cdot NH_2$. Da direkte Umwandlung ins Nitril nicht möglich war, so sollte der Zuckerrest durch Acetylierung geschützt werden. Aber diese Operation führte zu einem Pentacetylderivat, das ein Acetyl in der Amidogruppe zu enthalten schien und deshalb zur Gewinnung des Nitrils nicht mehr geeignet war.

An diesem Punkte haben nun unsere neuen Versuche eingesetzt, nur haben wir nicht die Glykolsäure, sondern die Mandelsäure als Ausgangsmaterial benutzt, um gleich zu natürlich vorkommenden Stoffen zu gelangen.

Wird inaktiver Mandelsäureäthylester mit Acetobromglucose und Silberoxyd geschüttelt, so entsteht in leidlicher Ausbeute der gut krystallisierende Tetracetyl-glucosido-mandelsäureäthylester. Das Präparat

---

[1]) Liebigs Annal. d. Chem. **383**, 68 [1911]. (*S. 23.*)

ist offenbar ein Gemisch von 2 Stereoisomeren, die als Derivate der *d*- und *l*-Mandelsäure zu betrachten sind. Durch Ammoniak wird daraus ein Gemisch der Glucoside von *d*- und *l*-Mandelamid erzeugt. Das *l*-Derivat bildet mit Pyridin eine leicht krystallisierende Verbindung und läßt sich in dieser Form aus dem Gemisch abscheiden, während das *d*-Mandelamidglucosid in der Mutterlauge bleibt und nach Entfernung des Pyridins als amorphe Masse erhalten wird. Beide Amide können durch Behandlung mit Essigsäureanhydrid und Pyridin[1]), die wir für die mildeste Form der Acetylierung von Hydroxylgruppen halten, leicht in Tetracetylderivate von folgender Formel, $(C_2H_3O)_4C_6H_7O_5 \cdot O \cdot CH(C_6H_5) \cdot CO \cdot NH_2$, verwandelt werden, und diese geben beim Erwärmen mit Phosphoroxychlorid recht glatt die beiden ebenfalls gut krystallisierenden Mandelnitrilglucosid-tetracetate,

$$(C_2H_3O)_4C_6H_7O_5 \cdot O \cdot CH(C_6H_5) \cdot CN.$$

Das eine ist identisch mit der schon bekannten Acetylverbindung des alten Mandelnitrilglucosids, und für das andere konnten wir leicht den Nachweis führen, daß es auch aus dem Sambunigrin durch Behandlung mit Pyridin und Essigsäureanhydrid entsteht.

Um die Synthese der beiden natürlichen Glucoside zu vollenden, waren jetzt nur noch die vier Acetylgruppen zu entfernen. Aber diese Operation, die bei den gwöhnlichen Glucosiden so leicht auszuführen ist, hat hier besondere Schwierigkeit gemacht; denn die Cyangruppe ist gegen Alkalien oder Bariumhydroxyd recht empfindlich. Erst durch Anwendung von methylalkoholischem Ammoniak bei 0° ist es uns gelungen, die Verseifung so zu leiten, daß die Ausbeute an Glucosid befriedigt. Aber auch diese Präparate sind kein reines *d*- oder *l*-Mandelnitrilglucosid, sondern ein Gemisch von beiden. Das war zu erwarten, da nach den Beobachtungen von Caldwell und Courtauld[2]) das *l*-Mandelnitrilglucosid durch sehr verdünnte Basen in der Kälte teilweise umgelagert und in das sogenannte Prulaurasin verwandelt wird. Glücklicherweise war es uns möglich, das Gemisch durch Krystallisation in die beiden Bestandteile zu zerlegen.

Der etwas komplizierte Gang der Synthese wird durch folgendes Schema veranschaulicht:

---

[1]) Das längst bekannte, aber zu wenig beachtete Verfahren wurde auf die Zucker zuerst von Behrend und Roth (Liebigs Annal. d. Chem. **331**, 361 [1904]) angewandt. Daß es besonders bei hydroxylhaltigen Säureamiden Vorteil bietet, ist kürzlich von E. Fischer und O. Nouri gezeigt worden (Berichte d. D. Chem. Gesellsch. **50**, 611 [1917]).

[2]) Journ. of the chem. Soc. of London **91**, 671 [1907].

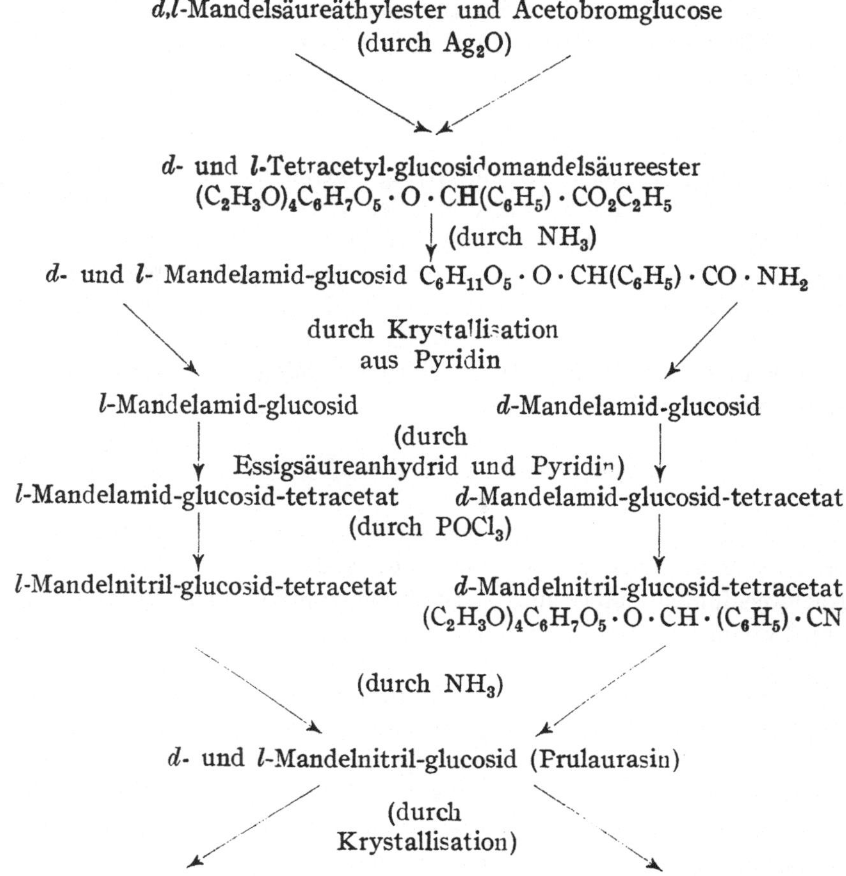

Nach Erreichung dieses Zieles scheint es uns nicht überflüssig, einen Rückblick auf die Geschichte des Mandelnitrilglucosids zu geben. Das Glucosid wurde zuerst durch partielle Hydrolyse des Amygdalins mit Hefenextrakt gewonnen und dafür die jetzt noch übliche Strukturformel aufgestellt[1]). Daß es ein β-Glucosid und ein Derivat der *l*-Mandelsäure sei, war nach den Beziehungen zum Amygdalin und dem Verhalten gegen Emulsin ohne weiteres anzunehmen. Der Entdecker wies auch auf die Wahrscheinlichkeit seines natürlichen Vorkommens hin und sprach die Absicht aus, es in dem amorphen Amygdalin (Laurocerasin) zu suchen. Der Versuch ist aber aus äußeren Gründen nicht ausgeführt worden.

---

[1]) E. Fischer, Berichte d. D. Chem. Gesellsch. **28**, 1508 [1895]. (*Kohlenh. I, 780.*)

Erst im Jahre 1906 gelang es Hérissey[1]), aus frischen Blättern von Prunus Lauro cerasus an Stelle des amorphen Laurocerasins ein krystallisiertes Produkt zu gewinnen, das er „Prulaurasin" nannte, als isomer mit Mandelnitrilglucosid erkannte und als einheitliche Substanz betrachtete. Kurz vorher hatten E. Bourquelot und E. Danjou[2]) aus den Blättern von Sambucus nigra das krystallisierte „Sambunigrin" isoliert und gleichfalls als Isomeres des Mandelnitrilglucosids angesprochen. Endlich fand H. Hérissey[3]) in den frischen Zweigen von Cerasus Padus auch das Mandelnitrilglucosid selbst.

Um die gleiche Zeit studierten R. J. Caldwell und S. L. Courtauld[4]) die Bildung des Mandelnitrilglucosids aus Amygdalin durch gemäßigte Hydrolyse mit Salzsäure. Sie zeigten ferner, daß das Glucosid durch sehr verdünntes Barytwasser oder Ammoniak in Prulaurasin verwandelt wird. Sie erkannten auch klar das Verhältnis der drei Glucoside zu einander, von denen sie das älteste ganz richtig als *l*-Mandelnitril-β-glucosid bezeichneten, während Sambunigrin als die *d*-Verbindung und Prulaurasin als ein Gemisch der beiden aufgefaßt wurde. Unmittelbar nachher haben Bourquelot und Hérissey[5]) diese Ansicht bestätigt, indem sie zeigten, daß aus dem alten Mandelnitrilglucosid durch Salzsäure *l*-Mandelsäure und aus dem Sambunigrin die *d*-Mandelsäure entsteht. Zugleich wiesen sie nach, daß Sambunigrin ebenfalls durch Barytwasser in Prulaurasin umgewandelt wird.

Sehr bemerkenswert ist der überaus schnelle Konfigurationswechsel oder, wie man auch sagen könnte, die sehr leichte partielle Racemisierung der beiden Mandelnitrilglucoside durch Basen. Wir vermuten, daß sie mit einem Strukturwechsel zusammenhängt; denn wenn das Cyanid, $\begin{matrix} C_6H_5 \cdot \overset{*}{C}H \cdot O \cdot C_6H_{11}O_5, \\ CN \end{matrix}$ unter dem Einfluß der Base in die isomere Form $\begin{matrix} C_6H_5 \cdot C \cdot O \cdot C_6H_{11}O_5 \\ \ddot{C} : NH \end{matrix}$ übergeht, so würde die Asymmetrie des durch * markierten Kohlenstoffatoms verschwinden, und bei der Rückverwandlung in das erste Cyanid müßte dann ein Gemisch der beiden Mandelnitrilglucoside entstehen, deren Menge auch im Endzustand nicht gleich zu sein braucht.

Leichte Racemisierung durch Alkalien ist häufig beobachtet und auch in verschiedenen Fällen, namentlich bei Säureamiden und Oxysäuren, durch die vorübergehende Bildung von Isomeren ohne asym-

[1]) Journ. de Pharmacie et de Chimie, Serie 6, **23**, 5 [1906].
[2]) Ebenda, Serie 6, **22**, 219, 385 [1905].
[3]) Ebenda, Serie 6, **26**, 194 [1907], Archiv d. Pharmazie **245**, 641 [1907].
[4]) Journ. of the chem. Soc. of London. **91**, 666, 671 [1907].
[5]) Journ. de Pharmacie et de Chimie, Serie 6, **26**, 5, [1907].

metrisches Kohlenstoffatom (Enole) erklärt worden[1]). Dem entspricht die Erfahrung, daß die Umwandlung sehr viel schwerer oder gar nicht erfolgt, wenn das asymmetrische Kohlenstoffatom kein Wasserstoffatom mehr bindet. Man darf deshalb erwarten, daß auch das noch unbekannte Glucosid des Atrolactinsäurenitrils, $C_6H_5 \cdot C\begin{cases} CH_3 \\ CN \\ O \cdot C_6H_{11}O_5 \end{cases}$, den Konfigurationswechsel durch Basen entweder gar nicht oder doch viel schwerer zeigen wird.

In experimenteller Beziehung ist hervorzuheben, daß die beiden Mandelnitrilglucoside ebenso wie das Amygdalin durch eine ammoniakalische Lösung von Bleiacetat gefällt werden, und daß dadurch ihre Abscheidung erleichtert wird.

Bemerkenswert ist ferner das Verhalten einiger Verbindungen gegen Emulsin. Während beide Mandelnitrilglucoside durch das Enzym hydrolysiert werden, zeigt von den Mandelamidglucosiden nur die *l*-Verbindung diese Erscheinung. Über das Verhalten der Glucosidomandelsäure gegen Emulsin sind unsere Versuche noch nicht abgeschlossen.

Das Verfahren, das von der Mandelsäure zum Mandelnitrilglucosid führte, wird sich voraussichtlich auf zahlreiche Oxysäuren übertragen lassen. So darf man erwarten, dadurch aus der α-Oxy-isobuttersäure das natürliche Phaseolunatin[2]) oder aus *p*-Oxy-mandelsäure das Durrhin[3]) zu erhalten.

Wir hoffen ferner, aus den Acetobromderivaten der Maltose, Cellobiose, Lactose usw. die Glucoside vom Typus des Amygdalins zu gewinnen und so auch die Frage zu entscheiden, von welchem Disaccharid das Amygdalin selbst sich ableitet[4]).

Durch die Entdeckungen von E. Bourquelot und seinen Schülern, sowie von Dunstan und Mitarbeitern hat sich die Zahl der krystallisierten cyanhaltigen Glucoside in den letzten Jahrzehnten rasch vermehrt. Gleichzeitig haben die Botaniker[5]) die ziemlich weite Ver-

[1]) Vgl. Dakin, Chem. Centralbl. **1910**, II, S. 553; O. Rothe, Berichte d. D. Chem. Gesellsch. **47**, **843**]1914[; Leuchs und Wutke, Berichte d. D. Chem. Gesellsch. **46**, **2425** [1913]; E. Fischer und R. v. Grävenitz, Liebigs Annal. d. Chem. **406**, **1** [1914].

[2]) Dunstan und Henry, Proceedings of the Chemic. Society **72**, 285 [1903].

[3]) Dunstan und Henry, Chemic. News **85**, 301 [1902].

[4]) In der ausländischen Literatur ist wiederholt die irrtümliche Behauptung aufgetaucht, ich hätte das Amygdalin für ein Derivat der Maltose erklärt. In Wirklichkeit habe ich die Frage offen gelassen, denn mein Ausspruch lautet folgendermaßen: „Nach meiner Ansicht ist das Amygdalin ein Derivat der Maltose oder einer ganz ähnlich konstruierten Diglucose." (Berichte d. D. Chem. Gesellsch. **28**, 1508 [1895]). (*Kohlenh. I, 780.*) E. Fischer.

[5]) Wir nennen hier nur Treub, Guignard, Greshoff. Das Nähere findet man in den Lehrbüchern der Pflanzenphysiologie, z. B. Czapek, Biochemie der Pflanzen **1905**, Bd. 2, S. 252ff.

breitung solcher Glucoside oder auch der freien Blausäure in den Blättern, Früchten und der Rinde ganz verschiedener Pflanzenfamilien nachgewiesen. Die Vermutung, daß die Blausäure bei der Assimilation des Stickstoffs eine Rolle spielt, verdient deshalb Beachtung, wenn auch die Spekulationen einiger Botaniker und Chemiker über den vermeintlichen Verlauf der Synthese von Aminosäuren und anderer stickstoffhaltiger Substanzen im Pflanzenkörper wohl noch verfrüht sind.

Der synthetische Ausbau der Gruppe kann diesen Studien nützlich sein, da er die Aufsuchung der Produkte im Pflanzenreich erleichtern und vielleicht auch einige Anhaltspunkte für ihre natürliche Bildung geben wird.

Vor Beendigung des Krieges haben wir aber weder die Zeit noch die Mittel, die ziemlich mühsamen Versuche durchzuführen.

Dagegen konnten wir das verbesserte Acetylierungsverfahren noch anwenden auf das zuvor erwähnte Glucosid des Glykolamids. Es läßt sich durch Essigsäureanhydrid und Pyridin auch leicht in die Tetraacetylverbindung verwandeln, aus der mit Phosphoroxychlorid das ebenfalls schön krystallisierende Tetracetat des Glykolnitrilglucosids, $CN \cdot CH_2 \cdot O \cdot C_6H_7O_5(C_2H_3O)_4$, entsteht. Durch Verseifung mit alkoholischem Ammoniak erhielten wir daraus eine in Wasser sehr leicht lösliche Substanz, die bisher nicht krystallisierte, in der aber sehr wahrscheinlich das einfachste cyanhaltige Glucosid, d. h. das Glykolnitrilglucosid, $CN \cdot CH_2 \cdot O \cdot C_6H_{11}O_5$, enthalten ist. Wir werden uns selbstverständlich bemühen, diese interessante Verbindung, die in einigen Reaktionen von dem Mandelnitrilglucosid abweicht, in reinem Zustand zu isolieren. Das scheint um so mehr erwünscht, als bei der weiten Verbreitung der Glykolsäure in Früchten und Blättern die Vermutung nahe liegt, daß auch ihr Nitril und sein Glucosid im Pflanzenreich vorkommen.

Tetracetyl-glucosido-*d,l*-mandelsäure-äthylester, $(C_2H_3O)_4C_6H_7O_5 \cdot O \cdot CH(C_6H_5) \cdot CO_2C_2H_5$.

400 g scharf getrockneter, geschmolzener *d,l*-Mandelsäureäthylester werden mit 100 g Acetobromglucose und 85 g frisch gefälltem, ebenfalls gut getrocknetem Silberoxyd versetzt und der dicke Brei bei Zimmertemperatur auf der Maschine geschüttelt. Wenn nach einigen Stunden alles Brom abgespalten ist, saugt man ab, wäscht mit etwas warmem Alkohol nach und klärt das Filtrat nötigenfalls durch Schütteln mit etwas Tierkohle. Schließlich wird die abermals filtrierte, farblose Flüssigkeit bei 15—20 mm vom Alkohol befreit und dann bei 0,2—0,3 mm Druck aus einem Bad von 160° der große Überschuß des Mandelsäureesters abdestilliert. Der kaum gefärbte,

in der Kälte zähe Rückstand wird jetzt in 300 ccm heißem Alkohol gelöst. Beim Erkalten beginnt bald die Krystallisation konzentrisch angeordneter Nadeln, die sich rasch vermehren und die Flüssigkeit in einen dicken Brei verwandeln. Nach einigem Stehen in Kältemischung wird abgesaugt und die farblose Masse mit eiskaltem verdünntem Alkohol gewaschen. Ausbeute etwa 45 g oder 36% der Theorie. Zur Analyse wurde von neuem aus Alkohol umkrystallisiert.

0,1518 g Sbst. (im Vakuum-Exsiccator getr.): 0,3146 g CO_2, 0,0810 g H_2O.
$C_{24}H_{30}O_{12}$ (510,24). Ber. C 56,44, H 5,93.
Gef. „ 56,52, „ 5,97.

Da als Rohmaterial der inaktive Mandelsäureester diente, so war zu erwarten, daß dieses Präparat ein Gemisch sei. Damit stimmen in der Tat die Eigenschaften überein. Der Schmelzpunkt ist sehr ungenau; denn von etwa 90° tritt Sinterung ein, und die Schmelzung findet zwischen 102° und 109° statt. Desgleichen schwankt das Drehungsvermögen. In Benzollösung betrug bei verschiedenen Präparaten $[\alpha]_D$ —33°, —37,6° und —40,1°. Wir haben aber darauf verzichtet, die Isomeren durch Krystallisation zu trennen.

Der Ester löst sich leicht in Essigäther, Aceton, Benzol und heißem Alkohol, etwas schwerer in Äther und nur sehr schwer in Petroläther. Auch in heißem Wasser ist er etwas löslich und krystallisiert daraus nach dem Erkalten. Fehlingsche Lösung wird beim Kochen nicht reduziert.

Wird der fein gepulverte Ester mit überschüssigem $^n/_5$-Barytwasser auf der Maschine bei gewöhnlicher Temperatur geschüttelt, so geht er langsam in Lösung. Nach 1—2 Tagen ist eine Säure entstanden, die sich nach genauer Ausfällung des Baryts mit Schwefelsäure durch Verdampfen unter geringem Druck als amorphe, in Wasser und Alkohol leicht lösliche Masse gewinnen läßt. Sie bildet in trocknem Zustand eine glasige, sauer reagierende und schmeckende Masse die Fehlingsche Lösung erst nach der Hydrolyse mit Säuren reduziert. Wir vermuten, daß sie zur Hauptmenge aus den Glucosiden der *d*- und *l*-Mandelsäure besteht. Auf ihre genaue Untersuchung haben wir einstweilen verzichtet.

Mandelamid-glucosid, $C_6H_5 \cdot \underset{O \cdot C_6H_{11}O_5}{CH} \cdot CO \cdot NH_2$.

Es entsteht aus dem vorhergehenden Ester durch methylalkoholisches Ammoniak und ist wie jener ein Gemisch von 2 Isomeren, die durch Krystallisation aus Pyridin getrennt werden können.

50 g roher Ester wurden in 500 ccm warmem, trocknem Methylalkohol gelöst und unter Kühlung durch Kältemischung mit trocknem Ammoniakgas gesättigt. Die anfangs ausgeschiedenen Krystalle lösen sich dabei rasch wieder. Man bewahrt zwei Tage in verschlossener Flasche bei gewöhnlicher Temperatur und verdampft dann unter ver-

mindertem Druck. Dabei bleibt ein klarer, farbloser, zähflüssiger Rückstand. Zur Entfernung des durch die Reaktion entstandenen Acetamids wird er zweimal mit der 8—10-fachen Menge Essigäther unter häufigem Durchschütteln kurze Zeit ausgekocht und die Lösung nach dem Erkalten abgegossen. Die zurückbleibende zähe Masse löst sich leicht in 150 ccm warmem Pyridin, und bei allmählichem Zusatz der gleichen Menge Essigäther und Reiben beginnt bald eine starke Krystallisation verfilzter, farbloser Nadeln oder Prismen, die einige Zeit bei 0° aufbewahrt, dann abgesaugt und mit einem eiskalten Gemisch von Essigäther und Pyridin gewaschen werden. Sie sind eine Pyridinverbindung des

l-Mandelamid-glucosids: die Krystalle verlieren schon beim Stehen an der Luft oder noch rascher im Exsiccator über Schwefelsäure einen Teil des Pyridins. Rascher findet das statt im Vakuum bei 78° oder 100°, und die Masse wird dann allmählich amorph und klebrig. Es ist uns aber so nicht gelungen, alles Pyridin zu entfernen und ein Präparat von konstanter Zusammensetzung zu erhalten. Jedenfalls beträgt die Menge des Pyridins mehr als ein Molekül. Der letzte Rest von Pyridin läßt sich entfernen durch Lösen in Wasser, Verdampfen unter geringem Druck und Wiederholung dieser Operation. Das Glucosid bleibt dann als dicker, farbloser Sirup, der im Exsiccator zu einer spröden, glasartigen Masse eintrocknet. Es löst sich leicht in Wasser und Alkohol, viel schwerer in Aceton und besonders Essigäther und nur sehr wenig in Äther. Der Geschmack ist stark bitter, die Reaktion der wäßrigen Lösung neutral. Es reduziert Fehlingsche Lösung nicht. Durch Emulsin wird es leicht in Zucker und *l*-Mandelamid gespalten.

2 g Pyridinverbindung wurden mehrere Tage im Vakuumexsiccator getrocknet, dann in 50 ccm Wasser gelöst, unter 15 mm Druck verdampft und diese Operation wiederholt. Das zurückbleibende amorphe Glucosid wurde in 22 ccm Wasser gelöst, mit 0,3 g Emulsin und einigen Tropfen Toluol versetzt und 20 Stunden bei 34° aufbewahrt. Eine Probe der Flüssigkeit reduzierte dann die siebenfache Menge Fehlingsche Lösung. Das entspricht 0,733 g Traubenzucker.

Zur Isolierung des Mandelamids wurde der Rest der Flüssigkeit mehrmals mit Essigäther ausgeschüttelt. Die Menge des farblosen Amids betrug 0,51 g, das entspricht der Menge des Zuckers. Das Amid wurde durch Lösen in wenig Essigäther und Zugabe von Benzol umkrystallisiert und dann durch den Schmelzpunkt (123—124° [korr.]), das Drehungsvermögen ($[\alpha]_D = -72{,}2°$ in Aceton)[1]) und die Analyse (Ber. C 63,55, H 6,00. Gef. C 63,35, H 5,84) identifiziert.

---

[1]) Vgl. Mc. Kenzie und H. Wren, Journ. of the chem. Soc. of London. 93, 309 [1908].

Tetracetat des *l*-Mandelamid-glucosids. Für seine Bereitung wurde die aus 50 g Ester erhaltene krystallisierte Pyridinverbindung des Glucosids ohne weitere Reinigung nach dem Trocknen im Exsiccator mit 30 ccm trocknem Pyridin und 30 ccm Essigsäureanhydrid bei Zimmertemperatur auf der Maschine geschüttelt. Nach etwa einer halben Stunde war Lösung eingetreten. Sie wurde noch 24 Stunden bei gewöhnlicher Temperatur aufbewahrt und dann in 250 ccm Eiswasser gegossen. Das ausfallende farblose Öl erstarrte beim Reiben schnell. Gleichzeitig erfüllte sich die überstehende Flüssigkeit mit großen Mengen farbloser, konzentrisch angeordneter Nadeln. Nach einstündigem Stehen in Eis wurde abgesaugt. Ausbeute 18,8 g oder 40% der Theorie (auf den angewandten Äthylester berechnet). Aus der Mutterlauge konnten durch wiederholtes Verdampfen unter Wasserzusatz bei stark vermindertem Druck noch 0,7—0,8 g erhalten werden. Zur Reinigung wurde in 150 ccm warmem Alkohol gelöst, mit 500 ccm Wasser versetzt und gut gekühlt, wobei ein Brei von farblosen Nadeln ausfiel. Ausbeute an reiner Substanz 16—17g.

0,1582 g Sbst. (im Vakuum-Exsiccator getr.): 0,3187 g CO_2, 0,0804 g H_2O. — 0,1504 g Sbst.: 3,73 ccm N (über 33-proz. KOH) (10°, 767 mm).

$C_{22}H_{27}O_{11}N$ (481,23). Ber. C 54,86, H 5,66, N 2,91.
Gef. „ 54,94, „ 5,69, „ 2,99.

Zur optischen Untersuchung diente die Lösung in trocknem Aceton:

$$[\alpha]_D^{18} = \frac{-6,91^\circ \times 2,2488}{1 \times 0,8224 \times 0,2096} = -90,15^\circ \text{ (in Aceton).}$$

Nach nochmaliger Krystallisation aus verdünntem Alkohol war:

$$[\alpha]_D^{19} = \frac{-7,03^\circ \times 2,0388}{1 \times 0,8230 \times 0,1947} = -89,53^\circ \text{ (in Aceton).}$$

Das Präparat schmilzt gegen 161° (korr.) zu einer farblosen Flüssigkeit. Es löst sich leicht in Chloroform, Aceton, Essigäther, heißem Alkohol und heißem Benzol, viel schwerer in kaltem Benzol und kaltem Alkohol, recht schwer in Äther und fast gar nicht in Petroläther. In heißem Wasser löst es sich in erheblicher Menge und scheidet sich beim raschen Abkühlen zum größten Teil wieder in hübschen, mikroskopischen Nädelchen ab. Es reduziert die alkalische Fehlingsche Lösung nicht.

d-Mandelamid-glucosid: Es befindet sich in der Pyridinmutterlauge, die nach Abscheidung der Verbindung von *l*-Mandelamid-glucosid mit Pyridin bleibt. Wird diese Mutterlauge unter geringem Druck verdampft, so bleibt eine schwach gelbe zähe Masse, die wir nicht krystallisiert erhielten. Sie besteht aber zum größten Teil aus obigem *d*-Glucosid, wie die Umwandlung in das gut krystallisierende Tetracetat beweist.

Für seine Bereitung wurde die zähe Masse zuerst wieder in warmem, trocknem Pyridin gelöst und unter geringem Druck verdampft, um alle Feuchtigkeit zu entfernen. Dann wurde zur Acetylierung mit 60 ccm trocknem Pyridin und 60 ccm Essigsäureanhydrid übergossen, bis zur Lösung geschüttelt und einen Tag bei Zimmertemperatur aufbewahrt. Beim Eingießen in $^3/_4$ l Eiswasser fällt dann ein dickes Öl aus, das beim Verreiben mit der Flüssigkeit langsam halbfest wird. Nach mehrtägigem Stehen oder viel schneller beim Impfen beginnt in der Flüssigkeit die Abscheidung dünner, farbloser Nadeln. Nachdem noch 1—2 Tage im Eisschrank aufbewahrt ist, wird abgesaugt und mit kaltem Wasser gewaschen. Ausbeute 17,4 g oder 37% der Theorie, berechnet auf 50 g ursprünglichen Tetracetylglucosido-mandelsäureester, so daß zusammen mit dem vorher beschriebenen Isomeren etwa 77% der Theorie in ziemlich reiner Form isoliert werden können. In der Mutterlauge sind noch 2—3 g eines weniger reinen Präparates, auf deren genauere Untersuchung wir verzichtet haben. Zur Reinigung wurde zweimal in 50 ccm heißem Alkohol gelöst und allmählich mit Wasser versetzt. Die erst eintretende Trübung verwandelt sich beim Reiben bald in dünne verfilzte Nadeln, die sich bei weiterer Zugabe von Wasser und häufigem Umrühren rasch vermehren. Nachdem im ganzen 200 ccm Wasser zugesetzt sind und noch einige Zeit in Eis aufbewahrt ist, saugt man die schneeweißen Krystalle ab. Ausbeute an reiner Substanz 14,5 g.

0,1516 g Sbst. (bei 78° und 11 mm getr.): 0,3061 g CO_2, 0,0780 g H_2O. — 0,1727 g Sbst.: 4,45 ccm N (über 33-proz. KOH) (15°, 763 mm).

$C_{22}H_{27}O_{11}N$ (481,23). Ber. C 54,86, H 5,66, N 2,91.
Gef. „ 55,07, „ 5,76, „ 3,03.

$$[\alpha]_D^{20} = \frac{-1{,}22^\circ \times 1{,}7229}{1 \times 0{,}820 \times 0{,}1569} = -16{,}34^\circ \text{ (in Aceton).}$$

Nach nochmaliger Krystallisation war:

$$[\alpha]_D^{18} = \frac{-1{,}24^\circ \times 1{,}7155}{1 \times 0{,}822 \times 0{,}1566} = -16{,}53^\circ.$$

Das *d*-Mandelsäureamid-glucosid-tetracetat schmilzt bei 136—137° (korr.) zu einer zähen Flüssigkeit. Es löst sich leicht in Essigäther, Aceton, Benzol und Chloroform, ziemlich leicht auch in kaltem Alkohol, recht schwer dagegen in Äther und fast gar nicht in Petroläther. Von kochendem Wasser wird es nach vorhergehendem Schmelzen in beträchtlicher Menge aufgenommen.

Verseifung des Tetracetats. Sie wurde ausgeführt, um das *d*-Mandelamid-glucosid in möglichst reinem Zustand zu gewinnen.

Eine Lösung von 2,5 g Tetracetat in 50 ccm trocknem Methylalkohol wurde bei 0° mit 18 ccm bei 0° gesättigtem methylalkoholischem Ammoniak versetzt und bei derselben Temperatur 3 Stunden aufbewahrt, dann die Flüssigkeit an der Wasserstrahlpumpe verdampft und der amorphe blasige Rückstand zur Entfernung des Acetamids mit 25 ccm Essigäther ausgekocht, nach dem Erkalten die Lösung abgegossen und diese Operation wiederholt. Löst man den Rückstand in Wasser und verdunstet im Vakuumexsiccator, so bleibt das Glucosid als amorphe, in ganz trocknem Zustand spröde Masse, die in Löslichkeit, Geschmack, Verhalten gegen Fehlingsche Lösung und Hydrolyse durch verdünnte Säuren der *l*-Verbindung gleicht. Sie unterscheidet sich aber davon wesentlich dadurch, daß sie mit Pyridin keine Krystalle gibt und durch Emulsin keine deutliche Hydrolyse erleidet.

1 g der trocknen Masse wurde in 10 ccm Wasser gelöst, mit 0,2 g Emulsin und etwas Toluol versetzt und 20 Stunden bei 24° gehalten. Eine Probe der Flüssigkeit zeigte gegen Fehlingsche Lösung nur eine ganz schwache Reduktion. Die ganze Masse wurde nun mit viel Essigäther ausgeschüttelt und dieser verdampft. Der Rückstand war eine klebrige Masse, die sich nur zum Teil in warmem Essigäther wieder löste. Beim Verdampfen des Essigäthers blieben jetzt nur 50 mg einer amorphen Masse, die wieder nur teilweise in Essigäther löslich war, und aus der wir kein reines Mandelamid isolieren konnten.

l-Mandelnitril-glucosid-tetracetat, $(CH_3 \cdot CO)_4C_6H_7O_5 \cdot O \cdot CH(C_6H_5) \cdot CN$.

5 g *l*-Mandelsäureamid-glucosid-tetracetat wurden mit 15 ccm frisch destilliertem Phosphoroxychlorid übergossen und in einem Bad von 68—70° erwärmt. Beim Schütteln trat sehr schnell klare Lösung ein. Sie wurde noch 15 Minuten bei der gleichen Temperatur gehalten, dann das überschüssige Oxychlorid unter geringem Druck verdampft und der teilweise krystallinische, kaum gefärbte Rückstand mit Eiswasser verrieben. Dabei fiel das Nitril als weiße, nicht deutlich krystallisierte Masse aus. Sie wurde nach kurzem Stehen bei 0° abgesaugt, mit kaltem Wasser gewaschen und zur Reinigung in 20 ccm warmem Alkohol gelöst; nach Zugabe der gleichen Menge Wasser erstarrte die Flüssigkeit schnell zu einem Brei meist rosettenartig angeordneter, langer, flacher Nadeln. Ausbeute 3,6 g oder 75% der Theorie.

0,1511 g Sbst. (bei 78° und 11 mm getr.): 0,3164 g CO_2, 0,0747 g H_2O. — 0,1623 g Sbst.: 4,3 mm N (über 33-proz. KOH) (13°, 764 mm).

$C_{22}H_{25}O_{10}N$ (463,21). Ber. C 56,99, H 5,44, N 3,02.
Gef. „ 57,11, „ 5,53, „ 3,15.

$$[\alpha]_D^{25} - \frac{-0{,}59^\circ \times 0{,}9355}{0{,}5 \times 0{,}9177 \times 0{,}0501} = -24{,}01^\circ \text{ (in trocknem Essigäther).}$$

Ein anderes Präparat ergab:

$$[\alpha]_D^{22} = \frac{-1{,}17^\circ \times 1{,}5845}{1 \times 0{,}9178 \times 0{,}0843} = -23{,}96^\circ \text{ (in Essigäther).}$$

Die Substanz schmilzt bei 139—140° (korr.) zu einer farblosen Flüssigkeit. Wie später gezeigt wird, ist sie identisch mit dem aus *l*-Mandelnitril-glucosid durch Acetylierung entstehenden Körper.

In ganz ähnlicher Weise kann man das

d-Mandelnitril-glucosid-tetracetat

bereiten.

Übergießt man nämlich das *d*-Mandelsäureamid-glucosid-tetracetat mit der dreifachen Menge Phosphoroxychlorid, so erfolgt erst klare Lösung, aber nach kurzer Zeit erstarrt die Flüssigkeit wieder zu einem Brei von Krystallen, die vermutlich eine Additionsverbindung mit dem Lösungsmittel sind. Beim Erwärmen entsteht sofort wieder eine Lösung, die 15 Minuten bei 70° aufbewahrt und dann unter vermindertem Druck verdampft wird. Der dickflüssige Rückstand verwandelt sich beim Verreiben mit Eiswasser in eine schneeweiße, scheinbar amorphe, lockere Masse. Sie wird nach dem Absaugen mehrmals aus wenig absolutem Alkohol unter Anwendung einer Kältemischung umgelöst, wobei lange, dünne, verfilzte Nädelchen entstehen. Ausbeute an reiner Substanz 1,2 g aus 2 g Amid oder etwa 60% der Theorie.

0,1527 g Sbst. (bei 78° und 11 mm getr.): 0,3188 g CO_2, 0,0728 g H_2O. — 0,1634 g Sbst.: 4,35 ccm N (über 33-proz. KOH) (17°, 763 mm).

$C_{22}H_{25}O_{10}N$ (463,21). Ber. C 56,99, H 5,44, N 3,02.
Gef. „ 56,94, „ 5,33, „ 3,11.

$$[\alpha]_D^{22} = \frac{-0{,}96^\circ \times 0{,}7421}{0{,}5 \times 0{,}916 \times 0{,}0297} = -52{,}4^\circ \text{ (in trocknem Essigäther).}$$

Nach erneuter Krystallisation aus Alkohol war:

$$[\alpha]_D^{22} = \frac{-2{,}41^\circ \times 1{,}6186}{1 \times 0{,}918 \times 0{,}0809} = -52{,}5^\circ \text{ (in Essigäther).}$$

Die Substanz schmilzt im Capillarrohr nach sehr geringem Sintern bei 125—126° (korr.). Sie löst sich sehr leicht in Aceton, Essigäther, Chloroform, auch leicht in Benzol und Eisessig, schwerer in Äther und ziemlich wenig in Petroläther. Aus der nicht zu verdünnten Lösung in heißem Alkohol, von dem sie auch sehr leicht aufgenommen wird, krystallisiert sie beim Erkalten in hübschen, zentrisch vereinigten, prismatischen Nädelchen. Von heißem Wasser wird sie in geringer Menge aufgenommen und krystallisiert daraus beim Abkühlen nach vorübergehender Trübung in mikroskopischen Nädelchen.

Acetylierung der beiden Mandelnitril-glucoside.

Zum Vergleich mit den synthetischen Präparaten haben wir die Acetylverbindungen des *l*-Mandelnitrilglucosids und des Sambunigrins bereitet. Erstere ist schon von R. J. Caldwell und S. L. Courtauld[1]) durch Kochen des Glucosids mit Essigsäureanhydrid erhalten und als zarte, lange Nadeln vom Schmp. 136° und der spezifischen Drehung $[\alpha]_D^{25} = -21{,}7°$ (in 5-proz. Essigätherlösung) beschrieben worden. Wir haben zur Acetylierung die Behandlung mit Essigsäureanhydrid in der Kälte bei Anwesenheit von Pyridin vorgezogen.

Dementsprechend wurden 10 g feingepulvertes *l*-Mandelnitrilglucosid, das aus Amygdalin durch Hefenauszug bereitet war[2]), mit 15 ccm trocknem Pyridin und der gleichen Menge Essigsäureanhydrid übergossen. Dabei fand schnell Lösung statt, und gleichzeitig setzte Selbsterwärmung ein, der man zweckmäßig durch Eiskühlung begegnet. Beim weiteren Aufbewahren bei Zimmertemperatur war schon nach 2—3 Stunden die ganze Masse zu einem Krystallbrei erstarrt. Dieser wurde nach etwa 15 Stunden mit Eiswasser verrieben, der schneeweiße, krystallinische Niederschlag nach einiger Zeit abgesaugt und mit Wasser gewaschen. Nach einmaligem Umlösen aus verdünntem Alkohol wurden 14,6 g reines Präparat erhalten, entsprechend 93% der Theorie.

0,1682 g Sbst. (bei 78° und 11 mm getr.): 0,3508 g CO_2, 0,0826 g H_2O. — 0,1707 g Sbst.: 4,8 ccm N (über 33-proz. KOH) (16,5°, 734 mm).

$C_{22}H_{25}O_{10}N$ (463,21). Ber. C 56,99, H 5,44, N 3,02.
Gef. „ 56,88, „ 5,50, „ 3,16.

$$[\alpha]_D^{20} = \frac{-1{,}14° \times 1{,}7086}{1 \times 0{,}9174 \times 0{,}0885} = -24{,}00°$$ (in trocknem Essigäther).

Das stimmt mit dem Befunde von Power und Moore[3]) ($[\alpha]_D$ –24,0°), während Caldwell und Courtauld $[\alpha]_D^{25} = -21{,}7°$ (in Essigäther) angeben.

Nach nochmaligem Umlösen war:

$$[\alpha]_D^{20} - \frac{-1{,}12° \times 2{,}2042}{1 \times 0{,}9173 \times 0{,}1121} = -24{,}01°.$$

Den Schmelzpunkt fanden wir bei 139—140° (korr.), also 3—4° höher als Caldwell und Courtauld oder Power und Moore.

---

1) Journ. of the chem. Soc. of London. **91**, 671 [1907].

2) Berichte d. D. Chem. Gesellsch. **28**, 1508 [1895]. (*Kohlenh. I, 780.*) Für den angegebenen Zweck ist es überflüssig, das Glucosid völlig zu reinigen, was mit erheblichem Verlust verbunden ist. Vielmehr gibt schon das einmal aus Essigäther umkrystallisierte Präparat nach der obigen Vorschrift ohne Schwierigkeit völlig reine Tetracetylverbindung.

3) Journ. of the chem. Soc. of London **95**, 243 [1909].

Leicht löslich in Aceton, Essigäther, Chloroform, Eisessig und heißem Alkohol, auch ziemlich leicht in kaltem Benzol, recht wenig in kaltem Alkohol und nur sehr schwer in Petroläther. In heißem Wasser ist es etwas löslich und scheidet sich beim Erkalten nach vorhergehender Trübung der Flüssigkeit in dünnen Nädelchen aus. Wir vermuten, daß unser Präparat mit dem höheren Schmelzpunkt und der höheren Drehung etwas reiner war als dasjenige der englischen Chemiker, weil die von uns angewandte Acetylierungsmethode milder und sicherer ist. Jedenfalls stimmen seine Eigenschaften mit denjenigen des synthetischen Produktes so vollkommen überein, daß man an der Identität nicht zweifeln kann.

Ganz ähnlich verläuft die Acetylierung des *d*-Mandelnitrilglucosids (Sambunigrin). Wir haben dafür ein Präparat von $[\alpha]_D^{15} = -75{,}9^\circ$ verwendet, wie man es durch fraktionierte Krystallisation des Gemenges von *d*- und *l*-Mandelnitrilglucosid (Prulaurasin) aus einem Gemisch von Amylalkohol und Benzol in der später beschriebenen Weise erhält.

0,5 g *d*-Mandelnitrilglucosid wurden mit 1 ccm Pyridin und 1 ccm Essigsäureanhydrid übergossen. Unter mäßiger Selbsterwärmung fand rasch Lösung statt. Sie wurde 24 Stunden bei 20° aufbewahrt. Beim Versetzen mit Eiswasser fiel ein dickes Öl aus, das beim Reiben rasch krystallisierte. Ausbeute fast quantitativ. Zur Reinigung wurde aus verdünntem Alkohol krystallisiert.

0,1511 g Sbst. (im Vakuumexsiccator getr.): 0,3156 g CO_2, 0,0738 g H_2O. — 0,1730 g Sbst.: 4,7 ccm N (über 33proz. KOH) (16°, 765 mm).

$C_{22}H_{25}O_{10}N$ (463,21). Ber. C 56,99, H 5,44, N 3,02.
Gef. „ 56,97, „ 5,47, „ 3,19.

Das Drehungsvermögen $[\alpha]_D^{17} = \frac{-1{,}36^\circ \times 1{,}0085}{0{,}5 \times 0{,}918 \times 0{,}0577} = -51{,}8^\circ$

(in trocknem Essigäther) sowie der Schmelzpunkt (125—126° [korr.]) stimmten genügend überein mit dem vorher beschriebenen synthetischen *d*-Mandelnitril-glucosid-tetracetat. Ein Gemisch beider Präparate zeigte keine Erniedrigung des Schmelzpunktes.

Verseifung des Mandelnitril-glucosid-tetracetats mit methylalkoholischem Ammoniak. Bildung von *d*- und *l*-Mandelnitril-glucosid (Prulaurasin).

10 g *l*-Mandelnitrilglucosid-tetracetat werden in 300 ccm warmem Methylalkohol gelöst und in Eiswasser gut gekühlt, so daß die Masse zu einem Krystallbrei erstarrt. Wenn weitere 45 ccm Methylalkohol, die vorher bei 0° mit trocknem Ammoniakgas gesättigt sind, zugegeben werden, so tritt beim Schütteln unter Eiskühlung in etwa 20 Minuten klare Lösung ein. Sie wird noch 3 Stunden in Eis aufbewahrt, dann

unter vermindertem Druck aus einem Bad von 30° möglichst vollständig verdampft. Der hinterbleibende farblose, dicke Sirup enthält neben Acetamid und anderen Stoffen das Mandelnitrilglucosid. Dieses läßt sich leicht als Bleiverbindung abtrennen. Zu dem Zweck haben wir den Rückstand in 100 ccm kaltem Wasser gelöst und mit einer frischen Mischung aus etwa 130 ccm einer 10-proz. Lösung von essigsaurem Blei und 40 ccm 14-*n*.-Ammoniak versetzt. Dabei fiel ein dicker, farbloser, amorpher Niederschlag. Er wurde abgesaugt und mit wenig stark verdünntem Ammoniakwasser gewaschen.

Um daraus das freie Glucosid zu gewinnen, kann man das Salz entweder durch Schwefelwasserstoff oder durch Schwefelsäure zerlegen. Wir haben meist den zweiten Weg eingeschlagen und darum die Bleiverbindung in 100—150 ccm Wasser suspendiert und unter Schütteln solange mit verdünnter Schwefelsäure versetzt, bis die Reaktion dauernd sauer gegen Kongofarbstoff blieb. Schließlich wurde vom schwefelsauren Blei abfiltriert und die überschüssige Schwefelsäure durch genaue Fällung mit Barytwasser entfernt. Nach abermaliger Filtration wurde die farblose Flüssigkeit, welche jetzt freies Ammoniak enthielt, unter stark vermindertem Druck verdampft. Bis dahin sollen alle Operationen möglichst rasch hintereinander und jedenfalls am selben Tage ausgeführt werden.

Der hinterbliebene Sirup wurde nun mit 100 ccm Essigäther erwärmt, wobei großenteils Lösung eintrat, 150 ccm Äther zugegeben und die durch Schütteln möglichst geklärte Flüssigkeit abgegossen. Nachdem mit dem Rückstand nochmals in gleicher Weise verfahren war, wurden die vereinigten Auszüge durch Schütteln mit etwas reiner Tierkohle vollständig geklärt und das Lösungsmittel unter vermindertem Druck verjagt. Als nun der Rückstand in wenig trocknem Essigäther gelöst und langsam mit Äther versetzt wurde, begann nach dem Impfen bald die Krystallisation mikroskopisch dünner, farbloser Nädelchen, und beim Stehen über Nacht erstarrte die ganze Masse zu einem farblosen Krystallbrei, der sich nach Zugabe von weiteren Mengen trocknen Äthers noch vermehrte. Schließlich wurde abgesaugt, mit Äther gewaschen und im Vakuumexsiccator getrocknet. Ausbeute 4,3 g oder 68% der Theorie.

0,1666 g Sbst.: 0,3482 g CO_2, 0,0887 g H_2O. — 0,2035 g Sbst.: 8,2 ccm N (über 33-proz. KOH) (16°, 766 mm).

$C_{14}H_{17}O_6N$ (295,15). Ber. C 56,92, H 5,81, N 4,75.
Gef. „ 57,00, „ 5,96, „ 4,75.

$$[\alpha]_D^{20} = \frac{-0{,}94^\circ \times 0{,}7233}{0{,}5 \times 1{,}009 \times 0{,}0254} = -53{,}06^\circ \text{ (in Wasser).}$$

Andere Präparate ergaben —54,5°, —54,1° und —51,9°.

Will man aus der oben erwähnten Bleiverbindung das Metall, mittels Schwefelwasserstoffs entfernen, so wird sie ebenfalls in Wasser verteilt, in die Aufschlämmung kurze Zeit Schwefelwasserstoff eingeleitet und kräftig durchgeschüttelt. Man wiederholt diese Operation mehrmals, bis sich der weiße Niederschlag vollständig in schwarzes Schwefelblei verwandelt hat und nach dem Schütteln deutlicher Geruch nach Schwefelwasserstoff bleibt. Nun wird sogleich abgesaugt und das bleifreie Filtrat unter vermindertem Druck zum dicken Sirup verdampft. Er wird zwei- bis dreimal mit einer Mischung von 100 ccm trocknem Essigäther und 150 ccm trocknem Äther ausgezogen und die vereinigten und nötigenfalls mit etwas Tierkohle geklärten Extrakte wieder unter vermindertem Druck verdampft. Der hinterbleibende Sirup enthält nicht unbeträchtliche Mengen gebundenen Schwefels, der sich aber leicht abspalten läßt, wenn man die Masse in Wasser löst und mit etwas frisch gefälltem Quecksilberoxyd bis nahe zur Siedetemperatur erhitzt, solange noch Schwärzung des Oxyds erfolgt. Nach erneuter Filtration und nach Vertreiben des Wassers wird der dickflüssige, farblose Rückstand in wenig trocknem Essigäther gelöst und durch Zusatz von Äther in der vorher beschriebenen Weise ohne Schwierigkeit krystallisiert erhalten. Die Ausbeute ist auch hier recht befriedigend.

0,1871 g Sbst.: 0,3885 g CO_2, 0,0988 g H_2O.

Gef. C 56,63, H 5,91.

$$[\alpha]_D^{16} = \frac{-0{,}95° \times 0{,}30460}{0{,}5 \times 1{,}009 \times 0{,}01029} = -55{,}7° \text{ (in Wasser).}$$

Wie man sieht, ist das Drehungsvermögen unserer Präparate nicht ganz konstant. Die Werte stimmen aber recht gut überein mit den Angaben von Hérissey[1]), welcher für sein Prulaurasin aus den Blättern von Prunus Laurocerasus vom Schmp. 120—122° $[\alpha]_D$ zwischen —52,6° und —54,6° fand, ferner mit den Zahlen von Caldwell und Courtauld[2]), die durch Einwirkung von Baryt auf Mandelnitrilglucosid ein Präparat von $[\alpha]_D = -52{,}7°$ erhielten. Letztere geben den Schmelzpunkt etwas höher an als Hérissey, nämlich bei 123 bis 125° nach Sintern von 120° an. Ähnlich verhielten sich auch unsere Präparate, nur fand die Verflüssigung innerhalb eines größeren Intervalls statt, und die dabei entstehende trübe Flüssigkeit wurde manchmal erst über 140° ganz klar.

Genau so wie oben beschrieben, verläuft auch die Verseifung des *d*-Mandelnitril-glucosid-tetracetats durch methylalkoholisches Ammoniak, und das Produkt ist auch hier Prulaurasin.

---

[1]) Journ. de Pharmacie et de Chimie, Serie 6, **23**, 5 [1906]; Archiv d. Pharmazie **245**, 463 [1907].

[2]) Journ. of the chem. Soc. of London. **91**, 671 [1907].

Gewinnung von *l*-Mandelnitril-glucosid und Sambunigrin. aus Prulaurasin.

Wir haben keinen Wert darauf gelegt, die Frage zu entscheiden-ob das Prulaurasin ein bloßes Gemenge von *d*- und *l*-Mandelnitril, glucosid ist, oder ob es sich unter gewissen Bedingungen auch als einheitliche Verbindung (partielles Racemat) erhalten läßt. Doch ist es uns gelungen, aus unserem Präparat durch bloße fraktionierte Krystallisation die beiden Glucoside rein zu erhalten.

Als wir nämlich 1 g eines Präparates von $[\alpha]_D = -54,6°$ in $2^1/_2$ ccm heißem Amylalkohol lösten und nach Zusatz von 15 ccm Benzol in einer flachen Schale an der Luft verdunsten ließen, begann bald[1]) die Abscheidung farbloser Nadeln, deren Menge sich langsam vermehrte, so daß die Masse nach 24 Stunden in einen dicken Brei farbloser Krystalle verwandelt war. Er wurde mit wenig Essigäther verrieben, abgesaugt und wiederholt mit etwas Essigäther, von dem im ganzen 6 ccm verbraucht wurden, nachgewaschen. Ausbeute 0,29 g (Gef. N 4,75, Ber. N 4,75), $[\alpha]_D^{18} = \frac{-0,88° \times 0,9677}{0,5 \times 1,008 \times 0,0225} = -75,1°$ (in Wasser). Ein zweites Präparat ergab:

$$[\alpha]_D^{15} = \frac{-2,61° \times 0,27186}{1 \times 1,011 \times 0,0092} = -76,3°.$$

Schmp. 151—152,5 (korr.). Das stimmt überein mit den Angaben von Bourquelot und Danjou[2]) über das Sambunigrin aus Sambucus nigra. Zur Sicherheit haben wir auch noch in der vorher beschriebenen Weise die Tetracetylverbindung bereitet. Ihr Schmp. 125—126° (korr.) und das Drehungsvermögen:

$$[\alpha]_D^{22} = \frac{-2,27° \times 1,6383}{1 \times 0,917 \times 0,0779} = -52,06° \text{ (in Essigäther)}$$

stimmen genügend mit den vorher angegebenen Werten überein.

Die Mutterlauge, welche nach Ausscheidung des Sambunigrins verblieb, wurde zur Entfernung des Essigäthers einige Stunden im Vakuumexsiccator aufbewahrt, dann der Sirup, der noch große Mengen Amylalkohol enthielt, langsam mit Äther versetzt und mit einer Spur *l*-Mandelnitril-glucosid geimpft. Bald begann die Abscheidung farbloser Krystalle, deren Menge nach 5 Stunden 0,57 g betrug, $[\alpha]_D = -41,9°$ (in Wasser). Zur weiteren Reinigung wurde in 6 ccm warmem Essigäther gelöst, mit 3 ccm Tetrachlorkohlenstoff versetzt und

---

[1]) Bei den späteren Wiederholungen dieses Versuches haben wir zur Beschleunigung der Krystallisation immer mit etwas Sambunigrin geimpft.

[2]) Journ. de Pharmacie et de Chimie, Serie 6, 22, 219, 385 [1905].

wieder mit dem *l*-Glucosid geimpft. Die beim völligen Erkalten eintretende Krystallisation schritt bei Zimmertemperatur langsam fort, so daß nach 8 Stunden 0,23 g von $[\alpha]_D = -33°$ erhalten wurden. Wir krystallisierten sie noch zweimal in der gleichen Weise aus einem Gemisch von 10 Teilen Essigäther und 5 Teilen Tetrachlorkohlenstoff. Schließlich änderte sich die Drehung nicht mehr. Erhalten wurden dann 0,14 g vom Schmp. 149—150° (korr.).

$$[\alpha]_D^{21} = \frac{-0{,}50° \times 0{,}21835}{0{,}5 \times 1{,}012 \times 0{,}00799} = -27{,}0° \text{ (im Wasser).}$$

Die Acetylverbindung, in der mehrfach geschilderten Weise bereitet, zeigte $[\alpha]_D^{22} = \frac{-46° \times 0{,}4278}{0{,}5 \times 0{,}914 \times 0{,}0181} = -23{,}8°$ (in Essigäther). Sie schmolz bei 139—140° und ebenso, als sie mit dem Acetylderivat eines Mandelnitrilglucosids aus Amygdalin gemischt war.

Aus der Mutterlauge, welche bei der ersten Umlösung aus Essigester und Tetrachlorkohlenstoff erhalten war, schieden sich bei weiterem Stehen an der Luft allmählich 0,035 g Sambunigrin ab, so daß also im ganzen etwa 0,32 g Sambunigrin und 0,14 g Mandelnitrilglucosid aus 1 g des bei der Synthese erhaltenen Gemisches in reiner Form abgeschieden wurden; das sind 46% der Gesamtmenge. Wir haben uns aber überzeugt, daß man aus den verschiedenen Mutterlaugen, welche bei den eben geschilderten Krystallisationen übrig blieben, durch Einengen und Zugabe von Äther den allergrößten Teil der darin noch gelösten Substanzen in krystallisierter Form wiedergewinnen und daraus aufs neue *d*- und *l*-Mandelnitril-glucosid isolieren kann.

Selbstverständlich haben wir die eben geschilderte Abscheidung der beiden Mandelnitril-glucoside aus dem synthetischen Prulaurasin öfters und auch mit größeren Mengen ausgeführt. Dabei sind die einzelnen Operationen nicht immer genau so verlaufen wie im obigen Beispiel. So enthielt das Sambunigrin manchmal nach der ersten Krystallisation mehr oder weniger des Isomeren und mußte durch nochmalige Krystallisation aus Amylalkohol und Benzol völlig gereinigt werden. Durch solche Störungen wurde die Operation wohl zeitraubender, zum Schluß konnte aber immer die Abtrennung der beiden Glucoside in völlig einheitlicher Form erreicht werden.

Die gleiche Scheidung in die Komponenten haben wir mit Prulaurasin durchgeführt, das nach Caldwell und Courtauld aus *l*-Mandelnitril-glucosid mit verdünntem Barytwasser hergestellt war.

Der Vollständigkeit wegen haben wir noch das

Verhalten der beiden synthetischen Mandelnitril-glucoside gegen Emulsin untersucht. Wie schon E. Fischer[1]) für das *l*-Glucosid und Bourquelot und Danjou[2]) für das Sambunigrin nachgewiesen haben, werden sie durch Emulsin gespalten in Traubenzucker, Bittermandelöl und Blausäure.

Wir benutzten für unsere Versuche 10-proz. Lösungen der Glucoside, wozu an Emulsin $^1/_5$ vom Gewicht des Glucosids gegeben wurde.

0,1500 g *d*-Mandelnitrilglucosid von $[\alpha]_D = -75,6^\circ$ (entsprechend 0,0915 g Glucose) wurden in 1,5 ccm Wasser gelöst und mit 0,032 g eines wirksamen Emulsinpräparates versetzt. Fast sofort trat deutlicher Geruch nach Bittermandelöl auf und war nach etwa $^1/_4$ Stunde schon recht stark. Nach 24-stündigem Aufbewahren bei 34° unter Zusatz von etwas Toluol reduzierte 1 ccm der Flüssigkeit 11,5 ccm Fehlingsche Lösung, was auf die Gesamtmenge umgerechnet einer Zuckermenge von 0,0822 g oder 90% der Theorie entspricht. Eine Probe der Flüssigkeit gab nach Erwärmen mit etwas Ferrosulfat und Alkali und nachfolgendem Ansäuern einen starken Niederschlag von Berlinerblau.

0,1244 g *l*-Mandelnitrilglucosid ($[\alpha]_D = -27,02^\circ$), entsprechend 0,0759 g Traubenzucker, wurden mit 1,25 ccm Wasser und 0,025 g Emulsin bei 34° aufbewahrt. Auch hier war nach etwa 10 Minuten der Geruch nach Bittermandelöl schon recht kräftig. Nach 22 Stunden reduzierte 1 ccm 11 ccm Fehlingsche Lösung. Das entspricht 0,0655 g Zucker oder 86% der Theorie. Blausäure war ebenfalls in großer Menge vorhanden.

Da die beiden Glucoside in bezug auf das asymmetrische Kohlenstoffatom des Mandelnitrilrestes im Verhältnis von optischen Antipoden stehen und dieser Unterschied in vielen anderen Fällen die Wirkung von Enzymen aufhebt, so ist das gleichartige Verhalten gegen Emulsin zunächst überraschend. Berücksichtigt man aber die oben besprochene leichte Verwandlung der Glucoside in einander durch ganz verdünnte Basen, so kann man vermuten, daß vielleicht das Gleiche unter dem Einfluß des Enzyms stattfindet und damit der Unterschied der Konfiguration bedeutungslos wird.

Acetylierung von Amygdalin. Rückverwandlung des Heptacetylderivats in Amygdalin.

Die Verwandlung des Amygdalins in die schon von Caldwell und Courtauld[3]) durch Kochen mit einem großen Überschuß von

---

[1]) Berichte d. D. Chem. Gesellsch. **28**, 1508 [1895]. (*Kohlenh. I, 780.*)

[2]) Journ. de Pharmacie et de Chimie, Serie 6, **22**, 219, 385 [1905].

[3]) Journ. of the chem. Soc. of London. **91**, 671 [1907].

Essigsäureanhydrid erhaltene Heptacetylverbindung geht bei Anwendung von Essigsäureanhydrid und Pyridin besonders glatt vonstatten. Man kann dafür das krystallwasserhaltige Amygdalin verwenden, wenn ein Überschuß des Acetylierungsmittels zur Anwendung kommt. Dem entspricht folgende Vorschrift:

10 g krystallwasserhaltiges Amygdalin werden mit 50 ccm eines Gemisches aus gleichen Teilen Essigsäureanhydrid und trocknem Pyridin übergossen und die entstehende klare Lösung erst einige Zeit in Eiswasser, bis keine Selbsterwärmung mehr eintritt, dann bei Zimmertemperatur aufbewahrt. Nach 2—3 Stunden erstarrt die ganze Masse zu einem Krystallbrei. Er wird nach 24 Stunden mit Eiswasser verrieben und die in großer Menge ausgeschiedenen langen, schmalen Prismen nach einigem Stehen in der Kälte abgesaugt und mit Wasser gewaschen. Nach Krystallisation aus der 20-fachen Menge 50-proz. Alkohol sind sie rein. Die Ausbeute ist fast quantitativ.

Den Schmelzpunkt fanden wir etwas höher als Caldwell und Courtauld, nämlich bei 171—172° (korr.). Im übrigen können wir die Angaben dieser Autoren bestätigen.

0,1608 g Sbst. (im Vakuum-Exsiccator getr.): 0,3195 g CO_2, 0,0790 g H_2O. — 0,1721 g Sbst.: 3,05 ccm N (über 33-proz. KOH) (16°, 752 mm).

$C_{34}H_{41}O_{18}N$ (751,34). Ber. C 54,30, H 5,50, N 1,86.
Gef. „ 54,19, „ 5,50, „ 2,05.

$$[\alpha]_D^{18} = \frac{-1,68^\circ \times 2,1243}{1 \times 0,918 \times 0,1085} = -35,83^\circ \text{ (in Essigäther).}$$

Die Abspaltung der Acetylgruppen mit methylalkoholischem Ammoniak läßt sich in ähnlicher Weise, wie bei *d*- und *l*-Mandelnitrilglucosid, ausführen und dadurch ohne Mühe eine erhebliche Menge Amygdalin zurückgewinnen.

10 g Acetylamygdalin wurden in 150 ccm heißem, trocknem Methylalkohol gelöst, auf 15° abgekühlt, wobei Krystallisation eintritt, und mit weiteren 50 ccm Methylalkohol, der zuvor bei 0° mit trocknem Ammoniakgas gesättigt war, versetzt. Nach etwa $^1/_4$-stündigem Schütteln bei 15° war fast völlige Lösung eingetreten. Sie wurde noch 6 Stunden bei 0° aufbewahrt, dann unter vermindertem Druck vom Ammoniak und Methylalkohol befreit. Der hinterbleibende zähe, farblose Rückstand enthielt neben anderen Stoffen das bei der Reaktion gebildete Acetamid. Um dieses zu entfernen, wurde die Masse mit 100 ccm siedendem Essigäther gründlich durchgearbeitet, wobei manchmal schon teilweise Krystallisation eintrat, und die Lösung nach dem Erkalten abgegossen. Der Rückstand ging beim Erwärmen mit 50 ccm absolutem Alkohol teilweise in Lösung, während sich die Hauptmenge in eine farblose Krystallmasse verwandelte, deren Menge beim Aufbewahren

noch beträchtlich zunahm und nach 24 Stunden 2,6 g betrug. Sie wurde abgesaugt, mit Alkohol gewaschen und zur Reinigung aus einem Gemisch von Methylalkohol und Essigäther umkrystallisiert.

0,1944 g Sbst. (bei 78° und 11 mm über P_2O_5 getr.): 0,3743 g CO_2, 0,1075 g H_2O. — 0,1977 g Sbst.: 5,48 ccm N (über 33-proz. KOH) (16°, 756 mm).

$C_{20}H_{27}O_{11}N$ (457,23). Ber. C 52,49, H 5,95, N 3,06.
Gef. „ 52,51, „ 6,19, „ 3,22.

$$[\alpha]_D^{25} = \frac{-1,36° \times 2,6187}{1 \times 1,009 \times 0,0870} = -40,57° \text{ (in Wasser).}$$

Dieser Wert stimmt ebenso wie der Schmp. (208—216° [korr.]) mit den Zahlen für Amygdalin überein.

In den Mutterlaugen sind erhebliche Mengen eines anderen Glucosids, vermutlich Isoamygdalin, das wir nicht näher untersucht haben.

Glykolamid-glucosid-tetracetat, $(C_2H_3O)_4C_6H_7O_5 \cdot O \cdot CH_2 \cdot CO \cdot NH_2$.

7 g gepulvertes Glucosido-glykolsäureamid, das nach der Vorschrift von Fischer und Helferich[1]) bereitet war, wurden mit 20 g trocknem Pyridin und 20 g frisch destilliertem Essigsäureanhydrid bei Zimmertemperatur auf der Maschine geschüttelt und die geringe Selbsterwärmung durch zeitweise Kühlung gemäßigt. Nach $^1/_2$ Stunde war Lösung eingetreten. Die farblose Flüssigkeit blieb bei gewöhnlicher Temperatur noch 24 Stunden stehen und wurde dann in etwa 150 ccm Eiswasser gegossen. In der klaren Lösung begann nach kurzer Zeit die Krystallisation konzentrisch angeordneter, flacher Prismen, die nach mehrstündigem Stehen bei 0° abgesaugt und mit wenig kaltem Wasser gewaschen wurden. Ausbeute etwa 9 g. Da sich noch eine erhebliche Menge in der Mutterlauge befand, so wurde diese unter geringem Druck aus einem Bad von 30—35° verdampft, nach Zusatz von Wasser wieder verdampft und der krystallinische, farblose Rückstand in sehr wenig warmem Alkohol gelöst. Nach Zugabe von viel Äther fielen beim Reiben farblose, mikroskopische Nadeln (etwa 2 g), so daß die Gesamtausbeute auf etwa 90% der Theorie stieg.

Zur Analyse wurde aus der 15-fachen Menge warmem Wasser umkrystallisiert. Die lufttrockne Substanz enthält 1 Mol. Wasser.

0,2061 g Sbst. verloren bei 56° und 1 mm Druck über Phosphorpentoxyd 0,0091 g an Gewicht. — 0,1676 g Sbst. verloren 0,0077 g.

$C_{16}H_{23}O_{11}N + H_2O$ (423,21). Ber. H_2O 4,26. Gef. H_2O 4,42, 4,59.

0,1316 g getr. Sbst.: 0,2280 g CO_2, 0,0690 g H_2O. — 0,1967 g getr. Sbst.: 5,9 ccm N (über 33-proz. KOH) (17°, 753 mm).

$C_{16}H_{23}O_{11}N$ (405,19). Ber. C 47,38, H 5,72, N 3,46.
Gef. „ 47,37, „ 5,87, „ 3,46.

---

[1]) Liebigs Annal. d. Chem. **383**, 68 [1911]. *(S. 23.)*

Für die optische Untersuchung diente die getrocknete Substanz.

$$[\alpha]_D^{20} = \frac{-1{,}76^\circ \times 2{,}6185}{1 \times 0{,}8216 \times 0{,}2354} = -23{,}83^\circ \text{ (in trocknem Aceton).}$$

Das wasserfreie Amid schmilzt im Capillarrohr bei 135—136°. Manchmal ist die Verflüssigung nur teilweise, weil sofort wieder Krystallisation eintritt. Erst gegen 155—156° (korr.) erfolgt dann vollständige Schmelzung. Wahrscheinlich handelt es sich um 2 Formen von verschiedenem Schmelzpunkt.

Es löst sich leicht in Essigäther, Aceton, Chloroform, Eisessig, warmem Benzol und warmem Alkohol. Aus heißem Wasser, in dem es auch recht leicht löslich ist, erhält man zentrisch angeordnete Nadeln, flache Prismen oder auch sechsseitige Platten. Beim raschen Fällen einer Lösung in feuchtem Essigäther durch Petroläther kann man manchmal erst schöne sechsseitige, vielfach über einander gelagerte Platten beobachten, die sich aber rasch in Prismen verwandeln. In Äther und besonders Petroläther ist das Amid recht schwer löslich. Es reduziert die Fehlingsche Lösung nicht.

Glykolnitril-glucosid-tetracetat, $(C_2H_3O)_4C_6H_7O_5 \cdot O \cdot CH_2 \cdot CN$.

5 g trocknes Amid wurden mit 15 ccm frisch destilliertem Phosphoroxychlorid übergossen und im Bad von 75° erwärmt. Beim dauernden Schütteln ging das Amid nach etwa einer Minute in Lösung. Sie wurde noch 20 Minuten bei der gleichen Temperatur gehalten, wobei ganz schwache Gelbfärbung eintrat. Jetzt wurde das überschüssige Oxychlorid bei geringem Druck aus einem Bad von 35° verjagt. Der dickflüssige Rückstand erstarrte zum größten Teil krystallinisch. Er wurde mit etwa 40 ccm Wasser und Eis kräftig geschüttelt, um den Rest der Phosphorchloride zu zerstören, noch einige Zeit bei 0° aufbewahrt, dann abgesaugt und mit kaltem Wasser gewaschen. Zur Analyse wurde in 10 ccm warmem Aceton gelöst und durch allmählichen Zusatz der 5—6-fachen Wassermenge wieder zur Krystallisation gebracht. Ausbeute an reinem Präparat 3,3 g oder etwa 70% der Theorie.

0,1562 g Sbst. (im Vakuum-Exsiccator getr.): 0,2825 g CO_2, 0,0764 g H_2O. — 0,1597 g Sbst.: 5,1 ccm N (über 33-proz. KOH) (15°, 754 mm).

Sbst.: 5,1 ccm N (über 33proz. KOH) (15°, 754 mm).

$C_{16}H_{21}O_{10}N$ (387,18). Ber. C 49,59, H 5,47, N 3,62.

Gef. „ 49,32, „ 5,47, „ 3,72.

Zur optischen Untersuchung diente die Lösung eines mehrmals umkrystallisierten Präparates in trocknem Aceton.

$$[\alpha]_D^{18} = \frac{-2{,}55^\circ \times 2{,}4687}{1 \times 0{,}8201 \times 0{,}2008} = -38{,}23^\circ \text{ (in Aceton).}$$

Nach nochmaligem Umlösen war:

$$[\alpha]_D^{18} = \frac{-2,86^\circ \times 2,0433}{1 \times 0,8218 \times 0,1841} = -38,63^\circ.$$

Das Nitril schmilzt im Capillarrohr bei 129—130° (korr.). Es krystallisiert meist in sechsseitigen Platten, die manchmal nach Art flacher Nadeln in die Länge gestreckt sind. Es löst sich sehr leicht in Aceton, auch leicht in Essigäther und Benzol, erheblich schwerer in kaltem Methyl- und Äthylalkohol, sowie in Äther und fast gar nicht in Petroläther. In heißem Wasser ist es in beträchtlicher Menge löslich und krystallisiert daraus beim Erkalten ziemlich schnell in dünnen, sechsseitigen Tafeln. Von warmen Alkalien wird es schnell unter Abspaltung von Ammoniak zersetzt. Fehlingsche Lösung wird auch beim Kochen nicht reduziert.

Wird dieses Tetracetat genau so wie die entsprechende Verbindung des Mandelnitril-glucosids mit methylalkoholischem Ammoniak behandelt, so entsteht zunächst eine amorphe Masse, die viel Acetamid enthält. Dieses läßt sich durch wiederholtes Auslaugen mit kaltem Essigäther entfernen. Dann bleibt ein dicker Sirup, der im Exsiccator zu einer glasigen, spröden Masse eintrocknet. Sie löst sich sehr leicht in Wasser, etwas schwerer in Alkohol, noch viel schwerer in Essigäther und fast gar nicht in Äther. Sie reduziert die Fehlingsche Lösung nicht, wohl aber sehr stark nach der Hydrolyse mit verdünnten Säuren. Beim Erwärmen mit Alkali gibt sie reichliche Mengen von Ammoniak. Sie enthält sehr wahrscheinlich das Glucosid des Glykolsäurenitrils. Wir hoffen, bald Näheres über die interessante Substanz berichten zu können.

---

8. Emil Fischer und Gerda Anger: Synthese des Linamarins und Glykolnitril-cellosids[1]).

Berichte der Deutschen Chemischen Gesellschaft **52**, 854 [1919].

(Eingegangen am 18. März 1919.)

Das Verfahren, das für die Synthese des Mandelnitrilglucosids und Sambunigrins gedient hat[2]), läßt sich, wie zu erwarten war, auf die aliphatischen Oxysäuren übertragen. Wir haben so ohne Schwierigkeiten das Glucosid des Aceton-cyanhydrins, $C_6H_{11}O_5 \cdot O \cdot C(CH_3)_2 \cdot CN$, erhalten, das im Pflanzenreich recht verbreitet zu sein scheint und wegen seiner Entdeckung im Flachs (*Linum usitatissimum*) den Namen Linamarin erhalten hat.

Als Ausgangsmaterialien für die Synthese dienten Aceto-bromglucose und α-Oxyisobuttersäure-äthylester. Der durch ihre Vereinigung entstehende Tetracetylglucosido-α-oxyisobuttersäure-äthylester ist ein einheitlicher Körper, da die Oxysäure kein asymmetrisches Kohlenstoffatom enthält. Bei der Behandlung mit Ammoniak werden die 4 Acetyl abgespalten und gleichzeitig die Estergruppe in die Amidgruppe verwandelt. Um nun die letztere in das Nitril überzuführen, ist es nötig, den Zuckerrest wieder durch Einführung von 4 Acetyl widerstandsfähig gegen Phosphoroxychlorid zu machen. Dann geht die Umwandlung in das Tetracetat des Linamarins ziemlich glatt vonstatten, und durch nachträgliche Abspaltung der Acetylgruppen mit methylalkoholischem Ammoniak entsteht das Linamarin selbst. Der Gang der Synthese wird übersichtlicher durch folgendes Schema:

---

[1]) Der erste, das Linamarin betreffende Teil dieser Abhandlung ist im wesentlichen schon in den Sitzungsberichten der Berliner Akademie der Wissenschaften **1918**, XI 203 (vgl. auch Chem. Centralbl. **1918**, I 1163) veröffentlicht. Er ist aber ergänzt durch Angaben über die Glucosido-α-oxyisobuttersäure und einige Abänderungen in der Darstellung des α-Oxy-isobuttersäureamid-glucosids und seines Tetracetats.

[2]) E. Fischer und M. Bergmann, Berichte d. D. Chem. Gesellsch. **50**, 1047 [1917]. (*S. 68.*)

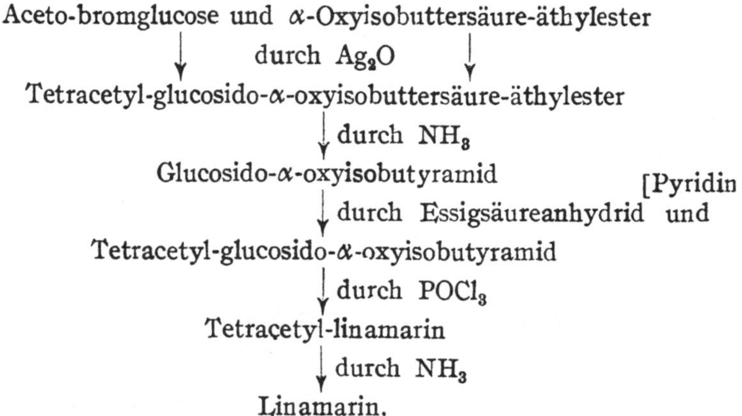

Alle Produkte der Synthese wurden krystallisiert erhalten. Die Ausbeuten sind meist befriedigend. Infolge der zahlreichen Operationen wird aber die Synthese doch mühsam, und wir glauben kaum, daß sie als praktische Darstellungsmethode des Glucosids mit der Gewinnung aus Pflanzenstoffen in Wettbewerb treten kann.

Da die Geschichte des Linamarins durch die Synthese zu einem gewissen Abschluß kommt, so ist es wohl gerechtfertigt, die wichtigsten Daten hier zusammenzustellen.

Das Glucosid wurde zuerst aus den Samen und Keimlingen des Flachses von A. Jorissen und E. Hairs[1]) isoliert. Sie erhielten es in farblosen, bei 134° schmelzenden Nadeln von frischem, bitterem Geschmack und stellten fest, daß es bei der Hydrolyse durch verdünnte Säuren zerfällt in Zucker, Blausäure und einen Körper, der gewisse Eigenschaften der Ketone besitzt und im Jahre 1902 von Jouck[2]) als Aceton erkannt wurde. Sie haben auch verschiedene Elementaranalysen ausgeführt, aber nicht zur Ableitung einer Formel benutzt. Dagegen beobachteten sie, daß die Hydrolyse des Glucosids auch durch ein im Flachs enthaltenes Enzym bewirkt wird. Zusammensetzung und Struktur des Linamarins waren also noch unbekannt, als W. R. Dunstan und Th. A. Henry[3]) im Laufe einer größeren Untersuchung über Cyanogenesis im Pflanzenreich aus den Früchten von *Phaseolus lunatus* ein in farblosen Nadeln krystallisiertes Glucosid $C_{10}H_{17}O_6N$ vom Schmp. 141° und $[\alpha]_D = -26{,}2°$ isolierten und durch die Hydrolyse als Glucosid des Aceton-cyanhydrins kennzeichneten. Sie nannten

---

[1]) Bull. Acad. Belg. [3] **21**, 529 [1891]; Chem. Centralbl. **1891**, II 702.

[2]) „Beiträge zur Kenntnis der Blausäure abspaltenden Glucoside", Straßburg 1902.

[3]) Proc. Royal Soc. **72**, 285 [1903]; Chem. Centralbl. **1903**, II 1334.

es Phaseolunatin. Ähnlich dem Amygdalin zerfällt es beim Kochen mit Barytwasser in Ammoniak und eine Säure $C_{10}H_{18}O_8$, die Phaseolunatinsäure, die bei der Hydrolyse *d*-Glucose und α-Oxyisobuttersäure liefert. Ferner wird es durch ein in Phaseolus enthaltenes Enzym in Glucose, Aceton und Blausäure gespalten. Drei Jahre später stellten Dunstan, Henry und Auld[1]) die Identität des Phaseolunatins mit dem Linamarin fest. Über den Namen hat dann ein Meinungsaustausch zwischen Hrn. Jorissen und den englischen Chemikern[2]) stattgefunden, in dem beide Parteien an der von ihnen gewählten Bezeichnung festhielten. Ohne die Verdienste der HHrn. Dunstan und Henry schmälern zu wollen, glauben wir, das Recht des ersten Entdeckers anerkennen und den älteren Namen Linamarin, der auch der kürzere ist, vorziehen zu müssen.

Über die Konfiguration des Linamarins sind verschiedene Ansichten geäußert worden. Dunstan, Henry und Auld[3]) kamen durch ihre Beobachtungen über die negative Wirkung des Emulsins (aus Mandeln) und die positive Hydrolyse mit Hefenenzymen zu dem Schluß, daß es ein α-Glucosid sei. Dagegen vertraten H. E. Armstrong und E. Horton[4]) auf Grund ähnlicher Versuche, die allerdings ein anderes Resultat gaben, die Ansicht, daß es ein β-Glucosid ist.

Für die zweite Annahme spricht nun auch das Resultat der Synthese, die bisher unter den gleichen Bedingungen immer β-Glucoside geliefert hat. Außerdem besitzen alle synthetischen Produkte vom Acetylglucosidoester bis zum Linamarin eine ziemlich starke Linksdrehung, während die α-Glucoside in der Regel nach rechts drehen.

Da der wichtigste Repräsentant der cyanhaltigen Glucoside, das Amygdalin, das Derivat eines Disaccharids ist, so schien es uns richtig, die Synthese auch auf solche Zucker auszudehnen, und wir haben dafür die Verbindung der Cellose mit dem Glykolnitril gewählt. Sie entsteht nach demselben Schema wie das Linamarin, wenn man von dem Glykolsäure-äthylester und der Aceto-bromcellose ausgeht.

Im Gegensatz zu allen Zwischenprodukten, die verhältnismäßig leicht krystallisieren, haben wir das Glykolnitril-cellosid nur amorph erhalten. Aus der Analyse und dem Resultat der Reacetylierung geht aber doch hervor, daß das Präparat fast rein war. Abweichend vom Linamarin wird es von Emulsin leicht und vollständig gespalten. Als Produkte haben wir Blausäure und Traubenzucker nachgewiesen.

---

[1]) Proc. Royal Soc. **78**, 145 [1906]; Chem. Centralbl. **1906**, II 893.

[2]) Bull. Acad. Belg. classe des Sciences **1907**, 12, 790, 793; Chem. Centralbl. **1907**, I 1440, II 1637.

[3]) Proc. Royal Soc. **79**, 315 [1907]; Chem. Centralbl. **1907**, II 710.

[4]) Proc. Royal Soc. **82**, 349 [1910]; Chem. Centralbl. **1910**, II 1064.

Auf die gleiche Art hoffen wir, das Cellosid des Mandelnitrils gewinnen zu können, dessen Vergleich mit dem Amygdalin von Interesse ist.

Tetracetylglucosido-α-oxyisobuttersäure-äthylester, $(C_2H_3O)_4C_6H_7O_5 \cdot O \cdot C(CH_3)_2 \cdot CO_2C_2H_5$.

Zu einem Gemisch von 50 g Aceto-bromglucose und 80 g sorgfältig getrocknetem α-Oxyisobuttersäure-äthylester werden unter Umschütteln und gleichzeitigem Kühlen mit Eis 25 g trocknes Silberoxyd in mehreren Portionen hinzugegeben. Nachdem die anfängliche Erwärmung nachgelassen hat, wird noch zwei Stunden bei Zimmertemperatur auf der Maschine geschüttelt, bis alles Brom abgespalten ist, dann von dem Silberniederschlag abgesaugt, mit heißem Alkohol nachgewaschen und das Filtrat in die drei- bis vierfache Menge Wasser eingegossen. Dabei fällt zuerst ein farbloses Öl aus; es erstarrt aber bald zu feinen, konzentrisch angeordneten Nadeln, die schließlich die ganze Flüssigkeit in einen dicken Brei verwandeln. Nach mehrstündigem Aufbewahren bei 0° wird abgesaugt, auf Ton getrocknet und in heißem Alkohol gelöst. Beim Versetzen mit Petroläther erhält man den Ester hübsch krystallisiert. Ausbeute nur 16,8 g oder 30% der Theorie. Zur Analyse wurde noch einmal umkrystallisiert.

0,1447 g Sbst. (im Vakuum-Exsiccator getr.): 0,2746 g CO_2, 0,0865 g H_2O.
$C_{20}H_{30}O_{12}$ (462,34). Ber. C 51,93, H 6,54.
Gef. „ 51,76, „ 6,69.

Dieses Präparat zeigte, in trocknem Aceton gelöst:

$$[\alpha]_D^{20} = \frac{-0{,}88^\circ \times 2{,}0695}{1 \times 0{,}8271 \times 0{,}1961} = -11{,}23^\circ.$$

Nach nochmaligem Umlösen war:

$$[\alpha]_D^{20} = \frac{-0{,}92^\circ \times 2{,}0285}{1 \times 0{,}8215 \times 0{,}2033} = -11{,}17^\circ.$$

Der Glucosidoester schmilzt nach vorherigem geringem Sintern ziemlich scharf bei 114—115° (korr.). Er löst sich leicht in Aceton, Essigäther, Chloroform, Benzol, in heißem Methyl- und Äthylalkohol, etwas schwerer in Äther und viel schwerer in Petroläther. Auch von heißem Wasser wird er erheblich gelöst. Die Lösung trübt sich beim Erkalten und scheidet beim Reiben rasch die feinen Nadeln des Esters ab.

Glucosido-α-oxyisobuttersäure,
$C_6H_{11}O_5 \cdot O \cdot C(CH_3)_2 \cdot COOH$.

5 g fein gepulverter Tetracetyl-glucosido-α-oxyisobuttersäure-äthylester werden mit 325 ccm $^n/_5$-Barytlösung geschüttelt, bis nach etwa 3 Stunden Lösung eingetreten ist, und dann noch 20 Stunden bei Zimmertemperatur aufbewahrt. Nachdem der Baryt genau mit Schwefelsäure gefällt ist, wird die durch ein Ultrafilter geklärte Lösung unter vermindertem Druck verdampft. Der farblose amorphe Rückstand wird beim öfteren Verreiben mit trocknem Essigäther allmählich krystallinisch. Er wird in einem warmen Gemisch von 50 ccm trocknem Methyläthylketon und 10 ccm trocknem Methylalkohol gelöst und die Flüssigkeit auf etwa 15 ccm eingeengt. Beim Erkalten scheiden sich harte, konzentrisch angeordnete Prismen aus, deren Menge 1,8 g oder 62% der Theorie betrug.

0,1574 g Sbst. (im Vakuum-Exsiccator über P_2O_5 getr.): 0,2612 g CO_2, 0,0980 g H_2O.

$C_{10}H_{18}O_8$ (266,19). Ber. C 45,11, H 6,82.
Gef. „ 45,28, „ 6,97.

$$[\alpha]_D^{20} = \frac{-2{,}38^\circ \times 1{,}6307}{1 \times 0{,}1631 \times 1{,}0326} = -23{,}06^\circ \text{ (in Wasser)}.$$

Nach nochmaligem Umlösen war:

$$[\alpha]_D^{21} = \frac{-2{,}37^\circ \times 1{,}6989}{1 \times 0{,}1674 \times 1{,}0326} = -23{,}30^\circ \text{ (in Wasser)}.$$

Die Säure schmilzt bei 146—147° (korr.) zu einer klaren farblosen Flüssigkeit. Sie ist leicht löslich in Wasser, Methyl- und Äthylalkohol, schwer in Essigester, Aceton, Methyläthylketon, Äther und Petroläther. Sie schmeckt sauer. Bei kurzem Kochen reduziert sie die Fehlingsche Lösung nicht.

Sie hat dieselbe Zusammensetzung wie die amorphe Phaseolunatinsäure, die wahrscheinlich nur unreine Glucosido-α-oxyisobuttersäure ist.

α-Oxyisobuttersäure-amid-glucosid,
$C_6H_{11}O_5 \cdot O \cdot C(CH_3)_2 \cdot CO \cdot NH_2$.

20 g des Glucosidoesters werden mit 200 ccm trocknem Methylalkohol versetzt und in das Gemisch unter Kühlen mit Kältemischung trocknes Ammoniakgas bis zur Sättigung eingeleitet. Dabei findet rasch klare Lösung statt. Man bewahrt noch 30 Stunden bei Zimmertemperatur auf und verjagt dann den Methylalkohol unter vermindertem Druck aus einem Bad von 35°. Dabei bleibt ein zähflüssiger, farbloser Rückstand, der zur Entfernung des Acetamids mit der 20-fachen

Menge heißem trocknem Essigester durchgeschüttelt wird. Wenn er beim Erkalten und Reiben krystallinisch erstarrt ist, wird abgesaugt, in 80 ccm heißem Alkohol gelöst und auf etwa 40 ccm eingeengt. Das α-Oxyisobuttersäure-amid-glucosid scheidet sich dann beim Impfen in mikroskopischen lanzettförmigen Nadeln aus. Ausbeute 8,2 g oder 70% der Theorie.

Zur Analyse wurde noch einmal aus heißem Äthylalkohol umgelöst.

0,1502 g Sbst. (im Vakuum-Exsiccator getr.): 0,2496 g CO_2, 0,0971 g H_2O. — 0,2022 g Sbst.: 9,0 ccm N (17°, 775 mm, über 33-proz. KOH).

$C_{10}H_{19}O_7N$ (265,21). Ber. C 45,27, H 7,22, N 5,28.
Gef. „ 45,32, „ 7,23, „ 5,28.

$$[\alpha]_D^{18} = \frac{-1{,}22^\circ \times 2{,}0557}{1 \times 0{,}1017 \times 1{,}0136} = -24{,}32^\circ \text{ (in Wasser).}$$

Bei einem anderen Präparat war

$$[\alpha]_D^{20} = \frac{-1{,}21^\circ \times 2{,}3104}{1 \times 0{,}1124 \times 1{,}014} = -24{,}53^\circ \text{ (in Wasser).}$$

Das Amidglucosid schmilzt nach schwachem Sintern bei 166—167° (korr.) zu einer von Bläschen erfüllten farblosen Flüssigkeit. Es löst sich leicht in Wasser, Methylalkohol und Eisessig, ferner in heißem Alkohol, dagegen fast gar nicht in den meisten anderen organischen Lösungsmitteln. Es reduziert die Fehlingsche Lösung beim kurzen Kochen nicht. Von Emulsin (aus Mandeln) wird es ebenso wie das Linamarin recht langsam hydrolysiert.

0,2 g, in 1,8 ccm Wasser gelöst, wurden nach Zusatz von 0,025 g käuflichem, aber gut wirkendem Mandel-Emulsin und einem Tropfen Toluol 24 Stunden bei 34° aufbewahrt. Das Reduktionsvermögen der Flüssigkeit entsprach dann 1,15 ccm Fehlingscher Lösung, nachdem die geringe Reduktion einer Kontrollprobe aus der gleichen Menge Emulsin und Wasser in Abzug gebracht war. Das entspricht 0,0054 g Glucose oder etwa 4% der Menge, die bei vollständiger Hydrolyse entstehen müßte.

Ein zweiter Versuch wurde unter genau den gleichen Bedingungen angesetzt, dauerte aber 7 Tage, und aus der Menge des reduzierenden Zuckers ergab sich, daß etwa 15% des Amidglucosids hydrolysiert waren.

Solange man keine Impfkrystalle besitzt, ist es schwierig, das rohe Amidglucosid zur Krystallisation zu bringen. Man tut dann besser, den Umweg über das schwerer lösliche und leichter krystallisierende Tetracetat zu nehmen.

Tetracetat des α-Oxyisobuttersäure-amid-glucosids, $(C_2H_3O)_4C_6H_7O_5 \cdot O \cdot C(CH_3)_2 \cdot CO \cdot NH_2$.

Es läßt sich leicht bereiten aus dem rohen Gemisch von Amidglucosid und Acetamid.

Hat man z. B. 20 g Tetracetyl-glucosido-isobuttersäureester in der vorher beschriebenen Weise mit Ammoniak behandelt und den Methylalkohol verdampft, so nimmt man den sirupösen Rückstand zunächst, um den Rest des eingeschlossenen Lösungsmittels zu entfernen, in nicht zu wenig trocknem Pyridin auf und verdampft wiederum. Dann wird mit 40 ccm Pyridin und der gleichen Menge frisch destilliertem Essigsäure-anhydrid versetzt, die beim Umschütteln auftretende Erwärmung durch Eiskühlung gemäßigt und das klare Gemisch bei Zimmertemperatur 24 Stunden aufbewahrt. Beim Eingießen der gelben Flüssigkeit in 350—400 ccm Eiswasser fällt eine geringe Menge farblosen Öles aus, das beim Reiben sofort krystallinisch erstarrt, und bei längerem Stehen bei 0° erfüllt sich die ganze Flüssigkeit mit konzentrisch angeordneten farblosen Nadeln. Nach einigen Stunden wird abgesaugt, mit eiskaltem Wasser nachgewaschen und aus 250 ccm heißem Wasser umgelöst. Ausbeute an reinem krystallisiertem Präparat 11,8 g oder 63% der Theorie, berechnet auf den angewandten Glucosidoester.

Selbstverständlich kann man für die Operation auch das wie zuvor beschrieben isolierte krystallinische α-Oxyisobuttersäure-amid-glucosid benutzen. Man verwendet dann für die Acetylierung auf 10 g je 20 ccm trocknes Pyridin und destilliertes Essigsäure-anhydrid. Die Lösung bleibt 24 Stunden stehen, wobei sie in der Regel krystallinisch erstarrt. Die weitere Verarbeitung geschieht wie oben, und die Ausbeute ist fast die gleiche.

Zur Analyse wurde nochmals aus Wasser umkrystallisiert und im Vakuumexsiccator getrocknet.

0,1506 g Sbst.: 0,2754 g CO_2, 0,0871 g H_2O. — 0,2347 g Sbst.: 6,55 ccm N (15°, 760 mm, über 33-proz. KOH).

$C_{18}H_{27}O_{11}N$ (433,32). Ber. C 49,87, H 6,26, N 3,23.
Gef. „ 49,87, „ 6,47, „ 3,27.

$$[\alpha]_D^{21} = \frac{-1{,}68^\circ \times 2{,}4363}{1 \times 0{,}8235 \times 0{,}2371} = -20{,}96^\circ \text{ (in Aceton).}$$

Nach nochmaligem Umkrystallisieren war:

$$[\alpha]_D^{20} = \frac{-1{,}72^\circ \times 2{,}2866}{1 \times 0{,}8231 \times 0{,}2267} = -21{,}07^\circ.$$

Das Amidacetat schmilzt nach geringem Sintern gegen 159° (korr.) zu einer farblosen Flüssigkeit. Es wird leicht gelöst von Methylalkohol, Alkohol, Aceton, Essigester, Chloroform und warmem Benzol, viel schwerer von heißem Wasser und nur wenig von Äther und besonders Petroläther. Durch Lösen in warmem Alkohol und Zugabe von Wasser erhält man es in gut ausgebildeten sechsseitigen Tafeln.

Rückverwandlung des Acetats in das freie Amid: 5 g Acetat werden in 100 ccm trocknem Methylalkohol gelöst, auf 0° abgekühlt, mit

50 ccm bei 0° gesättigtem methylalkoholischem Ammoniak versetzt und bei Zimmertemperatur 4—5 Stunden aufbewahrt. Beim Verdampfen des Methylalkohols unter vermindertem Druck bleibt ein zäher, farbloser Rückstand, der beim Erkalten und Aufbewahren im Vakuum-Exsiccator völlig zu einer teilweise krystallinischen Masse erstarrt. Sie wird zur Lösung des Acetamids mit 50 ccm heißem trocknem Essigäther gründlich verrieben, nach dem Erkalten das farblose Pulver abgesaugt, mit etwas Essigäther gewaschen und schließlich in 20—25 ccm heißem Alkohol gelöst. Beim Erkalten und kräftigem Reiben erfolgt rasch die Krystallisation feiner farbloser Nadeln, die die Flüssigkeit bald in einen dicken Krystallbrei verwandeln. Ausbeute 1,5 g oder 49% der Theorie. Das Präparat zeigt sofort den richtigen Schmelzpunkt. Durch Einengen der Mutterlauge kann man die Ausbeute erhöhen.

Tetracetyl-linamarin, $(C_2H_3O)_4C_6H_7O_5 \cdot O \cdot C(CH_3)_2 \cdot CN$.

Wenn 5 g Amidglucosid-tetracetat mit 15 ccm frisch destilliertem Phosphoroxychlorid vermischt werden, erfolgt zunächst Lösung, die aber bald wieder zu einem Brei farbloser Nadeln erstarrt. Beim Erwärmen in einem Bad von 65—68° tritt rasch von neuem Lösung ein. Man bewahrt noch 20 Minuten bei derselben Temperatur und verdampft dann den größten Teil des Oxychlorids unter stark vermindertem Druck aus einem Bad von 35—40°. Um auch den Rest des Oxychlorids zu zerstören, verreibt man den meist farblosen und großenteils krystallinischen Rückstand mit Eiswasser. Dabei erstarrt er völlig zu einer farblosen Masse, die nach einstündigem Aufbewahren bei 0° abgesaugt und mit kaltem Wasser gewaschen wird. Nach dem Trocknen auf Ton wird in 25 ccm heißem Alkohol gelöst. Beim Erkalten scheiden sich konzentrisch angeordnete, lange Nadeln ab. Ausbeute 3,1 g oder 64% der Theorie.

Zur Analyse wurde noch einmal aus heißem Alkohol umgelöst und im Vakuum-Exsiccator getrocknet.

0,1419 g Sbst.: 0,2713 g CO_2, 0,0781 g H_2O. — 0,2053 g Sbst.: 5,95 ccm N (16°, 768 mm, über 33-proz. KOH).

$C_{18}H_{25}O_{10}N$ (415,3). Ber. C 52,03, H 6,07, N 3,37.
Gef. „ 52,14, „ 6,16, „ 3,42.

$$[\alpha]_D^{14} = \frac{-0{,}895^\circ \times 2{,}3048}{1 \times 0{,}2335 \times 0{,}8290} = -10{,}66^\circ \text{ (in trocknem Aceton).}$$

Nach nochmaligem Umlösen war:

$$[\alpha]_D^{14} = \frac{-0{,}90^\circ \times 2{,}2474}{1 \times 0{,}2266 \times 0{,}8263} = -10{,}81^\circ \text{ (in Aceton).}$$

Das Tetracetyl-linamarin schmilzt bei 140—141° (korr.) zu einer farblosen Flüssigkeit. Es ist leicht löslich in Aceton, Essigäther

Chloroform, Eisessig, Benzol, warmem Äthyl- und Methylalkohol, schwerer in Äther und recht schwer in Petroläther.

Dasselbe Tetracetat entsteht in guter Ausbeute durch die gleiche Behandlung des Linamarins mit Essigsäure-anhydrid und Pyridin, wie sie oben für das Amid beschrieben ist. Da Dunstan und Henry[1]) durch zweistündiges Erhitzen des Linamarins mit Essigsäure-anhydrid nur ein amorphes Produkt erhielten, so liegt hier ein neuer Beweis für die Brauchbarkeit des Pyridinverfahrens vor.

Verwandlung des Tetracetats in Linamarin, $C_6H_{11}O_5 \cdot O \cdot C(CH_3)_2 \cdot CN$.

3 g Acetyl-linamarin werden in 100 ccm trocknem Methylalkohol warm gelöst, dann wieder in Eis gekühlt, wobei die Flüssigkeit zu einem Krystallbrei erstarrt. Nun werden 20 ccm bei 0° gesättigtes methylalkoholisches Ammoniak zugegeben und das Gemisch unter Eiskühlung geschüttelt, bis nach 20—30 Minuten eine klare, farblose Lösung entstanden ist. Man bewahrt sie noch 5 Stunden bei Zimmertemperatur und verdampft dann unter geringem Druck aus einem Bad von 35° zum Sirup. Beim Erkalten und Aufbewahren im Vakuumexsiccator wird er zum größten Teil fest. Er ist in der Hauptsache ein Gemisch von Glucosid und Acetamid. Um letzteres zu entfernen, wird mit 30 ccm trocknem heißem Essigäther verrieben und nach dem Erkalten abgesaugt. Löst man das amorphe Rohprodukt in 50 ccm trocknem Essigäther, so krystallisiert das Linamarin beim Erkalten und Reiben in feinen Nadeln. Ausbeute 1 g oder 56% der Theorie.

0,1597 g Sbst. (im Vakuum-Exsiccator getr.): 0,2836 g CO_2, 0,1015 g H_2O. — 0,1932 g Sbst.: 9,6 ccm N (16°, 756 mm, über 33-proz. KOH).

$C_{10}H_{17}O_6N$ (247,2). Ber. C 48,58, H 6,93, N 5,67.
Gef. „ 48,43, „ 7,11, „ 5,77.

Das synthetische Glucosid schmilzt bei 141—142° (korr. 142 bis 143°). Es löst sich leicht in Wasser, auch recht leicht in kaltem Alkohol und heißem Aceton, schwerer in heißem trocknem Essigäther, sehr wenig in Äther, Benzol, Chloroform und recht wenig in Petroläther. Bei kurzem Kochen reduziert es die Fehlingsche Lösung nicht.

Für die optische Untersuchung wählten wir zum Vergleich mit dem Naturprodukt die 3-proz. wäßrige Lösung.

$$[\alpha]_D^{18} = \frac{-0{,}87^\circ \times 2{,}1446}{1 \times 1{,}007 \times 0{,}0637} = -29{,}1^\circ \text{ (in Wasser)}.$$

Bei einem anderen Präparat war

$$[\alpha]_D^{18} = \frac{-0{,}87^\circ \times 2.5124}{1 \times 1{,}007 \times 0{,}0747} = -29{,}06^\circ.$$

[1]) A. a. O.

Die Angaben über das natürliche Linamarin zeigen einige Abweichungen. Den Schmelzpunkt fanden Jorissen und Hairs[1]) bei 134°, Dunstan und Henry[2]) gaben für das Phaseolunatin 141° an. Für die Drehung in 3-proz. wäßriger Lösung fanden sie $[\alpha]_D = -26,2°$ und gaben später den Wert $-27,4°$ an. Gorter[3]) beobachtete bei einem aus Alkohol krystallisierten Präparat, das aus *Hevea brasiliensis* dargestellt war, den Schmp. 144—145° und $[\alpha]_D^{28} = -27,7°$ für 7-proz. wäßrige Lösung. Endlich fand de Jong[4]) in 3-proz. Lösung $[\alpha]_D^{27} = -27,2°$.

Was die Wirkung des Mandel-Emulsins auf das Glucosid betrifft, so haben wir im Hinblick auf die ausführliche Untersuchung des natürlichen Glucosids durch Armstrong und Horton[5]) uns begnügt, mit dem synthetischen Material nur zwei Versuche in derselben Weise wie die beim Amid beschriebenen anzustellen. Zum Unterschied von den englischen Forschern haben wir nicht die Blausäure, sondern nach deren Wegkochen die Reduktionskraft der Flüssigkeit, d. h. den entstandenen Zucker, bestimmt. Es ergab sich ungefähr dasselbe Resultat wie bei den Versuchen von Armstrong und Horton. Nach 1 Tage betrug die Menge des Zuckers etwa 5% und nach 7 Tagen 17—20% der theoretischen Menge. Eine Fehlerquelle ist allerdings bei diesen Versuchen nicht berücksichtigt. Es wäre möglich, daß sich ein kleiner Teil der Blausäure mit dem Zucker zu Glucoheptonsäure vereinigt, namentlich bei langer Dauer ihres Zusammenseins, dann würde die Menge des gefundenen Zuckers oder mit anderen Worten der Wert für den Grad der Hydrolyse zu klein sein.

Viel schneller als Emulsin wirkt bekanntlich die in den Bohnen von *Phaseolus lunatus* enthaltene Phaseolunatase auf das Linamarin. Das gleiche gilt für unser synthetisches Präparat. Das Enzym wurde aus den Bohnen, die wir der Güte der HHrn. A. F. Holleman in Amsterdam und L. P. de Butty in Haarlem verdanken, nach der kurzen Vorschrift von Armstrong und Horton dargestellt.

0,1075 g synthet. Glucosid in 1 ccm Wasser mit 0,0695 g rohem Enzym und 1 Tropfen Toluol 22 Stunden bei 35° aufbewahrt. Die Menge des Zuckers entsprach dann 45% der Theorie. Als derselbe Versuch 6 Tage gedauert hatte, war die Menge des Zuckers auf 63% gestiegen.

---

[1]) Jorissen und Hairs, a. a. O.

[2]) Proc. Royal Soc. **72**, 285 [1903] und Proc. Royal Soc. **79**, 315 [1907]; Chem. Centralbl. **1903**, II 1334 und Chem. Centralbl. **1907**, II 710.

[3]) Rec. d. trav. chim. Pays-Bas. **31**, 264 [1912] Buitenzorg; Chem. Centralbl. **1912**, II 934.

[4]) Rec. d. trav chim. Pays-Bas. **28**, 24 [1909] Buitenzorg; Chem. Centralbl. **1909**, I 1585.

[5]) A. a. O.

Bei Verringerung des Enzyms auf die Hälfte ging die Menge des Zuckers nach 22-stündiger Dauer des Versuchs auf 30% herab.

Man sieht, daß unsere Beobachtungen nur im Drehungsvermögen eine beachtenswerte Abweichung von den Angaben über das natürliche Linamarin zeigen. Sie ist vielleicht durch die größere Reinheit des synthetischen Glucosids zu erklären. Jedenfalls ist der Unterschied nicht groß genug, um einen Zweifel an der Identität des künstlichen Präparates mit dem natürlichen Linamarin aufkommen zu lassen.

Heptacetyl-cellosido-glykolsäure-äthylester, $(C_2H_3O)_7C_{12}H_{14}O_{10} \cdot O \cdot CH_2 \cdot CO_2C_2H_5$.

50 g reine, sehr fein gepulverte Aceto-bromcellose, 20 g scharf getrocknetes Silberoxyd und 200 g reiner, trockener Glykolsäure-äthylester werden bei Zimmertemperatur auf der Maschine geschüttelt. Die Abspaltung des Broms ist von der Korngröße abhängig; sie dauert 6—10 Stunden. Dann wird abgesaugt, mit wenig Alkohol nachgewaschen und das Filtrat unter Umrühren in die vierfache Menge Wasser gegossen. Das ausfallende farblose Öl krystallisiert bei mehrstündigem Stehen vollständig. Nach dem Absaugen und Trocknen wird das Rohprodukt in 200 ccm heißem Alkohol gelöst und mit Tierkohle aufgekocht, um die suspendierten Silberverbindungen völlig zu entfernen. Beim Erkalten der heiß filtrierten Lösung beginnt bald die Krystallisation feiner Nadeln, und bei längerem Stehen erstarrt die ganze Flüssigkeit zu einem dicken Brei. Man bewahrt noch einige Zeit bei 0°, saugt ab und wäscht mit wenig Alkohol. Mit der Mutterlauge kocht man zweimal die abfiltrierten Silberverbindungen aus und gewinnt so eine zweite Krystallisation. Gesamtausbeute 30—35 g. Das Rohprodukt enthält aber noch Stoffe, welche die Fehlingsche Lösung in der Hitze reduzieren, vielleicht Heptacetyl-cellose, die wir bei ähnlichen Versuchen beobachtet: im vorliegenden Falle allerdings nicht mit Sicherheit nachgewiesen haben. Die Entfernung dieser Beimengung ist umständlich und verlustreich. Durch 7—9-maliges Umkrystallisieren aus heißem Alkohol erhält man 10—12 g eines Präparates, das die Fehlingsche Lösung in der Hitze nur noch in Spuren reduziert und zur Darstellung des folgenden Amids sehr gut zu verwenden ist. Durch weiteres 4—5-maliges Umkrystallisieren wird der Ester ganz rein.

0,1533 g Sbst. (im Vakuum-Exsiccator über P_2O_5 getr.): 0,2805 g CO_2, 0,0823 g H_2O.

$C_{30}H_{42}O_{20}$ (722,49). Ber. C 49,85, H 5,86.
Gef. „ 49,92, „ 6,01.

Zur optischen Untersuchung diente die Lösung in trockenem Aceton,

$$[\alpha]_D^{17} = \frac{-2{,}57^\circ \times 1{,}2764}{1 \times 0{,}8225 \times 0{,}1286} = -30{,}9^\circ.$$

Bei anderen Präparaten wurden folgende Werte gefunden:

$-30{,}79^\circ$, $-31{,}0^\circ$, $-30{,}97^\circ$.

Schmp. 161—163° (korr.). Leicht löslich in Essigäther, Aceton, Chloroform, Benzol, warmem Methylalkohol, heißem Äthylalkohol, ziemlich schwer in kaltem Äthylalkohol und heißem Wasser und kaum in Äther und Petroläther.

Glykolsäureamid-cellosid, $NH_2 \cdot CO \cdot CH_2 \cdot O \cdot C_{12}H_{21}O_{10}$.

20 g gereinigter Heptacetyl-cellosido-glykolsäureester werden mit 200 ccm trockenem Methylalkohol übergossen und unter Kühlung durch Kältemischung trockenes Ammoniakgas bis zur Sättigung eingeleitet. Dabei entsteht eine klare Lösung, die man 30 Stunden in verschlossener Flasche bei Zimmertemperatur aufbewahrt und dann unter vermindertem Druck aus einem Bad von 35° verdampft. Der schwach gelbe und teilweise krystallinische Rückstand wird zur Entfernung des Acetamids zweimal mit etwa der zehnfachen Menge heißem, trockenem Essigester ausgezogen, dann in 50 ccm heißem Wasser gelöst und langsam mit der vierfachen Menge Aceton versetzt. Dabei krystallisiert das Amid allmählich in gut ausgebildeten, zu Rosetten vereinigten Prismen. Ausbeute an getrocknetem Amid 9,5 g oder 85% der Theorie.

Die an der Luft oder im Exsiccator getrocknete Substanz enthält Krystallwasser und verlor bei 78° und 12 mm 9,9% an Gewicht. Mit der näheren Untersuchung des Hydrats haben wir uns aber nicht beschäftigt, weil es sich um ein zufälliges Gemisch handeln kann.

0,2014 g getr. Sbst.: 0,3115 g CO_2, 0,1139 g H_2O. — 0,3894 g Sbst.: 11,1 ccm N (16°, 767,5 mm, üb. 33-proz. KOH).

$C_{14}H_{25}O_{12}N$ (399,28). Ber. C 42,09, H 6,31, N 3,51.
Gef. „ 42,19, „ 6,33, „ 3,36.

$$[\alpha]_D^{17} = \frac{-2{,}89^\circ \times 1{,}4099}{1 \times 1{,}0375 \times 0{,}1405} = -27{,}9^\circ \text{ (in Wasser)}.$$

Nach nochmaligem Umlösen und Trocknen war:

$$[\alpha]_D^{17} = \frac{-2{,}89^\circ \times 1{,}2711}{1 \times 1{,}0375 \times 0{,}1274} = -27{,}79^\circ.$$

Ein anderes Präparat zeigte: $[\alpha]_D^{18} = -27{,}94^\circ$.

Die getrocknete Substanz schmilzt bei 150—152° (korr.) zu einer zähen, farblosen Flüssigkeit. Sie löst sich leicht in Wasser, Eisessig und heißem Methylalkohol, schwerer in heißem Äthylalkohol und nur sehr schwer in Essigäther, Aceton, Äther und Petroläther. Mit Alkalien erwärmt, entwickelt sie Ammoniak. Fehlingsche Lösung wird nicht reduziert. Der Geschmack ist schwach süß.

Von Emulsin wird sie unter Bildung von Glucose gespalten.

Eine Lösung von 0,20 g in 1,8 ccm Wasser wurde mit 0,04 g käuflichem Emulsin und einem Tropfen Toluol 26 Stunden bei 35° aufbewahrt. Sie reduzierte dann 35 ccm Fehlingsche Lösung. Da bei der totalen Hydrolyse des Amids 0,180 g Traubenzucker entstehen könnten, so waren 92% des Cellosids in Glucose gespalten. Bei einem zweiten Versuch wurden 95% gespalten. Zum Nachweis der Glucose diente die Osazonprobe.

Glykolsäureamid-cellosid-heptacetat,
$NH_2 \cdot CO \cdot CH_2 \cdot O \cdot C_{12}H_{14}O_{10}(C_2H_3O)_7$.

10 g getrocknetes und gepulvertes Amid-cellosid werden mit 22 ccm trocknem Pyridin und der gleichen Menge destilliertem Essigsäureanhydrid versetzt und geschüttelt, bis nach 20—30 Minuten eine klare Lösung entstanden ist. Die gelb gefärbte Flüssigkeit wird 24 Stunden bei Zimmertemperatur aufbewahrt, wobei sie zu einem Krystallbrei erstarrt. Dieser wird mit 250 ccm Eiswasser verrieben, nach einigen Stunden abgesaugt, mit Wasser gewaschen und auf Ton getrocknet. Durch Krystallisation aus 300 ccm heißem Alkohol erhält man das Acetat in feinen, konzentrisch vereinigten Nadeln. Ausbeute 16 g oder 92% der Theorie.

0,1551 g Sbst. (im Vakuum-Exsiccator getr.): 0,2762 g CO_2, 0,0822 g H_2O. — 0,2847 g Sbst.: 5,3 ccm N (17°, 767 mm, über 33-proz. KOH).

$C_{28}H_{39}O_{19}N$ (693,46). Ber. C 48,47, H 5,67, N 2,02.
Gef. „ 48,58, „ 5,93, „ 2,18.

$$[\alpha]_D^{18} = \frac{-1{,}70^\circ \times 1{,}2984}{1 \times 0{,}8287 \times 0{,}1292} = -20{,}6^\circ \text{ (in trocknem Aceton).}$$

Andere Präparate zeigten:

$$[\alpha]_D^{17} = -20{,}36^\circ \text{ und } [\alpha]_D^{18} = -20{,}4^\circ.$$

Das Heptacetyl-glykolamid-cellosid schmilzt bei 205—206° (korr.) zu einer farblosen Flüssigkeit. Es ist leicht löslich in Essigäther, Aceton, Chloroform, Eisessig, warmem Benzol, heißem Methyl- und Äthylalkohol, schwer in kaltem Äthylalkohol und kaum in Äther und Petroläther. Auch von heißem Wasser wird es in nicht geringem Betrage gelöst und krystallisiert beim Erkalten wieder in zentrisch angeordneten, mikroskopischen Nadeln.

Glykolnitril-cellosid-heptacetat,
$CN \cdot CH_2 \cdot O \cdot C_{12}H_{14}O_{10}(C_2H_3O)_7$.

5 g Glykolamid-cellosid-heptacetat werden mit 15 ccm destilliertem Phosphoroxychlorid übergossen und in einem Bad von 68° erwärmt. Bei anhaltendem Schütteln entsteht nach etwa 5 Minuten eine klare

Lösung, die man noch 20 Minuten bei der gleichen Temperatur läßt und dann durch Verdampfen unter vermindertem Druck aus einem Bade von 35—40° von dem größten Teil des Oxychlorids befreit. Der meist farblose, teilweise krystallinische Rückstand wird zur Zerstörung des noch vorhandenen Phosphoroxychlorids gründlich mit Eiswasser verrieben, wobei er krystallinisch erstarrt. Nach einstündigem Aufbewahren bei 0° wird abgesaugt, mit Wasser gut ausgewaschen, auf Ton getrocknet und in 80 ccm heißem Alkohol gelöst. Beim Erkalten scheiden sich feine, konzentrisch angeordnete Nädelchen aus, die nach einigem Stehen bei 0° abgesaugt werden. Die Ausbeute betrug nur 50% des angewandten Amids.

Zur Analyse wurde noch zweimal aus Alkohol umgelöst und im Exsiccator getrocknet:

0,1742 g Sbst.: 0,3175 g CO_2, 0,0865 g H_2O. — 0,3013 g Sbst.: 5,2 ccm N (16°, 759 mm, über 33-proz. KOH).

$C_{28}H_{37}O_{18}N$ (675,45). Ber. C 49,76, H 5,52, N 2,07.
Gef. „ 49,72, „ 5,56, „ 2,01.

$$[\alpha]_D^{18} = \frac{-2{,}27^\circ \times 1{,}0583}{1 \times 0{,}8261 \times 0{,}1090} = -26{,}68^\circ \text{ (in trocknem Aceton).}$$

Bei einem zweiten Präparat war:

$$[\alpha]_D^{17} = \frac{-2{,}20^\circ \times 1{,}2006}{1 \times 0{,}8261 \times 0{,}1194} = -26{,}78^\circ$$

Die Substanz schmilzt nach kurzem Sintern bei 200—202° (korr.) zu einer farblosen Flüssigkeit. Sie wird leicht gelöst von Aceton, Essigester, Chloroform, Eisessig, warmem Benzol und heißem Methylalkohol, schwerer von heißem Äthylalkohol, sehr schwer von Wasser, Äther und Petroläther.

Glykolnitril-cellosid, $CN \cdot CH_2 \cdot O \cdot C_{12}H_{21}O_{10}$.

2 g reines Heptacetat werden in 250 ccm trocknem warmem Methylalkohol gelöst und nach Abkühlung auf Zimmertemperatur 6 ccm bei 0° gesättigtes methylalkoholisches Ammoniak zugesetzt. Nach 6-stündigem Stehen wird die farblose Lösung unter vermindertem Druck aus einem Bade von nicht mehr als 30° verdampft, der Rückstand in 10 ccm trocknem Methylalkohol gelöst und wieder verdampft. Die kaum gefärbte, amorphe, etwas schaumige Masse wird jetzt mit 50 ccm warmem trocknen Essigäther durchgeschüttelt und verrieben. Dabei wird das Cellosid zähflüssig, erstarrt aber beim Abkühlen und Reiben wieder zu einer amorphen, häufig schwach gelb gefärbten Masse. Ausbeute etwa 0,8 g oder 70% der Theorie. Zur Analyse war mehrmals in trocknem Methylalkohol gelöst, mit trocknem Essigäther gefällt und schließlich bei 78° und 15 mm Druck getrocknet.

0,0886 g Sbst.: 0,1426 g CO_2, 0,0474 g H_2O. — 0,1150 g Sbst.: 3,6 ccm N (21°, 755 mm, üb. 33-proz. KOH).

$C_{14}H_{23}O_{11}N$ (381,26). Ber. C 44,08, H 6,08, N 3,67.
Gef. „ 43,91, „ 5,99, „ 3,56.

$$[\alpha]_D^{18} = \frac{-0{,}81^\circ \times 0{,}17357}{0{,}5 \times 1{,}014 \times 0{,}00965} = -28{,}74^\circ \text{ (im Wasser).}$$

Die Krystallisation ist uns bisher ebensowenig wie bei dem Glykolnitril-glucosid[1]) gelungen. Das Cellosid ist aber ein schöneres Präparat als jenes, kaum gefärbt und scheinbar in trockenem Zustand ganz haltbar. An feuchter Luft zerfließt es allerdings langsam. Im Capillarrohr fing das analysierte Präparat gegen 80° an zu erweichen, verwandelte sich dann bei steigender Temperatur in eine zähflüssige Masse, die gegen 108° anfing, Blasen zu werfen. Es löst sich sehr leicht in Wasser, Methylalkohol, Pyridin und heißem Äthylalkohol. In Aceton und Essigäther ist es schon recht schwer löslich. Es reduziert die Fehlingsche Lösung beim kurzen Kochen nicht.

Acetylierung. Sie liefert wieder das ursprüngliche Heptacetat und kann deshalb sehr gut zur Identifizierung des Cellosids benutzt werden.

Eine Lösung von 0,46 g Cellosid in 1,5 ccm Pyridin und 1,5 ccm Essigsäure-anhydrid blieb 30 Stunden bei gewöhnlicher Temperatur und wurde dann in Eiswasser gegossen. Das ausfallende farblose Öl erstarrte bald. Ausbeute nach dem Trocknen auf Ton 0,62 g oder etwa 75% der Theorie. Nach einmaligem Umkrystallisieren aus warmem Alkohol hatte das Produkt den richtigen Schmp. (200—202°), Mischschmelzpunkt und die Drehung

$$[\alpha]_D^{17} = -27{,}0^\circ \text{ (in Aceton).}$$

Hydrolyse durch Emulsin. Sie erfolgt verhältnismäßig leicht und gibt Blausäure und Traubenzucker. 0,149 g Cellosid in 1,5 ccm Wasser wurden mit 0,019 g käuflichem Emulsin und 1 Tropfen Toluol 24 Stunden bei 37° gehalten. Nachdem die Flüssigkeit mit etwas Natriumacetat und 1 Tropfen Essigsäure aufgekocht und filtriert war, wurde die Blausäure unter vermindertem Druck abdestilliert, im Rückstand der Zucker titrimetrisch bestimmt und durch das Phenylosazon als Traubenzucker gekennzeichnet. Die Titration ergab, daß 92—96% der theoretischen Menge Traubenzucker entstanden waren.

Schließlich sagen wir Hrn. Dr. Max Bergmann für die wertvolle Hilfe, die er bei obigen Versuchen geleistet hat, besten Dank.

[1]) Berichte der D. Chem. Gesellsch. **52**, 197 [1919]. (*S. 106.*)

9. Emil Fischer: Notiz über das Glykolnitril-*d*-glucosid, $C_6H_{11}O_5 \cdot O \cdot CH_2 \cdot CN$.

Berichte der Deutschen Chemischen Gesellschaft **52**, 197 [1919].

(Eingegangen am 11. Dezember 1918.)

Das Tetracetat des Glucosids entsteht, wie früher[1]) berichtet wurde, aus dem entsprechenden Amid durch Wasserentziehung und liefert bei der Behandlung mit methylalkoholischem Ammoniak eine amorphe Masse, die nach ihrem Verhalten bei der Hydrolyse das freie Glykolnitril-glucosid zu enthalten schien. Das ist in der Tat der Fall. Zwar ist auch neuerdings die völlige Reinigung nicht gelungen, aber durch Reacetylierung, die mit guter Ausbeute das ursprüngliche Tetracetat zurückgibt, konnte der Beweis für die Anwesenheit des einfachen Glucosids geliefert werden. Es verdient Beachtung, nicht allein als einfachster Vertreter der cyanhaltigen Glucoside, sondern auch als Abkömmling des Glykolnitrils, das so leicht aus Blausäure und Formaldehyd entsteht und dessen Bildung im Pflanzenreiche deshalb recht wahrscheinlich ist. Das gleiche dürfte auch für das Glucosid gelten. Daß man es bisher nicht gefunden hat, würde sich durch die unbequemen Eigenschaften und seine leichte Veränderlichkeit erklären. Nachdem jetzt sein Nachweis durch Verwandlung in die Acetylverbindung ermöglicht ist, halte ich es für lohnend, danach im Pflanzenreiche zu suchen.

Darstellung: Am besten hat sich folgendes Verfahren bewährt. 1 g Glykolnitril-glucosid-tetracetat wird in 60 ccm trockenem Methylalkohol unter gelindem Erwärmen gelöst, dann auf 18° abgekühlt und mit 0,223 g Ammoniak (etwa 5 Mol.), das in trockenem Methylalkohol gelöst ist, versetzt. Das entspricht ungefähr 1,5 ccm einer bei gewöhnlicher Temperatur gesättigten methylalkoholischen Ammoniaklösung. Die farblose Flüssigkeit wird unter Ausschluß von Feuchtigkeit 7 Stunden bei 18° aufbewahrt, dann unter stark vermindertem

---

[1]) E. Fischer und M. Bergmann, Berichte d. D. Chem. Gesellsch. **50**, 1068 [1917]. (*S. 89.*)

Druck bei einer 18° nicht überschreitenden Temperatur rasch verdunstet und noch einige Zeit weiter evakuiert, um das Ammoniak möglichst zu entfernen. Rückstand etwa 0,68 g.

Um geringe Mengen unveränderten Ausgangsmaterials und anderer noch acetylhaltiger Körper sowie das gebildete Acetamid zu entfernen, wird die halbfeste, schaumige oder glasige Masse fünfmal mit je 5 ccm trockenem Essigäther bei Zimmertemperatur durch Schütteln und Rühren möglichst ausgelaugt. Den anhaftenden Essigäther entfernt man zum Schluß durch Verdunsten bei Zimmertemperatur im Hochvakuum. Das so erhaltene Präparat ist fast farblos, glasig oder schaumig und sehr hygroskopisch. Ausbeute etwa 0,57 g.

Es löst sich bis auf eine geringe Trübung leicht in kaltem Wasser, dagegen ist es schon in Alkohol recht schwer löslich, und dasselbe gilt in noch höherem Maße für die anderen indifferenten organischen Solvenzien. In kaltem Pyridin löst es sich leicht und wird daraus durch Äther oder Essigäther als fast farbloser Niederschlag gefällt. Beim Kochen mit Alkali entsteht Ammoniak. Es reduziert die Fehlingsche Lösung bei kurzem Kochen nicht, ebensowenig liefert es beim Erwärmen mit Alkali und Ferrosulfat und späterem Ansäuern Berlinerblau. Durch Erwärmen mit verdünnten Säuren wird es hydrolysiert. Als eine Probe mit der zehnfachen Menge *n*-Salzsäure eine Stunde im Wasserbade erhitzt war, reduzierte die Flüssigkeit so stark Fehlingsche Lösung, als wenn 78% der theoretisch möglichen Zuckermenge entstanden wären. Die Flüssigkeit zeigte dann auch deutlich die Berlinerblau-Probe.

Acetylierte Körper waren in Präparaten von verschiedener Darstellung entweder gar nicht oder nur in Spuren enthalten, wie quantitative Bestimmungen der Essigsäure, die in der üblichen Weise ausgeführt waren, ergaben.

Den besten Beweis dafür, daß das Präparat wirklich in der Hauptmenge aus Glykolnitril-glucosid besteht, gab die Reacetylierung. Zu dem Zweck wurden die aus 1 g ursprünglichem Acetylkörper gewonnenen 0,57 g in 2 ccm trockenem Pyridin und 1,55 ccm reinem Essigsäure-anhydrid (6 Mol.) gelöst und 16 Stunden bei Zimmertemperatur aufbewahrt. Beim Eingießen der Lösung in 25 ccm Eiswasser fiel ein Öl aus, das rasch krystallinisch erstarrte. Ausbeute 0,6 g. Nach dem Umkrystallisieren zeigte das Präparat den Schmelzpunkt, das optische Drehungsvermögen sowie die übrigen äußeren Eigenschaften des Tetracetats. Wenn man die unvermeidlichen Verluste berücksichtigt, so kann man sagen, daß der größere Teil obigen Präparates aus Glykolnitril-glucosid bestand. Leider ist die Substanz recht empfindlich, denn schon Lösen in kaltem Wasser und Verdunsten dieser Lösung im Vakuum genügt, um teilweise Veränderung herbeizuführen. Die Reacetylierung des trockenen Rückstandes ergab jetzt ebenfalls noch Tetracetat, aber in schlechterer Ausbeute. Trotzdem wurden mit einem derartigen Produkt eine Analyse und optische Bestimmung ausgeführt. Dazu wurde die Substanz bei Zimmertemperatur im Hochvakuum über Phosphorpentoxyd getrocknet.

0,1467 g Sbst.: 0,2304 g CO_2, 0,0817 g H_2O. — 0,1279 g Sbst.: 6,8 ccm N (16°, 756 mm, 33-proz. KOH).

$C_8H_{13}O_6N$ (219,15). Ber. C 43,82, H 5,98, N 6,39.
Gef. „ 42,85, „ 6,23, „ 6,18.

$$[\alpha]_D^{19} = \frac{-2{,}67^\circ \times 2{,}0606}{0{,}1176 \times 1 \times 1{,}0178} = -45{,}97^\circ \text{ (in Wasser nach 15 Std.)}.$$

Nach 3 Tagen war $[\alpha]_D^{18} = -46{,}48^\circ$.

Natürlich können diese Zahlen nur zur flüchtigen Orientierung benutzt werden.

Verhalten gegen Emulsin. Die Hydrolyse durch Emulsin erfolgt erheblich langsamer als bei dem Amygdalin und dem Mandelnitril-glucosid. Eine wäßrige Lösung des Glykolnitril-glucosids (bestes Präparat, das ja allerdings nicht rein ist) wird auf Zusatz von $^1/_{10}$ seines Gewichtes an Emulsin bei 35° sehr langsam angegriffen, denn nach 24 Stunden entsprach die Reduktion der Fehlingschen Lösung bei verschiedenen Versuchen nur 11—17% der zu erwartenden Menge Zucker. Erheblich besser wurde das Resultat, als nach Sörensen[1]) die Konzentration der Wasserstoffionen auf etwa $10^{-5,2}$ bemessen war. Das Reduktionsvermögen betrug dann nach 24 Stunden 35% des zu erwartenden Zuckers und stieg nach 4 Tagen auf 52%. Zugleich ließ sich in der Flüssigkeit durch die Berlinerblau-Probe Blausäure nachweisen, deren Anwesenheit natürlich etwas fälschend auf die Probe mit Fehlingscher Lösung einwirkt.

Bei einer vergleichenden Probe mit Mandelnitril-glucosid unter denselben Bedingungen, aber ohne Herstellung einer bestimmten Konzentration der H-Ionen entsprach nach 24 Stunden das Reduktionsvermögen der Flüssigkeit etwa 90% derjenigen Zuckermenge, die theoretisch entstehen könnte. Natürlich ist auch hier der Fehler zu berücksichtigen, der durch die Anwesenheit der Blausäure entsteht. Der Unterschied im Verhalten beider Glucoside ist offenbar durch den aromatischen Rest in dem Mandelnitrilderivat bedingt. Noch langsamer als Glykolnitril-glucosid wird sein Homologes, das Lina-

---

[1]) S. P. L. Sörensen, Biochem. Zeitschr. **21**, 201 [1909].

marin, von dem Emulsin angegriffen. Die wahrscheinliche Ursache dieser Verschiedenheiten soll erst später ausführlich erörtert werden[1]).

Schließlich sage ich Hrn. Dr. Hartmut Noth für freundliche Hilfe bei den Versuchen besten Dank.

---

[1]) Wie früher (Liebigs Annal. d. Chem. **383**, 84 [1911]) (*S. 35*) erwähnt, werden die Glucosido-glykolsäure und ihr Calciumsalz von Emulsin nicht angegriffen, während das entsprechende Glucosido-glykolsäure-amid leicht hydrolysiert wird. Das letztere trifft auch zu für den Methylester, der neuerdings aus der Säure durch Diazomethan bereitet wurde. Diese etwas überraschende Beobachtung hat ihre Erklärung gefunden in der großen Abhängigkeit der Emulsinwirkung von der Konzentration der Wasserstoffionen, auf die S. P. L. Sörensen bei anderen Enzymen (Biochem. Zeitschr. **21**, 255 [1909]) wieder in sehr gründlicher Weise die Aufmerksamkeit gelenkt hat. Bei richtiger Konzentration, die ungefähr $p_H = 5$ entspricht, werden auch die glucosido-glykolsauren Salze von Emulsin angegriffen. Dasselbe konnte festgestellt werden für die bisher unbekannte Glucosido-mandelsäure, die aus dem früher (Berichte d. D. Chem. Gesellsch. **50**, 1052 [1917]) (*S. 73*) beschriebenen Tetracetylester durch Verseifen mit Baryt als Gemisch von 2 Stereoisomeren gewonnen wurde. Aus diesem ließ sich durch Krystallisation des Chininsalzes die einheitliche Glucosido-*d*-mandelsäure ($[\alpha]_D^{18} = + 51,0°$ in Wasser) bereiten. Näheres darüber wird bald folgen.

10. Emil Fischer†, Max Bergmann und Artur Rabe: Über Acetobrom-rhamnose und ihre Verwendung zur Synthese von Rhamnosiden[1]).

Berichte der Deutschen Chemischen Gesellschaft **53**, 2362 [1920].

(Eingegangen am 6. Oktober 1920.)

Von den beiden allgemeinen Verfahren zur Synthese der Alkohol-Glucoside — Behandlung des Zuckers mit dem Alkohol in Gegenwart von Salzsäure nach Emil Fischer[2]) oder Umsetzung von Acetobromglucose mit dem Alkohol bei Anwesenheit von halogenwasserstoff-bindenden Mitteln und nachfolgende Acetyl-Abspaltung[3]) — hat in schwierigeren Fällen fast stets das zweite den Vorzug erhalten. Die Mühe, welche hier der Umweg über die acetylierten Glucoside mit sich bringt, wird wieder aufgewogen durch die größere Einheitlichkeit der Reaktionsprodukte; denn in den zahlreichen, bisher untersuchten Beispielen[4]) scheint stets nur ein Glucosid beobachtet worden zu sein, das zumeist als β-Glucosid erkannt wurde. Die Umwandlung der Aceto-bromglucose in der ersten Phase der Glucosid-Bildung schien also im wesentlichen auf einen Ersatz des Halogens durch den Rest des Alkohols hinauszukommen:

---

[1]) Nach dem Tode Emil Fischers habe ich diese Arbeit mit Hrn. Dr. Rabe fortgeführt und dafür noch die wertvolle Mitarbeit von Frau Dr. Gerda Dangschat gewonnen. Frau Dangschat hat nicht nur alle anderen Versuche wiederholt, sondern auch vor allem an der experimentellen Bearbeitung des γ-Methylrhamnosid-monoacetats, des δ-Methyl-rhamnosid-triacetats und der Rhamnose-triacetate wesentlichen Anteil. Ich bin Frau Dr. Dangschat für ihre ausgezeichnete Hilfe sehr zu Dank verpflichtet.

Die Versuchsergebnisse des Hrn. Rabe sind in seiner Inaug.-Diss.: „Über einige neue Derivate der Rhamnose", Berlin 1920, niedergelegt. M. Bergmann.

[2]) Berichte d. D. Chem. Gesellsch. **26**, 2400 [1893]. (*Kohlenh. I, 682.*)

[3]) W. Königs und E. Knorr, ebenda **34**, 957 [1901].

[4]) Vgl. z. B. E. Fischer und K. Raske, ebenda **42**, 1465 [1909] (*S. 11*); E. Fischer und B. Helferich, Liebigs Annal. d. Chem. **383**, 68 [1911]. (*S. 23.*)

$$C_6H_7O_5(C_2H_3O)_4 \cdot Br + R \cdot OH = C_6H_7O_5(C_2H_3O)_4 \cdot O \cdot R + HBr.$$

Das Bild hat sich aber völlig geändert, als wir jetzt das Verfahren von Königs und Knorr auf die Acetobrom-rhamnose anwendeten. Ihre Umsetzung mit Methylalkohol und Silbercarbonat verläuft zwar recht weitgehend nach der Gleichung:

$$2\,C_6H_8O_4(C_2H_3O)_3 \cdot Br + 2\,CH_3 \cdot OH + Ag_2CO_3$$
$$= 2\,C_6H_8O_4(C_2H_3O)_3 \cdot O \cdot CH_3 + 2\,AgBr + CO_2 + H_2O,$$

aber dabei entstehen nebeneinander drei isomere Methyl-rhamnosid-triacetate. Sie sind alle drei verschieden von dem Triacetat, das wir uns zum Vergleich aus dem einzigen bisher bekannten Methyl-rhamnosid[1]) bereitet haben. Man kennt demnach jetzt im ganzen vier Methyl-rhamnosid-triacetate der Zusammensetzung $C_{13}H_{20}O_8$, die sämtlich Fehlingsche Lösung erst nach der Hydrolyse mit verdünnten Mineralsäuren reduzieren, also das Methoxyl am sogen. Aldehyd-Kohlenstoffatom des Zuckers tragen. Drei von diesen Isomeren sind gut krystallisiert, während das vierte nur als farbloser, destillierbarer Sirup erhalten wurde. In der folgenden Tabelle werden die wichtigsten Konstanten dieser Triacetate sowie der zugehörigen freien Methylrhamnoside, soweit sie bekannt sind, zusammengestellt.

	Triacetate		Freie Rhamnoside	
α-Verbindung	Schmp. 87°	$[\alpha]_D = -53{,}5°$ [2])	Schmp. 109°	$[\alpha]_D = -67{,}2°$ [3])
β- „	„ 152°	$[\alpha]_D = +45{,}7°$ [2])	„ 140°	$[\alpha]_D = +95{,}2°$ [3])
γ- „	„ 85°	$[\alpha]_D = +28°$ [2])	—	—
δ- „	Sdp. 0,2 mm Bad 150°	$[\alpha]_D = +32–34°$ [2])	—	—

Als α-Triacetat bezeichnen wir das Produkt, das man durch Methylierung von Rhamnose mit salzsaurem Methylalkohol und nachträgliche Acetylierung erhält.

Von den drei anderen Acetaten, welche aus dem Acetobromzucker nebeneinander entstehen, lassen sich die β- und γ-Verbindung leicht als krystallinisches Gemenge erhalten und von dem sirupösen δ-Acetat trennen. Viel größere Schwierigkeit bereitet dagegen die Abscheidung der reinen Komponenten aus dem Gemisch von β- und γ-Acetat. Vorerst hat uns nur ein recht mühsames Verfahren, eine Verknüpfung von fraktionierter Krystallisation und mechanischer Trennung zum Ziele

---

[1]) Dieses entsteht nach Fischer (Berichte d. D. Chem. Gesellsch. **26**, 2410 [1893] und **28**, 1158 [1895]) (*Kohlenh. I, 692 und 748*) aus wasserfreier Rhamnose mittels methylalkoholischer Salzsäure.

[2]) In Acetylen-tetrachlorid.

[3]) In Wasser.

geführt. Die beiden Acetate verhalten sich nun bei der Verseifung ganz verschieden:

Das β-Methyl-rhamnosid-triacetat zeigt das gewohnte Bild acetylierter Glucoside. Bei der Behandlung mit Alkalien verliert es seine drei Essigsäure-Gruppen und liefert das ebenfalls krystallisierte, stark rechtsdrehende, freie β-Methyl-rhamnosid.

Ganz anders die γ-Verbindung. Obwohl sie ebenfalls die Zusammensetzung eines dreifach acetylierten Methyl-rhamnosids besitzt, lassen sich mit Alkalien nur zwei Essigsäure-Reste nachweisen, und bei deren Abspaltung entsteht ein gut krystallisierter, nicht reduzierender Stoff von der Formel $C_9H_{16}O_6$, der eine bemerkenswerte Widerstandskraft gegen Basen besitzt. Warmer Baryt, alkoholische Ammoniaklösung, selbst flüssiges Ammoniak wirken kaum ein. Dagegen greifen saure Agenzien die Glucosid-Gruppe leicht an. Schon $^{n}/_{100}$-Salzsäure bewirkt in der Wärme rasch vollständige Hydrolyse. Dabei wird aber nicht nur Methylalkohol, sondern allmählich, allerdings erheblich langsamer, auch noch 1 Molekül Essigsäure abgespalten, und es entsteht Rhamnose.

Wir ziehen aus diesen Beobachtungen den Schluß, daß die alkalibeständige Verbindung $C_9H_{16}O_6$ das Acetat eines Methyl-rhamnosids ist. Wir geben ihr deshalb den Namen γ-Methyl-rhamnosid-monoacetat und nehmen an, ihr Ringsystem sei von solcher Beschaffenheit, daß es den Acetylrest vor der Einwirkung alkalischer Reagenzien bewahrt. Säuren greifen offenbar zunächst die Glucosid-Bindung an, lösen damit das Gefüge der Sauerstoffbrücke und heben so die geschützte Stellung des Essigsäure-Restes auf.

Das Auftreten von struktureller Behinderung bei einem so einfach gebauten Zuckerderivat scheint uns beachtenswert. Man wird erwarten dürfen, noch in anderen Fällen, besonders bei komplizierteren Kohlenhydraten, wie den Polysacchariden, des öfteren Beispiele zu finden, daß einzelne Atomgruppen durch den Bau des Moleküls verhindert werden, ihre wahre chemische Natur zu verraten. In solchen Fällen kann z. B. die Zahl abspaltbarer, oder auch einführbarer, Acyl- oder Alkylgruppen nur das Mindestmaß der vorhandenen Hydroxyl- bzw. Estergruppen vorstellen. Man wird darum die Feststellung der Acyle oder Alkyle, welche ein Kohlenhydrat aufnehmen kann, nur mit entsprechender Vorsicht als alleinige Grundlage für die Entscheidung von Konstitutionsfragen benutzen dürfen. Daß diese Gesichtspunkte nicht nur für die Zuckerarten, sondern auch für andere Stoffklassen Geltung haben, bedarf kaum der Erwähnung.

Das dritte Produkt der Synthese, das sirupöse Methyl-rhamnosid-acetat, läßt sich durch vielfach wiederholte Destillation im Hochvakuum von reduzierenden Beimengungen befreien. Seiner Zusammensetzung $C_7H_{11}O_5(C_2H_3O)_3$ entspricht sein chemisches Verhalten. Denn bei alkalischer Hydrolyse gibt es genau 3 Mol. Essigsäure ab — ein Beweis dafür, daß es keine erkennbaren Mengen des γ-Acetats enthält. Nach Entfernung der Acetyle bleibt ein Rhamnosid zurück, das schon bei längerem Stehen an freier Luft langsam in Rhamnose übergeht. Von heißer $^n/_{100}$-Salzsäure wird es erheblich rascher als die α- und β-Verbindung gespalten. Die leichte Veränderlichkeit ist neben der geringen Neigung zur Krystallisation Schuld daran, daß wir das Rhamnosid bisher noch nicht rein erhalten haben. Sie zeigt aber auch, daß hier nicht etwa ein bloßes Gemisch des beständigeren β-Rhamnosids mit geringen Mengen der α-Verbindung vorliegt, wie es nach dem Betrag der spez. Drehung denkbar wäre. Vielmehr muß es sich um das Derivat eines Methyl-rhamnosids handeln, das die zuvor entwickelte Reihe von Isomeren um ein viertes Glied bereichert. Wenn wir es in der Tabelle als δ-Triacetat bezeichnet haben, so soll bei der öligen Beschaffenheit des Präparates natürlich nicht behauptet werden, daß es ganz einheitlich und frei von weiteren Isomeren ist. Auch die leidliche Konstanz der an verschiedenen Präparaten beobachteten Drehungswerte kann dafür keine Garantie bieten.

Da die übliche Formulierung der Glucoside als Hydro-furan-Derivate bei Gleichheit des Zuckerrestes nur für zwei Stereoisomere Raum bietet, müssen einige von unseren Methyl-rhamnosid-acetaten einen anderen Bau besitzen, also eine 1,3- oder 1,5-Sauerstoffbrücke enthalten. Nach allem, was wir über derartige Strukturen wissen, sind sie gegen hydrolytische Einflüsse weniger widerstandsfähig als der Hydro-furantyp. In der Tat ist die Beständigkeit der einzelnen Methyl-rhamnoside eine recht verschiedene. Am langsamsten geben die α- und β-Verbindung ihren Methylalkohol ab. Manches spricht dafür, daß sie beide nach der Formel I gebaut sind. Schon wesentlich leichter wird das δ-Rhamnosid angegriffen. Überraschend schnell zerlegen schließlich Säuren, auch wenn sie stark verdünnt sind, das γ-Monacetat[1]). Schon heiße

```
       ┌──CH(OCH3)                  CH(OCH3)
       │    |                         |──────────────┐
       │ H—C—OH                   H—C—O·COCH3      O
     O      |                         |              │
       │ H—C—OH                   H—C───────────────┘
I.     │    |                II.      |
       └───C—H                   HO—C—H
            |                         |
        HO—C—H                   HO—C—H
            |                         |
           CH3                       CH3
```

1) Wenn das Monacetat auch nicht ohne weiteres mit den freien Rhamnosiden verglichen werden kann, so spricht sein Verhalten bei der Hydrolyse doch einwandfrei für ein recht labiles Ringsystem.

$^n/_{100}$-Salzsäure bewirkt, wie bereits erwähnt, in $^1/_2$ Stunde völlige Hydrolyse. Es kann kein Zweifel sein, das Monacetat entspricht nicht dem Hydro-furan-Schema. Seine auffallende Resistenz gegen Alkalien legt den Gedanken nahe, daß es die unter II. abgedruckte Struktur besitzt.

Ob diese Vermutung das Richtige trifft, oder ob eine andere, ebenfalls nicht-furoide Formel vorzuziehen ist, hat eine spätere Untersuchung zu erweisen. Wie aber auch ihr Ergebnis in dieser spezielleren Frage ausfallen mag, jedenfalls wird die Tatsache bestehen bleiben, daß bei der Umsetzung der Acetobrom-rhamnose mit Methylalkohol unter den milden Bedingungen des Verfahrens von Königs und Knorr nebeneinander mindestens drei Methyl-rhamnoside von verschiedener Struktur entstehen.

Man wird die Ursache für diese Mannigfaltigkeit der Reaktionsprodukte zunächst in der Beschaffenheit des Ausgangsmaterials suchen wollen und erwarten, die Acetobrom-rhamnose als ein Gemisch mehrerer isomerer Stoffe ansehen zu dürfen. Wir haben es darum nicht an vielfachen Bemühungen fehlen lassen, die Halogenverbindung nach verschiedenen Verfahren in Anteile von divergierenden Eigenschaften zu zerlegen — aber ohne jeden Erfolg. Es liegt darum kein Grund vor, an der Einheitlichkeit der Acetobrom-Verbindung zu zweifeln. Oder verläuft — so wird man vielleicht weiter fragen — der Prozeß der Glucosid-Bildung bei der Acetobrom-rhamnose deshalb soviel verwickelter als beim Traubenzuckerderivat, weil beide verschieden gebaut sind, weil etwa die Rhamnose-Verbindung statt der Furan-Struktur ein anderes, labileres Ringsystem enthält? Auf diese Frage geben Versuche Antwort, über die demnächst in anderem Zusammenhang berichtet werden soll. Wie dann ausführlicher dargelegt wird, kann Acetobrom-rhamnose unschwer in einen Stoff von ausgeprägten Furan-Eigenschaften, das sogen. Rhamnal, übergeführt werden. Wir betrachten die Rhamnalbildung als hinreichenden Beweis dafür, daß auch in der Acetobromrhamnose die charakteristische Sauerstoffbrücke des Furans vorhanden ist. Da aber ein erheblicher Teil unserer Methyl-rhamnosid-acetate — wahrscheinlich außer der γ-Verbindung noch die δ-Form — nicht furoid gebaut sind, so muß bei ihrer Bildung aus dem Aceto-halogen-Zucker eine Verengerung oder Erweiterung des Sauerstoff-Ringes und gleichzeitig damit ein Platzwechsel von Acetyl stattgefunden haben. Der Prozeß der Glucosid-Bildung ist demnach weit verwickelter, als es die beiden ersten Gleichungen dieser Abhandlung erkennen lassen. Er muß aus mehreren Phasen bestehen, die sich im Zusammenhang mit dem Ersatz des Halogens gegen Methoxyl nacheinander, vielleicht zum Teil auch gleichzeitig abspielen, und eine der Zwischenstufen muß Gelegenheit zur Entwicklung in verschiedener

Richtung geben. Vielleicht ist der Schlüssel zum Verständnis des komplexen Vorganges in der Annahme zu suchen, daß die Glucosidbildung eingeleitet wird durch eine Anlagerung des Alkohols an den Acetobrom-

III. Acetobrom-rhamnose:
O (Ring) —CHBr
H—C—O·Ac
H—C—O·Ac
—C—H
Ac·O—C—H
CH$_3$

$+ CH_3 \cdot OH \rightarrow$

IV.
CHBr(OCH$_3$)
H—C—O·Ac
H—C—O·Ac
HO—C—H
Ac·O—C—H
CH$_3$

Acyl-wanderung $\rightarrow$

V.
CHBr(OCH$_3$)
H—C—O·Ac
H—C—OH
Ac·O—C—H
Ac·O—C—H
CH$_3$

Acylwanderung $\rightarrow$

VI.
CHBr(OCH$_3$)
H—C—O·Ac
H—C—O·Ac
Ac·O—C—H
HO—C—H
CH$_3$

IV —HBr $\rightarrow$ IX.
CH(OCH$_3$) —O (Ring)
H—C—O·Ac
H—C—O·Ac
—C—H
Ac·O—C—H
CH$_3$

IX. Methyl-rhamnosid-triacetat vom Hydro-furan-Typus

V —HBr $\rightarrow$ VII.
CH(OCH$_3$)
H—C—O·Ac
H—C— O (Ring)
Ac·O—C—H
Ac·O—C—H
CH$_3$

VI —HBr $\rightarrow$ VIII.
CH(OCH$_3$)
H—C—O·Ac
H—C—O·Ac
Ac·O—C—H
—C—H — O (Ring)
CH$_3$

VII. VIII. Beispiele für nicht-furoide Methyl-rhamnosid-triacetate

Schema der Bezifferung:
C 1
C 2
C 3
C 4
C 5
C 6

zucker in der Weise, daß zunächst eine Öffnung des Furan-Ringes stattfindet, also durch einen Prozeß, der auch bei vielen anderen Umwandlungen in der Zuckergruppe eine wesentliche Rolle spielt. Wie man sich das in unserem Falle vorzustellen hätte, zeigen die Formeln III und IV auf der vorhergehenden Seite.

Das Produkt der Formel IV leitet sich von der Oxo-Form der Rhamnose ab. Es weist nun die Merkmale eines teilweise acylierten mehrwertigen Alkohols auf. Solche Stoffe besitzen, wie die Beobachtungen der letzten Jahre an Abkömmlingen des Glycerins, des Dulcits und der Phenol-carbonsäuren[1]) gezeigt haben, häufig eine ausgesprochene Tendenz zu intramolekularer Umlagerung unter Verschiebung der Säuregruppen. Diese Neigung dürfte bei unserem Beispiel der eigentliche Anlaß für das zuvor geschilderte, verwickelte Ergebnis der Rhamnosid-Synthese sein. Wenn sich nämlich in der Verbindung IV das Acetyl aus Stellung 3 oder das aus Stellung 5 in das freie Hydroxyl des Kohlenstoffatoms 4 begeben, so werden Stoffe der Strukturen V oder VI entstehen, die zum Teil noch weiterer Umlagerung anheimfallen könnten. Macht sich jetzt die Wirkung des zugesetzten bromwasserstoff-bindenden Mittels — in unserem Falle des Silbercarbonats — geltend, so erfolgt Ringschluß zwischen dem halogentragenden Aldehyd-Kohlenstoffatom und den Hydroxylen der Verbindungen V und VI mit dem Ergebnis, daß jetzt Methyl-rhamnosid-triacetate der Formeln VII und VIII entstehen, d. h. zum Schluß wäre in der Tat eine Verschiebung der Sauerstoffbrücke und damit auch von Acetyl bewirkt. Setzt sich dagegen das Silbercarbonat schon vor der Umlagerung mit der Verbindung IV um, so bildet sich ein Rhamnosid-acetat vom Hydro-furan-Typ (Formel IX)[2]). Nach dieser Auffassung, welche den entschiedenen Vorzug hat, den verwickelten Verlauf bei der Rhamnosid-Bildung auf bekannte und gut definierte Vorgänge zurückzuführen, kommt die ganze Erscheinung hinaus auf eine Konkurrenz zwischen der direkten Bromwasserstoff-Abspaltung aus Verbindung IV und dem Bestreben dieses Stoffes, sich zuvor umzulagern. Man kann sich wohl vorstellen, daß in manchen Fällen die eine oder andere der in Wettbewerb stehenden Reaktionen so stark bevorzugt ist, daß der Eindruck eines einheitlichen und einfachen Verlaufs entstehen kann. Auf diese Weise dürfte es zu erklären sein, daß die Darstellung von Alkohol-glucosiden aus der Acetobrom-Verbindung des Traubenzuckers einen verhältnismäßig so einheit-

---

[1]) Emil Fischer und M. Bergmann, Berichte d. D. Chem. Gesellsch. **49**, 289 [1916] (*S. 295*); Emil Fischer, M. Bergmann und W. Lipschitz, ebenda **51**, 46 [1918] (*Deps. 432*) und Emil Fischer, ebenda **53**, 1621 [1920].

[2]) Die entsprechende Formel I des freien Rhamnosids ist schon weiter oben (S. *113*) bei der Besprechung des β-Methyl-rhamnosids angeführt.

lichen Verlauf nimmt. Das Ergebnis wird sich aber, wenn unsere Anschauung zutreffend ist, mehr oder weniger verschieben, sobald das Verfahren von Königs und Knorr auf andere Zuckerarten als Glucose angewandt wird. Es läßt sich darum erwarten, daß unsere Beobachtungen über den Verlauf der Rhamnosid-Bildung nicht lange vereinzelt bleiben, sondern an anderen Zuckern ihre Bestätigung finden werden. Ein Gleiches gilt, wenn auch vielleicht in geringerem Umfang, für Variationen der alkoholischen Komponente. Schließlich wird bei gleichzeitiger Bildung mehrerer isomerer Glucoside ihr quantitatives Verhältnis wechseln mit der Natur des zugesetzten bromwasserstoff-bindenden Mittels. Hierfür können wir schon ein Beispiel anführen.

Als wir nämlich bei der Umsetzung von Acetobrom-rhamnose mit Methylalkohol an Stelle von Silbercarbonat das milder wirkende Chinolin anwandten, konnten wir unter den Reaktionsprodukten das β-Methyl-rhamnosid-triacetat überhaupt nicht auffinden. Dagegen war viel γ-Triacetat neben erheblichen Mengen sirupöser Acetate entstanden.

Schließlich ist noch die Tatsache zu erwähnen, daß auch die Umsetzung der Acetobrom-rhamnose mit Menthol zu mehreren isomeren Produkten führte. Bis jetzt haben wir die Entstehung der Acetate von zwei Menthol-rhamnosiden nachweisen können, zweifeln aber nicht daran, daß in der Mutterlauge noch weitere Isomere zu finden sind.

Über die Darstellung verschiedener Rhamnose-acetate und der Acetobrom-rhamnose, die als Ausgangsmaterial für die Arbeit diente, ist kurz Folgendes zu sagen:

Bei der Acetylierung von Rhamnose — auch von krystallwasserfreier — entsteht ein sirupöses Gemisch von Tetracetaten, aus dem nur selten eine Komponente vom Schmp. 99° und einer spez. Drehung von + 14° in geringer Menge freiwillig krystallisiert, die wir zunächst als α-Tetracetat bezeichnen wollen. Die unschönen Eigenschaften des öligen Rohproduktes mögen schuld daran sein, daß man sich bisher kaum mit Rhamnose-acetaten beschäftigt hat. Bei der Einwirkung einer starken Bromwasserstofflösung in Eisessig wird von den vier Acetylgruppen des Tetracetats eine durch Brom ersetzt. Die entstehende Acetobrom-rhamnose (l-Rhamnose-1-bromhydrin-2,3,5-triacetat, III.) krystallisiert gut und ist im Gegensatz zum verwendeten Ausgangsmaterial, wie schon zuvor erwähnt, völlig einheitlich. Durch Behandlung mit feuchtem Silbercarbonat kann man das Halogen gegen Hydroxyl austauschen. Man erhält dann das schön krystallisierende α-Rhamnose-triacetat. Es schmilzt wie das α-Tetracetat bei 98°, dreht nach rechts ($[\alpha]_D = +28°$), zeigt aber in verschiedenen Lösungsmitteln Mutarotation und schließlich negative Enddrehung. Dann kann ein links drehendes Triacetat krystallisiert abgeschieden werden, dessen spezifische Drehung (— 19°) der Enddrehung der α-Form entspricht. Wir nennen es vorerst β-Triacetat, ohne dabei aus dem Auge zu verlieren, daß es wahrscheinlich ein Gemisch von Isomeren ist. Wird das α-Triacetat erneut acetyliert, so kann man leicht ein schön krystallisiertes Tetracetat gewinnen, das sich als identisch mit dem oben erwähnten α-Tetracetat erweist.

Diese Untersuchung konnte nur durchgeführt werden, weil wir durch die Güte des Hrn. Dr. R. Geigy in Basel in den Besitz einer größeren Menge Rhamnose kamen. Es ist uns eine angenehme Pflicht, Hrn. Dr. Geigy für die Überlassung des kostbaren Materials unseren verbindlichsten Dank zu sagen.

Tetracetyl-rhamnose.

Über Acetate der Rhamnose ist bisher recht wenig bekannt geworden. Nur Raymann[1]) beschreibt Gemische verschieden hoch acetylierter Zucker und ein amorphes Tetracetat. Wir halten es darum nicht für überflüssig, das Verfahren zu beschreiben, nach dem wir gewöhnlich unser Tetracetat bereitet haben.

100 g krystallisierte Rhamnose werden in 400 ccm warmem Pyridin gelöst, die auf 0° abgekühlte Flüssigkeit unter steter Eiskühlung allmählich mit 400 ccm Essigsäure-anhydrid versetzt und das Gemisch noch 20 Stdn. bei Zimmertemperatur aufbewahrt. Beim Eingießen der Lösung in 2 l Eiswasser fällt jetzt ein zähes Öl aus. Man nimmt es mit Äther auf, behandelt die ätherische Lösung zur Entfernung von Pyridin und Essigsäure erst mit Schwefelsäure, dann mit Kaliumbicarbonat-Lösung und wäscht schließlich mit Wasser. Nach dem Trocknen mit Chlorcalcium wird der Äther verdampft. Hierbei hinterbleibt ein hellgelb gefärbter Sirup in einer Menge von 135 g (etwa 75% der Theorie), der ohne weiteres für die später beschriebene Umwandlung in Acetobrom-rhamnose verwendet werden kann.

Für die Analyse wurde zweimal im Hochvakuum (0,3 mm, Badtemperatur etwa 160°) destilliert.

0,1924 g Sbst.: 0,3556 g CO_2, 0,1064 g H_2O.
$C_{14}H_{20}O_9$ (332,23). Ber. C 50,59, H 6,07.
Gef. „ 50,42, „ 6,19.

Das Präparat enthält also keine erheblichen Mengen anderer Acetate, denn für die Triacetylverbindung würde schon der Kohlenstoffgehalt viel geringer sein ($C_{12}H_{18}O_8$. Ber. C 49,64 und H 6,26). Dagegen scheint der Sirup ein Gemisch von Isomeren zu sein, deren Trennung aber nicht ganz leicht sein dürfte.

---

[1]) Bull. soc. chim. [2] 47, 668 [1887].

Ab und zu gelingt es, einen geringen Teil des Präparates krystallisiert zu erhalten. Durch Behandlung mit einem Gemisch von Äther und Petroläther befreiten wir die Krystalle von den großen Mengen des anhaftenden Sirups und konnten sie dann ohne Schwierigkeit aus verdünntem Alkohol umkrystallisieren. Weitere Versuche zur direkten Darstellung des krystallisierten Tetracetats haben wir aber unterlassen, als sich zeigte, daß es viel sicherer auf dem Umweg über das weiter unten beschriebene Triacetat vom Schmp. 98° erhalten werden kann.

Analyse des krystallisierten Tetracetats aus Rhamnose:

0,1898 g Sbst. (im Vakuum-Exsiccator getr.): 0,3505 g CO_2, 0,1034 g H_2O.

$C_{14}H_{20}O_9$ (332,23). Ber. C 50,59, H 6,07.

Gef. „ 50,38, „ 6,10.

Optische Untersuchung der Krystalle:

$$[\alpha]_D^{20} = \frac{+ 2{,}048^\circ \times 2{,}2554}{1 \times 1{,}548 \times 0{,}2144} = + 13{,}92^\circ \text{ (in Acetylen-tetrachlorid).}$$

Nach nochmaligem Umkrystallisieren war $[\alpha]_D^{19} = + 14{,}08^\circ$.

Farblose, gut ausgebildete Prismen vom Schmp. 98—99°. Sie lösen sich leicht in Methylalkohol, Aceton, Essigester, Eisessig, Chloroform, Benzol, warmem Äther, warmem Alkohol und heißem Petroläther, beträchtlich auch in heißem Wasser.

Acetobrom-rhamnose (*l*-Rhamnose-1-bromhydrin-triacetat), $C_6H_8O_4(C_2H_3O)_3 \cdot Br$.

Für die Bereitung der Acetobrom-Verbindung[1]) kann man, wie schon erwähnt, direkt das rohe, sirupöse Tetracetat verwenden, das bei der Acetylierung der Rhamnose entsteht. 100 g werden in 50 ccm Eisessig gelöst, bei 0° mit 200 g der käuflichen gesättigten Lösung von Bromwasserstoff in Eisessig versetzt und die Flüssigkeit bei gewöhnlicher Temperatur $1^1/_2$ Stdn. aufbewahrt. Dann verdünnt man mit 400 ccm Chloroform, wäscht die Lösung 2—3-mal sorgfältig mit eiskaltem Wasser, trocknet sie sogleich durch kurzes Schütteln mit Chlorcalcium und verjagt schließlich das Lösungsmittel möglichst vollständig bei vermindertem Druck, wobei man zuletzt die Badtemperatur bis zu 50° erhöht. Es hinterbleibt ein etwas gelb gefärbter Sirup. Wird er mit wenig Äther aus dem Destillationsgefäß herausgespült und allmählich mit der 2—3-fachen Menge Petroläther versetzt, so beginnt bei dauerndem Reiben mit dem Glasstab bald die Krystallisation, und bei längerem Stehen in Kältemischung verwandelt sich die Flüssigkeit schließlich in einen dicken Brei. Die Krystalle werden nach dem Ab-

[1]) Vgl. a. E. Fischer, Berichte d. D. Chem. Gesellsch. **46**, 4035 Anm. [1913]. (*S. 348.*)

saugen und oberflächlichen Trocknen an der Luft in 120 ccm warmem Amylalkohol gelöst. Zu der etwas abgekühlten Lösung fügt man 240 ccm Petroläther bis zur bleibenden Trübung. Beim Reiben und Abkühlen krystallisiert dann die Acetobrom-rhamnose in farblosen, vielfach konzentrisch angeordneten Nadeln. Ausbeute etwa 70 g oder 65% der Theorie.

Zur Analyse wurde mehrmals aus einer Mischung von Äther und Petroläther krystallisiert.

0,1510 g Sbst. (bei 56° und 11 mm über P_2O_5 getr.): 0,2263 g CO_2, 0,0646 g H_2O. — 0,1593 g Sbst.: 0,0830 g AgBr.

$C_{12}H_{17}O_7Br$ (353,12). Ber. C 40,80, H 4,85, Br 22,64.
Gef. „ 40,88, „ 4,79, „ 22,18.

Zur optischen Untersuchung diente die Lösung in Acetylen-tetrachlorid:

$$[\alpha]_D^{20} = \frac{-20{,}79^\circ \times 4{,}3825}{1 \times 1{,}5757 \times 0{,}3422} = -168{,}97^\circ.$$

Andere Präparate zeigten:

$$[\alpha]_D^{11} = \frac{-25{,}68^\circ \times 4{,}0450}{1 \times 1{,}5874 \times 0{,}3867} = -169{,}2^\circ,$$

ferner $[\alpha]_D^{20} = -168{,}88^\circ$ und $[\alpha]_D^{20} = -168{,}2^\circ$.

Die Acetobrom-rhamnose schmilzt bei 71—72°. Sie löst sich leicht in Methyl- und Äthylalkohol, Äther, Aceton, Essigester, Tetrachlorkohlenstoff, Chloroform, Eisessig und warmem Amylalkohol, etwas schwerer in heißem Ligroin und nur wenig in kaltem. Gegen Wasser ist sie ziemlich empfindlich und zersetzt sich deshalb an feuchter Luft bald vollständig. Dagegen kann sie in reinem Zustand über Phosphorpentoxyd und Natronkalk monatelang ohne erhebliche Veränderung aufbewahrt werden.

Aus verschiedenen Gründen haben wir der Frage Beachtung geschenkt, ob die Acetobrom-Verbindung einheitlich oder wie das als Ausgangsmaterial verwendete Rhamnose-acetat ein Gemisch von Isomeren ist. Mehrere systematisch durchgeführte Versuche, das Präparat vom Schmp. 72° in Fraktionen von abweichenden physikalischen Eigenschaften zu zerlegen, sind indessen ganz negativ verlaufen.

Triacetyl-rhamnose, $C_6H_8O(OH)(O \cdot COCH_3)_3$.

Das Halogen der Acetobrom-rhamnose kann unschwer gegen Hydroxyl ausgetauscht werden, wenn man Silbercarbonat in Gegenwart von Wasser darauf einwirken läßt, und es entsteht das in der Überschrift genannte Produkt. Je nach den experimentellen Bedingungen haben wir zwei verschiedene krystallisierte Triacetate erhalten. Das eine davon, das ziemlich scharf bei 96—98° schmilzt, zeigt Mutarotation. Es soll vorerst als

α-Triacetat

bezeichnet werden. Für seine Darstellung empfiehlt sich folgende Arbeitsweise: Eine auf 0° abgekühlte Lösung von 10 g Acetobrom-rhamnose in 100 ccm feuchtem Aceton wird unter ständiger Eiskühlung mit 8 g trocknem Silbercarbonat 30 Minuten geschüttelt, bis das Brom vollständig abgespalten ist. Dann wird die von den Silbersalzen abfiltrierte farblose Flüssigkeit unter vermindertem Druck aus einem Bad von nicht mehr als 25—30° verdampft und der zurückbleibende, schwach gelblich gefärbte Sirup unter Erwärmen und kräftigem Umschütteln in 20 ccm trocknem Äther möglichst rasch gelöst. Beim Abkühlen und Reiben setzt sofort die Krystallisation von 4—6-seitigen Platten ein. Nach einstündigem Stehen in Kältemischung wiegen sie etwa 6 g, entsprechend 73% der Theorie. Durch Verdunsten der Mutterlauge und mehrmaliges Umkrystallisieren des Rückstandes aus Äther oder Essigester und Petroläther gewinnt man noch in kleinen Mengen die andere, in stäbchenförmigen Prismen krystallisierende Form, von der etwas weiter unten ausführlicher die Rede sein wird.

Zur Analyse gelangte ein mehrmals umkrystallisiertes Präparat des α-Triacetats:

0,1245 g Sbst. (im Vakuum-Exsiccator über P_2O_5 getr.): 0,2257 g CO_2, 0,0705 g H_2O.

$C_{12}H_{18}O_8$ (290,20). Ber. C 49,64, H 6,26.
Gef. „ 49,47, „ 6,34.

Das α-Acetat schmilzt, wie schon zuvor erwähnt, nach kurzem Sintern bei 96—98° und krystallisiert in gut ausgebildeten, meist 6-seitigen Tafeln. Es ist leicht löslich in Methylalkohol, Äthylalkohol, Aceton, Essigester, Chloroform, Eisessig, Benzol und wird selbst von Wasser schon in der Kälte vollständig gelöst. Schwerer löst es sich in Tetrachlorkohlenstoff und in Äther, besonders wenn er ganz wasserfrei ist, und noch schwerer in Petroläther.

Sowohl in alkoholischer Lösung als auch in Chloroform und Acetylen-tetrachlorid zeigte die Substanz Mutarotation. Genauer untersucht wurde bei verschiedenen Präparaten das Drehungsvermögen in absol. Alkohol.

10 Minuten nach der Auflösung wurde beobachtet:

$$[\alpha]_D^{21} = \frac{+2{,}32^\circ \times 1{,}0170}{1 \times 0{,}8204 \times 0{,}1024} = +28{,}09^\circ \text{ (in Alkohol).}$$

Ein nochmals umkrystallisiertes Präparat zeigte unter den gleichen Umständen:

$$[\alpha]_D^{21} = \frac{+ 2{,}31° \times 1{,}4716}{1 \times 0{,}8204 \times 0{,}1474} = + 28{,}11° \text{ (in Alkohol).}$$

Bei anderen Präparaten wurde $[\alpha]_D = + 27{,}9°$, $+ 27{,}6°$, $+ 27{,}6°$, $+ 27{,}8°$ gefunden.

Allmählich ging aber die Drehung zurück und wurde schließlich sogar negativ. Bei 15—20° war in einem Versuch der Endwert nach etwa 8 Tagen erreicht mit $[\alpha]_D = - 18{,}6°$. Temperaturerhöhung, ebenso Zusatz von Wasser und besonders von Pyridin wirkten wie in anderen ähnlichen Fällen stark beschleunigend auf den Vorgang. Darum ist es notwendig, wenn man reines α-Triacetat aus der Acetobrom-Verbindung bereiten will, jede längere Erwärmung zu vermeiden und die ganzen dafür erforderlichen Operationen möglichst rasch und, soweit angängig, bei Eistemperatur auszuführen.

Bewahrt man Lösungen des α-Acetats auf, bis ihre Drehung sich nicht mehr ändert, so läßt sich aus der Lösung durch Verdunsten ein schön krystallisiertes Präparat abscheiden, das noch dieselbe Zusammensetzung, aber ein anderes Drehungsvermögen als das Ausgangsmaterial hat. Wir nennen es

β-Triacetat.

Es krystallisiert in Stäbchen. Der Schmelzpunkt ist recht unscharf. Schon gegen 100° tritt Sinterung ein, die weiterhin stark zunimmt; aber erst bei 115° erfolgt unter kräftiger Gasentwicklung, doch ohne Verfärbung, völlige Verflüssigung. Die Löslichkeit ist ähnlich wie bei der α-Form. Nur Wasser löst erst in der Wärme leicht, und beim Erkalten krystallisiert aus der nicht zu verdünnten Lösung wieder ein großer Teil in konzentrisch angeordneten Nädelchen.

Bei der optischen Untersuchung eines solchen Präparates wurde gefunden:

$$[\alpha]_D^{16} = \frac{- 1{,}670° \times 1{,}5751}{1 \times 0{,}8223 \times 0{,}1652} = - 19{,}4° \text{ (in Alkohol).}$$

Nach nochmaligem Umlösen aus einem Gemisch von Essigäther und Petroläther war $[\alpha]_D = - 19{,}2°$.

Mehrere andere Präparate, die zum Teil durch Auflösen der α-Form in Alkohol mit oder ohne Zusatz von Pyridin und Aufbewahren bis zur Erreichung der Enddrehung gewonnen waren, zum andern Teil direkt aus Acetobrom-rhamnose bei Sommertemperatur bereitet waren, zeigten Drehungswerte zwischen —19,0° und —19,5°.

Mutarotation wurde an dem β-Acetat in keinem Fall beobachtet. Dies in Verbindung mit dem unscharfen Schmelzpunkt des Präparates läßt es mehr als zweifelhaft erscheinen, daß die als β-Verbindung bezeichnete Form des Triacetats als einheitliche Substanz mit dem zuvor beschriebenen α-Acetat in Parallele gesetzt werden darf. Vielleicht handelt es sich um eine Mischung des α-Acetats mit einer noch unbekannten, stärker linksdrehenden, isomeren Form.

In diesem Zusammenhang mag noch erwähnt werden, daß bei der erschöpfenden Acetylierung des β-Triacetats wieder nur sirupöses Tetraacetat erhalten werden konnte. Dagegen läßt sich aus dem einheitlichen α-Triacetat unschwer schön krystallisierte Tetracetyl-rhamnose gewinnen, wie der nächste Abschnitt zeigt.

α-Tetracetyl-rhamnose (*l*-Rhamnose-α-tetracetat), $C_6H_8O(O.COCH_3)_4$.

Sie ist neben anderen Stoffen gleicher Zusammensetzung in dem sirupösen Produkt enthalten, das man bei der Acetylierung der Rhamnose erhält. Aber die Abtrennung von den Isomeren ist hier so schwierig, daß sie uns nur sehr selten geglückt ist. Umständlicher, aber sicherer ist ihre Gewinnung aus dem schon beschriebenen Triacetat vom Schmp. 98°.

Hierfür werden 2 g reine α-Triacetyl-rhamnose mit einem auf 0° gekühlten Gemisch von je 1,5 ccm trocknem Pyridin und frisch destilliertem Essigsäure-anhydrid übergossen, durch kurzes Schütteln in Lösung gebracht und die farblose Flüssigkeit 20 Stunden bei 0° aufbewahrt. Meist haben sich dann schon rosettenförmige Krystalldrusen ausgeschieden. Beim Eingießen in 20 ccm Eiswasser fällt noch ein Öl aus, das aber beim Reiben auch schnell völlig krystallinisch erstarrt. Nach zweistündigem Stehen bei 0° wird abgesaugt und nochmals mit Eiswasser verrieben. Die Ausbeute an diesem farblosen, krystallisierten Präparat beträgt 1,85 g oder etwa 80% der Theorie.

Zur völligen Reinigung haben wir das Rohprodukt in 10 ccm heißem 50-proz. Alkohol gelöst. Bei langsamem Abkühlen krystallisierte das Tetracetat in hübschen, konzentrisch angeordneten Prismen, deren Abscheidung durch kurzes Aufbewahren bei 0° vervollständigt wurde. Es schmolz bei 98—99°, zeigte bei der optischen Untersuchung $[\alpha]_D^{16} = +13{,}75°$ (in Acetylen-tetrachlorid) und entsprach auch sonst der schon weiter oben gegebenen Beschreibung.

Umsetzung von Acetobrom-rhamnose mit Methylalkohol in Gegenwart von Silbercarbonat.

Die Reaktion von Acetobrom-rhamnose mit Methylalkohol verläuft recht schnell, wenn man als bromwasserstoff-bindendes Mittel Silbercarbonat zusetzt. Aber der Vorgang ist recht verwickelt. Außer zwei krystallisierten Methyl-rhamnosid-triacetaten, welche den geringeren Teil der Reaktionsprodukte ausmachen, wird viel sirupöses Material erhalten, das aber in der überwiegenden Hauptmenge ebenfalls aus Acetaten von Methyl-rhamnosiden besteht. Wir schildern zunächst Darstellung und Trennung der beiden krystallisierten Acetate.

Werden 25 g Acetobrom-rhamnose in 250 ccm trocknem Methylalkohol gelöst und mit 25 g getrocknetem Silbercarbonat versetzt, so beginnt beim Schütteln sofort die Entwicklung von Kohlensäure, und allmählich ist leichte Erwärmung zu fühlen. Schon nach etwa 40 Minuten ist die Lösung völlig bromfrei. Sie wird durch Filtration von den Silbersalzen getrennt, der Methylalkohol unter vermindertem Druck aus einem Bad von 35° verjagt, der zurückbleibende, oft durch Silber dunkel gefärbte Sirup in 40 ccm Alkohol heiß gelöst und in Kältemischung abgekühlt. Beim Reiben, schneller beim Impfen, erfolgt bald Krystallisation, die durch mehrstündiges Stehen in Kältemischung und langsames Hinzufügen von 20 ccm Wasser noch vermehrt werden kann. Zur Entfärbung löst man das Rohprodukt (11—12 g), das aus Krystallen von zweierlei Form besteht, noch einmal in 40 ccm heißem Methylalkohol, kocht mit Tierkohle, filtriert und fügt 120 ccm Wasser hinzu. Beim Abkühlen auf 0° krystallisieren langsam etwa 7—8 g eines rein weißen Produktes aus, das aber noch immer ein Gemisch ist aus nadelförmigen Krystallen mit derberen, würfelähnlichen Gebilden. Erstere werden im folgenden als β-Methyl-rhamnosid-triacetat und die letzteren als γ-Methyl-rhamnosid-triacetat bezeichnet werden.

Für ihre Trennung haben wir bisher keinen einfachen Weg auffinden können. Wir mußten darum ein Verfahren benutzen, das in einer Kombination von mechanischer Abtrennung der verschieden ausgebildeten Krystalle und von fraktionierter Lösung in Benzin besteht. Beim Erwärmen mit der zehnfachen Menge Ligroin auf 60° blieb zunächst nur eine kleine Menge, meist Nadeln (β-Form), ungelöst. Beim ungestörten Erkalten der abgegossenen Ligroinlösung schieden sich aber zuerst die derben Formen des γ-Acetats ab, von denen rasch abgegossen wurde, als gegen Schluß wieder ein Gemisch beider Isomeren auskrystallisierte. Diese letzte Fraktion wurde zunächst in trocknem Zustand durch geeignete Schüttelbewegungen auf Papier grob in zwei Anteile verschiedener Krystallform zerlegt, dann die verschiedenen Portionen des

γ-Glucosids vereinigt, mit der zehnfachen Menge kaltem Ligroin dauernd umgeschüttelt, solange sich noch von den unten schwimmenden Würfeln die anhaftenden Nädelchen ablösen und mit dem überstehenden Lösungsmittel abgießen ließen. Manchmal mußte mit einzelnen Fraktionen die eine oder andere Operation wiederholt werden, auf jeden Fall wurden zum Schluß zwei Hauptfraktionen erhalten, die schon ziemlich einheitliches β- und γ-Rhamnosid-acetat waren und durch ein- bis zweimalige Krystallisation aus verdünntem Alkohol ganz rein erhalten werden konnten. Allerdings war die Ausbeute an beiden Formen infolge der vielen Operationen verhältnismäßig gering geworden. Sie betrug im Durchschnitt etwa 1 g an β-Acetat und 3—5 g der γ-Form.

β-Methyl-rhamnosid-triacetat.

Das eben erwähnte Produkt wurde zur Analyse noch zweimal aus verdünntem Alkohol krystallisiert. Es schmolz dann bei 151—152° (korr.), war sehr leicht löslich in Aceton, Essigester, Chloroform, Benzol, Eisessig, warmem Methyl- und Äthylalkohol, schwerer in warmem Äther und noch schwerer in heißem Wasser und heißem Petroläther. Die Verbindung hat eine große Krystallisationstendenz und kann leicht in zentimeterlangen, dünnen Prismen erhalten werden. Unter vermindertem Druck wurde schon bei 100° deutliche Sublimation beobachtet.

0,1430 g Sbst. (exsiccator-trocken): 0,2683 g CO_2, 0,0857 g H_2O. — 0,1509 g Sbst. (anderes Präparat): 0,2830 g CO_2, 0,0920 g H_2O.

$C_{13}H_{20}O_8$ (304,23).	Ber.	C 51,30,	H 6,63.
	Gef.	„ 51,16, 51,16,	„ 6,71, 6,82.

Zur Acetyl-Bestimmung wurden 0,2318 g Sbst. angewandt. Ber. 22,86 ccm $^n/_{10}$-NaOH, gebr. 22,68 ccm $^n/_{10}$-NaOH.

Für die optische Untersuchung diente die Lösung in Acetylentetrachlorid:

$$[\alpha]_D^{18} = \frac{+5,92^\circ \times 2,3985}{1 \times 1,5348 \times 0,2023} = +45,73^\circ.$$

Bei einem anderen Präparat war:

$$[\alpha]_D^{17} = \frac{+7,37^\circ \times 2,4667}{1 \times 0,2563 \times 1,552} = +45,70^\circ.$$

γ-Methyl-rhamnosid-triacetat.

Für die Analyse wurde aus verdünntem Methylalkohol krystallisiert und im Vakuum-Exsiccator über Phosphorpentoxyd getrocknet. Erwärmung ist dabei überflüssig, bewirkt vielmehr, selbst wenn man nur bis 60° oder 70° geht, schon geringe Sublimation.

0,1542 g Sbst.: 0,2891 g CO_2, 0,0922 g H_2O. — 0,1592 g Sbst.: 0,2984 g CO_2, 0,0927 g H_2O.

$C_{13}H_{20}O_8$ (304,23). Ber. C 51,30, H 6,63.
Gef. „ 51,15, 51,14, „ 6,69, 6,52.

Methyl-Bestimmung nach Zeisel:

0,1987 g Sbst.: 0,1570 g AgI.

$C_{12}H_{17}O_8 \cdot CH_3$ (304,23). Ber. CH_3 4,94.
Gef. „ 5,06.

Optische Untersuchung:

$$[\alpha]_D^{16} = \frac{+4,00^\circ \times 2,2804}{1 \times 0,2085 \times 1,5586} = +28,05^\circ \text{ (in Acetylen-tetrachlorid).}$$

Andere Präparate zeigten + 27,9° und + 28,3°.

Das γ-Triacetyl-methyl-rhamnosid schmilzt bei 83—85°. Es zeigt ähnliche Löslichkeitsverhältnisse wie die zuvor beschriebene isomere β-Form, nur wird es bedeutend leichter von warmem Äther und Petroläther aufgenommen.

β-Methyl-rhamnosid, $C_6H_{11}O_4 \cdot O \cdot CH_3$.

5 g reines, fein gepulvertes β-Triacetyl-methyl-rhamnosid werden mit 50 ccm bei 0° gesättigtem, methylalkoholischem Ammoniak übergossen und geschüttelt, bis nach etwa 10 Minuten klare Lösung eingetreten ist. Man bewahrt noch 3 Stunden bei 15—20° auf und verjagt dann unter vermindertem Druck Ammoniak und Methylalkohol. Wird der hinterbleibende farblose, krystallinische Rückstand in 50 ccm Essigester heiß gelöst, so erhält man beim Abkühlen das Methyl-rhamnosid in langen, verfilzten Nadeln. Ausbeute 2,3 g oder 78% der Theorie.

Zur Analyse wurde noch zweimal aus Essigester umkrystallisiert und im Exsiccator getrocknet.

0,1391 g Sbst.: 0,2394 g CO_2, 0,0998 g H_2O.

$C_7H_{14}O_5$ (178,15). Ber. C 47,17, H 7,92.
Gef. „ 46,95, „ 8,03.

Ein mehrmals umkrystallisiertes Präparat zeigte:

$$[\alpha]_D^{20} = \frac{+9,93^\circ \times 1,5812}{1 \times 1,028 \times 0,1601} = +95,39^\circ \text{ (in Wasser).}$$

Bei anderen Präparaten war $[\alpha]_D^{20} = +95,1^\circ$, $[\alpha]_D^{20} = +95,5^\circ$.

Molekulargewicht in Phenol-Lösung. Ber. 178, gef. 193 (Mittel aus drei gut übereinstimmenden Werten).

Das β-Methyl-rhamnosid schmilzt bei 138—140° (korr.) zu einer farblosen Flüssigkeit. Es ist leicht löslich in Wasser, Methylalkohol, Eisessig, ferner in Aceton, Essigester, Chloroform und Alkohol in der Wärme, dagegen schwerer in heißem Benzol, nur recht wenig in Äther und fast gar nicht in Petroläther. Es reduziert die Fehlingsche Lösung auch bei längerem Erhitzen nicht und wird weder von den Enzymen des Emulsins, noch von denen der gewöhnlichen Berliner Bierhefen gespalten.

Hydrolyse: 0,100 g Rhamnosid wurden mit 1 ccm $^n/_{10}$-Salzsäure 60 Minuten im siedenden Wasserbad erhitzt. Die Flüssigkeit reduzierte dann 14,9 ccm Fehling, das entspricht einer Spaltung von etwa 83%. Der gleiche Versuch mit $^n/_{100}$-Salzsäure ergab eine Spaltung von 18—19%.

γ-Methyl-rhamnosid-monacetat, $CH_3 \cdot O \cdot C_6H_{10}O_4 \cdot C_2H_3O$.

Bei der Behandlung des weiter oben beschriebenen γ-Triacetats mit Alkalien oder Baryt haben wir, selbst wenn wir in der Hitze arbeiteten, stets nur eine Menge Essigsäure abspalten können, die zwei Molekülen entsprach. Auch mit wäßrigen oder alkoholischen Lösungen von Ammoniak, und sogar, als wir längere Zeit die reine verflüssigte Base einwirken ließen, konnte keine weiter gehende Ablösung von Essigsäure erreicht werden. Von unseren verschiedenen Versuchen führen wir nur zwei an, deren Ausführungsweise die bei Acetyl-Bestimmungen übliche war:

0,1568 g Triacetat verbrauchten bei längerem Stehen mit alkoholischer Lauge davon so viel, als 10,50 ccm $^n/_{10}$-NaOH entsprach, während sich für 2 Acetyle 10,31 ccm und für 3 Acetylgruppen 15,46 ccm berechnen. Bei einem anderen Versuch wurde die Lösung von 0,3671 g Triacetat in 25 ccm säurefreiem Aceton nach Zusatz von 25 ccm n-Natronlauge 5 Stunden bei 20° aufbewahrt, dann mit 25 ccm n-Schwefelsäure versetzt, kurz aufgekocht und mit $^n/_{10}$-Lauge und Phenol-phthalein titriert. Verbraucht wurden 23,8 ccm Lauge (statt 24,1 ccm für 2 Acetyle).

Dementsprechend erhält man bei der präparativen Einwirkung von Basen auf das Triacetat das in der Überschrift genannte Produkt, das Monacetat eines vorerst noch hypothetischen γ-Methyl-rhamnosids. Es entsteht in guter Ausbeute und ist leicht in krystallisiertem Zustand zu gewinnen, wie folgender Versuch zeigt:

Die Lösung von 2 g reinem Triacetat in 25 ccm trocknem, bei 0° gesättigtem, methylalkoholischem Ammoniak wurde 12 Stunden bei 20° aufbewahrt, dann unter vermindertem Druck aus einem Bad von 35° verdampft und der krystallinische Rückstand in 6 ccm warmem Essigäther gelöst. Beim Erkalten begann bald die Abscheidung kleiner prismatischer Nadeln, die sich durch Abkühlung in Kältemischung noch vermehren ließen. Ausbeute etwa 1,1 g oder 76% der Theorie.

Zur Analyse wurde noch zweimal aus Essigäther krystallisiert.

0,1546 g Sbst. (bei 15 mm über P_2O_5 getr.): 0,2785 g CO_2, 0,1020 g H_2O. — 0,1426 g eines andern Präparates: 0,2564 g CO_2, 0,0896 g H_2O.

$C_9H_{16}O_6$ (220,18). Ber. C 49,06, H 7,33.
Gef. „ 49,14, 49,05, „ 7,38, 7,03.

Für freies Methyl-rhamnosid würden sich dagegen 47,16 C und 7,92 H berechnen.

Die optische Untersuchung wurde in wäßriger Lösung vorgenommen:

$$[\alpha]_D^{14} = \frac{+1{,}473^\circ \times 1{,}5622}{1 \times 1{,}023 \times 0{,}1381} = +16{,}3^\circ \text{ (in Wasser).}$$

Nach noch zweimaliger Umkrystallisation wurde + 16,3° gefunden. Kryoskopische Bestimmungen in Phenol-Lösungen ergaben als Molekulargewicht 209, während 220 berechnet ist.

Daß es sich bei dem Präparat wirklich um ein Monoacetat handelt, zeigen folgende Versuche:

0,1101 g Sbst. wurden mit 5 ccm $^n/_{10}$-Salzsäure 3 Stunden im zugeschmolzenen Rohr auf 100° erhitzt. Dann wurden bei der Titration mit Phenolphthalein 9,85 ccm $^n/_{10}$-Natronlauge verbraucht. Es war also genau 1 Mol. Essigsäure abgespalten (berechnet 10,0 ccm $^n/_{10}$-Lauge). Um die Essigsäure analytisch nachzuweisen, wurden 0,40 g Substanz mit 20 ccm $^n/_{10}$-Schwefelsäure 2 Stunden auf 100° erhitzt, dann die Schwefelsäure mit Barytwasser gefällt, der überschüssige Baryt durch Kohlensäure abgeschieden und das auf kleines Volumen eingedampfte Filtrat mit konz. Silbernitratlösung versetzt.

Das sofort ausfallende, schön krystallisierte Silbersalz wog 0,16 g und hatte den Metallgehalt des essigsauren Silbers.

0,1268 g Sbst. gaben beim Glühen 0,0818 g metallisches Ag.

$C_2H_3O_2Ag$. Ber. Ag 64,63. Gef. Ag 64,51.

Wir haben noch verschiedene Versuche ausgeführt, durch energische Einwirkung von Basen alle drei Acetyle aus dem Triacetat zu entfernen, sind aber dabei immer nur zum Monacetat gelangt:

0,5 g Triacetyl-γ-methyl-rhamnosid wurden mit 5 ccm flüssigem Ammoniak 24 Stunden bei 20° aufbewahrt, dann verdampft, und der Rückstand zur Entfernung des Acetamids aus Essigäther umkrystallisiert. Die Ausbeute an Monacetat vom Schmp. 143—144° (korr.) war nahezu quantitativ. Ganz ähnlich verlief ein Versuch, bei dem das Triacetat mit einem Überschuß von Baryt in wäßrig-alkoholischer Lösung 3 Stunden auf 75° erwärmt wurde. Hier wurde der Überschuß des Baryts mittels Kohlensäure gefällt, aus dem eingedampften Filtrat das Glucosid mit Alkohol ausgelaugt und umkrystallisiert. Ausbeute 60% der Theorie. Schmelzpunkt, Löslichkeiten und die übrigen Eigenschaften stimmten mit denen des Monacetats anderer Darstellung überein, ebenso die folgende Mikrobestimmung des Drehungsvermögens:

$$[\alpha]_D^{16} = \frac{+0{,}855^\circ \times 0{,}22553}{0{,}5 \times 1{,}029 \times 0{,}02389} = +15{,}7^\circ \text{ (in Wasser).}$$

Das γ-Methyl-rhamnosid-monacetat krystallisiert in Prismen, die häufig schön ausgebildet sind und, wie schon erwähnt, bei **143—144°** (korr.) schmelzen. Es löst sich leicht in Wasser, Methyl- und Äthylalkohol, ferner in Aceton, Essigäther, Chloroform und Benzol in der Wärme. Viel schwerer wird es von Äther und warmem Ligroin aufgenommen. Fehlingsche Lösung wird auch beim längeren Kochen nicht reduziert, dagegen ist das Rhamnosid gegen warme Säuren sehr empfindlich, auch wenn sie stark verdünnt sind.

Als z. B. 0,10 g Substanz mit 1 ccm $^n/_{100}$-Salzsäure 30 Minuten im siedenden Wasserbad erhitzt wurden, entsprach das Reduktionsvermögen 14 ccm Fehlingscher Lösung. Also war die Hydrolyse quantitativ. Bei einem zweiten Versuch wurden 13,9 ccm Fehlingscher Lösung reduziert.

Bei der Reacetylierung des Monacetats mittels Essigsäureanhydrid in Gegenwart von Pyridin wurde das ursprüngliche γ-Triacetat vom Schmp. 83—85° zurückgewonnen.

Sirupöses Triacetyl-methyl-rhamnosid.

Bei der Einwirkung von trocknem Methylalkohol auf Acetobromrhamnose in Gegenwart von Silbercarbonat erhält man, wie zuvor berichtet wurde, einen Teil der Reaktionsprodukte in Form zweier krystallinischer Methyl-rhamnosid-triacetate. Daneben entstehen aber noch sehr große Mengen sirupöser Stoffe, welche im wesentlichen ebenfalls die Zusammensetzung eines dreifach acetylierten Methyl-rhamnosides haben. Sie befinden sich in der alkoholischen Mutterlauge, welche nach der Krystallisation des Gemisches von β- und γ-Triacetyl-methyl-rhamnosid zurückbleibt. Verdampft man den Alkohol im Vakuum, nimmt mit Äther auf, entfernt mit Tierkohle die letzten Reste Silberverbindungen und verjagt den Äther wieder unter vermindertem Druck, so erhält man einen dicken, farblosen Sirup, der noch geringe Mengen reduzierender Substanz enthält. Um diese zu entfernen, haben wir 4—5-mal bei 0,2 mm aus einem Bad von etwa 150° destilliert, mit der Vorsicht, daß die Operation jedesmal unterbrochen wurde, wenn etwa $^9/_{10}$ übergegangen waren. Der schließlich erhaltene farblose oder höchstens ganz schwach gelbe Sirup reduzierte kaum mehr Fehlingsche Lösung.

0,1422 g Sbst.: 0,2684 g CO_2, 0,0865 g H_2O. — 0,1715 g eines anderen Präparates: 0,3227 g CO_2, 0,1027 g H_2O.

$C_{13}H_{20}O_8$ (304,23).	Ber.	C 51,30,	H 6,63.
	Gef.	„ 51,49, 51,33,	„ 6,81, 6,70.

Bei der Bestimmung der Acetyle, die in der üblichen Weise ausgeführt wurde, verbrauchten 0,1273 g 12,30 ccm $^n/_{10}$-Natronlauge, während für drei Acetylgruppen 12,55 ccm berechnet wären. Von einem anderen Präparat verbrauchten 0,2172 g 21,1 ccm $^{n}/_{10}$-Natronlauge statt 21,42 ccm.

Bei der optischen Prüfung in Acetylen-tetrachlorid-Lösung wurde an 4 verschiedenen Präparaten gefunden: $[\alpha]_D = +33{,}3°$, $+33{,}8°$, $+32{,}2°$ und $+34{,}2°$.

Bei der Abspaltung der Acetyle mit Baryt und nachträglichen genauen Fällung des Baryts mittels Schwefelsäure wurde ein Sirup erhalten. In frischem Zustand enthielt er meist etwas über 10% reduzierende Substanz, bei längerem Aufbewahren zersetzte er sich allmählich unter Bildung von Rhamnose. Wir haben ihn nicht zur Krystallisation bringen können und das darin enthaltene Rhamnosid auch nicht durch Destillation reinigen können, weil dabei Zersetzung eintrat. Bei der Behandlung mit Säuren nahm das Reduktionsvermögen bis zum vielfachen Betrag zu. Es dürfte also kein Zweifel sein, daß das Präparat zum größten Teil aus einem oder mehreren Methyl-rhamnosiden bestanden hat.

Für die folgenden hydrolytischen Versuche dienten ganz frisch bereitete Präparate. 0,111 g wurden 60 Minuten mit 1 ccm $^{n}/_{100}$-Salzsäure auf 100° erwärmt. Das Reduktionsvermögen war von 2,8 ccm Fehlingscher Lösung auf 14 ccm gestiegen, was einer Spaltung der vorhandenen Rhamnoside im Betrage von etwa 66% entsprechen dürfte. Dieser Berechnung ist die Annahme zugrunde gelegt, daß die Höchstzunahme des Reduktionsvermögens, die sich beim Erwärmen mit Säuren verschiedener Konzentration erreichen läßt, einer vollständigen Hydrolyse entspricht. Nach unseren Beobachtungen tritt diese schon beim Erhitzen des Rhamnosids mit der 10-fachen Menge $^{n}/_{10}$-Salzsäure auf 100° in längstens einer Stunde ein.

Zwei Molekulargewichts-Bestimmungen in Phenol-Lösungen ergaben 200 und 184, während für ein Methyl-rhamnosid 178 berechnet wäre. Natürlich haben sie bei der fehlenden Einheitlichkeit des Präparates nur begrenzten Wert.

Umsetzung von Acetobrom-rhamnose mit Methylalkohol bei Gegenwart von Chinolin.

Als 10 g Acetobrom-rhamnose mit 4,4 g Chinolin und 10 ccm wasserfreiem Methylalkohol übergossen wurden, trat beim Umschütteln sofort klare Lösung ein. Nach $1^1/_2$-stündigem Stehen bei Zimmertemperatur war alles Brom abgespalten. Nun wurde mit Silbercarbonat geschüttelt, bis alles Halogen ausgefällt war, die filtrierte Lösung unter vermindertem Druck verdampft und der Rückstand wiederholt mit Wasser versetzt und wieder unter geringem Druck eingeengt, um mit den Wasserdämpfen einen Teil des Chinolins zu entfernen. Der Rückstand war meist von Silberverbindungen dunkel gefärbt. Er wurde in wenig heißem Alkohol gelöst, die Flüssigkeit in Kältemischung gekühlt und langsam mit der gleichen Wassermenge versetzt. Bei längerem Stehen krystallisierte γ-Methyl-rhamnosid-triacetat in Mengen von 20 bis 40% des theoretisch möglichen Betrages aus. Ein erheblicher Teil dürfte durch das vorhandene Chinolin noch in Lösung gehalten worden sein.

Außerdem enthielt die Mutterlauge erhebliche Mengen einer rhamnosid-artigen Substanz, die sich durch wiederholte Destillation im Hochvakuum (0,2 mm und 150° Badtemperatur) fast ganz von reduzierenden Stoffen befreien ließ.

0,1450 g Sbst.: 0,2746 g CO_2, 0,0853 g H_2O. — 0,1874 g Sbst. eines anderen Präparates: 0,3537 g CO_2, 0,1095 g H_2O.

$C_{13}H_{20}O_8$ (304,23). Ber. C 51,30, H 6,63.
Gef. „ 51,66, 51,49, „ 6,58, 6,54.

Während also die Elementaranalyse auf ein Methyl-rhamnosid-triacetat hinzuweisen scheint, gaben zwei Acetylbestimmungen verschiedener Präparate Werte, die nur etwas mehr als $^2/_3$ der hierfür berechneten Menge Essigsäure entsprachen. Wir waren vorerst nicht in der Lage, festzustellen, ob es sich hier um Substanzen vom Typus des γ-Methyl-rhamnosid-triacetats handelt, das ja, wie vorher mitgeteilt, unter diesen Umständen nur zwei von seinen drei Acetylen erkennen läßt. Jedenfalls dürfte aber ein erheblicher und wechselnder Teil γ-Triacetat in dem Gemische noch vorhanden gewesen sein.

Dementsprechend wurden bei der optischen Prüfung verschiedener Präparate keine übereinstimmenden Werte erhalten, sondern z. B. in zwei Fällen für das spez. Drehungsvermögen +15,4° und +21°. Die weitere, vielleicht schwierige Untersuchung dieser Verhältnisse muß einer späteren Arbeit überlassen bleiben. Vorerst kam es uns hauptsächlich darauf an, festzustellen, ob auch mit Chinolin als bromwasserstoff-bindendem Mittel dieselben Rhamnoside und in gleicher Menge entstehen, wie mit Silbercarbonat. Offenbar ist das nicht der Fall.

α-Methyl-rhamnosid-triacetat $C_6H_8O_4(OCH_3)(C_2H_3O)_3$.

Zum Vergleich mit den zuvor beschriebenen acetylierten Rhamnosiden haben wir auch Rhamnose nach dem Verfahren von Emil Fischer[1]) mit schwacher methylalkoholischer Salzsäure in das Methyl-

[1]) Berichte d. D. Chem. Gesellsch. 28, 1158 [1895] (*Kohlenh. I, 748*). — Die Krystallisation des α-Methyl-rhamnosids, wie das nach diesem Verfahren bereitete Rhamnosid genannt werden soll, ist uns bisher leider nicht gelungen. Wir vermögen nicht zu sagen, worauf das zurückzuführen ist. Trotzdem zweifeln wir nicht an der Identität unseres Produktes mit dem Rhamnosid von Fischer, weil das

rhamnosid verwandelt und daraus das Triacetat bereitet. Dieses ist schön krystallisiert.

5 g Methyl-rhamnosid wurden in der üblichen Weise mit Pyridin und Essigsäure-anhydrid acetyliert. Beim Eingießen in Wasser schied sich dann ein dickes Öl aus, das beim Verreiben mit der wäßrigen Flüssigkeit bald erstarrte. Ausbeute 6 g oder 73% der Theorie. Aus 50-proz. Alkohol erhielten wir das Acetat in glänzenden dünnen Blättchen.

0,1589 g Sbst.: 0,2994 g CO_2, 0,0976 g H_2O.

$C_{13}H_{20}O_8$ (304,23). Ber. C 51,29, H 6,63.

Gef. „ 51,39, „ 6,87.

Optische Untersuchungen in Acetylen-tetrachlorid.

Dreimal umkrystallisiertes Präparat:

$$[\alpha]_D^{16} = \frac{-8{,}32^\circ \times 2{,}3881}{1 \times 0{,}2400 \times 1{,}5487} = -53{,}49^\circ.$$

Nach nochmaligem Umkrystallisieren war $[\alpha]_D^{16} = -53{,}66^\circ$.

Bei der Acetyl-Bestimmung verbrauchten 0,3227 g Substanz 32,05 ccm $^n/_{10}$-Natronlauge, während sich für $C_7H_{11}O_5(C_2H_3O)_3$ 31,8 ccm berechnen.

Das α-Methyl-rhamnosid-triacetat schmilzt bei 86—87° (korr.) und wird von Äther, Essigäther, Chloroform, Benzol und Eisessig leicht aufgenommen, etwas schwerer von Alkohol und Methylalkohol und so gut wie gar nicht von Wasser und Petroläther.

Acetobrom-rhamnose und *l*-Menthol.

Schüttelt man die Lösung von 5 g Acetobrom-rhamnose und 9 g Menthol in 50 ccm wasserfreiem Äther mit 5 g scharf getrocknetem Silbercarbonat, so tritt rasch unter Entbindung von Kohlensäure Reaktion ein, und nach 2 Stunden ist alles Halogen an Silber gebunden. Man filtriert von den Silberverbindungen ab und verjagt Äther und überschüssiges Menthol möglichst schnell durch einen kräftigen Dampf-

---

Drehungsvermögen genau den früheren Angaben entsprach, besonders wenn das Rhamnosid über das krystallisierte Acetat (vgl. oben) gereinigt und im Hochvakuum destilliert war. Es schien uns erwünscht, das Verhalten eines solchen Präparates gegen heiße verdünnte Säure kennen zu lernen.

0,103 g α-Methyl-rhamnosid wurden mit der 10-fachen Menge $^n/_{10}$-Salzsäure im zugeschmolzenen Röhrchen 60 Min. auf 100° erhitzt. Die Lösung reduzierte dann 11 ccm Fehling, entsprechend einer 60-proz. Hydrolyse. Nach 2 Stunden waren etwa 71% gespalten. Als derselbe Versuch mit $^n/_{100}$-Salzsäure wiederholt wurde, waren nach 60 Minuten nur 13—14% hydrolysiert.

Das α-Methyl-rhamnosid wird also noch etwas langsamer als das β-Rhamnosid gespalten.

strom. Kühlt man jetzt rasch ab, so setzen sich die Rhamnose-Verbindungen gut ab, so daß sie ohne erheblichen Verlust von der überstehenden wäßrigen Flüssigkeit durch Abgießen getrennt und nochmals mit Wasser gewaschen werden können. Löst man sie nach dem Trocknen in 10 ccm Ligroin und kühlt auf 0° ab, so scheidet sich bald ein Teil der Reaktionsprodukte krystallisiert ab. Aus der eingeengten Mutterlauge kann noch eine weitere kleine Menge gewonnen werden, so daß im ganzen etwa 1,3 g erhalten werden. Die Verbindung ist ein

l-Menthol-rhamnosid-diacetat, $C_6H_9O_4(O \cdot C_{10}H_{19})(C_2H_3O)_2$.

Sie wurde zur Analyse zweimal aus 50-proz. Alkohol umkrystallisiert und so in dünnen Nadeln erhalten. Die exsiccator-trockne Substanz verlor bei 100° und 15 mm kaum an Gewicht.

0,1294 g Sbst.: 0,2944 g CO_2, 0,1028 g H_2O.

$C_{20}H_{34}O_7$ (386,37). Ber. C 62,14, H 8,87.

Gef. „ 62,07, „ 8,89.

$$[\alpha]_D^{11} = \frac{+1{,}13^\circ \times 1{,}2467}{1 \times 0{,}8235 \times 0{,}1289} = +13{,}3^\circ \text{ (in Alkohol).}$$

0,2789 g Substanz verbrauchten bei der Acetyl-Bestimmung 14,9 ccm $^n/_{10}$-Natronlauge, während für obige Formel 14,5 ccm berechnet wären. Ein Triacetat würde für drei Acetyle 18,99 und für zwei Acetyle 13,1 erfordern. Bei einer anderen Bestimmung verbrauchten 0,3250 g Substanz 17,25 ccm $^n/_{10}$-Natronlauge statt der berechneten 16,8 ccm.

α-*l*-Menthol-rhamnosid-diacetat, wie es vorerst genannt werden soll, bildet Nadeln oder schön ausgebildete Prismen, die häufig büschelförmig vereinigt sind. Es schmilzt bei 134—135° (korr.). Beim Reiben wird es stark elektrisch. Es löst sich in fast allen gebräuchlichen Lösungsmitteln mit Ausnahme von Wasser und Petroläther. Fehlingsche Lösung wird nicht reduziert.

Aus der Mutterlauge, welche bei der Darstellung des eben beschriebenen Acetats verbleibt, konnten wir noch ein weiteres Menthol-rhamnosid-acetat isolieren durch Verdampfen des Lösungsmittels und Destillation des kaum reduzierenden, schwach gelben Sirups unter 0,25 mm Druck aus einem Bad von 180—190°. Es gab aber Analysenzahlen, die noch nicht einwandfrei auf ein einheitliches Rhamnosid-acetat stimmten. Wir konnten um so mehr auf die völlige Reinigung der Substanz verzichten, als sie bei der Abspaltung beider Acetyle ein schön krystallisiertes, leicht rein zu erhaltendes Rhamnosid liefert. Es wird weiter unten unter dem Namen β-Menthol-rhamnosid beschrieben werden. Jetzt soll erst von der α-Verbindung die Rede sein.

α-*l*-Menthol-rhamnosid $C_6H_{11}O_4(O \cdot C_{10}H_{19})$[1].

Es entsteht aus dem krystallisierten Diacetat auf folgende Weise: 5 g davon werden in 100 ccm Methylalkohol gelöst, die Flüssigkeit bei 0° mit trocknem Ammoniak gesättigt und nach 5-stündigem Stehen bei 20° im Vakuum verdampft. Behandelt man den sirupösen Rückstand mit warmem Wasser, so wird er beim Erkalten vollständig krystallinisch. Die Menge der Krystalle beträgt 3,5 g. Die Umkrystallisation ist leider wegen der großen Löslichkeit des Rhamnosids verlustreich. Am besten sind wir zum Ziel gelangt, als wir in der 30—40-fachen Menge Aceton lösten, mit Wasser bis zur Trübung versetzten und unter vermindertem Druck eindunsteten. Bald begann die Abscheidung von Krystallen. Wir mußten aber, um sie möglichst vollständig zu machen, auf ganz geringes Volumen einengen.

Die exsiccator-trockne Substanz verlor bei 78° und 15 mm kaum mehr an Gewicht.

0,1309 g Sbst.: 0,3045 g CO_2, 0,1198 g H_2O. — 0,1180 g eines anderen Präparates: 0,2754 g CO_2, 0,1074 g H_2O.

$C_{16}H_{30}O_5$ (302,32). Ber. C 63,54, H 10,01.
Gef. „ 63,46, 63,67, „ 10,24, 10,18.

Die optische Untersuchung der analysierten Präparate ergab:

$$[\alpha]_D^{20} = \frac{-0,57^\circ \times 1,3308}{1 \times 0,8097 \times 0,1252} = -7,48^\circ \text{ (in absol. Alkohol).}$$

Zweites Präparat:

$$[\alpha]_D^{17} = -8,05^\circ.$$

Nach nochmaliger Krystallisation aus wäßrigem Aceton war $[\alpha]_D = +7,67^\circ$.

Die Molekulargewichts-Bestimmung in Phenollösung nach der Gefrierpunktsmethode ergab M = 297 statt 302.

Das α-Menthol-rhamnosid bildet meist farblose mikroskopische Prismen, die bei 114—115° (korr.) schmelzen. Es löst sich leicht in fast allen gebräuchlichen Lösungsmitteln mit Ausnahme von Wasser. Fehlingsche Lösung wird nicht reduziert. Trotz der geringen Löslichkeit des Rhamnosids in Wasser ist sein Geschmack stark bitter.

Die Hydrolyse durch Salzsäure wurde wegen der geringen Löslichkeit des Rhamnosids in Wasser an seiner Lösung in einem Gemisch aus Eisessig und verdünnter Salzsäure untersucht.

---

[1] Es mag hier noch eigens darauf hingewiesen werden, daß die Bezeichnung der beiden Menthol-rhamnoside als α- und β-Verbindung zunächst nur bestimmt ist, ihre Unterscheidung zu ermöglichen, ohne daß damit vorerst über die strukturellen oder konfigurativen Beziehungen der beiden Stoffe zu den Methyl-rhamnosiden oder den Menthol- und Methyl-glucosiden etwas ausgesagt werden soll.

0,100 g α-Menthol-rhamnosid wurden mit der zehnfachen Menge eines Gemisches aus gleichen Teilen Eisessig und $^n/_5$-Salzsäure im Bad von 100° erhitzt. Bei kräftigem Schütteln trat rasch klare Lösung ein. Nach 60 Minuten wurde unter guter Kühlung die Essigsäure mit Kalilauge neutralisiert. Die Flüssigkeit reduzierte dann 9,8 ccm Fehlingsche Lösung. Mithin war die Hydrolyse quantitativ.

Als 0,100 g mit einem Gemisch von 0,5 ccm Eisessig und 0,1 ccm $^n/_{10}$-Salzsäure ebenso behandelt wurden, waren nach 60 Minuten 60% Rhamnosid gespalten (entsprechend 6,2 ccm Fehlingscher Lösung).

β-*l*-Menthol-rhamnosid, $C_6H_{11}O_4(O \cdot C_{10}H_{19})$.

Wie schon erwähnt, entsteht es aus dem sirupösen Acetat, das sich neben dem krystallisierten α-Diacetat bei der Einwirkung von Acetobrom-rhamnose auf Menthol in Gegenwart von Silbercarbonat bildet. Seine Bereitung aus dem Acetat ist ganz ähnlich, wie es eben für die α-Verbindung beschrieben wurde. Aus verdünntem Alkohol erhält man es in mikroskopischen Plättchen. Die Ausbeute betrug nur 2,5 g auf 5 g Acetylkörper. Die Ursache dieses geringen Ertrages dürfte hauptsächlich in der fehlenden Einheitlichkeit des als Ausgangsmaterial verwandten Acetates zu suchen sein.

Zur Analyse wurde noch zweimal aus 50-proz. Alkohol krystallisiert. Die exsiccator-trockne Substanz enthielt noch ½ Mol. Krystallwasser, das bei 100° und 15 mm leicht abgegeben wurde.

0,1507 g Sbst. verloren dabei 0,0038 g an Gewicht. — 0,1325 g Sbst. verloren 0,0034 g an Gewicht.

$2\,C_{16}H_{30}O_5 + H_2O$ (622,66). Ber. H_2O 2,89. Gef. H_2O 2,52, 2,57.

0,1204 g getr. Sbst.: 0,2796 g CO_2, 0,1082 g H_2O.

$C_{16}H_{30}O_5$ (302,32). Ber. C 63,54, H 10,01.

Gef. „ 63,34, „ 10,06.

Die wasserfreie Substanz zeigte bei der optischen Prüfung in absolutalkoholischer Lösung:

$$[\alpha]_D^{23} = \frac{-7{,}79^\circ \times 1{,}3175}{1 \times 0{,}0972 \times 0{,}8045} = -131{,}3^\circ.$$

Nach nochmaliger Krystallisation war $[\alpha]_D^{21} = -130{,}70^\circ$.

In Phenollösung wurde nach der kryoskopischen Methode das Molekulargewicht zu 297 gefunden statt des theoretischen Wertes von 302.

Das β-Menthol-rhamnosid schmilzt bei 164—166°. Es wird leicht von den üblichen organischen Lösungsmitteln aufgenommen, fast gar nicht dagegen vom Wasser. Auf der Zunge entwickelt es allmählich einen langanhaltenden bitteren Geschmack. Fehlingsche Lösung wird auch bei Siedehitze nicht reduziert.

Die Hydrolyse durch Salzsäure verläuft träger als bei der α-Verbindung.

0,100 g β-Menthol-rhamnosid wurden unter anfänglichem kräftigen Schütteln mit 0,5 ccm Eisessig und 0,5 ccm $^n/_5$-Salzsäure im zugeschmolzenen Röhrchen 60 Minuten auf 100° erhitzt. Nach vorsichtiger Abstumpfung der Säure entsprach das Reduktionsvermögen 7 ccm Fehlingscher Lösung. Mithin hydrolysiert 68% Rhamnosid.

Als 0,100 g mit 0,5 ccm Eisessig und 0,1 ccm $^n/_{10}$-Salzsäure ebenfalls 60 Minuten auf 100° erhitzt waren, entsprach das Reduktionsvermögen einer Hydrolyse von 19% des angewandten Rhamnosids.

11. Emil Fischer und Burckhardt Helferich: Synthetische Glucoside der Purine.

Berichte der Deutschen Chemischen Gesellschaft **47**, 210 [1914].

(Eingegangen am 7. Januar 1914.)

Glucosid-artige Derivate der Purinbasen sind im Tier- und Pflanzenreiche wiederholt beobachtet worden. Am längsten bekannt ist das Guanosin oder Vernin, das von E. Schulze und seinen Schülern[1]) als Pflanzenstoff entdeckt, später als Spaltprodukt der Nucleinsäuren zu so großer Wichtigkeit gelangt ist, und dessen Charakterisierung als Guanin-*d*-ribosid wir den schönen Arbeiten von P. A. Levene und W. A. Jacobs verdanken[2]).

Ferner gehört dahin das von Levene und Jacobs entdeckte und ebenfalls als *d*-Ribosid erkannte Adenosin. Ersteres wurde von ihnen durch Behandlung mit salpetriger Säure in Xanthinosin (Xanthin-*d*-ribosid) übergeführt und letzteres lieferte unter den gleichen Bedingungen Inosin (Hypoxanthin-*d*-ribosid), das auch aus der Inosinsäure durch Abspaltung von Phosphorsäure entsteht.

In neuester Zeit haben Levene und seine Mitarbeiter auch ein Hexosid des Guanins aus Thymus-Nucleinsäure dargestellt[3]). Die durch diese Entdeckungen bewiesene große biologische Bedeutung der Puringlucoside legte den Gedanken nahe, ihre Synthese zu versuchen, und der eine von uns (E. F.) hat sich seit 4 Jahren mit der Aufgabe beschäftigt. Aber erst im Mai v. J. ist es uns gelungen, die experimentellen Bedingungen zu treffen, welche die Lösung des Problems, wie es scheint, in weitem Umfang gestatten.

Das Verfahren beruht auf der Wechselwirkung zwischen Acetobromglucose oder ihren Verwandten und den Salzen der Purine

---

[1]) Zeitschr. f. physiol. Chem. **10**, 80, 326 [1886]; **41**, 455 [1904]; **70**, 143 [1910].

[2]) Berichte d. D. Chem. Gesellsch. **42**, 2102, 2469, 2474, 3247 [1909]; **43**, 3147, 3150 [1910].

[3]) Journ. Biol. Chem. **12**, 378 [1912].

mit den Schwermetallen, insbesondere mit Silber, in wasserfreien Lösungsmitteln. Im Prinzip ähnelt es also der alten Michaelschen Synthese der Phenol-glucoside aus Aceto-chlorglucose und Phenolen in alkoholisch-alkalischer Lösung. Aber in der Ausführung ist es total davon verschieden.

Ausgearbeitet wurde die Methode zuerst beim Theophyllin. Die Reaktion zwischen seinem trocknen Silbersalz und der Aceto-bromglucose vollzieht sich in Xylollösung beim Kochen sehr rasch und liefert neben Bromsilber das Tetraacetylderivat des Theophyllin-*d*-glucosids,

$$C_7H_7O_2N_4Ag + BrC_6H_7O_5(C_2H_3O)_4 = C_7H_7O_2N_4 . C_6H_7O_5(C_2H_3O)_4 + AgBr.$$

Aus dem Acetylkörper läßt sich durch Verseifung mit alkoholischem Ammoniak leicht das freie Theophyllin-*d*-glucosid bereiten. Dieses wird von heißen verdünnten Säuren ziemlich rasch in die Komponenten gespalten. Dagegen konnten wir keine Hydrolyse durch Emulsin oder Hefen-Enzyme unter den üblichen Bedingungen erzielen.

Es ist also nicht möglich, durch die Enzymwirkung zu entscheiden, ob es sich um ein α- oder β-Glucosid handelt. Da aber bei allen Synthesen mittels der Aceto-bromglucose bisher niemals die Bildung eines α-Glucosids beobachtet worden ist, so darf man auch im vorliegenden Falle als wahrscheinlich annehmen, daß es sich um ein β-Glucosid handelt.

Da in dem Theophyllin (Formel I) alle Wasserstoffatome des Pyrimidinkerns durch Methyl ersetzt sind, so kann die Glucosidbildung nur im Imidazolkern erfolgen. Und da die Methingruppe dieses Kerns in Bezug auf Salzbildung oder Alkylierung indifferent ist, da ferner das Chlor-theophyllin (II) ebenso leicht glucosidiert wird, so muß der Zuckerrest an Stickstoff gekuppelt sein. Trotzdem sind noch zwei Isomere möglich, je nachdem der Glucoserest in Stellung 7 oder 9 tritt, wie die Formeln III und IV zeigen.

I.
$CH_3 \cdot N—CO$
| |
$CO\ C \cdot NH$
| ‖ >CH
$CH_3 \cdot N—C \cdot N$

II.
$CH_3 \cdot N—CO$
| |
$CO\ C \cdot NH$
| ‖ >CCl
$CH_3 \cdot N—C \cdot N$

III.
$CH_3 \cdot N—CO$
| |
$CO\ C \cdot N \cdot C_6H_{11}O_5$
| ‖ >CH
$CH_3 \cdot N—C \cdot N$

IV.
$CH_3 \cdot N—CO$
| |
$CO\ C \cdot N$
| ‖ >CH
$CH_3 \cdot N—C \cdot N \cdot C_6H_{11}O_5$

Es ist möglich, daß beide Formen bei der Synthese des Tetraacetylderivats zugleich entstehen, da das Rohprodukt amorph ist. Aber durch Krystallisation erhält man eine Form im reinen Zustand, und zwar mit einer Ausbeute von 75%, so daß ein Isomeres nur in sehr untergeordneter Menge vorhanden sein könnte. Welche von den beiden obigen Formeln dem Hauptprodukt zukommt, haben wir noch nicht mit Sicherheit entscheiden können, da die Methode, die bei den Methylderivaten so rasch zum Ziele führt, d. h. die totale Spaltung mit Salzsäure, hier nicht anwendbar ist. Wir sind aber der Ansicht, daß wahrscheinlich Formel III die Struktur unseres Präparates wiedergibt; denn die Methylierung des Theophyllins über das Silbersalz führt auch zum Kaffein.

Auf dieselbe Art wie beim Theophyllin konnten wir das Glucosid des Theobromins bereiten. Aber es ist sehr viel unbeständiger; denn es wird schon durch Wasser bei gewöhnlicher Temperatur im Laufe von mehreren Stunden in die Komponenten zerlegt. Eine ähnliche Unbeständigkeit zeigt das Tetraacetylderivat. Infolgedessen reduzieren diese beiden Körper in der Wärme sehr stark die Fehlingsche Lösung, was beim Theophyllin-glucosid nicht der Fall ist.

Diese Verschiedenheit erklärt sich aus der Struktur des Theobromins (Formel V oder 2. Tautomere).

```
          HN—CO                     C6H11O5·N—CO
          |   |                             |   |
V.        CO  C·N·CH3                       CO  C·N·CH3
          |   ||  >CH          VI.          |   ||  >CH
      CH3·N—C·N                         CH3·N—C·N

              N—CO                       N=C·O·C6H11O5
              ||  |                      |  |
VII. C6H11O5·OC   C·N·CH3      VIII.     CO C·N·CH3   .
              |   ||  >CH                |  ||  >CH
          CH3·N—C·N                  CH3·N—C·N
```

Man sieht, daß hier die Glucosidbildung nur am Pyrimidinkern stattfinden kann. Dabei sind wieder verschiedene Möglichkeiten gegeben. Entweder wird der Zuckerrest an Stickstoff in Stellung 1 (Formel VI) oder an Sauerstoff in Stellung 2 (VII) bzw. 6 (VIII) fixiert.

Zwischen ihnen zu entscheiden, ist bisher nicht möglich gewesen. Aber wenn auch die erste Formel richtig ist, so würde die viel größere Hydrolysierbarkeit des Systems doch verständlich sein, weil die Glucosidbindung sich in Nachbarschaft zu zwei CO-Gruppen befindet, und es sich also um das Glucosid eines Säureimids handelt.

Ähnliche Verhältnisse haben wir gefunden bei dem Hydroxy-kaffein (1,3,7-Trimethyl-harnsäure) (IX):

```
      CH3·N—CO                     CH3·N—CO
          |    |                       |    |
IX.       CO  C·N·CH3          X.      CO  C·N·CH3
          |    ||    >CO               |    ||    >CO
      CH3·N—C·NH                   CH3·N—C·N·C6H7O5 (C2H3O)4

              CH3·N—CO
                  |    |
XI.               CO  C·N·CH3
                  |    ||    >C·O·C6H7O5(C2H3O)4
              CH3·N—C·N
```

Sein Silbersalz reagiert mit der Aceto-bromglucose in normaler Weise, und es entsteht das Tetraacetyl-glucosid als hübsch krystallisierter Stoff. Aber die Glucosidbindung ist hier so unbeständig, daß uns die Abspaltung der Acetylgruppen noch nicht gelang, ohne daß gleichzeitig Hydrolyse in Zucker und Hydroxy-kaffein erfolgte. Auch hier ist es fraglich, ob die Bindung des Acetylglucose-Restes an den Stickstoff oder Sauerstoff des Imidazolkerns stattfindet, wie die Formeln X und XI ausdrücken.

Aus den Erfahrungen beim Hydroxy-kaffein und Theobromin kann man einen Rückschluß auf etwaige Glucoside der Harnsäure ziehen. Für sie liegen zahlreiche Strukturmöglichkeiten vor, je nachdem der Zucker im Pyrimidin- oder im Imidazolkern, an Stickstoff oder an Sauerstoff tritt. Daß solche Glucoside existieren können, scheint uns kaum zweifelhaft zu sein. Aber ebenso sicher kann man sagen, daß sie sehr leicht hydrolysiert werden. Dementsprechend halten wir es auch für ziemlich wahrscheinlich, daß sie im Tierkörper unter gewissen Bedingungen aus Harnsäure und Zuckern oder durch Umwandlung anderer Puringlucoside vorübergehend entstehen, und mit dieser Möglichkeit werden Physiologie und innere Medizin jetzt mehr als früher rechnen müssen. Aber ihre Isolierung wird aller Wahrscheinlichkeit nach recht große Schwierigkeiten bieten.

Wir haben ihre Synthese vorläufig noch nicht versucht, weil die Harnsäure kein beständiges Silbersalz bildet und weil die Umsetzung der Aceto-bromglucose mit den Bleisalzen erheblich schwerer von statten geht.

Die Möglichkeit der Bildung verschiedener Isomerer erschwert auch die synthetischen Studien beim Hypoxanthin, Xanthin, Guanin und Adenin. Da aber gerade ihre Glucoside für die Biologie von besonderer Wichtigkeit sind, so haben wir für ihre Bereitung einen Umweg eingeschlagen, indem wir das Trichlor-purin (XII) als Ausgangsprodukt wählten. Dieses enthält nur ein Wasserstoffatom im Imidazolkern. Dementsprechend konnten wir aus dem Silbersalz und Acetobromglucose leicht ein krystallisiertes Tetraacetyl-glucosid herstellen. Auch hier muß man zwei Strukturformeln (XIII und XIV) ins Auge fassen, um so mehr, als das Trichlor-purin bei der Behandlung mit Jodmethyl in wäßrig-alkalischer Lösung die beiden möglichen Methylderivate liefert[1]).

$$\text{XII.}\quad \begin{array}{lll} N = & CCl & \\ | & | & \\ Cl\cdot C & C\cdot NH & \\ \| & \| & \rangle CCl \\ N - & C\cdot N & \end{array} \qquad \text{XIII.}\quad \begin{array}{lll} N = & CCl & \\ | & | & \\ ClC & C\cdot N\cdot C_6H_7O_5(C_2H_3O)_4 & \\ \| & \| & \rangle CCl \\ N - & C\cdot N & \end{array}$$

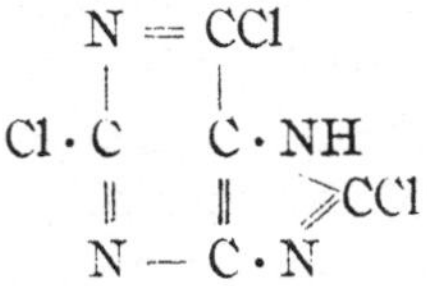

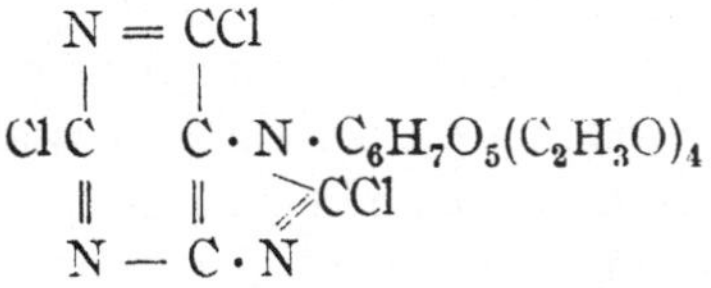

$$\text{XIV.}\quad \begin{array}{lll} N = & CCl & \\ | & | & \\ ClC & C\cdot N & \\ \| & \| & \rangle CCl \\ N - & C\cdot N\cdot C_6H_7O_5(C_2H_3O)_4 & \end{array}$$

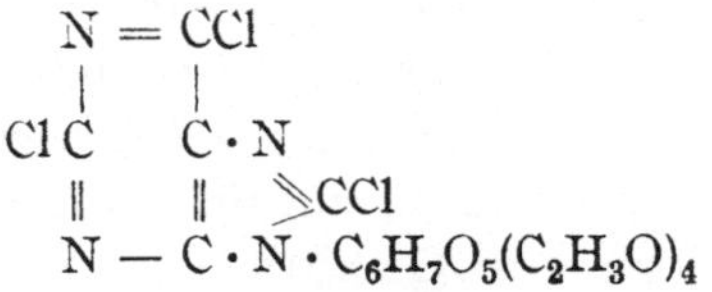

Größere Schwierigkeiten bot die Abspaltung der Acetylgruppen durch Ammoniak, weil dabei auch ein Teil des Halogens abgelöst wird. Wir haben deshalb für weitere Versuche das aus dem Trichlor-purin leicht darstellbare Dichlor-adenin[2]) benutzt.

Die Gewinnung seines Tetraacetyl-glucosids gelang ohne Schwierigkeit, wenn auch die Ausbeute zu wünschen übrig läßt. Durch Abspaltung der Acetylgruppen entsteht daraus in recht glatter Weise das Dichlor-adenin-glucosid, welches sich als sehr wertvolles Material für verschiedene Synthesen erwiesen hat.

Durch vorsichtige Reduktion mit Jodwasserstoff und Jodphosphonium erhielten wir aus ihm das Adenin-*d*-glucosid und daraus weiter durch salpetrige Säure das Hypoxanthin-*d*-glucosid. Beide Körper haben große Ähnlichkeit mit den natürlichen Ribosiden des Adenins und Hypoxanthins. Nach der Synthese enthalten sie zweifellos den Zuckerrest im Imidazolkern an Stickstoff gebunden. Zwischen den beiden Formeln für Adeninglucosid (XV und XVI):

$$\text{XV.}\quad \begin{array}{lll} N = & C\cdot NH_2 & \\ | & | & \\ HC & C\cdot N\cdot C_6H_{11}O_5 & \\ \| & \| & \rangle CH \\ N - & C\cdot N & \end{array} \qquad \text{XVI.}\quad \begin{array}{lll} N = & C\cdot NH_2 & \\ | & | & \\ HC & C\cdot N & \\ \| & \| & \rangle CH \\ N - & C\cdot N\cdot C_6H_{11}O_5 & \end{array}$$

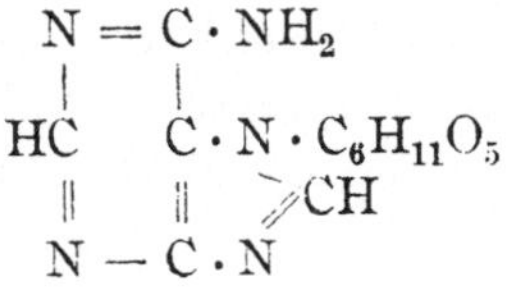

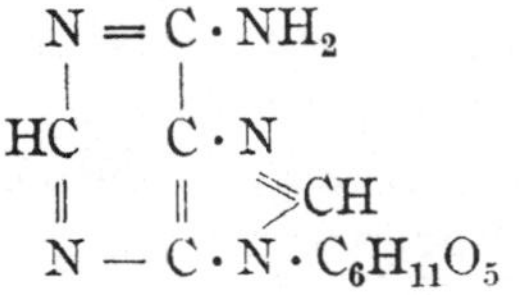

1) E. Fischer, Berichte d. D. Chem. Gesellsch. **30**, 2224 [1897]. (*Purine 305.*)

2) Ebenda **30**, 2239 [1897]. (*Purine 320.*)

läßt sich zwar mit Sicherheit nicht entscheiden. Wir halten aber die erste für die wahrscheinlichere.

Um das Dichlor-adenin-glucosid auch für die Synthese des Guanin- und Xanthin-glucosids zu verwerten, war eine partielle Entfernung des Halogens notwendig. Diese läßt sich erreichen durch Erhitzen der wäßrigen Lösung mit Zinkstaub auf 140°. In guter Ausbeute entsteht dabei ein Monochlor-adenin-glucosid, das höchstwahrscheinlich das Halogen in Stellung 2 enthält.

Durch salpetrige Säure wird dann weiter die Aminogruppe abgelöst und durch nachträgliche Behandlung mit alkoholischem Ammoniak bei 150° haben wir einen krystallisierten Stoff erhalten, der sehr wahrscheinlich Guanin-glucosid ist. Aber aus Materialmangel, der durch die lange Reihe von Operationen verursacht war, konnten wir den Körper noch nicht so genau untersuchen, wie er es nach seiner biologischen Bedeutung verdient. Wir werden später diese Lücke ausfüllen.

Das geschilderte Verfahren ist keineswegs auf die Aceto-bromglucose beschränkt, sondern scheint für alle ähnlichen Stoffe brauchbar zu sein. So hat Herr von Kühlewein auf unsere Veranlassung mit Hilfe der Aceto-bromgalactose die Galaktoside des Theophyllins ($[\alpha]_D^{20}$ + 23,4° in 4-proz. wäßriger Lösung) und Theobromins dargestellt[1]) und auf dieselbe Weise wurde von Hrn. Dr. von Fodor mittels der Aceto-bromrhamnose das Rhamnosid des Theophyllins ($[\alpha]_D^{20}$ −76,5° in 10-proz. wäßriger Lösung) bereitet[2]). Weitere Versuche mit Aceto-bromlactose und Aceto-bromcellobiose sind im Gange.

Von besonderem Interesse wäre natürlich die Verwendung der Ribose, die zu dem natürlichen Adenosin und Inosin führen kann. Wir werden diese Arbeiten in Angriff nehmen, sobald es uns gelungen ist, eine genügende Quantität von *d*-Ribose zu gewinnen.

Mit den Purinen sind strukturell und biologisch die Pyrimidin-Basen nahe verwandt.

Durch die verdienstvollen Untersuchungen von Levene und Jacobs bzw. La Forge kennen wir nicht allein verschiedene Nucleotide, die neben Thymin und Cytosin, Phosphorsäure und eine Hexose enthalten[3]), sondern auch zwei einfache Derivate der Ribose, das „Cytidin“ und „Uridin“, die als Spaltprodukte von Nucleotiden gewonnen wurden[4]), und die bei kräftiger Hydrolyse Cytosin bzw. Uracil geben. In welcher Art Zucker und Pyrimidinbase hier verkuppelt sind, bleibt allerdings noch festzustellen; denn die Formeln, welche Levene und La Forge[5]) neuerdings für Uridin und Dihydro-uridin aufstellten,

[1]) *Vgl. S. 178.* [2]) *Vgl. S. 174.*

[3]) Journ. Biol. Chem. **12**, 411 [1912].

[4]) Berichte d. D. Chem. Gesellsch. **43**, 3150 [1910].

[5]) Journ. Biol. Chem. **13**, 507 [1912/13].

scheinen uns nur schwer vereinbar mit der leichten Hydrolysierbarkeit des Dihydro-uridins zu sein.

Immerhin schien uns die Herstellung künstlicher Pyrimidin-glucoside erwünscht, und wir haben deshalb zunächst Versuche mit dem leicht zugänglichen 4-Methyl-uracil angestellt:

```
HN——CO
|     |
CO    CH
|     ||
HN——C·CH3
```

Sein Silbersalz reagiert mit Aceto-bromglucose in kochender Xylol- oder Toluollösung rasch, und es entsteht in reichlicher Menge ein Produkt, das nach allen Reaktionen eine Kombination von Methyl-uracil und acetyliertem Zucker ist. Aber es wurde bisher nicht krystallisiert erhalten, vielleicht weil es ein Gemisch von Isomeren ist. Es ähnelt dem entsprechenden Derivat des Theobromins, denn es reduziert beim Kochen die Fehlingsche Lösung stark und wird sehr leicht unter Bildung von Methyl-uracil gespalten. Wir werden diese Versuche mit den physiologisch interessanteren Gliedern der Uracilreihe, dem Thymin, Uracil und Cytosin wiederholen.

Die Nucleinsäuren oder die nahe verwandten, aber einfacher zusammengesetzten Nucleotide enthalten außer Basen und Zucker noch Phosphorsäure, und für die best untersuchten Nucleotide, Inosinsäure, und Guanylsäure, ist der Beweis geliefert, daß die Phosphorsäure an den Zuckerrest gebunden ist[1]).

Auf Grund dieser Erkenntnis kann man schon jetzt den Versuch wagen, aus den künstlichen Glucosiden durch Kombination mit Phosphorsäure Verbindungen aufzubauen, die den Nucleotiden entsprechen. Es ist uns in der Tat gelungen, aus dem Theophyllin-glucosid, das in größerer Menge zur Verfügung stand, eine solche Verbindung mit Phosphorsäure im rohen Zustand herzustellen. Wir bedienten uns dabei des Verfahrens, das C. Neuberg und Pollak zur Bereitung von Glucose- und Saccharose-Phosphorsäure angegeben haben[2]). Die Reaktion verläuft aber beim Theophyllin-glucosid in etwas anderer Art; denn die hier erhaltene Säure scheint trotz aller sonstigen Ähnlichkeit mit den natürlichen Substanzen nach der Analyse der Salze nur einbasisch zu sein. Und da wir bisher auf diesem Wege nichts Krystallisiertes erhielten, so werden wir die genauere Beschreibung der

[1]) P. Levene und W. Jacobs, Berichte d. D. Chem. Gesellsch. **42**, 2469; F. Haiser, Monatsh. **16**, 190 [1895]; P. Levene und W. Jacobs, Berichte d. D. Chem. Gesellsch. **41**, 2703 [1908]; **44**, 748 [1911].

[2]) Biochem. Zeitschr. **23**, 515 und Berichte d. D. Chem. Gesellsch. **43**, 2060 [1910].

Versuche verschieben, bis die Methoden besser ausgearbeitet sind. Jedenfalls besteht nach unserer bisherigen Erfahrung die Hoffnung, daß die Synthese auch auf dem Gebiete der Nucleotide bald durchschlagende Erfolge erzielen kann.

Für die zuvor erwähnte Synthese des Adenin- und Hypoxanthinglucosids waren erhebliche Quantitäten von Trichlor-purin bzw. 8-Oxy-2,6-dichlor-purin nötig, und wir sind der Firma C. F. Böhringer in Mannheim-Waldhof, welche uns infolge der Bemühungen des Herrn Dr. Lorenz Ach 1 kg des letzteren wertvollen Stoffes zur Verfügung stellte, zu lebhaftem Danke verpflichtet.

Experimenteller Teil.

Tetraacetyl-theophyllin-*d*-glucosid, $C_7H_7O_2N_4 \cdot C_6H_7O_5(COCH_3)_4$.

50 g bei 130° getrocknetes Theophyllin-silber werden mit einer Lösung von 70 g Aceto-bromglucose in 500 ccm trocknem Xylol 1 Minute gekocht. Dabei verschwindet das weiße Silbersalz und an seine Stelle tritt ein gelber Niederschlag von Bromsilber. Die Flüssigkeit wird heiß abgesaugt, mit 500 ccm Xylol verdünnt und mit 2 l Petroläther versetzt. Dabei fällt ein weißer, amorpher Niederschlag, der rasch fest wird und sich gut absaugen läßt. Er wird mit Petroläther gewaschen und in 800 ccm absolutem Alkohol heiß gelöst. Beim langsamen Abkühlen krystallisiert das Tetraacetyl-theophyllin-glucosid in schräg abgeschnittenen, langen, flachen Prismen. Ausbeute 65 g oder 75% der Theorie (ber. auf Aceto-bromglucose). Zur Verarbeitung auf freies Glucosid ist der Körper genügend rein. Zur Analyse wurde noch dreimal aus Alkohol umkrystallisiert und bei 100° getrocknet. Der Körper schmolz dann bei 147—149° (korr.) nach geringem Sintern.

0,1535 g Sbst.: 0,2783 g CO_2, 0,0716 g H_2O. — 0,1215 g Sbst.: 11,3 ccm N (17°, 765 mm, 33% KOH).

$C_{21}H_{26}O_{11}N_4$ (510,25). Ber. C 49,39, H 5,14, N 10,98.
Gef. „ 49,45, „ 5,22, „ 10,89.

Durch einmaliges Umkrystallisieren aus Wasser stieg der Schmelzpunkt auf 168—170° (korr.), die prozentische Zusammensetzung änderte sich aber nicht.

0,1516 g Sbst.: 0,2739 g CO_2, 0,0704 g H_2O.
Gef. C 49,27, H 5,20.

Durch einmaliges Umkrystallisieren des hochschmelzenden Produktes aus Alkohol ging der Schmelzpunkt wieder auf 155—157° (korr.) herab. Da die optischen Bestimmungen für die verschieden schmelzenden Präparate die gleichen Werte ergaben, so sind diese Erscheinungen wohl auf Dimorphie zurückzuführen. Welchen Schmelzpunkt man erhält, ist nicht nur vom Lösungsmittel, sondern auch von der Art der

Abkühlung abhängig. Bei der Verseifung geben alle Präparate das gleiche Glucosid.

Das Tetraacetyl-theophyllin-glucosid reduziert nicht Fehlingsche Lösung, durch Kochen mit verdünnter Salzsäure wird es hydrolysiert. Es ist in der Kälte in Wasser, Methyl- und Äthylalkohol ziemlich schwer, in der Hitze bedeutend leichter löslich. In Äther ist es schwer löslich, in Benzol etwas leichter, sehr leicht in Essigester, Aceton und Chloroform.

Zur optischen Bestimmung diente die Lösung in Acetylen-tetrachlorid.

0,1473 g Substanz (Analysensubstanz, viermal aus Alkohol umkrystallisiert, Schmp. 147—148°). Gesamtgewicht der Lösung 2,4773, $d_4^{20} = 1,570$. Drehung im 1-dm-Rohr bei 20° für Natriumlicht 1,14° nach links.

Mithin $[\alpha]_D^{20} = -12,21°$.

Analysensubstanz, viermal aus Alkohol und einmal aus Wasser umkrystallisiert, Schmp. 167—170°.

$$[\alpha]_D^{20} = -\frac{1,15° \times 2,5402}{1 \times 1,570 \times 0,1505} = -12,36°.$$

Die Umsetzung zwischen Aceto-bromglucose und Theophyllin-silber geht beim Kochen in Benzol ebenfalls, aber viel langsamer vor sich. Auch aus dem Bleisalz des Theophyllins erhält man durch langes Kochen in Xylol das Tetraacetylglucosid.

Theophyllin-*d*-glucosid, $C_7H_7O_2N_4 . C_6H_{11}O_5$.

10 g Tetraacetyl-theophyllin-glucosid werden in 200 ccm warmem trocknem Methylalkohol gelöst und die Lösung unter Eiskühlung mit gasförmigem Ammoniak gesättigt. Ein anfänglich entstehender Niederschlag löst sich dabei wieder auf. Nach 15-stündigem Aufbewahren im Eisschrank hatte sich eine filzartige Masse in sternförmig angeordneten Nadeln abgeschieden, die eine Ammoniakverbindung des Glucosids ist. Sie löst sich leicht in Wasser und ammoniakfreiem Methylalkohol. Aus der alkoholischen Lösung krystallisiert das freie Glucosid nach einigem Stehen aus. Am besten saugt man daher die Ammoniakverbindung ab, löst sie auf der Nutsche mit trocknem Methylalkohol und befreit die vereinigten Filtrate von der Hauptmenge des Ammoniaks durch Eindampfen unter vermindertem Druck, bis die Krystallisation des Glucosids beginnt. Nach 20-stündigem Aufbewahren bei 0° ist die Ausbeute an Glucosid nahezu quantitativ: 6,2 g oder 92% der Theorie. Man erhält es so wasserfrei als schweres sandiges Krystallpulver, das aus sehr regelmäßig ausgebildeten, rhombisch begrenzten Plättchen besteht.

Zur Analyse und optischen Bestimmung wurde es in 10 Tln. Wasser gelöst und mit 100 Tln. Aceton wieder abgeschieden. Dieses Präparat enthielt im lufttrocknen Zustand noch Wasser, dessen Menge ungefähr 1 Mol. entsprach. Ob es ein einheitlicher Körper oder ein Gemisch des wasserfreien Glucosids und der nachfolgenden 2 Mol. H_2O enthaltenden Verbindung war, ließ sich nicht entscheiden.

0,3048 g Sbst. verloren bei 110° und 1—2 mm Druck über Phosphorpentoxyd 0,0164 g. 0,3165 g Sbst. verloren ebenso 0,0165 g.

$C_{13}H_{18}O_7N_4 + H_2O$ (360,20). Ber. H_2O 5,00. Gef. H_2O 5,38, 5,21.

Die getrocknete Substanz gab folgende Zahlen:

0,1525 g Sbst.: 0,2539 g CO_2, 0,0755 g H_2O. — 0,1074 g Sbst.: 15,5 ccm N_2 (23°, 761 mm) (33% KOH).

$C_{13}H_{18}O_7N_4$ (342,18). Ber. C 45,59, H 5,30, N 16,38.
Gef. „ 45,11, „ 5,54, „ 16,38.

Das Glucosid schmilzt nach geringem Sintern bei 278—280° (korr.) unter Gasentwicklung zu einer schwach bräunlichen Flüssigkeit. Es schmeckt stark bitter. Es löst sich bei Zimmertemperatur in etwa 10 Tln. Wasser. In heißem Wasser ist es sehr viel leichter löslich. Beim Abkühlen der wäßrigen Lösung krystallisiert es in langen, beiderseits abgestumpften Prismen, die ungefähr 2 Mol. Krystallwasser enthielten.

Die bei 25° an der Luft getrocknete Substanz wurde bei 78° über Phosphorpentoxyd unter 0,5—1 mm getrocknet.

0,3268 g Sbst. verloren 0,0336 g. — 0,2411 g Sbst. verloren 0,0251 g. — 0,2037 g Sbst. verloren 0,0211 g.

$C_{13}H_{18}O_7N_4 + 2\,H_2O$ (378,22). Ber. H_2O 9,53.
Gef. „ 10,28, 10.41, 10.36.

Das wasserfreie Glucosid ist in Methylalkohol, Äthylalkohol und Aceton schwer löslich, so gut wie unlöslich in Chloroform und Äther.

Die Drehung wurde für die getrocknete Substanz in wäßriger Lösung bestimmt.

$$[\alpha]_D^{20} = -\frac{0{,}22^\circ \times 1{,}5338}{1 \times 1{,}029 \times 0{,}1408} = -2{,}33^\circ.$$

$$[\alpha]_D^{20} = -\frac{0{,}19^\circ \times 1{,}7315}{1 \times 1{,}026 \times 0{,}1405} = -2{,}28^\circ.$$

Beim Aufbewahren der Lösung trat keine Änderung der Drehung ein. Die Lösung des Glucosids in *n*.-Salzsäure dreht nach rechts.

$$[\alpha]_D^{20} = +\frac{0{,}10^\circ \times 1{,}7911}{1 \times 1{,}045 \times 0{,}1593} = +1{,}08^\circ.$$

$$[\alpha]_D^{20} = +\frac{0{,}10^\circ \times 1{,}9499}{1 \times 1{,}045 \times 0{,}1718} = +1{,}09^\circ.$$

Die veränderte Drehung rührt nicht von einer Hydrolyse des Glucosids her, denn innerhalb der ersten $^3/_4$ Stunden erfolgte keine merkliche Änderung der Drehung, und die mit *n.*-Natronlauge genau neutralisierte Lösung zeigte wieder die Linksdrehung des freien Glucosids.

Fehlingsche Lösung wird auch in der Hitze durch das Glucosid nicht reduziert, was die Beständigkeit der Glucosidbindung beweist. Dagegen wirkt Alkali allein in anderer Weise verändernd, denn schon nach längerem Stehen der alkalischen Lösung bei Zimmertemperatur ist das Glucosid teilweise oder ganz zerstört. Wahrscheinlich findet hier eine Aufspaltung des Purinkerns statt, ähnlich wie beim Kaffein. Deshalb darf auch die Verseifung der Acetylverbindung nicht durch Alkali geschehen. Aus demselben Grunde verändert sich beim Aufbewahren der alkalischen Lösung das Drehungsvermögen.

0,1726 g Substanz Gesamtgewicht der Lösung 1,9514 g, $d_D^{20} = 1,067$; Drehung bei 20° für Natriumlicht im 1-dm-Rohr 10 Minuten nach dem Auflösen: — 3,48°; nach 3 Stunden — 2,49°; nach 25 Stunden — 1,29°; nach 42 Stunden — 1,29°.

Hydrolyse des Glucosids durch *n.*-Salzsäure. Eine Lösung von 0,2 g in 5 ccm *n.*-Salzsäure drehte im 50-mm-Rohr 2 Minuten nach der Auflösung 0,04° nach rechts. Sie wurde nun im verschlossenen Gefäß im Wasserbad erhitzt, wobei das Drehungsvermögen rasch zunahm. Es betrug nach 15 Minuten + 0,15°, nach 30 Minuten + 0,19°, nach $1^1/_2$ Stunden + 0,35° und nach $2^1/_2$ Stunden + 0,53°. Da obiger Menge des Glucosids 0,106 g Traubenzucker entspricht, so müßte das Drehungsvermögen der Lösung im 50 mm-Rohr 0,56° sein. Man kann also sagen, daß die Hydrolyse nach $2^1/_2$ Stunden so gut wie vollständig war. Die Spaltprodukte ließen sich leicht nachweisen. Nach der Neutralisation mit n-Natronlauge gab die Lösung bei 0° bald eine Krystallisation von Theophyllin (Schmp. 264°) und aus der Mutterlauge wurde Phenylglucosazon isoliert.

Durch Emulsin, das frisch aus Aprikosenkernen hergestellt war und kräftig auf β-Methyl-glucosid wirkte, konnten wir keine Hydrolyse des Theophyllin-glucosids erreichen.

Die Versuche wurden mannigfach variiert; 2,5-, 5- und 10-proz. wäßrige Glucosidlösung, Menge des Emulsins gleich oder halb so groß wie die des Glucosids, Temperatur 37° und Dauer des Versuchs 1—3 Tage, Zusatz von Toluol. In keinem Falle war Traubenzucker durch Fehlingsche Lösung nachzuweisen. Auch durch Hefe wurde das Glucosid nicht vergoren. Frische, gut ausgewaschene Bierhefe gab weder mit der 1-prozentigen, noch mit der 10-prozentigen wäßrigen Lösung des Glucosids auch nach längerem Aufbewahren bei 37° eine Kohlensäure-Entwicklung während die Gärung von Traubenzucker durch die Anwesenheit von Glucosid oder Theophyllin nicht gehindert wurde.

Ähnlich dem Theophyllin selbst, übt das Glucosid nach den im hiesigen Krankenhaus Mobait angestellten Versuchen des Hrn. Prof. Georg Klemperer beim kranken Menschen, per os gegeben, eine sehr kräftige diuretische Wirkung aus.

Tetraacetyl-theobromin-*d*-glucosid, $C_7H_7O_2N_4 \cdot C_6H_7O_5(COCH_3)_4$.

5 g bei 130° getrocknetes Theobrominsilber werden mit einer Lösung von 7,1 g Aceto-bromglucose in 100 ccm trocknem Toluol $^1/_2$ Stunde gekocht, von dem Bromsilber heiß abgesaugt und das Filtrat mit 200 ccm Petroläther versetzt. Dabei fällt ein amorpher klebriger Niederschlag aus, der sich rasch am Glas festsetzt. Die überstehende Flüssigkeit wird abgegossen und der Niederschlag mit 50 ccm kaltem, trocknem Methylalkohol verrieben. Dabei geht er in Lösung und sofort beginnt die Abscheidung von farblosen Nadeln, die nach dem Abkühlen auf 0° abgesaugt werden. Ausbeute 2 g oder 23% der Theorie. Zur völligen Reinigung wurden sie in 50 ccm warmem Essigester gelöst, nach dem Klären mit Tierkohle durch 60 ccm Petroläther wieder abgeschieden und für die Analyse bei 100° getrocknet.

0,1524 g Sbst.: 0,2769 g CO_2, 0,0686 g H_2O. — 0,1455 g Sbst.: 13,7 ccm N (19°, 762 mm) (33% KOH).

$C_{21}H_{26}O_{11}N_4$ (510,25). Ber. C 49,39, H 5,14, N 10,98.
Gef. „ 49,55, „ 5,04, „ 10,89.,

Die Drehung wurde in Acetylen-tetrachlorid bestimmt.

$$[\alpha]_D^{20} = -\frac{1,64^\circ \times 2,3461}{1 \times 1,572 \times 0,1384} = -17,68^\circ.$$

Das nochmals umkrystallisierte Präparat gab einen etwas höheren Wert.

$$[\alpha]_D^{20} = -\frac{1,71^\circ \times 2,8758}{1 \times 1,572 \times 0,1698} = -18,42^\circ.$$

Das Tetraacetyl-theobromin-glucosid schmilzt nicht scharf. Gegen 180° beginnt es, zu einem dicken, undurchsichtigen Sirup zu sintern. Bei weiterem Erhitzen bräunt es sich mehr und mehr und zersetzt sich gegen 270° völlig. Es löst sich in kaltem Wasser schwer, in heißem leicht. Bei sehr raschem Abkühlen krystallisiert ein Teil unverändert wieder aus. Dauert die Operation etwas länger, so wird der allergrößte Teil zersetzt und nach einiger Zeit fällt Theobromin aus. Ähnlich, wenn auch nicht ganz so leicht, wird es durch heißen Methyl- und Äthylalkohol gespalten. In Aceton und Chloroform ist es sehr leicht löslich, ziemlich schwer in Benzol und Essigester, recht schwer in Äther. Es reduziert stark Fehlingsche Lösung beim Kochen.

Theobromin-*d*-glucosid, $C_7H_7O_2N_4 \cdot C_6H_{11}O_5$.

Wegen der Unbeständigkeit der Glucosid-Bindung muß die Abspaltung der Acetylgruppen mit besonderer Vorsicht ausgeführt werden.

120 ccm trockner Methylalkohol werden mit Ammoniak unter Abschluß von Feuchtigkeit bei 0° gesättigt. Man fügt nun weitere 150 ccm trocknen Methylalkohol und 3 g Tetraacetyl-theobromin-glucosid zu und schüttelt bei Zimmertemperatur, bis nach etwa 20 Minuten klare Lösung eingetreten ist. Nachdem die Flüssigkeit jetzt drei Stunden bei 0° aufbewahrt ist, wird sie bei 20° unter geringem Druck möglichst rasch zur Trockne verdampft, der Rückstand mit 12 ccm kaltem Wasser aufgenommen, die Lösung mit Tierkohle geklärt und unter Rühren nach und nach mit 120 ccm Aceton versetzt. Bald beginnt die Abscheidung von schmalen, langen Prismen, die vielfach sternförmig vereinigt sind. Ausbeute etwa 0,7 g. Die Mutterlauge gab beim Aufbewahren in Eis noch 0,3 g. Gesamtausbeute also 1 g oder 50% der Theorie. Zur Analyse wurde nochmals aus Wasser mit Aceton wie oben umkrystallisiert. Die so gewonnenen, schräg abgeschnittenen, schmalen Prismen enthielten im lufttrocknen Zustand 1 Mol. Krystallwasser.

0,1690 g Sbst. verloren bei 78° und 1 mm 0,0080 g H_2O.

$C_{13}H_{18}O_7N_4 + H_2O$ (360,2). Ber. H_2O 5,00. Gef. H_2O 4,73.

0,1610 g trockne Sbst.: 0,2676 g CO_2, 0,0782 g H_2O. — 0,1014 g trockne Sbst.: 14,2 ccm N (20°, 767 mm) (33% KOH).

$C_{13}H_{18}O_7N_4$ (342,18). Ber. C 45,59, H 5,30, N 16,38.
Gef. „ 45,33, „ 5,43, „ 16,23.

Zur optischen Bestimmung diente die wäßrige Lösung.

$$[\alpha]_D^{20} = \frac{-2,33° \times 1,3936}{1 \times 1,012 \times 0,0665} = -48,25° \text{ (20 Minuten nach dem Auflösen.)}$$

Infolge der Hydrolyse des Glucosids geht die Drehung langsam zurück: $[\alpha]_D^{20}$ nach 55 Minuten $= -2,28°$, $[\alpha]_D^{20}$ nach 4 Stunden $= -1,98°$, nach 6 Stunden begann schon die Krystallisation von Theobromin, das die weitere optische Beobachtung verhinderte.

Eine zweite Bestimmung gab 10 Minuten nach dem Auflösen:

$$[\alpha]_D^{20} = \frac{-1,94° \times 1,2551}{1 \times 1,008 \times 0,0487} = -49,58°.$$

Das Glucosid ist mäßig leicht löslich in kaltem Wasser, etwas schwerer in Methylalkohol, ziemlich schwer in Alkohol, sehr schwer in Aceton und Äther, unlöslich in Benzol. Es schmeckt stark bitter. Es wird durch Kochen mit Wasser rasch in die Komponenten gespalten. Daher reduziert es auch stark Fehlingsche Lösung und gibt mit salzsaurem Phenylhydrazin und Natriumacetat in der Wärme einen Niederschlag von Phenylglucosazon. Von verdünnten Säuren und Laugen wird es schon in der Kälte rasch zersetzt.

Gegen 205° beginnt es zu sintern unter Braunfärbung und verkohlt beim weiteren Erhitzen, ohne zu schmelzen. Hierbei ist zwischen dem wasserhaltigen und dem getrockneten Präparat kein Unterschied.

Tetraacetyl-chlortheophyllin-*d*-glucosid, $C_7H_6O_2N_4Cl \cdot C_6H_7O_5(COCH_3)_4$.

20 g trocknes Chlortheophyllin-silber[1]) werden mit einer Lösung von 25 g Aceto-bromglucose in 400 ccm trocknem Xylol 10 Minuten am Rückflußkühler gekocht, und die Flüssigkeit heiß von dem entstandenen Bromsilber abgesaugt. Im Filtrat fällt Petroläther einen amorphen Niederschlag. Er wird abgesaugt und in 150 ccm heißem Alkohol gelöst. Beim langsamen Erkalten scheidet sich das Acetylchlortheophyllin-glucosid in harten Krusten aus. Ausbeute 13,5 g oder etwa 40% der Theorie. Zur völligen Reinigung wurde in der zehnfachen Menge Aceton gelöst, mit Tierkohle geklärt, das Filtrat zur Trockne verdampft und der Rückstand dreimal aus Alkohol umkrystallisiert. Man erhält so schräg abgeschnittene, flache Prismen. Zur Analyse und optischen Bestimmung war bei 100° getrocknet.

0,1510 g Sbst.: 0,2571 g CO_2, 0,0652 g H_2O. — 0,1508 g Sbst.: 13,7 ccm N (20°, 761 mm) (33% KOH). — 0,2300 g Sbst.: 0,0638 g AgCl.

$C_{21}H_{25}O_{11}N_4Cl$ (544,7). Ber. C 46,26, H 4,63, N 10,29, Cl 6,51.
Gef. „ 46,44, „ 4,83, „ 10,44, „ 6,86.

0,1379 g Substanz. Gesamtgewicht der Lösung in Toluol 1,8739 g, Drehung bei 21° im 1-dm-Rohr für Natriumlicht 1,01° nach links, $d_4^{21} = 0,8873$:

$$[\alpha]_D^{21} = -15,47°.$$

0,1134 g Sbst. Gesamtgewicht 1,5429 g, $d_4^{21} = 0,8873$, Drehung im 1-dm-Rohr für Natriumlicht 1,04° nach links:

$$[\alpha]_D^{21} = -15,95°.$$

Die Lösung in Acetylen-tetrachlorid zeigte bei etwa 6% Gehalt im 1-dm-Rohr keine deutliche Drehung.

Die Substanz schmilzt bei 166—167° (korr.). Sie ist sehr leicht löslich in Aceton und Chloroform, etwas schwerer in Essigester und Benzol, ziemlich schwer in kaltem Methyl- und Äthylalkohol, recht schwer in Wasser und in Äther. Sie reduziert Fehlingsche Lösung nicht.

---

[1]) Berichte d. D. Chem. Gesellsch. **28**, 3140 [1895]. (*Purine 224.*)

Chlortheophyllin-*d*-glucosid, $C_7H_6O_2N_4Cl \cdot C_6H_{11}O_5$.

5 g Tetraacetyl-Körper werden in 30 ccm warmem Methylalkohol gelöst, nach dem Abkühlen 90 ccm einer bei 0° gesättigten Lösung von Ammoniak in Methylalkohol zugegeben und die klare Flüssigkeit 5 Stunden bei 0° aufbewahrt. Dann wird unter vermindertem Druck bei etwa 25° abdestilliert, der sirupöse Rückstand in wenig Wasser gelöst und mit dem zehnfachen Volumen Methylalkohol versetzt. Das Glucosid krystallisiert in schräg abgeschnittenen Prismen, die annähernd ein Molekül Krystallalkohol enthalten. Die Ausbeute betrug 2 g oder 58% der Theorie.

Zur Analyse wurde es noch zweimal auf die gleiche Weise umkrystallisiert und bei 110° über Phosphorpentoxyd bei 1—2 mm getrocknet. Erst nach 20 Tagen war Gewichtskonstanz eingetreten.

0,1198 g Sbst.: 0,1823 g CO_2, 0,0470 g H_2O. — 0,1038 g Sbst.: 13,6 ccm N (22°, 762 mm) (33% KOH). — 0,1072 g Sbst.: 0,0400 g AgCl.

$C_{13}H_{17}O_7N_4Cl$ (376,64). Ber. C 41,42, H 4,55, N 14,88, Cl 9,42.
Gef. „ 41,50, „ 4,39, „ 14,96, „ 9,23.

0,3020 g lufttrockne Sbst. verloren bei 110° 0,0214 g.
Ber. für 1 Mol. CH_4O 7,84. Gef. 7,09.

Die lufttrockne Substanz gab bei der Verbrennung folgende Zahlen:

0,1553 g Sbst.: 0,2328 g CO_2, 0,0732 g H_2O.
$C_{13}H_{17}O_7N_4Cl + CH_4O$ (408,67). Ber. C 41,11, H 5,18.
Gef. „ 40,88, „ 5,27.

Aus wenig Wasser krystallisiert das Glucosid mit annähernd 1 Mol. Krystallwasser, das rascher als der Methylalkohol entfernt werden kann.

0,6178 g lufttrockne Sbst. verloren beim 10-stündigen Trocknen über Phosphorpentoxyd bei 110° und 1—2 mm Druck 0,0318 g. — 0,2792 g Sbst. verloren 0,0143 g.

$C_{13}H_{17}O_7N_4Cl + H_2O$. Ber. H_2O 4,57. Gef. H_2O 5,15, 5,12.

Das aus Wasser umkrystallisierte und bei 110° getrocknete Präparat gab folgende Zahlen:

0,1646 g Sbst.: 0,2478 g CO_2, 0,0699 g H_2O.
Ber. C 41,42, H 4,55.
Gef. „ 41,06, „ 4,75.

Zur optischen Bestimmung diente die wäßrige Lösung der aus Wasser krystallisierten und bei 110° getrockneten Substanz:

$$[\alpha]_D^{20} = \frac{+1,22° \times 2,0974}{1 \times 1,019 \times 0,1330} = +18,88°.$$

$$[\alpha]_D^{20} = \frac{+1,18° \times 2,9923}{1 \times 1,019 \times 0,1888} = +18,35°.$$

Das Glucosid schmilzt bei 159° (korr.) unter starker Gasentwicklung zu einer farblosen Flüssigkeit. Es reduziert nicht Fehlingsche Lösung. Durch Kochen mit verdünnten Mineralsäuren wird es hydrolysiert. Es ist in kaltem Wasser leicht, in heißem spielend leicht löslich, in heißem Alkohol mäßig schwer, in den anderen gewöhnlichen organischen Lösungsmitteln schwer bis unlöslich. Der Geschmack ist stark bitter.

Tetraacetyl-hydroxy-kaffein-*d*-glucosid,
$C_8H_9O_3N_4 \cdot C_6H_7O_5(C_2H_3O)_4$.

5 g Hydroxykaffein-silber[1]) wurden mit einer Lösung von 6 g Acetobromglucose in 300 ccm trocknem Xylol 5 Minuten gekocht und vom Bromsilber heiß abgesaugt. Beim Abkühlen krystallisierten farblose Nadeln (2,5 g). Um geringe Mengen Hydroxykaffein zu entfernen, wurde nach dem Absaugen und Waschen mit Äther einige Minuten mit $^n/_{10}$-Natronlauge geschüttelt, abgesaugt, mit Wasser, Alkohol und Äther gewaschen. Als dann in 40 ccm Chloroform gelöst und mit 160 ccm Alkohol versetzt wurde, krystallisierte die Substanz rasch in äußerst feinen Nadeln. Zur Analyse und optischen Bestimmung wurde bei 10° getrocknet.

0,1523 g Sbst.: 0,2713 g CO_2, 0,0748 g H_2O. — 0,1466 g Sbst.: 13,6 ccm N (25°, 762 mm, 33% KOH).

$C_{22}H_{28}O_{12}N_4$ (540,26). Ber. C 48,87, H 5,22, N 10,37.
Gef. „ 48,58, „ 5,50, „ 10,44.

0,0898 g Substanz; Gesamtgewicht der Lösung in Acetylen-tetrachlorid 3,8448 g; Drehung im 1-dm-Rohr bei 25 ° für Natriumlicht 0,05° nach rechts. $d_4^{25} = 1{,}577$.

Mithin $[\alpha]_D^{25} + 1{,}36°$.

$$[\alpha]_D^{25} = + \frac{0{,}07° \times 3{,}9713}{1{,}577 \times 0{,}0976} = + 1{,}81°.$$

Die Substanz schmilzt nach geringem Sintern gegen 235° zu einem braunen Sirup. Sie ist leicht löslich in Chloroform, ziemlich schwer in Aceton, in den anderen gebräuchlichen organischen Lösungsmitteln sehr schwer bis unlöslich. Bemerkenswert ist ihr Verhalten gegen Fehlingsche Lösung. Sie reduziert zunächst schwach, bei längerem Kochen aber immer stärker in dem Maße, wie sie in Lösung geht.

Leider ist es bisher nicht gelungen, die Acetylgruppen abzuspalten, ohne eine Hydrolyse des Glucosids und die Bildung von Hydroxy-kaffein herbeizuführen.

Tetraacetyl-trichlor-purin-*d*-glucosid, $C_5N_4Cl_3 \cdot C_6H_7O_5(COCH_3)_4$.

24 g wasserfreies Trichlorpurin-silber[2]) werden mit einer Lösung von 29 g Aceto-bromglucose in 250 ccm trocknem Xylol kurz aufge-

---

[1]) Liebigs Annal. d. Chem. **215**, 270 [1882]. (*Purine 98.*)

[2]) Berichte der D. Chem. Gesellsch. **30**, 2223 [1897]. (*Purine 304.*)

kocht, heiß vom Bromsilber abgesaugt und das Filtrat nach dem Abkühlen mit $1^1/_2$ l Petroläther versetzt. Nach einiger Zeit hat sich der dabei entstehende, teils amorphe, teils krystallinische Niederschlag an den Gefäßwänden festgesetzt. Man gießt die Flüssigkeit ab und löst ihn in 200 ccm heißem Alkohol. Beim Erkalten krystallisiert das Tetraacetyl-trichlorpurin-*d*-glucosid in langen Prismen. Ausbeute 20,6 g.

Zur Analyse wurde es nochmals aus der etwa 10fachen Menge Alkohol umkrystallisiert und an der Luft getrocknet.

0,1507 g Sbst.: 0,2280 g CO_2, 0,0489 g H_2O. — 0,1518 g Sbst.: 13,4 ccm N (22°, 762 mm, 33% KOH). — 0,1528 g Sbst.: 0,1179 g AgCl.

$C_{19}H_{19}O_9N_4Cl_3$ (553,57). Ber. C 41,19, H 3,46, N 10,12, Cl 19,22.
Gef. „ 41,26, „ 3,63, „ 10,08, „ 19,09.

Zur optischen Bestimmung diente die Lösung in Acetylen-tetrachlorid.

$$[\alpha]_D^{19} = \frac{-2{,}52° \times 3{,}3922}{1{,}580 \times 0{,}2043} = -26{,}48°.$$

$$[\alpha]_D^{20} = \frac{-2{,}57° \times 3{,}1567}{1{,}580 \times 0{,}1973} = -26{,}02°.$$

Die Substanz schmilzt bei 168—169° (korr.) nach geringem Sintern. Sie ist spielend löslich in Chloroform, leicht löslich in Aceton und Essigester, ziemlich schwer in kaltem Alkohol, schwer in Äther. Sie reduziert nicht Fehlingsche Lösung. Durch Kochen mit verdünnter Salzsäure wird sie wegen der geringen Löslichkeit nur langsam hydrolysiert.

Tetraacetyl-dichloradenin-*d*-glucosid (Tetraacetyl-2,8-dichlor-6-amino-purin-*d*-glucosid), $C_5H_2N_5Cl_2 \cdot C_6H_7O_5(COCH_3)_4$.

Die Wechselwirkung zwischen dem Silbersalz des Dichlor-adenins und der Aceto-bromglucose tritt in kochender Xyllollösung zwar rasch ein. Es hat sich aber für die Ausbeute als vorteilhaft erwiesen, das Erhitzen lange fortzusetzen.

Dementsprechend werden 36 g fein gepulvertes wasserfreies 2,8-Dichlor-6-amino-purin-silber[1]) mit einer Lösung von 47 g Aceto-bromglucose in 500 ccm trocknem Xylol 6 Stunden im Ölbad gekocht und die bräunliche Flüssigkeit heiß abgesaugt. Beim Erkalten fällt der Acetylkörper als amorpher Niederschlag. Man vervollständigt die Fällung durch Zugabe des doppelten Volumens Petroläther und saugt den pulverigen Niederschlag ab. Beim Verreiben mit etwa dem gleichen Gewicht Eisessig verwandelt er sich in feine Prismen. Sie wurden durch Pressen von der Mutterlauge befreit, in 120 ccm warmem Aceton gelöst und mit $1^1/_2$ l kochendem Wasser versetzt. Dabei krystallisierten noch

[1]) Berichte d. D. Chem. Gesellsch. **30**, 2240 [1897]. (*Purine 321.*)

schwach gelbe, gebogene Nädelchen, die aber zur Weiterverarbeitung rein genug sind. Die Ausbeute betrug 17 g oder 29% der Theorie. Zur Analyse wurde das oben erwähnte, amorphe Rohprodukt aus der etwa 4-fachen Menge heißem Eisessig, dann noch einmal aus Aceton durch Fällen mit kochendem Wasser umkrystallisiert und bei 110° getrocknet.

0,1504 g Sbst.: 0,2353 g CO_2, 0,0524 g H_2O. — 0,1404 g Sbst.: 15,5 ccm N (15°, 772 mm, 33% KOH). — 0,1605 g Sbst.: 0,0876 g AgCl.

$C_{19}H_{21}O_9N_5Cl_2$ (534,14). Ber. C 42,69, H 3,96, N 13,11, Cl 13,28.
Gef. „ 42,67, „ 3,90, „ 13,15, „ 13,50.

Die Drehung wurde in Acetylen-tetrachlorid bestimmt.

$$[\alpha]_D^{17} = \frac{-0{,}63^\circ \times 5{,}4096}{1{,}587 \times 0{,}1309} = -16{,}41^\circ.$$

$$[\alpha]_D^{17} = \frac{-0{,}66^\circ \times 2{,}1534}{1{,}587 \times 0{,}0542} = -16{,}52^\circ.$$

Die Substanz schmilzt nach geringem Sintern bei 213—215° (korr.) zu einer farblosen Flüssigkeit. Sie ist sehr leicht löslich in Aceton, etwas schwerer in Chloroform und Essigester, noch schwerer in Toluol und Alkohol, sehr schwer in Äther und heißem Wasser. Fehlingsche Lösung reduziert sie nicht.

Erhitzt man aber die Lösung in Eisessig nach Zusatz von starker Salzsäure auf dem Wasserbade, so tritt ziemlich rasch Hydrolyse ein, und die Flüssigkeit reduziert nach dem Übersättigen mit Alkali stark.

Dichlor-adenin-glucosid (2,8-Dichlor-6-amino-purin-*d*-glucosid), $C_5H_2N_5Cl_2 \cdot C_6H_{11}O_5$.

15,5 g Acetylkörper werden in 500 ccm trocknem Methylalkohol in der Hitze gelöst und in Eis abgekühlt. Wenn eben die Krystallisation beginnt, fügt man das gleiche Volumen einer bei 0° gesättigten Lösung von Ammoniak in Methylalkohol zu und hält die Mischung 3 Stunden bei 0°. Dann werden Methylalkohol und Ammoniak unter vermindertem Druck zunächst bei Zimmertemperatur, zum Schluß bei etwa 30° abgedampft und der sirupöse Rückstand mit 150 ccm heißem Wasser übergossen. Sofort beginnt die Abscheidung des freien Glucosids in feinen Nädelchen. Man kühlt noch einige Zeit in Eis, saugt ab und wäscht mit wenig kaltem Wasser. Die Ausbeute betrug 9 g oder 85% der Theorie. Zur Analyse und optischen Bestimmung wurde aus 25 Tln. heißen Wassers, dann nochmals durch Lösen in viel heißem Alkohol und Fällen mit dem 4fachen Volumen Äther umkrystallisiert und bei 110° und 1—2 mm Druck über Phosphorpentoxyd getrocknet.

0,1293 g Sbst.: 0,1701 g CO_2, 0,0442 g H_2O. — 0,1067 g Sbst.: 17,4 ccm N (19°, 760 mm, 33% KOH). — 0,1431 g Sbst.: 0,1129 g AgCl.

$C_{11}H_{13}O_5N_5Cl_2$ (366,07). Ber. C 36,06, H 3,58, N 19,14, Cl 19,37.
Gef. „ 35,88, „ 3,83, „ 18,81, „ 19,52.

Die Bestimmung des Drehungsvermögens war durch die geringe Löslichkeit sehr erschwert und hat zwei ziemlich stark voneinander abweichende Werte gegeben.

Eine bei Zimmertemperatur gesättigte Lösung des Glucosids in Wasser drehte bei 20° und Natriumlicht im 2-dm-Rohr 0,08° nach rechts. 5 ccm der Lösung hinterließen beim Verdampfen 0,0217 g (bei 110° getrocknet). Daraus berechnet sich $[\alpha]_D^{20} = + 9,2°$.

Eine auf die gleiche Weise ausgeführte zweite Bestimmung ergab

$$[\alpha]_D^{20} = + 8,3°.$$

Das Glucosid schmilzt gegen 250° (korr.) unter stürmischer Zersetzung. Doch ist der Schmelzpunkt sehr von der Art des Erhitzens abhängig. Es ist in Wasser in der Hitze in etwa 25 Tln., in der Kälte in ca. 250 Tln. löslich. In den gebräuchlichen organischen Lösungsmitteln ist es sehr schwer bis unlöslich. Es schmeckt bitter. Es reduziert nicht Fehlingsche Lösung. Durch Kochen mit verdünnten Mineralsäuren wird es langsam hydrolysiert.

Adenin-*d*-glucosid, $C_5H_4N_5 \cdot C_6H_{11}O_5$.

4,5 g Dichloradenin-glucosid werden in 45 ccm Jodwasserstoffsäure (d 1,96), die auf — 15° abgekühlt ist, eingetragen und nach Zusatz von 5 g gepulvertem Jodphosphonium kräftig umgeschüttelt, wobei sofort starke Braunfärbung eintritt. Das Schütteln wird dann bei 0° noch 2 Stunden fortgesetzt. Zum Schluß ist die Flüssigkeit nur noch schwach gelb gefärbt. Man gießt sie in 200 ccm Eiswasser und fügt sofort eine eiskalte Lösung von 130 g Bleiacetat in 800 ccm Wasser zu. Nach einiger Zeit saugt man vom Jodblei ab, wäscht mit Wasser und schüttelt die vereinigten Filtrate mit Silberacetat bis zur völligen Entfernung des Jodwasserstoffs. Man filtriert die Lösung durch ein mit Tierkohle gedichtetes Filter, befreit das klare Filtrat mit Schwefelwasserstoff von Silber und Blei und verdampft unter vermindertem Druck bei einer Badtemperatur von 30—40° zur Trockne.

Der Rückstand wird in 35 ccm Wasser gelöst und nach und nach mit 600 ccm Aceton versetzt. Dabei fällt das Adenin-glucosid in körniger, teilweise mikrokrystallinischer Form. Ausbeute 3,5 g. Dieses Produkt enthielt noch Asche, von der es durch zweimaliges Umkrystallisieren aus Wasser nicht befreit werden konnte.

Zur Reinigung diente deshalb das Pikrat, $C_{11}H_{15}O_5N_5$, $C_6H_3O_7N_3$. Für seine Bereitung wurden 2 g rohes Glucosid in 20 ccm warmem Wasser gelöst und mit einer heißen Lösung von 1,55 g Pikrinsäure in 50 ccm Wasser versetzt. Beim Abkühlen krystallisierte das Pikrat in länglichen, trapezförmigen, gelben Tafeln (2,8 g). Es wurde aus 100 ccm heißem Wasser umkrystallisiert, abgesaugt und mit Alkohol und Äther gewaschen (2,5 g).

Das Salz enthält wechselnde Mengen Krystallwasser, zur Analyse war deshalb bei 1—2 mm Druck und 110° über Phosphorpentoxyd getrocknet.

0,1289 g Sbst.: 0,1831 g CO_2, 0,0402 g H_2O. — 0,1028 g Sbst.: 18,9 ccm N (18°, 765 mm, 33% KOH).

$C_{17}H_{18}O_{12}N_8$ (526,22). Ber. C 38,77, H 3,45, N 21,30.
Gef. „ 38,74, „ 3,49, „ 21,45.

Das Pikrat beginnt gegen 240° sich zu bräunen und schmilzt gegen 250° unter stürmischer Zersetzung. Es ist in Wasser recht schwer löslich, noch schwerer in Alkohol, unlöslich in Äther.

Zur Gewinnung des freien Glucosids wurden 2,5 g des Pikrats feingepulvert in 70 ccm $^n/_2$-Salzsäure suspendiert und mehrfach mit 250 ccm Äther ausgeschüttelt, bis fast völlige Lösung eingetreten war.

Nachdem von einem geringen Rückstand abfiltriert war, wurde die wäßrige Lösung noch einige Mal bis zur völligen Entfärbung ausgeäthert, dann auf 300 ccm verdünnt, mit 15 ccm Essigsäure von 50% angesäuert, auf etwa 60° erwärmt, mit überschüssigem Silberacetat bis zur Entfernung der Salzsäure geschüttelt und warm vom Niederschlag abgesaugt. Nachdem nun das Silber durch Schwefelwasserstoff entfernt war, wurde unter vermindertem Druck eingedampft, der Rückstand in 15 ccm Wasser gelöst und durch allmählichen Zusatz von 300 ccm Aceton gefällt. Ausbeute 1 g. Aus 3 ccm heißem Wasser krystallisierte nun das reine Adenin-glucosid in langen, flachen, schräg abgeschnittenen Prismen (0,8 g). Lufttrocken enthielt es noch etwas Krystallwasser (2,8%), zu dessen Austreibung bei 110° und 1—2 mm über Phosphorpentoxyd getrocknet wurde.

0,0899 g Sbst.: 0,1459 g CO_2, 0,0422 g H_2O. — 0,1119 g Sbst.: 22,3 ccm N (16°, 768 mm, 33% KOH).

$C_{11}H_{15}O_5N_5$ (297,17). Ber. C 44,42, H 5,09, N 23,57.
Gef. „ 44,26, „ 5,25, „ 23,54.

In wäßriger Lösung dreht das Glucosid nach links.

$$[\alpha]_D^{19} = \frac{-0{,}34^\circ \times 3{,}7013}{1{,}007 \times 0{,}1190} = -10{,}50^\circ.$$

Eine zweite Bestimmung ergab den gleichen Wert:

$$[\alpha]_D^{20} = \frac{-0{,}34^\circ \times 2{,}7811}{1{,}007 \times 0{,}0894} = -10{,}50^\circ.$$

Die Lösung des Glucosids in *n.*-Salzsäure dreht nach rechts.

$$[\alpha]_D^{20} = \frac{+0{,}36^\circ \times 1{,}6690}{1{,}037 \times 0{,}1022} = +5{,}67^\circ.$$

Eine weitere Mikrobestimmung ergab $[\alpha]_D^{20} = +5{,}51^\circ$.

Das Adenin-glucosid zeigt beim Erhitzen ein charakteristisches Verhalten. Bei sehr raschem Erhitzen im Capillarrohr sintert es und schmilzt gegen 210° unter Gasentwicklung zu einem farblosen Sirup, aus dem sich nach wenigen Sekunden schöne Krystalle abscheiden. Bei weiterem Erhitzen beginnt die Masse gegen 240° sich zu bräunen und schmilzt vollständig unter Gasentwicklung und starker Bräunung gegen 275°.

Es ist in kaltem Wasser mäßig leicht löslich, in heißem Wasser sehr leicht, in heißem Eisessig leicht, schwer löslich in Alkohol, sehr schwer in Aceton und Essigester, äußerst schwer in Äther, unlöslich in Benzol und Chloroform. Der Geschmack ist schwach bitter. Die etwa 3,5-prozentige wäßrige Lösung gibt mit konzentrierter Phosphorwolframsäure einen amorphen Niederschlag, der in der Wärme sich löst und beim Erkalten in flachen Prismen wieder auskrystallisiert. Mit einer möglichst neutralen, ammoniakalischen Lösung von Silbernitrat gibt das Glucosid ein Silbersalz, das in überschüssigem Ammoniak löslich ist und beim Wegkochen oder Verdunsten des Ammoniaks zum Teil in Nädelchen krystallisiert. Fehlingsche Lösung reduziert das Glucosid nicht. Durch Kochen mit verdünnten Mineralsäuren wird es langsam hydrolysiert.

0,5 g des rohen Glucosids wurden in 25 ccm *n.*-Salzsäure gelöst und im Wasserbad erhitzt und der Vorgang polarimetrisch verfolgt. Erst nach etwa 6 Stunden hatte die Drehung ihren Höchstwert erreicht. Aber die Hydrolyse war nach 3 Stunden schon zum größten Teil eingetreten. Aus der gelbbraunen Lösung wurden durch Verdampfen unter geringem Druck und Neutralisation mit Ammoniak Krystalle von Adenin isoliert, das nach der Reinigung durch den Schmelzpunkt, die Färbung mit Eisenchlorid, die Färbung mit Zink und Salzsäure, sowie durch eine Wasserbestimmung in dem krystallisierten Sulfat identifiziert wurde.

42,01 mg Sbst. verloren 3,88 mg.
$(C_5H_5N_5)_2$, $H_2SO_4 + 2\,H_2O$. Ber. H_2O 8,91. Gef. H_2O 9,24.

Die Mutterlauge vom Adenin gab mit essigsaurem Phenylhydrazin die gelben Nädelchen des Phenylglucosazons.

Über das Verhalten des Glucosids und seiner Verwandten gegen Nucleosidasen verschiedenen Ursprungs hoffen wir bald berichten zu können.

Hypoxanthin-*d*-glucosid, $C_5H_3ON_4 \cdot C_6H_{11}O_5$.

Die Wirkung der salpetrigen Säure auf das Adeninglucosid geht bei gewöhnlicher Temperatur langsam vonstatten. Es ist deshalb nötig, die Säure in großem Überschuß anzuwenden. 3,5 g rohes, aschehaltiges Adenin-glucosid wurden in 15 ccm Wasser gelöst, eine Lösung von 7 g Natriumnitrit in 15 ccm Wasser und dann 8 ccm Eisessig zugegeben und bei Zimmertemperatur aufbewahrt. Aus der Lösung entwickelte sich langsam Stickstoff. Nach 8 Stunden erfolgte nochmals die Zugabe von 3,5 g Natriumnitrit und 4 ccm Eisessig. Nach weiteren 12 Stunden wurde die Flüssigkeit zunächst bei Zimmertemperatur, dann bei 40° Badtemperatur zur Trockne verdampft. Zur Isolierung des Hypoxanthin-glucosids diente die Bleiverbindung. Für ihre Gewinnung wurde der Rückstand in 60 ccm Wasser gelöst, eine Lösung von 10 g Bleiacetat in 30 ccm Wasser zugegeben und unter Umrühren mit konzentriertem Ammoniak tropfenweise versetzt, bis die Flüssigkeit deutlich danach roch. Dabei fiel eine amorphe, weiße Masse. Sie wurde abgesaugt, mit Wasser gewaschen, abgepreßt, in 95 ccm Wasser und 5 ccm Essigsäure (50%) gelöst und mit Schwefelwasserstoff zersetzt. Das Filtrat vom Bleisulfid wurde unter vermindertem Druck zur Trockne verdampft und der Rückstand in 10 ccm warmem Wasser gelöst und filtriert. Beim Erkalten schied sich das Hypoxanthin-glucosid langsam in langen Nädelchen aus. Ausbeute 1,5 g. Die Krystalle enthalten ein Mol. Wasser, das bei 110° und 1—2 mm über Phosphorpentoxyd rasch entweicht.

0,1900 g Sbst. verloren 0,0104 g. — 0,2035 g Sbst. verloren 0,0115 g.
$C_{11}H_{14}O_6N_4 + H_2O$ (316,17). Ber. H_2O 5,70. Gef. H_2O 5,47, 5,65.

Zur Analyse und optischen Bestimmung diente die wasserfreie Substanz.

0,1350 g Sbst.: 0,2182 g CO_2, 0,0584 g H_2O. — 0,0978 g Sbst.: 16,0 ccm N (17°, 758 mm, 33% KOH).

$C_{11}H_{14}O_6N_4$ (298,15). Ber. C 44,27, H 4,73, N 18,80.
Gef. „ 44,08, „ 4,84, „ 18,98.

Die wäßrige, 5-prozentige Lösung des Glucosids besaß keine wahrnehmbare Drehung. Dagegen zeigte die Lösung in *n*.-Natronlauge starke Linksdrehung:

$$[\alpha]_D^{20} = \frac{-2{,}49^\circ \times 1{,}6892}{1{,}061 \times 0{,}1149} = -34{,}50^\circ.$$

Eine Mikrobestimmung gab $[\alpha]_D^{20} = -34{,}48^\circ$.

In *n*.-Salzsäure dreht das Glucosid nach rechts.

$$[\alpha]_D^{20} = \frac{+0{,}94^\circ \times 1{,}6477}{1{,}040 \times 0{,}1153} = +12{,}92^\circ.$$

Eine Mikrobestimmung gab $[\alpha]_D^{20} = +12{,}83^\circ$.

Eine etwa 6-prozentige Lösung des Glucosids in Wasser gibt mit einer konzentrierten Lösung von Phosphorwolframsäure eine starke amorphe Fällung. Diese löst sich in der heißen Mischung in erheblicher Menge, fällt beim Erkalten zunächst wieder amorph aus, wird aber bei längerem Aufbewahren krystallinisch. Ammoniakalische Silbernitratlösung fällt aus der Lösung des Glucosids ein amorphes Silbersalz, das sich im Überschuß von Ammoniak löst. Beim Wegkochen des Ammoniaks fällt es zunächst wieder amorph aus, krystallisiert aber allmählich in hübschen, zu Sternen vereinigten Nadeln.

Das Glucosid schmilzt bei raschem Erhitzen gegen 245° unter starker Gasentwicklung zu einer klaren bräunlichen Flüssigkeit. Es ist in heißem Wasser sehr leicht löslich, etwas schwerer in Eisessig; in Alkohol, auch in der Hitze schwer löslich; nahezu unlöslich in Aceton, Essigester und Äther, unlöslich in Benzol und Chloroform. Es schmeckt ganz schwach bitter. Es reduziert nicht Fehlingsche Lösung. Durch Kochen mit verdünnten Mineralsäuren wird es leicht hydrolysiert.

Chlor-adenin-*d*-glucosid (Chlor-6-amino-purin-*d*-glucosid), $C_5H_3N_5Cl \cdot C_6H_{11}O_5$.

2 g Dichlor-adenin-*d*-glucosid wurden im Einschlußrohr mit 60 bis 70 ccm Wasser und 8 g Zinkstaub im Schüttelölbad 5 Stunden auf 140° erhitzt. Beim Öffnen des erkalteten Rohres entwich reichlich Wasserstoff. Der Inhalt wurde herausgespült, auf 150 ccm verdünnt, heiß vom Zinkstaub abfiltriert und unter vermindertem Druck zur Trockne verdampft. Als der zurückbleibende Sirup in 15 ccm heißem Wasser gelöst und mit 1 ccm Essigsäure (50%) versetzt war, schied sich beim Aufbewahren bei 0° das Glucosid langsam in zu Garben vereinigten Nadeln ab. Ausbeute 1,4 g oder 77% der Theorie. Zur Analyse und optischen Bestimmung wurde es noch einmal aus 8 Tl. heißem Wasser umkrystallisiert und bei 110° unter 1—2 mm Druck über Phosphorpentoxyd getrocknet.

0,1285 g Sbst.: 0,1884 g CO_2, 0,0485 g H_2O. — 0,0873 g Sbst.: 16,0 ccm N (16°, 760 mm, 33% KOH). — 0,0645 g Sbst.: 0,0273 g AgCl.

$C_{11}H_{14}O_5N_5Cl$ (331,62).	Ber. C 39,80,	H 4,26,	N 21,12,	Cl 10,69.
	Gef. „ 39,99,	„ 4,22,	„ 21,42,	„ 10,47.

Eine bei Zimmertemperatur gesättigte Lösung des Glucosids in Wasser drehte bei 20° im 2-dm-Rohr für Natriumlicht 0,14° nach links.

5 ccm der Lösung hinterließen 0,0457 g Rückstand (bei 110° getrocknet). Daraus berechnet sich $[\alpha]_D^{20} = -7,66°$.

Eine zweite Bestimmung ergab $[\alpha]_D^{21} = -7,69°$.

Das Glucosid sintert im Capillarrohr schwach gegen 190°, beginnt gegen 225° sich zu bräunen und verkohlt bei weiterem Erhitzen, ohne zu schmelzen. Es ist schwer löslich in kaltem Wasser, mäßig leicht in heißem, in den gebräuchlichen organischen Lösungsmitteln schwer bis unlöslich. Es reduziert nicht Fehlingsche Lösung. Durch Kochen mit verdünnten Mineralsäuren wird es hydrolysiert.

Guanin-*d*-glucosid (?), $C_5H_4ON_5 \cdot C_6H_{11}O_5$.

Wie schon erwähnt, wird das Monochlor-adenin-glucosid durch salpetrige Säure in ein Produkt verwandelt, das wir zwar nicht analysiert haben, das aber nach seiner Bildungsweise wahrscheinlich ein 2-Chlor-hypoxanthin-glucosid ist. Für seine Bereitung haben wir 3 g Chloradenin-glucosid in 150 ccm Wasser gelöst, 5 g Natriumnitrit und 6 ccm Eisessig zugefügt und die Flüssigkeit bei 25° aufbewahrt, wobei träge Entwicklung von Stickstoff stattfand. Nach 7 Stunden fügten wir wieder 3 g Natriumnitrit und 4 ccm Eisessig zu. Nach weiteren 12 Stunden wurde die Lösung unter vermindertem Druck aus einem Bade von 35—40° zur Trockne verdampft. Als Rückstand blieb ein gelber, dicker Sirup. Um daraus das Chlor-hypoxanthin-glucosid zu isolieren, wurde in 50 ccm Wasser gelöst, mit 10 g Bleiacetat versetzt, durch Ammoniak gefällt, der Niederschlag abgesaugt, gewaschen, abgepreßt, jetzt in stark verdünnter Essigsäure gelöst, mit Schwefelwasserstoff gefällt und das farblose Filtrat unter vermindertem Druck verdampft. Aus ökonomischen Gründen haben wir auf die völlige Reinigung des vermutlichen Chlor-hypoxanthin-glucosids verzichtet und den schwach gelben Sirup direkt auf Guanin-derivat verarbeitet. Zu dem Zweck wurde der Sirup mit 10 ccm wäßrigem Ammoniak von 25% aufgenommen, mit 100 ccm einer bei 0° gesättigten, alkoholischen Ammoniaklösung verdünnt und im geschlossenen Gefäß 5 Stunden auf 145—150° erhitzt. Nach dem Erkalten war Chlorammonium ausgeschieden. Die braune Flüssigkeit wurde unter vermindertem Druck verdampft, der dunkle Rückstand mit 100 ccm warmem Wasser ausgelaugt und das Filtrat mit Bleiacetat und Ammoniak gefällt. Den Bleiniederschlag haben wir in 150 ccm Wasser und 5 ccm Eisessig gelöst, durch Schwefelwasserstoff entbleit, das Filtrat zur Neutralisation der geringen Menge beigemengter Salzsäure mit einigen Tropfen Ammoniak versetzt und die Flüssigkeit unter geringem Druck verdampft. Als der schwach braune, gallertige Rückstand in 35 ccm warmem Wasser gelöst und diese Flüssigkeit 20 Stunden bei 35° aufbewahrt wurde, schied sich das Guanin-glucosid als hellbraune, krystallinische Masse ab. Durch Umlösen dieses Präparates aus 15 ccm heißem Wasser unter Zusatz von Tierkohle erhielten wir dann feine, farblose, glänzende Nadeln, welche die Flüssigkeit breiartig erfüllten. Ausbeute 0,25 g.

Für die Analyse und optische Bestimmung wurden sie unter 1—2 mm Druck bei 110° über Phosphorpentoxyd getrocknet.

0,1027 g Sbst.: 0,1610 g CO_2, 0,0453 g H_2O. — 6,49 mg Sbst.: 1,27 ccm N (Pregl) (16°, 756 mm).

$C_{11}H_{15}O_6N_5$ (313,17). Ber. C 42,15, H 4,83, N 22,37.
Gef. „ 42,76, „ 4,94, „ 22,99.

Wie die Differenz im Kohlenstoff zeigt, war das Präparat noch nicht ganz rein. Infolgedessen dürfen auch die nachfolgenden Angaben über die Eigenschaften nur als vorläufige betrachtet werden.

Für die beiden mikropolarimetrischen Bestimmungen diente die Lösung des Glucosids in *n.*-Natronlauge.

$$[\alpha]_D^{15} = \frac{-3{,}34^\circ \times 0{,}28487}{1{,}070 \times 0{,}02120} = -41{,}94^\circ.$$

$$[\alpha]_D^{15} = \frac{-3{,}44^\circ \times 0{,}29025}{1{,}071 \times 0{,}02255} = -41{,}34^\circ.$$

Das Glucosid schmolz beim raschen Erhitzen im Capillarrohr gegen 298° (korr.) unter Braunfärbung und starker Gasentwicklung. Es löst sich schwer in kaltem Wasser, viel leichter in heißem. Von verdünnten Säuren oder Alkalien oder Ammoniak wird es leicht aufgenommen. Durch Erhitzen mit 5-prozentiger Salzsäure auf dem Wasserbade wird es ziemlich rasch hydrolysiert. Die Flüssigkeit reduziert dann Fehlingsche Lösung, und beim Übersättigen mit Ammoniak fällt ein amorpher, farbloser Niederschlag aus, der sich wie Guanin verhält. Denn beim Verdampfen mit rauchender Salpetersäure gab er einen gelben Rückstand, der sich mit Kalilauge erst rot, dann beim Erhitzen purpurn und schließlich blau färbte. Wir halten es aber für nötig, diese Versuche noch zu ergänzen, um die Substanz definitiv als Guanin-*d*-glucosid zu kennzeichnen.

---

12. Emil Fischer: Über Phosphorsäureester des Methyl-glucosids und Theophyllin-glucosids [1]).

Berichte der Deutschen Chemischen Gesellschaft **47**, 3193 [1914].

(Eingegangen am 16. November 1914.)

Die einfachsten Nucleinsäuren, welche meist Nucleotide genannt werden, sind bekanntlich aus Purinen oder Uracilen, Zuckern und Phosphorsäure zusammengesetzt und von einigen derselben, z. B. der Inosinsäure und Guanylsäure, weiß man sicher, daß die Phosphorsäure mit dem Zuckerrest verbunden ist. Nachdem die Synthese von Glucosiden der Purine gelungen war, lag es nahe, sie noch mit Phosphorsäure zu kuppeln, um künstliche Nucleotide zu gewinnen. Ein solcher Versuch ist schon von Helferich und mir[2]) angestellt, aber nur flüchtig beschrieben worden, weil das Produkt amorph war und die Analyse kein eindeutiges Resultat gegeben hatte. Inzwischen habe ich den Vorgang genauer studiert und eine Theophyllin-glucosid-phosphorsäure gefunden, die hübsch krystallisiert und allem Anschein nach ein einheitliches chemisches Individuum ist. Um diesen Erfolg zu erzielen, war es aber nötig, ein abgeändertes Verfahren für die Einführung der Phosphorsäure auszuarbeiten.

Die ältesten Angaben über die Bildung einer Verbindung von Glucose mit Phosphorsäure gehen wohl auf M. Berthelot[3]) zurück, der ein solches Präparat durch Erhitzen von Glucose mit sirupförmiger Phosphorsäure auf 140° in kleiner Menge erhalten haben will. Ausführlichere Beobachtungen verdankt man D. Amato[4]), der aus einem schon von seinem Lehrer H. Schiff durch Einwirkung von Phosphoroxychlorid auf Helicin erhaltenen Rohprodukt eine Glucose-phosphorsäure isolierte, von der er ein Natrium- und zwei Bleisalze analysierte. Allerdings ist es mir fraglich, ob die Substanz Amatos wirklich eine einfache Glucose-phosphorsäure war, da er angibt, daß sie alkalische Kupferlösung nicht direkt, sondern erst nach der Hydrolyse reduziere. Jedenfalls haben aber Schiff und Amato die Aufmerksam-

---

[1]) Der Preuß. Akademie der Wissenschaften vorgetragen am 25. Juni und zum Druck vorgelegt am 30. Juli 1914. Vgl. Sitzungsber. S. 905 und Chem. Centralbl. 1914, II, 1050.

[2]) Berichte d. D. Chem. Gesellsch. **47**, 210 [1914]. (*S. 137.*)

[3]) Annales d. Chimie et d. Physique [3] **54**, 81 [1858].

[4]) Gazzetta Chimica Italiana **1**, 56 [1871].

keit auf die Verwendung des Phosphoroxychlorids für die Bereitung von Phosphorsäureestern der Kohlenhydrate gelenkt. Zur brauchbaren Methode wurde seine Verwendung erst in neuerer Zeit durch C. Neuberg und H. Pollak ausgebildet, die das Chlorid bei Gegenwart von alkalischen Erden oder deren Carbonaten auf die wäßrige Lösung von Rohrzucker, später auch von Traubenzucker einwirken ließen[1]).

Eine zweite Methode, Phosphorsäureester der Kohlenhydrate und ähnlicher Stoffe zu bereiten, rührt von K. Langheld[2]) her. Er verwendet dafür Metaphosphorsäureester, für den er eine bequeme Art der Darstellung gefunden hat. Sein Verfahren ist in der Ausführung einfacher als die Verwendung des Phosphoroxychlorids und hat ihn bei Fructose, Dioxy-aceton und Glycerin zu Phosphorsäurederivaten geführt, die krystallisierte Salze bilden.

Ich habe beide Verfahren sowohl beim α-Methyl-glucosid wie beim Theophyllinglucosid angewandt, aber nur mittelmäßige Resultate erhalten. Durch Phosphoroxychlorid entstehen zwar aus beiden Glucosiden Monophosphorsäure-Derivate, aber die Ausbeute ist gering, weil das zur Lösung benutzte Wasser den größten Teil des Oxychlorids zerstört. Bei dem Langheldschen Verfahren muß man entweder in Chloroform oder ohne Lösungsmittel arbeiten. Das geht bei den sirupförmigen Zuckern ganz gut, aber bei den hochschmelzenden Glucosiden sehr schwer. Sie werden trotz feinster Verteilung bei gewöhnlicher Temperatur von dem Ester nur zum geringen Teil angegriffen. Erwärmt man dagegen auf 100°, so treten in das α-Methyl-glucosid sofort mehrere Phosphorsäuren ein, und bei dem Theophyllin-glucosid gestaltet sich der Vorgang noch viel komplizierter, indem der größte Teil des Purinrestes abgespalten wird.

Infolgedessen habe ich mich bemühen müssen, ein besseres Verfahren für die Glucosid-phosphorsäuren auszuarbeiten und dasselbe schließlich in der Anwendung von trocknem Pyridin und Phosphoroxychlorid gefunden. Das Pyridin ist nicht allein für viele Zucker, wie schon bekannt, sondern auch für die beiden Glucoside ein gutes Lösungsmittel, und wenn man zu einer solchen Lösung bei starker Abkühlung Phosphoroxychlorid in der für 1 Mol. berechneten Menge zugibt, so tritt die gewünschte Reaktion ein. Die nachträgliche Verwandlung des Produktes in das Bariumsalz der Glucosid-monophosphorsäure bietet auch keine Schwierigkeiten. Durch diese Verbesserung ist es gelungen, das Bariumsalz der Theophyllinglucosid-monophosphorsäure

---

[1]) Biochem. Zeitschr. **23**, 515 [1910] und Berichte d. D. Chem. Gesellsch. **43**, 2060 [1910].

[2]) Berichte d. D. Chem. Gesellsch. **43**, 1857 [1910]; **44**, 2076 [1911] und **45**, 1125 [1912]; K. Langheld und F. Oppmann, ebenda **45**, 3753 [1912].

in einer Ausbeute von 80% der Theorie und daraus ohne allzu große Verluste die krystallisierte Theophyllinglucosid-phosphorsäure selbst zu gewinnen. Es verdient bemerkt zu werden, daß mit Phosphoroxychlorid und Bariumhydroxyd aus dem Theophyllinglucosid ebenfalls eine Monophosphorsäure, allerdings in schlechter Ausbeute, als Bariumsalz erhalten wird, daß aber die hieraus isolierte freie Säure nicht krystallisiert und also nicht identisch mit dem ersten Präparat ist. Auch beim α-Methyl-glucosid sind die Monophosphorsäure-Derivate verschieden, je nachdem man Phosphoroxychlorid mit Pyridin oder mit Baryt anwendet. Im ersten Falle ist das Bariumsalz in Alkohol fast unlöslich, im zweiten Fall löst es sich darin ziemlich leicht und mußte deshalb für die Analyse durch das Silbersalz ersetzt werden.

Die Kombination von Phosphoroxychlorid mit Pyridin ist auch bei den einfachen Zuckern und sogar beim Rohrzucker ausführbar. Löst man den letzteren in der 15-fachen Menge heißen Pyridins, kühlt auf $-20°$ ab und fügt dann 1 Mol. Phosphoroxychlorid vermischt mit Pyridin zu, so entstehen verschiedene Produkte. Eines davon fällt aus dem Pyridin als Gallerte, ist auch in Wasser unlöslich und enthält reichliche Mengen von Phosphor. In größerer Menge findet sich in der Pyridinlösung eine Phosphorsäureverbindung, die als Bariumsalz leicht isoliert werden kann und die nach ihren Eigenschaften eine Saccharose-phosphorsäure zu sein scheint. Ich werde erst später ausführlicher über diese Versuche berichten. Bei den Aminosäuren, welche sowohl von Langheld wie von Neuberg und Pollak in Phosphorsäurederivate verwandelt wurden, ferner bei dem Inosit ist das Pyridinverfahren in der obenerwähnten Form nicht anwendbar, weil sie in der Base zu schwer löslich sind.

Die krystallisierte Theophyllinglucosid-phosphorsäure, welche das erste synthetische Produkt dieser Gruppe ist, hat in getrocknetem Zustand die Formel $C_{13}H_{17}O_9N_4P$ oder aufgelöst $C_{13}H_{16}O_7N_4 . PO_2H$; denn sie ist eine einbasische Säure, wie sich durch Titration mit Alkali sicher nachweisen ließ. Sie hat aber die Neigung, unter dem Einfluß von Basen in eine zweibasische Säure überzugehen. Das tritt ein, wenn sie längere Zeit mit überschüssigem Alkali bei gewöhnlicher Temperatur in Berührung ist oder mit Barytwasser kurze Zeit erwärmt wird. Die so entstehenden Salze sind aber ebensowenig wie die zugehörige zweibasische Säure selbst krystallisiert erhalten worden.

Ich vermute, daß in der einbasischen Säure der Phosphorsäurerest mit zwei Alkoholgruppen des Zuckerrestes verkuppelt ist; denn daß die Phosphorsäure am Zuckerrest des Theophyllin-glucosids fixiert ist, scheint kaum zweifelhaft, da am Theophyllinrest hierzu keine Gelegenheit geboten ist. Die krystallisierte Säure würde also der sekundäre Phosphorsäureester des Glucosids sein. Die Bildung eines solchen Körpers bietet nichts Auffälliges, wenn man sich der Versuche von A. Grün und F. Kade[1]) über die außerordentlich leichte Umwandlung von primärem Distearin-phosphorsäureester in sekundären und tertiären Ester erinnert.

Diese Erfahrungen mit der Theophyllinglucosid-phosphorsäure scheinen mir geeignet, neue Gesichtspunkte für die Beurteilung der natürlichen Nucleotide und Nucleinsäuren zu gewinnen. Ich werde selbstverständlich das neue Verfahren der „Phosphorylierung"[2]) auf die schon bekannten synthetischen Puringlucoside und auch auf die natürlichen Nucleoside, das Adenosin, Guanosin usw. übertragen.

Mit der synthetischen Erschließung der Gruppe ist die Möglichkeit gegeben, zahlreiche Stoffe zu gewinnen, die den natürlichen Nucleinsäuren mehr oder weniger nahestehen. Wie werden sie auf verschiedene Lebewesen reagieren? Werden sie zurückgewiesen oder zertrümmert oder werden sie am Aufbau des Zellkerns teilnehmen? Die Antwort darauf kann nur der Versuch geben. Ich bin kühn genug, zu hoffen, daß unter besonders günstigen Bedingungen der letzte Fall, die Assimilation künstlicher Nucleinsäuren ohne Spaltung des Moleküls eintreten kann. Das müßte aber zu tiefgreifenden Änderungen des Organismus führen, die vielleicht den in der Natur beobachteten dauernden Änderungen, den Mutationen, ähnlich sind.

Theophyllinglucosid-phosphorsäure, $C_{13}H_{16}O_7N_4 \cdot PO_2H$.

Wie erwähnt, entsteht sie durch Einwirkung von Phosphoroxychlorid und Pyridin auf Theophyllin-glucosid[3]). Die angewandten Materialien müssen ganz trocken sein. Deshalb wurde das feingepulverte Theophyllin-glucosid im Hochvakuum (0,15 mm) bei 78° mehrere Stunden über Phosphorpentoxyd getrocknet, während das Pyridin 6 Stunden mit überschüssigem Bariumoxyd unter Rückfluß gekocht und zum Schluß darüber destilliert war.

10 g Theophyllin-glucosid werden in 100 ccm heißem Pyridin gelöst,

[1]) Berichte der D. Chem. Gesellsch. **45**, 3358 [1912].

[2]) Bezeichnung von Neuberg und Pollak.

[3]) Den Farbenfabriken vorm. F. Bayer & Co. in Leverkusen bin ich für die Überlassung einer größeren Menge des Glucosids zu lebhaftem Danke verpflichtet. Wie früher (Berichte d. D. Chem. Gesellsch. **47**, 221 [1914]) (*S. 148*) schon erwähnt, wirkt das Glucosid nach den Beobachtungen des Hrn. Prof. Georg Klemperer stark diuretisch, wenn es per os gegeben wird. Da dieser Effekt bei intravenöser Anwendung ausbleibt, so ist es wahrscheinlich, daß im Verdauungstraktus eine hydrolytische Spaltung durch Enzyme stattfindet, und daß das hierbei entstehende Theophyllin erst die Diurese veranlaßt. In der Tat scheint das Glucosid für die medizinische Praxis keinen bemerkenswerten Vorzug vor dem Theophyllin zu haben. Hr. Geh. Rat Klemperer wird seine Erfahrungen ausführlich in einer medizinischen Zeitschrift schildern.

auf — 20° abgekühlt und mit einer Mischung von 4,6 g (etwa 1 Mol.) Phosphoroxychlorid und 10 ccm Pyridin, die ebenfalls auf — 20° gekühlt ist, versetzt. Die klare farblose Mischung bleibt 50 Minuten bei — 20° stehen, wird dann mit einer stark abgekühlten Mischung von 10 ccm Pyridin und 10 ccm Wasser versetzt und nach weiteren 15 Minuten aus dem Kältebad entfernt. Nach einer weiteren Viertelstunde fügt man 300 ccm eiskaltes Wasser hinzu, schüttelt zur Entfernung der Salzsäure mit 20 g Silbersulfat und fällt aus der filtrierten Flüssigkeit das überschüssige Silber durch Schwefelwasserstoff. Die abgesaugte Flüssigkeit, die kaum noch Schwefelwasserstoff enthalten soll, wird nun zur Entfernung des Pyridins mit 50 g reinem, krystallisiertem, feingepulvertem Bariumhydroxyd versetzt, auf 1 l verdünnt und unter einem Druck von 10—15 mm aus einem Bad von nicht mehr als 40° verdampft. Das Pyridin ist gewöhnlich nach $1^1/_2$—2 Stunden völlig verjagt. Man leitet nun in die Flüssigkeit Kohlensäure bis zur neutralen Reaktion ein, saugt über etwas Tierkohle ab und verdampft das Filtrat unter demselben geringen Druck auf etwa 75 ccm. Das hierbei ausgeschiedene Bariumcarbonat wird abgesaugt und das Filtrat in 1 l abs. Alkohol unter Umrühren eingegossen. Dabei fällt das Bariumsalz der Theophyllinglucosid-phosphorsäure als farblose, amorphe Masse aus, die sich gut absaugen und mit Alkohol und Äther waschen läßt. Ausbeute 12 g.

Das Präparat enthielt nach dem Trocknen bei 100° im Hochvakuum über Phosphorpentoxyd 17,8% Ba und 6,56% P. Wie aus dem Nachfolgenden ersichtlich ist, war es also ein Gemisch.

Um die reine krystallisierte Theophyllinglucosid-phosphorsäure zu erhalten, löst man das Bariumsalz in etwa der zehnfachen Menge Wasser, fällt das Barium genau mit Schwefelsäure, konzentriert das Filtrat zunächst bei 10—15 mm Druck und bringt dann in den Vakuumexsiccator über Phosphorpentoxyd. Nach einiger Zeit beginnt die Abscheidung von sehr feinen Nädelchen, deren Menge sich ziemlich rasch vermehrt. Sie werden schließlich abgesaugt, zuerst mit 50-proz., dann mit abs. Alkohol und schließlich mit Äther gewaschen. Ausbeute an diesem schon recht reinen Produkt ungefähr 5,3 g aus 12 g Bariumsalz oder 10 g Theophyllin-glucosid, also auf letzteres berechnet 45% der Theorie. Die wäßrige Mutterlauge gibt beim weiteren Eindunsten im Vakuumexsiccator eine neue, aber unreinere Krystallisation. Schließlich bleibt ein Sirup zurück, der andere Phosphorsäurederivate enthält.

Die krystallisierte Theophyllinglucosid-phosphorsäure änderte beim Umkrystallisieren aus warmem Wasser ihr Drehungsvermögen nicht, war also offenbar schon sehr rein. Allerdings wurden beim Umkrystallisieren öfters an Stelle der Nädelchen regelmäßige, meist sternförmig vereinigte, längliche Blättchen beobachtet; aber sie unterscheiden sich weder in der Zusammensetzung noch im Drehungsvermögen von den Nadeln.

Die krystallisierte Säure enthält im lufttrocknen Zustand Krystallwasser, das im Hochvakuum bei 78° rasch entweicht. Seine Menge entsprach im Durchschnitt von sechs Bestimmungen bei verschiedenen Präparaten 8,9%, wobei die Abweichungen vom Mittel sehr gering waren. Das getrocknete Präparat zieht an der Luft rasch wieder Feuchtigkeit an. Bei feuchter Sommerluft war die Sättigung mit Wasserdampf schon nach 20—25 Minuten erreicht. Die Menge des absorbierten Wassers betrug 7,9%. Aus diesen Beobachtungen geht mit großer Wahrscheinlichkeit hervor, daß die Menge des Krystallwassers 2 Molekülen entspricht. Berechnet für $C_{13}H_{16}O_7N_4 \cdot PO_2H + 2\,H_2O$ (440,21): 8,19% H_2O.

Die im Hochvakuum über Phosphorpentoxyd bei 78° getrocknete Säure gab folgende Zahlen:

0,1614 g Sbst.: 0,2273 g CO_2, 0,0672 g H_2O. — 0,1398 g Sbst.: 0,1984 g CO_2, 0,0570 g H_2O. — 0,1364 g Sbst.: 16,40 ccm N (über 33-proz. KOH) (21°, 763 mm). — 0,1475 g Sbst.: 18,40 ccm N (über 33-proz. KOH) (26°, 761 mm). — 0,2176 g Sbst.: 0,0616 g $Mg_2P_2O_7$.

Zur Bestimmung von Phosphor in dieser und den folgenden Substanzen wurde nach Carius oxydiert. Enthielt die Verbindung auch Barium, so wurde nach dem Öffnen des Rohres erst die Salpetersäure verdampft, der Rückstand mit Wasser und wenig Salzsäure aufgenommen, das Barium mit Schwefelsäure gefällt, das Filtrat wieder verdampft, mit Wasser aufgenommen, die Phosphorsäure mit Ammoniummolybdat in der üblichen Weise gefällt und der Niederschlag in Ammoniummagnesiumphosphat übergeführt.

$C_{13}H_{17}O_9N_4P$ (404,18).

	C	H	N	P
Ber.	38,60,	4,24,	13,87	7,67.
Gef.	38,41, 38,70,	4,66, 4,56,	13,81, 13,96,	7,88.

Die Differenz zwischen der gefundenen und berechneten Menge Wasserstoff dürfte durch die große Hygroskopizität der getrockneten Substanz bedingt sein.

Für die optischen Bestimmungen diente die wäßrige Lösung:

$$1.\quad [\alpha]_D^{26} = -\frac{0{,}60^\circ \times 5{,}0464}{1 \times 1{,}0074 \times 0{,}1010} = -29{,}76^\circ.$$

$$2.\quad [\alpha]_D^{26} = -\frac{1{,}38^\circ \times 2{,}0640}{1 \times 1{,}0187 \times 0{,}0940} = -29{,}75^\circ.$$

$$3.\quad [\alpha]_D^{26} = -\frac{1{,}53^\circ \times 1{,}7715}{1 \times 1{,}0212 \times 0{,}0896} = -29{,}62^\circ.$$

$$4.\quad [\alpha]_D^{23} = -\frac{1{,}58^\circ \times 1{,}6577}{1 \times 1{,}0233 \times 0{,}0862} = -29{,}69^\circ.$$

Die Bestimmungen sind mit 3 Präparaten verschiedener Darstellung und mit verschiedenen Krystallisationen ausgeführt. Zum Beweis, daß bei der Austreibung des Krystallwassers keine wesentliche Veränderung eintritt, ist die Bestimmung 4 mit der wasserhaltigen Säure (angewandt 0,0945 g von 8,9% Wassergehalt) ausgeführt und das Resultat auf die wasserfreie Säure umgerechnet.

Die trockne Theophyllinglucosid-phosphorsäure hat keinen Schmelzpunkt. Von 200° an sintert sie stark und färbt sich braun, bei Steigerung der Temperatur tritt allmählich völlige Zersetzung ein. Sie löst sich leicht in heißem Wasser, erheblich schwerer in der Kälte. Eine 5-proz. wäßrige Lösung bleibt aber bei 0° längere Zeit klar. In den gewöhnlichen indifferenten organischen Solvenzien ist sie außerordentlich schwer oder gar nicht löslich. Mit Chlorwasser gibt sie ähnlich dem Theophyllin und Theophyllin-glucosid die Murexidprobe. Sie reduziert die Fehlingsche Lösung beim kurzen Aufkochen nur sehr schwach. Der Geschmack ist sauer. Die Säure gibt weder mit Tannin noch mit dem Eiweiß des Hühnereis eine Fällung. Ihre wäßrige Lösung wird durch eine konzentrierte Lösung von Phosphorwolframsäure nicht gefällt, wohl aber gelb bis gelblichrot gefärbt. Verwendet man an Stelle der wäßrigen Lösung die Lösung der Säure in 20-proz. Schwefelsäure, so entsteht durch Phosphorwolframsäure sofort ein starker, gelb gefärbter Niederschlag, der erst harzig ist, später aber fest wird und beim längeren Stehen auch krystallinische Struktur annimmt. Er löst sich leicht in reinem Wasser, wird aber daraus durch starke Schwefelsäure wieder gefällt. Die Stärke der *n.*-Schwefelsäure genügt noch nicht, um den Niederschlag entstehen zu lassen, wohl aber 10-prozentige.

Die Theophyllinglucosid-phosphorsäure ist eine einbasische Säure, wie folgende Titration mit $^1/_{10}$ Normalalkali zeigt: 0,1844 g Substanz brauchten zur Neutralisation 4,5 ccm $^n/_{10}$-Natronlauge (Indicator Phenolphthalein), während für 1 Mol. 4,56 ccm berechnet sind.

In Berührung mit überschüssigem Alkali verwandelt sie sich schon bei Zimmertemperatur langsam in eine höherbasische Säure:

0,3982 g trockne Substanz wurden in 30 ccm $^n/_{10}$-Natronlauge gelöst und 48 Stunden bei Sommertemperatur (22—26°) aufbewahrt. Dann wurde das Alkali mit $^n/_{10}$-Salzsäure bei Gegenwart von Phenolphthalein zurücktitriert. Verbraucht waren 16,5 ccm $^n/_{10}$-Alkali, während 19,70 ccm für 2 Mol. Alkali berechnet sind. Mithin waren ungefähr $^2/_3$ der angewandten einbasischen Säure in zweibasische verwandelt. Die alkalische Lösung der Säure war bei dieser Behandlung farblos geblieben und reduzierte zum Schluß die Fehlingsche Lösung auch nur schwach.

Bei einem anderen Versuch, wo die Säure mit einem erheblichen Überschuß von Alkali 24 Stunden im Brutraum gestanden hatte, betrug die Menge des verbrauchten Alkalis wenig mehr als 2 Moleküle, aber gleichzeitig war die Flüssigkeit gelb geworden und reduzierte Fehlingsche Lösung stark. Mithin war eine tiefergehende Zersetzung eingetreten.

Im Einklang mit diesen Beobachtungen steht das Verhalten der Theophyllinglucosid-phosphorsäure gegen Bariumcarbonat und Bariumhydroxyd. Mit dem ersten entsteht ein amorphes Bariumsalz, das annähernd die Zusammensetzung der Monobariumverbindung besitzt, wie folgender Versuch zeigt:

0,5 g Säure wurden in 10 ccm warmem Wasser gelöst, mit reinem, frisch bereitetem Bariumcarbonat versetzt, 2—3 Minuten auf dem Wasserbade erhitzt, dann die neutrale Lösung filtriert, unter geringem Druck eingeengt und mit Alkohol gefällt. Das farblose, amorphe Salz enthielt nach dem Trocknen im Hochvakuum bei 100° über Phosphorpentoxyd 15,8% Barium, während für $(C_{13}H_{16}O_9N_4P)_2Ba$ 14,56% berechnet sind.

Dieses Salz wurde nun in der verdünnten, wäßrigen Lösung mit überschüssigem Bariumhydroxyd kurze Zeit rasch erhitzt, bis die Lösung anfing, sich schwach gelb zu färben, dann sofort Kohlendioxyd bis zur neutralen Reaktion eingeleitet, aufgekocht, abgesaugt, unter geringem Druck verdampft und mit Alkohol gefällt. Das Salz enthielt jetzt 19,6% Barium.

Ferner wurden beim Austreiben des Pyridins mit Bariumhydroxyd bei höherer Temperatur immer Bariumsalze erhalten, die über 21 bis 22,8% Ba enthielten, während für das Dibariumsalz einer Theophyllinglucosid-phosphorsäure, $C_{13}H_{17}O_{10}N_4PBa$, 24,64% Ba berechnet sind.

Auch aus diesen Bariumsalzen wurde durch Zerlegung mit Schwefelsäure und Verdampfen der Mutterlauge krystallisierte Theophyllin-glucosid-phosphorsäure gewonnen, die wahrscheinlich aus der zweibasischen Säure zurückgebildet wurde. Aber die Ausbeute war dann erheblich schlechter und die Krystallisation der Säure entsprechend schwieriger.

Hydrolyse der Theophyllin-glucosid-phosphorsäure.

Wie das Theophyllin-glucosid selbst erleidet die Säure beim Kochen mit verdünnter Salzsäure eine Hydrolyse, die aber in diesem Fall komplizierter verläuft als beim einfachen Glucosid. Wird die Säure mit 2-*n*.-Salzsäure auf dem Wasserbade erwärmt, so reduziert die Flüssigkeit bald die Fehlingsche Lösung sehr stark; sie enthält aber zunächst keinen Traubenzucker, da sie kein krystallisiertes Phenylglucosazon liefert, sondern wahrscheinlich eine reduzierende Glucose-phosphorsäure. Leider tritt bei weiterer Einwirkung der Salzsäure eine sekundäre Reaktion ein, denn die Flüssigkeit färbt sich erst gelb, dann braun. Bei einer 10-proz. Salzsäure war diese Braunfärbung nach einer halben Stunde schon recht stark. Dieser Übelstand wird vermieden, wenn man nur 1-proz. Salzsäure verwendet.

1 g reine, wasserhaltige Theophyllinglucosid-phosphorsäure wurde

in 25 ccm 1-proz. Salzsäure gelöst. Die Flüssigkeit drehte anfangs ziemlich stark nach links, aber schon nach 3-stündigem Kochen am Rückflußkühler war ganz schwache Rechtsdrehung vorhanden. Nach 4-stündigem Kochen betrug diese im 50-mm-Rohr + 0,12°, nach $5^1/_4$ Stunden + 0,32°, nach $7^1/_2$ Stunden + 0,43° und war dann nach einer weiteren Stunde unverändert. Die Flüssigkeit war zum Schluß hellgelb und reduzierte die $1^1/_2$-fache Menge Fehlingsche Lösung. Zur Isolierung der Spaltprodukte wurde sie mit *n*.-Natronlauge genau neutralisiert, mit Essigsäure ganz schwach angesäuert, bei geringem Druck und 30° ganz verdampft und der Rückstand dreimal mit je 60 ccm abs. Alkohol ausgekocht. Der Rückstand reduzierte noch Fehlingsche Lösung. Beim Verdampfen des alkoholischen Filtrats blieb ein bräunlichgelber Rückstand, von dem ein Teil zum Nachweis der Glucose mit salzsaurem Phenylhydrazin und Natriumacetat $1^1/_2$ Stunden erhitzt wurde. Das erhaltene Osazon schmolz unter Zersetzung gegen 205° und zeigte auch im Äußern die größte Ähnlichkeit mit Phenylglucosazon. Die Hauptmenge obigen Rückstandes wurde in wenig heißem Alkohol gelöst. Beim Erkalten schied sich eine amorphe Masse ab, aber beim längeren Stehen wurde der größte Teil krystallinisch. Zur völligen Reinigung mußte dieses Produkt noch zweimal aus heißem Alkohol krystallisiert werden, wobei erhebliche Verluste unvermeidlich waren. Das schließlich erhaltene Präparat war farblos, schmolz bei 264°, zeigte mit reinem Theophyllin gemischt keine Depression des Schmelzpunktes und war auch sonst dem Theophyllin so ähnlich, daß die Identität trotz der fehlenden Elementaranalyse kaum zweifelhaft ist.

Aber ich muß doch mit Rücksicht auf die ziemlich geringe Ausbeute an reinem Purinkörper betonen, daß die geschilderte Spaltung neben Phosphorsäure, Glucose und Theophyllin auch noch andere Produkte unbekannter Art liefert.

Einwirkung von Phosphoroxychlorid und Baryt auf Theophyllin-glucosid.

Die Reaktion verläuft so wenig glatt, daß man zur Erreichung einer halbwegs befriedigenden Ausbeute einen erheblichen Überschuß von Phosphoroxychlorid anwenden muß, obschon nur ein Monophosphorsäurederivat entsteht.

Eine Lösung von 3 g Theophyllin-glucosid in 45 ccm Wasser wurde mit 27 g feingepulvertem, krystallisiertem Bariumhydroxyd versetzt, die Flüssigkeit bis zum Gefrieren abgekühlt und nun mit einer Mischung von 5,4 g (etwa 4 Mol.) Phosphoroxychlorid und 10 ccm Äther 2 Stunden bei 0° geschüttelt. Zum Schluß war das Bariumhydroxyd zum größten Teil verbraucht; der Rest wurde durch Einleiten von Kohlensäure neutralisiert, dann das Filtrat mit 25 g Silbersulfat geschüttelt, zentrifugiert und aus der Flüssigkeit das in Lösung gegangene Silber genau mit Salzsäure gefällt. Dieses Chlorsilber war so fein verteilt, daß es durch Absaugen über einem mit Tierkohle gedichteten Filter entfernt werden mußte. Das Filtrat wurde mit überschüssigem Baryt versetzt, 10—15 Minuten lang aufgekocht, dann der überschüssige Baryt durch Kohlensäure entfernt, die filtrierte Flüssigkeit auf dem Wasserbade eingeengt und schließlich mit Alkohol gefällt.

Ausbeute 0,9 g eines amorphen, farblosen Bariumsalzes, dessen Analyse nach dem Trocknen im Hochvakuum bei 78° über Phosphorpentoxyd annähernd auf die Formel des Dibariumsalzes einer Theophyllinglucosid-phosphorsäure stimmt.

0,1385 g Sbst.: 0,1385 g CO_2, 0,0334 g H_2O. — 0,1418 g Sbst.: 12,55 ccm N (33-proz. KOH) (19,5°, 759 mm). — 0,2255 g Sbst.: 0,0901 g $BaSO_4$, 0,0472 g $Mg_2P_2O_7$.

$C_{13}H_{17}O_{10}N_4PBa$ (557,55).

Ber. C 27,98, H 3,07, N 10,05, P 5,56, Ba 24,64.
Gef. „ 27,27, „ 2,70, „ 10,18, „ 5,83, „ 23,51.

Als bei dem obigen Verfahren nach der Entchlorung der Flüssigkeit mit Bariumhydroxyd nicht in der Hitze, sondern nur bei gewöhnlicher Temperatur behandelt wurde, resultierte ein Bariumsalz, das nur 20,4% Ba enthielt. Offenbar handelt es sich hier um ein Gemisch.

Aus den Bariumsalzen, die mit Chlorwasser Murexidreaktion geben, wurde noch die freie Säure bereitet. Krystalle konnten hier nicht erhalten werden. Die Säure bildet vielmehr eine amorphe, glasige, in Wasser leicht lösliche Masse. Sie ist also offenbar der Hauptmenge nach verschieden von der zuvor beschriebenen Theophyllinglucosid-phosphorsäure.

α-Methyl-glucosid und Metaphosphorsäureester.

Verreibt man 2 g sehr fein gepulvertes und scharf getrocknetes α-Methyl-glucosid mit 2,2 g Metaphosphorsäure-äthylester, der nach der Vorschrift von Langheld[1]) bereitet ist, so erwärmt sich die Masse schwach. Zur Vervollständigung der Reaktion ist es nötig, noch 25 bis 30 Minuten auf dem Wasserbade zu erhitzen. Der unverbrauchte Metaphosphorsäureester läßt sich durch wiederholtes Auskochen der Masse mit trocknem Chloroform entfernen. Der farblose Rückstand wurde dann in 5 ccm kaltem Wasser gelöst, die Flüssigkeit mit gepulvertem Bariumhydroxyd genau neutralisiert und die schwach getrübte Lösung filtriert. Beim Eingießen derselben in viel Alkohol fiel ein farbloses, flockiges Bariumsalz, das abgesaugt und mit Alkohol-Äther gewaschen wurde. Ausbeute 3 g. Nach zweimaligem Umfällen aus Wasser mit Alkohol und Trocknen im Hochvakuum bei 78° über Phosphorpentoxyd enthielt das Salz 34,3% Ba und 12,4% P. In kaltem Wasser löst es sich leicht, scheidet aber beim Erhitzen einen Nieder-

[1]) Berichte d. D. Chem. Gesellsch. **44**, 2080 [1911].

schlag ab. Es ist schwer, über die Zusammensetzung des Präparates, das offenbar ein Gemisch ist, ein Urteil zu fällen.

Zu einem einheitlicheren Präparat gelangt man dadurch, daß man dieses Salz mit dem gleichen Gewicht krystallisierten Bariumhydroxyds, das in der 10-fachen Menge Wasser gelöst ist, 2 Stunden auf dem Wasserbade erhitzt. Dabei fällt ein dichter Niederschlag aus. Der überschüssige Baryt wird dann durch Kohlensäure gefällt, aufgekocht, das klare Filtrat unter stark vermindertem Druck konzentriert und schließlich mit Alkohol gefällt. Der amorphe, etwas schleimige Niederschlag wurde noch zweimal in wenig kaltem Wasser gelöst, mit viel Alkohol wieder gefällt und im Hochvakuum bei 78° über Phosphorpentoxyd getrocknet.

Die Analysen stimmen leidlich auf das Bariumsalz einer vierbasischen Methylglucosid-diphosphorsäure.

0,1989 g Sbst.: 0,0904 g CO_2, 0,0447 g H_2O. — 0,2597 g Sbst.: 0,1930 g $BaSO_4$. — 0,2190 g Sbst.: 0,1644 g $BaSO_4$, 0,0804 g $Mg_2P_2O_7$.

$C_7H_{12}O_6(PO_3Ba)_2$ (624,84).

Ber. C 13,44, H 1,94, P 9,92, Ba 43,97.

Gef. „ 12,40, „ 2,51, „ 10,23, „ 44,17, 43,73.

Das Salz selbst reduziert die Fehlingsche Lösung nicht, wohl aber tritt die reduzierende Wirkung bei der Hydrolyse mit verdünnter Salzsäure ziemlich rasch ein.

Behandlung von α-Methyl-glucosid mit Phosphoroxychlorid und Pyridin.

Eine Lösung von 10 g trocknem α-Methyl-glucosid in 50 ccm ganz trocknem Pyridin wurde auf —20° abgekühlt und eine Mischung von 7,8 g Phosphoroxychlorid (etwa 1 Mol.) und 20 ccm trocknem Pyridin, die ebenfalls auf —20° gekühlt war, hinzugefügt. Die Mischung blieb $^3/_4$ Stunden in der Kältemischung und schied dann beim Reiben salzsaures Pyridin aus. Sie wurde noch in der Kälte mit 20 ccm Wasser versetzt, dann bei gewöhnlicher Temperatur aufbewahrt und nach etwa 20 Minuten mit weiteren 200 ccm Wasser verdünnt. Nachdem das Chlor durch Schütteln mit 30 g Silbersulfat entfernt war, wurde die zentrifugierte Lösung durch Schwefelwasserstoff vom Silber befreit, der überschüssige Schwefelwasserstoff an der Saugpumpe beseitigt, nun mit überschüssigem Bariumhydroxyd versetzt und unter vermindertem Druck verdampft, bis alles Pyridin ausgetrieben war. Nachdem der überschüssige Baryt mit Kohlensäure entfernt, das Filtrat im Vakuum konzentriert und mit Alkohol gefällt war, wurde das Bariumsalz zur Reinigung noch zweimal aus der wäßrigen Lösung durch Alkohol ausgefällt und zur Analyse bei 78° im Hochvakuum über Phosphorpentoxyd getrocknet. Ausbeute etwa 8 g.

0,2840 g Sbst.: 0,1540 g $BaSO_4$, 0,0804 g $Mg_2P_2O_7$.

$C_7H_{13}O_9PBa$ (409,47). Ber. Ba 33,55, P 7,57.

Gef. „ 31,91, „ 7,89.

Die Zahlen zeigen, daß das Salz keineswegs rein, aber vorzugsweise das Dibariumsalz einer Methylglucosid-monophosphorsäure war. Die aus dem Bariumsalz mit Schwefelsäure auf die übliche Art in Freiheit gesetzte Säure blieb beim Eindunsten der wäßrigen Lösung als Sirup zurück, der bisher nicht krystallisierte. Säure und Bariumsalz reduzieren die Fehlingsche Lösung nicht, wohl aber nach der Hydrolyse mit verdünnten Säuren.

Einwirkung von Phosphoroxychlorid und Baryt auf α-Methyl-glucosid.

Eine Lösung von 6 g α-Methyl-glucosid in 75 ccm Wasser war mit 45 g fein gepulvertem krystallisierten Bariumhydroxyd versetzt und abgekühlt. Sie wurde auf der Maschine bei 0° geschüttelt und im Laufe von 2 Stunden allmählich eine Mischung von 9 g Phosphoroxychlorid und 10 ccm Äther hinzugefügt. Nachdem zum Schluß noch $^1/_2$ Stunde geschüttelt war, reagierte die Flüssigkeit nur noch schwach alkalisch. Sie wurde nun mit Kohlendioxyd neutralisiert, mit überschüssigem Silbersulfat geschüttelt, das Filtrat mit Schwefelwasserstoff behandelt, nach Entfernung des Schwefelsilbers und Schwefelwasserstoffs mit Baryt neutralisiert und diese Lösung stark eingeengt. Das Bariumsalz ließ sich hier nicht durch Alkohol in festem Zustand abscheiden. Aus der sehr konzentrierten wäßrigen Lösung fiel zwar durch Alkohol ein dicker Sirup, der sich aber in viel Alkohol wieder löste. Das Bariumsalz wurde deshalb in die Silberverbindung verwandelt durch genaues Ausfällen des Bariums mit Schwefelsäure und Erwärmung des Filtrats mit überschüssigem Silbercarbonat. Die unter vermindertem Druck eingeengte wäßrige Lösung des Silbersalzes gab auf Zusatz von Alkohol einen farblosen, pulverigen Niederschlag, der sich am Licht etwas färbte. Er wurde abgesaugt, mit Alkohol und Äther gewaschen. Ausbeute nur 1,1 g. Das zweimal aus Wasser durch Alkohol gefällte Präparat wurde bei 78° im Hochvakuum über Phosphorpentoxyd getrocknet.

0,2344 g Sbst.: 0,1295 g AgCl, 0,0577 g $Mg_2P_2O_7$.

$C_7H_{13}O_6 \cdot PO_3Ag_2$ (487,86). Ber. Ag 44,23, P 6,35.
Gef. „ 41,58, „ 6,86.

Man sieht, daß auch dieses Präparat nicht einheitlich war, und daß die Wirkung des Phosphoroxychlorids auf Methyl-glucosid bei Gegenwart von Baryt und Wasser recht unbefriedigende Resultate gibt. Hervorzuheben ist die Verschiedenheit des hier entstehenden, in Alkohol löslichen Bariumsalzes von dem mit Phosphoroxychlorid und Pyridin erhaltenen Präparat.

Bei obigen Versuchen habe ich mich der ebenso geschickten wie eifrigen Hilfe des Hrn. Dr. Ernst Pfähler erfreut, wofür ich ihm auch hier besten Dank sage.

---

13. Emil Fischer und Kálmán v. Fodor: Notiz über Theophyllin-rhamnosid.

Berichte der Deutschen Chemischen Gesellschaft 47, 1058 [1914].

(Eingegangen am 20. März 1914.)

Das Verfahren, welches kürzlich für die Bereitung der Puringlucoside beschrieben wurde[1]), läßt sich auf die Rhamnose anwenden, sobald man den Zucker in die der Acetobromglucose entsprechende Aceto-brom-rhamnose umgewandelt hat, denn diese kann mit den Silbersalzen der Purine leicht in Reaktion gebracht werden. Wir haben den Vorgang zunächst beim Theophyllin untersucht und aus seinem Silbersalz durch Erhitzen mit Acetobromrhamnose in Xylollösung das Triacetyl-theophyllin-rhamnosid hergestellt. Durch Behandlung mit alkoholischem Ammoniak entsteht daraus das Theophyllin-rhamnosid selbst, für welches die Wahl zwischen den folgenden Strukturformeln vorläufig unentschieden bleibt:

$$\begin{array}{lll} CH_3\cdot N\cdot CO & & \\ \quad OC \quad C\cdot N{<}^{C_6H_{11}O_4} & & \\ \qquad\qquad\qquad\quad {>}CH & & \\ CH_3\cdot N\cdot C\cdot N\!\!\!\nearrow & & \end{array} \qquad \begin{array}{l} CH_3\cdot N\cdot CO \\ \quad OC \quad C\cdot N\searrow \\ \qquad\qquad\qquad\quad {>}CH \\ CH_3\cdot N\cdot C\cdot N{<}_{C_6H_{11}O_4} \end{array}$$

Das Rhamnosid ist das erste synthetische Pentosid eines Purinkörpers und steht deshalb in bezug auf den Zuckerrest den biologisch wichtigen Ribosiden etwas näher als die früher beschriebenen Glucoside.

Beim Theobromin geht die Kupplung mit Acetobromrhamnose schwerer von statten, und das Produkt ist viel unbeständiger. Infolgedessen war die Ausbeute an Acetylkörper so schlecht, daß wir auf die Darstellung des freien Glucosids verzichtet haben. Die Acetobromrhamnose haben wir aus der sirupösen Acetylrhamnose mit Eisessig-

[1]) E. Fischer und B. Helferich, Berichte d. D. Chem. Gesellsch. 47, 210 [1914]. (*S. 137.*)

Bromwasserstoff hergestellt und nur im reinen krystallisierten Zustande angewandt[1]).

Triacetyl-theophyllin-rhamnosid, $C_7H_7O_2N_4 \cdot C_6H_8O_4(C_2H_3O)_3$.

8,2 g scharf getrocknetes Theophyllin-silber werden mit einer Lösung von 10 g Acetobromrhamnose in 40 g scharf getrocknetem Xylol 15 Minuten unter öfterem kräftigen Schütteln am Rückflußkühler gekocht und die noch heiße Lösung vom gebildeten Bromsilber abfiltriert. Beim Erkalten scheidet sich wenig Theophyllin aus (ca. 0,5 g). Die abermals filtrierte Lösung hinterläßt beim Verdampfen unter stark vermindertem Druck einen schwach gelb gefärbten Sirup. Löst man ihn in der 2—3-fachen Menge warmem Essigäther, so scheidet sich nach mehrstündigem Stehen in der Regel noch eine Spur Theophyllin aus. Wird dann die Essigätherlösung mit dem 6—8-fachen Volumen Petroläther versetzt, so fällt ein Sirup, der in ca. 30 ccm Alkohol gelöst wird. Beim längeren Stehen dieser alkoholischen Lösung im Eisschrank pflegt die Krystallisation einzutreten. Auch die vom Sirup abgegossene Essigäther-Petroläther-Lösung scheidet bei längerem Stehen große Krystalle des Acetylkörpers aus. Ist man einmal im Besitz von Krystallen, so läßt sich die Operation in der Weise abkürzen, daß man direkt den beim Verdampfen des Xylols bleibenden Sirup in Alkohol löst und nach Eintragen von Impfkrystallen stehen läßt. Die Ausbeute beträgt etwa 8 g oder 62% der Theorie, berechnet auf Acetobromrhamnose.

Zur Analyse wurde noch zweimal aus heißem Alkohol umkrystallisiert. Das im Vakuumexsiccator getrocknete Präparat verlor bei 107° über Phosphorpentoxyd kaum an Gewicht.

0,1724 g Sbst.: 0,3180 g CO_2, 0,0835 g H_2O. — 0,1508 g Sbst.: 16,4 ccm N (18°, 752 mm über 33-proz. KOH). — 0,1882 g Sbst.: 0,3465 g CO_2, 0,0913 g H_2O.

$C_{19}H_{24}O_9N_4$ (452,23). Ber. C 50,42, H 5,35, N 12,39.
Gef. „ 50,31, 50,21, „ 5,42, 5,43 „ 12,46.

Die Drehung wurde in Acetylentetrachlorid bestimmt.

0,3208 g Sbst. Gesamtgewicht der Lösung 5,4799 g. $d_4^{21} = 1{,}573$. Drehung im 1 dm-Rohr bei 20° für Natriumlicht 4,5° nach links. Mithin

$$[\alpha]_D^{20} = -48{,}87°.$$

Eine zweite Bestimmung gab −48,6°.

Die Substanz sintert im Capillarrohr gegen 133° und schmilzt bei 135—136° (korr.) zu einer klaren, farblosen Flüssigkeit. Sie löst sich leicht in Äther, Chloroform, Essigäther und heißem Alkohol, schwer in heißem Ligroin. Aus Alkohol krystallisiert sie in dicken, flächenreichen Formen.

---

[1]) Die ausführliche Beschreibung der Substanz wird später erfolgen. Fischer. (*Vgl. S. 119.*)

Theophyllin-rhamnosid, $C_7H_7O_2N_4 \cdot C_6H_{11}O_4$.

10 g Acetylkörper werden in 70 ccm heißem, trocknem Methylalkohol gelöst und das gleiche Volumen einer kaltgesättigten, methylalkoholischen Ammoniak-Lösung zugegeben. Nach $3^1/_2$-stündigem Stehen bei Zimmertemperatur wird kurz aufgekocht, dann unter vermindertem Druck verdampft und der farblose feste Rückstand in etwa 30 ccm heißem Alkohol gelöst. Bei mehrstündigem Stehen im Eisschrank fällt das Rhamnosid zum größten Teil als fast farblose, krystallinische Masse aus. Die Ausbeute beträgt etwa 6,3 g oder 87% der Theorie. Zur völligen Reinigung wird 1—2-mal aus heißem Alkohol umkrystallisiert.

Für die Analyse war bei 15—20 mm und 107° über Phosphorpentoxyd getrocknet, wobei aber die exsiccator-trockne Substanz nur wenig an Gewicht verlor.

0,1764 g Sbst.: 0,3098 g CO_2, 0,0925 g H_2O. — 0,1598 g Sbst.: 23,5 ccm N (17°, 763 mm über 33-proz. KOH). — 0,1334 g Sbst.: 0,2339 g CO_2, 0,0675 g H_2O. — 0,1284 g Sbst.: 19,0 ccm N (18°, 759 mm über 33-proz. KOH).

$C_{13}H_{18}O_6N_4$ (326,18). Ber. C 47,83, H 5,56, N 17,18.
Gef. „ 47,90, 47,82, „ 5,87, 5,66, „ 17,17, 17,10.

0,2695 g Sbst. Gesamtgewicht der wäßrigen Lösung 2,9603 g. $d_4^{21} = 1,027$. Drehung im 1-dm-Rohr bei 22° für Natriumlicht 7,29° nach links. Mithin

$$[\alpha]_D^{22} = -77,97°.$$

Eine zweite Bestimmung mit einem anderen Präparat ergab 78,6°.

Das Theophyllin-rhamnosid schmilzt nach geringem Sintern bei 167—168° (korr. 169—170°) zu einer farblosen Flüssigkeit. Es löst sich sehr leicht in Wasser und schmeckt ziemlich stark bitter. In warmem Alkohol ist es ziemlich leicht, in kaltem recht schwer löslich. In Äther, Chloroform, Benzol ist es fast unlöslich. Es reduziert Fehlingsche Lösung bei kurzem Kochen gar nicht. Beim Erwärmen mit 5-prozentiger Salzsäure wird es ziemlich rasch hydrolysiert. Phosphorwolframsäure gibt mit der nicht zu verdünnten Lösung eine Fällung.

Triacetyl-theobromin-rhamnosid, $C_7H_7O_2N_4 \cdot C_6H_8O_4(C_2H_3O)_3$.

4 g scharf getrocknetes Theobromin-silber wurden mit einer Lösung von 5 g Acetobrom-rhamnose in 40 g Xylol 5 Minuten unter öfterem Schütteln gekocht. Die heiß filtrierte Flüssigkeit schied beim Erkalten eine geringe Menge Theobromin ab. Aus der abermals filtrierten und mit der 4—5-fachen Menge Petroläther versetzten Lösung fiel ein dicker Sirup, der beim Auslaugen mit etwa 40 ccm Äther zum größten Teil in Lösung ging, während ein fester Teil zurückblieb. Dieser wird in wenig warmem Alkohol gelöst; scheidet sich dabei wieder etwas Theo-

bromin ab, so muß man heiß filtrieren; beim Erkalten fällt das Triacetyl-theobromin-rhamnosid krystallinisch aus. Mehrmals aus Alkohol umkrystallisiert, bildet es kleine, glänzende Blättchen. Leider betrug die Ausbeute an reiner Substanz nur 0,2—0,3 g.

0,1512 g Sbst. (im Vak. über P_2O_5 getr.): 0,2774 g CO_2, 0,0712 g H_2O. — 0,1473 g Sbst.: 16 ccm N (17,5°, 759 mm über 33-proz. KOH).

$C_{19}H_{24}O_9N_4$ (452,23). Ber. C 50,42, H 5,35, N 12,39.
Gef. „ 50,04, „ 5,27, „ 12,60.

Die Substanz schmilzt gegen 222° (korr.) zu einer trüben, braunen Flüssigkeit, die beim weiteren Erhitzen schwarzbraun und gegen 250 bis 260° klar wird. Sie löst sich ziemlich leicht in warmem Alkohol, schwerer in Essigäther und sehr schwer in Äther. Sie reduziert Fehlingsche Lösung beim Kochen stark.

---

14. Burckhardt Helferich und Malte von Kühlewein: Synthese einiger Purin-glucoside.

Berichte der Deutschen Chemischen Gesellschaft **53**, 17 [1920].

(Eingegangen am 25. November 1919.)

Die vorliegende Arbeit ist schon vor dem Kriege abgeschlossen. Äußere Gründe haben bisher ihre Veröffentlichung in einer Zeitschrift verhindert[1]).

Im Anschluß an eine Arbeit von Emil Fischer und B. Helferich, Synthetische Glucoside der Purine[2]), wurde versucht, die dort beschriebene Methode zur Synthese von Purin-glucosiden auch auf andere Zucker zu übertragen. Es gelang dies ohne Schwierigkeiten, und es wurden so Theophyllin-galaktosid und Theobromin-galaktosid dargestellt. Beide verhalten sich ganz wie die entsprechenden Glucose-Verbindungen.

Da die besonders durch die Arbeiten von Levene und Jacobs in der Natur aufgefundenen Purin-glucoside sich vorwiegend als Pentosen-Derivate herausgestellt haben, war es von besonderem Interesse, die Methode auch auf eine Pentose anzuwenden. Es wurde die am leichtesten zugängliche *l*-Arabinose gewählt und aus ihr ein schön krystallisierendes Theophyllin-*l*-arabinosid dargestellt.

Die Formulierungsmöglichkeiten dieser Purin-glucoside sind in der oben erwähnten Arbeit bereits eingehend erörtert, und wir glauben deshalb, hier auf eine Wiederholung verzichten zu dürfen.

Tetracetyl-theophyllin-*d*-galaktosid, $C_7H_7O_2N_4 \cdot C_6H_7O_5(COCH_3)_4$.

22,3 g Aceto-bromgalaktose[3]) wurden in 450 ccm wasserfreiem Xylol gelöst, mit 17,9 g bei 120—130° getrocknetem Theophyllin-silber am

---

[1]) Siehe Inaug.-Diss. Malte v. Kühlewein, Berlin 1915; teilweise auch: Chem. Centralbl. **1915**, I 29.

[2]) Berichte d. D. Chem. Gesellsch. **47**, 210, [1914]. (*S. 137.*)

[3]) Emil Fischer, ebenda **43**, 2534 [1910]. (*S. 232*).

Rückflußkühler 5 Minuten gekocht und vom entstandenen Bromsilber abgesaugt. Im Filtrat wurde mit der etwa $1^1/_2$-fachen Menge Petroläther das Tetracetyl-glucosid als amorpher Niederschlag gefällt. Nach längerem Stehen setzt sich dieser an den Gefäßwandungen fest, so daß man die darüber stehende Flüssigkeit absaugen kann. Der Rückstand wurde in 120 ccm kochendem Alkohol gelöst, mit etwas Tierkohle behandelt und heiß filtriert. Beim Erkalten krystallisieren 12,3 g des Tetracetyl-theophyllin-galaktosids. Zur völligen Reinigung wurde es noch dreimal aus abs. Alkohol umkrystallisiert. Schmp. 135—137° (korr.) nach Sintern von 131° an. Es reduziert auch in der Hitze Fehlingsche Lösung nicht. Durch Kochen mit 10-proz. Salzsäure wird es ziemlich rasch abgespalten.

0,1573 g Sbst.: 0,2842 g CO_2, 0,0738 g H_2O. — 0,1584 g Sbst.: 15,1 ccm N (20°, 758 mm, 33-proz. KOH).

$C_{21}H_{26}O_{11}N_4$ (510,36). Ber. C. 49,40, H 5,14, N 10,98.
Gef. „ 49,29, „ 5,25, „ 10,92.

Der Körper ist in Alkohol, Eisessig und Wasser in der Kälte mäßig bis schwer löslich, in Äther schwer, in Petroläther so gut wie unlöslich, in den anderen gebräuchlichen organischen Lösungsmitteln leicht löslich.

Zur optischen Bestimmung diente die Lösung im Toluol.

$$\text{I. } [\alpha]_D^{20} = -\frac{0{,}41^\circ \times 6{,}1306}{1 \times 0{,}8720 \times 0{,}2063} = -13{,}97^\circ.$$

$$\text{II. } [\alpha]_D^{20} = -\frac{0{,}50^\circ \times 4{,}5230}{1 \times 0{,}8783 \times 0{,}1987} = -12{,}96^\circ.$$

Theophyllin-*d*-galaktosid, $C_7H_7O_2N_4 \cdot C_6H_{11}O_5$.

3,5 g Tetracetyl-theophyllin-*d*-galaktosid wurden unter gelindem Erwärmen in 17,5 ccm absolutem Methylalkohol gelöst, auf 0° abgekühlt und mit 75 ccm Methylalkohol, der bei 0° mit Ammoniak gesättigt war, versetzt. Nach 12 Stdn. langem Aufbewahren im Eisschrank wurde die Flüssigkeit unter vermindertem Druck bei einer Badtemperatur bis höchstens 30° zur Trockne verdampft und der Rückstand mit 20 ccm heißem absolutem Alkohol aufgenommen. Beim Erkalten krystallisiert das Glucosid in schönen, langen Nadeln. Ausbeute an lufttrocknem Produkt 2,2 g. Zur Analyse wurde das Glucosid nochmals aus absolutem Alkohol umkrystallisiert (2 g aus 200 ccm) und bei 100° über Phosphorpentoxyd unter vermindertem Druck getrocknet.

0,1428 g Sbst.: 0,2385 g CO_2, 0,0701 g H_2O. — 0,1352 g Sbst.: 19,0 ccm N (18°, 760 mm, 33-proz. KOH).

$C_{13}H_{18}O_7N_4$ (342,25). Ber. C 45,60, H 5,30, N 16,37.
Gef. „ 45,56, „ 5,49, „ 16,27.

Das Glucosid schmilzt bei 251° (korr.) unter Braunfärbung und Entwicklung von Gasblasen nach geringem Sintern von 248° an.

Zur optischen Bestimmung diente eine Lösung in Wasser.

$$\text{I. } [\alpha]_D^{20} = \frac{+0{,}95^\circ \times 2{,}5634}{1 \times 1{,}015 \times 0{,}1023} = 23{,}45^\circ.$$

$$\text{II. } [\alpha]_D^{20} = \frac{+0{,}92^\circ \times 2{,}6409}{1 \times 1{,}013 \times 0{,}1037} = 23{,}11^\circ.$$

Die wäßrige Lösung des Glucosids reduziert Fehlingsche Lösung auch beim Kochen nicht. Durch Salzsäure in der Hitze wird es ziemlich rasch in seine Bestandteile, *d*-Galaktose und Theophyllin, gespalten. Die Spaltung konnte polarimetrisch verfolgt werden:

0,2 g Theophyllin-glucosid, in 5 ccm *n*-Salzsäure gelöst, wurden im siedenden Wasserbad erhitzt. Nach 3 Stdn. war die Drehung konstant und entsprach der vollen, aus dem Glucosid in Freiheit gesetzten Menge von *d*-Galaktose.

Aus Wasser (etwa der dreifachen Menge) krystallisiert das Glucosid mit wechselnden Mengen Krystallwasser, das es ziemlich rasch bei 100° über Phosphorpentoxyd unter vermindertem Druck abgibt.

Tetracetyl-theobromin-*d*-galaktosid, $C_7H_7O_2N_4 \cdot C_6H_7O_5(COCH_3)_4$.

8 g trocknes Theobromin-silber werden unter Ausschluß von Luftfeuchtigkeit mit einer Lösung von 10 g Aceto-bromgalaktose in 200 ccm wasserfreiem Toluol 1 Stde. gekocht. Die Masse färbt sich anfangs grau, dann mehr und mehr dunkel. Von dem gebildeten Bromsilber und unveränderten Theobrominsalz wird heiß abgenutscht. Die Flüssigkeit erstarrt beim Abkühlen zu einer klaren, schwach gelblich gefärbten Gallerte. Von diesem amorphen Niederschlag läßt sich das Toluol durch Absaugen trennen. Der hellgelbe Rückstand wird in einem Schälchen mit so viel Methylalkohol übergossen, daß er von diesem gerade bedeckt ist, und dann mit einem Pistill tüchtig verrieben. Nach kurzer Zeit tritt an Stelle des gallertartigen Niederschlages ein Brei von rein weißen Krystallen, der aus mikroskopischen Nadeln besteht. Das so dargestellte Tetracetyl-theobromin-*d*-galaktosid wurde zur völligen Reinigung in wenig Aceton gelöst und durch allmählichen Zusatz von absolutem Äther wieder ausgefällt. Schmp. 208° unter Braunfärbung, nach kurzem Sintern von 205° an.

0,1515 g Sbst.: 0,2737 g CO_2, 0,0698 g H_2O. — 0,1510 g Sbst.: 14,2 ccm N (18°, 764 mm, 33-proz. KOH).

$C_{21}H_{26}O_{11}N_4$ (510,36).	Ber. C 49,40,	H 5,14,	N 10,98.
	Gef. „ 49,29,	„ 5,16,	„ 10,94.

Die Drehung wurde in Chloroformlösung bestimmt.

$$\text{I. } [\alpha]_D^{17} = \frac{+0{,}063^\circ \times 11{,}2504}{0{,}5 \times 1{,}511 \times 0{,}0961} = +9{,}76^\circ.$$

$$\text{II. } [\alpha]_D^{17} = \frac{+0{,}064^\circ \times 11{,}2469}{0{,}5 \times 1{,}485 \times 0{,}1001} = +9{,}69^\circ.$$

Der Körper ist in kaltem Wasser fast unlöslich, etwas leichter löslich in Alkohol, Aceton, Benzol, Toluol, noch leichter in Essigäther, leicht in Acetylen-tetrachlorid. Er reduziert Fehlingsche Lösung in der Hitze.

Theobromin-*d*-galaktosid, $C_7H_7O_2N_4 \cdot C_6H_{11}O_5$.

120 ccm Methylalkohol, die bei 0° mit Ammoniak gesättigt sind, werden mit 150 ccm Methylalkohol verdünnt und in diese Flüssigkeit 3 g Tetracetyl-theobromin-*d*-galaktosid eingetragen und ungefähr 20 Minuten geschüttelt. Dabei trat klare Lösung ein. Nach 3-stündigem Aufbewahren bei 0° wurde die Lösung unter vermindertem Druck möglichst schnell (Kühlung der Vorlage mit Kältemischung) bei einer Badtemperatur von 20° eingedampft, der braune, sirupöse Rückstand, in 30 ccm Wasser gelöst, zur Entfernung von geringen Verunreinigungen durch ein mit Tierkohle gedichtetes Filter filtriert und zum Filtrat in kleinen Portionen etwa 300 ccm Aceton zugegeben. Dabei krystallisiert das Theobromin-*d*-galaktosid in weißen Nädelchen aus. Die Ausbeute an lufttrockner Substanz betrug im ganzen 1 g, d. i. 50% der Theorie. Die Krystalle enthalten 2 Mol. Krystallwasser.

I. 0,3798 g verloren bei 100° und 12 mm Druck (über Phosphorpentoxyd) 0,0364 g (nach 3 Stdn.).

II. 0,4392 g verloren ebenso 0,0434 g.

Ber. für 2 Mol. H_2O 9,53.
Gef. „ „ „ „ 9,58, 9,88.

Zur Analyse wurde die getrocknete Substanz verwandt.

0,1535 g Sbst.: 0,2564 g CO_2, 0,0753 g H_2O. — 0,1422 g Sbst.: 19,2 ccm N (13°, 733 mm, 33-proz. KOH).

$C_{13}H_{18}O_7N_4$ (342,25). Ber. C 45,60, H 5,30, N 16,37.
Gef. „ 45,57, „ 5,49, „ 16,24.

Das Theobromin-galaktosid ist gegen Wasser auch bei Zimmertemperatur noch empfindlicher als das entsprechende Glucosid. So konnte die optische Bestimmung in wäßriger Lösung nur annähernd ausgeführt werden, da nach kürzester Zeit die Flüssigkeit sich durch Abscheidung von Theobromin trübt.

Eine Lösung von 0,0244 g Sbst. in 1,5 ccm Wasser gelöst, drehte sofort nach der Auflösung im $^1/_2$ dm-Rohr 0,13° nach links.

Beim Erhitzen im Röhrchen beginnt das Galaktosid, das getrocknete sowohl wie das wasserhaltige, sich bei 150° zu bräunen und verkohlt dann bei weiterem Erhitzen allmählich, ohne zu schmelzen. Es ist in Wasser ziemlich leicht löslich, doch tritt rasch Zersetzung ein (Abscheidung von Theobromin), in heißem Alkohol mäßig leicht löslich, in den gewöhnlichen organischen Lösungsmitteln schwer bis unlöslich. Es reduziert, entsprechend seiner leichten Spaltbarkeit mit Wasser, Fehlingsche Lösung in der Hitze.

Triacetyl-theophyllin-*l*-arabinosid, $C_7H_7O_2N_4 \cdot C_5H_6O_4(COCH_3)_3$.

5,5 g Triacetyl-bromarabinose[1]) wurden unter gelindem Erwärmen in 100 ccm sorgfältig getrocknetem Xylol gelöst, 4,9 g scharf getrocknetes Theophyllin-silber zugegeben und 5 Minuten unter häufigem Umschwenken am Rückflußkühler gekocht. Von dem entstandenen Bromsilber wurde abgesaugt. Im Filtrat fällt beim Erkalten das Triacetyl-arabinosid sofort in krystallinischer Form aus. Ausbeute 3,6 g. Aus etwa der 50-fachen Menge absolutem Methylalkohol wurde es zur Analyse zweimal umkrystallisiert (rhombisch begrenzte, dünne Plättchen).

0,1424 g Sbst.: 0,2579 g CO_2, 0,0646 g H_2O. — 0,0885 g Sbst.: 9,65 ccm N (19°, 752 mm, 33-proz. KOH).

($C_{18}H_{22}O_9N_4$ (438,31). Ber. C 49,30, H 5,06, N 12,79.
Gef. „ 49,41, „ 5,08, „ 12,44.

Die Drehung wurde in Acetylen-tetrachlorid bestimmt.

$$\text{I. } [\alpha]_D^{23} = \frac{+3{,}905^\circ \times 3{,}4544}{1 \times 1{,}5461 \times 0{,}2013} = +43{,}34^\circ.$$

$$\text{II. } [\alpha]_D^{23} = \frac{+4{,}057^\circ \times 3{,}3573}{1 \times 1{,}5732 \times 0{,}2002} = +43{,}25^\circ.$$

Der Schmelzpunkt des Triacetyl-arabinosids liegt bei 214—216° nach geringem Sintern. Der Körper ist in Wasser und Äther sehr schwer, in Alkohol, Essigäther und Benzol ziemlich schwer, etwas leichter in Aceton, leicht in Chloroform löslich.

Theophyllin-*l*-arabinosid, $C_7H_7O_2N_4 \cdot C_5H_9O_4$.

3 g Triacetyl-theophyllin-*l*-arabinosid wurden in 200 ccm Methylalkohol unter gelindem Erwärmen gelöst und zu der auf 0° abgekühlten Lösung die gleiche Menge Methylalkohol, der bei 0° mit Ammoniak gesättigt war, zugegeben. Nach 24-stündigem Aufbewahren im Eisschrank wurde bei einer Badtemperatur von 30—35° unter verminder-

---

[1]) Dargestellt nach den Angaben von Chavanne, Compt. rend. **134**, 661 [1902].

tem Druck auf etwa $^1/_3$ des Volumens eingeengt. Dabei krystallisiert das Theophyllin-*l*-arabinosid in feinen Nadeln in sofort analysenreiner Form aus.

0,1524 g Sbst.: 0,2596 g CO_2, 0,0727 g H_2O — 1,391 g Sbst.: 21,3 ccm N (16,5°, 756 mm, 33-proz. KOH).

$C_{12}H_{16}O_6N_4$ (312,23). Ber. C 46,14, H 5,17, N 17,95.
Gef. „ 46,47, „ 5,34, „ 17,75.

Die wäßrige Lösung des Glucosids reduziert Fehlingsche Lösung auch in der Hitze nicht. Durch verdünnte Salzsäure wird das Glucosid ziemlich rasch gespalten.

Die Drehung wurde in etwa 2,5-proz. wäßriger Lösung bestimmt.

$$\text{I. } [\alpha]_D^{18} = \frac{+\,0{,}789^\circ \times 2{,}0704}{1 \times 1{,}0048 \times 0{,}0483} = +\,33{,}66^\circ.$$

$$\text{II. } [\alpha]_D^{18} = \frac{+\,1{,}62^\circ \times 4{,}2416}{1 \times 1{,}0162 \times 0{,}1984} = +\,34{,}08^\circ.$$

Das Glucosid färbt sich, im Röhrchen erhitzt, von etwa 245° an dunkel und schmilzt bei 276—277° zu einer braunen Flüssigkeit. Es ist mäßig leicht löslich in Wasser, schwerer in Methylalkohol, Äthylalkohol und Aceton, in den andern organischen Lösungsmitteln schwer- bis unlöslich.

---

15. Emil Fischer: Synthese neuer Glucoside.

Berichte der Deutschen Chemischen Gesellschaft 47, 1377 [1914].

(Eingegangen am 31. März 1914.)

Die Wechselwirkung zwischen Aceto-halogen-glucose und Silber-Verbindungen ist früher nur in sehr bescheidenem Umfang studiert worden. W. Königs und E. Knorr[1]) zeigten, daß die Aceto-brom-glucose, mit Silberacetat in Eisessiglösung behandelt, Pentaacetyl-glucose liefert. Dagegen versuchten sie vergebens, durch Umsetzung der Aceto-brom-glucose mit Silbernitrat in wäßrig-methylalkoholischer Lösung die von Colley[2]) entdeckte Aceto-nitro-glucose zu bereiten. Später haben Zd. H. Skraup und R. Kremann[3]) aus Aceto-chlor-glucose mit Silbernitrat und Natrium in ätherischer Lösung einer Aceto-nitro-glucose bereitet, die isomer mit dem Colleyschen Körper ist und beim Umkrystallisieren aus Alkohol in diesen übergeht. Allerdings haben Königs und Knorr auch zur Umwandlung der Aceto-brom-glucose in das Tetraacetyl-β-methylglucosid Methylalkohol und Silbercarbonat benutzt. Aber das Silbercarbonat hat hier vorzugsweise den Zweck, den Bromwasserstoff zu binden; denn es kann, wie Königs und Knorr schon angaben, auch durch Bariumcarbonat oder Pyridin ersetzt werden, und die Bildung des β-Methylglucosids findet auch bereits statt, wenn man eine Lösung der Aceto-brom-glucose in absolutem Methylalkohol längere Zeit stehen läßt.

Kürzlich haben nun Helferich und ich[4]) gezeigt, daß die Silbersalze der Purine mit Aceto-brom-glucose in wasserfreien Lösungsmitteln umgesetzt werden können, woraus sich eine vielfach anwendbare Methode für die Synthese von Purin-glucosiden ergeben hat.

---

1) Berichte d. D. Chem. Gesellsch. **34**, 957 [1901].

2) Compt. rend. **76**, 436 [1873].

3) Monatsh. **22**, 1043 [1901].

4) Berichte d. D. Chem. Gesellsch. **47**, 210 [1914]. (*S. 137.*)

Die naheliegende Erwartung, daß man auf ähnlichem Wege noch manche andere Zuckerderivate bereiten könne, hat sich erfüllt, wie folgende Beispiele zeigen.

1. Aceto-brom-glucose und trocknes Succinimid-silber reagieren in Xylollösung auf dem Wasserbad schnell, und es entsteht in guter Ausbeute das Tetraacetyl-succinimid-glucosid. Durch Behandlung mit methylalkoholischem Ammoniak gelingt es leicht, die Acetylgruppen zu entfernen, aber gleichzeitig wird an der Succinimidgruppe Ammoniak angelagert, und es entsteht ein Produkt $C_4H_7O_2N_2 \cdot C_6H_{11}O_5$, das ich als Glucosid des Succinamids betrachte. Zwischen den beiden Formeln

$$HO{\cdot}CH_2{\cdot}CH(OH){\cdot}\underbrace{CH{\cdot}CH(OH){\cdot}CH(OH){\cdot}CH}_{O}{\cdot}NH{\cdot}CO{\cdot}CH_2{\cdot}CH_2{\cdot}CO{\cdot}NH_2$$

oder $HO \cdot CH_2 \cdot CH(OH) \cdot CH(OH) \cdot CH(OH) \cdot CH(OH) \cdot CH : N \cdot CO \cdot CH_2 \cdot CH_2 \cdot CO \cdot NH_2$ läßt sich zwar nicht sicher entscheiden. Ich halte aber die erste für die wahrscheinlichere.

Ich zweifle nicht daran, daß man nach dem gleichen Verfahren die entsprechenden Derivate des Phthalimids und ähnlicher Körper gewinnen kann.

2. Aceto-brom-glucose und Rhodansilber liefern unter denselben Bedingungen eine Rhodanverbindung, die man nach der Entstehungsweise als Aceto-rhodan-glucose bezeichnen und der man die Formel $C_6H_7O_5(C_2H_3O)_4 \cdot NCS$ zuschreiben kann. Beim Kochen mit Alkohol addiert sie ein Molekül desselben, und das Produkt ist aller Wahrscheinlichkeit nach ein Derivat des Thiourethans, in welchem ein Wasserstoff des Amids durch den Rest des acetylierten Zuckers ersetzt ist:

$$C_6H_7O_5(C_2H_3O)_4 \cdot NH \cdot CS \cdot OC_2H_5.$$

Wird der Rhodankörper mit methylalkoholischem Ammoniak verseift, so findet nicht allein die Abspaltung sämtlicher Acetylgruppen, sondern auch die Anlagerung von einem Molekül Ammoniak an die Rhodangruppe statt, und das Produkt hat die Zusammensetzung eines Thiocarbamids der Glucose. Da es in wäßriger Lösung leicht durch Quecksilberoxyd entschwefelt wird, so ist die Annahme gerechtfertigt, daß der Glucoserest am Stickstoff sitzt, daß also dem Körper die Formel:

$$C_6H_{11}O_5 \cdot NH \cdot CS \cdot NH_2,$$

bzw. $C_6H_{11}O_5 \cdot NH \cdot C(SH) : NH$

zukommt.

3. Aceto-brom-glucose und Silbercyanat reagieren ebenfalls in Xylollösung auf dem Wasserbad durch Austausch von Brom gegen das Radikal der Cyansäure. Es entstehen dabei zwei Produkte, die sich durch ihre verschiedene Löslichkeit ziemlich leicht trennen lassen. Das eine ist krystallisiert und hat die Zusammensetzung $C_6H_7O_5 \cdot (C_2H_3O)_4 \cdot NCO$.

Es verbindet sich mit 1 Mol. Alkohol zu einem krystallinischen Produkt, das wohl als das Urethan der Tetraacetyl-glucose zu betrachten ist. Ferner löst es sich leicht in starkem wäßrigem Ammoniak, und beim mehrstündigen Aufbewahren dieser Lösung entsteht durch Abspaltung der vier Acetylgruppen und Addition von einem Molekül Ammoniak eine Verbindung von Glucose mit Harnstoff:

$$C_6H_{11}O_5 \cdot N_2H_3CO.$$

Diese hat sich als identisch erwiesen mit dem Glucose-harnstoff (carbamide du glucose), den N. Schoorl[1]) direkt aus Traubenzucker und Harnstoff herstellte und sehr eingehend untersuchte. Da in diesem Harnstoff sehr wahrscheinlich der Glucoserest an Stickstoff gebunden ist, so darf man wohl das gleiche auch für obiges Cyanat annehmen, und wird es dementsprechend als Isocyanat-Verbindung betrachten und bezeichnen.

Neben dem krystallisierten Isocyanat entsteht ein amorphes Produkt, das nach der Analyse annähernd die gleiche Zusammensetzung hat. Bei der Behandlung mit Ammoniak liefert es einen ebenfalls amorphen Körper, welcher wiederum ungefähr die Zusammensetzung des Glucose-harnstoffs hat. Es handelt sich also hier um zwei Produkte, deren physikalische Beschaffenheit keine Garantie für ihre Einheitlichkeit bietet, und die vielleicht nur Gemische der oben erwähnten krystallisierten Stoffe mit einer isomeren Substanz sind.

Viel schwieriger haben sich die Versuche zur Gewinnung von Glucosiden der Uracile gestaltet. Wie schon früher berichtet wurde[2]), reagiert das Silbersalz des 4-Methyl-uracils leicht mit Aceto-brom-glucose in heißer Xylollösung, aber das Produkt ist amorph und wurde leicht unter Rückbildung von Methyl-uracil gespalten. Ganz ähnliche Erfahrungen habe ich neuerdings beim Uracil und Cytosin gemacht. Auch hier entstehen durch Einwirkung von Aceto-brom-glucose auf die Silbersalze Produkte, die allem Anschein nach Verbindungen der Tetra-acetyl-glucose sind. Aber leider ist bisher ihre Krystallisation noch nicht gelungen und ebensowenig die Abspaltung der Acetylgruppen, weil zu leicht eine tiefergehende Zersetzung unter Rückbildung der Uracile eintritt.

Etwas besser waren die Resultate beim 2-Thiouracil und dem 2-Äthyl-thiouracil. Das erste gab ein krystallisiertes Derivat, das nach der Analyse zweimal den Rest der Tetra-acetyl-glucose enthält, und dessen Entstehung aus dem Disilbersalz nicht überraschend ist. Ich bezeichne den Körper als 2-Thiouracil-di-[tetra-acetyl-

---

[1]) Rec. d. trav. chim. Pays-Bas. **22**, 31 [1903].

[2]) Berichte d. D. Chem. Gesellsch. **47**, 216 [1914]. (*S. 143.*)

glucosid]. Das 2-Äthyl-thiouracil gab ebenfalls ein krystallisiertes Derivat, das aber den Rest der Acetyl-glucose nur einmal enthält.

Beide Acetylkörper lassen sich durch flüssiges Ammoniak bei gewöhnlicher Temperatur verseifen, aber die hierbei entstehenden Körper haben so unbequeme physikalische Eigenschaften, daß es bisher nicht möglich war, sie völlig zu reinigen.

Tetraacetyl-succinimid-*d*-glucosid,

$$C_6H_7O_5(C_2H_3O)_4\cdot \underline{N\cdot CO\cdot CH_2\cdot CH_2\cdot CO}.$$

26 g Succinimid-silber, das bei 100° und 10 mm entwässert ist, werden mit einer Lösung von 50 g Aceto-brom-glucose (statt der berechneten 52 g) in 300 ccm trocknem Xylol auf dem lebhaft siedenden Wasserbad unter häufigem Umschütteln erwärmt. Dabei verwandelt sich das weiße Silbersalz rasch in gelbes Bromsilber und nach etwa 5 Minuten erfüllt das Reaktionsprodukt die Flüssigkeit breiartig. Deshalb gibt man nach etwa 15 Minuten 300 ccm trocknes Chloroform zu, erwärmt die Lösung noch kurze Zeit auf dem Wasserbad und saugt warm von den Silbersalzen ab. Das klare, farblose Filtrat scheidet beim Eingießen in 5 l Petroläther einen farblosen, amorphen Niederschlag ab, der bald hart und pulverig wird. Ausbeute 46,8 g oder 86,4% der Theorie. Durch zweimaliges Umkrystallisieren aus 350 ccm abs. Alkohol erhält man die Verbindung leicht rein. Doch geht die Ausbeute dabei auf 31 g zurück, wenn die Mutterlaugen nicht aufgearbeitet werden.

Zur Analyse wurde noch zweimal aus Alkohol umkrystallisiert. Die im Vakuumexsiccator getrocknete Substanz verlor bei 78° und 11 mm über Phosphorpentoxyd kaum an Gewicht.

0,1919 g Sbst.: 0,3545 g CO_2, 0,0910 g H_2O. — 0,2591 g Sbst.: 7,15 ccm N (über 33proz. KOH), (15°, 762 mm).

$C_{18}H_{23}O_{11}N$ (429,19). Ber. C 50,33, H 5,40, N 3,26.
Gef. „ 50,38, „ 5,31, „ 3,25.

Zur optischen Bestimmung diente die Lösung in Acetylentetrachlorid.

0,2999 g Sbst. Gesamtgewicht der Lösung 4,8608 g, $d_4^{18} = 1,5686$, Drehung im 1-dm-Rohr bei 22° für Natriumlicht 1,24° nach rechts. Mithin

$$[\alpha]_D^{18} = +12,81°.$$

0,3045 g Sbst. (andere Darstellung: viermal aus abs. Alkohol und dreimal aus einem Gemisch von Essigäther und Petroläther umkrystallisiert). Gesamtgewicht der Lösung 5,6907 g, $d_4^{18} = 1,5711$, Drehung im 1-dm-Rohr bei 22° für Natriumlicht 1,07° nach rechts.

Mithin

$$[\alpha]_D^{18} = + 12,73°.$$

Beim 24stündigen Aufbewahren der Lösung trat keine Änderung der Drehung ein.

Das Tetraacetyl-succinimid-glucosid sintert im Capillarrohr von etwa 195° an und schmilzt bei 203—204° (korr.) zu einer farblosen Flüssigkeit. Aus Alkohol erhält man es in mikroskopischen, langen, verfilzten, oft abgeflachten Nadeln und aus heißem Wasser in zentrisch vereinigten, dreieckigen Plättchen. Es ist in der Kälte in Wasser und Alkohol schwer, in der Hitze bedeutend leichter löslich. Es löst sich recht schwer in Äther, viel leichter in Benzol und sehr leicht in Chloroform, Essigester und Aceton. Es reduziert die Fehlingsche Lösung nicht und wird durch heiße, verdünnte Mineralsäuren ziemlich leicht hydrolysiert.

Succinamid-*d*-glucosid, $NH_2 \cdot CO \cdot CH_2 \cdot CH_2 \cdot CO \cdot NH \cdot C_6H_{11}O_5$.

10 g Tetraacetyl-succinimid-glucosid wurden in 200 ccm warmem, trocknem Methylalkohol gelöst und die Lösung unter Eiskühlung mit gasförmigem Ammoniak gesättigt. Ein anfänglich entstehender Niederschlag löste sich dabei wieder. Nach 15-stündigem Aufbewahren im Eisschrank wurde die Lösung bei 30° durch kräftiges Evakuieren vom größeren Teil des Ammoniaks befreit. Dabei schied sich bald eine krystallinische, weiße Masse in reichlicher Menge aus, die nach einstündigem Stehen in Eis abgesaugt und mit wenig Methylalkohol gewaschen wurde (5,7 g). Sie wurde zweimal mit möglichst wenig kaltem Wasser (17 ccm) aufgenommen und die Lösung mit 250 ccm Alkohol vermischt. Beim Reiben begann sofort die Krystallisation mikroskopischer, dünner, oft sternförmig angeordneter Prismen. Ausbeute 4,6 g krystallwasserhaltiger, analysenreiner Substanz oder 63% der Theorie. Die lufttrockne Substanz enthielt 2 Mol. Wasser, die sich unter 0,3 mm Druck schon bei 20° in kurzer Zeit austreiben ließen.

0,1841 g Sbst. (lufttr.): 0,0211 g Gewichtsverlust. — 0,2233 g Sbst. (lufttr.): 0,0253 g Gewichtsverlust. — 0,3235 g Sbst. (lufttr.): 0,0365 g Gewichtsverlust. — 0,2714 g Sbst. (lufttr.): 0,0308 g Gewichtsverlust.

$C_{10}H_{18}O_7N_2 + 2\,H_2O$ (314,19). Ber. H_2O 11,47.
Gef. „ 11,46, 11,33, 11,28, 11,35.

0,1630 g Sbst. (wasserfrei): 0,2570 g CO_2, 0,0942 g H_2O. — 0,1980 g Sbst. (wasserfrei): 16,5 ccm N (über 33-proz. KOH) (16° 766 mm).

$C_{10}H_{18}O_7N_2$ (278,16). Ber. C 43,14, H 6,52, N 10,07.
Gef. „ 43,00, „ 6,47, „ 9,82.

0,2422 g wasserfreie Sbst. Gesamtgewicht der wäßrigen Lösung

2,8649 g, $d_4^{19} = 1,0262$, Drehung im 1-dm-Rohr bei 19° für Natriumlicht 1,51° nach links. Mithin

$$[\alpha]_D^{19} = -17,40°.$$

0,2250 g wasserfreie Substanz (andre Darstellung): Gesamtgewicht der Lösung 2,9151 g, $d_4^{18} = 1,0232$, Drehung im 1-dm-Rohr bei 18° für Natriumlicht 1,37° nach links. Mithin

$$[\alpha]_D^{18} = -17,35°.$$

Nach 20 Stunden war die Drehung nicht geändert.

Das wasserhaltige Glucosid schmilzt im Capillarrohr bei etwa 88—90° zu einer farblosen Flüssigkeit, die bei derselben Temperatur infolge von Wasserabgabe nach kurzer Zeit wieder erstarrt und nun wesentlich höher schmilzt. Die wasserfreie Substanz schmilzt bei allmählichem Erhitzen gegen 192° (korr.), färbt sich nach kurzer Zeit bei derselben Temperatur braun und zersetzt sich unter Gasentwicklung. Wurde aber das gleiche wasserfreie Präparat in ein vorher geheiztes Bad von etwa 153° getaucht, so schmolz es zusammen, um sofort wieder krystallinisch zu erstarren und dann bei 187—192° (korr.) zu schmelzen (Zersetzung wie oben). Eine wasserfreie Substanz aus anderer Darstellung ging nicht freiwillig in die höher schmelzende Masse über. Sie sinterte ab 149—150° und schmolz bei 151,5—153° (korr.) zu einem zähen, farblosen Sirup. Wurde dieser dann bei der Schmelztemperatur mit einem Kryställchen geimpft, so erschienen nach wenigen Sekunden rosettenförmig angeordnete, flache, längliche Krystalle und zwischen 187° und 192° (korr.) fand abermaliges Schmelzen statt. Der Grund dieser Unregelmäßigkeiten ist noch nicht ermittelt.

Das Glucosid fällt aus wäßrig-alkoholischer oder wäßrig-acetonischer Lösung in flachen, langgestreckten, schief abgeschnittenen Krystallen aus. Die krystall-wasserhaltige Substanz löst sich sehr leicht in kaltem Wasser, ziemlich leicht in warmem Methylalkohol, schwerer in Äthylalkohol, sehr schwer in Aceton und gar nicht in warmem Äther. Sie reduziert Fehlingsche Lösung erst bei längerem Kochen allmählich. Von verdünnten heißen Säuren wird sie rasch hydrolysiert.

Aceto-rhodan-glucose, $C_6H_7O_5(C_2H_3O)_4 \cdot NCS$.

20 g Rhodansilber, 50 g Aceto-brom-glucose (1 Mol.) und 340 ccm trocknes Xylol werden auf dem lebhaft siedenden Wasserbad 20 Minuten unter häufigem Schütteln erwärmt, wobei sich das Silbersalz in eine eigelbe Masse verwandelt. Man fügt wieder 10 g Rhodansilber zu, wiederholt diesen Zusatz nach weiteren 20 Minuten, erhitzt nochmals

ebenso lang und saugt schließlich von den Silbersalzen ab. Die Lösung gibt bei allmählichem Zusatz von $1^1/_2$ l Petroläther eine kaum gefärbte, krystallinische Ausscheidung, die nach einigem Stehen in Eis abgesaugt und mit Petroläther gewaschen wird. Ausbeute 39 g oder 82,4% d. Th. Zur Reinigung wurde möglichst rasch aus 200 ccm warmem Alkohol umkrystallisiert, nach guter Kühlung abgesaugt und erst mit kaltem Alkohol, dann mit Petroläther gewaschen.

Zur Analyse war nochmals möglichst rasch aus Alkohol krystallisiert und bei 56° und 0,2 mm über Phosphorpentoxyd getrocknet.

0,1834 g Sbst.: 0,3114 g CO_2, 0,0851 g H_2O. — 0,1676 g Sbst.: 4,9 ccm N (über 33-proz. KOH) (18° 765 mm). — 0,1825 g Sbst.: 0,1056 g $BaSO_4$.

$C_{15}H_{19}O_9NS$ (389,23). Ber. C 46,25, H 4,92, N 3,59, S 8,24.
Gef. „ 46,31, „ 5,19, „ 3,41, „ 7,95.

Bei der optischen Untersuchung, für die Lösungen in Acetylentetrachlorid dienten, ergaben sich recht verschiedene Werte je nach der Art, wie die Präparate krystallisiert waren. Für zwei rasch aus Alkohol krystallisierte Proben wurde gefunden:

$$[\alpha]_D^{17} = +5,66° \text{ und } +6,02° \text{ (in Acetylentetrachlorid).}$$

Die Drehung fiel aber, wenn man diese Präparate aus Chloroformlösung mit Ligroin fällte. Wurde direkt das Rohprodukt mehrmals aus Chloroform mit Ligroin abgeschieden, so war die Drehung negativ und betrug je nach der Zahl der Krystallisationen $[\alpha]_D^{20} = -3,4°$ bis $-8,5°$. Ob damit der Endwert erreicht ist, bleibt zweifelhaft. Der Schmelzpunkt der aus Alkohol krystallisierten Präparate lag gewöhnlich zwischen 111,5—113° (korr.) und stieg höchstens auf 114° (korr.). Bei dem Präparat mit negativer Drehung ging der Schmelzpunkt herab bis auf etwa 100°. Nach allen diesen Beobachtungen ist entweder das ursprüngliche Produkt ein Gemisch von Isomeren, oder es findet beim Umlösen eine Isomerisation statt. Am nächsten liegt der Gedanke, daß es sich hier um die beiden stereoisomeren Derivate der α- und β-Glucose handelt. Aber der Beweis dafür läßt sich vorläufig nicht beibringen. Für die später beschriebenen Umwandlungen in das Thiourethan und den Thioharnstoff dienten ausschließlich die aus Alkohol krystallisierten Präparate.

Die Aceto-rhodan-glucose bildet manchmal vierseitige, dünne, oft zentrisch gruppierte Platten, manchmal verwachsene, wenig charakteristische Formen. Sie löst sich sehr leicht in Essigäther, Chloroform und Aceton, recht leicht in Benzol, ziemlich erheblich in kaltem Alkohol und Äther. In kaltem Wasser ist sie schwer löslich, leichter beim Erhitzen, wobei sie erst schmilzt. In heißem Ligroin löst sie sich in ziemlich erheblicher Menge, in kaltem ist sie fast unlöslich.

Die wäßrige oder alkoholische Lösung der Tetraacetyl-rhodan-glucose gibt mit Eisenchlorid keine Rotfärbung. Sie verändert Fehlingsche Lösung in der Kälte nicht, beim Erwärmen tritt Mißfärbung und Bildung eines schwarzen Niederschlags (von Schwefelkupfer) ein. Beim Erhitzen mit verdünntem Alkali schmilzt sie und geht ziemlich rasch mit gelber Farbe in Lösung. Säuert man dann mit Salzsäure an, so gibt Eisenchlorid nur schwache Rotfärbung.

Glucose-thiocarbamid, $C_6H_{11}O_5 \cdot N_2H_3CS$.

20 g Tetraacetyl-rhodan-glucose werden mit 400 ccm trocknem Methylalkohol, der bei 0° mit trocknem Ammoniakgas gesättigt ist, übergossen, wobei sofort eine klare, farblose Lösung entsteht. Man läßt 3 Stunden bei 0° stehen und verdampft dann bei 20° unter vermindertem Druck, wobei ein krystallinischer Rückstand bleibt. Um alles Ammoniak zu entfernen, wird er mit 50 ccm Methylalkohol übergossen, nach abermaligem Verdampfen mit 100 ccm abs. Alkohol durchgeschüttelt und die farblose, harte, krystallinische Masse abgesaugt. Ausbeute 10,4 g oder 85% d. Th. Zur völligen Reinigung löst man in 40 ccm warmem Wasser und fügt 1 l Alkohol zu, wodurch rasch Krystallisation eintritt, die nach 4—5 Stunden vollständig ist. Die lufttrockne Substanz verlor bei 78° und 2 mm über Phosphorpentoxyd nicht mehr an Gewicht.

0,1581 g Sbst.: 0,2061 g CO_2, 0,0847 g H_2O. — 0,1713 g Sbst.: 17,3 ccm N (über 33-proz. KOH) (18°, 751 mm). — 0,1570 g Sbst.: 15,95 ccm N (über 33-proz. KOH) (17,5°, 752 mm). — 0,1933 g Sbst.: 0,1910 g $BaSO_4$.

$C_7H_{14}O_5N_2S$ (238,20).	Ber. C 35,26,	H 5,92,	N 11,76,		S 13,46.
	Gef. „ 35,55,	„ 6,00,	„ 11,57,	11,67,	„ 13,57.

0,2562 g Sbst. (zweimal umkrystallisiert): Gesamtgewicht der wäßrigen Lösung 2,8428 g, $d_4^{20} = 1,0309$, Drehung im 1-dm-Rohr bei 20° für Natriumlicht 3,32° nach links. Mithin

$$[\alpha]_D^{20} = -35,73° \text{ (für Wasser).}$$

0,2568 g Sbst. (anderer Darstellung, einmal umkrystallisiert): Gesamtgewicht der Lösung 2,9685 g, $d_4^{20} = 1,0288$, Drehung im 1-dm-Rohr bei 20° für Natriumlicht 3,16° nach links. Mithin

$$[\alpha]_D^{20} = -35,51°.$$

Das Glucosid färbt sich beim raschen Erhitzen im Capillarrohr von etwa 210° an braun und zersetzt sich gegen 215—216° (korr.) unter Aufschäumen. Es fällt aus wäßrig-alkoholischer Lösung in regelmäßigen, mikroskopischen stäbchen- oder lanzett-förmigen Krystallen, aus konzentrierter wäßriger Lösung in derben, flächenreichen Formen aus. Es löst sich leicht in kaltem Wasser, sehr schwer in Äthylalkohol und nur spurenweise in Aceton. Die wäßrige Lösung des Glucosids reagiert mit Fehlingscher Lösung langsam schon in der Kälte, viel rascher beim mäßigen Erwärmen, wobei schwarzes Schwefelkupfer ausfällt. Ammoniakalische Silberlösung wird augenblicklich geschwärzt.

Vielleicht läßt sich das Glucosid auch direkt aus Glucose und Thioharnstoff in wäßriger Lösung bei Gegenwart von Säuren gewinnen, da N. Schoorl[1]) schon durch die Änderung des Drehungsvermögens festgestellt hat, daß unter diesen Bedingungen eine Reaktion stattfindet.

Entschwefelung des Glucose-thiocarbamids.

Bei der Behandlung mit Quecksilberoxyd in wäßriger Lösung verwandelt sich das Thiocarbamid selbst bekanntlich in Cyanamid. Die Entschwefelung des Glucose-thiocarbamids erfolgt genau unter denselben Bedingungen, und es entsteht ein Produkt, das nach den Eigenschaften wohl ein Glucose-cyanamid sein könnte. Leider ist es gänzlich amorph und schwer zu reinigen, und die Analyse hat auch von der Formel des Glucose-cyanamids ziemlich abweichende Werte ergeben.

Zu seiner Bereitung wurden 2 g Glucose-thiocarbamid in 30 ccm kaltem Wasser gelöst, mit 0,1 g Ammoniumrhodanid versetzt und nun gefälltes, gelbes Quecksilberoxyd in kleinen Portionen bei 20° zugefügt. Beim Verreiben oder Schütteln färbt das Oxyd sich bald dunkel und geht in Lösung. Als im Laufe einer Stunde etwa 2 g Oxyd verbraucht waren, fand plötzlich die Ausflockung des Quecksilbersulfids statt, und ein weiterer geringer Zusatz von Oxyd genügte nun, um die Flüssigkeit völlig zu entschwefeln, was man leicht an der Tüpfelprobe mit ammoniakalischer Silberlösung erkennen kann. Der Niederschlag wurde nun durch Zentrifugieren abgetrennt, die abgegossene Flüssigkeit mit wenig Tierkohle geklärt und das farblose Filtrat nach Zusatz einer Spur Essigsäure im Hochvakuum bei 20° möglichst rasch verdampft. Der Rückstand war eine farblose, zähe, in Wasser leicht lösliche, amorphe Masse. Beim Verreiben mit Alkohol wurde sie allmählich hart und pulverig. Für die Analyse wurde im Hochvakuum bei 78° getrocknet.

0,1570 g Sbst.: 0,2290 g CO_2, 0,0796 g H_2O. — 0,1570 g Sbst.: 17,95 ccm N (über 33-proz. KOH) (16°, 747 mm).

$C_7H_{12}O_5N_2$ (204,12). Ber. C 41,15, H 5,93, N 13,73.
Gef. „ 39,78, „ 5,67, „ 13,13.

Man sieht, daß im Kohlenstoffgehalt eine starke Abweichung von der Theorie vorhanden ist. Aber angesichts der amorphen Beschaffen-

[1]) Rec. d. trav. chim. Pays-Bas. 22, 63 [1903].

heit und der schwierigen Behandlung des Präparates habe ich vorläufig auf weitere Reinigung verzichtet. Die Substanz ist geneigt, sich in einen weißen, in Wasser sehr schwer löslichen Körper umzuwandeln, wodurch sie an die Polymerisation des Cyanamids erinnert. Erwärmt man sie mit wenig Fehlingscher Lösung, so wird diese ganz entfärbt. Verwendet man mehr Kupferlösung, so entsteht eine tiefbraune Flüssigkeit. Ammoniakalische Silberlösung wird von der Substanz in der Hitze geschwärzt.

Tetraacetyl-glucose-thiourethan,

$C_6H_7O_5(C_2H_3O)_4 \cdot NH \cdot CS \cdot OC_2H_5$.

Kocht man 15 g Aceto-rhodan-glucose mit 90 ccm Alkohol 1 Stunde unter Rückfluß, so scheiden sich beim Erkalten der kaum gefärbten Lösung harte Krystalle aus, die nach einigem Stehen in Eis abgesaugt und mit Alkohol gewaschen wurden. Ausbeute 14,7 g = 88% der Theorie an fast reiner Substanz.

Zur Analyse wurde zweimal aus Alkohol umkrystallisiert und im Vakuumexsiccator über Phosphorpentoxyd getrocknet. Hierbei verlor die lufttrockne Substanz kaum an Gewicht.

0,1947 g Sbst.: 0,3352 g CO_2, 0,1019 g H_2O. — 0,2027 g Sbst.: 5,3 ccm N (über 33-proz. KOH), (16,5° 758 mm). — 0,2082 g Sbst.: 0,1108 g $BaSO_4$.

$C_{17}H_{25}O_{10}NS$ (435,28). Ber. C 46,87, H 5,79, N 3,22, S 7,37.
Gef. „ 46,95, „ 5,86, „ 3,04, „ 7,31.

Zur optischen Untersuchung diente die Lösung in Acetylentetrachlorid.

1. 0,3258 g Sbst.: Gesamtgewicht der Lösung 5,8040 g, $d_4^{21} = 1,5647$, Drehung im 1-dm-Rohr bei 21° für Natriumlicht 1,01° nach rechts. Mithin

$$[\alpha]_D^{21} = +11,50° \text{ (in Acetylentetrachlorid).}$$

2. 0,2486 g Sbst. (andre Darstellung): Gesamtgewicht der Lösung 4,2302 g, $d_4^{21} = 1,5636$, Drehung im 1-dm-Rohr bei 21° für Natriumlicht 1,06° nach rechts. Mithin

$$[\alpha]_D^{21} = +11,53°.$$

Mutarotation wurde nicht beobachtet.

Die Substanz schmilzt scharf bei 159—160° (korr.) zu einer farblosen Flüssigkeit. Sie krystallisiert in trapezförmigen, dünnen, oft aber auch derben, flächenreichen Formen. Sie löst sich schwer in heißem Wasser, leicht in heißem Alkohol, kaltem Aceton, Essigäther und besonders Chloroform, sehr schwer in kaltem Ligroin. Beim längeren Kochen mit Fehlingscher Lösung tritt Mißfärbung und dann Bildung eines mißfarbenen Niederschlages ein. Weder mit Quecksilberoxyd noch mit ammoniakalischer Silberlösung findet Bildung von Metallsulfid statt.

Sowohl durch kaltes Barytwasser wie durch alkoholische Ammoniaklösung wird der Acetylkörper ziemlich leicht angegriffen und in eine schwefelhaltige Verbindung verwandelt, die in Wasser, Alkohol, Aceton und Essigäther leicht löslich ist und eine farblose, gänzlich amorphe, spröde Masse bildet. Sie schmeckt bitter und wirkt reduzierend.

Aceto-brom-glucose und Silbercyanat.

16,5 g trockne Aceto-brom-glucose werden in 80 ccm trocknem Xylol gelöst und mit 6 g (1 Mol.) fein zerriebenem, trocknem Silbercyanat auf dem Wasserbade unter öfterem Umschütteln erhitzt, wobei bald Gelbfärbung des Bodenkörpers eintritt. Nach ungefähr $^3/_4$ Stunden werden unter weiterem Erhitzen nochmals 3 g Silbercyanat zugegeben, und diese Operation wird nach einer halben Stunde wiederholt. Läßt man noch 1 Stunde auf dem Wasserbade stehen, so ist die Lösung gewöhnlich bromfrei. Schließlich saugt man ab, extrahiert die Silbersalze mit ungefähr 50 ccm Essigester und gießt die vereinigten Lösungen in viel Petroläther, wobei sich die Hauptmenge des Reaktionsproduktes in weißen, amorphen Flocken abscheidet, die sich ziemlich rasch harzartig zusammenballen. Ausbeute etwa 10 g.

Zur Analyse wurde in Essigester gelöst und mit Petroläther gefällt.

0,1405 g Sbst. (bei 56° und 10 mm über Phosphorpentoxyd getrocknet): 0,2479 g CO_2, 0,0697 g H_2O.

$C_{15}H_{19}O_{10}N$ (373,16). Ber. C 48,24, H 5,13.
Gef. „ 48,12, „ 5,55.

Zur optischen Bestimmung diente das mehrfach umgefällte Präparat, gelöst in Acetylentetrachlorid.

0,1879 g Sbst.: Gesamtgewicht der Lösung 3,5329 g, $d_4^{16} = 1{,}5649$, Drehung im 1-dm-Rohr bei 16° und Natriumlicht 1,32° nach rechts. Mithin

$$[\alpha]_D^{16} = +15{,}86°.$$

Das Produkt verwandelt sich nach vorherigem Sintern sehr unscharf zwischen 115° und 120° in eine farblose, schaumige Masse. Es reduziert Fehlingsche Lösung beim Kochen. Es ist sehr leicht löslich in Essigester, leicht in Benzol, warmem Alkohol, schwerer in kaltem Alkohol, ziemlich schwer in Äther, sehr schwer in kaltem Wasser und Petroläther. Mit Wasser erhitzt, schmilzt es und löst sich in erheblicher Menge. Beim Abkühlen scheiden sich amorphe Flocken ab.

Durch zweitägiges Schütteln mit der sechsfachen Menge 25-prozentigem, wäßrigem Ammoniak wird das Produkt gelöst. Beim Verdunsten der Lösung unter geringem Druck bleibt ein hellbrauner Sirup, der bei

Behandlung mit Alkohol fest wird. Das amorphe Produkt wurde aus heißem Alkohol umgelöst und für die Analyse im Hochvakuum über Phosphorpentoxyd getrocknet.

0,1812 g Sbst. (bei 56° im Hochvakuum über Phosphorpentoxyd getrocknet): 0,2540 g CO_2, 0,1050 g H_2O. — 0,1716 g Sbst.: 17,65 ccm N (16°, 743 mm).

$C_7H_{14}O_6N_2$ (222,13). Ber. C 37,82, H 6,35, N 12,61.
Gef. „ 38,23, „ 6,48, „ 11,75.

Zur optischen Bestimmung diente die Lösung in Wasser.

0,1541 g Sbst.: Gesamtgewicht der Lösung 2,1419 g, $d_4^{17}=1,0236$, Drehung im Halbdezimeter-Rohr bei 17° und Natriumlicht 1,30° nach links. Mithin

$$[\alpha]_D^{17} = -35,30°.$$

Die Substanz ist in kaltem Wasser sehr leicht, in kaltem Alkohol recht schwer löslich und schmilzt unter starkem Aufschäumen gegen 195°, nachdem schon vorher Braunfärbung und Sinterung eingetreten ist. Wie schon in der Einleitung erwähnt, ist bei der amorphen Beschaffenheit ein Urteil über ihre Einheitlichkeit nicht möglich.

Tetraacetyl-glucose-isocyanat.

Aus der Mutterlauge von obigem amorphen Acetylkörper krystallisieren bei längerem Stehen Nädelchen oder Prismen, die meist zu Sternen vereinigt sind. Ausbeute 3 g.

Zur Analyse wurden sie über Phosphorpentoxyd bei 57° und 12 mm Druck getrocknet, wobei das exsiccatortrockne Produkt nur wenig an Gewicht verlor.

0,1917 g Sbst.: 0,3400 g CO_2, 0,0893 g H_2O. — 0,1471 g Sbst.: 4,9 ccm N (über 33-proz. KOH) (16°, 745 mm).

$C_{15}H_{19}O_{10}N$ (373,16). Ber. C 48,24, H 5,13, N 3,75.
Gef. „ 48,37, „ 5,21, „ 3,82.

Durch Eindunsten der Mutterlauge unter vermindertem Druck konnten noch 0,6 g dieses krystallisierten Produktes erhalten werden. Die Gesamtausbeute betrug demnach 3,6 g oder 24% der Theorie. Zur Reinigung wird in wenig warmem Essigester gelöst und mit Petroläther bis zur bleibenden Trübung versetzt. Beim Abkühlen krystallisieren makroskopische, dünne Prismen.

Das Produkt schmilzt bei 117—118° (korr.) zu einer farblosen Flüssigkeit. Es ist sehr leicht löslich in warmem Alkohol, Benzol und Essigester, schwerer in Äther und warmem Ligroin. Es löst sich leicht in wäßrigem Ammoniak. Es reduziert Fehlingsche Lösung beim Kochen ziemlich langsam.

Zur optischen Bestimmung dienten mehrfach umkrystallisierte Präparate, gelöst in Acetylentetrachlorid.

0,2203 g Sbst.: Gesamtgewicht der Lösung 3,6933 g, $d_4^{19} = 1{,}567$, Drehung im 1-dm-Rohr bei 19° und Natriumlicht 0,69° nach links. Mithin

$$[\alpha]_D^{19} = -7{,}38°.$$

0,1848 g Sbst.: Gesamtgewicht der Lösung 3,1442 g, $d_4^{18} = 1{,}579$. Drehung im 1-dm-Rohr bei 18° und Natriumlicht 0,70° nach links. Mithin

$$[\alpha]_D^{18} = -7{,}54°.$$

Beim einstündigen Kochen mit der achtfachen Gewichtsmenge Alkohol am Rückflußkühler nimmt das Isocyanat 1 Mol. Alkohol auf, und beim Verdampfen der Lösung unter vermindertem Druck hinterbleibt zunächst ein farbloser Sirup. Löst man ihn in heißem Wasser, wovon ziemlich viel nötig ist, so fällt beim Erkalten ein farbloses Öl aus, das bei mehrtägigem Stehen mit der Mutterlauge krystallinisch wird. Dieses Präparat zeigt die Zusammensetzung eines Tetraacetyl-glucose-urethans, $C_{17}H_{25}O_{11}N$.

0,1923 g Sbst. (im Vakuumexsiccator getr.): 0,3411 g CO_2, 0,1040 g H_2O. — 0,1790 g Sbst.: 4,9 ccm N (über 33-proz. KOH) (16°, 747 mm).

$C_{17}H_{25}O_{11}N$ (419,21). Ber. C 48,66, H 6,01, N 3,34.
Gef. „ 48,38, „ 6,05, „ 3,14.

Aber die Unregelmäßigkeit im Schmelzpunkt und die Beobachtung, daß beim Lösen in Äther ein kleiner Rückstand bleibt, zeigten, daß das Präparat noch nicht ganz rein war. Ich werde deshalb später darauf zurückkommen.

Neue Bildung des Glucose-carbamids.

2 g des krystallisierten Tetraacetyl-glucose-isocyanats wurden in 12 ccm wäßrigem Ammoniak von 25% gelöst, bei gewöhnlicher Temperatur 4 Stunden aufbewahrt, dann bei 50° und 12 mm Druck eingedunstet, der ölige Rückstand in wenig Wasser gelöst und im Exsiccator verdunstet. Nach mehreren Stunden trat Krystallisation ein, und beim Verreiben mit Alkohol wurde alles krystallinisch. Ausbeute 0,9 g oder 75% der Theorie.

Das aus wäßriger Lösung durch Alkohol abgeschiedene Präparat bildete kleine, manchmal sternförmig vereinte, an den Enden zugespitzte Prismen, die bei langsamem Erhitzen gegen 207° (korr. 210°) unter Aufschäumen schmolzen. Beim raschen Erhitzen trat die Erscheinung 6—7° höher ein.

0,1579 g Sbst. (bei 80° und 12 mm Druck über Phosphorpentoxyd getrocknet): 0,2186 g CO_2, 0,0875 g H_2O.

$C_7H_{14}O_6N_2$ (222,13). Ber. C 37,82, H 6,35.
Gef. „ 37,76, „ 6,20.

Die optische Bestimmung wurde in wäßriger Lösung vorgenommen.

0,1406 g Sbst.: Gesamtgewicht der Lösung 1,7878 g, $d^{19} = 1,0267$, Drehung im 1-dm-Rohr bei 19° und Natriumlicht 1,89° nach links. Mithin

$$[\alpha]_D^{19} = -23,41°.$$

Alle diese Beobachtungen stimmen genügend überein mit den Angaben von Schoorl über das Glucose-carbamid, und da das gleiche für die Löslichkeit bzw. Art der Krystallisation gilt, so ist kaum zweifelhaft, daß beide Körper identisch sind.

Einwirkung von Aceto-brom-glucose auf Cytosin-silber.

Das Cytosin wird am besten synthetisch nach Wheeler und Johnson[1]) dargestellt. Zur Bereitung des Silbersalzes löst man die Base in der 100-fachen Menge 10-prozentigem, wäßrigem Ammoniak durch Erwärmen auf dem Wasserbad, versetzt mit der für 1 Mol. berechneten Menge Silbernitratlösung und erhitzt längere Zeit im stark kochenden Wasserbad. In dem Maße, wie das Ammoniak entweicht, fällt das Silbersalz in farblosen Nadeln aus.

0,1261 g Sbst. (bei 130° und 10 mm 6 Stdn. lang getrocknet): 0,0624 g Ag.
$C_4H_4ON_3Ag$ (217,94). Ber. Ag 49,50. Gef. Ag 49,48.

1,1 g dieses scharf getrockneten Silbersalzes wurden mit einer Lösung von 2 g reiner Aceto-brom-glucose in 20 ccm trocknem Xylol 20 Minuten gekocht, dann heiß filtriert und in viel Petroläther eingegossen. Dabei entsteht ein farbloser, flockiger Niederschlag, der bromfrei ist. Ausbeute 1,8 g.

Dieses Produkt ist sehr leicht löslich in Alkohol, Essigester, Chloroform, Benzol, ziemlich leicht in Äther und fast unlöslich in Petroläther. Es reduziert beim Kochen die Fehlingsche Lösung ziemlich stark. Leider ist seine Krystallisation bisher nicht gelungen, obschon die Bedingungen des synthetischen Versuchs vielfach variiert wurden. Außerdem ist der Körper recht unbeständig. Bringt man ihn z. B. in kalter, alkoholischer Lösung mit Pikrinsäure zusammen, so entsteht nach längerer Zeit eine Krystallisation von Cytosin-pikrat. Daraus folgt, daß die Substanz sehr leicht in die Komponenten gespalten wird.

2-Thiouracil-di-[tetraacetyl-glucosid], $C_4H_2ON_2S[C_6H_7O_5(C_2H_3O)_4]_2$.

Das 2-Thiouracil war nach dem Verfahren von Wheeler und Liddle[2]) hergestellt.

---

[1]) Americ. Chemic. Journ. **29**, 492ff. [1903]; Chem. Centralbl. **1903**, I, 1310f.

[2]) Americ. Chemic. Journ. **40**, 547—558; Chem. Centralbl. **1909**, I, 447.

Zur Umwandlung ins Silbersalz wurde es in der 100-fachen Menge heißem Wasser gelöst und unter kräftigem Umschütteln die für 2 Moleküle berechnete Menge Silbernitrat als ziemlich konzentrierte, wäßrige Lösung zugefügt. Dabei fiel das Silbersalz als schwach gelb gefärbter, amorpher, etwas gallertiger Niederschlag aus, der ziemlich schwierig zu filtrieren war. Es wurde sorgfältig mit Wasser, Alkohol und Äther gewaschen und zum Schluß bei 138° unter 10—15 mm 6 Stunden getrocknet.

0,3759 g Sbst.: 0,2350 g Ag.

$C_4H_2N_2OSAg_2$ (341,87). Ber. Ag 63,11. Gef. Ag 62,52.

10 g des Salzes wurden mit einer Lösung von 16 g Aceto-bromglucose in 130 ccm trocknem Xylol 2 Stunden im Ölbad gekocht und der von Zeit zu Zeit zusammenbackende Niederschlag mit Hilfe eines Glasstabes öfters zerkleinert. Bei gut gelungener Operation war jetzt die Flüssigkeit frei von Brom; sie wurde filtriert und in viel Petroläther eingegossen, wobei ein farbloser, amorpher Niederschlag entstand. (20 g). Als dieser in Aceton gelöst, die Lösung mit Alkohol versetzt und dann das Aceton weggekocht wurde, schieden sich feine, sternförmig vereinigte Nädelchen aus. Ausbeute 12 g.

Die exsiccator-trockne Substanz verlor bei 100° und 1 mm Druck sehr wenig an Gewicht.

0,1488 g Sbst.: 0,2660 g CO_2, 0,0687 g H_2O. — 0,1577 g Sbst.: 4,70 ccm N (über 33-proz. KOH) (18°, 750 mm). — 0,2092 g Sbst.: 0,0569 g $BaSO_4$.

$C_{32}H_{40}O_{19}N_2S$ (788,41). Ber. C 48,71, H 5,11, N 3,55, S 4,07.
Gef. „ 48,75, „ 5,17, „ 3,41, „ 3,74.

Für die optischen Bestimmungen diente die Lösung in Acetylentetrachlorid. Dabei mußte zur Auflösung mäßig erwärmt werden, aber die Lösung blieb beim Erkalten klar.

$$[\alpha]_D^{19} = + \frac{1,45° \times 3,4355}{1 \times 1,573 \times 0,2546} = + 12,44°.$$

$$[\alpha]_D^{19,5} = + \frac{1,42° \times 3,8437}{1 \times 1,568 \times 0,2766} = + 12,59°.$$

Die Substanz schmilzt bei 230° (korr.) zu einer hellbraunen Flüssigkeit, nachdem sie einige Grade vorher sich schwach gefärbt hat. Sie ist in allen gebräuchlichen organischen Lösungsmitteln in der Kälte schwer löslich und in Wasser fast unlöslich. Dagegen löst sie sich ziemlich leicht in warmem Chloroform, Aceton, Benzol und Acetylentetrachlorid. Es verdient bemerkt zu werden, daß das amorphe Rohprodukt sehr viel leichter löslich ist als die krystallisierte Substanz. Diese wird durch warme Alkalien oder heißes Barytwasser unter Bildung von Thiouracil zersetzt. Sie entfärbt infolgedessen auch die Fehlingsche Lösung.

Beim Schütteln mit flüssigem Ammoniak bei gewöhnlicher Temperatur wird sie gelöst und in ein amorphes, in Wasser sehr leicht lösliches Produkt verwandelt, das der näheren Untersuchung bedarf.

2-Äthyl-thiouracil-[tetraacetyl-glucosid], $C_6H_7ON_2S \cdot C_6H_7O_5(C_2H_3O)_4$.

Um das 2-Äthyl-thiouracil[1]) in das Silbersalz zu verwandeln, löst man 3 g in 30 ccm heißem Wasser und fügt eine möglichst neutrale ammoniakalische Lösung von 3,3 g Silbernitrat zu. Beim Kochen fällt das Silbersalz rasch in farblosen Nädelchen aus, die nach dem Trocknen im Vakuumexsiccator beim Erhitzen auf 135° unter 10—15 mm Druck kaum an Gewicht abnehmen.

0,2430 g Sbst.: 0,1001 g Ag.

$C_6H_7ON_2SAg$ (263,03). Ber. Ag 41,01. Gef. Ag 41,19.

14 g dieses Silbersalzes werden mit einer Lösung von 20 g Aceto-brom-glucose in 250 ccm trocknem Xylol 10 Minuten gekocht und tüchtig umgeschüttelt, dann die bromfreie Lösung abfiltriert und unter vermindertem Druck verdampft. Der Rückstand erstarrt nach einigen Stunden krystallinisch. Er wird in der 3-fachen Menge Alkohol gelöst und Petroläther bis zur Trübung zugesetzt. Beim guten Abkühlen krystallisieren feine, vielfach büschelförmig vereinigte Nädelchen, die nach einigem Stehen bei 0° abgesaugt werden. Ausbeute 23 g.

Für die Analyse wurde noch zweimal in der gleichen Weise krystallisiert und schließlich bei 78° und 10 mm über Phosphorpentoxyd getrocknet.

0,1497 g Sbst.: 0,2723 g CO_2, 0,0737 g H_2O. — 0,1917 g Sbst.: 9,20 ccm N (über 33-proz. KOH) (16°, 766 mm). — 0,1801 g Sbst.: 0,0837 g $BaSO_4$.

$C_{20}H_{26}O_{10}N_2S$ (486,30). Ber. C 49,35, H 5,39, N 5,76, S 6,59.
Gef. „ 49,61, „ 5,51, „ 5,65, „ 6,38.

Für die optischen Bestimmungen diente die Lösung in Acetylentetrachlorid.

$$\text{I (3-mal umkryst.)}\ [\alpha]_D^{16} = + \frac{0{,}32° \times 3{,}2716}{1 \times 1{,}573 \times 0{,}2040} = + 3{,}26°.$$

$$\text{II (5-mal umkryst.)}\ [\alpha]_D^{19} = + \frac{0{,}35° \times 3{,}7366}{1 \times 1{,}565 \times 0{,}2660} = + 3{,}14°.$$

Die Substanz schmilzt bei 108° (korr.), sie ist in kaltem Wasser äußerst schwer löslich, in heißem Wasser schmilzt sie und löst sich dabei in nicht unerheblicher Menge. In den gewöhnlichen organischen Solvenzien, außer Petroläther, ist sie zumal beim Erwärmen sehr leicht löslich. Durch heiße verdünnte Mineralsäuren wird sie ziemlich rasch

[1]) Wheeler und Merriam, Americ. Chemic. Journ. **29**, 484 [1903].

hydrolysiert. Sie reduziert die Fehlingsche Lösung beim Kochen nur langsam. Mit flüssigem Ammoniak wird sie bei 15-stündigem Stehen bei gewöhnlicher Temperatur völlig verändert. Dabei entsteht ein Gemisch von Acetamid und einem andren, in Wasser sehr leicht löslichen Körper, der vielleicht das freie Glucosid ist, aber ziemlich schwer krystallisiert und deshalb noch nicht analysiert werden konnte.

Bei den Versuchen über die Glucose-Derivate des Succinimids, Succinamids, Rhodanwasserstoffes und Thiocarbamids bin ich von Hrn. Dr. Max Bergmann, bei der Bearbeitung des Cyanats und Glucoseharnstoffs von Hrn. Dr. Max Rapaport und bei der Synthese der beiden Thiouracil-Derivate von Hrn. Dr. Ernst Pfähler unterstützt worden. Ich sage diesen Herren für die eifrige und geschickte Hilfe meinen besten Dank.

Die vorstehenden Resultate zeigen von neuem, in wie mannigfaltiger Weise die Aceto-halogen-glucosen zur Bereitung von Glucosederivaten benutzt werden können. Das Verfahren ist in der Beziehung den anderen Methoden sicher überlegen. Z. B. die von mir vor 20 Jahren gefundene Synthese von Glucosiden mittels Katalyse durch Säuren, die sowohl α- wie β-Formen liefert, ist auf die Alkohole und Oxysäuren beschränkt geblieben und hat den Nachteil, daß in komplizierteren Fällen die Krystallisation der Produkte recht schwierig wird.

In neuester Zeit haben die HHrn. E. Bourquelot und M. Bridel[1]) die Synthese der Alkohol-glucoside mit Hilfe der Enzyme von Hefe (α-Glucosidase) und von Emulsin (β-Glucosidase) durchgeführt und ihre praktische Brauchbarkeit an vielen Beispielen gezeigt. So einfach und interessant vom biochemischen Standpunkt ihr Verfahren auch ist, so werden doch dadurch die rein chemischen Methoden sicher nicht überflüssig. Im Gegensatz zu den enzymatischen Synthesen, die auf Zucker bestimmter Konfiguration, wie *d*-Glucose, *d*-Galaktose, *d*-Fructose beschränkt sind, gelten sie, wie früher gezeigt wurde, für eine große Zahl von Hexosen, Pentosen usw.

Die Synthesen mit Aceto-halogen-zuckern sind ferner auf die Phenole, Thiophenole, Purine und mancherlei andere stickstoffhaltige Substanzen anwendbar, und auch bei den Alkoholen haben sie einige unverkennbare Vorzüge. Als Zwischenprodukte entstehen nämlich hier die acetylierten Glucoside, die in Wasser schwer löslich sind und in der Regel gut krystallisieren. Aus ihnen lassen sich dann durch Abspaltung der Acetylgruppen mit Baryt oder Ammoniak die Glucoside selbst in

[1]) Annal. de Chimie et de Physique [8] **29**, 145 [1913].

der Regel ohne große Mühe rein erhalten. Z. B. das β-Benzyl-*d*-glucosid[1]) und das β-Glykol-*d*-glucosid[2]) wurden auf diese Weise zuerst krystallisiert gewonnen, und es scheint mir, daß unsere Präparate wenigstens beim Benzyl-glucosid reiner waren, als die später von Hrn. Bourquelot und seinen Mitarbeitern auf biochemischem Wege hergestellten. Selbst komplizierte Alkohole, wie Amylen-hydrat, Menthol, Borneol [E. Fischer und K. Raske[3])] oder Cyclohexanol, Geraniol, Cetylalkohol, endlich Glykolsäure, ihr Ester und Amid [E. Fischer und B. Helferich[4]), konnten auf diese Art in krystallisierte Glucoside verwandelt werden] und in jüngster Zeit hat A. H. Salway[5]) so auch die Glucoside des Cholesterins und Sitosterins dargestellt.

---

[1]) E. Fischer und B. Helferich, Liebigs Annal. d. Chem. **383**, 72 [1911]. (*S. 25.*) Vgl. Bourquelot und Bridel, Annal. de Chimie et de Physique [8] **29**, 203 [1913].

[2]) E. Fischer und H. Fischer, Berichte d. D. Chem. Gesellsch. **43**, 2528 (*S. 225.*) [1910]. Vgl. Bourquelot und Bridel, Compt. rend. **158**, 898 [1914].

[3]) Berichte d. D. Chem. Gesellsch. **42**, 1465 [1909]. (*S. 11.*)

[4]) Liebigs Annal. d. Chem. **383**, 68 [1911]. (*S. 23.*)

[5]) Journ. of the chem. Soc. of London **103**, 1022 [1913].

16. Emil Fischer und Konrad Delbrück: Über Thiophenol-glucoside.

Berichte der Deutschen Chemischen Gesellschaft 42, 1476 [1909].

(Eingegangen am 30. März 1909.)

Während die Aldosen bei Gegenwart von starker Salzsäure leicht zwei Moleküle Äthylmercaptan fixieren unter Bildung von schön krystallisierenden Mercaptalen, sind die den synthetischen Glucosiden entsprechenden Thio-Verbindungen noch unbekannt. Da aber schwefelhaltige Glucoside im Pflanzenreich häufig vorkommen, so bietet die Kenntnis der einfachsten Vertreter dieser Körperklasse einiges Interesse. Dahin gehören unseres Erachtens zwei Verbindungen des Thiophenols mit Traubenzucker und Milchzucker, die wir auf folgendem Wege erhielten.

Eine ätherische Lösung von β-Acetobromglucose wird bei gewöhnlicher Temperatur mit einer wäßrigen Lösung von Thiophenolnatrium etwa zwei Tage geschüttelt, bis alles Brom sich als Bromnatrium in dem Wasser befindet.

Aus dem Äther läßt sich dann in sehr guter Ausbeute ein schön krystallisierender Körper $C_{20}H_{24}O_9S$ gewinnen, den wir als Tetraacetylderivat des Thiophenol-glucosids betrachten. Durch Verseifung mit Barytwasser in verdünnter alkoholischer Lösung entsteht daraus ebenfalls in recht glatter Weise Thiophenol-glucosid. Das Verfahren entspricht also im wesentlichen der Modifikation, welche E. Fischer und E. F. Armstrong[1]) der alten Michaelschen Synthese des Phenolglucosids gegeben haben.

Das Thiophenol-glucosid gleicht in seinen äußeren Eigenschaften und im Verhalten gegen Fehlingsche Lösung durchaus dem Phenolglucosid und zeigt auch in wäßriger Lösung fast genau die gleiche Drehung des polarisierten Lichtes. Es unterscheidet sich aber von jenem durch die größere Widerstandskraft gegen hydrolysierende

[1]) Berichte d. D. Chem. Gesellsch. **34**, 2885 [1901]. (*Kohlenh. I, 799.*)

Agenzien. So wird es von Emulsin in wäßriger Lösung nicht angegriffen, und auch durch heiße verdünnte Säuren erfolgt die Hydrolyse viel langsamer.

Nach der Synthese gehört es wahrscheinlich der β-Reihe an. Dafür spricht auch die starke Linksdrehung, die es mit dem β-Methyl-glucosid und β-Phenol-glucosid teilt. Die Indifferenz gegen Emulsin kann unseres Erachtens nicht als Grund dagegen angeführt werden, da sie wohl durch die Verschiedenheit der Zusammensetzung und die viel größere Beständigkeit gegen hydrolysierende Agenzien bedingt ist.

Auf die gleiche Art haben wir aus der Heptaacetylbromlactose das Thiophenol-lactosid bereitet, das ähnlich dem Milchzucker, durch Emulsin oder kurzes Erwärmen mit verdünnten Säuren eine Hydrolyse erfährt, bei der Zucker gebildet, aber kein Thiophenol abgespalten wird.

Tetraacetyl-thiophenol-glucosid, $C_6H_5 \cdot S \cdot C_6H_7O_5(C_2H_3O)_4$.

24 g β-Acetobromglucose wurden in 100 ccm Äther gelöst und mit einer Lösung von 8 g Thiophenol in 15 ccm 5 *n*.Natronlauge bei gewöhnlicher Temperatur zwei Tage geschüttelt. Die Bromverbindung war dann völlig verschwunden und aus der ätherischen Lösung hatte sich eine reichliche Menge des acetylierten Glucosids abgeschieden. Der Rest blieb beim Verdampfen krystallinisch zurück. Die Ausbeute betrug 21,5 g oder 84% der Theorie.

Für die Analyse wurde noch zweimal aus heißem verdünntem Alkohol umkrystallisiert und im Vakuum bei 78° getrocknet:

0,2485 g Sbst.: 0,4983 g CO_2, 0,1220 g H_2O. — 0,1643 g Sbst.: 0,0860 g $BaSO_4$.

$C_{20}H_{24}O_9S$ (440,24). Ber. C 54,52, H 5,49, S 7,28.
Gef. „ 54,69, „ 5,49, „ 7,19.

Für die optische Bestimmung diente eine Lösung in Toluol.

I. 0,3926 g Substanz, Gesamtgewicht der Lösung 7,7658 g, $d^{20} = 0,8819$, Drehung im 1-dm-Rohr bei 20° und Natriumlicht 1,79° nach links. Mithin

$$[\alpha]_D^{20} = -40,1°.$$

II. 0,3781 g Substanz (noch einmal umkrystallisiert), Gesamtgewicht der Lösung 7,5769 g, $d^{20} = 0,8819$, Drehung im 2-dm-Rohr 3,53° nach links. Mithin

$$[\alpha]_D^{20} = -40,1°.$$

Das Produkt schmilzt bei 117° (korr. 118°) zu einer farblosen Flüssigkeit, bei höherer Temperatur zersetzt es sich. In Wasser ist es äußerst schwer löslich und wird deshalb auch von heißen verdünnten Mineralsäuren sehr schwer angegriffen. Es löst sich in weniger als der vierfachen Gewichtsmenge heißem Alkohol und krystallisiert in der Kälte in großer Menge wieder aus. Eine Lösung in der fünfzehnfachen Gewichtsmenge kochendem Äther scheidet ebenfalls beim Abkühlen auf 0° einen großen Teil der Substanz in kleinen Prismen aus. In warmem Essigäther ist es sehr leicht löslich.

Thiophenol-glucosid, $C_6H_5 \cdot S \cdot C_6H_{11}O_5$.

Die Abspaltung der Acetylgruppen aus der Tetraacetylverbindung wird am besten mit Bariumhydroxyd in wäßrig-alkoholischer Lösung bei mäßiger Wärme bewerkstelligt. Zu einer warmen Lösung von 15 g krystallisiertem, reinem Barythydrat in 100 ccm einer Mischung gleicher Volumina Wasser und Alkohol fügt man eine warme Lösung von 5 g Tetracetylthiophenolglucosid in 100 ccm der gleichen Mischung und hält die gesamte klare Flüssigkeit 4 Stunden auf 60°. Zuweilen entsteht hierbei, wenn nicht ganz reines Ausgangsmaterial verwendet wird, ein kleiner Niederschlag, der abfiltriert wird. Zur Entfernung des Alkohols verdampft man dann die Lösung unter vermindertem Druck auf ungefähr ein Drittel des Volumens, verdünnt mit Wasser und fällt den Baryt genau mit Schwefelsäure bei gewöhnlicher Temperatur. Die zentrifugierte und filtrierte, durch Anwesenheit von Essigsäure ziemlich stark saure Flüssigkeit, die nur eine Spur überschüssige Schwefelsäure enthalten darf, wird unter stark vermindertem Druck zur Trockne verdampft, wobei das Glucosid in feinen, meist rosettenförmig gruppierten Nadeln krystallisiert. Die Ausbeute beträgt ungefähr 2,5 g oder 81% der Theorie. Zur Reinigung genügt in der Regel einmaliges Umkrystallisieren aus heißem Essigäther.

Für die Analyse war nochmals in der gleichen Weise krystallisiert und im Vakuumexsiccator über Phosphorpentoxyd getrocknet.

0,1980 g Sbst.: 0,3846 g CO_2, 0,1028 g H_2O. — 0,1767 g Sbst.: 0,1474 g $BaSO_4$.

$C_{12}H_{16}O_5S$ (272,18). Ber. C 52,91, H 5,92, S 11,78.
Gef. „ 52,98, „ 5,81, „ 11,45.

Die optische Bestimmung wurde in wäßriger Lösung ausgeführt.

I. 0,9303 g Substanz. Gesamtgewicht der Lösung 9,2990 g, $d^{20} = 1,032$, Drehung im 2-dm-Rohr bei 20° und Natriumlicht 14,92° nach links. Mithin

$$[\alpha]_D^{20} = -72,3°.$$

II. 0,7146 g Substanz (noch einmal umkrystallisiert), Gesamtgewicht der Lösung 7,1768 g, $d^{20} = 1,031$, Drehung bei 20° und Natriumlicht im 2-dm-Rohr 14,88° nach links. Mithin

$$[\alpha]_D^{20} = -72,5°.$$

Das Thiophenol-glucosid schmilzt bei 133° (korr. 135°) zu einer farblosen Flüssigkeit. Beim starken Erhitzen zersetzt es sich und verbreitet einen Geruch, der an gebratene Zwiebeln erinnert. Es schmeckt stark bitter. In Wasser ist es recht leicht löslich und unterscheidet sich dadurch von dem Phenol-glucosid. Es löst sich nämlich in der gleichen Gewichtsmenge heißen Wassers spielend auf, und eine Lösung in der fünffachen Menge Wasser blieb bei 20° klar, während sich beim Abkühlen auf 0° noch eine kleine Menge ausschied. Bei Anwendung der sechsfachen Menge Wassers blieb die Lösung jedoch auch bei 0° klar. Auch in Alkohol, zumal in der Wärme, ist es leicht löslich. Schwerer wird es von Essigäther aufgenommen, und in Chloroform oder Äther ist es schon sehr schwer löslich.

Die wäßrige Lösung reduziert Fehlingsche Flüssigkeit auch in der Hitze nicht. Ist sie aber ziemlich konzentriert und wird einige Zeit gekocht, so nimmt die Flüssigkeit einen schwachen Geruch nach Thiophenol an, und es entsteht ein wenig gefärbter, feiner Niederschlag.

Von Emulsin wird es unter den gewöhnlichen Bedingungen nicht verändert. Denn eine Lösung von 1 g Glucosid in 10 g Wasser, der 0,5 g käufliches Emulsin von geprüfter Wirkung und einige Tropfen Toluol zugesetzt waren, zeigte selbst nach viertägigem Stehen bei 37° keine Reduktion der Fehlingschen Lösung. Dagegen konnte nach Entfernung der Proteine durch Natriumacetat, Verdampfen und Auslaugen mit Essigäther eine reichliche Menge reines Glucosid zurückgewonnen werden.

Auch von heißen, verdünnten Säuren wird das Thioglucosid recht schwierig hydrolysiert, wie folgender Versuch zeigt: 0,5 g wurden mit 10 ccm 5-prozentige Salzsäure im geschlossenen Rohr 24 Stunden auf 100° erhitzt. Dabei schied sich allmählich Thiophenol als Öl aus, das zum Schluß ausgeäthert wurde. Seine Menge betrug ungefähr 0,15 g. Die Flüssigkeit enthielt ferner nach der Titration mit Fehlingscher Lösung 0,175 g Traubenzucker, der noch durch das Phenylosazon identifiziert wurde. Nach der Zuckermenge wäre wenig mehr als die Hälfte des Thioglucosids gespalten gewesen. In Wirklichkeit dürfte die Hydrolyse etwas weiter gegangen sein, da eine kleine Menge des Zuckers durch das lange Erhitzen mit der Säure zerstört wird. Wir haben uns aber überzeugt, daß noch unverändertes Thioglucosid vorhanden war.

Heptaacetyl-thiophenol-lactosid, $C_6H_5 \cdot S \cdot C_{12}H_{14}O_{10}(C_2H_3O)_7$.

Eine Lösung von 5 g Heptacetylbromlactose[1]) in 50 ccm Benzol wird mit einer Lösung von 2 g Thiophenol in 6 ccm 3-*n*.-Natronlauge bei gewöhnlicher Temperatur 2 Tage geschüttelt, dann die Benzol-

[1]) R. Ditmar, Monatsh. f. Chem. **23**, 865 [1902].

lösung abgehoben, mit Wasser gewaschen, durch ein trocknes Filter filtriert und unter vermindertem Druck verdampft. Löst man den Rückstand, der gewöhnlich krystallinisch, seltener sirupös ist, in heißem Alkohol, so scheidet sich beim Abkühlen in einer Kältemischung das Heptaacetyl-thiophenollactosid zum allergrößten Teil in farblosen, kleinen Prismen aus. Die Ausbeute beträgt ungefähr 75% der Theorie oder 78% des angewandten Bromkörpers.

Zur Analyse wurde noch zweimal aus heißem Alkohol umgelöst und im Vakuumexsiccator über Phosphorpentoxyd getrocknet.

0,1627 g Sbst.: 0,3141 g CO_2, 0,0815 g H_2O. — 0,1755 g Sbst.: 0,0571 g $BaSO_4$.

$C_{32}H_{40}O_{17}S$ (728,36). Ber. C 52,72, H 5,53, S 4,40.
Gef. „ 52,65, „ 5,60, „ 4,47.

Die optische Bestimmung wurde in Chloroformlösung ausgeführt.

I. 0,6787 g Substanz, Gesamtgewicht der Lösung 14,0242 g, $d^{20} = 1,480$, Drehung bei 20° und Natriumlicht im 1-dm-Rohr 1,265° nach links. Mithin

$$[\alpha]_D^{20} = -17,7°.$$

II. 0,6664 g Substanz (noch einmal umkrystallisiert), Gesamtgewicht der Lösung 13,9049 g, $d^{20} = 1,480$. Drehung im 1-dm-Rohr 1,25° nach links. Mithin

$$[\alpha]_D^{20} = -17,6°.$$

Die Substanz schmilzt bei 164° (korr. 167°) zu einer farblosen Flüssigkeit. Sie ist in Wasser äußerst schwer löslich und wird infolgedessen von verdünnten, wäßrigen Säuren oder Alkalien schwer angegriffen. In kaltem Alkohol ist sie recht schwer löslich, dagegen läßt sie sich aus der 24-fachen Gewichtsmenge heißen Alkohols leicht umkrystallisieren. Mit Benzol und Toluol kann man bei gewöhnlicher Temperatur ungefähr 2-prozentige Lösungen darstellen. Erheblich leichter löst sie sich in Chloroform.

Thiophenol-lactosid, $C_6H_5.S.C_{12}H_{21}O_{10}$.

Die Verseifung der Heptaacetylverbindung wird genau in der gleichen Weise und mit denselben Gewichtsmengen ausgeführt, wie bei dem Tetraacetyl-thiophenolglucosid. Beim schließlichen Verdampfen der wäßrigen Lösung unter geringem Druck bleibt das Thiolactosid gewöhnlich als Sirup, der aber beim Übergießen mit wenig Alkohol sofort zum Krystallbrei erstarrt, wenn der angewandte Acetylkörper genügend rein war. Die Ausbeute an krystallisiertem Rohprodukt betrug ungefähr 70% der Theorie oder 42% vom Acetylkörper.

Zur Analyse wurde zweimal aus heißem Alkohol umkrystallisiert und bei 100° unter 15 mm Druck getrocknet, wobei aber die exsiccatortrockne Substanz nur sehr wenig an Gewicht verlor.

0,1495 g Sbst.: 0,2730 g CO_2, 0,0790 g H_2O. — 0,1775 g Sbst.: 0,0949 g $BaSO_4$.

$C_{18}H_{26}O_{10}S$ (434,26). Ber. C 49,74, H 6,03, S 7,38.
Gef. „ 49,80, „ 5,91, „ 7,34.

Für die optische Bestimmung diente die wäßrige Lösung.

I. 0,2186 g Substanz, Gesamtgewicht der Lösung 3,3898 g, $d^{20} = 1,023$. Drehung bei 20° und Natriumlicht im 1-dm-Rohr 2,64° nach links. Mithin

$$[\alpha]_D^{20} = -40,0°.$$

II. 0,1670 g Substanz (noch einmal umkrystallisiert), Gesamtgewicht der Lösung 2,6170 g, $d^{20} = 1,023$. Drehung im 1-dm-Rohr bei 20° und Natriumlicht 2,62° nach links. Mithin

$$[\alpha]_D^{20} = -40,1°.$$

Das Thiophenol-lactosid schmilzt bei 216° (korr. 221°) zu einer farblosen Flüssigkeit. Es löst sich selbst in kaltem Wasser recht leicht und schmeckt stark bitter. Aus 50—60 Gewichtsteilen heißem Alkohol läßt es sich leicht umkrystallisieren, da es in der Kälte darin recht schwer löslich ist. In Äther, Essigäther oder Chloroform ist es sehr schwer löslich.

Hydrolyse des Thiolactosids. Während das Phenol-thioglucosid gegen heiße, verdünnte Säuren verhältnismäßig beständig ist, erfährt das Lactosid dadurch ziemlich schnell eine partielle Hydrolyse, von der offenbar der Milchzucker-Rest des Moleküls betroffen wird. Denn neben Monosaccharid (sehr wahrscheinlich Galaktose) entsteht dabei ein Produkt, welches wir der Hauptmenge nach für Thiophenol-glucosid halten.

1,5 g Thiophenol-lactosid wurden mit 15 ccm *n.*-Schwefelsäure im geschlossenen Gefäß eine Stunde auf 100° erhitzt. Hierbei ging das Drehungsvermögen der Flüssigkeit von — 3,68° im 1-dm-Rohr bei 20° auf — 0,99° zurück. Bei vollkommenem Zerfall des Thiolactosids in Galaktose und Thiophenol-glucosid müßte die Enddrehung der Lösung — 1,06° betragen. Die Flüssigkeit war nach dem Erkalten nur leicht getrübt und roch zwar etwas nach Thiophenol, aber seine Menge war sehr gering. Zur Isolierung des Thiophenol-glucosids wurde die saure Lösung genau mit Natronlauge neutralisiert, unter 12—15 mm Druck verdampft und der Rückstand wiederholt mit Essigäther ausgekocht. Die eingeengte Essigätherlösung schied beim längeren Stehen das Thiophenol-glucosid krystallinisch ab. Das Präparat war aber noch nicht rein, und selbst nach dreimaligem Umkrystallisieren war im Schmelzpunkt (128—131° gegen 133°) und Drehungsvermögen (— 69,4° gegen — 72,4°) ein deutlicher Unterschied vorhanden. Er ist aber nicht groß genug, um Zweifel an der Identität der Substanz mit Thiophenol-glucosid zu erwecken, zumal sie mit demselben auch in den äußeren Eigenschaften die größte Ähnlichkeit zeigte. Über die Natur der Verunreinigung können wir nichts Bestimmtes sagen; wir wollen aber auf die Möglichkeit hinweisen, daß dem β-Thiophenol-glucosid vielleicht die noch unbekannte isomere α-Verbindung beigemengt war.

Bei der Extraktion des Thiophenol-glucosids durch Essigäther bleibt das Monosaccharid zusammen mit Natriumsulfat zurück. Nach der Titration mit Fehlingscher Lösung betrug seine Menge, berechnet nach dem Reduktionsvermögen der Galaktose, etwa 85% der Theorie. Daß der Zucker sehr wahrscheinlich Galaktose war, schließen wir aus der Bildung erheblicher Mengen von Schleimsäure bei seiner Oxydation mit Salpetersäure.

Auch durch Emulsin wird das Thiophenol-lactosid partiell hydrolysiert. Wir haben uns aber mit dem Nachweis des Monosaccharids begnügt. Als 0,2 g Thiolactosid mit 4 ccm Wasser und 0,1 g Emulsin 20 Stunden im Brutraum gestanden hatten, ergab die Titration, daß ungefähr 80% der theoretischen Menge an reduzierendem Monosaccharid entstanden war. Dagegen war der Geruch nach Thiophenol gar nicht bemerkbar, woraus man schließen muß, daß in der Thioglucosidgruppe unter solchen Bedingungen nicht die geringste Hydrolyse stattfindet.

---

17. Emil Fischer: Über Allyl-β-glucosid.

Zeitschrift für physiologische Chemie **108**, 3 [1919].

(Der Redaktion zugegangen am 14. Juli 1919.)

Im Jahre 1912 habe ich seine Synthese aus Acetobrom-glucose und Allylalkohol kurz erwähnt nach Versuchen, die ich durch Herrn Dr. Josef Severin ausführen ließ[1]). Als Zwischenprodukt entsteht das Tetracetat. Dieses addiert, wie ebenfalls schon erwähnt, sehr leicht 2 Atome Brom, und das Dibromid verliert bei der Behandlung mit Basen außer der 4 Acetylen auch 1 Bromwasserstoff. Als Endprodukt entsteht also Monobromallylglucosid, dessen Eigenschaften in der früheren Notiz aber noch nicht angeführt sind.

Gleichzeitig mit meiner vorläufigen Publikation haben E. Bourquelot und M. Bridel[2]) die Synthese des β-Allylglucosids auf biochemischem Wege mit Hilfe von Emulsin beschrieben. Ihre Angaben über Schmelzpunkt und Drehungsvermögen zeigen kleine Abweichungen von unseren Beobachtungen.

Durch den Krieg ist die ausführliche Publikation unserer Versuche unterblieben. Ich hole sie jetzt nach, um kleine Korrekturen anzubringen und das Bromallylglucosid genauer zu schildern, weil es durch sein Verhalten gegen Emulsin Beachtung verdient.

Der ursprüngliche Zweck, zu dem die Allylverbindungen bereitet wurden, war die Gewinnung des Glykolaldehydglucosids, das aus dem Allylglucosid oder seinem Tetracetat durch Oxydation mit Ozon entstehen sollte. Der Aldehyd scheint wirklich gebildet zu werden, aber es war nicht möglich, ihn oder sein Acetat krystallisiert zu erhalten. Infolgedessen ist die Untersuchung hier unvollständig geblieben.

Allylglucosid-tetracetat $C_3H_5 \cdot O \cdot C_6H_7O_5(COCH_3)_4$.

75 g Acetobromglucose werden mit 225 g Allylalkohol übergossen und unter Umschütteln und Eiskühlung 50 g trockenes Silbercarbonat

[1]) Berichte d. D. Chem. Gesellsch. **45**, 2474 [1912]. (*S. 47.*)

[2]) Chem. Zentralbl. **1912**, II, 1458 u. Compt. rend. **155**, 437.

in verschiedenen Portionen zugegeben. Wenn die anfangs sehr lebhafte Kohlensäureentwicklung nachgelassen hat, wird bei Zimmertemperatur noch 1—2 Stunden auf der Maschine geschüttelt, um das Brom vollständig abzuspalten. Dann wird von den Silberverbindungen abgesaugt, der überschüssige Allylalkohol unter vermindertem Druck abdestilliert, der krystallisierte Rückstand in etwa 100 ccm heißem Äthylalkohol gelöst, mit Tierkohle aufgekocht und filtriert. Beim Erkalten beginnt die Krystallisation feiner Nadeln, die durch Zugabe der zwei- bis dreifachen Menge Wasser vervollständigt wird. Ausbeute etwa 45 g oder 63% der Theorie.

Zur Analyse wurde zweimal aus Alkohol umkrystallisiert und bei 10 mm und 56° getrocknet.

0,1789 g gaben 0,3442 g CO_2 und 0,1006 g H_2O.

$C_{17}H_{24}O_{10}$ (388,28): Ber. 52,56 % C, 6,23 % H.

Gef. 52,49 % C, 6,29 % H.

$$[\alpha]_D^{17} = \frac{-2{,}21^\circ \times 1{,}9932}{2 \times 0{,}815 \times 0{,}1025} = -26{,}36^\circ \text{ (in trockn. Methylalkohol).}$$

Andere Präparate gaben

$$[\alpha]_D^{16} = -26{,}50^\circ \text{ und } [\alpha]_D^{17} = -26{,}21^\circ \text{ (in trockn. Methylalkohol).}$$

Das Tetracetat schmilzt nach kurzem Sintern bei 89—90° zu einer klaren farblosen Flüssigkeit. Es löst sich leicht in Aceton, Essigester, Chloroform, Eisessig, Methylalkohol, Äther, Benzol und warmem Äthylalkohol. Von heißem Wasser wird es schwer und von heißem Petroläther sehr schwer gelöst.

Von Ozon wird es in essigsaurer Lösung rasch angegriffen. Als eine Lösung von 5 g in 100 ccm Eisessig bei gewöhnlicher Temperatur 1 Stunde mit einem mäßigen Sauerstoffstrom, der 4% Ozon enthielt (etwa 3 Blasen in der Sekunde), behandelt wurde, war das Additionsvermögen für Brom verschwunden, und beim vorsichtigen Verdampfen der Flüssigkeit unter sehr geringem Druck blieb ein farbloser Sirup. Er wurde in Äther gelöst, mit einer wäßrigen Lösung von Kaliumbicarbonat ausgeschüttelt, um Säuren zu entfernen, und der Äther verdampft. Als Rückstand blieb nur 1 g eines zähen Sirups, der fuchsinschweflige Säure ziemlich rasch stark rot bis violett färbte und Fehlingsche Lösung reduzierte. Er war in allen gebräuchlichen Lösungsmitteln außer Wasser und Petroläther sehr leicht löslich und wurde bisher nicht krystallisiert gewonnen. Nach der Hydrolyse mit heißer n-Salzsäure war eine Flüssigkeit entstanden, die Fehlingsche Lösung sehr stark reduzierte. Auch die Verseifung mit Baryt gab bisher keinen krystallisierten Stoff.

Allylglucosid, $C_3H_5 \cdot O \cdot C_6H_{11}O_5$.

10 g Allylglucosidtetracetat werden mit 500 ccm Wasser und 45 g gepulvertem, reinem krystallisierten Bariumhydroxyd bei Zimmertemperatur mehrere Stunden bis zur Lösung auf der Maschine geschüttelt und dann 20 Stunden aufbewahrt. Nachdem der überschüssige Baryt mit Kohlensäure gefällt ist, wird das Filtrat unter vermindertem Druck verdampft und der Rückstand mit 50 ccm heißem Alkohol ausgezogen. Beim Verdampfen des Alkohols bleibt ein Sirup, der nach einiger Zeit krystallisiert. Er wird aus heißem Aceton (etwa 10 ccm) umkrystallisiert. Ausbeute 4,4 g oder 77% der Theorie.

Zur Analyse diente ein aus viel heißem Essigester umkrystallisiertes und im Vakuumexsiccator über P_2O_5 getrocknetes Präparat.

0,2389 g gaben 0,4282 g CO_2 und 0,1559 g H_2O.

$C_9H_{16}O_6$ (220,17). Ber. 49,07 % C, 7,33 % H.

Gef. 48,90 % C, 7,30 % H.

Das früher angegebene Drehungsvermögen $[\alpha]_D^{20} = -42,3°$ ist nach den neueren Beobachtungen etwas zu hoch.

$$[\alpha]_D^{17} = \frac{-2,37° \times 2,1895}{1 \times 1,015 \times 0,1263} = -40,48° \text{ (in Wasser)}.$$

$$[\alpha]_D^{17} = \frac{-4,06° \times 3,3573}{2 \times 1,0134 \times 0,1671} = -40,25° \text{ (in Wasser)}.$$

Die Zahlen stimmen gut überein mit der Angabe von Bourquelot und Bridel[1]), die in 2,5-proz. Lösung $[\alpha]_D = -40,34°$ fanden.

Dagegen zeigen unsere neueren Beobachtungen im Schmelzpunkt eine nicht zu vernachlässigende Abweichung von den Angaben der französischen Forscher. Unser Präparat begann im Capillarrohr von 98° an zu sintern und schmolz vollständig bei 102—103° zu einer farblosen Flüssigkeit, während Bourquelot und Bridel 96° angaben. Das Glucosid ist etwas hygroskopisch, löst sich sehr leicht in Wasser, Methyl- und Äthylalkohol, sowie in heißem Aceton, erheblich schwerer in heißem Essigäther und fast gar nicht in Äther und Benzol. Es reduziert die Fehlingsche Lösung nicht. In wäßriger oder Eisessiglösung addiert es Brom sofort. Über die leichte Hydrolysierbarkeit durch Emulsin, die schon von Bourquelot und Bridel erwähnt ist, gibt der folgende Versuch Aufschluß.

Eine Lösung von 1 Teil Allylglucosid in 20 Teilen Wasser wurde mit 0,15 Teilen Emulsin und etwas Toluol 24 Stunden bei 36° gehalten. Die Menge des Zuckers betrug dann 94% der Theorie.

---

[1]) Compt. rend. **155**, 439 [1912].

Dibromid des Allylglucosidtetracetats $C_3H_5Br_2 \cdot O \cdot C_6H_7O_5(COCH_3)_4$.

Zu einer Lösung von 10 g Allylglucosidtetracetat in 30 ccm Chloroform gibt man langsam unter Umschütteln und Kühlen in Eis etwa 5 g Brom. Die rote Flüssigkeit wird nach kurzem Aufbewahren bei Zimmertemperatur unter vermindertem Druck aus einem Bad von 30—35° verdampft, wobei schon Krystallisation erfolgen kann. Der Rückstand wird mit Petroläther verrieben und entweder aus viel heißem Ligroin oder aus sehr wenig warmem Alkohol umkrystallisiert. Ausbeute 12,5 g oder 88% der Theorie.

0,1904 g Subst. (im Vakuumexsiccator getr.) gaben 0,2602 g CO_2 und 0,0741 g H_2O. — 0,2033 g Subst. gaben 0,1397 g AgBr.

$C_{17}H_{24}O_{10}Br_2$ (548,12). Ber. 37,23 % C, 4,41 % H, 29,16 % Br.
Gef. 37,28 % C, 4,36 % H, 29,24 % Br.

$$[\alpha]_D^{16} = \frac{-1,07^\circ \times 2,8829}{2 \times 0,8239 \times 0,1768} = -10,59^\circ \text{ (in trockn. Methylalkohol).}$$

Nach nochmaligem wiederholtem Umkrystallisieren aus Alkohol war

$$[\alpha]_D^{17} = -10,54^\circ \text{ und } 10,43^\circ \text{ (in trockn. Methylalkohol).}$$

Das Dibromid bildet farblose makroskopische, gut ausgebildete, meist 6seitige Prismen. Es schmilzt bei 91—93° zu einer farblosen, langsam klar werdenden Flüssigkeit. Es ist leicht löslich in Aceton, Essigester, Chloroform, Methylalkohol, Eisessig, Pyridin, warmem Äther, Benzol, Alkohol, etwas schwerer in heißem Tetrachlorkohlenstoff und nur sehr schwer in heißem Petroläther und heißem Wasser.

Bromallyl-β-glucosid $C_3H_4Br \cdot O \cdot C_6H_{11}O_5$.

10 g feingepulvertes Dibromid werden mit 300 ccm Wasser und 30 g krystallisiertem Bariumhydroxyd bei Zimmertemperatur auf der Maschine bis zur Lösung geschüttelt und noch 1—2 Tage aufbewahrt. Der überschüssige Baryt wird dann durch Kohlensäure gefällt und das Filtrat unter vermindertem Druck verdampft. Durch wiederholtes Auskochen des farblosen Rückstandes mit Essigester kann man das Glucosid von den Bariumsalzen trennen und erhält es beim starken Einengen der Lösungen in farblosen, gut ausgebildeten Prismen. Ausbeute 4,3 g oder 79% der Theorie.

Zur Analyse wurde noch zweimal aus heißem trockenem Aceton umgelöst und im Vakuumexsiccator getrocknet:

0,1553 g Subst. gaben 0,2047 g CO_2 und 0,0730 g H_2O. — 0,1907 g Subst. gaben 0,1211 g AgBr.

$C_9H_{15}O_6Br$. (299,09) Ber. 36,12 % C, 5,06 % H, 26,74 % Br.
Ber. 35,96 % C, 5,26 % H, 27,03 % Br.

$$[\alpha]_D^{16} = \frac{-4{,}79^\circ \times 3{,}1024}{2 \times 1{,}019 \times 0{,}1466} = -49{,}74^\circ \text{ (in Wasser)}.$$

Anderes Präparat:

$$[\alpha]_D^{17} = \frac{-2{,}62^\circ \times 2{,}3142}{1 \times 1{,}0204 \times 0{,}1195} = -49{,}72^\circ \text{ (in Wasser)}.$$

Das Glucosid schmilzt bei 127—128° (korr.) zu einer klaren farblosen Flüssigkeit. Es ist leicht löslich in Wasser, Methylalkohol, Alkohol, heißem Aceton, Essigester und Eisessig, schwer in Äther, kaum in Chloroform, Benzol und Petroläther. Es reduziert die Fehlingsche Lösung auch bei längerem Erhitzen nicht. Von Emulsin wird es sehr leicht hydrolysiert. 1 Teil Glucosid, in 20 Teilen Wasser gelöst, mit 0,1 Teil Emulsin und etwas Toluol 24 Stunden bei 36° aufbewahrt, war zu 96% gespalten.

Schließlich sage ich Fräulein Dr. Gerda Anger, die alle Versuche des Herrn Severin überholte und ergänzte, für die Hilfe besten Dank.

---

18. Emil Fischer: Identität des Galaktits und des α-Äthyl-galaktosids.

Berichte der Deutschen Chemischen Gesellschaft **47**, 456 [1914].

(Eingegangen am 29. Januar 1914.)

Vor 18 Jahren hat der kürzlich in hohem Alter verstorbene, ausgezeichnete Agrikulturchemiker H. Ritthausen unter dem Namen Galaktit einen schön krystallisierten Stoff aus Lupinen beschrieben, der bei der Hydrolyse große Mengen von Galaktose gab und dessen Zusammensetzung der Formel $C_9H_{18}O_7$ zu entsprechen schien[1]). Über die Konstitution des Körpers hat der Entdecker sich nicht geäußert, aber zum Schluß seines Aufsatzes die Vermutung ausgesprochen, daß er den von mir künstlich dargestellten Zuckerderivaten nahe stehe. Frau Geheimrat Ritthausen hatte die große Freundlichkeit, mir mehrere Präparate ihres verstorbenen Gatten zu übergeben. Unter ihnen befand sich auch eine ziemlich große Menge des Galaktits in zwei Präparaten verschiedener Reinheit. Seine schönen Eigenschaften und die Vermutung, daß er einen neuen Typ von Pflanzenstoffen darstellen könne, hat mich veranlaßt, seine Hydrolyse von neuem zu studieren. Neben Galaktose entsteht hierbei Äthylalkohol, wie folgender Versuch zeigt:

5 g Galaktit wurden mit 25 ccm *n.*-Schwefelsäure 2 Stdn. im geschlossenen Gefäß auf 100° erhitzt, dann die gelbbraune Lösung mit 2 ccm 10-*n.*-Natronlauge versetzt und aus der Flüssigkeit etwa 5 ccm abdestilliert. Das Destillat besaß einen schwachen, etwas an Furfurol erinnernden Geruch und schied bei Zusatz von viel Kaliumcarbonat 0,9 ccm einer beweglichen Flüssigkeit ab, die sich leicht abgießen ließ. Zur sicheren Identifizierung des Alkohols wurde die Flüssigkeit nach Buchner und Meisenheimer[2]) mit 1 g *p*-Nitrobenzoylchlorid ver-

---

[1]) Berichte d. D. Chem. Gesellsch. **29**, 896 [1896].

[2]) Ebenda **38**, 624 [1905].

setzt und kurze Zeit erwärmt, wobei Salzsäure wegging. Beim Erkalten schied sich eine dicke Krystallmasse ab, die mit einer verdünnten Lösung von Natriumcarbonat verrieben, dann abgesaugt und mit Wasser gewaschen wurde. Durch Umkrystallisieren aus heißem Ligroin konnte leicht reiner *p*-Nitrobenzoesäure-äthylester gewonnen werden.

0,1474 g Sbst.: 0,2984 g CO_2, 0,0608 g H_2O. — 0,1442 g Sbst.: 8,6 ccm N (16°, 770 mm, KOH 33%).

$C_9H_9O_4N$ (195,08). Ber. C 55,36, H 4,65, N 7,18.
Gef. „ 55,21, „ 4,62, „ 7,06.

Der Ester schmolz bei 57—58° und zeigte völlige Übereinstimmung mit einem aus reinem Alkohol und *p*-Nitrobenzoylchlorid bereiteten Präparat.

Daß der gleichzeitig entstehende Zucker Galaktose ist, hat die gründliche Untersuchung von Ritthausen schon bewiesen. Zur Kontrolle habe ich den Galaktit mit verdünnter Salpetersäure (D. 1,17) in der üblichen Weise oxydiert, wobei in der Tat reichliche Mengen von Schleimsäure entstanden.

Nunmehr erschien es auch nötig, die Elementaranalyse des Galaktits zu wiederholen. Zu dem Zweck wurden die beiden Ritthausenschen Präparate noch einmal aus Alkohol unter Zusatz von wenig Äther umkrystallisiert. Nach dem Trocknen im Vakuumexsiccator über Schwefelsäure verloren sie bei einstündigem Erhitzen auf 75° unter 13 mm nicht mehr an Gewicht.

0,1520 g Sbst. (Präp. I): 0,2580 g CO_2, 0,1082 g H_2O. — 0,1609 g Sbst. (Präp. II): 0,2707 g CO_2, 0,1129 g H_2O.

$C_8H_{16}O_6$ (208,13). Ber. C 46,13, H 7,75.
$C_9H_{18}O_7$ (238,14). „ „ 45,35, „ 7,62.
Gef. „ 46,29, 45,88, „ 7,97, 7,85.

Man sieht, daß die gefundenen Zahlen besser auf die Formel des Äthyl-galaktosids, $C_8H_{16}O_6$, als auf die frühere Formel $C_9H_{18}O_7$ passen.

Besonders wichtig war nun die optische Untersuchung der Präparate. Ritthausen gibt an, daß der Galaktit ganz inaktiv sei, und ich dachte deshalb anfangs, daß seine Präparate Gemische von viel β-Äthyl-galaktosid, das schwach nach links dreht, und wenig rechtsdrehendem α-Galaktosid seien. Aber die Nachprüfung hat ergeben, daß beide Präparate Ritthausens stark nach rechts drehen. Sie wurden zu dem Zweck ebenso wie für die Analyse einmal umkrystallisiert.

0,2071 g Sbst. (Präparat I). Gesamtgewicht der wäßrigen Lösung 1,9785 g. $d_4^{18} = 1,027$. Drehung im 1-dm-Rohr bei 18° für Natriumlicht 19,91° nach rechts. Mithin $[\alpha]_D^{18} = + 185,2°$ (in Wasser).

Eine zweite Bestimmung mit dem gleichen Präparat ergab wiederum $[\alpha]_D^{16} = + 185,2°$.

0,1877 g Sbst. (Präparat II). Gesamtgewicht der Lösung in Wasser 1,7972 g. $d_4^{19} = 1,027$. Drehung im 1-dm-Rohr bei 19° für Natriumlicht 19,97° nach rechts. Mithin $[\alpha]_D^{19} = + 186,2°$ (in Wasser).

Endlich wurde noch ein drittes Präparat von Galaktit, das mir Herr Ritthausen vor vielen Jahren zugesandt hatte, zum Vergleich herangezogen. Auch dieses zeigte starke Rechtsdrehung.

Schließlich wurde noch der Schmelzpunkt geprüft. Ritthausen gibt an: Erweichung bei 138° und Schmelzung bei 140—142°. Das stimmt mit meiner Beobachtung überein, denn nach dem Umkrystallisieren begann der Galaktit bei 138° zu sintern und schmolz bei 140° (korr. 141°). Der Geschmack des Galaktits war schwach süßlich-bitter.

Abgesehen von den optischen Eigenschaften und der kleinen Differenz bei der Elementaranalyse stimmen also meine Beobachtungen mit den Angaben von Ritthausen überein. Sie ergeben aber auch weiter die allergrößte Ähnlichkeit mit dem synthetischen α-Äthyl-galaktosid[1]):

	α-Äthyl-galaktosid	Galaktit
Formel	$C_8H_{16}O_6$	$C_8H_{16}O_6$
Schmelzpunkt	138—139° (korr.)	141° (korr.)
$[\alpha]_D$ in Wasser	+ 178,75°	+ 186°
Geschmack schwach süßlich-bitter	(neue Beobacht.)	ebenso.

In dem Drehungsvermögen ist allerdings eine scheinbar erhebliche Differenz vorhanden, die aber in Wirklichkeit nur 4% des Gesamtwertes beträgt und die sich erklärt durch die Schwierigkeit, das synthetische α-Äthyl-galaktosid vollständig von der gleichzeitig gebildeten β-Form durch Krystallisation zu befreien. Eine kleine Beimengung der β-Verbindung dürfte auch der Grund sein, weshalb der Schmelzpunkt des synthetischen α-Äthyl-galaktosids 2—3° niedriger als beim Galaktit gefunden wurde.

Nach den vorstehenden Beobachtungen trage ich kein Bedenken, die Identität von Galaktit und α-Äthyl-galaktosid zu behaupten.

Daß das Galaktosid in den Lupinen fertig gebildet sei, halte ich nicht für wahrscheinlich. Ritthausen hat die Lupinen mit 80-prozentigem Spiritus extrahiert, den Alkohol verdampft, dann Fett und andere Stoffe mit Äther entfernt, die Alkaloide Lupinin und Lupinidin durch Kalihydrat und Ausschütteln mit Petroläther isoliert, nun die Lösung mit Schwefelsäure angesäuert, das Kaliumsulfat mit Alkohol gefällt und diese offenbar noch saure, alkoholische Lösung verdampft. Da der Versuch mit 2 kg Extrakt ausgeführt wurde, so haben diese Opera-

[1]) E. Fischer und L. Beensch, Berichte d. D. Chem. Gesellsch. **27**, 2481 [1894]. (*Kohlenh. I, 708.*)

tionen wahrscheinlich lange gedauert, und es kann unter dem Einfluß der Schwefelsäure aus Alkohol und Galaktose oder einem galaktosehaltigen Polysaccharid, z. B. der Lupeose, die in den Lupinen enthalten ist, Äthyl-galaktosid gebildet worden sein. Bemerkenswert ist, daß Ritthausen das Präparat in so großer Reinheit erhalten hat, denn bei der Synthese des Galaktosids aus Galaktose und Alkohol in Gegenwart von Mineralsäuren entstehen α- und β-Form zusammen, und es ist ziemlich mühsam, die α-Form durch Krystallisation zu reinigen.

Schließlich sage ich Hrn. Dr. Max Bergmann für die Hilfe bei obigen Versuchen besten Dank.

19. Emil Fischer und Hans Fischer: Über einige Derivate des Milchzuckers und der Maltose und über zwei neue Glucoside.

Berichte der Deutschen Chemischen Gesellschaft **43**, 2521 [1910].

(Eingegangen am 8. August 1910.)

Durch Zersetzung der *β*-Acetobromglucose mit Silbercarbonat bei Gegenwart von wenig Wasser entsteht neben Tetraacetylglucose das Acetylderivat eines Disaccharides vom Typus der Trehalose, das deshalb Isotrehalose genannt wurde[1]). Durch Übertragung dieser Reaktion auf die Acetohalogenverbindungen der Maltose und ihrer Verwandten durfte man hoffen, künstliche Tetrasaccharide zu gewinnen. Wir haben die Reaktion beim Milchzucker genauer studiert und durch Einwirkung von Silbercarbonat auf Acetobromlactose in trockner Chloroformlösung ein Produkt erhalten, das nach der Analyse wohl das Tetradekaacetylderivat eines Tetrasaccharids sein könnte. Durch Barythydrat läßt es sich auch zu einem Zucker verseifen, aber dieser hat nicht die Eigenschaften eines einheitlichen Körpers, denn er reduziert noch etwas die Fehlingsche Lösung und liefert auch mit Phenylhydrazin wenig Phenyllactosazon. Aus dem Reduktionsvermögen und der Menge des Osazons kann man den Schluß ziehen, daß ungefähr 25% des Zuckers aus Milchzucker oder einem leicht in Milchzucker übergehenden Körper besteht. Der übrige Teil des Präparates dürfte ein hochmolekulares, nicht reduzierendes Kohlenhydrat, wahrscheinlich ein Tetrasaccharid vom Typus der Trehalose, sein. Wir haben aber keinen Weg gefunden, es in reinem Zustand zu isolieren, und wir übergeben unsere leider unvollendeten Versuche nur deshalb der Öffentlichkeit, weil wir nicht wissen, ob es uns noch möglich ist, sie zu einem befriedigenden Abschluß zu bringen.

---

[1]) E. Fischer und K. Delbrück, Berichte d. D. Chem. Gesellsch. **42**, 2776 [1909]. (*S. 241.*)

Der Übertragung der gleichen Reaktion auf die Maltose stand die schwere Beschaffung des Ausgangsmaterials im Wege, denn die krystallisierte Acetobrommaltose ist bisher nur aus der Octacetylverbindung durch flüssigen Bromwasserstoff erhalten worden[1]), und dies Verfahren ist für die Bereitung größerer Mengen wenig geeignet. Wir haben deshalb versucht, die Acetobrommaltose durch Behandlung des Disaccharids mit Acetylbromid darzustellen, aber so nur ein amorphes Produkt erhalten, das nicht völlig zu reinigen war; trotzdem konnte es für einige Synthesen verwendet werden. So erhielten wir durch Kombination mit Menthol das schön krystallisierte Heptacetyl-menthol-maltosid und daraus durch Verseifung das ebenfalls krystallisierte freie Menthol-maltosid. Ferner entsteht aus der rohen Acetobrommaltose durch Wasser und Silbercarbonat ein schön krystallisierter Stoff, der nach der Analyse Heptacetyl-maltose ist. Da er auch aus der krystallisierten Acetochlormaltose gewonnen wurde, so halten wir es für wahrscheinlich, daß er der Tetraacetyl-glucose und der in der späteren Mitteilung beschriebenen Heptacetyl-cellobiose ähnlich konstituiert ist, obschon er sich in verdünnten Alkalien sehr viel schwerer als jene löst.

Daß die Monosaccharide sich mit den mehrwertigen Alkoholen durch Salzsäure zu Glucosiden verbinden lassen, ist früher an dem Beispiel des Glykols und Glycerins[2]) gezeigt worden, aber keins von diesen Produkten ist bisher krystallisiert erhalten worden. Bei der Glucosidsynthese mittels der Acetohalogenverbindungen hat man den großen Vorteil, daß die zuerst entstehenden Acetylderivate meist gut krystallisieren. Wir haben deshalb diese Methode auch auf die mehrwertigen Alkohole angewandt und durch Kombination von Glykol mit β-Acetobromglucose einen schön krystallisierten Acetylkörper erhalten. Dieser gab dann durch Verseifung das freie Glykol-glucosid, das wir ebenfalls, allerdings mit einiger Mühe, in krystallisierter Form darstellen konnten[3]). Wir bemerken, daß dieser Körper das erste künstliche krystallisierte Glucosid eines mehrwertigen Alkohols ist. Da es von Emulsin leicht gespalten wird, so darf man es der β-Reihe zuzählen.

---

[1]) E. Fischer und E. F. Armstrong, Berichte d. D. Chem. Gesellsch. **35**, 3153 [1902]. (*Kohlenh. I, 826.*)

[2]) E. Fischer, ebenda **26**, 2400 [1893] (*Kohlenh. I, 682*) und E. Fischer und Beensch, ebenda **27**, 2478 [1894]. (*Kohlenh. I, 704.*)

[3]) Nach Versuchen des Hrn. B. Helferich lassen sich nach derselben Methode krystallisiert erhalten die *d*-Glucoside von Benzylalkohol ($[\alpha]_D^{20}$ — 55,6°), Cyclohexanol ($[\alpha]_D^{20}$ — 41,5°), Geraniol ($[\alpha]_D^{27}$ — 37,3°), Cetylalkohol ($[\alpha]_D^{18}$ — 22,5°) und Glykolsäure ($[\alpha]_D^{20}$ — 43,8°). (*Vgl. S. 25ff.*) E. Fischer.

Einwirkung von Acetylbromid auf Maltose.

Übergießt man 10 g fein gepulverte käufliche Maltose mit 20 ccm Acetylbromid in einem mit eingeschliffenem Steigrohr versehenen Kölbchen, so beginnt sehr bald eine starke Entwicklung von Bromwasserstoff. Man mäßigt die Reaktion durch zeitweises Eintauchen in eine Kältemischung, so daß sie erst nach 10—15 Minuten beendet ist. Man kann auch größere Mengen von Maltose verarbeiten, muß aber dann noch vorsichtiger in der Regulierung des Prozesses durch Abkühlung sein. Selbstverständlich dauert in diesem Falle die Operation länger. Die Maltose geht bis auf geringe Reste in Lösung, und wenn die Entwicklung von Bromwasserstoff sehr schwach geworden ist, gießt man die dicke Flüssigkeit in viel kaltes Wasser. Das ausgeschiedene zähe Öl verwandelt sich beim Durchkneten bald in eine farblose, feste Masse. Sie wird abgesaugt, mit kaltem Wasser gewaschen, in Äther gelöst und vorsichtig nur so lange mit einer kalten, verdünnten Lösung von Natriumbicarbonat geschüttelt, bis die Reaktion auf Kongorot verschwunden ist. Dann trocknet man flüchtig die abgehobene ätherische Lösung durch 5 Minuten langes Schütteln mit Chlorcalcium, filtriert und verdunstet unter stark vermindertem Druck bei gewöhnlicher Temperatur. Dabei bleibt zunächst ein dicker Sirup, der sich allmählich in eine amorphe, feste Masse verwandelt, die schließlich in ein weißes Pulver zerfällt. Die Ausbeute schwankt, im besten Falle betrug sie 16 g oder 80% der Theorie.

Wie schon erwähnt, ist das Produkt nicht krystallisiert und auch nicht einheitlich. Selbst nach dem Umlösen aus heißem Ligroin vom Sdp. 90° gab eine Probe nach dem Trocknen im Vakuumexsiccator über Phosphorpentoxyd Zahlen, welche nur annähernd auf die Formel einer Heptacetylbrommaltose stimmen.

0,2003 g Sbst.: 0,0524 g AgBr. — 0,1740 g Sbst.: 0,2930 g CO_2, 0,0864 g H_2O.

$C_{26}H_{35}O_{17}Br$ (699,20). Ber. C 44,62, H 5,05, Br 11,43.
Gef. „ 45,93, „ 5,55, „ 11,13.

Wir haben deshalb für alle folgenden Operationen das Rohprodukt verwendet, das beim Verdunsten der ätherischen Lösung bleibt.

Heptacetyl-maltose $C_{12}H_{15}O_{11}(C_2H_3O)_7$.

Wir haben sie sowohl aus der reinen Acetochlormaltose wie aus der zuvor beschriebenen rohen Acetobrommaltose dargestellt. Da der erste Prozeß maßgebend für die Beurteilung ihrer Struktur ist, so wollen wir ihn zuerst beschreiben.

4 g Acetochlormaltose[1]), die aus Octacetylmaltose mit flüssiger Salzsäure dargestellt war, wurde in feuchtem Äther gelöst und mit 1,5 g frisch gefälltem Silbercarbonat bei gewöhnlicher Temperatur geschüttelt. Da bald starke Entwicklung von Kohlensäure eintritt, so muß das Gefäß öfters geöffnet werden. Die Heptacetylmaltose scheidet sich während der Operation krystallinisch aus. Wenn nach ca. 2 Stunden eine filtrierte Probe der ätherischen Lösung kein Chlor mehr enthält, wird der unlösliche Teil abgesaugt und mit ziemlich viel Chloroform ausgekocht. Beim Verdampfen des Chloroforms bleibt die Heptacetylmaltose zurück und wird aus heißem absolutem Alkohol umkrystallisiert. Nach dreimaligem Umkrystallisieren betrug die Ausbeute an ganz reiner Substanz 2,3 g oder 58% der Theorie. Das im Exsiccator getrocknete Präparat verlor bei 100° unter 15 mm Druck über Phosphorpentoxyd kaum an Gewicht.

0,1670 g Sbst.: 0,2990 g CO_2, 0,0865 g H_2O.

$C_{26}H_{36}O_{18}$ (636,29). Ber. C 49,03, H 5,70.

Gef. „ 48,83, „ 5,79.

Sie krystallisiert aus Alkohol in feinen Nadeln vom Schmp. 176 bis 177° (korr. 179—180°). Sie ist selbst in heißem Wasser sehr schwer löslich. Am besten wird sie aus heißem Alkohol umkrystallisiert, worin sie in der Kälte recht schwer löslich ist. In Aceton ist sie sehr leicht, in Benzol, Chloroform und Acetylentetrachlorid in der Hitze noch recht leicht, in der Kälte etwas schwerer löslich. Sie reduziert Fehlingsche Lösung in der Wärme sehr stark. Für die optische Untersuchung wurden die Lösungen in Chloroform und Acetylentetrachlorid verwendet. Die Substanz zeigt schwache Mutarotation.

Als Beispiel führen wir folgende Beobachtungen mit einer Lösung in Acetylentetrachlorid an: 0,1143 g Sbst. Gesamtgewicht der Lösung 2,2219 g. d = 1,5747. Drehung im 1-dm-Rohr bei 16° und Natriumlicht + 5,88° bis + 6,21° (Enddrehung). Mithin

$$[\alpha]_D^{16} = +\ 72{,}62^\circ \text{ bis } 76{,}66^\circ\ (\pm\ 0{,}2^\circ).$$

Viel bequemer ist die Darstellung der Heptacetylmaltose aus der rohen Acetobrommaltose. Die Operation ist genau die gleiche wie bei der Chlorverbindung, die Ausbeute aber erheblich geringer. An ganz reiner Substanz erhält man ungefähr $^1/_3$ des angewandten rohen Bromkörpers.

---

[1]) E. Fischer und E. F. Armstrong, Berichte d. D. Chem. Gesellsch. **34**, 2885 [1901]. (*Kohlenh. I, 799.*) Man kann die Dauer der Wirkung der Salzsäure, die auf 16—20 Stunden angegeben ist, erheblich abkürzen, auf etwa 1 Stunde, wenn man das Rohr nach Auftauen der Salzsäure schüttelt und dadurch die Lösung beschleunigt.

0,1353 g Sbst.: 0,2433 g CO_2, 0,0709 g H_2O.

$C_{26}H_{36}O_{18}$ (636,29). Ber. C 49,03, H 5,70.

Gef. „ 49,04, „ 5,86.

Von den verschiedenen optischen Bestimmungen führen wir nur eine an, die mit einer Lösung in Acetylentetrachlorid ausgeführt ist. 0,2645 g Substanz. Gesamtgewicht 3,1234 g. d = 1,5747. Anfangsdrehung im 1-dm-Rohr bei 16° und Natriumlicht 9,9° nach rechts. Enddrehung 10,14° nach rechts. Mithin

$$[\alpha]_D^{16} = +74{,}24^\circ \text{ bis } +76{,}04^\circ\ (\pm 0{,}2^\circ).$$

Auch in Bezug auf Schmelzpunkt und Löslichkeit haben wir keinen Unterschied von dem Produkt aus Acetochlormaltose beobachtet.

Die Heptacetylmaltose sollte nach der Bildung ebenso konstituiert sein wie die isomere Heptacetylcellobiose (s. folgende Mitteilung) *) oder wie die Tetracetylglucose. Sie unterscheidet sich aber davon durch das Verhalten gegen Alkali. Während jene beiden von sehr verdünnter, kalter Natronlauge sofort gelöst werden, ist das Maltosederivat dagegen viel resistenter. Es wird erst beim Schütteln ganz langsam gelöst. Vielleicht hängt das mit der geringeren Löslichkeit in Wasser zusammen.

Heptacetyl-menthol-maltosid.

Um eine befriedigende Ausbeute zu erzielen, ist ein großer Überschuß von Menthol nötig. 9,5 g amorphe, rohe Acetobrommaltose, 4,5 g trocknes Silbercarbonat, 25 g Menthol und 60 ccm absoluter Äther werden in einer Stöpselflasche geschüttelt. Sofort beginnt starke Kohlensäure-Entwicklung, und die ätherische Lösung scheidet einen Niederschlag ab. Nach ca. $^1/_2$ Stunde läßt die Gasentwicklung nach. Man schüttelt aber noch einige Stunden, bis die Flüssigkeit fast frei von Halogen ist. Man versetzt nun mit Chloroform, um den Niederschlag wieder zu lösen, saugt die Flüssigkeit ab, verdampft die vereinigten Filtrate auf dem Wasserbad und verjagt schließlich das überschüssige Menthol mit Wasserdampf. Der erst ölige, später erstarrende Rückstand wird zweimal aus heißem Alkohol umkrystallisiert. Die Ausbeute an reinem Präparat betrug nur 3,5 g oder 32,5% der Theorie. Das liegt sicherlich zum Teil an der Unreinheit der Acetobrommaltose. Das Acetylmaltosid krystallisiert aus Alkohol in Nadeln vom Schmp. 183° (korr. 186°). Es ist geruchlos und reduziert Fehlingsche Lösung nicht. In Chloroform, Essigäther, Benzol und Aceton ist es leicht, in Äther weniger leicht, in kaltem Alkohol schwer löslich. Zur Analyse wurde bei 100° getrocknet.

0,1543 g Sbst.: 0,3158 g CO_2, 0,0980 g H_2O.

$C_{36}H_{54}O_{18}$ (774,44). Ber. C 55,78, H 7,03.

Gef. „ 55,82, „ 7,11.

---

*) *Vgl. S. 234.*

Das Drehungsvermögen wurde in Acetylentetrachlorid bestimmt. 0,1984 g Sbst. Gesamtgewicht 2,6066 g. d = 1,546. Drehung bei 19° im 1-dm-Rohr 2,42° nach rechts. Mithin

$$[\alpha]_D^{19} = +20{,}57^\circ (\pm 0{,}2^\circ).$$

Dieselbe Substanz wurde noch zweimal umkrystallisiert. 0,2475 g Sbst. Gesamtgewicht 1,8727 g. d = 1,532. Drehung im $^1/_2$-dm-Rohr 2,10° nach rechts. Mithin

$$[\alpha]_D^{19} = +20{,}74^\circ (\pm 0{,}3^\circ).$$

0,2148 g Sbst. Gesamtgewicht der Lösung 2,3280 g. d = 1,560. Drehung im 1-dm-Rohr 3° nach rechts. Mithin

$$[\alpha]_D^{19} = +20{,}84^\circ (\pm 0{,}2^\circ).$$

Menthol-maltosid.

Eine Lösung von 7,5 g der Heptacetylverbindung in 100 ccm heißem Alkohol wird in eine ebenfalls heiße Lösung von 25 g reinem krystallisiertem Bariumhydroxyd und 500 ccm Wasser eingegossen und das Gemisch $1^1/_2$ Stunden am Rückflußkühler gekocht, wobei die anfänglich entstehende Ausscheidung bald wieder verschwindet. Man läßt dann erkalten, fällt den Baryt quantitativ als Sulfat und verdampft das Filtrat unter 15—20 mm Druck. Da die Flüssigkeit stark schäumt, so ist es ratsam, sie in einen Destillationskolben, der in Wasser von 50° steht, eintropfen zu lassen. Der Rückstand bildet eine farblose amorphe Masse. Man löst ihn in nicht zu viel Wasser unter gelindem Erwärmen und läßt die Flüssigkeit im Vakuumexsiccator verdunsten. Nach kürzerer oder längerer Zeit krystallisiert das Maltosid in farblosen, feinen, verfilzten Nadeln. Durch Impfen kann die Krystallisation sehr beschleunigt werden. Die Ausbeute an reinem Präparat beträgt etwa 75% der Theorie. Die bei gewöhnlicher Temperatur an der Luft getrockneten Krystalle enthielten 2 Moleküle Wasser, von denen etwas mehr als die Hälfte im Exsiccator über Chlorcalcium langsam entweicht, während der Rest bei 100° und 15 mm rasch fortgeht.

0,7791 g lufttrockne Substanz verloren bei 100° und 15 mm über Phosphorpentoxyd im ganzen 0,0544 g.

$C_{22}H_{40}O_{11} + 2\,H_2O$ (516,36). Ber. H_2O 6,98. Gef. H_2O 6,98.

Für die Elementaranalyse, optische Bestimmung und Löslichkeitsproben wurde die bei 100° und 15 mm getrocknete Substanz benutzt.

0,1527 g Sbst.: 0,3069 g CO_2, 0,1142 g H_2O.

$C_{22}H_{40}O_{11}$ (480,32). Ber. C 54,96, H 8,39.
Gef. „ 54,81, „ 8,37.

0,1482 g Sbst. Gesamtgewicht der wäßrigen Lösung 2,0041 g. d = 1,019. Drehung im 1-dm-Rohr bei 16° und Natriumlicht 1,07° nach rechts. Mithin

$$[\alpha]_D^{16} = + 14{,}20° (\pm 0{,}2°).$$

0,1678 g Sbst. Gesamtgewicht 1,8168 g. d = 1,019. Drehung im 1-dm-Rohr bei 16° und Natriumlicht 1,34° nach rechts. Mithin

$$[\alpha]_D^{16} = + 14{,}23° (\pm 0{,}2°).$$

Die trockne Substanz schmilzt bei 199° (korr. 203°). Sie löst sich in kaltem Wasser und heißem Alkohol ziemlich leicht, schwer in Chloroform und Aceton und sehr schwer in Äther, Benzol und Ligroin. Sie schmeckt unangenehm, an bitter und süß erinnernd, und nach kurzer Zeit hat man ein ähnlich kühlendes Gefühl wie beim Genuß von Pfefferminz. Das Maltosid reduziert die Fehlingsche Lösung nicht. Von heißen, verdünnten Säuren wird es ziemlich rasch hydrolysiert unter Bildung von reduzierendem Zucker. Da das Präparat in kaltem Wasser viel leichter löslich ist als die früher[1]) beschriebenen Glucoside des Menthols und Borneols, so dürfte es für physiologische Beobachtungen noch besser geeignet sein als das von Hildebrandt[2]) studierte Borneolglucosid.

Bariumsalz des Menthol-maltosids.

Das Maltosid bildet eine schön krystallisierende Bariumverbindung, die wir zufällig bei einer Verseifung des Acetylkörpers mit Bariumhydroxyd beobachteten, als der Alkohol aus der Flüssigkeit abdestilliert war. Sie schied sich schon in der Wärme (80°) aus der ziemlich verdünnten Lösung in großen Nadeln oder Prismen ab. Sie wurde warm abgesaugt und mit sehr wenig kaltem Wasser gewaschen, weil sie in reinem Wasser viel leichter löslich ist, als bei Anwesenheit von freiem Bariumhydroxyd. Da das Umkrystallisieren Schwierigkeiten machte, haben wir das Produkt direkt analysiert. Die Werte lassen trotz der mangelhaften Übereinstimmung mit der Theorie doch wenig Zweifel daran, daß hier ein Bariumsalz des Maltosids von der Formel $(C_{22}H_{39}O_{11})_2Ba$ vorliegt.

0,1774 g Sbst.: 0,3046 g CO_2, 0,1128 g H_2O. — 0,2318 g Sbst.: 0,0512 g $BaSO_4$.

$(C_{22}H_{39}O_{11})_2Ba$ (1095,99).	Ber. C 48,17,	H 7,17,	Ba 12,53.	
	Gef. „ 46,83,	„ 7,11,	„ 13,00.	

Das Salz löst sich in reinem Wasser ziemlich leicht und zeigt alkalische Reaktion. Durch Kohlensäure wird daraus der größere Teil, aber nicht alles Barium als Carbonat gefällt.

---

[1]) E. Fischer und K. Raske, Berichte d. D. Chem. Gesellsch. **42**, 1465 [1909]. (*S. 11.*)

[2]) H. Hildebrandt, Biochem. Ztschr. **21**, 1 [1909].

Tetracetyl-β-Glykol-glucosid.

20 g frisch destilliertes Glykol und 6 g reine Acetobromglucose werden unter Zusatz von 7,2 g frisch gefälltem und über Phosphorpentoxyd getrocknetem Silbercarbonat in einer Stöpselflasche geschüttelt. Sehr bald tritt lebhafte Entwicklung von Kohlensäure ein, so daß die Flasche in der ersten Stunde häufig geöffnet werden muß. Nachdem die Hauptreaktion vorüber ist, wird noch 1—2 Stunden auf der Maschine geschüttelt und nun abgesaugt. Der Rückstand enthält neben den Silberverbindungen den größten Teil des Acetylkörpers. Dieser wird mit heißem Alkohol ausgelaugt. Verdampft man die alkoholischen Auszüge unter vermindertem Druck, so bleibt der Acetylkörper krystallinisch zurück und wird durch mehrmaliges Umlösen aus heißem Wasser gereinigt. Eine weitere, aber ziemlich geringe Menge des Acetylkörpers kann man durch wiederholtes Ausäthern der ersten Glykol-Mutterlauge gewinnen. Die Gesamtausbeute an reinem Acetylkörper betrug ungefähr 2,5 g oder 45% der Theorie. Nebenher entsteht ein nicht krystallisierender Sirup, der auch ein Glucosid-acetat, vielleicht stereoisomer mit dem ersten Acetylkörper, zu sein scheint. Die feste Acetylverbindung krystallisiert aus Wasser in großen, farblosen, ziemlich derben Prismen, die zwischen 100° und 102° (korr. 101—103°) schmelzen. Sie ist in Wasser, warmem Benzol, Essigäther und Äther relativ leicht löslich, in Petroläther sehr schwer löslich. Sie reduziert die Fehlingsche Lösung nicht.

Im Vakuumexsiccator getrocknet, verlor sie bei 56° über Phosphorpentoxyd kaum an Gewicht und gab dann folgende Zahlen:

0,1964 g Sbst.: 0,3514 g CO_2, 0,1085 g H_2O. — 0,1455 g Sbst.: 0,2606 g CO_2, 0,0796 g H_2O.

$C_{16}H_{24}O_{11}$ (392,19). Ber. C 48,96, H 6,17.
Gef. „ 48,80, 48,85, „ 6,18, 6,12.

0,1438 g Sbst. Gesamtgewicht der wäßrigen Lösung 3,0512 g. d = 1,012. Drehung im 1-dm-Rohr bei 16° und Natriumlicht 1,25° nach links. Mithin

$$[\alpha]_D^{16} = -26,23^\circ.$$

Eine zweite Bestimmung mit einem Präparat anderer Darstellung gab: 0,0674 g Sbst. Gesamtgewicht 1,5158 g. d = 1,012. Drehung im 1-dm-Rohr bei 16° und Natriumlicht 1,17° nach links. Mithin

$$[\alpha]_D^{16} = -26,00^\circ.$$

β-Glykol-*d*-glucosid.

5 g Acetylverbindung wurden mit 20 g krystallisiertem Barythydrat in 300 ccm Wasser gelöst und 24 Stunden bei gewöhnlicher Temperatur aufbewahrt. Wir haben dann Kohlensäure bis zur neu-

tralen Reaktion eingeleitet, heiß filtriert und nach dem Abkühlen den Rest des Baryts mit Schwefelsäure quantitativ gefällt. Diese Entfernung des Baryts in zwei Phasen ist der direkten Fällung mit Schwefelsäure vorzuziehen, weil die Niederschläge leichter zu filtrieren sind. Als die zentrifugierte und klar filtrierte Lösung unter 15—20 mm zur Trockne verdampft wurde, blieb das Glucosid als farbloser Sirup zurück. Man löst ihn in nicht zuviel absolutem Alkohol, versetzt mit Essigäther bis zur beginnenden Trübung und läßt das nur locker verschlossene Gefäß stehen. Nach Wochen pflegt sich das Glucosid in ziemlich derben Krystallen abzuscheiden. Ist man einmal im Besitz von Krystallen, so kann man in der obigen, alkoholisch-essigätherischen Lösung die Krystallisation schon im Verlauf von einigen Stunden herbeiführen. Auch aus der konzentrierten, alkoholischen Lösung des Rohproduktes fällt beim Impfen das neue Glucosid rasch krystallinisch aus. Die Ausbeute ist sehr befriedigend. Denn aus 3 g reiner Acetylverbindung wurden 1,5 g krystallisiertes Glucosid gewonnen. Zur völligen Reinigung löst man in wenig Wasser, läßt im Vakuumexsiccator zum Sirup verdunsten, nimmt dann mit wenig Alkohol auf und impft. Nach kurzer Zeit erstarrt die ganze Flüssigkeit zu einem Krystallbrei.

Für die Analyse und optische Bestimmung wurde bei 80° unter 15 mm Druck getrocknet, wobei aber die exsiccatortrockne Substanz kaum an Gewicht verlor.

0,1370 g Sbst.: 0,2147 g CO_2, 0,0880 g H_2O.

$C_8H_{16}O_7$ (224,13). Ber. C 42,83, H 7,20.

Gef. „ 42,74, „ 7,19.

0,1212 g Sbst. Gesamtgewicht der wäßrigen Lösung 1,3724 g. d = 1,031. Drehung im 1-dm-Rohr bei 16° und Natriumlicht 2,75° nach links. Mithin

$$[\alpha]_D^{16} = -30,20^\circ\ (\pm 0,2^\circ).$$

Zwei weitere Bestimmungen unter ähnlichen Verhältnissen ergaben:

$$[\alpha]_D = -30,10^\circ \text{ und } -29,87^\circ.$$

Das Glykol-glucosid schmeckt süß und hinterher bitter. Es schmilzt ziemlich scharf bei 136—137° (korr. 137—138°). In Wasser ist es sehr leicht löslich. Von absolutem Alkohol werden die Krystalle ziemlich schwer gelöst; noch schwerer löst es sich in Essigäther, Äther, Benzol. Es reduziert die Fehlingsche Lösung nicht und wird durch heiße Mineralsäuren rasch hydrolysiert.

Spaltung durch Emulsin. Eine Lösung von 0,22 g Glykol-glucosid in 4 ccm Wasser wurde mit 0,1 g käuflichem Emulsin (E. Merk, Darmstadt) und einigen Tropfen Toluol 23 Stunden bei 37° aufbewahrt. Nachdem dann die Proteine durch Aufkochen mit Natriumacetat größtenteils entfernt waren, ergab die Titration des Traubenzuckers mit Fehlingscher Lösung, daß etwa 90% des Glucosids gespalten waren.

Darstellung der Aceto-bromlactose.

Durch Einwirkung von Acetylbromid auf trocknen Milchzucker hat R. Ditmar eine Aceto-bromlactose (Heptacetyl-brommilchzucker) vom Schmp. 138°[1]) erhalten. Da uns die Darstellung nach Ditmars Vorschrift manchmal gelungen, aber auch aus unbekannten Ursachen öfters mißglückt ist, so haben wir ein bequemeres Verfahren gesucht und in der Wirkung einer eisessigsauren Lösung von Bromwasserstoff auf Octacetyl-milchzucker gefunden. Es erinnert einerseits an die Darstellung der Heptacetyl-chlorlactose aus Octacetyl-lactose und flüssigem Chlorwasserstoff[2]), andererseits an die Bereitung der Acetochlorlactose aus Milchzucker, Essigsäureanhydrid und gasförmiger Salzsäure[3]), ist aber viel bequemer als diese beiden Methoden.

40 g Octacetyl-lactose vom Schmp. 85—90°, dargestellt nach M. Schmoeger[4]) und zweimal aus heißem Alkohol umkrystallisiert, werden durch gelindes Erwärmen in 50 ccm Essigsäureanhydrid gelöst und nach dem Abkühlen auf Zimmertemperatur 100 ccm gesättigte Bromwasserstoff-Eisessig-Lösung (käuflich bei Kahlbaum) zugefügt. Beim Abkühlen der ersten Lösung in Essigsäureanhydrid tritt manchmal Krystallisation ein; wenn dies der Fall ist, befördert man die Auflösung der Masse in dem Eisessig-Bromwasserstoff durch Zerkleinerung und Schütteln. Für den weiteren Verlauf der Reaktion ist es gleichgültig, ob Krystallisation eingetreten war oder nicht. Die Gesamtlösung bleibt im leicht verschlossenen Gefäß $1^3/_4$ Stunden bei 15—20° stehen und wird dann unter Rühren in dünnem Strahl in 2 l Eiswasser eingegossen. Dabei entsteht ein feinflockiger, farbloser Niederschlag. Da er sich schwer absaugen läßt, so löst man ihn durch Schütteln mit 100 ccm Chloroform, wäscht die abgehobene Chloroformlösung zweimal mit Wasser, klärt durch kurzes Schütteln mit Chlorcalcium und versetzt die filtrierte Lösung mit Petroläther bis zur beginnenden Trübung. In einigen Stunden scheidet sich dann die Acetobromlactose als hübsche Krystalle ab. Ist man einmal im Besitz derselben, so kann man die Krystallisation durch Impfen sehr beschleunigen und durch Zusatz von viel Petroläther fast die ganze in Chloroform gelöste Menge krystallinisch niederschlagen. Die Krystalle werden

[1]) Monatsh. f. Chem. **23**, 865 [1902].

[2]) E. Fischer und E. F. Armstrong, Berichte d. D. Chem. Gesellsch. **35**, 833 [1902]. (*Kohlenh. I, 815.*)

[3]) H. Skraup und R. Kremann, Monatsh. f. Chem. **22**, 384 und A. Bodart, ebenda **23**, 1 [1902].

[4]) Berichte d. D. Chem. Gesellsch. **25**, 1452 [1892].

abgesaugt, dann zuerst mit der Handpresse und schließlich durch die hydraulische Presse von der Mutterlauge befreit. Die Ausbeute betrug bei zahlreichen Versuchen 33—35 g oder 80—85% der Theorie. Bei Darstellung größerer Mengen wurde die erste Operation stets nur mit 40 g ausgeführt, aber später der chloroformische Auszug von mehreren Portionen zusammengegeben. Dieses Präparat riecht noch schwach nach Essigsäure, ist aber im Exsiccator über Phosphorpentoxyd durchaus haltbar und kann für die meisten Verwandlungen, z. B. auch für die Zersetzung mit Silbercarbonat, direkt benutzt werden. Ganz rein erhält man es durch rasches Umlösen aus der zehnfachen Menge warmem Alkohol wobei $^4/_5$ der gelösten Menge wieder auskrystallisieren und der Schmelzpunkt auf 141—142° (korr. 143—144°) steigt. Für die Analyse war dies Präparat im Vakuumexsiccator getrocknet.

0,1955 g Sbst.: 0,3212 g CO_2, 0,0912 g H_2O. — 0,2010 g Sbst.: 0,0524 g AgBr. — 0,1663 g Sbst.: 0,0435 g AgBr.

$C_{26}H_{35}O_{17}Br$ (699,20). Ber. C 44,62, H 5,05, Br 11,43.
Gef. „ 44,81, „ 5,22, „ 11,09, 11,13.

0,4552 g Sbst. gelöst in Acetylentetrachlorid. Gesamtgewicht der Lösung 4,8965 g. Spez. Gew. 1,561. Drehung bei 24° im 1-dm-Rohr 15,26° nach rechts. Mithin

$$[\alpha]_D^{24} = +105,16°.$$

0,4560 g Sbst. gelöst in Acetylentetrachlorid. Gesamtgewicht der Lösung 4,9330 g. Spez. Gew. 1,563. Drehung bei 22° im 1-dm-Rohr 15,29° nach rechts. Mithin

$$[\alpha]_D^{22} = +105,83°.$$

0,2936 g Sbst. gelöst in Chloroform. Gesamtgewicht der Lösung 7,5851 g. Spez. Gew. 1,463. Drehung bei 22° im 1-dm-Rohr 5,94° nach rechts.

$$[\alpha]_D^{22} = +104,9°.$$

Das nach der Vorschrift von Ditmar von uns erhaltene Präparat krystallisierte schwerer und schmolz auch nicht scharf; Ditmar selbst gibt an, daß sein Produkt bei 126° sinterte und bei 138° geschmolzen war. Auch die Drehung fanden wir ein wenig höher.

0,5171 g Sbst. in Chloroform gelöst. Gesamtgewicht der Lösung 17,6526 g. Spez. Gew. 1,478. Drehung bei 20° im 2-dm-Rohr 9,5° nach rechts. Mithin

$$[\alpha]_D^{20} = +109,71°.$$

Ditmar gibt $[\alpha]_D^{14} = 108,17°$ an. (Allerdings muß bei den von ihm angeführten Originalbeobachtungszahlen ein Versehen stattgefunden haben, denn daraus berechnet sich der Wert +65,25°.)

Als wir aber das Präparat aus Alkohol umkrystallisierten, stieg der Schmelzpunkt auf 141—142° und die Drehung ging herab.

0,2647 g Sbst. Gesamtgewicht der Chloroformlösung 7,3985 g. d = 1,469. Drehung im 1-dm-Rohr 5,52° nach rechts. Mithin

$$[\alpha]_D^{22} + 105{,}0^\circ.$$

Daraus geht hervor, daß nach Ditmars und nach unserer Methode die gleiche Acetobromlactose erhalten wird.

Einwirkung von trocknem Silbercarbonat auf Aceto-bromlactose.

Für den Versuch dient am besten ganz reine, bei 100° im Vakuum über Phosphorpentoxyd zwei Stunden lang getrocknete Acetobromlactose und frisch gefälltes Silbercarbonat, das mit Alkohol, Äther und Petroläther gewaschen und noch mehrere Stunden im Vakuum über Phosphorpentoxyd bei 100° getrocknet ist. Auch das Chloroform war über Phosphorpentoxyd destilliert. 25 g Acetobromlactose wurden in 60 ccm Chloroform gelöst und mit 12 g Silbercarbonat geschüttelt, wobei sehr bald lebhafte Kohlensäure-Entwicklung eintrat. Nach etwa 2 Stunden war in der Regel das Brom völlig abgespalten. Jetzt wurde mit 200 ccm Chloroform verdünnt, filtriert, der Rückstand mehrmals mit Chloroform ausgekocht und die vereinigten Chloroformlösungen unter geringem Druck schließlich bei 60—70° verdampft. Hierbei wird der anfangs sirupöse Rückstand trocken und schaumig. Man löst ihn in 50 ccm warmem Alkohol, kühlt auf 0° und gießt, nachdem ein zäher Niederschlag entstanden ist, die Mutterlauge ab. Der Rückstand wird wieder in 50 ccm Alkohol gelöst, abermals abgekühlt und diese Operation noch 5—7 mal wiederholt, bis das Produkt pulverig wird und nicht mehr an der Luft zerfließt. Gleichzeitig nimmt die Löslichkeit in Alkohol so stark ab, daß man zum Schluß 100—150 ccm Alkohol zur Lösung nötig hat. Die Ausbeute schwankte zwischen 3 g und 5,5 g. Der größte Teil der Acetobromlactose wird also in leicht lösliche Produkte verwandelt. Das farblose, körnige, aber nicht deutlich krystallinische, an der Luft beständige Pulver ist aschenfrei. Es verliert beim Trocknen unter 15 mm Druck bei 100° über Phosphorpentoxyd nur etwa 2% an Gewicht und nimmt beim Stehen an der Luft ebensoviel wieder zu. Die Analysen verschiedener Präparate stimmen ziemlich gut zu der Formel eines Tetradekaacetyl-tetrasaccharids $C_{24}H_{28}O_{21}(C_2H_3O)_{14}$, beweisen aber sehr wenig, da die Zahlen für Octacetyl-milchzucker fast genau die gleichen sind und selbst bei Heptacetyl-milchzucker nur 0,7% weniger Kohlenstoff betragen.

0,4010 g Sbst.: 0,7299 g CO_2, 0,2 g H_2O. — 0,3835 g Sbst.: 0,7029 g CO_2, 0,1946 g H_2O.

$C_{52}H_{70}O_{35}$ (1254,56). Ber. C 49,74, H 5,62.
Gef. „ 49,64, 49,99, „ 5,58, 5,68.

Das Präparat reduziert beim Kochen Fehlingsche Lösung verhältnismäßig schwach, weil es sich in Wasser sehr schwer löst. Um das wirkliche Reduktionsvermögen zu ermitteln, muß man deshalb erst mit alkoholischem Kali verseifen. Wir verfuhren dabei folgendermaßen:

0,13 g werden in 5 ccm heißem Alkohol gelöst, die lauwarme Flüssigkeit mit 0,5 ccm wäßriger Kalilauge von 33% versetzt, wobei ein Niederschlag von Kaliumverbindungen entsteht, und dann sofort mit Wasser auf 15 ccm verdünnt, wobei wieder klare Lösung eintritt. 2,7 ccm dieser Lösung reduzierten bei 7 Minuten langem Kochen 0,7—0,8 ccm Fehlingscher Lösung, das entspricht 35—40% der Reduktionskraft einer Heptacetyllactose.

Da wir die Beobachtung gemacht haben, daß ein amorphes, aus Acetobromlactose durch Aceton und Silbercarbonat entstehendes Produkt, das wohl zum größten Teil aus Heptacetyllactose besteht, sich in verdünnten kalten Alkalien rasch löst, und daß auch Octacetyllactose beim Schütteln mit Alkali allmählich in Lösung geht, so haben wir für die weitere Reinigung obigen Produktes folgendes Verfahren angewandt:

5 g wurden sehr fein zerrieben, dann gesiebt und behufs möglichst feiner Verteilung mit 50 ccm Wasser und Glasperlen eine Stunde auf der Maschine geschüttelt. Nach Zusatz von 10 ccm *n.*-Kalilauge wurde das Schütteln noch 20 Minuten fortgesetzt, jetzt filtriert, der Rückstand wieder mit Wasser verrieben, abermals abgesaugt und sorgfältig mit Wasser gewaschen. Die zurückgewonnenen 4 g zeigten jetzt nach der Verseifung mit alkoholischem Kali ein etwas schwächeres Reduktionsvermögen: 27—29% des für Heptacetyllactose berechneten. Leider war weitere Behandlung mit Alkali nicht imstande, das Reduktionsvermögen noch zu vermindern, sondern es trat allmählich Lösung des gesamten Produktes ein. Wir haben den gereinigten Acetylkörper, der aschenfrei war, für die Analyse bei 100° unter 15 mm Druck getrocknet.

0,1544 g Sbst.: 0,2805 g CO_2, 0,0774 g H_2O.
$C_{52}H_{70}O_{35}$ (1254,56). Ber. C 49,74, H 5,62.
Gef. „ 49,55, „ 5,61.

0,2188 g Sbst. Gesamtgewicht der Chloroformlösung 3,2773 g. Drehung bei 21° +2,02°. Spez. Gew. 1,462.

$$[\alpha]_D^{21} = +20{,}69°.$$

0,3964 g Sbst. Gesamtgewicht der Benzollösung 9,1351 g.
$\Delta = 0{,}095°$. Mol.-Gew. = 2387.

Das Produkt war sehr leicht löslich in Chloroform, Aceton, warmem Essigäther, Benzol und Pyridin, dagegen sehr schwer löslich in Äther. Beim Kochen mit Wasser schmolz es, ohne sich merklich zu lösen. Der Molekulargewichtsbestimmung legen wir keine große Bedeutung bei, da die Methode bei diesen hochmolekularen Substanzen keine zuverlässigen Werte mehr gibt. Jedenfalls aber zeigt sie, daß das Präparat viel höher molekulare Stoffe als Octacetylmilchzucker enthielt. Wir bemerken noch, daß nach dem Hydrolysieren des Körpers mit verdünnter Salzsäure das Reduktionsvermögen auf das Dreifache stieg; auch das spricht für die Anwesenheit hochmolekularer acetylierter Kohlenhydrate.

Für die Verseifung zum Zucker wurden 5 g Acetylkörper in 50 ccm Aceton gelöst und mit einer kalten Lösung von 20 g reinem Barythydrat in 400 ccm Wasser vermischt. Der anfangs entstandene Niederschlag ging beim 6-stündigen Schütteln bei gewöhnlicher Temperatur fast völlig in Lösung. Jetzt wurde filtriert, die klare Flüssigkeit 12 Stunden bei gewöhnlicher Temperatur aufbewahrt, dann der Baryt durch einen geringen Überschuß von Schwefelsäure gefällt und aus dem Filtrat die Schwefelsäure genau mit Barytwasser entfernt. Als die filtrierte Lösung jetzt unter geringem Druck bei etwa 40° verdampft wurde, blieb ein schaumiger Rückstand, der zweimal mit trocknem Methylalkohol unter vermindertem Druck verdampft wurde, um das Wasser möglichst zu entfernen. Zum Schluß wurde in Methylalkohol gelöst, filtriert, verdampft, der Rückstand mit absolutem Alkohol ausgekocht und im Vakuumexsiccator getrocknet. Das weiße, lockere Pulver hatte nur schwachen Geschmack und zerfloß an feuchter Luft zu einem Sirup. Die Menge betrug 1,4 g. Die Reduktionskraft war etwa 25% derjenigen des Milchzuckers. Für die Ausführung der Osazonprobe wurden 0,4 g mit 0,4 g salzsaurem Phenylhydrazin, 0,6 g wasserhaltigem Natriumacetat und 4 ccm Wasser eine Stunde im Wasserbad erhitzt. Das nach dem Erkalten ausgefallene Osazon wog 0,076 g und besaß die Eigenschaften des Phenyllactosazons. Seine Menge ist viel geringer als diejenige, welche aus reinem Milchzucker entsteht.

Nach allen diesen Beobachtungen halten wir, wie schon erwähnt, das Präparat für ein Gemisch von einem hochmolekularen, nicht reduzierenden Kohlenhydrat mit etwa 25% Milchzucker oder einem Körper, der leicht in Milchzucker übergeht.

Nachtrag.

Anhangsweise erwähne ich, daß das oben für die Bereitung der Acetobromlactose empfohlene Verfahren auch zur Darstellung mancher Acetobromhexosen, z. B. der β-Acetobromglucose oder der sonst schwer zugänglichen Acetobromgalaktose[1]), geeignet ist. Ich habe es ferner benutzt, um die noch unbekannten Jodverbindungen zu gewinnen, will aber hier nur die Darstellung der β-Aceto-jodglucose beschreiben. Sie entsteht sowohl aus der β-, wie aus der α-Pentacetylglucose durch Behandlung mit Eisessig-Jodwasserstoff. In einem dieser beiden Fälle muß also eine Umlagerung stattfinden; ob diese schon bei der Substitution des Acetyls durch Halogen nach Art der Waldenschen Umkehrung eintritt oder erst nachträglich durch Wirkung des Lösungsmittels bzw. der Jodwasserstoffsäure, ist noch nicht entschieden. Da aus der Jodverbindung durch Methylalkohol und Silbercarbonat das Tetracetyl-β-methylglucosid entsteht, so will ich sie ebenfalls als β-Verbindung bezeichnen. Allerdings erscheint dieser Schluß nicht mehr ganz so sicher, seitdem man durch die Untersuchungen über die Waldensche Umkehrung weiß, wie leicht bei der Substitution ein Wechsel der Konfiguration stattfindet.

Die verwendete Lösung von Jodwasserstoff in Eisessig war folgendermaßen dargestellt: Aus 370 g Jod und 27 g rotem Phosphor wurde durch Zutropfen von möglichst wenig Wasser Jodwasserstoff entwickelt, das Gas erst durch ein Rohr mit rotem Phosphor geführt und durch etwa 50 ccm Eisessig gewaschen, dann in 700 ccm gekühlten Eisessig geleitet, dessen Gewicht dabei um 250 g zunahm.

4 g β-Pentacetylglucose werden in 5 ccm warmem Eisessig gelöst und nach dem Abkühlen mit 20 ccm Eisessig-Jodwasserstoff vermischt. Nachdem die Mischung eine Stunde bei Zimmertemperatur leicht verschlossen gestanden hat, gießt man in 160 ccm Eiswasser, wobei ein Niederschlag entsteht. Dieser wird zuerst mit 75 ccm und dann nochmals mit 45 ccm Äther ausgeschüttelt, die vereinigten ätherischen Auszüge durch kurzes Schütteln mit Chlorcalcium rasch getrocknet und mit 150 ccm Petroläther versetzt. Beim Abkühlen und Reiben krystallisiert die Acetojodglucose ziemlich rasch. Ausbeute etwa 2,6 g, die in etwa 40 ccm heißem Ligroin gelöst werden. Das Filtrat scheidet beim guten Abkühlen ungefähr 2 g rein weiße Krystalle ab. Wegen der leichten Zersetzlichkeit des Rohprodukts ist dessen rasche Verarbeitung zu empfehlen. Bei Anwendung von α-Pentacetylglucose unter genau den gleichen Bedingungen wurde dasselbe Produkt erhalten. Auch der Ausschluß des Lichtes blieb ohne Einfluß. Für die Analyse war im Vakuumexsiccator getrocknet.

0,2956 g Sbst.: 0,3961 g CO_2, 0,1044 g H_2O. — 0,2741 g Sbst.: 0,1396 g AgJ.

$C_{14}H_{19}O_9J$ (458,07). Ber. C 36,68, H 4,18, J 27,71.

Gef. „ 36,55, „ 3,95, „ 27,53.

---

[1]) E. Fischer und E. F. Armstrong, Berichte d. D. Chem. Gesellsch. **35**, 833 [1902]. (*Kohlenh. I, 815.*)

Die β-Acetojodglucose bildet schöne, lange, meist zu dichten Aggregaten vereinigte, farblose Nadeln. Sie schmilzt bei 109—110° (korr. 110—111°) zu einer farblosen Flüssigkeit. Sie ist in Äther, Chloroform, Benzol und Eisessig sehr leicht löslich; das reine Präparat hält sich im Exsiccator über Phosphorpentoxyd wochenlang.

Für die optische Bestimmung diente die Lösung in Acetylentetrachlorid.

0,2930 g Sbst. Gesamtgewicht der Lösung 3,1852 g. Spez. Gew. 1,578. Drehung im 1-dm-Rohr bei 20° +33,66°. Mithin

$$[\alpha]_D^{20} = +231,9^\circ.$$

Zwei andere Präparate gaben unter ähnlichen Bedingungen die Werte 231,8 und 229,9; fünf weitere Präparate, hergestellt aus α-Pentacetylglucose, gaben die Werte +232,2, +231,6, +228,5, +231,0, +230,8, wobei die Temperatur zwischen 16° und 27° schwankte.

Die Überführung der Jodverbindung in Tetracetyl-β-methylglucosid geschah in der gewöhnlichen Weise durch Schütteln mit Methylalkohol und Silbercarbonat. Das erhaltene Produkt zeigte in Benzollösung die spezifische Drehung $[\alpha]_D^{27} = -21,59^\circ$, während Königs und Knorr[1]) für ihr reines Präparat $[\alpha]_D^{15} = -23,1^\circ$ fanden.

Schließlich sage ich Hrn. Dr. Wilhelm Gluud für die bei obigen Versuchen geleistete wertvolle Hilfe meinen besten Dank.

E. Fischer.

---

[1]) Berichte d. D. Chem. Gesellsch. **34**, 969 [1901].

20. Emil Fischer und Géza Zemplén: Einige Derivate der Cellobiose.

Berichte der Deutschen Chemischen Gesellschaft **43**, 2536 [1910].

(Eingegangen am 8. August 1910.)

In der vorhergehenden Mitteilung von E. und H. Fischer*) ist ein Versuch beschrieben, aus dem Milchzucker mit dem Umweg über die Acetobromlactose ein Tetrasaccharid zu gewinnen. Wir haben die gleiche Methode auf die Cellobiose bzw. ihre Acetobromverbindung angewandt und ein ganz ähnliches Resultat erhalten. Der Bromkörper wird in Chloroformlösung durch Silbercarbonat bei gewöhnlicher Temperatur ziemlich rasch zersetzt unter Bildung von Bromsilber. In der Chloroformlösung sind dann verschiedene Acetylprodukte vorhanden, aus denen sich durch wiederholtes Umlösen aus Alkohol ein farbloses, körniges, aber nicht deutlich krystallisiertes Präparat isolieren läßt, das dem Produkt aus Milchzucker sehr ähnlich ist. Bei der Verseifung mit Baryt liefert es einen Zucker, der ungefähr 30% des Reduktionsvermögens der Cellobiose zeigt und auch mit Phenylhydrazin etwas Cellobiosazon liefert. Wir halten es auch hier für wahrscheinlich, daß ein Gemisch von Cellobiose mit einem nicht reduzierenden Tetrasaccharid vorliegt.

Für diese Versuche war die Bereitung der bis jetzt unbekannten Aceto-bromcellobiose nötig, weil die von Skraup und König[1]) dargestellte Chlorverbindung von Silbercarbonat bei gewöhnlicher Temperatur zu langsam angegriffen wird. Wir haben die Bromverbindung aus der Octacetyl-cellobiose durch eine Lösung von Bromwasserstoff in Eisessig leicht erhalten, und nach dem gleichen Verfahren läßt sich auch die Aceto-jodcellobiose bequem darstellen. Beide Halogenverbindungen werden mit Silbercarbonat in wasserhaltigen Lösungsmitteln, z. B. in Acetonlösung, recht glatt in ein schön krystallisierendes Produkt verwandelt, das wir als Heptacetyl-

---

*) *Vgl. S. 218.*

[1]) Monatsh. f. Chem. **22**, 1011 [1901].

cellobiose ansehen, und das nach Bildungsweise und Eigenschaften der Tetraacetyl-glucose[1]) entspricht.

Aceto-bromcellobiose, $C_{12}H_{14}O_{10}(C_2H_3O)_7Br$.

50 g fein gepulverte Octacetyl-cellobiose vom Schmp. 228° werden mit 250 ccm Eisessig, der mit Bromwasserstoff bei 0° gesättigt ist, bei gewöhnlicher Temperatur geschüttelt, bis nach etwa 15—20 Minuten Lösung eingetreten ist. Man läßt dann noch $1^1/_2$ Stunden bei Zimmertemperatur stehen und gießt nun die schwach gelbe Flüssigkeit in etwa $1^1/_2$ l Eiswasser, wobei ein starker Niederschlag entsteht. Da dieser schlecht zu filtrieren ist, so ist es bequemer, dem Gemisch sofort 100 ccm Chloroform zuzufügen und durch Umschütteln den Niederschlag zu lösen. Die Chloroformlösung wird abgehoben, mit Wasser durchgeschüttelt, mit Chlorcalcium getrocknet und mit Petroläther bis zur bleibenden Trübung versetzt. Bald beginnt die Krystallisation der Acetobromcellobiose, und durch weiteren Zusatz von Petroläther gelingt es, die Hauptmenge abzuscheiden. Die abgesaugte und gepreßte Masse wird in 250—300 ccm Essigäther warm gelöst. Fügt man dann das gleiche Volumen Petroläther zu, so scheiden sich bald dünne, biegsame Nadeln aus. Die Ausbeute an diesem reinen Produkt betrug 32 g oder 62% der Theorie. Die Mutterlauge gibt noch einige Gramm weniger reinen Materials.

Für die Analyse war im Vakuumexsiccator über Natronkalk getrocknet.

0,1981 g Sbst.: 0,3268 g CO_2, 0,0948 g H_2O. — 0,1777 g Sbst.: 0,2900 g CO_2, 0,0811 g H_2O. — 0,1981 g Sbst.: 0,0516 g AgBr.

$C_{26}H_{35}O_{17}Br$ (699,20).	Ber.	C 44,62,	H 5,05,	Br 11,43.
	Gef.	„ 44,99, 44,51,	„ 5,36, 5,11,	„ 11,09.

Für die optischen Bestimmungen diente eine Lösung in Chloroform von 3 Präparaten verschiedener Darstellung.

0,3984 g Sbst. Gesamtgewicht der Lösung 3,6681 g. Spez. Gew. 1,455. Drehte Natriumlicht bei 20° im 1-dm-Rohr 15,06° (± 0,03°) nach rechts. Mithin

$$[\alpha]_D^{20} = +95,30° (\pm 0,2°) \text{ in Chloroform.}$$

0,2363 g Sbst. Gesamtgewicht 2,6582 g. Spez. Gew. 1,46. Drehung im 1-dm-Rohr 12,53° (± 0,02°) nach rechts. Mithin

$$[\alpha]_D^{20} = +96,54° (\pm 0,15°).$$

0,4599 g Sbst. Gesamtgewicht 6,3877 g. Spez. Gew. 1,465. Drehung im 1-dm-Rohr 10,16° (± 0,02°) nach rechts. Mithin

$$[\alpha]_D^{20} = +96,32° (\pm 0,2°).$$

---

[1]) E. Fischer und K. Delbrück, Berichte d. D. Chem. Gesellsch. **42**, 2778 [1909]. (*S. 243.*)

Differenzen, wie sie diese Bestimmungen zeigen, sind bei den Acetohalogenderivaten der Zucker nicht selten.

Die Acetobromcellobiose färbt sich im Capillarrohr gegen 180° gelb und schmilzt nicht konstant einige Grade höher unter Braunfärbung und starker Zersetzung.

Sie ist leicht löslich in Chloroform, Aceton, warmem Essigäther, heißem Alkohol, weniger in Äther, schwer in Petroläther.

Aceto-jodcellobiose, $C_{12}H_{14}O_{10}(C_2H_3O)_7J$.

15 g gepulverte Octacetyl-cellobiose vom Schmp. 228° werden in 80 ccm Eisessig, der mit Jodwasserstoff unter Eiskühlung gesättigt ist, durch andauerndes Schütteln gelöst, dann die Flüssigkeit $1^1/_2$ Stunden bei gewöhnlicher Temperatur aufbewahrt und nun in 500 ccm Eiswasser eingegossen. Der hierbei entstehende lockere Niederschlag läßt sich mit einiger Geduld absaugen. Er wird nochmals mit Wasser verrieben, wieder abgesaugt und schließlich scharf gepreßt. Man löst dann in 80 ccm warmem Essigäther oder kaltem Aceton, versetzt bis zur Trübung mit Petroläther und kühlt stark ab. Die Acetojodverbindung scheidet sich in langen, feinen, seidenglänzenden Nadeln ab. Die Ausbeute an reinem Präparat betrug durchschnittlich 8,5 g oder 51,5% der Theorie. Für die Analyse war im Vakuumexsiccator über Natronkalk getrocknet.

0,1688 g Sbst.: 0,2595 g CO_2, 0,0698 g H_2O. — 0,2122 g Sbst.: 0,0652 g AgJ (Carius).

$C_{26}H_{35}O_{17}J$ (746,2).	Ber.	C 41,81,	H 4,73,	J 17,01.
	Gef.	„ 41,93,	„ 4,63,	„ 16,61.

Drehungsvermögen in Chloroformlösung:

0,1538 g Sbst. Gesamtgewicht 3,5717 g. Spez. Gew. 1,47. Drehte Natriumlicht bei 20° im 1-dm-Rohr 7,94° (± 0,02°) nach rechts. Mithin

$$[\alpha]_D^{20} = +125{,}43^\circ\ (\pm 0{,}3^\circ).$$

0,2370 g Sbst. Gesamtgewicht 2,9086 g. Spez. Gew. 1,46. Drehte Natriumlicht bei 20° im 1-dm-Rohr 14,94° (± 0,02°) nach rechts. Mithin

$$[\alpha]_D^{20} = +125{,}6^\circ\ (\pm 0{,}2^\circ).$$

Drehungsvermögen in Acetylentetrachlorid:

0,1272 g Sbst. Gesamtgewicht 3,2628 g. Spez. Gew. 1,59. Drehte Natriumlicht bei 20° im 1-dm-Rohr 7,56° (±0,02°) nach rechts. Mithin

$$[\alpha]_D^{20} = +122{,}0^\circ\ (\pm 0{,}3^\circ).$$

Ein zweites Präparat gab folgende Werte:

0,2206 g Sbst. Gesamtgewicht 4,2680 g. Spez. Gew. 1,58. Drehte Natriumlicht im 1-dm-Rohr bei 20° +10,06° (±0,03). Mithin

$$[\alpha]_D^{20} = +123{,}2^\circ\ (\pm 0{,}4^\circ).$$

Die Verbindung schmilzt im Capillarrohr unter Zersetzung und Braunfärbung ungefähr zwischen 160° und 170°. Sie ist leicht löslich in Chloroform, Aceton, warmem Essigäther, heißem Alkohol, wenig in Äther, schwer in Petroläther. Die farblosen Krystalle färben sich beim längeren Aufbewahren leicht gelblich.

Aus der isomeren Octaacetyl-cellobiose vom Schmp. 198° haben wir genau auf die gleiche Art eine Jodverbindung erhalten, die in bezug auf Zusammensetzung, Schmelzung, Krystallform, Löslichkeit und Drehungsvermögen keinen merkbaren Unterschied von dem ersten Jodkörper zeigte.

0,1683 g Sbst.: 0,2591 g CO_2, 0,0702 g H_2O.

$C_{26}H_{35}O_{17}J$ (746,2). Ber. C 41,81, H 4,73.

Gef. „ 41,99, „ 4,67.

0,0429 g Sbst. Gesamtgewicht der Lösung in Acetylentetrachlorid 0,7682 g. Spez. Gew. 1,588. Drehte Natriumlicht bei 20° im 5-cm-Rohr 5,45° (±0,02°) nach rechts. Mithin

$$[\alpha]_D^{20} = +122{,}9^\circ\ (\pm 0{,}45^\circ).$$

Wir glauben deshalb, daß das Präparat mit der obigen Acetojodcellobiose identisch ist.

Heptacetyl-cellobiose, $C_{12}H_{15}O_{11}(C_2H_3O)_7$.

Sie entsteht aus den Acetohalogencellobiosen beim Kochen mit Wasser und Calciumcarbonat oder beim Schütteln mit Silbercarbonat in feuchten Lösungsmitteln. Am bequemsten wird sie dargestellt aus der Brom- oder Jodverbindung durch Schütteln der Acetonlösung mit Silbercarbonat. Wir wollen den Versuch ausführlich nur für die Jodverbindung schildern. 10 g Acetojodcellobiose werden in 80 ccm käuflichem Aceton gelöst und mit 4 g Silbercarbonat bei gewöhnlicher Temperatur geschüttelt. Bald setzt eine starke Entwicklung von Kohlensäure ein, so daß das Gefäß öfter geöffnet werden muß. Nach 10—15 Minuten ist die Hauptreaktion vorüber, und man kann nun auf der Maschine schütteln, bis nach etwa $1^1/_4$ Stunden die Abspaltung des Jods beendet ist. Die filtrierte Lösung hinterläßt beim Eindampfen einen farblosen krystallinischen Rückstand, der in 300 ccm kochendem Wasser gelöst wird. Beim Erkalten krystallisiert die Heptacetylcellobiose in feinen biegsamen Nadeln. — Die erste Krystallisation betrug schon 6,5 g oder 76% der Theorie. Die unter vermindertem Druck eingeengte Mutterlauge gab ein zweites, aber weniger reines Produkt.

Für die Analyse war bei 100° über Phosphorpentoxyd unter 14 mm getrocknet.

0,1644 g Sbst.: 0,2947 g CO_2, 0,0871 g H_2O.

Berechnet für Heptacetylcellobiose:

$C_{26}H_{36}O_{18}$ (636,29). Ber. C 49,03, H 5,70.

Gef. „ 48,89, „ 5,93.

Für die optischen Bestimmungen dienten Lösungen in Methylalkohol, Chloroform und Acetylentetrachlorid. In der methylalkoholischen Lösung konnte eine deutliche Veränderung der Rotation beobachtet werden.

0,2578 g in Methylakohol gelöst. Gesamtgewicht 2,7442 g. Spez. Gewicht 0,819. Drehte Natriumlicht in 1-dm-Rohr bei 20°.

20 Minuten nach dem Auflösen	1,45°	nach rechts	$[\alpha]_D^{2)}= +18,85°$
Nach 3 Stunden	1,68°	,, ,,	$= +21,83°$
,, 6 ,,	1,72°	,, ,,	$= +22,36°$
,, 20 ,,	1,96°	,, ,,	$= +25,48°$
,, 26 ,,	1,96°	,, ,,	$= +25,48°$

Drehungsvermögen in Chloroform:

0,3075 g Sbst. Gesamtgewicht 4,3597 g. Spez. Gew. 1,45. Drehte Natriumlicht bei 20° im 1-dm-Rohr 2,04° nach rechts. Mithin

$$[\alpha]_D^{20} = + 19,95°.$$

Zwei andere Präparate verschiedener Darstellung gaben die Werte +19,98° und +19,81°.

Drehungsvermögen in Acetylentetrachlorid:

0,1565 g Sbst. in Acetylentetrachlorid. Gesamtgewicht 5,6307 g. Spez. Gew. 1,58. Drehte Natriumlicht bei 20° im 1-dm-Rohr 0,86° (± 0,02°) nach rechts. Mithin

$$[\alpha]_D^{20} = + 19,58° (\pm 0,45°).$$

Die Heptacetyl-cellobiose sintert im Capillarrohr gegen 190°, und schmilzt nicht ganz scharf zwischen 195° und 197°. Leicht löslich in Aceton, Essigäther, Chloroform, kaltem Methylalkohol, heißem Alkohol und heißem Benzol, erheblich schwerer in Äther, und fast unlöslich in Petroläther. Von heißem Wasser braucht sie etwa 50 Teile. Bemerkenswert ist ihre leichte Löslichkeit in kalter, stark verdünnter Natronlauge. Sie gleicht darin der Tetraacetylglucose; beim Ansäuern der alkalischen Lösung fällt sie nicht mehr aus. Es scheint also, daß sie durch das Alkali rasch verändert wird.

Einwirkung von trocknem Silbercarbonat auf Aceto-brom-cellobiose.

20 g reine Acetobromcellobiose wurden unter sorgfältiger Vermeidung von Wasser in 45 ccm trocknem Chloroform gelöst und mit 12 g Silbercarbonat, das bei 100° im Vakuum über Phosphorpentoxyd getrocknet war, geschüttelt. Als nach etwa 20 Minuten die anfangs starke Entwicklung von Kohlensäure nachließ, wurde das Schütteln auf der Maschine bis zur völligen Abspaltung des Broms fortgesetzt. Diese Operation nahm manchmal nur 1—1½ Stunden, zuweilen aber mehrere

Stunden in Anspruch. Nachdem das Reaktionsgemisch mit der doppelten Menge Chloroform verdünnt war, wurde filtriert, der Rückstand noch mit Chloroform ausgekocht und die vereinigten Chloroformlösungen unter vermindertem Druck zur Trockne verdampft. Der farblose, amorphe Rückstand löste sich leicht in 40 ccm heißem Alkohol, und beim Abkühlen auf 0° schied sich eine zähe Masse ab. Sie wurde nach Abgießen der Mutterlauge in 45 ccm heißem Alkohol gelöst und der in der Kälte entstandene Niederschlag auf die gleiche Art mit 50 ccm Alkohol aufgenommen. Der nun beim Erkalten entstehende Niederschlag wurde schon fest und ließ sich unter Alkohol verreiben. Nachdem die abgesaugte Masse jetzt noch dreimal auf die gleiche Art aus je 60 ccm Alkohol umgelöst war, betrug ihre Menge noch 7 g, und das Produkt war ein farbloses, körniges, an der Luft ganz beständiges Pulver, das für die Analyse bei 80° unter 15 mm über Phosphorpentoxyd getrocknet wurde. Die Analysen verschiedener Präparate passen gut auf das Tetradekaacetylderivat eines Tetrasaccharids: $C_{24}H_{28}O_{21}(C_2H_3O)_{14}$.

0,1716 g Sbst.: 0,3118 g CO_2, 0,0862 g H_2O. — 0,1717 g Sbst.: 0,3126 g CO_2, 0,0859 g H_2O.

$C_{52}H_{70}O_{35}$ (1254,56).	Ber.	C 49,74,	H 5,62.
	Gef.	„ 49,56, 49,65,	„ 5,62, 5,60.

Bei den geringen Differenzen, die für Kohlenstoff und Wasserstoff für verschiedene Acetylderivate von Di- und Tetrasacchariden bestehen, kann man selbstverständlich aus der Analyse keinen sicheren Schluß auf die Zusammensetzung solcher Stoffe ziehen, und im vorliegenden Falle haben wir uns davon überzeugt, daß das Präparat trotz seiner hübschen Eigenschaften ein Gemisch ist. Daß es aber der Hauptmenge nach aus hochmolekularen Körpern besteht, zeigt die Gefrierpunktserniedrigung der Lösungen verschiedener Präparate in Benzol.

0,3756 g Sbst.: 7,5238 g Benzol, $\Delta = 0,07°$. — 0,4912 g Sbst.: 8,5440 g Benzol, $\Delta = 0,10°$.

Daraus würde sich ein Molekulargewicht von 3566 bzw. 2875 berechnen. Wir sind aber weit davon entfernt, diesen Zahlen einen besonderen Wert beizulegen, weil bei solchen komplizierten Gemischen erfahrungsgemäß die Molekulargewichtsbestimmungen zu unsicher werden.

Optisch wurden untersucht die Lösungen in Benzol und Chloroform.

0,1485 g Sbst. in Benzol. Gesamtgewicht 1,7500 g. Spez. Gewicht 0,9012. Drehte Natriumlicht bei 20° im 1-dm-Rohr 0,74° nach rechts. Mithin

$$[\alpha]_D^{20} = +9,40° \text{ (in Benzol).}$$

0,1817 g Sbst. in Chloroform. Gesamtgewicht 2,7010 g. Spez. Gewicht

1,46. Drehte Natriumlicht bei 20° im 1-dm-Rohr 1,13° nach rechts. Mithin

$$[\alpha]_D^{20} = + 11{,}51° \text{ (in Chloroform).}$$

Das Präparat war leicht löslich in Chloroform, Aceton, Benzol und in heißem Alkohol, schwer in Äther und sehr schwer in heißem Wasser.

Nach der Verseifung mit kalter alkoholischer Kalilauge, die rasch vor sich geht, haben wir durch Fehlingsche Lösung das Reduktionsvermögen bestimmt, und mit demjenigen der Octaacetyl-cellobiose bzw. Cellobiose unter denselben Bedingungen verglichen. Bei drei verschiedenen Präparaten betrug es 32—36% der Octaacetyl-cellobiose. Wir vermuten deshalb, daß ungefähr die entsprechende Menge einer Acetylverbindung der Cellobiose in dem Präparate als Verunreinigung enthalten ist, während die Hauptquantität aus dem Derivat eines höher molekularen Kohlenhydrats besteht.

Zur Umwandlung in Zucker haben wir 5 g Acetylkörper in 50 ccm Aceton gelöst, mit 500 ccm kalt gesättigtem Barytwasser vermischt, wobei ein Niederschlag entsteht, und auf der Maschine geschüttelt. Nach etwa 3 Stunden war der Niederschlag zum allergrößten Teil wieder gelöst. Jetzt wurde filtriert und die Flüssigkeit zur Vollendung der Verseifung 12 Stunden bei Zimmertemperatur aufbewahrt, dann der Baryt genau mit Schwefelsäure ausgefällt und das Filtrat unter vermindertem Druck verdampft. Der farblose sirupöse Rückstand wurde bei mehrmaligem Verdampfen mit Alkohol pulverig. Er löste sich fast völlig in 30 ccm Methylalkohol, und die auf die Hälfte eingeengte Flüssigkeit gab mit Äther einen flockigen Niederschlag, der nach dem Trocknen im Exsiccator ein weißes, hygroskopisches Pulver bildete. Das Präparat enthielt wenig Asche, zeigte ganz schwach saure Reaktion, war spielend leicht in Wasser und sehr schwer in absolutem Alkohol löslich. Ausbeute 1,2 g. Das Drehungsvermögen in Wasser war $[\alpha]_D^{20} = 18{,}7°$, das Reduktionsvermögen gegen Fehlingsche Lösung betrug 27% desjenigen der Cellobiose. Die Anwesenheit der Cellobiose wird sehr wahrscheinlich gemacht durch die Osazonprobe.

0,4 g in 4 ccm Wasser mit 0,4 g Phenylhydrazin-hydrochlorid und 0,6 g Natriumacetat 1 Stunde im Wasserbad erhitzt. Erhalten 0,068 g Osazon, das nach dem Umkrystallisieren den Schmelzpunkt und den Stickstoffgehalt des Phenylcellobiosazons zeigte. Wir haben dann auch genau unter denselben Bedingungen eine Osazonprobe mit reiner Cellobiose angestellt und konnten aus der erhaltenen Menge ebenfalls den Schluß ziehen, daß obiger Zucker ungefähr 30% Cellobiose enthielt.

Den Hauptbestandteil des Rohzuckers haben wir leider weder rein isolieren, noch in ein krystallisierendes Derivat überführen können.

21. Emil Fischer und Konrad Delbrück: Synthese neuer Disaccharide vom Typus der Trehalose.

Berichte der Deutschen Chemischen Gesellschaft **42**, 2776 [1909].

(Eingegangen am 14. Juli 1909; vorgetragen in der Sitzung vom 12. Juli von Hrn. K. Delbrück.)

Schüttelt man eine ätherische Lösung von β-Acetobromglucose mit Silbercarbonat und fügt allmählich Wasser hinzu, so wird der größere Teil des Broms durch Hydroxyl ersetzt, und es entsteht eine Tetraacetylglucose, der wir die Strukturformel:

$$\begin{array}{l} \quad\quad\quad C_2H_3O\cdot O \quad OC_2H_3O \\ HO\cdot HC-CH\cdot CH-CH\cdot CH\cdot CH_2\cdot O\cdot C_2H_3O \\ \quad\quad | \_\_\_\_\_\_\_\_\_\_\_\_ | \quad\quad\quad O\cdot C_2H_3O \\ \quad\quad O \end{array}$$

geben. Diese entspricht nicht allein der Bildungsweise, sondern auch dem Verhalten; denn die Verbindung zeigt in Bezug auf Multirotation ganz das Verhalten des Traubenzuckers oder der von Th. Purdie und J. C. Irvine[1]) dargestellten Tetramethylglucose. Neben der Bildung der Tetraacetylglucose spielt sich eine zweite Reaktion ab, wobei das Halogen einfach durch Sauerstoff ersetzt wird. Sie führt zu einem Produkte von der empirischen Formel $C_{28}H_{38}O_{19}$, welches das Octacetylderivat eines Zuckers $C_{12}H_{22}O_{11}$ ist. Seine Bildung erfolgt nach der Gleichung:

$$2\,C_{14}H_{19}O_9Br + H_2O = C_{28}H_{38}O_{19} + 2\,HBr.$$

Wir haben es in zwei Formen, krystallisiert und amorph, isoliert, die sich durch das Drehungsvermögen sehr unterscheiden. Die krystallisierte halten wir für ein einheitliches Individuum; die amorphe dagegen ist wahrscheinlich ein Gemisch von Isomeren. Beide Acetylkörper lassen sich durch Barytwasser leicht verseifen, und wir haben in beiden Fällen die hierdurch entstehende Disaccharide isoliert. Das aus der krystallisierten Acetylverbindung gewonnene Präparat

[1]) Journ. of the Chem. Society **85**, 1049 [1904].

halten wir für einheitlich, obschon uns wohl infolge zu kleinen Vorrates bisher die Krystallisation nicht gelungen ist. Es reduziert die Fehlingsche Lösung gar nicht, wird aber durch Erwärmen mit verdünnten Säuren leicht in d-Glucose verwandelt. Es gleicht in dieser Beziehung der Trehalose, unterscheidet sich aber davon scharf durch das Drehungsvermögen. Wir nennen es deshalb vorläufig Isotrehalose. Nach der Entstehungsweise und den Eigenschaften glauben wir, dem Disaccharid folgende Strukturformel geben zu dürfen:

$$
\begin{array}{l}
CH_2(OH)\cdot CH(OH)\cdot \overbrace{CH\cdot CH(OH\cdot CH(OH)CH}^{O} \\
\qquad\qquad\qquad\qquad\qquad\qquad\qquad\qquad\qquad\qquad\quad {}^{*}_{*}\!> O \\
CH_2(OH)\cdot CH(OH)\cdot \underbrace{CH\cdot CH(OH)\cdot CH(OH)CH}_{O}
\end{array}
$$

Da die beiden in der Formel mit Sternchen bezeichneten Kohlenstoffatome asymmetrisch sind, so läßt die Theorie drei verschiedene stereoisomere Formen, die sich alle von der d-Glucose ableiten, voraussehen. Behält man die bei den isomeren Acetohalogen-glucosen üblichen Zeichen α und β bei, so würden die drei Disaccharide die Zeichen $\alpha\alpha$, $\alpha\beta$ und $\beta\beta$ erhalten. Welches Zeichen der Isotrehalose gehört, ist vorläufig nicht festzustellen. Wir hoffen aber durch die Prüfung mit Enzymen einen Anhalt dafür gewinnen zu können.

Aus dem oben erwähnten amorphen Octacetylderivat, das nicht die Kennzeichen einer einheitlichen Substanz besitzt, entsteht durch Verseifung ein Disaccharid, das wir ebenfalls für ein Gemisch halten. Es unterscheidet sich von der Isotrehalose durch das viel geringere Drehungsvermögen.

Wir haben noch eine zweite Bildungsweise der beiden Octacetylprodukte beobachtet, die gleichfalls für die obige Stukturformel spricht. Sie entstehen nämlich aus der oben erwähnten Tetraacetylglucose, wenn deren Lösung in Chloroform bei gewöhnlicher Temperatur mit Phosphorpentoxyd geschüttelt wird. Leider ist aber auch hier die Ausbeute wenig befriedigend.

Immerhin ist durch diese Reaktionen der Synthese von Polysacchariden ein neuer aussichtsreicher Weg eröffnet. Denn man darf hoffen, das Verfahren nicht allein auf die große Zahl von Verwandten der Acetobromglucose, sondern auch auf die entsprechenden Derivate der Maltose und des Milchzuckers übertragen zu können*).

Das Verfahren hat den besonderen Vorzug, daß die Acetylkörper sich wegen ihrer geringen Löslichkeit in Wasser verhältnismäßig leicht isolieren lassen, und daß die Umwandlung in die Zucker recht glatt vonstatten geht.

---

*) *Vgl. S. 218 und 234.*

Künstliche Disaccharide vom Typus der Trehalose sind bisher nicht bekannt. Wohl aber haben Th. Purdie und J. C. Irvine[1]) aus Tetramethylglucose durch Erhitzen der benzolischen Lösung mit wenig Salzsäure auf 105—115° ein Octamethylglucosidoglucosid als destillierbaren Sirup erhalten, welcher die Fehlingsche Lösung nicht reduziert, aber durch Säuren und Emulsin in Tetramethylglucose zurückverwandelt wird. Leider lassen sich die Methylgruppen nicht entfernen, so daß die Resultate von Purdie und Irvine trotz ihres erheblichen theoretischen Interesses für die Synthese von Disacchariden keine praktische Bedeutung haben.

Tetraacetyl-d-glucose, $C_6H_8O_6(C_2H_3O)_4$.

Zur Darstellung der Tetraacetylglucose schlägt man am besten folgenden Weg ein:

20 g Acetobromglucose, die aus absolutem Äther umkrystallisiert und im Vakuum über Phosphorpentoxyd und Natronkalk völlig getrocknet ist, werden in 100 ccm absolutem, über Natrium getrocknetem Äther in einer gewöhnlichen Flasche gelöst. Nachdem 10 g frisch gefälltes, mit Alkohol und Äther gewaschenes und im Vakuum völlig getrocknetes Silbercarbonat zugefügt sind, läßt man zu der Mischung aus einer kleinen Pipette 0,30 ccm Wasser hinzutropfen und schüttelt kräftig um. Nach wenigen Augenblicken beginnt eine lebhafte Entwicklung von Kohlendioxyd, so daß der Stopfen wiederholt gelüftet werden muß. Gleichzeitig erwärmt sich der Äther und man muß Sorge tragen, daß die Flüssigkeit beim Öffnen des Stopfens nicht herausspritzt. Nach etwa einer halben Stunde beginnt die Ausscheidung von krystallinischer Tetraacetylglucose, die bald die Flüssigkeit breiartig erfüllt. Man schüttelt noch einige Zeit weiter, bis sich keine Kohlensäure mehr entwickelt, läßt 1 Stunde in Eis stehen, saugt dann das Gemenge von Krystallen und Silbersalzen scharf ab und wäscht mit wenig kaltem Äther. Die Mutterlauge hinterläßt beim Verdampfen einen dicken, fast farblosen Sirup, der in kaltem Wasser schwer löslich ist und Fehlingsche Lösung stark reduziert. Wir vermuten, daß er die nach der Theorie mögliche stereoisomere Tetraacetylglucose in großer Menge enthält. Außerdem findet sich darin, wie unten näher beschrieben ist, etwas Octacetylisotrehalose. Zur Trennung der Tetraacetylglucose von den Silberniederschlägen digeriert man die Masse mit 500 ccm warmem, absolutem Äther, wobei die Tetraacetylglucose in Lösung geht.

Man filtriert und dampft die ätherische Lösung auf dem Wasserbade bis auf $^1/_{10}$ des Volumens ein, wobei sich schon ein großer Teil

[1]) Journ. of the Chem. Society 87, 1022 [1905].

der Tetraacetylglucose krystallinisch abscheidet. Die Mutterlauge gibt bei weiterem Verdampfen eine zweite Krystallisation. Die meist aus langen, rechteckigen Prismen bestehende Krystallmasse wird mit wenig Äther gewaschen. Die Ausbeute an dem fast völlig reinen Präparat betrug gewöhnlich 4 g, d. h. 20% des angewandten Bromkörpers oder 24% der Theorie.

Zur Analyse wurde noch einmal in derselben Weise aus Äther umgelöst und im Vakuumexsiccator über Phosphorpentoxyd getrocknet.

0,2021 g Sbst. gaben 0,1047 g Wasser und 0,3569 g Kohlendioxyd.

$C_{14}H_{20}O_{10}$ (348,15). Ber. C 48,25, H 5,79.
Gef. „ 48,16, „ 5,80.

Bei der optischen Bestimmung zeigte die Substanz Multirotation. Eine alkoholische Lösung von 0,2521 g zu 4,4480 g gelöst, die das spez. Gewicht $d^{20} = 0,8043$ hatte, drehte im 1-dm-Rohr bei Natriumlicht und 22°

nach 10 Minuten	+ 0,10°		nach 23 Stunden	+ 3,33°
„ 30 „	+ 0,20°		„ 38 „	+ 3,77°
„ 60 „	+ 0,36°		„ 40 „	+ 3,75°
„ 15 Stunden	+ 2,66°		„ 44 „	+ 3,77°
„ 20 „	+ 3,04°			

Auf spezifische Drehung berechnet, liegen die Werte zwischen +2,19° und +82,7°. Auch in wäßriger Lösung wurde eine Zunahme der Drehung beobachtet. Zu diesem Zwecke muß man jedoch die Substanz in heißem Wasser lösen, wodurch auch die Anfangsdrehung gleich recht beträchtlich wird. Die Enddrehung trat schon nach 15 Stunden ein, war aber geringer, als die in alkoholischer Lösung beobachtete.

Die Tetraacetylglucose schmilzt im Capillarrohr bei 117° (korr. 118°) zu einer farblosen Flüssigkeit. Bei stärkerem Erhitzen zersetzt sie sich unter Abspaltung von Essigsäure und Braunfärbung. In kaltem Wasser löst sie sich recht schwer, in kochendem Wasser schmilzt sie und löst sich in großer Menge, krystallisiert aber beim Erkalten nicht wieder aus, da die Umwandlung in die isomere Form rasch erfolgt. Daß keine Verseifung stattfindet, erkennt man daraus, daß die Lösung nach wie vor neutral reagiert. In Alkohol löst sie sich besonders in der Wärme leicht und krystallisiert aus konzentrierten Lösungen, die frisch hergestellt sind, bei rascher Abkühlung in reichlicher Menge wieder aus. Steht die Lösung jedoch längere Zeit, so tritt auch hier der erwähnten Umlagerung halber keine Krystallisation mehr ein. Zur Lösung in Äther sind bei gewöhnlicher Temperatur etwa 90 Volumteile nötig. Mit Benzol lassen sich $1^1/_2$—2 proz. Lösungen bei gewöhnlicher Temperatur herstellen.

In verdünnter Natronlauge löst sich die Substanz spielend, anscheinend unter Bildung von Salzen, auf. Es tritt jedoch Gelbfärbung ein, und beim Ansäuern scheidet sich keine Tetraacetylglucose mehr aus. Fehlingsche Lösung wird in der Wärme stark reduziert und das molekulare Reduktionsvermögen ist ebenso groß, wie das der Glucose.

0,141 g Tetraacetylglucose wurden in 10,0 ccm Wasser heiß gelöst und die erkaltete Lösung titriert. Verbraucht 14,5 ccm Fehlingsche Lösung. Das entspricht 0,0725 g Traubenzucker, während die Umrechnung der angewandten Tetraacetylglucose 0,0729 g ergibt.

Schließlich bemerken wir, daß unsere Tetraacetylglucose sicher verschieden ist von den schlecht charakterisierten Produkten, die unter dem gleichen Namen früher beschrieben worden sind. (Vgl. von Lippmann, Chemie der Zuckerarten, Bd. I, 455 oder Chemikerzeitung **32**, 365 [1908].)

Octacetylderivate der neuen Disaccharide, $C_{12}H_{14}O_{11}(C_2H_3O)_8$.

Für ihre Gewinnung kann die ätherische Mutterlauge dienen, die bei der Herstellung der Tetraacetylglucose verbleibt. Die Ausbeute beträgt aber nur 5% des angewandten Bromkörpers. Bessere Resultate erhält man nach folgender Vorschrift. 20 g Acetobromglucose werden in 100 ccm Äther gelöst und 10 g Silbercarbonat hinzugefügt. Alle drei Agenzien sind, wie bei der Darstellung der Tetraacetylglucose, vorher von Wasser möglichst zu befreien. Man fügt nun 0,06 ccm Wasser hinzu und schüttelt auf der Maschine eine halbe Stunde. Dann gibt man wieder dieselbe Menge Wasser hinzu, schüttelt und wiederholt diese Operation im ganzen fünfmal. Schließlich wird noch zwei Stunden geschüttelt. Im allgemeinen ist nun die Acetobromglucose verschwunden; sollte noch eine geringe Menge vorhanden sein, so schüttelt man noch eine Stunde unter Hinzufügung eines Tropfen Wasser. Zur Prüfung auf unveränderte Acetobromglucose verdunstet man eine Probe der ätherischen Lösung (0,2 ccm) durch einen Luftstrom, kocht den zurückbleibenden Sirup mit Wasser (1—2 ccm) auf und fügt zu der erkalteten Lösung Salpetersäure und Silbernitrat. Hierbei tritt keine Trübung ein, wenn alle Acetobromglucose verbraucht ist. Beim Kochen der salpetersauren Lösung dagegen erscheint gewöhnlich noch eine leichte Trübung von Halogensilber, die aber von Verunreinigungen der Acetobromglucose herrührt und vernachlässigt werden kann. Die völlige Umsetzung der Acetobromglucose ist aber unbedingt nötig, da sonst bei der folgenden Aufarbeitung mit Wasser Bromwasserstoff entstehen würde, der die Acetylderivate der Disaccharide hydrolysiert. Die ätherische Lösung, aus der sich auch bei längerem Stehen keine Tetraacetylglucose abscheidet, wird von den Silberniederschlägen abfiltriert und unter vermindertem Druck verdampft. Der zurückbleibende Sirup wird im selben Kolben mit 200 ccm kochendem Wasser übergossen und die Flüssigkeit unter weiterem Erhitzen einige Augenblicke kräftig durchgeschüttelt, wobei die Hauptmenge in Lösung geht. Man gießt nun die ganze Masse in einen Erlenmeyerschen Kolben, spült mit wenig kochendem Wasser nach und läßt in Eis unter häufigem Umschütteln und Rühren erkalten. Hierbei erstarrt der ungelöst gebliebene Sirup zu einer spröden Masse, und die wäßrige Flüssigkeit klärt sich unter Abscheidung von weißen Flocken. Nach einstündigem Stehen filtriert man die eiskalte Flüssigkeit auf einer Nutsche und bringt den bei gewöhnlicher Temperatur wieder erweichenden Rückstand in denselben Kolben zurück. Man übergießt nun mit 150 ccm kochendem Wasser, läßt unter kräftigem Rühren einige Augenblicke sieden und dann wieder in Eis erkalten. Der ausgeschiedene Körper, der nun auch bei gewöhnlicher Temperatur hart und pulverisierbar ist, wird abgesaugt und mit wenig Wasser gewaschen. Die Ausbeute beträgt etwa 2,1 g, d. h. 10,5% der angewandten Acetobromglucose oder 13% der Theorie. Zur Reinigung löst man in wenig Alkohol und fällt mit Wasser in der Kälte, wobei sich der Körper zuerst ölig, nach einigem Rühren aber in weißen, amorphen Flocken abscheidet.

Zur Analyse wurde noch einmal aus Alkohol und Wasser umgelöst und die exsiccatortrockne Substanz bei 70° im Vakuum über Phosphorpentoxyd getrocknet, wobei aber nur ein sehr geringer Gewichtsverlust eintrat.

0,2020 g Sbst.: 0,1023 g H_2O, 0,3675 g CO_2.
$C_{28}H_{38}O_{19}$ (678,29). Ber. C 49,54, H 5,65.
Gef. „ 49,62, „ 5,67.

In Benzollösung wurden zwei Molekulargewichtsbestimmungen ausgeführt.

0,2472 g Sbst. in 7,75 g Benzol gelöst: $\Delta = 0,204°$. — 0,1958 g Sbst. in 9,3 g Benzol gelöst: $\Delta = 0,146°$, K = 5100.
Mol.-Gew. Ber. 678. Gef. 797, 735.

Die optische Bestimmung wurde ebenfalls in Benzollösung ausgeführt.

0,1180 g. Sbst. Gesamtgewicht 2,5490 g. $d^{20} = 0,8880$. Drehung im 1-dm-Rohr bei 22° und Natriumlicht 1,28° nach rechts. Mithin

$$[\alpha]_D^{22} = +31,1°.$$

Die optische Bestimmung eines Präparats einer anderen Darstellung ergab folgenden Wert:

0,2164 g Sbst. Gesamtgewicht der Lösung 4,3824 g. $d^{20} = 0,8890$. Drehung im 1-dm-Rohr bei 22° und Natriumlicht 1,35° nach rechts. Mithin

$$[\alpha]_D^{22} = +30,8°$$

Im Capillarrohr erhitzt, begann das Präparat bei 80° zu erweichen und war bei 115° zu einem dicken Sirup geschmolzen, der bei weiterem Erhitzen allmählich dünner wurde und sich gegen 240° zersetzte.

In Wasser löste es sich selbst in der Hitze sehr schwer, dagegen in Alkohol, Benzol und Äther schon in der Kälte ziemlich leicht. Schwerlöslich in Petroläther, durch den es aus seinen Lösungen in Benzol sirupförmig gefällt wird. Fehlingsche Lösung wird nur sehr schwach reduziert. Bei wiederholter Reinigung des Präparats verschwindet die Reduktionskraft fast völlig.

Läßt man die wäßrigen Mutterlaugen, die bei der Isolierung des soeben besprochenen amorphen Acetylkörpers resultieren, einige Zeit im Eisschrank stehen, so krystallisiert langsam die

Octacetyl-isotrehalose

in sehr feinen, biegsamen Nädelchen. Nach zwei Tagen ist die Krystallisation in der Hauptsache beendet. Man saugt ab, wäscht mit Wasser und trocknet bei 100°. Die Ausbeute betrug bisher nur 0,5—1% der angewandten Acetobromglucose. Doch ist das Produkt nahezu rein.

Zur Analyse wurde aus der 50-fachen Menge heißem, absolutem Alkohol umkrystallisiert und im Vakuum bei 100° getrocknet, wobei jedoch kaum Gewichtsverlust eintrat.

0,1430 g Sbst.: 0,0749 g H_2O, 0,2600 g CO_2.

$C_{28}H_{38}O_{19}$ (678,29). Ber. C 49,54, H 5,65.
Gef. „ 49,59, „ 5,86.

Das Molekulargewicht wurde in Benzollösung bestimmt.

0,1234 g Sbst. in 9,4 g Benzol; $\Delta = 0{,}107°$. — 0,2556 g Sbst. in 12,95 g Benzol; $\Delta = 0{,}160°$.

Mol.-Gew. Ber. 678. Gef. 626, 629.

Die optische Bestimmung wurde ebenfalls in Benzollösung vorgenommen.

0,1000 g Sbst. Gesamtgewicht der Lösung 4,5064 g. $d^{20} = 0{,}8800$. Drehung bei 22° und Natriumlicht im 1-dm-Rohr 0,335° nach links. Mithin

$$[\alpha]_D^{22} = -17{,}2°.$$

Die Substanz schmilzt im Capillarrohr bei 178° (korr. 181°) zu einer farblosen Flüssigkeit. In Wasser ist sie auch in der Wärme so gut wie unlöslich. In Alkohol löst sie sich in der Wärme recht leicht. In der Kälte krystallisiert jedoch auch aus einer 2-proz. Lösung die Hauptmenge wieder aus. Die Krystalle erscheinen unter dem Mikroskop als äußerst feine, lange, biegsame Nädelchen. In Benzol löst sie sich ziemlich leicht, schwerer in Äther, sehr schwer in Petroläther. Fehlingsche Lösung wird gar nicht reduziert.

Bildung der Octacetylderivate aus Tetraacetylglucose.

Löst man 1 Teil Tetraacetylglucose in 15 Teilen Chloroform, gibt $^1/_2$ Teil Phosphorpentoxyd hinzu und schüttelt 15 Stunden auf der Maschine, so färbt sich das Pentoxyd gelblich und wird teigig, während die Flüssigkeit ganz farblos bleibt. Beim Verdampfen des abfiltrierten Chloroforms unter geringem Druck bleibt ein Sirup, der in der oben für die Gewinnung der Octacetylderivate beschriebenen Weise mit heißem Wasser behandelt wird. Man gewinnt auf diese Art ein amorphes Produkt in einer Ausbeute von etwa 5%, das in seinen äußeren Eigenschaften dem amorphen Octacetylderivat durchaus gleicht. Allerdings hat die Analyse keine genau stimmenden Zahlen gegeben.

0,1086 g Sbst. gaben 0,0533 g Wasser und 0,2008 g Kohlendioxyd.

$C_{28}H_{38}O_{19}$ (678,29). Ber. C 49,54, H 5,65.
Gef. „ 50,43, „ 5,49.

Aus den wäßrigen Mutterlaugen krystallisiert in einer Ausbeute von etwa 2% die eben beschriebene Octacetyl-isotrehalose vom Schmp. 178° aus. Die Identität mit dem aus Acetobromglucose gewonnenen Produkt wurde nicht allein durch den Schmelzpunkt, sondern auch durch die optische Bestimmung in Benzollösung festgestellt.

0,0390 g Sbst. Gesamtgewicht der Lösung 1,7525 g. $d^{20} = 0,8800$. Drehung im 1 dm-Rohr bei 22° und Natriumlicht 0,33° nach links. Mithin

$$[\alpha]_D^{22} = -16,9^\circ.$$

Isotrehalose, $C_{12}H_{22}O_{11}$.

1 g der krystallisierten Acetylverbindung vom Schmp. 178° (korr. 181°) wurde mit 4 g Barythydrat, die in 60 ccm Wasser gelöst waren, bei gewöhnlicher Temperatur 24 Stdn. geschüttelt, wobei völlige Lösung eintrat. Nachdem die Flüssigkeit in Eiswasser abgekühlt war, wurde der Baryt quantitativ mit Schwefelsäure gefällt. Auf einem mit geglühter Kieselgur gedichteten Filter ließ sich das sehr fein ausgefallene schwefelsaure Barium gut absaugen. Die klare, essigsaure Flüssigkeit wurde nun bei einem Druck von 8—10 mm und einer Innentemperatur von 15—20° verdampft. Es hinterblieb ein dünner Sirup, dem noch Essigsäure anhaftete. Er wurde in wenig trocknem Methylalkohol gelöst und viel Äther zugegeben. Dabei fiel der Zucker in weißen amorphen Flocken aus. Die abgesaugte und mit Äther gewaschene Masse war hygroskopisch und wurde deshalb sofort in den Vakuumexsiccator gebracht.

Die Ausbeute betrug 0,4 g oder 77% der Theorie. Das Präparat war jedoch nicht völlig aschefrei. Der Grund hierfür liegt darin, daß die Fällung des Barythydrats in der Kälte vorgenommen und jeder Überschuß von Schwefelsäure peinlichst vermieden wurde.

Zur Analyse trockneten wir im Vakuum je $^1/_2$ Std. bei 50, 70 und 100°. Das Gewicht blieb dann konstant.

0,1304 g Sbst. gaben 0,0786 g Wasser und 0,1991 g Kohlendioxyd.

$C_{12}H_{22}O_{11}$ (342,17). Ber. C 42,08, H 6,48.
Gef. „ 41,64, „ 6,74.

Für die optische Bestimmung diente die wäßrige Lösung. 0,1097 g Sbst. (wie gewöhnlich getrocknet). Gesamtgewicht der Lösung 4,1456 g. $d^{20} = 1,007$. Drehung im 1-dm-Rohr bei 23° und Natriumlicht 1,05° nach links. Mithin

$$[\alpha]_D^{23} = -39,4° (\pm 0,1).$$

Nach 24 Stunden war keine Änderung der Drehung wahrnehmbar.

Der Zucker ist ein farbloses, amorphes, hygroskopisches Pulver, in Wasser äußerst leicht, in Methylalkohol leicht, in Äthylalkohol sehr schwer löslich und in Äther unlöslich. Er reduziert die Fehlingsche Lösung beim kurzen Kochen gar nicht.

Durch Säuren wird er in der Siedehitze leicht hydrolysiert. Eine 1-prozentige Lösung des Zuckers in 10-prozentiger Salzsäure wurde am Rückflußkühler eine Stunde im Sieden gehalten. Die Titration mit Fehlingscher Lösung ergab, daß 90% des Zuckers in Glucose verwandelt waren. In Wirklichkeit dürfte die Spaltung vollkommen gewesen sein, da die 10-prozentige Säure etwas Monosaccharid zerstört. Die Anwesenheit von Glucose wurde auch durch die Bildung von Phenylglucosazon bewiesen, das nach dem Umkrystallisieren gegen 204° schmolz.

Disaccharid aus amorphem Acetylkörper.

Die Verseifung des Acetylkörpers wurde genau in der zuvor beschriebenen Weise ausgeführt. Nur konnten wir größere Mengen anwenden. Außerdem geht der amorphe Acetylkörper rascher in Lösung. Die Ausbeute betrug 1,5 g aus 4 g Acetylderivat, mithin 74% der Theorie.

Das Disaccharid hatte ähnliche äußere Eigenschaften, wie die Isotrehalose. Aber das Drehungsvermögen war viel geringer, denn eine wäßrige Lösung von 9,68% Gehalt drehte bei 22° und Natriumlicht nur 0,13° nach links. Das würde einer spezifischen Drehung von ungefähr 1,3° entsprechen. Für die Analyse war das Präparat ebenso wie Isotrehalose hergerichtet. Nach Abzug der geringen Menge Asche, die es enthielt, sind die Zahlen folgende:

0,1805 g Sbst.: 0,1044 g H_2O, 0,2780 g CO_2.

$C_{12}H_{22}O_{11}$ (342,17). Ber. C 42,08, H 6,48.
Gef. „ 42,00, „ 6,47.

Wie schon erwähnt, halten wir das Disaccharid für ein Gemisch. Dafür scheinen auch einige Versuche mit Enzymen zu sprechen.

Für den Versuch mit Hefenauszug benutzten wir eine Reinkultur von Hefenrasse Nr. 12 der Hefenzuchtanstalt des Instituts für Gärungsgewerbe zu Berlin[1]). Aus der sorgfältig gewaschenen und an der Luftgetrockneten Hefe wurde durch Auslaugen mit der 15-fachen Menge Wasser bei 35° ein wäßriger Auszug bereitet. 0,1 g Disaccharid, 2 ccm Hefenauszug und 1 Tropfen Toluol blieben 20 Stunden bei 35° stehen. Die Lösung reduzierte jetzt so stark, daß man etwa 35% des Disaccharids als hydrolysiert annehmen mußte. Unter denselben Bedingungen war Trehalose etwa ebenso stark gespalten.

Auch Emulsin bewirkte unter ähnlichen Verhältnissen eine starke Hydrolyse.

---

[1]) Vgl. W. Henneberg, Gärungsbakteriologisches Praktikum. Berlin 1909.

22. Emil Fischer: Notiz über die Acetohalogen-glucosen und die *p*-Bromphenylosazone von Maltose und Melibiose.

Berichte der Deutschen Chemischen Gesellschaft **44**, 1898 [1911].

(Eingegangen am 20. Juni 1911.)

Wie vor kurzem gezeigt wurde[1]), lassen sich die Acetobrom- und Acetojodverbindungen der Mono- und Disaccharide recht bequem aus den vollständig acetylierten Zuckern durch Einwirkung von Brom- oder Jodwasserstoff in Eisessiglösung bereiten. Ausführlich beschrieben wurde das Verfahren für die Acetobromlactose, Acetobromcellobiose, Acetojodglucose und Acetojodcellobiose. Für die beiden letzten Verbindungen wurde ferner festgestellt, daß es gleichgültig ist, welche der beiden isomeren Pentacetylglucosen oder Octacetylcellobiosen als Ausgangsmaterial angewandt werden.

Bei der Übertragung des Verfahrens auf die Acetobromglucose ergab sich dasselbe Resultat. Sowohl die α- wie die β-Pentacetylglucose liefert bei der Behandlung mit Eisessig-Bromwasserstoff die gleiche β-Acetobromglucose. In einem der beiden Fälle muß also ein Wechsel der Konfiguration stattfinden, wenn man die Stereoisomerie der Pentacetylverbindungen als festgestellt ansieht.

Dies Resultat hat mich veranlaßt, die früher von E. F. Armstrong und mir[2]) beschriebenen Versuche über die Einwirkung von trocknem, flüssigem Bromwasserstoff und Chlorwasserstoff auf die beiden Pentacetylglucosen zu wiederholen. Wir hatten damals gefunden, daß aus der α-Pentacetylglucose eine Acetochlorglucose entsteht, die 10° niedriger schmilzt, als die β-Verbindung. Wir hatten ferner aus diesem Produkt durch Schütteln mit Methylalkohol und Silbercarbonat ein Tetraacetyl-methylglucosid bereitet, das bei der Verseifung mit Baryt α-Methylglucosid vom Schmp. 165—166° lieferte. Wir zogen daraus

---

[1]) E. Fischer und H. Fischer, Berichte d. D. Chem. Gesellsch. **43**, 2521 [1910] (*S. 218*); E. Fischer und G. Zemplén, ebenda **43**, 2536 [1910]. (*S. 234*).

[2]) Berliner Akademie **1901**, 316; ferner Berichte d. D. Chem. Gesellsch. **34**, 2885 [1901] (*Kohlenh. I, 799*); vgl. auch ebenda **35**, 833 [1902]. (*Kohlenh. I, 815.*)

den Schluß, daß auch die verwendete Acetochlorglucose die α-Verbindung sei. Bald nachher beschrieben Königs und Knorr[1]) das α-Tetraacetyl-methylglucosid, das sie durch Acetylierung des α-Methylglucosids herstellten, und da seine Eigenschaften mit denjenigen unseres Präparates bis auf das Drehungsvermögen, das wir nicht bestimmt hatten, gut übereinstimmten, so schien an der Richtigkeit der Versuche und der daraus gezogenen Schlüsse kein Zweifel zu bestehen. Bei der Wiederholung der Versuche ist es mir nun nicht mehr gelungen, das alte Resultat wieder zu bekommen. Die Einwirkung von flüssigem Chlorwasserstoff auf α-Pentacetylglucose, die unter verschiedenen Bedingungen ausgeführt wurde, hat immer nur zu Produkten geführt, die bei völliger Reinigung die Eigenschaften der β-Acetochlorglucose zeigten. Insbesondere habe ich vergebens versucht, aus den unreineren Krystallisationen oder den sirupösen Rohprodukten durch Methylalkohol und Silbercarbonat wieder α-Methylglucosid resp. seine Acetylverbindung darzustellen. Da nun α- und β-Methylglucosid nicht zu verwechseln sind und mir deshalb in dieser Beziehung jeder Irrtum bei den früheren Versuchen ausgeschlossen scheint, so dürfte hier einer der in der Zuckergruppe nicht ganz seltenen Zufälle gewaltet haben, dessen Herbeiführung später nicht mehr möglich war. Vielleicht handelt es sich um den katalytischen Einfluß gewisser Verunreinigungen, oder es ist bei der Verwandlung der Chlorverbindung in das Methylglucosid eine andere sterische Gruppierung als bei den neueren Versuchen eingetreten. Ich kann jetzt nur so viel sagen, daß die Darstellung der α-Acetochlorglucose nach der alten Vorschrift nicht mehr geglückt ist und deshalb nicht als eine sicher ausführbare Operation gelten kann. Was endlich das unter dem Namen α-Acetobromglucose beschriebene Präparat betrifft, so hatten wir uns mit dem von der β-Verbindung abweichenden Schmelzpunkt und der Analogie zu der Chlorverbindung begnügt, ohne die Umwandlung in das Glucosid auszuführen. Aus den später angeführten Beobachtungen geht hervor, daß es wahrscheinlich nur β-Acetobromglucose gewesen ist, deren Schmelzpunkt durch eine kleine Verunreinigung erniedrigt war.

Bisher hat man den Acetohalogenglucosen dieselbe Konfiguration wie den daraus entstehenden Glucosiden gegeben. Es scheint mir nötig, darauf hinzuweisen, daß nach den neueren Erfahrungen über die häufige Änderung der Konfiguration bei der Substitution am asymmetrischen Kohlenstoffatom[2]) dieser Schluß sehr unsicher ist. Von diesem Gesichtspunkt aus verdient vielleicht auch die Tatsache Beachtung, daß

---

[1]) Königs und Knorr, Berichte d. D. Chem. Gesellsch. **34**, 970 [1901].
[2]) E. Fischer, Liebigs Annal. d. Chem. **381**, 123 [1911].

im Gegensatz zu den stark nach rechts drehenden Acetohalogenglucosen die daraus hergestellten β-Glucoside nach links drehen.

Neben den Phenylosazonen haben E. F. Armstrong und ich für die Kennzeichnung der Maltose und Melibiose noch die *p*-Bromphenylosazone benutzt[1]). Sie wurden aus den Osonen durch Einwirkung von *p*-Bromphenylhydrazin in alkoholischer Lösung bei Gegenwart von Essigsäure bereitet. Bei der Analyse begnügten wir uns mit einer Stickstoffbestimmung. Da ich darauf aufmerksam gemacht wurde, daß in der Berechnung des Stickstoffs ein kleiner Fehler stattgefunden hat, so habe ich auch diese Versuche wiederholt. Sie haben die alten Beobachtungen ganz bestätigt, und die neuen Analysen, die beim Maltosederivat auch auf Kohlenstoff und Wasserstoff ausgedehnt wurden, lassen keinen Zweifel darüber, daß für die Produkte früher die richtige Formel angenommen wurde.

β-Acetochlor-glucose aus α-Pentacetyl-glucose.

Als Material diente α-Pentacetyl-glucose vom Schmp. 111—112°. Entsprechend der früheren Vorschrift[2]) zur Bereitung der vermeintlichen α-Acetochlor-glucose wurden 10 g gepulverte Pentacetyl-verbindung in ein Einschlußrohr gefüllt, dieses oben verengt bei sorgfältigem Ausschluß von Feuchtigkeit und nun mittels einer Capillare in das mit flüssiger Luft gekühlte Rohr Salzsäuregas eingeleitet, das mit Phosphorpentoxyd sorgfältig getrocknet war. Die Füllung dauerte $1^1/_2$—$1^3/_4$ Stunden, und die Menge der verflüssigten Salzsäure betrug 15—20 ccm. Das Rohr wurde dann geschlossen, aus der flüssigen Luft entfernt und bei Zimmertemperatur der Selbsterwärmung überlassen. Hierbei trat nach etwa 40 Minuten vollständige Lösung ein. Das Rohr wurde dann 17 Stunden bei 20° aufbewahrt. Die weitere Verarbeitung geschah genau nach der früheren Vorschrift. Die Ausbeute an krystallisiertem Produkt, das aber noch etwas klebrig war, betrug 6,3 g. Die spezifische Drehung in Chloroformlösung war $[\alpha]_D^{18} = +142{,}8°$. Durch einmaliges Umkrystallisieren des Produktes aus wenig warmem Alkohol stieg die Drehung auf + 160,9°, war also nahezu derjenigen von reiner β-Acetochlor-glucose gleich. Das Präparat von $[\alpha]_D^{18} = +142{,}8°$ wurde durch Schütteln mit Methylalkohol und Silbercarbonat in Tetraacetylmethylglucosid verwandelt, für das in Benzollösung $[\alpha]_D^{20} = -19{,}85°$ gefunden wurde. Da reines Tetraacetyl-β-methylglucosid — 23,1° und reines Tetraacetyl-α-methylglucosid + 175° 35′ dreht, so liegt es auf

[1]) E. Fischer und E. F. Armstrong, Berichte d. D. Chem. Gesellsch. **35**, 3141 [1902]. (*Kohlenh. I, 182.*)

[2]) E. Fischer und E. F. Armstrong, Berichte d. D. Chem. Gesellsch. **34**, 2885 [1901]; **35**, 833 [1902]. (*Kohlenh. I, 799 und 815.*)

der Hand, daß entweder gar nichts oder höchstens nur sehr geringe Mengen der α-Verbindung entstanden sein können.

Dieser Versuch ist nun in mannigfaltiger Weise variiert worden. Mit scharf getrockneter Salzsäure und mit feuchter Salzsäure, bei längerem und kürzerem Stehen der Lösung in flüssiger Salzsäure, und niemals ist es geglückt, durch nachfolgende Behandlung des Produktes mit Methylalkohol und Silbercarbonat das stark nach rechts drehende Tetraacetyl-α-methylglucosid zu erhalten.

Ich führe folgende Versuche an:

I. Scharf getrocknete Salzsäure; Dauer der Einwirkung 4 Stunden bei 20°. Der aus dem Ligroin ausfallende Sirup wurde, ohne weitere Reinigung durch Krystallisation, sofort durch Methylalkohol und Silbercarbonat in Tetraacetyl-methylglucosid verwandelt. Seine Drehung war in Benzollösung $[\alpha]_D^{16} = -18,7°$.

II. Scharf getrocknete Salzsäure; Dauer der Einwirkung bei 20° nur 2 Stunden. Das erhaltene Tetracetyl-methylglucosid zeigte zwar in Benzollösung $\alpha_D = +29°$, aber das Präparat reduzierte recht stark die Fehlingsche Lösung und enthielt offenbar unverändertes α-Pentacetat, wodurch höchstwahrscheinlich auch die Rechtsdrehung bedingt war.

III. Scharf getrocknete Salzsäure; Dauer der Einwirkung 44 Stunden bei $+4°$. Ausbeute an schön krystallisierter Acetohalogenglucose 70% des angewandten Pentacetates. Das Präparat zeigte in Chloroformlösung $[\alpha]_D^{19} = +164,4°$, war also reine β-Acetochlorglucose. Der Versuch beweist, daß bei niederer Temperatur und längerer Einwirkung die Ausbeute an β-Acetohalogenverbindungen besser und das Präparat reiner ist.

β-Acetobrom-glucose aus α-Pentacetyl-glucose.

6 g reines α-Pentacetat blieben mit 5—7 ccm flüssigem und gut getrocknetem Bromwasserstoff im geschlossenen Rohr 21 Stunden bei 5° stehen. Die Verarbeitung des Rohrinhaltes geschah in der gewöhnlichen Weise. Aus Ligroin schied sich die Acetobrom-glucose in langen Spießen ab, die bei 87—88° schmolzen und nahezu die spezifische Drehung der β-Acetobrom-glucose hatten. Zur völligen Reinigung wurde einmal aus Amylalkohol von 60—70° umgelöst.

0,2066 g Sbst.: Gesamtgewicht der Chloroformlösung 6,1960 g; Drehung bei 19° im 1-dm-Rohr $+9,80°$; spez. Gew. 1,475. $[\alpha]_D^{19} = +199,28°$.

In Benzollösung ist die Drehung größer.

0,1632 g Sbst.: Gesamtgewicht der Lösung 1,7719 g; Drehung bei 15° und Natriumlicht im 1-dm-Rohr 19,34° nach rechts, d = 0,912°. Mithin

$$[\alpha]_D^{15} = +230,3°.$$

Die vermeintliche frühere α-Acetobrom-glucose ist also höchstwahrscheinlich β-Verbindung gewesen, deren Schmelzpunkt durch eine kleine Verunreinigung etwas erniedrigt war.

Was endlich die Darstellung der früher beschriebenen[1]) β-Acetobrom-maltose durch Einwirkung von flüssigem Bromwasserstoff auf Octacetylmaltose betrifft, so haben neuere Beobachtungen ergeben, daß die Operation leicht mißlingt, wenn die Wirkung des Bromwasserstoffs zu lange andauert. Es entstehen dann wahrscheinlich durch Hydrolyse des Maltoserestes bromreichere Produkte. Unterbricht man aber die Wirkung des flüssigen Bromwasserstoffs, sobald die Octacetylmaltose gelöst ist und ehe die Lösung Zimmertemperatur angenommen hat, so läßt sich durch Umlösen aus Ligroin ein Bromkörper gewinnen, der zwar schwer krystallisiert, aber bei der Behandlung mit Aceton und Silbercarbonat reichliche Mengen von schön krystallisierender Heptacetylmaltose liefert und also jedenfalls vorher Acetobrom-maltose enthielt.

α-Pentacetyl-glucose und Eisessig-Bromwasserstoff.

7 g α-Pentacetylglucose vom Schmp. 111—112° wurden in 30 ccm einer gesättigten Lösung von Bromwasserstoff in Eisessig (käuflich bei C. F. Kahlbaum) gelöst und die Flüssigkeit 2 Stunden bei 19° aufbewahrt. Dann wurde in 150 ccm Eiswasser gegossen und der Niederschlag zuerst mit 30 ccm Chloroform und nochmals mit 10 ccm ausgeschüttelt. Nachdem die vereinigten chloroformischen Auszüge mit 150 ccm Wasser sorgfältig gewaschen waren, wurden sie mit Chlorcalcium rasch getrocknet, filtriert und unter geringem Druck bei 30° auf die Hälfte eingeengt. Alle diese Operationen dauerten zusammen etwa $^1/_2$ Stunde. Als die Chloroformlösung mit 100 ccm Petroläther vermischt und mit Eis gut gekühlt war, begann beim Reiben nach 5—10 Minuten die Krystallisation, die durch weiteren Zusatz von 40 ccm Petroläther befördert wurde. Ausbeute 3,5 g. Das Produkt zeigte nach dem Umlösen aus Ligroin die spez. Drehung $[\alpha]_D^{17} = +200{,}3°$. Aus der Chloroform-Petroläther-Mutterlauge wurden noch 1,4 g von $[\alpha]_D^{17} = +198{,}0°$ erhalten. Die Gesamtausbeute an nahezu reiner β-Acetobrom-glucose betrug also 4,9 g.

β-Acetobrom-glucose aus β-Pentacetyl-derivat mit Eisessig-Bromwasserstoff.

Die Operation ist so leicht und sicher auszuführen, daß sie als Darstellungsmethode für β-Acetobrom-glucose dienen kann. 100 g gepulverte β-Pentacetylglucose werden mit 130 ccm Eisessig übergossen,

---

[1]) E. Fischer und E. F. Armstrong, Berichte d. D. Chem. Gesellsch. **35**, 3153 [1902]. (*Kohlenh: I, 826.*)

dann mit 200 g (130 ccm) gesättigtem Eisessig-Bromwasserstoff durch Schütteln gelöst und vom Moment der Lösung ab 2 Stunden bei Zimmertemperatur (16—20°) aufbewahrt. Die klare Lösung wird nun mit 400 ccm gekühltem Chloroform vermischt und diese Flüssigkeit sofort unter Umrühren in $1^1/_2$ l Wasser und Eis eingegossen. Nach tüchtigem Durchschütteln wird die Chloroformschicht abgehoben und die wäßrige Lösung nochmals mit 100 ccm Chloroform ausgeschüttelt. Man wäscht die vereinigten Chloroformauszüge mit 750 ccm Wasser und extrahiert, um Verluste zu vermeiden, die Waschwässer nochmals mit 50 ccm Chloroform. Schließlich wird die gesamte Chloroformlösung 5—10 Minuten mit Chlorcalcium geschüttelt, filtriert, unter vermindertem Druck stark konzentriert und durch allmählichen Zusatz von Petroläther die Acetobromglucose krystallisiert abgeschieden. Ausbeute an exsiccatortrockner und schon recht reiner Substanz etwa 88 g. Das Präparat ist für die allermeisten Verwendungen rein genug. Zur völligen Reinigung kann man es auch ohne große Verluste in Amylalkohol von 60—70° lösen und durch starke Abkühlung wieder ausscheiden. Es ist nicht nötig, für den Versuch ganz reine β-Pentacetylglucose zu verwenden; eine Beimengung der isomeren α-Verbindung schadet nichts, da sie ja dasselbe Endprodukt liefert.

Die Bereitung der β-Acetobromglucose aus Traubenzucker und Acetylbromid gibt auch ganz gute Resultate, wenn man die Bedingungen richtig trifft, und erscheint auf den ersten Blick einfacher als obiges Verfahren, das die vorhergehende Bereitung der Pentacetylglucose voraussetzt. Bedenkt man aber den geringeren Preis der Materialien und die Sicherheit der Operation, besonders wenn es sich um größere Mengen handelt, so wird man doch wohl obigem Verfahren für die Darstellung der Acetobromglucose den Vorzug geben.

Darstellung von Maltoson und Melibioson.

Bezüglich der früher gegebenen Vorschrift[1]) ist zu bemerken, daß bei Anwendung von ganz reinen Phenylosazonen und ganz reinem, d. h. auch von Benzoesäure vollständig befreitem Benzaldehyd die Zersetzung zu langsam geht; sie wird außerordentlich beschleunigt durch Gegenwart organischer Säuren, entweder Benzoesäure, die im gewöhnlichen Benzaldehyd fast immer enthalten ist, oder Essigsäure bzw. essigsaurem Phenylhydrazin, das den nicht sorgfältig gereinigten Phenylosazonen anhaftet. Hat man es mit ganz reinen Osazonen zu tun, so ist zu empfehlen, einen Benzaldehyd anzuwenden, der 10—15% Benzoesäure enthält, die sich nach beendeter Operation sehr leicht durch Ausäthern entfernen läßt.

---

[1]) E. Fischer und E. F. Armstrong, Berichte d. D. Chem. Gesellsch. **35**, 3141 [1902]. (*Kohlenh. I, 182.*)

p-Bromphenyl-maltosazon.

Die Darstellung aus Maltoson geschah genau nach der früheren Vorschrift, nur wurde die Menge der Essigsäure erheblich verringert, so daß auf 3,5 g *p*-Bromphenylhydrazin nur 0,5 ccm 50-prozentige Essigsäure angewandt wurden. Das geschah, um die leicht eintretende Bildung von Acetyl-*p*-bromphenylhydrazin möglichst zu verhindern. Die Bildung des Osazones erfolgt unter diesen Umständen ziemlich langsam, deshalb blieb die Mischung von konzentrierter wäßriger Maltosonlösung, *p*-Bromphenylhydrazin, Essigsäure und Alkohol 4 Tage im Brutraum (37°) stehen. Das als Krystallbrei abgeschiedene Osazon wurde abfiltriert, durch Waschen mit Äther von unverändertem *p*-Bromphenylhydrazin befreit und dann zur Entfernung von etwa gebildetem Acetyl-*p*-bromphenylhydrazin mit Benzol tüchtig ausgekocht. Schließlich wurde es durch Umkrystallisieren aus heißem absolutem Alkohol völlig gereinigt. Zur Analyse war bei 15 mm Druck und 100° über Phosphorpentoxyd getrocknet.

0,2007 g Sbst.: 0,3146 g CO_2, 0,0824 g H_2O. — 0,1387 g Sbst.: 9,7 ccm N (15°, 745 mm).

Ber. C 42,47, H 4,46, N 8,26.
Gef. „ 42,75, „ 4,59, „ 8,04.

Das Produkt hat dieselben Eigenschaften wie früher beschrieben.

p-Bromphenyl-melibiosazon.

Die Darstellung war dieselbe wie oben. Es krystallisiert etwas schwerer als das Maltosederivat, infolgedessen fällt das Rohprodukt manchmal gallertartig aus. Aus Alkohol läßt es sich aber ohne besondere Schwierigkeiten krystallisiert erhalten. Zur Analyse war wiederum bei 100° und 15 mm Druck getrocknet.

0,1381 g Sbst.: 9,8 ccm N (17°, 769 mm).

Ber. N 8,26. Gef. N 8,35.

Bei diesen Versuchen bin ich von Hrn. Dr. Wilhelm Gluud unterstützt worden, wofür ich ihm besten Dank sage.

---

23. Emil Fischer: Darstellung der Aceto-bromglucose.

Berichte der Deutschen Chemischen Gesellschaft **49**, 584 [1916].

(Eingegangen am 7. Februar 1916.)

Die Acetobromglucose dient als Ausgangsmaterial für die Synthese vieler Glucoside und anderer Derivate der Glucose. Infolgedessen habe ich sie kiloweise in den letzten Jahren nötig gehabt.

Da die alte Darstellungsmethode von W. Königs und E. Knorr[1]), Behandlung von Traubenzucker mit Acetylbromid, trotz der Verbesserung durch Moll[2]) ziemlich kostspielig, unbequem und auch nicht ganz sicher ist, so war ich genötigt, ein besseres Verfahren auszuarbeiten. Es beruht auf der Verwandlung der Pentaacetylglucose durch Eisessig-Bromwasserstoff. Es ist für ähnliche Fälle z. B. die Bereitung der Acetobromlactose[3]), Acetobromcellobiose[4]) und Acetojodglucose[5]) bereits beschrieben. Da aber die Acetobromglucose der wichtigste Körper der ganzen Klasse ist, so scheint es mir nützlich, das Verfahren für ihre Bereitung auch in den Einzelheiten zu schildern.

Als Rohmaterial dient am bequemsten die β-Pentaacetylglucose. Für ihre Gewinnung[6]) werden 200 g fein gepulverter, krystallisierter, wasserfreier Traubenzucker mit 100 g wasserfreiem fein zerriebenem Natriumacetat gemischt und in einem Kolben von 3 l mit 1000 g Essigsäureanhydrid auf dem Dampfbade unter häufigem Schütteln erhitzt, so daß nach etwa 30 Minuten eine klare Lösung entstanden ist. Man erwärmt noch weitere 2 Stunden auf dem Dampfbade und gießt dann die Flüssigkeit in dünnem Strahl unter Rühren in 4 l Eiswasser. Die hierbei ausfallende Krystallmasse wird möglichst sorgfältig zerstampft, nach einigen Stunden abgesaugt, von neuem mit Wasser verrieben und

---

1) Berichte d. D. Chem. Gesellsch. **34**, 957 [1901].

2) Rec. d. trav. chim. Pays-Bas. **21**, 42.

3) E. Fischer und H. Fischer, Berichte d. D. Chem. Gesellsch. **43**, 2530 [1910]. (*S. 227.*)

4) E. Fischer und G. Zemplén, ebenda **43**, 2537 [1910]. (*S. 235.*)

5) E. Fischer, ebenda **43**, 2535 [1910]. (*S. 232.*)

6) W. Königs und E. Knorr, Berichte d. D. Chem. Gesellsch. **34**, 974 [1901].

noch mehrere Stunden aufbewahrt, bis das Essigsäureanhydrid fast völlig zerstört ist. Schließlich wird wieder abgesaugt, scharf gepreßt und einmal aus etwa 1 l heißem 96-prozentigem Alkohol umkrystallisiert. Das so erhaltene farblose Präparat schmilzt zwar noch etwas zu niedrig, ist aber für die weitere Verarbeitung genügend rein. Ausbeute 320 g oder 74% der Theorie.

Zur Umwandlung in Acetobromglucose werden 150 g trockne fein gepulverte Pentaacetylglucose mit 300 g der käuflichen Eisessig-Bromwasserstofflösung, die bei 0° gesättig, ist, übergossen, durch kräftiges Schütteln gelöst und 2 Stunden bei Zimmertemperatur aufbewahrt. Man verdünnt dann mit 600 ccm Chloroform und gießt unter Rühren in 2 l Eiswasser. Die Chloroformschicht wird abgehoben, die wäßrige Lösung nochmals mit 150 ccm Chloroform ausgezogen und die vereinigte Chloroformlösung mit 1 l Wasser gewaschen.

Nachdem die abermals abgehobene Chloroformlösung durch kurzes Schütteln mit Chlorcalcium bis zur völligen Klärung getrocknet ist, wird sie unter vermindertem Druck stark eingeengt. Versetzt man diese konzentrierte Lösung allmählich mit Petroläther, so scheidet sich die Acetobromglucose in langen Nadeln ab. Sie wird scharf abgesaugt und mit 75 ccm Amylalkohol durch Erwärmen auf dem Wasserbade möglichst rasch gelöst. Beim raschen Erkalten krystallisieren jetzt ganz farblose Nadeln. Sie werden nach dem Abkühlen in Eis scharf abgesaugt, dann sorgfältig mit Petroläther angeschlemmt, wieder scharf abgesaugt und über Natronkalk im Vakuumexsiccator aufbewahrt. Ausbeute 120 g oder 76% der Theorie.

Das reine Produkt ist monatelang haltbar, während das unreine ziemlich bald sich färbt und langsam eine weitgehende Zersetzung erfährt.

---

24. Emil Fischer und Karl Raske: Verbindung von Acetobromglucose und Pyridin.

Berichte der Deutschen Chemischen Gesellschaft **43**, 1750 [1910].

(Eingegangen am 27. Mai 1910.)

Acetochlorglucose und ihre Verwandten lassen sich mit Hexosen in alkalisch-alkoholischer Lösung zu Disacchariden vom Typus der Maltose kuppeln[1]). Als wir versuchten, dies Verfahren durch Verwendung von Pyridin an Stelle von Alkali zu verbessern, machten wir die Beobachtung, daß β-Acetobromglucose sich mit Pyridin in äquimolekularem Verhältnis verbindet.

$$C_{14}H_{19}O_9Br + C_5H_5N = C_{19}H_{24}O_9NBr.$$

Das Produkt verhält sich wie ein Bromsalz und wird durch Silberoxyd in eine leicht lösliche amorphe Base verwandelt.

Die Acetobromglucose läßt sich dem Chlordimethyläther,

$$CH_2{<}^{Cl}_{OCH_3},$$

vergleichen, und, da dieser sich ähnlich den Halogenalkylen mit Pyridin und anderen tertiären Basen zu quaternären Ammoniumsalzen vereinigt[2]), so vermuten wir, daß auch die Verbindung der Acetobromglucose mit dem Pyridin in diese Klasse einzureihen und also folgendermaßen zu formulieren ist:

```
C2H3O·O    O·C2H3O  C2H3O·O    OC2H3O
   ·         ·         ·         ·
  CH2 — CH ———————— CH — CH — CH — CH·N(C5H5)Br. *)
         \                         /*
          \———————— O ————————————/
```

Tetraacetylglucose-pyridiniumbromid

1) E. Fischer und E. F. Armstrong, Berichte d. D. Chem. Gesellsch. **35**, 3144 [1902]. (*Kohlenh. I, 673.*)

2) F. M. Litterscheid, Liebigs Annal. d. Chem. **316**, 168 [1901].

*) *Bei der Formulierung dieser Verbindung ist im Original ein kleines Versehen unterlaufen, das aber in der obigen Strukturformel ausgemerzt ist.*

Wir haben uns aber vergebens bemüht, einen entscheidenden Beweis für diese Auffassung zu finden.

Ein solcher Körper muß in zwei stereoisomeren Formen existieren, da das mit einem Sternchen markierte Kohlenstoffatom asymmetrisch ist. Wir haben in der Tat neben dem schön krystallisierten Salz ein amorphes Produkt von ganz ähnlichen Eigenschaften gewonnen, welches vielleicht die isomere Form enthält. Die Isolierung des krystallisierten Salzes hat anfangs Schwierigkeiten bereitet und ist erst durch die Beobachtung gelungen, daß ein kleiner Zusatz von Phenol zu dem Gemisch der Komponenten die Krystallisation befördert[1]).

Wie weit sich die neue eigenartige Pyridinverbindung für Synthesen in der Zuckergruppe verwenden läßt, können wir noch nicht sagen.

Tetraacetylglucose-pyridiniumbromid.

Löst man 15 g reine β-Acetobromglucose in 30 g reinem, trocknem Pyridin und fügt etwa 5 ccm reines Phenol hinzu, so scheidet das anfangs farblose Gemisch bei gewöhnlicher Temperatur in 24 Stunden eine reichliche Menge von Krystallen ab, während die Mutterlauge braun wird. Nach 48 Stunden werden die Krystalle scharf abgesaugt, mit wenig trocknem Pyridin, dann mit Methyläthylketon und schließlich mit Petroläther gewaschen und im Vakuumexsiccator getrocknet. Ausbeute etwa 8,5 g oder 47,5% der Theorie. Zur völligen Reinigung wird das fast farblose Produkt in der 50-fachen Menge kochendem Methyläthylketon gelöst. Beim Abkühlen in Eis scheiden sich etwa $^2/_3$ des Salzes in farblosen, meist schräg abgeschnittenen Prismen aus. Die bei 15 bis 20 mm eingedampfte Mutterlauge gibt eine zweite Krystallisation. Für die Analyse wurde nochmals aus Methyläthylketon umkrystallisiert und bei 100° unter 15 mm Druck über Phosphorpentoxyd getrocknet, wobei die im Exsiccator getrocknete Substanz allerdings nur wenig an Gewicht verlor.

0,2395 g Sbst.: 0,4063 g CO_2, 0,1071 g H_2O. — 0,1707 g Sbst.: 0,2900 g CO_2, 0,0765 g H_2O. — 0,1813 g Sbst.: 4,5 ccm N (17°, 751 mm). — 0,2193 g Sbst.: 0,0830 g AgBr.

$C_{19}H_{24}O_9NBr$ (490,12). Ber. C 46,52, H 4,94, N 2,86, Br 16,31.
Gef. „ 46,27, 46,33, „ 5,00, 5,01 „ 2,85, „ 16,11.

Für die optische Bestimmung diente die wäßrige Lösung. 0,6610 g Sbst. Gesamtgewicht der Lösung 6,725 g, $d_4^{20} = 1.029°$, Drehung bei 20° und Natriumlicht im 1-dm-Rohr 0,65° nach links. Mithin

$$[\alpha]_D^{20} = -6{,}43° \, (\pm 0{,}2°).$$

[1]) Diese Beobachtung wurde ganz zufällig von meinem Assistenten Dr. Wilhelm Gluud bei Versuchen, die einen ganz anderen Zweck hatten, gemacht. E. Fischer.

Eine zweite Bestimmung, zu der nochmals aus Methyläthylketon krystallisiert war, gab einen etwas geringeren Wert:

$$[\alpha]_D^{20} = -6{,}10^\circ\ (\pm 0{,}2^\circ).$$

Das Salz schmilzt ziemlich scharf bei 174° (korr.) ohne Gasentwicklung, färbt sich aber in geschmolzenem Zustand bald braun. Es ist in Wasser, Alkohol und Aceton recht leicht, in Benzol und Petroläther so gut wie unlöslich. Die wäßrige Lösung reagiert neutral gegen Lackmus und reduziert die Fehlingsche Lösung beim kurzen Kochen nur schwach; denn das Reduktionsvermögen beträgt etwa 4,5% desjenigen des Traubenzuckers. Beim Kochen des Salzes mit verdünnten Alkalien tritt der Geruch von Pyridin auf, und die Flüssigkeit färbt sich rasch gelbrot.

Schüttelt man die wäßrige Lösung des Salzes mit Silberoxyd, so wird das Brom rasch als Bromsilber abgeschieden, und das farblose Filtrat enthält die freie Base neben wenig Silber, das man genau mit Salzsäure fällen oder auch durch Schwefelwasserstoff entfernen kann. Die Lösung der Base reagiert auf Curcumapapier gar nicht und auf rotes Lackmuspapier nur ganz schwach alkalisch; beim Eintrocknen tritt allerdings die blaue Farbe stärker hervor. Beim Verdunsten der Lösung hinterbleibt die Base als Sirup.

Das einzige in Wasser schwer lösliche, krystallinische Salz, das wir bisher beobachteten, ist das saure Ferrocyanid. Es scheidet sich in sehr kleinen, meist stern- oder büschelförmig verwachsenen Nadeln langsam ab, wenn man eine nicht zu verdünnte wäßrige Lösung des Bromids oder der freien Base mit der ausreichenden Menge Ferrocyankalium und Salzsäure versetzt und abkühlt. Das Salz ist nur ganz schwach gelbgrün gefärbt, pflegt sich aber beim Stehen an der Luft oder beim Umkrystallisieren aus heißem Wasser ziemlich stark blau zu färben.

Die braune phenolhaltige Mutterlauge, aus der das oben beschriebene Salz auskrystallisiert ist, enthält ein zweites ähnliches Produkt, das sich durch Äther in der Ausbeute von 30—35% der angewandten Acetobromglucose fällen läßt. Es ist stark hygroskopisch und löst sich auch leicht in Methyläthylketon. Da es ziemlich stark gefärbt ist, so haben wir es nicht analysiert.

Ein Präparat von ähnlichen physikalischen Eigenschaften, aber kaum gefärbt, erhielten wir durch 20-stündiges Stehen einer Lösung von reiner β-Acetobromglucose in der dreifachen Menge trocknem Pyridin bei Abwesenheit von Phenol und Fällen mit Äther. Die Ausbeute war recht gut. Das Rohprodukt wurde in lauwarmem trocknem Essigäther gelöst, durch Äther wieder gefällt und die anfangs klebrige Masse durch Reiben in ein lockeres, fast farbloses Pulver verwandelt. Es verlor beim Trocknen bei 78° unter 15 mm Druck über P_2O_5 erheblich an Gewicht und gab dann Zahlen, die annähernd auf die Formel des Tetraacetylglucosepyridiniumbromids stimmen (gef. C 45,8, H 5,1, N 3,1, Br 17,9). Seine wäßrige Lösung drehte ziemlich stark nach rechts: $[\alpha]_D = + 16{,}2°$. Wir halten es für ein Gemisch, denn als wir es in der doppelten Menge warmem Methyläthylketon lösten, schied sich beim 24-stündigen Stehen eine erhebliche Menge des krystallisierten Salzes ab, das durch Schmelzpunkt, Krystallform und die Linksdrehung (gef. $[\alpha]_D - 5{,}9°$) identifiziert wurde. Die Mutterlauge gab dann auf Zusatz von Äther ein amorphes Bromid. Diese Beobachtungen rechtfertigen also unsere Vermutung, daß aus Pyridin und Acetobromglucose neben dem krystallisierten Salz ein amorphes, wahrscheinlich stereoisomeres Produkt von anderem Drehungsvermögen entsteht.

---

25. Emil Fischer und Kurt Heß: Verbindungen einiger Zucker-Derivate mit Methyl-magnesiumjodid.

Berichte der Deutschen Chemischen Gesellschaft **45**, 912 [1912].

(Eingegangen am 19. März 1912.)

Die Aceto-brom-glucose hat bekanntlich für die Synthese von Glucosiden, Disacchariden und ähnlichen Zuckerderivaten wertvolle Dienste geleistet. In der Hoffnung, hier auch die Synthesen von Barbier-Grignard anwenden zu können, haben wir sie in ätherischer Lösung mit Methyl-magnesiumjodid zusammengebracht. Dabei entsteht sofort ein unlösliches Additionsprodukt als farbloser, amorpher Niederschlag. Unter den richtigen Bedingungen dargestellt, hat dieses Produkt die Zusammensetzung $C_{14}H_{19}BrO_9 + 2\,MgCH_3J$. Durch Wasser wird es sofort zersetzt unter Rückbildung von Acetobromglucose. Auch Alkohole wirken energisch darauf ein, und bei Anwendung von Methylalkohol gelingt es, aus den Reaktionsprodukten β-Methyl-glucosid, allerdings nur in ziemlich kleiner Menge, zu isolieren.

Ebenso wie die Acetobromglucose addieren Pentacetyl-glucose, Tetracetyl-glucose und das Tetracetyl-methylglucosid zwei Moleküle Methyl-magnesiumjodid. Über die Konstitution dieser Verbindungen läßt sich noch kein sicheres Urteil fällen. Auch hat sich unsere Hoffnung, diese Magnesiumverbindungen für neue Synthesen zu verwerten, noch nicht erfüllt.

Aceto-brom-glucose und Methyl-magnesiumjodid.

Das Additionsprodukt wird am besten in ätherischer Lösung dargestellt. Gießt man die Lösung der Acetobromglucose allmählich in die Lösung des Methylmagnesiumjodids, so besitzt der Niederschlag die oben angegebene Zusammensetzung, selbst wenn ein erheblicher Überschuß von Methylmagnesiumjodid vorhanden ist. Bringt man aber umgekehrt die Magnesiumlösung zur Acetobromglucose, so enthält der Niederschlag weniger Magnesium und ist wahrscheinlich ein Gemisch.

Dementsprechend haben wir 5 g Magnesium und 28 g Jodmethyl in 150 ccm ganz trocknem Äther gelöst, die Flüssigkeit von einem kleinen Bodensatz abgegossen, mit Eis sorgfältig gekühlt und hierzu unter Schütteln eine Lösung von 40 g Acetobromglucose in 180 ccm trocknem Äther allmählich zugegossen. Da der hierbei entstehende Niederschlag sehr hygroskopisch ist und deshalb vor feuchter Luft sorgfältig geschützt werden muß, so haben wir ihn in dem früher[1]) für solche Fälle empfohlenen Apparat mittels einer Tonzelle filtriert und so lange mit trocknem Äther gewaschen, bis das Filtrat keine Jodreaktion mehr zeigte. Für die Analyse wurde der Niederschlag direkt unter 10—15 mm Druck bei 60° über Phosphorpentoxyd 10—15 Stunden bis zum konstanten Gewicht getrocknet. Brom und Jod sind zusammen als Silbersalz gewogen. Die Ausbeute ist, berechnet auf Acetobromglucose, fast quantitativ.

0,7167 g Sbst. gaben beim direkten Glühen 0,0727 g MgO. — 0,8680 g Sbst. gaben beim direkten Glühen 0,0912 g MgO. — 0,2134 g Sbst.: 0,1938 g CO_2, 0,0687 g H_2O. — 0,1832 g Sbst.: 0,1651 g CO_2, 0,0566 g H_2O. — 0,2027 g Sbst.: 0,1795 g Halogensilber (AgBr + 2 AgJ).

$C_{16}H_{25}O_9BrJ_2Mg_2$ (743,6).

Ber.	Mg 6,54,	C 25,82,	H 3,39,	Br + J 44,88.
Gef.	„ 6,12, 6,34,	„ 24,77, 24,58,	„ 3,60, 3,46,	„ 44,97.

Das Präparat läßt sich bei Ausschluß von Feuchtigkeit wochenlang aufheben. Beim Erhitzen zersetzt es sich. Auch von Wasser wird es sofort verändert. Trägt man das Pulver in die fünfzehnfache Menge kalten Wassers ein, so findet kaum Temperaturerhöhung statt. Durch wenig Salzsäure lassen sich die Magnesiumverbindungen völlig lösen, und durch Ausäthern wird die regenerierte Aceto-brom-glucose in sehr guter Ausbeute zurückgewonnen. Sie wurde nach dem Umkrystallisieren aus Amylalkohol durch den Schmelzpunkt (89°) und die Bromprobe identifiziert.

Etwas anders verläuft die Wirkung des Methylalkohols.

Übergießt man das Additionsprodukt mit wenig Methylalkohol, so findet starke Erwärmung statt. Wir haben es daher umgekehrt allmählich in die gleiche Gewichtsmenge Methylalkohol unter Kühlung eingetragen, wobei es sich mit gelbroter Farbe löst. Da die Flüssigkeit Fehlingsche Lösung noch reduzierte, so wurde sie zwanzig Minuten am Rückflußkühler gekocht, um die Acetobromglucose möglichst umzuwandeln. Nachdem dann der Alkohol im Vakuum verjagt, Jod durch Silbersulfat, Magnesium und Schwefelsäure durch Barythydrat und der Überschuß von Baryt unter den üblichen Vorsichtsmaßregeln durch Schwefelsäure entfernt war, hinterließ die Lösung beim Verdampfen

[1]) E. Fischer, Berichte d. D. Chem. Gesellsch. **38**, 616 [1905]. (*Proteine I, 433.*)

unter geringem Druck einen Sirup. Um die darin enthaltenen Acetylkörper zu verseifen, wurde er in der üblichen Weise mit Barytwasser $2^1/_2$ Stunden auf 70° erhitzt. Aus dieser Lösung gelang es, reines β-Methyl-glucosid zu isolieren, das durch Analyse, Schmelzpunkt, Drehung und Hydrolyse mit Emulsin identifiziert wurde. Da die Ausbeute gering ist, so hat das Verfahren für die praktische Darstellung der Glucoside vorläufig keine Bedeutung.

Pentacetyl-glucose und Methyl-magnesiumjodid.

Eine Lösung von 5 g β-Pentacetylglucose in 25 ccm reinem, trocknem Chloroform wurde allmählich unter Schütteln und starker Kühlung in die entsprechende Menge der oben erwähnten ätherischen Lösung von Methylmagnesiumjodid eingegossen und der sofort entstehende farblose Niederschlag wie oben filtriert. Zum Auswaschen diente trocknes Chloroform und dann Äther. Für die Analyse wurde bei 78° unter 10—15 mm Druck über Phosphorpentoxyd getrocknet.

0,3080 g Sbst. gaben beim direkten Glühen 0,0368 g MgO. — 0,2792 g Sbst. gaben beim direkten Glühen 0,0334 g MgO. — 0,2138 g Sbst.: 0,2294 g CO_2, 0,0713 g H_2O. — 0,2093 g Sbst.: 0,1431 g AgJ.

$C_{18}H_{28}O_{11}J_2Mg_2$ (722,7).	Ber.	Mg 6,73,	C 29,89,	H 3,90,	J 35,12.
	Gef.	„ 7,21, 7,22,	„ 29,26,	„ 3,73,	„ 36,96.

Die Zahlen stimmen nur annähernd mit der Berechnung, lassen aber doch kaum einen Zweifel darüber, daß die Substanz aus 1 Mol. Pentacetyl-glucose und 2 Mol. Magnesium-methyljodid zusammengesetzt ist. Durch Wasser wird sie ebenso wie die vorhergehende Substanz sofort zerlegt unter Rückbildung von β-Pentacetyl-glucose.

Tetracetyl-glucose und Methyl-magnesiumjodid.

Die Verbindung wurde ebenso hergestellt wie die vorhergehenden und besitzt ebensolche Eigenschaften.

0,4294 g Sbst. gaben beim direkten Glühen 0,0524 g MgO. — 1,1292 g Sbst. gaben beim direkten Glühen 0,1373 g MgO. — 0,5157 g Sbst.: 0,3440 g AgJ.

$C_{16}H_{26}O_{10}J_2Mg_2$ (680,7).	Ber.	Mg 7,15,	J 37,29.
	Gef.	„ 7,36, 7,33,	„ 36,06.

Durch die Zersetzung mit eiskaltem Wasser wurde reine Tetraacetyl-glucose zurückgewonnen.

Zur Darstellung der Tetracetyl-glucose haben wir die Acetobrom-glucose nicht wie früher[1]) in ätherischer Lösung, sondern in Aceton-Lösung durch Silbercarbonat zerlegt.

20 g reine Acetobromglucose werden in 30 ccm käuflichem Aceton

[1]) E. Fischer und K. Delbrück, Berichte d. D. Chem. Gesellsch. **42**, 2778 [1909]. (*S. 243.*)

gelöst, 1 ccm Wasser zugefügt, in Eiswasser gekühlt und nach Zusatz von 15 g frischem Silbercarbonat umgeschüttelt. Nachdem die erst lebhafte Kohlensäure-Entwicklung vorüber ist, wird öfters kräftig geschüttelt und die Flasche wegen der entwickelten Kohlensäure jedesmal geöffnet. Das Ende der Reaktion erkennt man daran, daß die Lösung kein Brom mehr enthält. Die Operation dauert etwa $^3/_4$ Stunden. Die Silbersalze werden nun abgesaugt, mit Aceton nachgewaschen und das Filtrat unter geringem Druck verdampft. Dabei scheidet sich die Tetracetyl-glucose als krystallinischer Kuchen ab und ist nach dem Abpressen fast rein. Auch die Ausbeute ist sehr gut, während sie nach dem alten Verfahren nur 24% der Theorie betrug. Zum Umkrystallisieren der Tetracetylglucose, die sich bekanntlich in wäßriger und alkoholischer Lösung rasch verändert, ist warmer Malonsäure-diäthylester geeignet. Den Schmelzpunkt fanden wir dann bei 119° (korr. 120°), mithin etwas höher als der früher (118° korr.) beobachtete.

Tetracetyl-α-methylglucosid und Methyl-magnesiumjodid.

Eine Lösung von 3,5 g Tetracetyl-α-methylglucosid in 50 ccm Äther wurde unter Kühlung in die entsprechende Menge obiger Lösung von Methylmagnesiumjodid eingegossen und der Niederschlag ebenso behandelt wie zuvor.

0,2737 g Sbst. gaben beim direkten Glühen 0,0314 g MgO. — 0,3848 g Sbst.: 0,2608 g AgJ.

$C_{17}H_{28}O_{10}J_2Mg_2$ (694,7). Ber. Mg 7,00, J 36,54.
Gef. „ 6,92, „ 36,64.

26. Emil Fischer: Teilweise Acylierung der mehrwertigen Alkohole und Zucker I.*).

Berichte der Deutschen Chemischen Gesellschaft **48**, 266 [1915].
(Eingegangen am 6. Februar 1915.)

Die gebräuchlichen Methoden der Acylierung führen bei den mehrwertigen Alkoholen vom Erythrit aufwärts und bei den Zuckern verhältnismäßig leicht zu den Endprodukten, sie sind aber weniger geeignet, die Zwischenprodukte zu gewinnen, weil in der Regel Gemische entstehen, deren Trennung nicht leicht ist. Zwar gelang es Einhorn und Hollandt[1]) bei der Benzoylierung des Erythrits mit Pyridin und Benzoylchlorid nicht weniger als drei Körper (Di-, Tri- und Tetrabenzoyl-Derivat) zu isolieren und beim Mannit eine Dibenzoylverbindung zu gewinnen. Auch in anderen Fällen sind einzelne schön krystallisierende Produkte der partiellen Acylierung isoliert worden. Aber der Erfolg hängt doch immer mehr oder weniger vom Zufall ab. Besonders schwierig gestaltet sich die Aufgabe bei den Zuckern, wo bisher nur eine Methode, d. h. die Zersetzung der Acyl-bromglucosen[2]) mit Silberoxyd sicher zu einheitlichen Stoffen von bekannter Struktur führt. Es schien mir deshalb nützlich zu sein, weitere Verfahren für diesen Zweck zu finden, und ich habe bereits vor $1^1/_4$ Jahren den Vorschlag gemacht, das Ziel auf einem Umwege zu erreichen durch Benutzung der Aceton-Verbindungen, in denen ein Teil der Hydroxylgruppen durch die acetalartige Bindung des Acetons festgelegt ist[3]).

Dementsprechend veranlaßte ich im vorigen Sommer die HHrn. Dr. Kálmán von Fodor und H. Bärwind einerseits die Diaceton-glucose und andererseits den Diaceton-dulcit mit Benzoylchlorid und Chinolin zu benzoylieren, um später durch Abspaltung des Acetons die Monobenzoyl-glucose und den Dibenzoyl-dulcit zu gewinnen.

---

*) *Die Bezeichnung „I", ist erst nachträglich hinzugefügt.*

[1]) Liebigs Annal. d. Chem. **301**, 95 [1898]. Vergl. für Mannit Power und Rogerson, Journ. of the chem. Soc. of London **97**, 1949 [1910].

[2]) E. Fischer und K. Delbrück, Berichte d. D. Chem. Gesellsch. **42**, 2778 [1909]. (*S. 243.*) Vergl. ferner ebenda **43**, 2539 [1910] (*S. 237*) und **45**, 914 [1912]. (*S. 266.*)

[3]) Ebenda **46**, 3285 [1913]. (*Depside 35.*)

Bevor die glücklich begonnenen Versuche bis zur Isolierung der beiden letzten Stoffe durchgeführt waren, brach der Krieg aus, und da beide Herren dadurch auf unbestimmte Zeit verhindert sind, sich an der Arbeit weiter zu beteiligen, so habe ich sie mit Hilfe meines Assistenten Dr. Bergmann fortgesetzt und zunächst bei Dulcit und Mannit endgültige Resultate erhalten.

Der Diaceton-dulcit ist vor vielen Jahren auf meine Veranlassung von A. Speier dargestellt worden[1]). Die Nachprüfung seiner Angaben hat ergeben, daß das Produkt vom Schmp. 98° ein Gemisch war, aus dem sich zwei isomere Diaceton-dulcite isolieren lassen. Der eine schmilzt bei 145—146° und der andere bei 113—114°. Der erste ist viel bequemer zu reinigen und infolge einer modifizierten Darstellungsmethode leicht zugänglich. Er diente deshalb für die Benzoylierungsversuche. Wird er mit Benzoylchlorid und Chinolin bei 100° behandelt, so entsteht in guter Ausbeute der hübsch krystallisierende Dibenzoyl-diaceton-dulcit. Die Abspaltung des Acetons aus diesem Körper gelingt schon bei gewöhnlicher Temperatur, wenn man ihn in Eisessig, der 5% Salzsäure enthält, suspendiert und einige Zeit schüttelt. Der so resultierende Dibenzoyl-dulcit ist ebenfalls ein gut krystallisierender und allem Anschein nach einheitlicher Stoff.

Wird die Behandlung des Diaceton-dulcits mit Benzoylchlorid und Chinolin bei gewöhnlicher Temperatur in Chloroformlösung ausgeführt, so tritt nur eine Benzoylgruppe ein. Das Produkt selbst wurde zwar bisher nicht krystallisiert erhalten, lieferte aber bei der Abspaltung der Acetongruppen einen hübsch krystallisierenden Monobenzoyl-dulcit. Selbstverständlich sind alle diese Körper, wie der Dulcit selbst, optisch-inaktiv.

Vom Mannit sind 3 Aceton-Verbindungen bekannt: der Triaceton-mannit[2]) und die daraus durch partielle Hydrolyse entstehende Diaceton- und Monoaceton-Verbindung[3]). Die letzte wurde für die Benzoylierung benutzt. Die Reaktion geht schon bei gewöhnlicher Temperatur in Chloroformlösung im Laufe von mehreren Tagen bis zum Endprodukt, der Tetrabenzoylverbindung, und daraus entsteht wiederum durch Behandlung mit Eisessig-Salzsäure bei gewöhnlicher Temperatur der hübsch krystallisierende Tetrabenzoyl-mannit.

Vom Erythrit ist bisher nur die Diacetonverbindung bekannt, aber nach Versuchen, die Frl. Charlotte Rund auf meine Veranlas-

---

[1]) Berichte d. D. Chem. Gesellsch. **28**, 2531 [1895]. (*Kohlenh. I, 769.*)

[2]) E. Fischer, Berichte d. D. Chem. Gesellsch. **28**, 1168 [1895]. (*Kohlenh. I, 759.*)

[3]) J. C. Irvine und B. M. Paterson, Journ. of the chem. Soc. of London **105**, 907 und 908 [1914].

sung ausführte, entsteht bei unvollständiger Acetonylierung des Erythrits mit Aceton, das 20% Wasser und 1% Chlorwasserstoff enthält, in reichlicher Menge der Monoaceton-erythrit und dieser geht bei der Behandlung mit Benzoylchlorid und Chinolin oder Pyridin leicht in den krystallisierenden Dibenzoyl-aceton-erythrit vom Schmp. 71° über. Das daraus durch Abspaltung des Acetons entstehende Produkt, vermutlich Dibenzoyl-erythrit, ist bisher ölig geblieben.

Die Struktur der neuen Acylderivate läßt sich erst beurteilen, wenn man die Struktur der benutzten Acetonverbindungen kennt; hierfür ist aber durch die beachtenswerten Untersuchungen von J. C. Irvine und B. M. Paterson[1]) schon der Anfang gemacht.

Über die von Hrn. v. Fodor gewonnene Monobenzoyl-diaceton-glucose, die im Hochvakuum als farbloses Öl destilliert, werde ich erst später berichten, wenn die Umwandlung in Benzoylglucose durchgeführt ist.

Diaceton-dulcit, $C_6H_{10}O_6(C_3H_6)_2$.

Das von A. Speier beschriebene Produkt vom Schmp. 98° ist, wie schon erwähnt, ein Gemisch. Wenn entsprechend der Vorschrift von Speier 10 g gebeutelter Dulcit mit 250 ccm trocknem Aceton, das 1% Chlorwasserstoff enthält, auf der Maschine kräftig geschüttelt wird, so ist nach etwa 4 Stunden fast alles gelöst. Wird nach weiterem vierstündigem Stehen der Lösung die Salzsäure mit Silbercarbonat entfernt und das Filtrat unter vermindertem Druck verdampft, so bleibt in fast quantitativer Weise ein krystallinischer Rückstand, der nach scharfem Abpressen einen wechselnden Schmelzpunkt zeigt. Manchmal beginnt die Masse gegen 100° zu schmelzen. Löst man dieses Produkt in 100 ccm heißem Aceton, fügt 75 ccm Petroläther hinzu und läßt die klare Lösung bei Zimmertemperatur möglichst ruhig stehen, so scheiden

[1]) A. a. O. In derselben Abhandlung, S. 900, findet sich die Bemerkung, daß nach meiner Ansicht die Bindung der Acetonreste in der β-Stellung leichter erfolge als in der α-Stellung. Ich erinnere mich aber nicht, eine solche Meinung jemals ausgesprochen zu haben. Dagegen habe ich ausdrücklich auf beide Möglichkeiten hingewiesen, ohne einer davon den Vorzug zu geben (Berichte d. D. Chem. Gesellsch. **28**, 1170 [1895]) (*Kohlenh. I, 761*). Leider ist die gleichzeitig von mir vorgeschlagene vergleichende Untersuchung über die Acetonylierung des Äthylen- und Trimethylenglykols infolge kleiner Mißerfolge zum Stillstand gekommen und bis jetzt nicht wieder aufgenommen worden. Auch in den wenigen Strukturformeln, die ich für Acetonderivate der Zucker mit allem Vorbehalt ableitete, z. B. der Formel des Arabinosediacetons (Berichte d. D. Chem. Gesellsch. **28**, 1150 [1895]) *Kohlenh. I, 739*) sind beide Bindungsformen angenommen. Ich bemerke übrigens, daß für die Beurteilung der Struktur der Zucker-Aceton-Verbindungen die Existenz und Bildungsweise des dritten Methylglucosids (Berichte d. D. Chem. Gesellsch. **47**, 1980 [1914]) (*S. 1*) ganz neue Gesichtspunkte gibt.

sich im Laufe von 24 Stunden derbe, flächenreiche Krystalle aus, etwa 3 g, deren Schmelzpunkt schon über 140° liegt und die durch weiteres Umkrystallisieren leicht auf den konstanten Schmp. 145—146° gebracht werden können. Ich bezeichne sie als α-Diaceton-dulcit. Versetzt man die erste Mutterlauge, welche diese α-Verbindung ausgeschieden hat, mit weiteren 150 ccm Petroläther, so erfolgt beim längeren Stehen bei Zimmertemperatur eine zweite Krystallisation. Diese kann noch etwas α-Verbindung enthalten, die Hauptmenge aber bilden hübsche, büschelförmig vereinigte Nadeln oder Prismen des β-Diaceton-dulcits, der im reinsten Zustand bei 113° schmolz. Seine Reinigung gelingt manchmal sehr rasch, in anderen Fällen ist die völlige Abtrennung der α-Verbindung recht schwierig. Die Menge der β-Verbindung beträgt etwa 3 g. Die letzten Mutterlaugen geben nach dem Einengen und abermaligen Fällen mit Petroläther eine dritte Krystallisation, die aber sehr unscharf schmilzt und offenbar ein Gemisch ist.

α-Diaceton-dulcit, Schmp. 145—146°.

Er entsteht in großer Menge, wenn bei der Acetonylierung etwas stärkere Salzsäure angewandt und nach Entfernung der Säure die Lösung unter gewöhnlichem Druck verdampft wird. Dem entspricht folgende Vorschrift:

25 g gebeutelter Dulcit werden mit 750 ccm trocknem Aceton, das $1^1/_2$% Chlorwasserstoff enthält, auf der Maschine etwa 4 Stunden geschüttelt, bis Lösung eingetreten ist. Man läßt die Flüssigkeit bei Zimmertemperatur noch 24 Stunden stehen, entfernt dann die Salzsäure durch Schütteln mit Silber- oder Bleicarbonat und verdampft die filtrierte, nötigenfalls mit Tierkohle geklärte Lösung unter gewöhnlichem Druck auf dem Dampfbad. Der gelbbraune Rückstand erstarrt bald unter Selbsterwärmung krystallinisch. Die harte Masse wird abgepreßt, in 500 ccm heißem Aceton gelöst und die filtrierte Flüssigkeit mit dem gleichen Volumen Petroläther versetzt.

Beim öfteren Reiben fällt der α-Diaceton-dulcit im Lauf von 24 Stunden in harten, flächenreichen Kryställchen vom Schmp. 144° aus (15 g). Verdampft man die Mutterlauge unter vermindertem Druck, löst den Rückstand wieder in Aceton und versetzt mit Petroläther, so erhält man eine zweite Krystallisation, etwa 6 g, vom gleichen Schmelzpunkt. Gesamtausbeute etwa 21,3 g oder 59% der Theorie.

Zur Analyse wurde noch zweimal aus Aceton mit Petroläther krystallisiert und kurze Zeit bei 76° und 0,2 mm getrocknet, wobei schon eine geringe Sublimation zu beobachten war.

0,1536 g Sbst.: 0,3090 g CO_2, 0,1151 g H_2O.

$C_{12}H_{22}O_6$ (262,18). Ber. C 54,93, H 8,46.

Gef. „ 54,87, „ 8,39.

Die Substanz bildet manchmal vier- oder sechsseitige, langgestrekte Platten, häufig aber ziemlich dicke, flächenreiche, glänzende Formen. Sie löst sich ziemlich leicht in heißem Wasser, Alkohol, Aceton, Essigäther, Benzol und kaltem Chloroform, recht schwer dagegen in Petroläther. Sie schmeckt schwach bitter.

β-Diaceton-dulcit, Schmp. 113—114°.

Will man dieses Isomere als Hauptprodukt erhalten, so wendet man zweckmäßig schwächere acetonische Salzsäure an und unterbricht ihre Einwirkung früher als bei der Darstellung der α-Verbindung.

10 g gebeutelter Dulcit werden mit 400 ccm trocknem Aceton, das 0,5% Salzsäure enthält, kräftig auf der Maschine bei gewöhnlicher Temperatur geschüttelt. Nach 7 Stunden filtriert man vom ungelösten Dulcit (etwa 1 g), entfernt die Salzsäure mit Silbercarbonat und verdampft unter vermindertem Druck. Der Rückstand ist eine farblose Krystallmasse (13 g), die ungefähr bei 102° schmilzt. Sie wird in 100 ccm warmem Aceton gelöst, von einem geringen Rückstand filtriert und die Lösung mit 100 ccm Petroläther versetzt. Nach 24-stündigem, möglichst ruhigem Stehen sind meist über 3 g fast reiner α-Diaceton-dulcit in harten, derben Krystallen abgeschieden.

Das Filtrat, abermals mit 100 ccm Petroläther versetzt, gibt nach 12-stündigem Stehen im Eisschrank etwa 4 g des β-Körpers in fiederförmig angeordneten Kryställchen und aus der Mutterlauge erhält man nach dem Eindampfen im Vakuum und abermaligem Zusatz von Petroläther wiederum 3—4 g desselben Präparats, so daß die Gesamtausbeute an β-Diaceton-dulcit 7—8 g beträgt. Je nach dem Gelingen der Fraktionierung sind diese schon ziemlich rein oder enthalten noch kleine Mengen des α-Körpers. Davon können sie durch wiederholte Krystallisation aus Aceton unter Zusatz von Petroläther befreit werden.

Zur Analyse wurde einige Zeit bei 1 mm und 76° getrocknet, wobei geringe Sublimation stattfand.

0,1421 g Sbst.: 0,2847 g CO_2, 0,1058 g H_2O. — 0,1520 g Sbst.: 0,3065 g CO_2, 0,1160 g H_2O.

$C_{12}H_{22}O_6$ (262,18).	Ber.	C 54,93,	H 8,46.
	Gef.	„ 54,64, 54,99,	„ 8,33, 8,54.

Der β-Diaceton-dulcit sintert im Capillarrohr bei 111° und schmilzt bei 113—114° (korr.). Er bildet oft schiefe, vierseitige Prismen, manchmal auch vierseitige, dünne Platten oder fiederartig verwachsene Formen. Er löst sich leicht in kaltem Alkohol, Essigäther und Chloroform, warmem Wasser, Aceton und Benzol, wesentlich schwerer in heißem Ligroin und nur sehr wenig in kaltem Petroläther. Er schmeckt bitter.

Dibenzoyl-α-diaceton-dulcit, $C_6H_8O_6(C_3H_6)_2(C_6H_5\cdot CO)_2$.

10 g reiner α-Diaceton-dulcit werden mit 10,8 g trockenem Chinolin (2,2 Mol.) und 10,7 g Benzoylchlorid (2 Mol.) übergossen und im Wasserbad auf 100° erhitzt. Nach einigen Minuten tritt bei öfterem Schütteln klare Lösung ein und nach etwa 20 Minuten beginnt die Abscheidung von Krystallen, die bald die ganze Masse erfüllen. Das Erhitzen wird noch 5—6 Stunden fortgesetzt. Jetzt verreibt man die Krystallmasse mit 120 ccm Alkohol, wobei salzsaures Chinolin und geringe Mengen gelbbrauner Substanzen in Lösung gehen. Die zurückbleibende Krystallmasse ist nach dem Absaugen und Waschen mit Alkohol farblos und schon ziemlich rein. Sie wird aus etwa 350 ccm heißem Tetrachlorkohlenstoff umkrystallisiert und bildet dann hübsch ausgebildete, schief abgeschnittene vierseitige Prismen. Ausbeute 10,8 g oder 60% der Theorie.

Das zur Analyse noch zweimal aus Tetrachlorkohlenstoff umkrystallisierte, lufttrockene Präparat verlor bei 76° im Hochvakuum nicht mehr an Gewicht.

0,1429 g Sbst.: 0,3476 g CO_2, 0,0819 g H_2O.

$C_{26}H_{30}O_8$ (470,24). Ber. C 66,35, H 6,43.
Gef. „ 66,34, „ 6,41.

Schmp. 185—186° (korr.). Aus heißem Tetrachlorkohlenstoff krystallisiert es in mikroskopischen, flächenreichen Formen, häufig vierseitige Prismen mit schiefen Endflächen. Es ist in Wasser selbst in der Hitze außerordentlich schwer löslich, auch ziemlich schwer in heißem Alkohol, Äther, Aceton, leichter in heißem Benzol und Amylalkohol und recht leicht schon in kaltem Chloroform.

Verwendet man an Stelle des Chinolins in obigem Versuch trocknes Pyridin und erhitzt nur 3 Stunden auf 100°, so entsteht merkwürdigerweise ein anderer Körper von der gleichen Zusammensetzung, der aus wenig Alkohol in biegsamen Nadeln vom Schmp. 82—83° oder in derberen Formen von tieferem Schmelzpunkt krystallisiert. Über das Verhältnis der beiden Isomeren zueinander kann ich noch nichts Sicheres sagen.

Dibenzoyl-dulcit, $C_6H_{12}O_6(C_6H_5\cdot CO)_2$.

Man übergießt 2,5 g des vorhergehenden Körpers mit 100 ccm Eisessig, der ungefähr 5% Chlorwasserstoff enthält. Obschon der größte Teil des Acetonkörpers ungelöst bleibt, findet doch beim Schütteln auf der Maschine die Abspaltung des Acetons statt. Schon nach 15 Minuten bemerkt man eine neue Krystallisation von mikroskopischen, vierseitigen Platten. Nach $1^1/_2$-stündigem Schütteln wird der ausgeschiedene Dibenzoyldulcit abgesaugt und mit wenig kaltem Alkohol gewaschen. Ausbeute 2,0 g (Theorie 2,1 g). Zur Analyse wurde mehrmals aus heißem Eisessig umkrystallisiert und im Vakuumexsiccator über Natronkalk getrocknet.

0,1589 g Sbst.: 0,3590 g CO_2, 0,0799 g H_2O.

$C_{20}H_{22}O_8$ (390,18). Ber. C 61,51, H 5,68.
Gef. „ 61,62, „ 5,63.

Der Dibenzoyl-dulcit sintert im Capillarrohr von etwa 203° an und schmilzt gegen 210° (korr.) zu einer farblosen Flüssigkeit. Beim stärkeren Erhitzen destilliert er zum Teil unzersetzt und ohne Verkohlung. In heißem Wasser ist er nur spurenweise löslich, auch in heißem Alkohol löst er sich recht schwer, krystallisiert aber daraus beim Erkalten. Erheblich leichter löst er sich in heißem Amylalkohol. Von heißem Eisessig braucht er ungefähr die zwanzigfache Menge und krystallisiert beim Erkalten in sehr dünnen, oft quadratisch erscheinenden Plättchen.

Monobenzoyl-dulcit, $C_6H_{13}O_6(C_6H_5 \cdot CO)$.

Der entsprechende Acetonkörper entsteht, wie zuvor angedeutet, bei der Benzoylierung in der Kälte. 5 g fein gepulverter α-Diacetondulcit werden mit einem Gemisch von 5,6 g Benzoylchlorid, 5,6 g Chinolin und 30 ccm trocknem Chloroform auf der Maschine geschüttelt. Nach wenigen Stunden entsteht eine klare, farblose Lösung, die noch 24 Stunden aufbewahrt wird. Die Isolierung des Benzoyl-acetonkörpers, der bisher nur als Öl erhalten wurde, hat keinen Zweck. Man fügt vielmehr zur Lösung sofort weitere 30 ccm Chloroform und 100 ccm 5 *n* Salzsäure und schüttelt auf der Maschine. Nach etwa 1 Stunde beginnt die Krystallisation des Monobenzoyl-dulcits, und die dünnen Nädelchen erfüllen bald als dicker Brei die ganze Flüssigkeit. Nach dreistündigem Schütteln werden die Krystalle abgesaugt, mit Wasser gewaschen, gepreßt und aus 50 ccm heißem Amylalkohol umkrystallisiert. Ausbeute 3,3 g oder 60% der Theorie. Zur völligen Reinigung mußten sie noch zweimal aus Amylalkohol umkrystallisiert werden, wobei aber keine großen Verluste eintraten.

0,1682 g Sbst. (bei 78° und 1 mm über P_2O_5 getrocknet): 0,3354 g CO_2, 0,0957 g H_2O.

$C_{13}H_{18}O_7$ (286,14). Ber. C 54,52, H 6,34.
Gef. „ 54,38, „ 6,37.

Der Monobenzoyl-dulcit sintert beim Erhitzen im Capillarrohr von 148° an und schmilzt bei 155—156° (korr.) zu einer farblosen Flüssigkeit. Er löst sich ziemlich leicht in heißem Wasser und Eisessig, schwerer in heißem Alkohol und noch schwerer in Aceton und Xylol. Aus heißem Wasser krystallisiert er in sehr dünnen, biegsamen, meist zentrisch angeordneten Nädelchen.

Das Präparat macht im allgemeinen den Eindruck einer einheitlichen Substanz, obschon bei seiner Entstehung die Gelegenheit zur Bildung von zwei Isomeren gegeben ist, auch wenn der als Ausgangsmaterial dienende Diacetondulcit ein ganz einheitlicher Stoff ist. Aber bei der Neigung solcher Körper, schwer trennbare Mischungen zu bilden, kann doch die völlige Reinheit des Monobenzoyl-dulcits nicht gewährleistet werden.

Tetrabenzoyl-monoaceton-mannit, $C_6H_8O_6(C_3H_6)(C_6H_5 \cdot CO)_4$.

10 g Monoaceton-mannit werden mit einer Mischung von 28,5 g Benzoylchlorid (4,5 Mol.), 26,2 g trocknem Chinolin (4,5 Mol.) und 80 ccm trocknem Chloroform übergossen, wobei rasch klare Lösung und nach einigen Minuten schwache Erwärmung eintritt. Wenn die Flüssigkeit 5 Tage bei Zimmertemperatur gestanden hat, wird sie mehrmals mit Wasser gewaschen, um das salzsaure Chinolin zu entfernen und dann das Chloroform unter vermindertem Druck verdampft. Das zurückbleibende farblose Öl fängt nach kurzer Zeit an zu krystallisieren, die Menge der langgestreckten, meist zentrisch vereinigten Platten vermehrt sich aber noch, wenn man 25 ccm Alkohol zufügt. Nach mehrstündigem Stehen bei 0° wird abgesaugt. Ausbeute 21,8 g oder 76% der Theorie. Zur Reinigung genügt einmalige Krystallisation aus der 3—4-fachen Menge heißem Alkohol, wobei sich wieder schmale Platten oder zentrisch angeordnete flache Stäbchen ausscheiden.

0,1614 g Sbst.: 0,4117 g CO_2, 0,0790 g H_2O. — 0,1427 g Sbst. (anderer Darstellung): 0,3650 g CO_2, 0,0695 g H_2O.

$C_{37}H_{34}O_{10}$ (638,27). Ber. C 69,56, H 5,37.
Gef. „ 69,57, 69,76, „ 5,48, 5,45.

Während eine etwa 10-proz. Lösung der Substanz in Acetylentetrachlorid nur äußerst geringe Rechtsdrehung zeigte, war die Drehung in Toluollösung erheblich größer.

Präparat I.

$$[\alpha]_D^{20} = \frac{+0{,}09° \times 3{,}1367}{1 \times 1{,}5553 \times 0{,}3046} = +0{,}60° \text{ (in Acetylentetrachlorid),}$$

$$[\alpha]_D^{20} = \frac{+1{,}39° \times 2{,}8944}{1 \times 0{,}8946 \times 0{,}2916} = +15{,}42° \text{ (in Toluol),}$$

Präparat II.

$$[\alpha]_D^{20} = \frac{+1{,}60° \times 2{,}8620}{1 \times 0{,}3300 \times 0{,}8991} = +15{,}43° \text{ (in Toluol).}$$

Die Substanz schmilzt bei 122—123° (korr.). Sie löst sich leicht in kaltem Chloroform, Aceton und Benzol, etwas schwer in kaltem Eisessig, Essigäther und heißem Ligroin, viel schwerer in kaltem Alkohol und so gut wie gar nicht in Wasser.

Tetrabenzoyl-mannit, $C_6H_{10}O_6(C_6H_5 \cdot CO)_4$.

5 g der vorhergehenden Acetonverbindung werden in 100 ccm Eisessig gelöst und 15 ccm rauchende Salzsäure (D 1,19) zugesetzt. Dabei findet eine beträchtliche Abscheidung von Kryställchen statt, die aber

beim Schütteln auf der Maschine allmählich, das heißt in etwa 2 Stunden, wieder in Lösung gehen. Die klare farblose Flüssigkeit bleibt noch zwei Stunden bei Zimmertemperatur, wird dann in 500 ccm Wasser eingegossen und das ausgeschiedene Öl ausgeäthert. Um die abgehobene ätherische Lösung von Säure zu befreien, wird sie mit einer konzentrierten Lösung von Kaliumbicarbonat durchgeschüttelt, dann nochmals mit Wasser gewaschen und der Äther verdampft. Löst man den zähen farblosen Rückstand in 50 ccm Benzol unter gelindem Erwärmen und versetzt die filtrierte Flüssigkeit mit dem gleichen Volumen Ligroin, so beginnt beim Reiben bald die Abscheidung von mikroskopischen, farblosen Nadeln, die nach mehrstündigem Stehen bei 0° abgesaugt werden.

Zur Analyse wurde noch zweimal aus 15 ccm heißem thiophenfreiem Benzol durch Abkühlen auf 0° umkrystallisiert, wobei sich die Flüssigkeit mit einem Brei feiner verfilzter Nadeln erfüllt. Diese enthalten Krystallbenzol, das schon beim mehrtägigen Stehen an der Luft, rascher aber im Vakuum entweicht. Die benzolhaltigen Krystalle schmelzen unscharf, je nach dem Gehalt an Benzol. Sie wurden erst im Vakuumexsiccator bei 20° und später bei 56° und 15 mm getrocknet. Ausbeute 3,77 g analysenreine Substanz oder 80% der Theorie.

0,1600 g Sbst.: 0,4006 g CO_2, 0,0721 g H_2O. — 0,1746 g Sbst. (anderer Darstellung): 0,4356 g CO_2, 0,0789 g H_2O.

$C_{34}H_{30}O_{10}$ (598,24). Ber. C 68,20, H 5,05.
Gef. „ 68,28, 68,04, „ 5,04, 5,06.

Zur optischen Untersuchung diente die Lösung in Acetylentetrachlorid. Eine viermal aus Benzol umkrystallisierte Probe gab folgenden Wert:

$$[\alpha]_D^{21} = \frac{+0,94° \times 2,7388}{1 \times 1,5674 \times 0,2090} = +7,86°.$$

Dieselbe Probe wurde noch zweimal umkrystallisiert und gab dann:

$$[\alpha]_D^{18} = \frac{+0,92° \times 3,0257}{1 \times 1,5709 \times 0,2263} = +7,83°.$$

Der benzolfreie Tetrabenzoyl-mannit schmilzt bei 122—123° (korr.), also bei derselben Temperatur wie der Acetonkörper. In Wasser ist er fast unlöslich, dagegen löst er sich sehr leicht in heißem Alkohol und krystallisiert in der Kälte, besonders nach dem Impfen in mikroskopischen, feinen, oft zentrisch vereinigten Nadeln. Ebenfalls in sternförmig vereinigten Nadeln oder Prismen scheidet er sich aus der Lösung in Chloroform nach Zusatz von Petroläther ab. In kaltem Eisessig, Aceton, Chloroform und Essigäther ist er leicht löslich, in Äther erheblich schwerer.

Schließlich sage ich Hrn. Dr. Max Bergmann für seine wertvolle Hilfe herzlichen Dank.

27. Emil Fischer und Charlotte Rund: Teilweise Acylierung der mehrwertigen Alkohole und Zucker. II.

Berichte der Deutschen Chemischen Gesellschaft **49**, 88 [1916].

(Eingegangen am 10. Dezember 1915.)

In der ersten Mitteilung[1]) wurde gezeigt, daß die Acetonverbindungen des Dulcits und Mannits sich leicht benzoylieren lassen, und daß durch nachherige Abspaltung der Acetongruppen partiell benzoylierte Dulcite und Mannite erhalten werden. Wir haben das Verfahren verallgemeinert durch Übertragung auf den Erythrit und den Traubenzucker. Im Monoaceton-erythrit werden durch die Behandlung mit Chinolin und Benzoylchlorid oder *p*-Brom-benzoylchlorid leicht die beiden freien Hydroxyle acyliert, und es resultieren der schön krystallisierende Dibenzoyl-aceton-erythrit und der Di-(*p*-brom-benzoyl)-aceton-erythrit. Beide verlieren bei der Behandlung mit wäßriger Salzsäure in essigsaurer Lösung sehr leicht den Acetonrest; sie gehen dabei in ölige Substanzen über, die wir bisher nicht krystallisiert erhielten, die aber aller Wahrscheinlichkeit nach Dibenzoyl-erythrit bezw. Di-(*p*-brom-benzoyl)-erythrit sind. Wird die Abspaltung des Acetons aus dem Dibrom-benzoyl-aceton-erythrit in Eisessiglösung mit trockner Salzsäure ausgeführt, so findet namentlich bei längerem Stehen der Mischung eine weitere Reaktion statt. Das Produkt krystallisiert und hat die Eigenschaften eines Diacetyl-di-(brom-benzoyl-)erythrits. Eine damit isomere Substanz entsteht, wenn der unten erwähnte krystallisierte Diacetyl-erythrit mit *p*-Brom-benzoylchlorid und Chinolin behandelt wird. Wir unterscheiden die beiden Isomeren als α- und β-Verbindung.

Der Aceton-erythrit läßt sich ferner mit Essigsäureanhydrid und Pyridin ähnlich dem Traubenzucker acetylieren. Das Produkt ist zwar ölig, kann aber im Hochvakuum destilliert werden und hat die Zusammensetzung des Diacetyl-aceton-erythrits. Bei der Behandlung mit kalter, sehr verdünnter Salzsäure entsteht daraus der Diacetyl-erythrit, der ebenfalls im Hochvakuum destilliert. Das zähe Öl hat die Zusammensetzung des Diacetyl-erythrits, ist aber ein Gemisch von Isomeren;

[1]) Berichte d. D. Chem. Gesellsch. **48**, 266 [1915]. (*S. 268.*)

denn bei längerem Stehen krystallisiert es teilweise, und die Krystalle haben auch genau die Zusammensetzung des Diacetyl-erythrits. Da der als Ausgangsmaterial dienende Monoaceton-erythrit zweifellos ein einheitlicher Körper ist, so beweist die Entstehung des Gemisches, daß entweder bei der Acetylierung oder bei der späteren Abspaltung des Acetons eine teilweise Isomerisierung stattfindet. Dieser Punkt bedarf einer näheren Untersuchung. Wir machen aber absichtlich auf diese Komplikation hier schon aufmerksam, damit voreilige Schlüsse über die Struktur der Acylverbindungen, die aus den Acetonkörpern entstehen, vermieden werden.

Besondere Aufmerksamkeit haben wir der partiellen Acylierung des Traubenzuckers gewidmet, weil derartige Produkte zweifelsohne in der Natur, z. B. in der Gruppe der tanninartigen Gerbstoffe, vorkommen[1]). Durch Behandlung von Diaceton-glucose mit Chinolin und Benzoylchlorid hat schon Hr. von Fodor im hiesigen Institut ein Öl erhalten, das im Hochvakuum destilliert. Wir haben nun den Versuch mit *p*-Brom-benzoylchlorid ausgeführt und so die schön krystallisierende *p*-Brombenzoyl-diaceton-glucose erhalten. Diese läßt sich in essigsaurer Lösung mit Salzsäure hydrolysieren, und es entsteht ein amorpher Körper, den wir für Mono-*p*-brombenzoyl-glucose halten.

Wird die Monoaceton-glucose in derselben Weise benzoyliert, so entsteht die leicht krystallisierende Tribenzoyl-aceton-glucose. Durch Hydrolyse erhielten wir daraus die Tribenzoyl-glucose, die zwar selbst ein zähes Öl ist, aber mit Tetrachlorkohlenstoff eine hübsch krystallisierende Verbindung bildet. Sie reduziert ebenso wie die Monobrombenzoyl-glucose stark die Fehlingsche Lösung im Gegensatz zu den Acetonverbindungen, enthält also die aldehydartige Gruppe des Traubenzuckers. Im übrigen wollen wir mit unserer Ansicht über die Stellung der drei Benzoylgruppen zurückhalten, da die Struktur der Monoaceton-glucose noch nicht mit voller Sicherheit festgestellt ist. Eine Tribenzoyl-glucose wurde von L. Kueny[2]) „in geringer Menge und in nahezu reinem Zustande" aus dem komplizierten Gemisch, das aus Glucose durch Benzoylchlorid und wäßriges Alkali entsteht, isoliert. Aber der Versuch ist nur einmal gelungen, und nach dem unsicheren Schmelzpunkt ist uns die Einheitlichkeit des Präparates recht zweifelhaft. Jedenfalls hat es mit unserer Tribenzoyl-glucose keine Ähnlichkeit.

Der oben erwähnte Monoaceton-erythrit war bisher unbekannt; denn bei der Behandlung des Erythrits mit trocknem Aceton und Salz-

---

[1]) Vgl. auch die von F. B. Power und A. H. Salway im Pflanzenreich gefundene Dibenzoyl-glucoxylose (Journ. of the chem. Soc. of London **105**, 767 und 1062 [1914]).

[2]) Zeitschr. f. physiol. Chem. **14**, 345 [1890].

säure entsteht sofort das Diacetonderivat[1]). Es genügt aber, dem Aceton 25% Wasser zuzusetzen, um bei der „Acetonylierung" eine reichliche Menge der Monoaceton-Verbindung zu erhalten.

Dieses modifizierte „Ketonylierungsverfahren" haben wir auch auf den Mannit übertragen. Schon bei Anwendung von trocknem Aceton ist die Ausbeute an Triaceton-mannit[2]) keineswegs quantitativ; wahrscheinlich weil das durch die Reaktion gebildete Wasser hinderlich ist. Fügt man von vornherein Wasser hinzu, so wird verhältnismäßig mehr Mono- und Diaceton-mannit gebildet, die aber leider ziemlich schwer voneinander zu trennen sind. Wir haben bei der Gelegenheit einen neuen Diaceton-mannit isoliert, der bei 123—124°, also etwa 85° höher schmilzt als der Körper, den Irvine und Paterson[3]) durch partielle Hydrolyse des Triaceton-mannits erhielten. Wir bezeichnen diese neue Verbindung vorläufig als β-Diaceton-mannit.

Die Darstellung der beiden Aceton-Derivate des Traubenzuckers nach dem Verfahren, das der eine von uns vor 20 Jahren auffand[4]), ist recht unbequem. Auch die Verbesserung, die es durch Irvine und Scott[5]) erfuhr, hat die Schwierigkeit nur teilweise beseitigt. Wir haben uns deshalb bemüht, eine bessere Methode auszuarbeiten, und sie in der Anwendung der β-Glucose gefunden. Im Gegensatz zur α-Verbindung wird diese direkt von Aceton, das wenig Salzsäure enthält, gelöst, und es entsteht in recht guter Ausbeute die bekannte Diaceton-glucose. Diese läßt sich dann durch partielle Hydrolyse mit sehr verdünnter wäßriger Salzsäure in die ebenfalls bekannte Monoaceton-Verbindung verwandeln. Da die β-Glucose nach dem Verfahren von Behrend[6]) durch Umlösen von α-Glucose aus Pyridin bequem bereitet werden kann, so sind jetzt auch Mono- und Diaceton-glucose leicht zugängliche Stoffe, die gewiß noch zu zahlreichen Synthesen von Glucose-Derivaten Verwendung finden werden.

Der auffallende Unterschied zwischen α- und β-Glucose im Verhalten gegen Aceton, das wenig Salzsäure enthält, läßt sich vielleicht auch bei anderen Synthesen, z. B. von Glucosiden und Disacchariden auf chemischem oder biochemischem Wege, verwerten. Ferner legt er die Vermutung nahe, daß die beiden Acetonkörper Derivate der β-Glucose sind.

---

[1]) Speier, Berichte d. D. Chem. Gesellsch. **28**, 2531 [1895]. (*Kohlenh. I, 769.*)

[2]) E. Fischer, Berichte d. D. Chem. Gesellsch. **28**, 1168 [1895]. (*Kohlenh. I, 759.*)

[3]) Journ. of the chem. Soc. of London **105**, 908 [1914].

[4]) E. Fischer, Berichte d. D. Chem. Gesellsch. **28**, 1165, 2496 [1895]. (*Kohlenh. I, 755 und 762.*)

[5]) Journ. of the chem. Soc. of London **103**, 569 [1913].

[6]) Liebigs Annal. d. Chem. **353**, 106 [1907].

Monoaceton-erythrit, $C_4H_8O_4(C_3H_6)$.

Fein gepulverter und gesiebter inaktiver Erythrit (käufliches Präparat) wird mit der sechzehnfachen Gewichtsmenge Aceton, das 25% Wasser und 1% Salzsäure enthält, geschüttelt. Im Laufe von etwa $^1/_2$ Stunde tritt Lösung ein. Die Flüssigkeit wird 17 Stunden bei gewöhnlicher Temperatur aufbewahrt. Zur Entfernung der Salzsäure schüttelt man nun mit überschüssigem Silbercarbonat, klärt, wenn nötig, das Filtrat mit Tierkohle und verdampft die Flüssigkeit im Vakuum der Wasserstrahlpumpe. Hierbei geht der größere Teil des bei der Reaktion gebildeten Diaceton-erythrits in die Vorlage. Der Rückstand erstarrt beim Erkalten krystallinisch. Um den noch vorhandenen Diaceton-erythrit völlig zu entfernen, wird die zerkleinerte Masse mit Petroläther ausgekocht und aus dem Rückstand der Monoaceton-erythrit mit viel heißem Äther ausgelaugt, wobei unveränderter Erythrit zurückbleibt. Wird die eingeengte ätherische Lösung mit Petroläther versetzt, so scheidet sich der Monoaceton-erythrit zunächst als Öl ab, erstarrt aber beim starken Abkühlen bald krystallinisch. Die Ausbeute beträgt 50—55% vom Gewicht des angewandten Erythrits, während 30—33% von diesem zurückgewonnen werden. Das übrige ist in Diaceton-erythrit verwandelt.

Zur Analyse wurde noch zweimal aus Äther und Petroläther umkrystallisiert und 2 Stunden bei 35° und 0,1 mm getrocknet, wobei schon geringe Sublimation stattfand.

0,1566 g Sbst.: 0,2960 g CO_2, 0,1228 g H_2O. — 0,1567 g Sbst.: 0,2974 g CO_2, 0,1184 g H_2O.

$C_7H_{14}O_4$ (162,11). Ber. C 51,82, H 8,71.
Gef. „ 51,55, 51,76, „ 8,79, 8,46.

Der Monoaceton-erythrit bildet glänzende Blättchen, schmilzt nach geringem vorherigen Sintern bei 75—76° und destilliert bei höherer Temperatur. Er löst sich leicht in Wasser, Essigäther und warmem Benzol; etwas schwerer in Äther. In Petroläther ist er recht schwer löslich; ziemlich leicht wird er von kochendem Ligroin aufgenommen. Er schmeckt bitter, aber nicht so unangenehm wie der Diaceton-erythrit.

β-Diaceton-mannit, $C_6H_{10}O_6(C_3O_6)_2$.

Den α-Diaceton-mannit erhielten Irvine und Paterson bei der partiellen Hydrolyse des Triaceton-mannits. Wir beobachteten das neue Produkt bei der Behandlung des Mannits mit Aceton, das ca. 1,5% Wasser und 1% Salzsäure enthielt. Seine Menge ist ziemlich gering und deshalb die Isolierung umständlich. Ob er neben dem Irvineschen Körper, dessen Einheitlichkeit uns übrigens nicht ganz sicher zu sein scheint, bei der partiellen Hydrolyse des Triaceton-mannits entsteht, haben wir nicht geprüft.

100 g gesiebter Mannit werden mit 2 kg trocknem Aceton, dem 40 ccm rauchende wäßrige Salzsäure (D = 1,19) zugesetzt sind, drei Stunden auf der Maschine geschüttelt, wobei fast klare Lösung eintritt. Ohne zu filtrieren, wird die Flüssigkeit mit gepulvertem Bleicarbonat neutralisiert, auf der Nutsche abgesaugt und nach Zusatz von etwas Silbercarbonat unter vermindertem Druck eingedampft. Der Zusatz des Silbersalzes hat den Zweck, etwaige Salzsäure, die durch Ionisierung von gebundenem Chlor entstehen kann, zu binden. Der Rückstand wird in etwa 70 ccm heißem Alkohol gelöst, von den dunklen Silbersalzen abfiltriert und die Lösung mit viel Wasser versetzt. Dabei fällt der Triaceton-mannit ölig aus, erstarrt aber sofort krystallinisch (etwa 90 g). Er ist durch Umkrystallisieren leicht zu reinigen. Das Filtrat wird unter Zusatz von etwas Silbercarbonat unter vermindertem Druck verdampft und der Rückstand mit warmem Wasser aufgenommen. Dabei bleibt eine neue Menge Triaceton-mannit zurück. Er wird nach dem Erkalten abfiltriert und die Mutterlauge wiederum in derselben Weise verdampft. Man löst nun in etwa 90 ccm heißem Benzol und versetzt die filtrierte Flüssigkeit nach dem Erkalten mit Petroläther bis zur bleibenden Trübung. Beim Abkühlen auf — 20° scheidet sich ein aus sehr feinen Nädelchen bestehender Niederschlag aus, der so voluminös ist, daß er einer Gelatine ähnelt. Er wird, soweit es geht, abgesaugt und dann scharf gepreßt. Der Preßrückstand, der teilweise noch ölig ist (etwa 40 g), wird nun in sehr wenig warmem Wasser gelöst. Bei 0° erfolgt die Abscheidung von sehr feinen Nadeln, die wieder die Flüssigkeit ganz erfüllen. Sie werden scharf abgepreßt, und das Umlösen aus wenig Wasser noch 1—2-mal wiederholt. Schließlich erhält man 2—3 g schöne lange Nadeln, die nach vorhergehendem Sintern bei 123—124° (korr.) schmelzen. Für die Analyse wurde bei 56° im Hochvakuum getrocknet.

0,0641 g Sbst.: 0,1295 g CO_2, 0,0482 g H_2O. — 0,1613 g Sbst.: 0,3237 g CO_2, 0,1193 g H_2O.

$C_{12}H_{22}O_6$ (262,18).	Ber.	C 54,92,	H 8,46.
	Gef.	„ 55,10, 54,73,	„ 8,41, 8,28.

Der β-Diaceton-mannit unterscheidet sich von der α-Verbindung durch den viel höheren Schmelzpunkt und von dem Triaceton-mannit durch die sehr viel größere Löslichkeit in Wasser. Er löst sich sehr leicht in warmem Wasser, schwerer in Wasser von 0°, er löst sich ferner leicht in Alkohol, Aceton, Chloroform, warmem Benzol, weniger leicht in Äther und heißem Ligroin. Das Drehungsvermögen der wäßrigen Lösung ist außerordentlich schwach. Bei 2,6% Gehalt war bei Anwendung des 2-dm-Rohrs eine Linksdrehung (etwa 0,02°) eben wahrnehmbar. Die spezifische Drehung würde also weniger als — 0,5° sein. Zusatz von Borax hatte keinen wesentlichen Einfluß auf die Drehung. Auch hierdurch unterscheidet sich der β-Diaceton-mannit von der α-Verbindung, die nach Irvine und Paterson in wäßriger Lösung $[\alpha]_D^{20} = + 19{,}31°$ hat[1]).

Die Menge der Substanz, die ursprünglich gebildet wird, ist sicherlich erheblich größer als die erhaltene Ausbeute, denn die umständliche Isolierung bringt große Verluste mit sich. Immerhin muß man sagen, daß er ein Nebenprodukt bildet, während die Hauptmenge aus Triaceton-mannit und den mehrfach erwähnten schlecht krystallisierenden Produkten besteht, die vielleicht den Diaceton-mannit von Irvine und Paterson enthalten.

Neue Darstellung der Diaceton-glucose, $C_6H_8O_6(C_3H_6)_2$.

Fein gepulverte und gesiebte β-Glucose, die nach der Vorschrift von Behrend[2]) leicht zu erhalten ist, wird mit der 20-fachen Menge trocknem Aceton, das 1% Salzsäure enthält, 36 Stunden bei Zimmertemperatur geschüttelt. Die Hauptmenge geht schon während der ersten 24 Stunden in Lösung. Ein kleiner Rest, der aus α-Glucose zu bestehen scheint, ist auch zum Schluß ungelöst. Ohne diesen zu filtrieren, neutralisiert man die Lösung sofort durch Schütteln mit gefälltem Bleicarbonat. Das Filtrat gibt mit Silbernitrat in der Kälte keine sofortige Fällung, enthält aber etwas gebundenes Chlor, das beim Erwärmen ionisiert wird und deshalb beim Eindampfen der Flüssigkeit eine teilweise Zersetzung der Diaceton-glucose bewirkt. Um dies zu verhindern, versetzt man die filtrierte Flüssigkeit mit etwas Silbercarbonat und verdampft dann unter vermindertem Druck aus einem Bade, dessen Temperatur nicht über 50° steigen soll. Dabei wird das Silbersalz durch teilweise Reduktion geschwärzt.

Der Rückstand wird mit der 15—20-fachen Menge hochsiedendem Ligroin (110—120°) auf dem Wasserbade ausgelaugt. Aus dem heißen Filtrat fällt zuerst ein geringer flockiger Niederschlag, dann kommen die langen Nadeln der Diaceton-glucose, die stern- oder knollenförmig vereinigt sind. Um die Krystallisation zu vervollständigen, kühlt man zuletzt auf 0°. Nach einmaligem Umkrystallisieren aus heißem Ligroin beträgt die Ausbeute, die etwas schwankt, mindestens 75% von der angewandten Glucose oder 50% der Theorie. Das Verfahren ist also sehr viel bequemer und auch ergiebiger als das frühere.

Wie die optische Untersuchung zeigte, ist dieses Produkt noch nicht ganz rein, sondern enthält wahrscheinlich etwas Monoaceton-glucose, von der es aber leicht durch Natronlauge zu trennen ist. Man löst zu dem Zweck das Rohprodukt in etwa der 25-fachen Menge Wasser, wobei

---

[1]) Journ. of the chem. Soc. of London **105**, 907 [1914].

[2]) Liebigs Annal. d. Chem. **353**, 106 [1907].

zu beachten ist, daß die Diaceton-glucose von kaltem Wasser leichter aufgenommen wird als von heißem. Versetzt man die so bereitete wäßrige Lösung in der Kälte mit ziemlich viel konzentrierter Natronlauge, so fällt ein farbloses Öl, das bald krystallinisch erstarrt. Die Masse wird abgesaugt, dann in kaltem Essigäther gelöst, der Essigäther im Vakuum verdampft und der Rückstand in kochendem Ligroin (Sdp. 90°) gelöst. Beim Erkalten krystallisiert sofort reine Diaceton-glucose. Die Ausbeute beträgt 75% des Rohmaterials, die Verarbeitung der Mutterlaugen gibt eine zweite Krystallisation. Zur Analyse wurden vier Stunden bei 78° und 0,5 mm getrocknet.

0,1380 g Sbst.: 0,2794 g CO_2, 0,0950 g H_2O.
$C_{12}H_{20}O_6$ (260,16). Ber. C 55,35, H 7,75.
Gef. „ 55,22, „ 7,70.

Das Präparat schmolz bei 109—110° (110—111° korr.), nachdem einige Grade vorher Sinterung eingetreten war. Früher wurde der Schmp. 108° angegeben. Auch das Drehungsvermögen hatte fast denselben Wert wie früher gefunden.

0,111 g Sbst. Gesamtgewicht der Lösung in Wasser 4,1498 g. $d_4^{19} = 1$. Drehung im 2-dm-Rohr für Natriumlicht 0,98° nach links. Mithin $[\alpha]_D^{19} = -18,32°$.

Eine zweite Bestimmung gab $[\alpha]_D = -18,45°$, während früher — 18,5° gefunden wurde.

Neue Darstellung der Monoaceton-glucose, $C_6H_{10}O_6(C_3H_6)$.

50 g Diaceton-glucose, deren Reinigung durch Fällen mit Alkali hier überflüssig ist, werden in 800 ccm Wasser, die 0,4 g Salzsäure enthalten, unter Schütteln bei 50° gelöst und dann $1^1/_2$—2 Stunden bei 50° gehalten, bis das Drehungsvermögen der Flüssigkeit im 1-dm-Rohr von — 0,8 bis — 0,2° zurückgegangen ist.

Man schüttelt nun mit Silbercarbonat, bis alle Salzsäure entfernt ist, verdampft die Lösung unter vermindertem Druck aus einem Bade, das nicht über 50° erhitzt ist, zur Trockne und laugt mit kochendem Essigäther aus. Die von der geringen Menge dunkler Silberverbindungen abfiltrierte Flüssigkeit erstarrt beim Abkühlen durch die Ausscheidung mikroskopischer, äußerst feiner, verfilzter Nädelchen. Die fast gelatinöse Masse wird abgenutscht und gepreßt. Ausbeute etwa 80% der angewandten Diaceton-glucose. Das nochmals aus Essigäther umkrystallisierte Präparat ist für die Darstellung der meisten Derivate genügend rein. Zur völligen Reinigung wurde es 3—4-mal aus Essigäther umkrystallisiert und zeigte dann nur wenig andere Eigenschaft, als früher für die Aceton-glucose angegeben ist.

0,1529 g Sbst.: 0,2768 g CO_2, 0,1000 g H_2O.

$C_9H_{16}O_6$ (220,13). Ber. C 49,06, H 7,33.
Gef. „ 49,37, „ 7,32.

Schmp. 161—162,5° (korr.).

Für die optische Bestimmung diente die wäßrige Lösung:

$$[\alpha]_D^{22} = \frac{3,6645 \times -2,08^\circ}{0,3156 \times 2 \times 1,0214} = -11,82^\circ.$$

Eine zweite Bestimmung ergab $[\alpha]_D^{21} = -11,6^\circ$.

Dibenzoyl-aceton-erythrit, $C_4H_6O_4(C_3H_6)(CO \cdot C_6H_5)_2$.

5 g Monoaceton-erythrit werden mit 9,5 g (2,2 Mol.) Benzoylchlorid und 9 g Chinolin (2,3 Mol.) 6 Stunden auf 70° erhitzt. Die anfangs klare Lösung trübt sich schon nach kurzer Zeit durch Ausscheidung von Krystallen und erstarrt allmählich zum größeren Teil. Man behandelt jetzt mit Wasser und Äther, wobei klare Lösung eintritt, trocknet die abgehobene ätherische Schicht mit Natriumsulfat und verdampft unter vermindertem Druck; das zurückbleibende, dunkelgelbe Öl krystallisiert beim Erkalten. Das Produkt wird aus 55—60 ccm heißem Methylalkohol umkrystallisiert. Die Ausbeute ist sehr gut.

Für die Analyse wurde mehrmals aus Methylalkohol umkrystallisiert und bei 35° und 0,1 mm getrocknet.

0,1996 g Sbst.: 0,4985 g CO_2, 0,1038 g H_2O.

$C_{21}H_{22}O_6$ (370,18). Ber. C 68,07, H 5,99.
Gef. „ 68,12, „ 5,83.

Die Substanz schmilzt bei 70° und läßt sich in kleiner Menge destillieren. Sie ist fast unlöslich in Wasser, ziemlich leicht löslich in Alkohol und Methylalkohol, woraus sie in hübschen mikroskopischen Prismen krystallisiert. In Petroläther ist sie recht beträchtlich löslich.

Statt Chinolin kann man auch bei obigem Verfahren Pyridin verwenden. Dann tritt gleich beim Anfang der Reaktion ziemlich starke Erwärmung ein.

Durch ein Gemisch von wäßriger Salzsäure und Eisessig wird die Acetonverbindung ziemlich rasch verändert, offenbar unter Abspaltung des Acetons und das Produkt ist höchstwahrscheinlich der Hauptmenge nach Dibenzoyl-erythrit. Aber es ist uns bisher nicht gelungen, das Öl zu krystallisieren und als einheitlichen Körper zu charakterisieren. Wir begnügen uns deshalb mit einer kurzen Beschreibung des Versuches:

3 g Dibenzoyl-aceton-erythrit wurden in 12 ccm Eisessig gelöst und mit 2 ccm wäßriger 5 *n*-Salzsäure versetzt. Nachdem die klare Flüssigkeit 6 Stunden bei Zimmertemperatur gestanden hatte, wurde sie mit Wasser verdünnt, wobei ein farbloses Öl ausfiel, dann mit festem Kaliumbicarbonat neutralisiert, das Öl ausgeäthert und die mit Natriumsulfat

getrocknete ätherische Lösung verdampft. Das dicke Öl war in Wasser sehr schwer, aber in den meisten organischen Solvenzien leicht löslich.

Das Präparat ist sicher verschieden von dem krystallisierten Dibenzoyl-erythrit, den Einhorn und Hollandt[1]) neben Tribenzoyl-erythrit bei der Benzoylierung von Erythrit in Pyridinlösung erhielten.

Di-(*p*-brom-benzoyl)-aceton-erythrit, $C_4H_6O_4(C_3H_6)(CO \cdot C_6H_4Br)_2$.

5 g Monoaceton-erythrit werden mit 15 g *p*-Brom-benzoylchlorid (2,2 Mol.) und 9,1 g trocknem Chinolin (2,3 Mol.) 6 Stunden auf 70° erhitzt. Die anfangs klare Lösung ist zum Schluß in eine feste Masse verwandelt. Sie wird zur Lösung des Chinolin-hydrochlorides zweimal mit ziemlich viel kaltem Alkohol und zum Schluß mit Wasser verrieben. Den Rückstand löst man in warmem Benzol. Auf Zusatz von Petroläther erfolgt rasch Krystallisation. Die Ausbeute beträgt etwa 13 bis 14,5 g oder 80—90% der Theorie. Zur völligen Reinigung wird mehrmals aus Benzol und Petroläther umkrystallisiert.

0,1628 g Sbst.: 0,2820 g CO_2, 0,0584 g H_2O. — 0,1591 g Sbst.: 0,2775 g CO_2, 0,0528 g H_2O. — 0,1640 g Sbst.: 0,2855 g CO_2, 0,0545 g H_2O. — 0,1687 g Sbst.: 0,1211 g AgBr.

$C_{21}H_{20}O_6Br_2$ (528,00). Ber. C 47,73, H 3,82, Br 30,27.
Gef. „ 47,24, 47,57, 47,48, „ 4,01, 3,71, 3,72, „ 30,55.

Die Substanz schmilzt nach vorherigem Sintern bei 147—148° (korr.). Sie löst sich leicht in heißem Benzol, kochendem hochsiedendem Ligroin und Chloroform, etwas schwerer in heißem Alkohol, und krystallisiert aus den meisten Lösungsmitteln in mikroskopischen, feinen, biegsamen Nadeln. In kaltem Petroläther ist sie recht schwer, in Wasser so gut wie unlöslich.

Verwendet man bei der Darstellung an Stelle von Chinolin das Pyridin, so verläuft die Reaktion so heftig, daß es zweckmäßig ist, trocknes Chloroform als Verdünnungsmittel zuzugeben.

Bei der Behandlung mit Eisessig und wäßriger Salzsäure verhält sich die Substanz ebenso wie der Dibenzoyl-erythrit. Es entsteht ein fast farbloses Öl, das in Petroläther schwer löslich ist und bisher nicht krystallisiert erhalten werden konnte.

α-Diacetyl-di-(*p*-brom-benzoyl)-erythrit, $C_4H_6O_4(CO \cdot C_6H_4Br)_2(CO \cdot CH_3)_2$.

Wie in der Einleitung erwähnt ist, entsteht diese Verbindung aus dem Di-(brom-benzoyl)-aceton-erythrit durch lange Einwirkung von Salzsäure in Eisessiglösung, wobei als Zwischenprodukt der Di-(brom-benzoyl)-erythrit anzunehmen ist.

---

[1]) Liebigs Annal. d. Chem. **301**, 101 [1898].

Man löst 3 g Di-(brom-benzoyl)-aceton-erythrit in 36 ccm heißem Eisessig, kühlt ab, bis eben Krystallisation erfolgt, und versetzt mit 30 ccm Eisessig, dem etwa 10% gasförmige Salzsäure zugeführt sind. Die jetzt wieder klare Flüssigkeit bleibt 48 Stunden bei gewöhnlicher Temperatur. Man versetzt nun mit Eiswasser, wobei ein weißes Öl ausfällt, neutralisiert mit Kaliumbicarbonat und extrahiert das Öl mit Äther. Die beim Verdampfen des Äthers bleibende zähe Masse wird sofort in Alkohol gelöst und diese Lösung bis zur Trübung mit Wasser verdünnt. Beim längeren Stehen in der Kälte und öfteren Reiben erfolgt Krystallisation. Ausbeute etwa 1,8 g. Wenn den Krystallen Öl beigemengt ist, müssen sie abgepreßt werden.

Zur Analyse wurde noch mehrmals aus Methylalkohol umkrystallisiert.

0,1260 g Sbst.: 0,2137 g CO_2, 0,0392 g H_2O. — 0,2023 g Sbst.: 0,1336 g AgBr.

$C_{22}H_{20}O_8Br_2$ (572,00). Ber. C 46,15, H 3,52, Br. 27,94.
Gef. „ 46,26, „ 3,48, „ 28,10.

Ob die Substanz ganz einheitlich war, können wir nicht sagen, da der Schmelzpunkt auch nach mehrmaligem Umkrystallisieren nicht konstant war, sondern zwischen 83° und 86° lag. Sie löst sich leicht in Aceton, Essigäther, Chloroform, etwas schwerer in Alkohol, Äther, wenig in Petroläther und fast gar nicht in Wasser. Zum Beweis, daß sie vier Acylgruppen enthält, diente folgender Versuch:

0,5022 g wurden in 10 ccm alkoholischer Natronlauge, die 0,44 normal war, gelöst und einige Zeit auf dem Wasserbade erwärmt, wobei ein starker Niederschlag von Natriumsalzen entstand, der sich beim späteren Verdünnen mit Wasser wieder vollständig löste. Zur Neutralisation des überschüssigen Alkalis waren 11,6 ccm $^n/_{10}$-Schwefelsäure nötig. Mithin waren für die Verseifung verbraucht: 3,24 ccm *n*-Natronlauge, während für Di-(*p*-brom-benzoyl)-diacetyl-erythrit 3,51 ccm *n*-Natronlauge sich berechnen. Eine zweite Bestimmung mit 0,5072 g Substanz ergab 3,57 ccm *n*.-Natronlauge statt der berechneten 3,55 ccm.

Zum Nachweis der Essigsäure wurde die neutrale Lösung nach Verjagen des Alkohols mit Schwefelsäure übersättigt, die ausgefällte Brombenzoesäure abfiltriert, das Filtrat abdestilliert und aus dem Destillat krystallisiertes Silberacetat bereitet (gef. 64,0% Ag, ber. 64,6% Ag).

Diacetyl-aceton-erythrit, $C_4H_6O_4(C_3H_6)(COCH_3)_2$.

5 g Monoaceton-erythrit wurden mit 12,6 g Essigsäureanhydrid (4 Mol.) in 12,5 g trocknem Pyridin (5 Mol.) gelöst. Das Gemisch blieb 24 Stunden bei Zimmertemperatur, wobei es sich schwach gelblich färbte. Es wurde dann auf Eis gegossen, das abgeschiedene Öl ausgeäthert und die ätherische Lösung sorgfältig mit Wasser und Bicar-

bonat gewaschen, um alle Säure zu entfernen. Die mit Natriumsulfat getrocknete Lösung hinterließ beim Verdampfen ein farbloses Öl, das unter 0,2 mm Druck bei einer Temperatur des Bades von 115—120° zum allergrößten Teile destillierte. Das dünnflüssige und sehr bitter schmeckende Öl besaß die Zusammensetzung des Diacetyl-aceton-erythrits.

0,1469 g Sbst.: 0,2885 g CO_2, 0,0945 g H_2O.

$C_{11}H_{18}O_6$ (246,14). Ber. C 53,63, H 7,37.
Gef. „ 53,56, „ 7,20.

Das Öl ist in kaltem Wasser in ziemlich erheblicher Menge löslich; beim Erhitzen der gesättigten Lösung tritt wieder starke Trübung ein.

Wie in der Einleitung schon erwähnt, ist die Homogenität des Öles zweifelhaft; denn bei der Hydrolyse entsteht ein offenbares Gemisch.

Diacetyl-erythrit, $C_4H_8O_4(CO \cdot CH_3)_2$.

5 g des vorhergehenden Acetonkörpers werden mit 50 ccm $^n/_2$-Salzsäure bei gewöhnlicher Temperatur geschüttelt, wobei nach etwa 10 Minuten klare Lösung eintritt. Die Flüssigkeit bleibt dann eine Stunde stehen und wird nun durch Schütteln mit Silbercarbonat von der Salzsäure befreit. Die filtrierte Flüssigkeit enthält etwas Silber und wird deshalb mit Schwefelwasserstoff behandelt. Ist die wiederum filtrierte Lösung trüb oder gefärbt, so wird sie mit Tierkohle geschüttelt, wieder filtriert und unter vermindertem Druck verdampft. Das zurückbleibende farblose Öl läßt sich im Hochvakuum leicht destillieren. Unter 0,45 mm Druck ging es bei einer Temperatur des Bades von 158—165° über. Die Ausbeute ist fast quantitativ. Das Öl ist in der Kälte zähflüssig und schmeckt viel weniger bitter als der Acetonkörper. Es hat ziemlich genau die Zusammensetzung des Diacetyl-erythrits.

0,1490 g Öl: 0,2526 g CO_2, 0,0917 g H_2O.

$C_8H_{14}O_6$ (206,11). Ber. C 46,58, H 6,85.
Gef. „ 46,24, „ 6,89.

Aber es ist ein Gemisch; denn bei längerem Stehen, nach etwa einer Woche, bilden sich Krystalle. Viel rascher erfolgt die Krystallisation beim Impfen. Aber ein erheblicher Teil bleibt dauernd sirupös. Man muß deshalb, wenn die Krystallisation nicht mehr fortschreitet, die Masse zwischen gehärtetem Fließpapier scharf pressen und erhält so ungefähr ein Drittel der ursprünglichen Menge in fester Form. Die Krystalle werden in warmem Äther gelöst; durch Zusatz von Petroläther erhält man schmale lange Prismen oder kürzere derbe Formen. Nach mehrmaligem Umlösen schmolzen sie bei 89—91°, nachdem kurz vorher Sinterung eingetreten war.

0,1768 g Sbst. (mehrere Stunden bei 35° und 0,5 mm getr.): 0,3023 g CO_2, 0,1095 g H_2O.

$C_8H_{14}O_6$ (206,11). Ber. C 46,58, H 6,85.
Gef. , 46,63 „ 6,93.

Der krystallisierte Diacetyl-erythrit scheint ein ziemlich einheitliches Präparat zu sein. Er löst sich sehr leicht schon in kaltem Wasser, ziemlich schwer in kaltem Äther, leichter in warmem und in Essigäther. Er schmeckt schwach bitter und reagiert in wäßriger Lösung auf Lackmus neutral.

β-Diacetyl-di-(*p*-brom-benzoyl)-erythrit,
$C_4H_6O_4(CO \cdot C_6H_4Br)_2\ (CO \cdot CH_3)_2$.

Er entsteht aus dem krystallisierten Diacetyl-erythrit.

1 g desselben wird mit 2,5 g *p*-Brom-benzoylchlorid und 2,8 g Chinolin sechs Stunden auf 65° erwärmt. Die Mischung scheidet bald salzsaures Chinolin ab und ist zum Schluß gelb gefärbt. Nach dem Erkalten wird die Masse 1—2-mal mit kaltem Alkohol verrieben, bis sie fast farblos ist, dann abfiltriert und aus heißem Benzol umkrystallisiert. Die Ausbeute ist recht gut.

0,1545 g Sbst.: 0,2616 g CO_2, 0,0485 g H_2O. — 0,1884 g Sbst. (im Hochvakuum getr.): 0,1240 g AgBr.

$C_{24}H_{20}O_8Br_2$ (572,00). Ber. C 46,15, H 3,52, Br 27,94.
Gef. „ 46,18, „ 3,51, „ 28,01.

Die Substanz schmilzt nicht ganz scharf bei 150—152° (korr.), also fast 70° höher als die isomere Verbindung. Sie ist dementsprechend auch etwas schwerer löslich. Sie löst sich leicht in Chloroform, wenig schwerer in Aceton und Essigäther, noch schwerer in Alkohol und nur sehr wenig in Petroläther.

Tribenzoyl-aceton-glucose, $C_6H_7O_6(C_3H_6)(CO \cdot C_6H_5)_3$.

Fügt man 5 g gepulverte Monoaceton-glucose zu einem Gemisch von 11,2 g Benzoylchlorid (3,5 Mol.) und 11 g trocknem Chinolin (3,75 Mol.), so lösen sie sich unter ziemlich starker Erwärmung und bald darauf beginnt die Abscheidung von Chinolin-hydrochlorid. Man erhitzt dann noch 7 Stunden auf etwa 65° und behandelt nach dem Erkalten die feste, z. T. gelbrote Masse mit etwa 50 ccm Wasser und 75 ccm Äther, wobei völlige Lösung eintritt. Aus dem Äther fällt öfters beim bloßen Stehen ein großer Teil der Substanz in hübschen Krystallen aus, deren Menge durch Zusatz von Petroläther noch vermehrt werden kann. Tritt diese Krystallisation nicht ein, so verfährt man folgendermaßen. Nachdem die abgetrennte wäßrige Schicht noch zweimal ausgeäthert ist, werden die vereinigten ätherischen Auszüge zur völligen Entfernung des Chinolins mit sehr verdünnter Schwefelsäure durchgeschüttelt und mit etwas Wasser gewaschen. Riecht die ätherische Lösung jetzt noch nach Benzoylchlorid, so wird sie mit einer konzentrierten Lösung von Kaliumbicarbonat einige Stunden auf der Maschine geschüttelt. Die abgehobene ätherische Lösung hinterläßt dann beim Verdampfen unter vermindertem Druck ein zähes gelbes Öl. Man löst in etwa 200 ccm kochendem Ligroin (Sdp. 90°), wobei eine geringe Menge eines bräunlichen Öles zurückbleibt. Beim Erkalten fällt in der Regel zunächst etwas Öl, und dann beginnt die Krystallisation von feinen farblosen Nadeln, die vielfach zu Knollen verwachsen sind. Die Krystalle lassen sich leicht von dem ölig bleibenden Anteil trennen. Manchmal erstarrt hinterher das Öl auch noch krystallinisch, im anderen Falle wird es wieder gelöst. Die Ausbeute schwankt etwas, sie betrug im besten Falle, bei Verarbeitung der Mutterlaugen: 10 g oder 82,5% der Theorie.

Zur Analyse wurde noch dreimal aus Ligroin umkrystallisiert und im Hochvakuum bei 56° getrocknet.

0,1520 g Sbst.: 0,3762 g CO_2, 0,0691 g H_2O. — 0,1406 g Sbst.: 0,3495 g CO_2, 0,0679 g H_2O.

$C_{30}H_{28}O_9$ (532,22).	Ber.	C 67,64,	H 5,30.
	Gef.	„ 67,50, 67,79,	„ 5,09, 5,40.

0,2082 g Sbst. Gesamtgewicht der Lösung in Tetrachlorkohlenstoff 4,6898 g. $d_4^{23} = 1,569$. Drehung im 1-dm-Rohr für Natriumlicht 6,40° nach links. Mithin $[\alpha]_D^{23} = -91,87°$. Eine 2. Bestimmung ergab $-91,95°$.

Die Substanz schmilzt bei 119—120° (korr.) und zersetzt sich bei höherer Temperatur zum größten Teil. Sie ist in den meisten organischen Solvenzien, mit Ausnahme von Petroläther, leicht löslich, in Wasser nur äußerst schwer löslich. Die Lösung in stark verdünntem Alkohol reduziert die Fehlingsche Lösung nicht.

Tribenzoyl-glucose, $C_6H_9O_6(CO \cdot C_6H_5)_3$.

Löst man 3 g Tribenzoyl-aceton-glucose in 36 ccm warmem Eisessig und gibt nach dem Abkühlen allmählich 18 ccm konzentrierte wäßrige Salzsäure (D = 1,19) zu, so scheidet sich zwar anfangs ein farbloses Öl ab, das aber beim Umschütteln jedesmal wieder in Lösung geht. Die von der kleinen Menge eines festen Körpers abfiltrierte Flüssigkeit bleibt eine halbe Stunde bei gewöhnlicher Temperatur, wird dann mit ziemlich viel Eis und Wasser versetzt und das abgeschiedene Öl mehrmals ausgeäthert. Um die ätherische Lösung von Säuren zu befreien, wird sie mit einer konzentrierten Lösung von Kaliumbicarbonat geschüttelt, dann noch mit etwas Wasser gewaschen und unter vermindertem Druck verdampft. Der Rückstand ist ein farbloses, in der Kälte fest werdendes Öl, das in kaltem Wasser und Petroläther recht schwer, in Alkohol, Äther, Benzol und Essigäther sehr leicht löslich ist und nur einen schwachen, wenig charakteristischen Geschmack hat. Es wird mit warmem Tetrachlorkohlenstoff aufgenommen, beim Abkühlen trübt sich die Lösung und es bilden sich bald in reichlicher Menge Nadeln oder Prismen. Sie sind eine Verbindung der Tribenzoyl-glucose mit Tetrachlorkohlenstoff. Zur Analyse wurde mehrmals in der gleichen Weise umkrystallisiert und im Hochvakuum bei gewöhnlicher

Temperatur getrocknet. Die erhaltenen Zahlen stimmen leidlich auf die Verbindung von gleichen Molekülen der Komponenten; der Chlorgehalt war etwas zu hoch und im Kohlenstoff schwankten bei verschiedenen Analysen die Resultate bis zu 1,3% unter dem berechneten Wert.

0,1812 g Sbst.: 0,3421 g CO_2, 0,0610 g H_2O. — 0,1814 g Sbst.: 0,3354 g CO_2, 0,0595 g H_2O. — 0,1276 g Sbst.: 0,2416 g CO_2, 0,0425 g H_2O. — 0,1869 g Sbst.: 0,1721 g AgCl. — 0,1924 g Sbst.: 0,1791 g AgCl.

$C_{27}H_{24}O_9 + CCl_4$ (646,03).

Ber. C 52,01, H 3,74, Cl 21,96.

Gef. „ 51,49, 50,43, 51,64, „ 3,77, 3,67, 3,73, „ 22,78, 23,03.

Die Krystalle haben keinen scharfen Schmelzpunkt. Im Capillarrohr sintern sie stark von 65° an und schäumen über 80° auf; das hängt mit der Abspaltung des Tetrachlorkohlenstoffes zusammen. Dieser entweicht zum großen Teil im Hochvakuum bei 76—100°.

0,2070 g Sbst. verloren beim mehrstündigen Erhitzen 0,0500 g, mithin 24,15%, während 23,81% berechnet sind.

Der Versuch war aber insofern unbefriedigend, als das Produkt noch etwas Chlor enthielt, außerdem eine geringe Gelbfärbung und Sublimation stattgefunden hatte, mithin eine geringe tiefergehende Zersetzung eingetreten war.

Es ist uns bisher nicht gelungen, die Tribenzoyl-glucose aus anderen Lösungsmitteln krystallisiert zu erhalten. Löst man nämlich obige Krystalle in Äther, Alkohol, Aceton und läßt verdunsten, so bleibt immer nur ein zähes Öl zurück, das zweifellos Tribenzoyl-glucose ist; denn es reduziert stark die Fehlingsche Lösung und kann durch Umlösen mit Tetrachlorkohlenstoff wieder in obige Krystalle zurückverwandelt werden.

Die krystallisierte Verbindung mit Tetrachlorkohlenstoff ist leicht löslich in Alkohol, Benzol, Chloroform, Aceton, dagegen in kaltem Petroläther äußerst schwer löslich. Sie schmeckt bitter.

In alkoholischer Lösung dreht sie stark nach links und zeigt Mutarotation. 3 Min. nach Auffüllung des Lösungsmittels war:

$$[\alpha]_D^{20} = -\frac{4,24 \times 1,946}{0,136 \times 0,8064} = -75,24°.$$

Nach 5 Min. war $[\alpha]_D^{20}$ — 76,12°, nach 8 Min. — 77°, nach 38 Min. — 85°, nach 20 Stdn. — 91,7°.

Ein anderes Präparat gab 50 Min. nach der Auflösung $[\alpha]_D^{20}$ — 87,5°.

Im Gegensatz dazu drehte die Pentabenzoyl-glucose[1]) nach rechts $[\alpha]_D^{20}$ + 25,4°.

Es gelingt leicht, die Tribenzoyl-glucose durch Aceton und etwas Salzsäure in die hübsch krystallisierende Tribenzoyl-aceton-glucose

[1]) E. Fischer und B. Helferich, Liebigs Annal. d. Chem. **383**, 88 [1911]. (*S. 37.*)

zurückzuverwandeln. Der Versuch wird an anderer Stelle ausführlich beschrieben.

Ferner haben wir ein krystallisiertes Semicarbazon auf folgende Weise erhalten:

2,2 g krystallisierte Tribenzoyl-glucose + CCl_4 wurde mit 0,4 g Kaliumacetat in etwa 14 ccm Alkohol gelöst und dazu eine Lösung von 0,45 g Semicarbazid-hydrochlorid in 3,5 ccm Wasser zugegeben. Die dabei entstehende Trübung verschwand größtenteils auf Zusatz von etwas mehr Alkohol, und die jetzt filtrierte Lösung blieb 5 Stdn. bei gewöhnlicher Temperatur. Auf Zusatz von viel Wasser fiel ein Öl aus, das aus verdünntem Alkohol beim längeren Stehen in der Kältemischung allmählich krystallisierte. Leider haben die Analysen keine scharfen Resultate ergeben (etwa 1% zu wenig Kohlenstoff und 0,5% zu wenig Stickstoff). Aber die Bildung der Substanz ist doch von Wert für die Beurteilung der Struktur der Tribenzoyl-glucose.

p-Brombenzoyl-diaceton-glucose, $C_6H_7O_6(C_3H_6)_2$ $(CO \cdot C_6H_4Br)$.

Erhitzt man 10 g Diaceton-glucose mit 9 g *p*-Brom-benzoylchlorid (etwas über 1 Mol.) und 12 g trocknem Chinolin auf 70°, so tritt klare Lösung ein. Diese bräunt sich allmählich und scheidet dann Krystalle von Chinolinhydrochlorid ab. Nach sechsstündigem Erhitzen wird die in der Kälte größtenteils feste Masse mit Wasser und Äther behandelt, die ätherische Lösung zur Entfernung des überschüssigen Chinolins mit stark verdünnter Schwefelsäure geschüttelt, dann getrocknet und unter vermindertem Druck verdampft. Beim Aufnehmen des zähflüssigen Rückstandes mit warmem Petroläther bleibt eine geringe Menge einer rötlichen Substanz zurück. Die Petroläther-Lösung hinterläßt beim Verdunsten ein gelbbraunes Öl, das in der Kälte allmählich Krystalle abscheidet. Man löst es in etwa 60 ccm Alkohol und fügt Wasser bis zur Trübung hinzu. Beim längeren Stehen scheiden sich lange, häufig lanzettartig gebildete Nadeln aus. Die Ausbeute beträgt bei Aufarbeitung der Mutterlaugen ca. 14,5 g oder 85% der Theorie. Zur völligen Reinigung wurde aus Methylalkohol und Wasser umkrystallisiert und zur Analyse im Hochvakuum bei gewöhnlicher Temperatur getrocknet.

0,1603 g Sbst.: 0,3031 g CO_2, 0,0728 g H_2O. — 0,1761 g Sbst.: 0,0745 g AgBr

$C_{19}H_{23}O_7Br$ (443,1). Ber. C 51,46, H 5,23, Br 18,04.

Gef. „ 51,57, „ 5,08, „ 18,00.

Die Substanz sintert bei 78° und schmilzt bei 79—80°. Sie ist in Wasser nur sehr schwer, dagegen leicht löslich in Alkohol, Äther, Essigäther. Sie krystallisiert meist in flachen, mikroskopischen Prismen und reduziert in verdünnter alkoholischer Lösung nicht die Fehlingsche Lösung.

0,1412 g Sbst. Gesamtgewicht der Lösung in Aceton 1,3644 g. $d_4^{19} = 0,8322$. Drehung im 1-dm-Rohr für Natriumlicht 4,23° nach links. Mithin $[\alpha]_D^{19} = -49,12°$. Eine zweite Bestimmung ergab $[\alpha]_D^{19} = -49,24°$. Geschmack schwach und wenig charakteristisch.

p-Brombenzoyl-glucose, $C_6H_{11}O_6$ ($CO \cdot C_6H_4Br$).

Die Acetonverbindung ist in Wasser so schwer löslich, daß sie von verdünnten Säuren auch in mäßiger Wärme zu langsam angegriffen wird. Für die Hydrolyse ist es deshalb nötig, ein Lösungsmittel anzuwenden. Hierzu eignet sich der Essigäther oder auch die 50-prozentige Essigsäure. Bei Anwendung des ersteren verfährt man folgendermaßen:

4 g *p*-Brombenzoyl-diaceton-glucose werden in 40 ccm Essigäther gelöst und bei gewöhnlicher Temperatur mit 20 ccm wäßriger Salzsäure (D = 1,19) versetzt. Dabei entsteht eine klare Lösung. Sie wird 1 Stunde bei 30° aufgehoben, dann mit 30 ccm Wasser versetzt, wobei sie sich in zwei Schichten trennt, und nun sofort das Ganze durch Eintragen von fein gepulvertem Kaliumbicarbonat neutralisiert. Man hebt die Essigätherschicht ab, extrahiert die Salzlösung noch 1—2-mal mit Essigäther, um den Rest der Brombenzoyl-glucose herauszunehmen, und verdampft die vereinigten Essigätherauszüge unter stark vermindertem Druck aus einem Bade, dessen Temperatur nicht über 40° steigen soll. Der Rückstand enthält noch ziemlich viele Kaliumverbindungen. Um diese zu entfernen, löst man in möglichst wenig warmem Wasser, versetzt nach dem Abkühlen mit 5 ccm 25-prozentiger Schwefelsäure und extrahiert die Monobrombenzoyl-glucose von neuem mit Essigäther. Die filtrierten Essigätherlösungen werden wiederum unter vermindertem Druck verdampft, bis der größere Teil der Brombenzoyl-glucose als wenig gefärbte feste, aber amorphe Masse ausgefallen ist. Sie wird von der etwas stärker gefärbten Mutterlauge durch Filtrieren getrennt und scharf gepreßt. Da uns bisher die Krystallisation nicht gelungen ist, so haben wir dieses Präparat nach sorgfältigem Trocknen bei 56° im Hochvakuum analysiert.

0,1585 g Sbst.: 0,2486 g CO_2, 0,0591 g H_2O. — 0,2010 g Sbst.: 0,1061 g AgBr. — 0,1836 g Sbst.: 0,2923 g CO_2, 0,0707 g H_2O. — 0,1973 g Sbst.: 0,0984 g AgBr. — 0,1684 g Sbst.: 0,2663 g CO_2, 0,0641 g H_2O.

$C_{13}H_{15}O_7Br$ (363,04).

	C	H	Br
Ber.	42,97,	4,16,	22,01.
Gef.	42,78, 43,43, 43,13,	4,17, 4,31, 4,26,	22,46, 21,22.

Die Zahlen stimmen nicht genau, was bei der amorphen Beschaffenheit des Produkts nicht verwunderlich ist, aber sie lassen doch kaum einen Zweifel über die Zusammensetzung. Die Ausbeute ist befriedigend.

Will man die *p*-Brombenzoyl-diaceton-glucose in essigsaurer Lösung hydrolysieren, so empfiehlt sich folgendes Verfahren, bei dem man zwei Phasen des Prozesses unterscheiden kann.

1 g Acetonverbindung wird mit 10 ccm eines Gemisches, das aus 9 Raumteilen 50-prozentiger Essigsäure und 1 Raumteil rauchender Salzsäure (D = 1,19) hergestellt ist, übergossen. Man erhitzt nun in einem Bade von 55°, wobei sich die Substanz zum Teil löst, zum Teil ölig wird. Beim starken Schütteln geht auch das Öl rasch in Lösung und beim Abkühlen findet keine Ausscheidung mehr statt. Die Flüssigkeit reduziert aber jetzt die Fehlingsche Lösung erst schwach. Sie enthält offenbar ein Zwischenprodukt der Hydrolyse, d. h. die Monoacetonverbindung, auf deren Isolierung wir aber verzichtet haben. Die Flüssigkeit wird jetzt 50 Minuten in einem Bade von 50° erwärmt. Sie reduziert dann sehr stark die Fehlingsche Lösung, etwa die siebenfache Menge. Man versetzt nun mit ziemlich viel Essigäther, neutralisiert mit fein gepulvertem Kaliumbicarbonat, hebt den Essigäther ab und extrahiert den Rückstand noch mehrmals mit Essigäther. Die vereinigten und filtrierten Auszüge werden mit 4 ccm 2 *n*.-Schwefelsäure kräftig durchgeschüttelt, um alles im Essigäther gelöste Kali zu binden, dann wird der Essigäther abgehoben, filtriert und unter stark vermindertem Druck verdampft. Den fast farblosen Rückstand haben wir hier in nicht zu viel warmem Wasser gelöst, von einer geringen Menge Öl abfiltriert, dann die wäßrige Lösung zuerst bei 40° unter vermindertem Druck und schließlich im Vakuumexsiccator verdampft. Das Präparat wurde nach dem Trocknen im Hochvakuum bei 56° direkt analysiert.

0,1536 g Sbst.: 0,2446 g CO_2, 0,0549 g H_2O.
Gef. C 43,43, H 4,00.

Die *p*-Brombenzoyl-glucose ist in warmem Wasser leicht löslich und fällt aus der konzentrierten Lösung beim Abkühlen auf 0° als amorphe Masse aus. In Alkohol löst sie sich, besonders in der Wärme, recht leicht, in Äther dagegen schwer, ebenso in heißem Benzol. In trocknem Essigäther ist sie ziemlich schwer löslich, leichter in feuchtem. Von Eisessig wird sie, zumal in gelinder Wärme, leicht gelöst und aus dieser Lösung, wenn sie nicht zu verdünnt ist, durch Äther amorph gefällt. Sie schmeckt außerordentlich bitter und reduziert stark die Fehlingsche Lösung. In wäßriger Lösung gibt sie mit salzsaurem Phenylhydrazin und Natriumacetat beim gelinden Erwärmen eine ölige Abscheidung. Durch Behandlung mit Aceton und Salzsäure läßt sie sich teilweise in die krystallisierte *p*-Brombenzoyl-diaceton-glucose zurückverwandeln. Der Versuch ist für die Beurteilung der Struktur so wichtig, daß er ausführliche Beschreibung verdient.

0,5 g Brombenzoyl-glucose wurden in 50 ccm trocknem Aceton, das 0,9% Salzsäure enthielt, unter Schütteln gelöst. Nachdem die

Flüssigkeit 23 Stdn. gestanden hatte, wurde mit Silbercarbonat neutralisiert und das Aceton unter vermindertem Druck verdampft. Das zurückbleibende gelbe Öl löste sich leicht in warmem Alkohol. Die mit Wasser bis zur dauernden Trübung versetzte Lösung schied beim starken Abkühlen und Reiben feine Nadeln aus. Ausbeute 0,2 g oder $^1/_3$ der theoretischen Menge. Die Nadeln schmolzen nach mehrmaligem Umkrystallisieren bei 78—81° und zeigten $[\alpha]_D^{20} = -48{,}42°$, waren also zweifellos *p*-Brombenzoyl-diaceton-glucose.

Eine merkwürdige Veränderung erfährt die Brombenzoyl-glucose beim Erhitzen auf 100°. Bei gewöhnlichem Druck wird das anfangs farblose Pulver langsam schwach gelbbraun. Nach $^5/_4$ Stunden war der größere Teil in ein Produkt verwandelt, das in warmem Wasser sehr schwer löslich ist, darin zu einem Öl schmilzt und die Fehlingsche Lösung nur noch sehr schwach reduziert. Führt man dieselbe Operation im Hochvakuum aus, so bläht sich die Masse gleichzeitig auf und die Verbrennung eines solchen Präparates ergab, daß es ungefähr ein Molekül Wasser weniger enthält. Der Vorgang verdient sicherlich eine nähere Untersuchung.

Die Brombenzoyl-glucose dreht in methylalkoholischer Lösung nach rechts und zeigt Mutarotation. Wir führen folgenden Versuch an, bemerken aber, daß die Zahlen keinen großen Wert haben, da ja die Einheitlichkeit des amorphen Produktes durch nichts gewährleistet ist.

0,1546 g Sbst. Gesamtgewicht der Lösung in Methylalkohol 3,5432 g. $d_4^{19} = 0{,}8121$. Drehung im 1-dm-Rohr bei 19° und Natriumlicht 14 Minuten nach dem Auffüllen des Lösungsmittels 0,95° nach rechts. Mithin $[\alpha]_D^{19} + 26{,}8°$.

Nach 31 Minuten waren es + 27,4°, nach 64 Minuten + 28,8° und nach 14 Tagen + 44°.

Die Mutarotation beweist ebenfalls die Ähnlichkeit mit dem Traubenzucker und deutet auf das Vorhandensein von Isomeren, wodurch auch die Krystallisation des Präparates erschwert werden dürfte.

Im Gegensatz zu den vollständig acylierten Glucosen, z. B. den beiden Penta-acetaten oder Pentabenzoaten haben die Tribenzoylglucose und die Mono-(*p*-brombenzoyl)-glucose recht unbequeme Eigenschaften. Man muß deshalb darauf gefaßt sein, daß die Auffindung solcher Stoffe im Tier- und Pflanzenreich in der Regel mit erheblichen experimentellen Schwierigkeiten verknüpft sein wird.

---

28. Emil Fischer und Max Bergmann: Teilweise Acylierung der mehrwertigen Alkohole und Zucker. III.

Berichte der Deutschen Chemischen Gesellschaft **49**, 289 [1916].

(Eingegangen am 28. Dezember 1915.)

In der ersten Mitteilung[1]) sind mehrere Benzoylderivate des Mannits und Dulcits beschrieben, die über die Aceton-Verbindungen gewonnen wurden. Um die allgemeine Anwendbarkeit des Verfahrens zu prüfen, haben wir es auf die Salicylsäure und Anissäure ausgedehnt. Für die Synthese der Salicyl-Derivate wurden die Chloride der Carbomethoxy- bezw. der Acetylsalicylsäure benutzt und aus den Zwischenprodukten durch gemäßigte Verseifung die Carbomethoxy- oder Acetylgruppe abgespalten. Beim Mannit haben wir auch die direkte Acylierung in Pyridinlösung, wie sie von Einhorn und Hollandt[2]) angegeben wurde, benutzt und so direkt den Dianisoyl-mannit und Diacetylsalicyl-mannit gewonnen.

Eine eigentümliche Beobachtung machten wir bei der Benzoylierung des α-Diaceton-dulcits. Wie schon mitgeteilt, entsteht bei der Einwirkung von Benzoylchlorid und Chinolin ein Dibenzoyl-Derivat, das bei 185—186° schmilzt und in Alkohol ziemlich schwer löslich ist. Verwendet man aber Pyridin an Stelle des Chinolins, so entsteht ein isomerer Körper, den wir β-Dibenzoyl-diaceton-dulcit nennen. Er ist in organischen Solvenzien viel leichter löslich, schmilzt niedriger und läßt sich in zweierlei Krystallen erhalten, von denen die einen bei 82—83° und die anderen unscharf bei 65—70° schmelzen und die sich gegenseitig ineinander überführen lassen. Dagegen ist uns die Umwandlung in die hochschmelzende α-Verbindung bisher nicht gelungen. Die gleiche Isomerie haben wir bei dem Dianisoyl-diaceton-dulcit beobachtet; denn auch hier entstehen verschiedene Körper, je nachdem man den α-Diaceton-dulcit mit Anisoylchlorid bei Gegenwart von Chinolin oder Pyridin behandelt.

---

1) Berichte d. D. Chem. Gesellsch. **48**, 266 [1915]. (*S. 268.*)

2) Liebigs Annal. d. Chem. **301**, 95 [1898].

Auffallenderweise liegt die Sache beim β-Diaceton-dulcit anders; denn hier gibt die Benzoylierung sowohl mit Chinolin wie mit Pyridin das gleiche Produkt, das heißt denselben α-Dibenzoyl-diaceton-dulcit vom Schmp. 185—186°.

Die Sache wird noch verwickelter durch folgende Beobachtung: Der β-Dibenzoyl-diaceton-dulcit läßt sich durch warme Salzsäure in essigsaurer oder Essigäther-Lösung mit ziemlich guter Ausbeute umwandeln in α-Dibenzoyl-dulcit (Schmp. 210°). Wird dagegen die Hydrolyse in der Kälte ausgeführt, so entsteht ein viel leichter lösliches und niedriger schmelzendes Präparat, das ebenfalls die Zusammensetzung des Dibenzoyl-dulcits hat und das wir nicht in ganz einheitlicher Form darstellen konnten. Dieses Präparat, das ein Gemisch ist, läßt sich nun wieder teilweise, schon durch Erhitzen mit Wasser, in α-Dibenzoyl-dulcit überführen.

Alle diese Beziehungen werden durch das folgende Schema veranschaulicht:

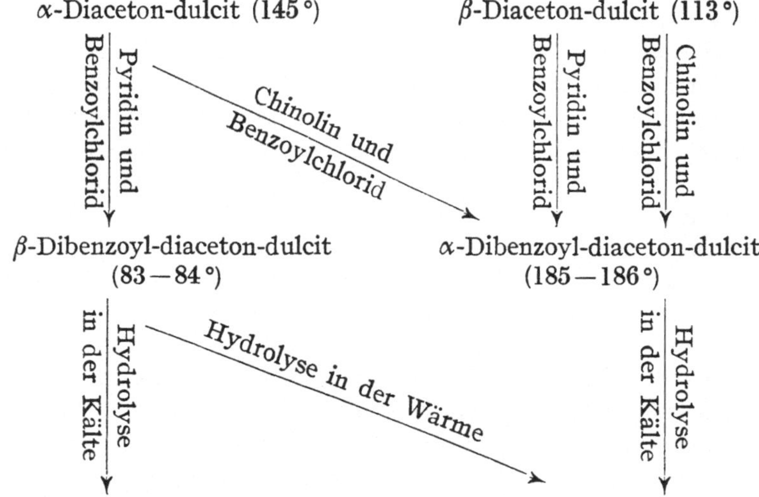

Wie diese verschiedenen Vorgänge zu deuten sind, ob es sich bei den Präparaten um Isomerie im engeren Sinn oder teilweise auch um Polymorphie handelt, ist vorläufig noch so unsicher, daß wir uns kein bestimmtes Urteil zutrauen. Jedenfalls zeigen diese Erfahrungen von neuem, wie vorsichtig man in Schlüssen auf die Struktur von Acylderivaten, die über Acetonverbindungen mehrwertiger Alkohole gewonnen sind, sein muß.

Isomerie des Dibenzoyl-diaceton-dulcits.

Die früher beschriebene α-Verbindung vom Schmp. 185—186° wurde aus dem α-Diaceton-dulcit[1]) mit Benzoylchlorid und Chinolin erhalten. Sie entsteht unter den gleichen Bedingungen aus dem β-Diaceton-dulcit, wie folgender Versuch zeigt:

1,3 g β-Diaceton-dulcit wurden mit 1,4 g Benzoylchlorid (2 Mol.) und 1,4 g Chinolin (2,2 Mol.) übergossen. Beim Umschütteln trat geringe Selbsterwärmung ein, wobei der Diaceton-dulcit in Lösung ging und bald nachher ein dicker, krystallinischer Brei entstand. Jetzt wurde 4 Stunden unter Ausschluß der Feuchtigkeit auf 100° erhitzt, dann die feste Masse mit 15 ccm kaltem Alkohol verrieben und die farblosen Krystalle abgesaugt. Ausbeute 2,2 g oder 93% der Theorie. Der Schmp. 183—184° zeigte, daß das Präparat schon ziemlich rein war. Nach zweimaliger Krystallisation aus 50 ccm Tetrachlorkohlenstoff hatte es den Schmelzpunkt und die anderen Eigenschaften des α-Dibenzoyl-diaceton-dulcits.

Das gleiche Ergebnis hatte ein anderer Versuch, welcher mit den gleichen Substanzmengen, aber bei 18° und unter Verwendung von 5 ccm Chloroform als Lösungsmittel durchgeführt wurde. Als die Chloroformlösung nach 2 Stunden erst mit Salzsäure, dann mit Wasser gewaschen und schließlich verdampft wurde, hinterblieb eine krystallinische, farblose Masse. Durch Aufschlämmen in 20 ccm kaltem Alkohol und Absaugen wurden 1,65 g α-Dibenzoyl-diaceton-dulcit erhalten, entsprechend 70% der Theorie. Allerdings war dessen Schmelzpunkt noch einige Grad zu tief und etwas unscharf, weil wahrscheinlich unter den milden Bedingungen des Versuches der Acylierungsvorgang noch nicht ganz beendet war. Immerhin konnte das Produkt durch mehrmalige Krystallisation aus Tetrachlorkohlenstoff ohne wesentliche Verluste rein erhalten werden.

Wir machen darauf aufmerksam, daß beim α-Diaceton-dulcit unter den gleichen Bedingungen in der Hauptsache das Monobenzoylderivat entsteht. Es wurde zwar nicht rein gewonnen, aber bei der Hydrolyse des Rohproduktes konnte nur Monobenzoyl-dulcit isoliert werden[2]).

Endlich entsteht derselbe α-Dibenzoyl-diaceton-dulcit auch bei der Behandlung des β-Diaceton-dulcits mit Pyridin und Benzoylchlorid.

Gibt man zu einem Gemisch von 1,2 g wasserfreiem Pyridin und 1,6 g Benzoylchlorid 1,3 g β-Diaceton-dulcit, so tritt beim Umschütteln

[1]) Für die Darstellung von α- und β-Diaceton-dulcit sind in der ersten Mitteilung genaue Vorschriften gegeben. Diese haben sich auch im allgemeinen bei Wiederholung der Versuche bewährt. Aber bei einzelnen Operationen wurde an Stelle der α-Verbindung das β-Derivat erhalten, ohne daß es uns möglich war, die Ursache dieser Abweichung festzustellen.

[2]) Berichte d. D. Chem. Gesellsch. **48**, 272 [1915]. (*S. 271.*)

sofort starke Erwärmung und Krystallisation ein. Nach dreistündigem Erhitzen im siedenden Wasserbad braucht man die Krystallmasse nur mit etwas kaltem Alkohol zu verreiben, abzusaugen und mit Alkohol nachzuwaschen, um 2,25 g α-Dibenzoyl-diaceton-dulcit zu erhalten. Das entspricht etwa 95% der Theorie. Er ist fast farblos und schon recht rein. Unser Präparat schmolz bei 184—185°, also nur 1° zu niedrig.

Zum Beweis, daß die Wärme keinen wesentlichen Einfluß auf den Verlauf des Prozesses ausübt, diente folgender Versuch: Zu einem Gemisch von 2,4 g Pyridin, 3,2 g Benzoylchlorid und 10 ccm trocknem Chloroform wurden unter Kühlung in kleinen Portionen 2,6 g β-Diacetondulcit im Laufe von einigen Minuten zugefügt. Schon hierbei erfolgte starke Krystallisation. Das Gemisch blieb dann noch 5 Stunden bei 18°, wurde nun bis zur Klärung mit Chloroform verdünnt, mit verdünnter Salzsäure und mit Wasser gewaschen, dann das Chloroform unter vermindertem Druck verdampft, der Rückstand mit 40 ccm kaltem Alkohol verrieben und abgesaugt. Ausbeute 4,6 g, also fast theoretisch. Auch dieses Präparat schmolz bei 184—185° (korr.).

β-Dibenzoyl-diaceton-dulcit.

Beim Übergießen von 5,2 g α-Diaceton-dulcit mit einem Gemisch von 6,2 g Benzoylchlorid (2,2 Mol.) und 4,4 g trocknem Pyridin (2,8 Mol.) tritt nach vorübergehender Lösung sofort Erwärmung und Krystallisation ein. Die Masse wird noch 3 Stunden auf 100° erhitzt, dann mit Chloroform aufgenommen, diese Lösung erst mit verdünnter Salzsäure und dann mehrmals mit Wasser gewaschen. Beim Verdampfen des Chloroforms unter vermindertem Druck bleibt ein dickes, gelbbraunes Öl, das in 20 ccm Alkohol gelöst wird. Aus dieser Lösung scheiden sich bald ziemlich derbe, flächenreiche Krystalle ab, deren Menge nach Zusatz von 5 ccm Wasser und Stehen über Nacht sich noch stark vermehrt. Ausbeute 8,3 g oder 88% der Theorie.

Zur Analyse wurde noch zweimal aus wenig Alkohol umkrystallisiert und bei 56° und 0,8 mm über Phosphorpentoxyd getrocknet.

0,1963 g Sbst.: 0,4786 g CO_2, 0,1138 g H_2O.

$C_{26}H_{30}O_8$ (470,24). Ber. C 66,35, H 6,43.
Gef. „ 66,49, „ 6,48.

Wie schon erwähnt, tritt der β-Dibenzoyl-diaceton-dulcit in zwei Formen auf, wenn er sich aus alkoholischer Lösung abscheidet. Die eine bildet haarfeine, gebogene Nädelchen, die nach geringem Sintern bei 82—83° schmelzen; die andere besteht aus ziemlich derben, flächenreichen harten Kryställchen, die unscharf bei 65—70° schmelzen und demnach nicht einheitlich zu sein scheinen. Man kann die Krystallisation durch Impfen im einen oder anderen Sinne leiten. Manchmal erscheinen auch beide Modifikationen gleichzeitig. Die Krystallisation nimmt in beiden Fällen ziemlich viel Zeit (1—2 Tage) in Anspruch.

Der β-Dibenzoyl-diaceton-dulcit löst sich äußerst schwer in Wasser, aber leicht in den gebräuchlichen organischen Lösungsmitteln, mit Ausnahme von kaltem Alkohol, selbst in Petroläther ist er leicht löslich.

Verwandlung des β-Dibenzoyl-diaceton-dulcits in Dibenzoyl-dulcit.

Hydrolyse in der Wärme: 1 g des Acetonkörpers wurde in 5 ccm kaltem Essigäther gelöst und 5 ccm rauchende Salzsäure (D 1,19) zugefügt, wobei Mischung eintrat. Nach 3 Minuten wurde mit 10 ccm Wasser versetzt, wobei teilweise Entmischung erfolgte, dann auf dem Wasserbad erhitzt und nach weiteren 5 Minuten nochmals 10 ccm Wasser zugefügt. Nachdem noch 5 Minuten auf dem Wasserbad erhitzt war, war aus der Flüssigkeit eine reichliche Menge mikroskopischer viereckiger Plättchen von α-Dibenzoyl-dulcit abgeschieden. Nach zwölfstündigem Stehen in der Kälte betrug die Menge der Krystalle 0,52 g oder 63% der Theorie. Schmp. 210°.

Für die Analyse wurde einmal aus Eisessig umkrystallisiert:

0,1447 g Sbst.: 0,3265 g CO_2, 0,0745 g H_2O.

$C_{20}H_{22}O_8$ (390,18). Ber. C 61,51, H 5,69.
Gef. „ 61,54, „ 5,76.

Aus der ersten wäßrigen Mutterlauge krystallisierten nach mehreren Tagen noch 0,2 g eines Präparates, das schon nach dem äußeren Habitus ein Gemisch war und auch wesentlich tiefer schmolz als der reine α-Dibenzoyl-dulcit.

Hydrolyse in der Kälte: Wird der β-Dibenzoyl-diaceton-dulcit in kalter essigsaurer Lösung mit Salzsäure behandelt, so entsteht ein Produkt, das zwar die Zusammensetzung des Dibenzoyl-dulcits hat, aber alle Merkmale eines Gemisches trägt und das durch Erhitzen mit Wasser oder besser noch mit einem Gemisch von Eisessig und Salzsäure teilweise in α-Dibenzoyl-dulcit umgewandelt werden kann.

5 g β-Dibenzoyl-diaceton-dulcit wurden in 25 ccm kaltem Eisessig gelöst, dann 25 ccm konzentrierte wäßrige Salzsäure (D 1,19) zugegeben und das Gemisch 5 Minuten bei 18° aufbewahrt. Dabei trübte es sich, blieb aber farblos. Nach Zugabe von 30 ccm Wasser wurde die etwas stärker getrübte Flüssigkeit filtriert und nach etwa viertelstündigem Stehen bei Zimmertemperatur mit Eis gekühlt. Bald begann Krystallisation und wurde stärker bei allmählicher Zugabe von 200 ccm Wasser. Nach 5 Stunden betrug die Menge der Krystalle 1,5 g, nach weiterem zwölfstündigen Stehen im Eisschrank wurden wieder 1,5 g erhalten. Dieses Präparat zeigte nach dem Trocknen im Vakuum die Zusammensetzung des Dibenzoyl-dulcits:

0,1488 g Sbst.: 0,3366 g CO_2, 0,0759 g H_2O.
Gef. C 61,69, H 5,71.

Der Schmelzpunkt war sehr unscharf. Schon von 80° begann leichtes Sintern und die Schmelzung erfolgte zwischen 145 und 155°. Durch wiederholtes Umlösen aus Essigäther und Petroläther oder Aceton und Petroläther haben wir daraus Präparate isoliert, die meist bei 174—175° (korr.), zuweilen auch etwas höher schmolzen.

0,1890 g Sbst.: 0,4261 g CO_2, 0,1000 g H_2O. — 0,1920 g Sbst. (andrer Darstellung): 0,4330 g CO_2, 0,1002 g H_2O.
Gef. C 61,49, 61,51, H 5,92, 5,84.

Alle diese Präparate ließen sich durch Lösen in einem Gemisch von gleichen Teilen Eisessig und rauchender Salzsäure und kurzes Erwärmen auf 50° in den bei 210° schmelzenden Dibenzoyl-dulcit umwandeln, wobei die Ausbeute aber nicht quantitativ war. Dieselbe Verwandlung erfolgte, wenn auch weniger glatt, schon beim Kochen mit Wasser. Als zum Beispiel 0,35 g eines niedrig schmelzenden Präparates mit 50 ccm kochendem Wasser übergossen wurden, schmolz es erst und löste sich dann zum allergrößten Teil. Nach 2—3 Minuten Kochen begann die Abscheidung von hochschmelzenden, viereckigen Plättchen. Nach 15 Minuten Kochen wurde die Flüssigkeit abgekühlt. Die Menge der schwer löslichen Krystalle betrug 0,193 g vom Schmp. 201—202°.

Dianisoyl-diaceton-dulcit, $C_6H_8O_6(C_3H_6)_2(CO \cdot C_6H_4 \cdot OCH_3)_2$.

α-Verbindung. Als 5,2 g feingepulverter α-Diaceton-dulcit mit 9,4 g Anisoylchlorid ($2^3/_4$ Mol.) und 8 g trocknem Chinolin unter Feuchtigkeitsabschluß auf 100° erhitzt wurden, trat nach wenigen Minuten klare Lösung ein und nach etwa $1^1/_2$ Stdn. begann die Abscheidung von Krystallen. Nach 8-stündigem Erhitzen wurde die Masse in 50 ccm Chloroform gelöst und erst mit verdünnter Salzsäure, dann mit Bicarbonatlösung und schließlich mit Wasser gewaschen. Beim Verdampfen des Chloroforms unter vermindertem Druck hinterblieb ein teilweise krystallinischer Rückstand. Er wurde in 35 ccm heißem Alkohol gelöst und gab beim Erkalten 4 g und nach allmählichem Zusatz von Petroläther noch 2,9 g eines weniger reinen Präparates. Zur Reinigung wurde aus einem Gemisch von Benzol und Petroläther und dann zweimal aus Tetrachlorkohlenstoff unter Anwendung von Tierkohle umkrystallisiert. Ausbeute nur 3,9 g oder 37% der Theorie. Die Nebenprodukte sind nicht näher untersucht.

Zur Analyse wurde nochmals aus Tetrachlorkohlenstoff umkrystallisiert und bei 77° und 3 mm getrocknet, wobei nur ein sehr geringer Gewichtsverlust eintrat.

0,1795 g Sbst.: 0,4159 g CO_2, 0,1023 g H_2O.
$C_{28}H_{34}O_{10}$ (530,27). Ber. C 63,36, H 6,46.
Gef. „ 63,19, „ 6,38.

Der α-Dianisoyl-diaceton-dulcit schmilzt bei 146—147° (korr.) zu einer farblosen Flüssigkeit. Er krystallisiert in zentrisch vereinigten, spießigen Nadeln oder derberen Formen. Er löst sich fast gar nicht in kochendem Wasser, wenig leichter in heißem Äther und Petroläther, ziemlich leicht in heißem Alkohol, heißem hochsiedenden Ligroin, kaltem Benzol und Aceton, sehr leicht schon in kaltem Chloroform.

Dasselbe Produkt entsteht aus dem β-Diaceton-dulcit, wenn er nach obiger Vorschrift mit Anisoylchlorid und Chinolin behandelt wird. Auch die Ausbeute war annähernd die gleiche.

β-Dianisoyl-diaceton-dulcit.

Als ein Gemisch von 2,6 g α-Diaceton-dulcit mit 3,7 g Anissäurechlorid (etwa 2,2 Mol.) und 2,2 g Pyridin (2,8 Mol.) kräftig durchgeschüttelt wurde, trat nach wenigen Sekunden starke Erwärmung und bald teilweise Krystallisation ein. Die Masse wurde noch 3 Stunden im siedenden Wasserbad erhitzt, dann in Chloroform aufgenommen, mit verdünnter Salzsäure und Wasser gewaschen und schließlich das Chloroform unter vermindertem Druck verdampft. Der Rückstand erstarrte nach kurzer Zeit zu einem harten, nahezu farblosen Krystallkuchen. Durch Umkrystallisieren aus 40 ccm heißem Alkohol wurde der β-Dianisoyl-diaceton-dulcit in regelmäßigen, mikroskopischen Spießen erhalten. Ausbeute an dem schon recht reinen Produkt 4,9 g oder 92% der Theorie.

Zur Analyse wurde noch zweimal aus Alkohol umkrystallisiert und bei 78° und 0,5 mm über Phosphorpentoxyd getrocknet.

0,1350 g Sbst.: 0,3136 g CO_2, 0,0797 g H_2O.
$C_{28}H_{34}O_{10}$ (530,27). Ber. C 63,36, H 6,46.
Gef. „ 63,35, „ 6,61.

Der β-Dianisoyl-diaceton-dulcit schmilzt im Capillarrohr nach geringem Sintern bei 116° (korr.). Er löst sich leicht in Chloroform, Aceton, Essigäther und Benzol, etwas schwerer in Tetrachlorkohlenstoff, warmem Äther und warmem Ligroin, viel schwerer in Petroläther und fast gar nicht in Wasser.

Dianisoyl-dulcit, $C_6H_{12}O_6(CO \cdot C_6H_4 \cdot OCH_3)_2$.

3 g α-Dianisoyl-diaceton-dulcit lösten sich beim Übergießen mit 60 ccm Eisessig, der etwa 5% Chlorwasserstoff enthielt, bei gewöhnlicher Temperatur rasch, und nach wenigen Minuten begann schon die Krystallisation des neuen Produktes. Nach zweistündigem Schütteln

auf der Maschine wurde abgesaugt. Ausbeute 2,3 g oder 90% der Theorie.

Zur Analyse wurde zweimal aus heißem Eisessig umkrystallisiert und bei 77° und 0,5 mm getrocknet, wobei die exsiccatortrockne Substanz aber nicht an Gewicht verlor.

0,1073 g Sbst.: 0,2303 g CO_2, 0,0565 g H_2O.

$C_{22}H_{26}O_{10}$ (450,21). Ber. C 58,64, H 5,82.

Gef. „ 58,54, „ 5,89.

Der Dianisoyl-dulcit sintert beim Erhitzen im Capillarrohr von etwa 192° an und schmilzt gegen 204—205° (korr.) zu einer farblosen Flüssigkeit. Er bildet meist regelmäßige, vierseitige, rechteckig erscheinende Plättchen, ähnlich dem Dibenzoyl-dulcit. In heißem Wasser ist er sehr schwer löslich, krystallisiert aber daraus beim Erkalten. Er löst sich ferner ziemlich schwer in kochendem Alkohol, wesentlich leichter in heißem Amylalkohol und besonders in heißem Eisessig. Aus allen diesen Lösungen fällt er beim Erkalten in den eben erwähnten viereckigen Plättchen.

Monoanisoyl-dulcit, $C_6H_{13}O_6(CO \cdot C_6H_4 \cdot OCH_3)$.

Die Einwirkung des Anissäurechlorids auf den α-Diaceton-dulcit führt bei Zimmertemperatur, ähnlich wie die früher beschriebene Benzoylierung, in der Hauptsache nur zum Monoacylderivat. Auch hier erübrigt sich die Isolierung des als Zwischenprodukt entstehenden Anisoyl-diaceton-dulcits und es ist zweckmäßiger, aus dem Rohprodukt sofort das Aceton abzuspalten. Dem entspricht folgende Vorschrift:

10 g fein gepulverter α-Diaceton-dulcit werden mit einem Gemisch von 13,1 g Anissäurechlorid (2 Mol.), 11,0 g Chinolin (2,2 Mol.) und 40 ccm trocknem Chloroform bei Zimmertemperatur kräftig geschüttelt. Nach längstens 8—10 Stunden ist eine klare, rotgefärbte Lösung entstanden, die nach weiterem 12-stündigem Stehen im Eisschrank zunächst mit 120 ccm $^n/_4$-Salzsäure geschüttelt wird. Hierdurch wird das unverbrauchte Säurechlorid in Anissäure übergeführt, die schon nach wenigen Minuten auszufallen beginnt. Nach zweistündigem Schütteln bringt man sie durch Zusatz von etwa 300 ccm Äther wieder in Lösung und behandelt die abgehobene ätherische Schicht nacheinander mit etwa 200 ccm einer 12-prozentigen Kaliumbicarbonatlösung und mehrmals mit reinem Wasser. Verdampft man schließlich den Äther und das Chloroform, so hinterbleibt ein gelbbraun gefärbtes dickes Öl, welches die Acetonverbindung enthält.

Man löst es in ungefähr 60 ccm Chloroform und schüttelt mit der gleichen Menge 5 n-Salzsäure kräftig auf der Maschine. Nach etwa einer halben Stunde beginnt die Abscheidung des Monoanisoyldulcits, der schließlich die ganze Flüssigkeit als dicker Brei durchsetzt. Nach 5 stündigem Schütteln läßt man das Gemenge noch einige Stunden unter Eiskühlung stehen. Es wird dann abgesaugt, mit Chloroform gewaschen, scharf abgepreßt und über Pentoxyd und Natronkalk getrocknet. Zur Reinigung genügt ein- bis zweimalige Krystallisation aus 100 ccm siedendem Amylalkohol. Ausbeute 9,6 g oder 80% der Theorie.

0,1489 g Sbst. (bei 76° und 0,2 mm über P_2O_5 getrocknet): 0,2915 g CO_2, 0,0860 g H_2O. — 0,1469 g Sbst.: 0,2847 g CO_2, 0,0801 g H_2O.

$C_{14}H_{20}O_8$ (316,16). Ber. C 53,14, H 6,38.
Gef. „ 53,39, 52,86, „ 6,46, 6,10.

Der Monoanisoyl-dulcit schmilzt beim Erhitzen im Capillarrohr nach geringem Sintern bei 166—167° (korr.) zu einer farblosen Flüssigkeit. Er krystallisiert aus Amylalkohol in zentimeterlangen, verfilzten, schneeweißen Nadeln. Er löst sich leicht in heißem Wasser und Amylalkohol, wenig schwerer in Äthylalkohol, viel schwerer in heißem Aceton und Essigäther und fast gar nicht in Chloroform oder Benzol.

Dicarbomethoxysalicyl-diaceton-dulcit, $(CH_3O \cdot CO \cdot O \cdot C_6H_4 \cdot CO)_2\ C_6H_8O_6(C_3H_6)_2$.

Da der Versuch mit α-Diaceton-dulcit kein krystallisiertes Derivat lieferte, so beschränken wir uns hier auf die Resultate, die beim β-Diaceton-dulcit erhalten wurden.

Als 30 g β-Diaceton-dulcit mit einem Gemisch von 51 g Carbomethoxy-salicylchlorid[1]) (wenig über 2 Mol.), 35 g trocknem Chinolin (etwa 2,2 Mol.) und 125 ccm Chloroform übergossen wurden, erfolgte beim Umschütteln rasch klare Lösung. Gleichzeitig begann eine mäßige Selbsterwärmung. Nach zweistündigem Stehen wurde mit mehr Chloroform verdünnt, erst mit 250 ccm *n*-Salzsäure, dann zweimal mit Wasser gewaschen und schließlich das Chloroform unter vermindertem Druck verjagt. Der zähe, schwach braunrote Rückstand krystallisierte bei gelindem Erwärmen mit 160 ccm Alkohol schnell. Nach mehrstündigem Stehen in Eis wurden die farblosen Krystalle abgesaugt mit eiskaltem Alkohol und dann mit Petroläther gewaschen. Ausbeute etwa 30 g oder 42% der Theorie. Zur Reinigung wurde aus heißem Alkohol krystallisiert.

0,1455 g Sbst. (im Hochvakuum getrocknet): 0,3103 g CO_2, 0,0758 g H_2O.

$C_{30}H_{34}O_{14}$ (618,27). Ber. C 58,23, H 5,54.
Gef. „ 58,16, „ 5,83.

Die Substanz schmolz bei 138—140° (korr.) zu einer farblosen Flüssigkeit, nachdem zwei Grad vorher schon Sinterung eingetreten war. Sie löst sich leicht in heißem Alkohol und Essigäther, ferner in Aceton,

[1]) E. Fischer, Berichte d. D. Chem. Gesellsch. 42, 219 [1909]. (*Depside 84.*)

Benzol und besonders Chloroform, dagegen ziemlich schwer in heißem Ligroin (Sdp. 90°) und warmem Äther. Sie bildet meist mikroskopische Platten oder flächenreiche Prismen.

Disalicyl-dulcit, $(HO \cdot C_6H_4 \cdot CO)_2\, C_6H_{12}O_6$.

Er entsteht aus dem vorhergehenden Körper durch stufenweise Abspaltung der Carbomethoxy- und der Acetongruppen. Die erste Operation haben wir mit Ammoniak in folgender Weise ausgeführt:

15 g Carbomethoxysalicyl-diaceton-dulcit wurden mit 300 ccm Alkohol übergossen, unter Eiskühlung Ammoniak bis zur Sättigung eingeleitet und das Gemisch in verschlossener Flasche 3 Stunden auf der Maschine geschüttelt. Der Carbomethoxykörper ging allmählich in Lösung, während der Disalicyl-diaceton-dulcit zum größten Teil als weiße Masse ausfiel. Ausbeute 6,5 g. Die Analysen des aus heißem Ligroin umkrystallisierten Präparates haben keine scharfen Resultate gegeben (0,4—0,5% C zuviel). Wir verzichten deshalb auf die nähere Beschreibung der Substanz. Für die Umwandlung in Disalicyl-dulcit genügt das Rohprodukt.

12 g roher Acetonkörper wurden mit 300 ccm Eisessig, der etwa 5% Salzsäuregas gelöst enthielt, auf der Maschine geschüttelt. Schon nach $^1/_4$—$^1/_2$ Stunde war der Ausgangskörper durch mikroskopische, bündelförmig vereinigte, farblose Nädelchen ersetzt, die nach $2^1/_2$ Stunden abgesaugt wurden. Ausbeute 8,6 g oder 85% der Theorie und aus der Mutterlauge noch 0,7 g.

Zur Analyse wurden aus etwa der hundertfachen Menge kochenden Amylalkohols zweimal umkrystallisiert und bei 75° und 1 mm getrocknet.

0,1548 g Sbst.: 0,3232 g CO_2, 0,0752 g H_2O.

$C_{20}H_{22}O_{10}$ (422,18). Ber. C 56,85, H 5,25.

Gef. „ 56,94, „ 5,44.

Der Disalicyl-dulcit schmilzt beim Erhitzen im Capillarrohr gegen 219° (korr.) zu einer farblosen Flüssigkeit, nachdem von etwa 200° an zunehmende Sinterung eingetreten ist. In heißem Wasser löst er sich nur sehr wenig, krystallisiert aber daraus beim Erkalten, etwas leichter löst er sich in kochendem Alkohol und erheblich leichter in heißem Amylalkohol und Eisessig; auch in verdünnter kalter Natronlauge löslich. Er ist nahezu geschmacklos.

Dianisoyl-mannit, $(CH_3O \cdot C_6H_4 \cdot CO)_2C_6H_{12}O_6$.

Einhorn und Hollandt haben durch Behandlung von Mannit mit 6 Molekülen Benzoylchlorid in Pyridinlösung den Dibenzoyl-mannit erhalten. Auf dieselbe Weise entsteht der Dianisoylkörper, wobei man aber die Menge des Chlorids auf zwei Moleküle beschränken kann, wenn das verwendete Pyridin ganz trocken ist.

35 g fein gepulverter und gesiebter Mannit wurden mit 500 ccm trocknem Pyridin auf 60° erhitzt, wobei keine völlige Lösung eintrat, und dazu ohne weitere Wärmezufuhr im Lauf von $^3/_4$ Stunden eine Lösung von 65 g Anisoylchlorid (2 Mol.) in 200 ccm trocknem Chloroform unter dauerndem Umschütteln zugetropft. Während der Operation entstand eine klare, fast farblose Lösung. Diese blieb noch 12 Stunden bei Zimmertemperatur, dann wurde unter vermindertem Druck der größte Teil des Chloroforms und etwa die Hälfte des Pyridins verdampft und nun die Flüssigkeit in gekühlte, überschüssige verdünnte Schwefelsäure eingegossen. Die hierbei ausfallende farblose feste Masse wurde filtriert und aus 400 ccm heißem Alkohol umkrystallisiert. Ausbeute 50 g oder 58% der Theorie. In den Mutterlaugen bleibt ein Gemisch von Anisoyl-manniten, das wir nicht weiter verarbeitet haben.

Die schon ziemlich reine Substanz wurde zur Analyse nochmals aus heißem Alkohol umkrystallisiert, wovon jetzt etwa $1^1/_2$ l nötig waren.

0,1320 g Sbst. (im Vakuumexsiccator über Phosphorpentoxyd getrocknet): 0,2830 g CO_2, 0,0703 g H_2O. — 0,1660 g Sbst.: 0,3560 g CO_2, 0,0885 g H_2O.

$C_{22}H_{26}O_{10}$ (450,21). Ber. C 58,64, H 5,82.

Gef. „ 58,47, 58,49, „ 5,96, 5,97.

Der Dianisoyl-mannit schmilzt nach geringem Sintern bei 175 bis 176° (korr.). Er krystallisiert häufig in regelmäßigen vierseitigen dünnen Platten, verwandelt sich aber beim Erwärmen mit Essigäther oder Alkohol meist in gebogene, verfilzte Nädelchen oder Prismen, bevor er bei weiterem Erhitzen in Lösung geht. Er löst sich nur recht schwer in heißem Wasser, leichter in heißem, verdünntem Alkali, wobei Verseifung eintritt. Er löst sich in heißem Alkohol, heißem Aceton und Essigäther, leichter in heißem Amylalkohol und Eisessig, dagegen recht schwer in heißem Chloroform.

Diacetylsalicyl-mannit, $(CH_3 \cdot CO \cdot O \cdot C_6H_4 \cdot CO)_2 \cdot C_6H_{12}O_6$.

9 g fein gepulverter Mannit wurden mit 100 ccm trocknem Pyridin auf etwa 50° erwärmt und unter ständigem Schütteln bei Ausschluß der Luftfeuchtigkeit 20 g Acetyl-salicylsäurechlorid im Laufe von 20 Minuten in kleinen Anteilen zugegeben. Ohne daß weitere Wärmezufuhr nötig war, entstand gegen Schluß der Operation eine klare, kaum gefärbte Lösung. Diese wurde noch 2 Stunden bei Zimmertemperatur aufbewahrt, dann in überschüssige, verdünnte, mit Eisstücken versetzte Schwefelsäure gegossen. Das hierbei ausfallende dicke Öl wurde mit Chloroform aufgenommen und mehrmals mit Wasser gewaschen, das Chloroform verdampft und das hinterbleibende dicke, zähe Öl in 50 ccm heißem Benzol gelöst. Beim langsamen Erkalten und häufigen Reiben begann bald die Krystallisation farbloser Nädelchen, die durch häufiges

Rühren stark beschleunigt wurde. Nach 24 Stunden wurde abgesaugt und mehrmals mit Benzol ausgewaschen. Ausbeute 13,5 g oder 53% der Theorie.

Zur Reinigung wurde das Produkt erst in wenig heißem Essigäther gelöst und nach Zugabe von viel Benzol in der Kälte zur Krystallisation gebracht, dann wiederholt aus der etwa 40-fachen Menge Chloroform umkrystallisiert.

0,1549 g Sbst. (bei 76° und 15 mm getr.): 0,3217 g CO_2, 0,0728 g H_2O.
$C_{24}H_{26}O_{12}$ (506,21). Ber. C 56,89, H 5,18.
Gef. „ 56,64, „ 5,26.

Der Diacetylsalicyl-mannit schmilzt nach geringem Sintern bei 135 bis 136° (korr.). Er löst sich leicht in Aceton, warmem Essigäther und warmem Alkohol, schwer in heißem Benzol und Äther. In heißem Wasser löst er sich ebenfalls nur wenig, schmilzt aber beim Kochen zu einem farblosen Öl. In verdünntem Alkali löst er sich ziemlich rasch unter Verseifung auf, ebenso in verdünnter Sodalösung in der Wärme. Die alkoholische Lösung gibt mit Eisenchlorid keine bemerkenswerte Färbung. Das Präparat schmeckt stark bitter.

Die Acetylgruppe läßt sich hier fast ebenso leicht wie in anderen Fällen die Carbomethoxygruppe abspalten, wenn man alkoholisches Ammoniak in der Kälte verwendet. Als Hauptprodukt entsteht dabei der Disalicyl-mannit, in kleiner Menge konnten wir auch den Monosalicyl-mannit isolieren.

Disalicyl-mannit, $(HO \cdot C_6H_4 \cdot CO)_2C_6H_{12}O_6$.

In 200 ccm absolutem Alkohol, die bei 0° mit Ammoniakgas gesättigt sind, werden bei derselben Temperatur 30 g Diacetylsalicylmannit eingetragen, die sich beim Umschütteln sofort lösen. Nach einstündigem Stehen bei 0° wird die wenig gefärbte Flüssigkeit durch stark verminderten Druck erst vom Ammoniak befreit und dann der Alkohol ebenfalls im Vakuum verdampft. Schüttelt man die krystallinische Masse mit 100 ccm kaltem Essigäther, so bleibt ein Rückstand von ziemlich reinem Disalicyl-mannit. Ausbeute 9,5 g oder 38% der Theorie. In der Mutterlauge ist neben ziemlich viel Disalicylverbindung auch Monosalicyl-mannit vorhanden. Zur völligen Reinigung wurde obiges Rohprodukt in der 50-fachen Menge heißem Essigäther gelöst. Beim stundenlangen Stehen in Eis scheidet sich der reine Disalicyl-mannit in ziemlich harten Krystallaggregaten aus.

0,1539 g Sbst. (bei 76° und 15 mm getr.): 0,3204 g CO_2, 0,0750 g H_2O.
$C_{20}H_{22}O_{10}$ (422,18). Ber. C 56,85, H 5,25.
Gef. „ 56,78, „ 5,45.

Der Disalicyl-mannit schmilzt im Capillarrohr nach vorherigem Sintern bei 182—184° (korr.). Er bildet mikroskopische, meist langgestreckte, viereckige Platten, die öfters wie Stäbchen aussehen. Er löst sich ziemlich leicht in Aceton, mäßig leicht in heißem Alkohol und Essigäther, ziemlich schwer in Benzol und Chloroform. Auch in heißem Wasser löst er sich ziemlich schwer, dagegen leicht in verdünntem Alkali, wovon er ziemlich rasch verseift wird. Im Gegensatz zu dem Diacetylsalicyl-mannit hat er keinen ausgesprochenen Geschmack. Die Lösung in verdünntem Alkohol gibt mit Eisenchlorid sehr starke violettrote Färbung.

Monosalicyl-mannit, $(HO \cdot C_6H_4 \cdot CO)C_6H_{13}O_6$.

Er war in der Essigätherlösung enthalten, die bei dem vorhergehenden Versuche durch Auslaugen des rohen Disalicyl-mannits mit Essigäther entstand. Sie wurde zuerst fraktioniert mit Petroläther gefällt und der krystallinische Niederschlag von 6,2 g in 300 ccm heißem Essigäther gelöst. Beim Erkalten schieden sich rasch 2 g Monosalicyl-mannit ab, die nach nochmaliger Krystallisation aus Essigäther analysenrein waren.

0,1490 g Sbst.: 0,2828 g CO_2, 0,0794 g H_2O.

$C_{13}H_{18}O_8$ (302,14). Ber. C 51,63, H 6,00.

Gef. „ 51,76, „ 5,96.

Der Monosalicyl-mannit schmilzt gegen 148—149° (korr.) nach Sintern von etwa 140° an. Er löst sich in nicht unerheblicher Menge schon in kaltem Wasser, leicht in heißem Wasser und die konzentrierte Lösung gibt beim Erkalten und Reiben dünne, viereckige Plättchen. Die wäßrige Lösung geht mit Eisenchlorid eine ähnliche Färbung wie die Salicylsäure selbst. Er löst sich leicht in heißem Alkohol, schwerer in heißem Aceton und Essigäther, schwer in Benzol.

Durch wiederholte Krystallisation kann man aus den Essigäther-Mutterlaugen noch eine ziemlich beträchtliche Menge Disalicyl-mannit (7—8 g) isolieren, dessen völlige Reinigung aber einige Schwierigkeiten macht.

Tetraacetyl-aceton-mannit, $C_6H_8O_6(C_3H_6)(C_2H_3O)_4$.

Er entsteht aus dem Monoaceton-mannit (Schmp. 86°) durch Essigsäure-anhydrid und Pyridin, läßt sich durch Destillation im Hochvakuum reinigen, wurde aber bisher nicht krystallisiert erhalten.

Als 4,4 g Monoaceton-mannit[1]) mit 18 g Essigsäure-anhydrid (9 Mol.) und 18 g trockenem Pyridin (über 11 Mol.) übergossen wurden, trat beim

[1]) J. C. Irvine und Paterson, Journ. of the chem. Soc. of London **105**, 907 [1914].

Umschütteln rasch klare Lösung und ziemlich starke Erwärmung ein, die nach etwa 20 Minuten wieder nachließ. Die Lösung wurde noch 24 Stunden bei Zimmertemperatur aufbewahrt, dann auf 50 g Eis gegossen, das unlösliche Öl in Äther aufgenommen, die ätherische Lösung mit Wasser gewaschen und mit Natriumsulfat getrocknet. Nach dem Verdampfen des Äthers und der noch vorhandenen leichter flüchtigen Stoffe (Pyridin usw.) geht der Tetraacetyl-aceton-mannit bei 0,3 mm und 190—200° Badtemperatur ohne wesentlichen Rückstand als farbloses, dickes Öl über. Ausbeute 7,0 g oder 90% der Theorie.

Zur Analyse wurde nochmals bei 0,3 mm destilliert.

0,1644 g Sbst.: 0,3139 g CO_2, 0,0976 g H_2O.

$C_{17}H_{26}O_{10}$ (390,21). Ber. C 52,28, H 6,72.
Gef. „ 52,07, „ 6,64.

Der Tetraacetyl-aceton-mannit bildet ein zähes, farbloses Öl, das auch nach mehrmonatlichem Stehen nicht erstarrte. Es löst sich leicht in Alkohol, Essigäther, Benzol und Tetrachlorkohlenstoff, viel schwerer dagegen in Ligroin und fast gar nicht in Wasser.

Die Hoffnung, durch Abspaltung der Acetongruppe mit einer Mischung von Eisessig und starker Salzsäure einen krystallisierten Tetraacetyl-mannit zu gewinnen, hat sich bisher nicht erfüllt. Das Produkt war eine harte, zähe Masse, auf deren völlige Reinigung wir verzichtet haben.

Anhang.

Nachträglich geben wir die krystallographische Beschreibung des α-Diaceton-dulcits. Wir haben die Krystalle an Herrn P. von Groth in München geschickt, und auf seine Veranlassung hat Herr Dr. Steinmetz im Mineralogischen Institut der Münchener Universität die folgenden Messungen ausgeführt:

α-Diaceton-dulcit, Schmp. 145—146°.

Monoklin prismatisch; a : b : c = 0,7661 : 1 : 1,0410; $\beta = 93° 59'$.

Beobachtete Formen: c {001}, b {010}, m {110}, k {021}, o {111}.

1. Das eine der vorliegenden Präparate enthielt sehr große Krystalle (aus Aceton erhalten), die nur die Formen c, m und b zeigten.

2. Das andere Präparat schien nicht besonders umkrystallisiertes Material zu sein und enthielt neben pulverigem Material flächenreichere Krystalle mit allen oben angegebenen Formen. Beim Umkrystallisieren aus Alkohol oder aus Äthylacetat (35°—20°) wurden sehr klare Krystalle mit den angegebenen Formen erhalten.

Der Habitus ist immer der in der Figur dargestellte und zeigt nur im Größenverhältnis von c zu m und b mäßige Schwankungen. Manchmal finden sich auch ziemlich stark parallel der a-Achse verlängerte

Krystalle. Auf den Flächen der Zone [001] finden sich stets Vicinalflächen.

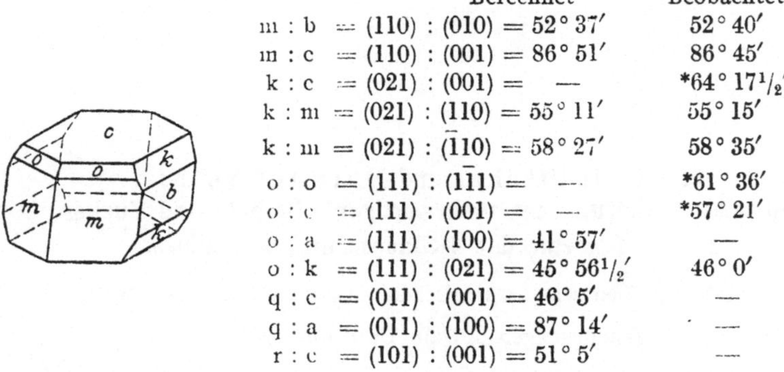

		Berechnet	Beobachtet
m : b	= (110) : (010)	= 52° 37′	52° 40′
m : c	= (110) : (001)	= 86° 51′	86° 45′
k : c	= (021) : (001)	= —	*64° 17½′
k : m	= (021) : (110)	= 55° 11′	55° 15′
k : m	= (021) : $(\bar{1}10)$	= 58° 27′	58° 35′
o : o	= (111) : $(1\bar{1}1)$	= —	*61° 36′
o : c	= (111) : (001)	= —	*57° 21′
o : a	= (111) : (100)	= 41° 57′	—
o : k	= (111) : (021)	= 45° 56½′	46° 0′
q : c	= (011) : (001)	= 46° 5′	—
q : a	= (011) : (100)	= 87° 14′	—
r : c	= (101) : (001)	= 51° 5′	—

Sehr vollkommen spaltbar parallel c, vollkommen nach b.

Die Ebene der optischen Achsen ist {010}. Durch c ist das Interferenzbild der einen Achse sichtbar; für Gelb beträgt die Neigung der Achse gegen die Normale von c etwa 5°, für Blau etwa 4°, scheinbar in Luft nach vorn, d. h. im stumpfen Winkel β gelegen.

Die Ätzfiguren auf c-, b- und m-Flächen entsprechen vollkommen monoklin prismatischer Symmetrie; sie konnten durch kurzes Eintauchen in Alkohol oder Äthylacetat leicht hervorgerufen werden.

29. Emil Fischer und Hartmut Noth: Teilweise Acylierung der mehrwertigen Alkohole und Zucker. IV.[1]: Derivate der *d*-Glucose und *d*-Fructose.

Berichte der Deutschen Chemischen Gesellschaft **51**, 321 [1918].

(Eingegangen am 29. Dezember 1917.)

Der Vorteil, den die Benutzung der Aceton-Verbindungen für die teilweise Acylierung der Zucker gewährt, ist in den früheren Mitteilungen an verschiedenen Beispielen dargelegt[2]). Bei dem Interesse, welches speziell die Derivate des Traubenzuckers für die Biologie bieten, schien es wünschenswert, hier eine vollständige Reihe von der Monacyl- bis zur Pentacylverbindung herzustellen. Aus experimentellen Gründen haben wir dafür die Benzoylverbindungen gewählt. Schon bekannt sind zwei stereoisomere Pentabenzoyl-glucosen[3]) und eine Tribenzoyl-glucose, die durch eine krystallisierte Verbindung mit Tetrachlorkohlenstoff gekennzeichnet ist[4]). Die übrigen, von Berthelot, Baumann u. a. erwähnten, unvollständig benzoylierten Glucosen waren offenbar Gemische[5]), und selbst bei den krystallisierten Substanzen, die L. Kueny[6]) als Tribenzoyl- und Tetrabenzoyl-glucose beschrieben hat, ist die Einheitlichkeit nicht sicher. Mit Hilfe der Aceton-Verbindungen ist es uns nun gelungen, die Lücken in obiger Reihe auszufüllen durch Gewinnung von krystallisierter Monobenzoyl-, Dibenzoyl- und Tetrabenzoyl-glucose, deren Bereitungsweise eine Gewähr für ihre Einheitlichkeit gibt.

---

[1]) Vorgelegt der Akad. d. Wissenschaften Berlin am 21. Dezember 1916. Siehe Sitzungsberichte **1916**, 1294. Vergl. auch Chem. Centralbl. **1917**, I, 486.

[2]) E. Fischer, Berichte d. D. Chem. Gesellsch. **48**, 266 [1915]; **49**, 88, 289 [1916] (*S. 268, 277 und 925*); vergl. ferner Sitzungsber. d. Berl. Akad. d. Wiss. **1916**, 570 (Chem. Centralbl. **1916**, II, 132).

[3]) E. Fischer und K. Freudenberg, Berichte d. D. Chem. Gesellsch. **45**, 2725 [1912] (*Depside 302*); Skraup, Monatsh. **10**, 395 [1889]; Kueny, Zeitschr. f. physiol. Chem. **14**, 336 [1890]; Panormoff, Chem. Centralbl. **1891**, II, 853.

[4]) E. Fischer und Ch. Rund, Berichte d. D. Chem. Gesellsch. **49**, 100 [1916]. (*S. 278.*)

[5]) M. Berthelot, Chimie organique fondée sur la synthèse, 1860. Darin Literaturzusammenstellung, Bd. II, S. 166 und 271; E. Baumann, Berichte d. D. Chem. Gesellsch. **19**, 3218 [1886].

[6]) Zeitschr. f. physiol. Chem. **14**, 330f. [1890].

Die erste entsteht aus der Monobenzoyl-diaceton-glucose, die wir ebenfalls krystallisiert erhielten, durch Abspaltung der beiden Acetonreste. Die Tetrabenzoyl-glucose gewannen wir aus der Benzobrom-*d*-glucose[1]) durch Behandlung mit Silbercarbonat in acetonischer Lösung. Für die Bereitung der Dibenzoyl-glucose war folgender Umweg nötig: Diaceton-glucose wurde zunächst in das Acetylderivat verwandelt, und daraus durch Abspaltung von einem Acetonrest die krystallisierte Monacetyl-monaceton-glucose bereitet. Diese nimmt bei der Behandlung mit Benzoylchlorid und Pyridin leicht zwei Benzoylgruppen auf. Die so entstehende, gut krystallisierende Acetyl-dibenzoyl-acetonglucose verliert nun bei partieller Hydrolyse mit verdünnten Mineralsäuren nicht allein den Acetonrest, sondern auch das Acetyl und verwandelt sich in Dibenzoyl-glucose, die ebenfalls krystallisiert. Wie man sieht, wird hier neben der Abspaltung des Acetons ein neuer Kunstgriff benutzt, der auf der leichteren Loslösung des Acetyls gegenüber den fester haftenden Benzoylgruppen beruht, und man darf hoffen, daß er sich auch in anderen, ähnlichen Fällen bewähren wird.

Wir stellen die jetzt sicher bekannten sechs Benzoylderivate der Glucose in folgender Tabelle zusammen:

	Schmp. (korr.)	$[\alpha]_D$ in etwa 5-prozentiger alkoholischer Lösung nach 10 Minuten	nach 1—6 Tagen
Monobenzoyl-glucose + H_2O	104—106°	+ 47,3°	+ 49,3°
Dibenzoyl-glucose	145—146°	+ 56,2°	+ 66,7°
Tribenzoyl-glucose + CCl_4	65—80° unscharf	— 81,1° rasch veränderlich	— 95,3°
Tetrabenzoyl-glucose + Pyridin	103—104°	+ 62,1°	+ 59,7°
Tetrabenzoyl-glucose	119—120°	+ 70,6°	—
Pentabenzoyl-glucose α	157—177° unscharf	+ 107,6°	in Chloroform (a. a. O.)
Pentabenzoyl-glucose β	187 unscharf	+ 23,7°	in Chloroform (a. a. O.)

Mit Ausnahme der Pentaverbindungen enthalten alle diese Stoffe die reduzierende Gruppe der Glucose in freiem Zustand.

So erfreulich es auch ist, nunmehr eine solche Reihe zu kennen, so bescheiden müssen anderseits die Resultate noch erscheinen, wenn man sie mit der großen Zahl von isomeren Substanzen vergleicht, wel-

[1]) E. Fischer und B. Helferich, Liebigs Annal. d. Chem. **383**, 88 [1911]. (*S. 37.*)

che die Theorie voraussieht; denn allein an Strukturisomeren sind möglich 5 Monobenzoyl- und 5 Tetrabenzoylderivate, ferner 10 Dibenzoyl- und 10 Tribenzoylverbindungen; mit Einschluß der Pentabenzoylglucose also 31 Formen, die sich noch verdoppeln, wenn man die Stereoisomerie der α- und β-Glucose mit in Betracht zieht.

Immerhin ist auch das bisherige Resultat für die Biologie von einigem Nutzen, da die Kenntnis der synthetischen Stoffe ihre Aufsuchung unter den natürlichen Körpern erleichtern wird. Wir können dafür gleich ein praktisches Beispiel anführen. Unsere synthetische Monobenzoyl-glucose ist enthalten in dem amorphen Vacciniin, das C. Griebel[1]) in den Preißelbeeren gefunden und bereits als Monobenzoyl-glucose angesprochen hat. Der Beweis dafür ist uns wiederum gelungen durch Benutzung der Acetonverbindungen, die aus der Benzoyl-glucose durch Behandlung mit acetonischer Salzsäure regeneriert werden können und die leichter krystallisieren als die Monobenzoyl-glucose selbst. Die allgemeine Verwendung dieser Methode für die Isolierung von mehrwertigen Alkoholen oder Zuckern und ihren Derivaten aus natürlichen Gemischen pflanzlichen oder tierischen Ursprungs werden wir später besprechen.

Bei den Benzoylderivaten der Fructose sind unsere Beobachtungen lückenhafter geblieben. Wir haben zwar eine Reihe von Benzoyl-, *p*-Brom-benzoyl- und Acetyl-aceton-Derivaten der Fructose rein erhalten, aber die Gewinnung von krystallisierter Monobenzoyl- und Tribenzoyl-fructose ist noch nicht möglich gewesen.

Besser war der Erfolg bei folgenden Galloylderivaten: Die Diaceton-fructose nimmt leicht eine Triacetyl-galloyl-Gruppe auf. Durch Einwirkung von Alkali lassen sich, geradeso wie bei dem entsprechenden Glucosederivat[2]), die drei Acetylgruppen abspalten, und es entsteht die krystallisierte Galloyl-diaceton-fructose. Aus ihr wurde durch weitere Abspaltung der beiden Acetongruppen die Monogalloyl-fructose bereitet. Als schön krystallisierter Stoff verdient sie Beachtung, denn unter den zahlreichen Galloylderivaten der Zucker und mehrwertigen Alkohole, die synthetisch bereitet wurden, befand sich bisher nur eine einzige krystallisierte Substanz. Das ist die Penta-(trimethylgalloyl)-β-glucose, die durch Einwirkung von Trimethyl-galloylchlorid auf β-Glucose gewonnen wurde[3]).

---

[1]) Zeitschr. f. Unters. d. Nahr.- u. Genußm. **19**, 241—252 [1910].

[2]) E. Fischer und M. Bergmann, Sitzungsber. d. Berl. Akad. d. Wiss. **1916**, 581; vgl. Chem. Centralbl. **1916**, II, 134; Berichte d. D. Chem. Gesellsch. **51**, 298 [1918]. (*Depside 487.*)

[3]) E. Fischer und K. Freudenberg, Berichte d. D. Chem. Gesellsch. **47**, 2501, 2489 [1914]. (*Depside 333 und 345.*)

Die Monogalloyl-fructose gleicht durchaus der amorphen Monogalloyl-glucose, und ihre Nichtfällbarkeit durch Leimlösung bestätigt besonders auch die frühere Beobachtung[1]), daß eine einzige Galloylgruppe nicht genügt, um die Zucker in Gerbstoffe zu verwandeln.

Benzoyl-diaceton-glucose, $C_6H_7O_6 \cdot (C_3H_6)_2C_7H_5O$.

Wie früher berichtet[2]), wurde diese Verbindung schon 1914 von Hrn. Kálmán v. Fodor im hiesigen Institut als Öl erhalten, das im Hochvakuum unzersetzt destillierte, dessen Analyse aber keine scharfen Zahlen gab. Wir haben die Verbindung krystallisiert und dadurch rein erhalten.

Für ihre Darstellung werden 10 g Diaceton-glucose mit 5,7 g Chinolin und 5,5 g Benzoylchlorid im verschlossenen Gefäß bei 50—55° aufbewahrt. Allmählich scheidet sich Chinolin-Hydrochlorid ab, und schließlich wird die ganze Masse fest. Nach $2^1/_2$—3 Tagen wird mit Wasser und Äther bis zur Lösung geschüttelt, dann die ätherische Schicht durch sukzessives Waschen mit 2-prozentiger Schwefelsäure, 2-prozentiger Kaliumbicarbonat-Lösung und Wasser gereinigt, schließlich filtriert und unter geringem Druck verdampft. Löst man den zähflüssigen Rückstand in wenig Aceton und läßt diese Lösung langsam im Exsiccator verdunsten, so entsteht eine schwach gelbe, größtenteils krystalline Masse. Zur Reinigung löst man in etwa 70 ccm heißem Ligroin (Sdp. 90°), wobei eine kleine Menge (0,5—1 g) eines gelblichen Pulvers zurückbleibt. Die Lösung wird mit etwas Tierkohle gekocht, filtriert, auf etwa $^1/_5$ ihres Volumens eingeengt, abgekühlt und geimpft, wobei bald Krystallisation erfolgt. Bei Aufarbeitung der Mutterlauge betrug die Ausbeute an fast reinem Produkt 12,6 g oder 90% der Theorie.

Bei der Darstellung der Benzoyl-diaceton-glucose kann an Stelle des Chinolins auch Pyridin verwendet werden.

Zur Analyse war noch zweimal in derselben Weise umkrystallisiert und im Hochvakuum bei 57° und 0,5 mm getrocknet.

0,1607 g Sbst.: 0,3707 g CO_2, 0,0977 g H_2O.

$C_{19}H_{24}O_7$ (364,19). Ber. C 62,60, H 6,64.

Gef. „ 62,91, „ 6,80.

$$[\alpha]_D^{18} = \frac{-2{,}00° \times 1{,}5140}{1 \times 0{,}8068 \times 0{,}0755} = -49{,}7° \text{ (in Alkohol).}$$

$$[\alpha]_D^{18} = \frac{-2{,}00° \times 1{,}7385}{1 \times 0{,}8065 \times 0{,}0869} = -49{,}6° \text{ (in Alkohol).}$$

---

[1]) E. Fischer und M. Bergmann, Sitzungsber. d. Berl. Akad. d. Wiss. **1916**, 581; Berichte d. D. Chem. Gesellsch. **51**, 298 [1918]. (*Depside 487.*)

[2]) E. Fischer, Berichte d. D. Chem. Gesellsch. **48**, 268 [1915]. (*S. 270.*)

Die Substanz schmilzt nach Sintern von 60° ab bei 63—64° (korr.). Sie destilliert im Hochvakuum unzersetzt. Auch bei gewöhnlichem Druck kann sie in kleiner Menge destilliert werden. Sie schmeckt mäßig bitter und reduziert die Fehlingsche Lösung nicht. In Wasser ist sie sehr schwer löslich, dagegen löst sie sich recht leicht in den gewöhnlichen organischen Solvenzien mit Ausnahme von Petroläther und Ligroin.

Benzoyl-monaceton-glucose, $C_6H_9O_6(C_3H_6)C_7H_5O$.

10 g Benzoyl-diaceton-glucose werden in 45 ccm Alkohol von 50° gelöst, mit 15 ccm 2-*n*. Schwefelsäure von 50° vermischt und 70 Minuten bei 50° aufbewahrt. Die gekühlte Lösung wird dann mit *n*-Natronlauge gegen Lackmus neutralisiert, unter geringem Druck zur Trockne verdampft und der Rückstand mit Essigäther ausgekocht. Der filtrierte Essigäther hinterläßt beim Verdampfen unter vermindertem Druck eine krystallinische Masse, die zum größten Teil aus Benzoyl-monaceton-glucose besteht, aber auch noch etwas Benzoyl-diaceton-glucose enthalten kann. Um diese zu entfernen, wird mit trocknem Äther ausgelaugt, worin die Benzoyl-monaceton-glucose sehr schwer löslich ist. Durch Umkrystallisieren des Rückstandes aus heißem Methylalkohol erhält man ein reines Präparat. Ausbeute 6,8 g entsprechend 76% der Theorie.

Zur Analyse war nochmals aus heißem Methylalkohol umkrystallisiert und unter 11 mm bei 100° getrocknet.

0,1530 g Sbst.: 0,3327 g CO_2, 0,0864 g H_2O. — 0,1569 g Sbst.: 0,3396 g CO_2, 0,0890 g H_2O.

$C_{16}H_{20}O_7$ (324,16).	Ber.	C 59,23,	H 6,22.
	Gef.	„ 59,30, 59,03,	„ 6,32, 6,35.

Für die optische Untersuchung diente die Lösung in Äthylalkohol, die aber nur $^1/_2$-prozentig hergestellt werden konnte. Infolgedessen sind die Ablesungsfehler von verhältnismäßig großem Einfluß auf den Wert der spezifischen Drehung:

$$[\alpha]_D^{15} = \frac{+0{,}059° \times 3{,}8250}{2 \times 0{,}0191 \times 0{,}7944} = +7{,}4°.$$

Zwei weitere Bestimmungen ergaben (Gehalt 0,535%): $[\alpha]_D^{20} = +8{,}5°$ und (Gehalt 0,493%) $[\alpha]_D^{14} = +7{,}6°$.

Die reine Benzoyl-monaceton-glucose schmilzt bei 195—197° (korr.) ohne Bräunung und zersetzt sich bei höherer Temperatur. Sie reduziert Fehlingsche Lösung nicht.

Sie ist in kaltem Wasser, Äther, Petroläther sehr schwer löslich, auch von kaltem Alkohol wird sie nur wenig aufgenommen. Viel leichter löst sie sich in der Hitze in Alkohol, Aceton, Essigäther und Chloroform. Auch von warmem Eisessig wird sie ziemlich leicht gelöst.

Die

Verwandlung in Tribenzoyl-aceton-glucose

geht unter den gewöhnlichen Bedingungen so glatt von statten, daß sie mit recht kleinen Mengen durchgeführt werden kann. 0,3 g Benzoyl-monaceton-glucose wurden mit 0,29 g (2,2 Mol.) Benzoylchlorid und zur Lösung mit einem Überschuß von Chinolin (0,6 g) 14 Stunden bei 60° aufbewahrt. Dabei erstarrte die Masse krystallinisch. Nachdem sie mit Wasser und Äther in Lösung gebracht worden war, wurde der abgehobene ätherische Teil mit 1-prozentiger Schwefelsäure und Wasser gewaschen, filtriert und nach Zusatz von etwas Ligroin verdunstet. Dabei krystallisierten farblose Nädelchen. Sie wurden nach dem Absaugen wieder in Äther gelöst und mit 12-prozentiger Kaliumbicarbonat-Lösung mehrere Stunden geschüttelt, um Spuren von Benzoylchlorid zu entfernen. Die abgehobene ätherische Schicht wurde mit Wasser gewaschen, filtriert und nach Ligroinzusatz erneut krystallisiert. Ausbeute 0,3 g oder 61% der Theorie.

Das Präparat zeigte den Schmp. 120—121° (korr.), die optischen Eigenschaften (gefunden $[\alpha]_D^{19} = -92{,}0°$ in Tetrachlorkohlenstoff) und die Zusammensetzung der früher beschriebenen Tribenzoyl-monaceton-glucose[1]).

Monobenzoyl-glucose, $C_6H_{11}O_6 \cdot C_7H_5O$.

Für ihre Darstellung kann man sowohl die Benzoyl-diaceton-glucose wie die Benzoyl-monaceton-verbindung als Ausgangsmaterial benutzen. Die Arbeitsweise ist die gleiche, nur geht im zweiten Falle die Reaktion etwas rascher von statten. Das bequemere Ausgangsmaterial bildet natürlich die Diacetonverbindung.

Man löst 15 g bei 70° in 150 ccm 50-prozentiger Essigsäure und fügt 150 ccm *n*-Schwefelsäure und 75 ccm Wasser von derselben Temperatur zu. Dabei scheidet sich ein Öl aus. Bewahrt man jetzt das Gemisch unter häufigem Umschütteln 4 Stunden bei 70° auf, so geht das Öl größtenteils wieder in Lösung und die Flüssigkeit reduziert zum Schluß sehr stark die Fehlingsche Lösung. Sie wird nach dem Abkühlen mit reinem Bariumcarbonat neutralisiert, filtriert und der schlammige Rückstand sorgfältig mit Alkohol und Wasser nachgewaschen. Das Filtrat wird unter geringem Druck zur Trockne verdampft und mit viel Aceton ausgelaugt, wobei das Bariumacetat zurückbleibt. Beim Verdunsten des Acetons hinterbleibt gewöhnlich eine amorphe Masse. Wir haben daraus zuerst Krystalle erhalten durch Lösen in heißem Essigäther und Verdunsten im Exsiccator, wobei sich lange, weiße Strähnen bilden, die

---

[1]) E. Fischer und Ch. Rund, Berichte d. D. Chem. Gesellsch. **49**, 99 [1916]. (*S. 288.*)

zum größeren Teil aus dem krystallisierten Hydrat der Benzoyl-glucose bestehen, aber auch etwas amorphe, wasserfreie Substanz enthalten. Bequemer zur Reinigung ist die Krystallisation aus Aceton, wobei man das krystallisierte Hydrat erhält. Dasselbe scheidet sich manchmal direkt in derben, glänzenden Krystallen ab, wenn man die eben erwähnte acetonische Lösung des Rohproduktes auf ungefähr 15 ccm einengt und längere Zeit stehen läßt. Rascher erfolgt die Krystallisation natürlich beim Impfen. Zur Reinigung der Krystalle löst man in etwa der 10-fachen Menge warmem Aceton und läßt nach dem Impfen bei Zimmertemperatur stehen. Die Ausbeute an umkrystallisiertem Hydrat betrug bei gut geleiteter Operation die Hälfte der angewandten Diacetonverbindung oder 60% der Theorie.

Zur Analyse war das Präparat nochmals umkrystallisiert und 4 Stunden im Hochvakuum bei Zimmertemperatur getrocknet.

0,1520 g Sbst.: 0,2862 g CO_2, 0,0834 g H_2O. — 0,1623 g Sbst. (nochmals umkrystallisiert): 0,3052 g CO_2, 0,0881 g H_2O.

$C_{13}H_{16}O_7 + H_2O$ (302,14). Ber. C 51,63, H 6,00.
Gef. „ 51,35, 51,29, „ 6,14, 6,07.

Zur optischen Untersuchung diente die wäßrige, zum Vergleich mit den anderen Benzoyl-glucosen die alkoholische Lösung.

In Wasser:

$$\text{nach 10 Minuten: } [\alpha]_D^{21} = \frac{+4{,}59° \times 3{,}1085}{2 \times 0{,}1542 \times 1{,}011} = +45{,}76°,$$

nach 24 Stunden: $\alpha = +4{,}47°$, $[\alpha]_D^{21} = +44{,}57°$.

Ein zweites Präparat gab nach 10 Minuten $[\alpha]_D^{21} = +46{,}3°$, nach 24 Stunden $= +44{,}9°$.

In Alkohol:

$$\text{nach 10 Minuten: } [\alpha]_D^{20} = \frac{+1{,}88° \times 2{,}2312}{1 \times 0{,}1093 \times 0{,}811} = +47{,}32°$$

(zweites Präparat $+47{,}2°$),

nach 24 Stunden: $\alpha = +1{,}96°$, $[\alpha]_D^{20} = +49{,}34°$

(zweites Präparat $+49{,}9°$).

Das Hydrat hat keinen konstanten Schmelzpunkt, es beginnt gegen 95° zu sintern und schmilzt gegen 104—106° (korr.) zu einer farblosen Flüssigkeit, die sich gegen 120° aufbläht und bei höherer Temperatur langsam bräunt.

Zur Bestimmung des Krystallwassers wurde im Hochvakuum bei 56° getrocknet. Dabei geht aber das Wasser sehr langsam weg.

314,4 mg verloren bei 56° und 0,2 mm binnen 6 Tagen 19,3 mg.

$C_{13}H_{16}O_7 + H_2O$ (302,14). Ber. H_2O 5,96. Gef. H_2O 6,14.

Bei weiterem 10-stündigem Trocknen betrug der Gewichtsverlust nur mehr 0,3 mg.

Die wasserfreie Benzoyl-glucose gab folgende Zahlen:

0,1438 g Sbst.: 0,2874 g CO_2, 0,0762 g H_2O. — 0,1141 g Sbst. (anderer Darstellung): 0,2300 g CO_2, 0,0588 g H_2O.

$C_{13}H_{16}O_7$ (284,13). Ber. C 54,90, H 5,68.
Gef. „ 54,51, 54,98, „ 5,93, 5,77.

Die wasserfreie Substanz ist amorph und hygroskopisch, während das krystallisierte Monohydrat diese Eigenschaft nicht hat. Wasserfreie Verbindung und Hydrat sind in kaltem Wasser ziemlich leicht löslich. Sie lösen sich auch leicht in Aceton und Methylalkohol, ziemlich leicht in Alkohol, warmem Essigäther und Pyridin, dagegen schwer in Benzol, Chloroform und fast gar nicht in Äther oder Petroläther. Die wäßrige Lösung reagiert neutral und schmeckt stark bitter. Die Substanz reduziert die Fehlingsche Lösung nahezu ebenso stark wie die entsprechende Menge Glucose. Mit alkoholischer Kalilauge gibt sie sehr bald den Geruch nach Benzoesäure-äthylester.

Durch Erhitzen mit *n.*-Salzsäure auf dem Wasserbade wird die Benzoyl-glucose ziemlich rasch in Benzoesäure und Traubenzucker gespalten. Schon nach $^1/_2$ Stunde läßt sich Benzoesäure in reichlicher Menge nachweisen.

Bei der amorphen *p*-Brombenzoyl-glucose wurde früher[1]) die merkwürdige Beobachtung gemacht, daß schon beim Erhitzen auf 100° ziemlich rasch starke Abnahme des Reduktionsvermögens eintritt und ein in Wasser sehr schwer lösliches, amorphes Produkt entsteht, das ein Molekül Wasser weniger zu enthalten scheint. Wir haben mit dem alten Präparate den Versuch mit dem gleichen Ergebnis wiederholt. Im Gegensatz dazu zeigte die krystallisierte Monobenzoyl-glucose beim mehrstündigen Erhitzen auf 100° keine wesentliche Veränderung, vor allen Dingen keine Abnahme des Reduktionsvermögens. Selbst bei zweistündigem Erhitzen auf 110—120° wurde nur die Bildung von wenig Benzoesäure beobachtet. Worauf dieser Unterschied zwischen der Benzoyl- und der *p*-Brom-benzoylverbindung, die nach der Synthese die gleiche Struktur haben sollte, beruht, ist nicht klar. Man kann nur vermuten, daß das amorphe *p*-Brombenzoylderivat entweder eine andere Konfiguration hat oder daß die darin enthaltenen Verunreinigungen katalytisch die erwähnte Veränderung hervorrufen.

Rückverwandlung in Benzoyl-diaceton-glucose. Löst man die Monobenzoyl-glucose oder ihr Hydrat in der 20fachen Menge trocknem Aceton, das 1% Chlorwasserstoff enthält, und läßt bei Zimmertemperatur stehen, so ist nach 2 Tagen das Reduktionsvermögen verschwunden. Zur Isolierung der Aceton-Verbindung neutralisiert man

---

[1]) E. Fischer und Ch. Rund, Berichte d. D. Chem. Gesellsch. **49**, 105 [1916]. (*S. 292.*)

mit Silbercarbonat, verdampft das Filtrat unter Zusatz von etwas Silbercarbonat unter vermindertem Druck, extrahiert den Rückstand wieder mit trocknem Aceton und verdampft abermals. Aus dem zurückbleibenden gelblichen Öl läßt sich die Benzoyl-diaceton-glucose in sehr guter Ausbeute auf die früher beschriebene Weise krystallisiert gewinnen. Sie wurde durch den Schmp. 62—63° (korr.) und eine Mikrodrehung $[\alpha]_D^{20} = +47°$ identifiziert.

Verhalten der Monobenzoyl-glucose gegen Phenylhydrazin. In kalter, wäßriger Lösung vereinigen sich beide zu einem Produkt von der Zusammensetzung des Hydrazons. Für dessen Bereitung werden 0,5 g Benzoyl-glucose in 20 ccm Wasser gelöst und eine klare Mischung von 0,75 g Phenylhydrazin-Hydrochlorid und 1,5 g krystallisiertem Natriumacetat in 5 ccm Wasser zugegeben. Das Gemisch färbt sich schnell gelb und wird dann trübe durch Ausscheidung eines Öles. Dieses erstarrt bei längerem Aufbewahren, schneller bei längerem Schütteln mit demselben Volumen Wasser, teilweise krystallinisch. Rascher erfolgt die Krystallisation beim Impfen. Nach Entfernen der wäßrigen Lösung wird die teilweise feste Masse mit Äther gewaschen, wobei das Öl in Lösung geht, und die Krystalle durch Lösen in wenig warmem Methylalkohol und Zusatz der gleichen Menge Wasser wieder abgeschieden. Man erhält so hellgelbe, schräg abgeschnittene, schmale Prismen, welche die Zusammensetzung des Phenylhydrazons haben. Die Ausbeute ist schlecht, sie beträgt etwa 0,1 g. Das Hauptprodukt bleibt ölig, vielleicht ist es ein isomeres Phenylhydrazon.

Zur Analyse war bei Zimmertemperatur im Hochvakuum getrocknet:

0,0764 g Sbst.: 0,1703 g CO_2, 0,0402 g H_2O.
Stickstoffbestimmung nach Pregl (anderes Präparat):
8,93 mg Sbst.: 0,595 ccm N (20°, 760 mm über 50% KOH).

		C	H	N
$C_{19}H_{22}O_6N_2$ (374,20).	Ber.	C 60,93,	H 5,93,	N 7.50.
	Gef.	„ 60,79,	„ 5,89,	„ 7,76.

Mikrodrehung in Pyridin:

$$\text{nach 23 Minuten: } [\alpha]_D^{20} = \frac{+0{,}142° \times 0{,}30965}{0{,}5 \times 0{,}00806 \times 0{,}982} = +11{,}1°,$$

$$\text{nach 7 Stunden: } \alpha = +0{,}16°, \ [\alpha]_D^{20} = +12{,}5°.$$

Die Substanz beginnt im Capillarrohr gegen 140° zu sintern und schmilzt beim raschen Erhitzen gegen 146—147° (korr.) zu einer rotbraunen Flüssigkeit, die sich bald nachher unter Aufblähen zersetzt. Sie schmeckt stark bitter, löst sich sehr schwer in Wasser, auch schwer in Äther, Chloroform, Benzol, Petroläther, leichter in Alkohol und Pyridin. Mit alkoholischer Natronlauge gibt sie deutlichen Geruch von Benzoesäure-äthylester.

Komplizierter verläuft die Einwirkung des Phenylhydrazins in der Hitze. Werden 0,5 g Benzoyl-glucose, 1 g Phenylhydrazin-Hydrochlorid und 1,5 g Natriumacetat mit 3,5 ccm Wasser auf dem Wasserbad erwärmt, so tritt rasch Lösung, Gelbfärbung und Abscheidung eines Öles ein. Nach etwa einer halben Stunde ist die ölige Schicht dunkelbraun, später schwärzlich und teilweise krystallinisch. Nach $^5/_4$ Stunden wurde abgesaugt, mit warmem Wasser, dann mit kaltem Aceton gewaschen, wobei der ölige und dunkle Teil sich löste, und der Rückstand von 0,15 g aus 60-prozentigem Alkohol umkrystallisiert. Das Präparat besaß dann alle Eigenschaften des Phenylglucosazons.

Nach dem geschilderten Verlaufe der Reaktion ist es möglich, daß zuerst ein benzoyliertes Phenylglucosazon entsteht, das nachträglich der Spaltung in Benzoesäure und Phenylglucosazon unterliegt. Wir haben uns aber vergeblich bemüht, den Beweis dafür zu finden.

Die Bildung des Phenylglucosazons aus der Benzoyl-glucose erinnert an die gleiche Verwandlung der Galloyl-glucose[1]), nur erfolgt im letzten Falle die Reaktion rascher, und das Produkt ist von vornherein viel reiner.

Vergleich der Monobenzoyl-glucose mit dem Vacciniin.

Wie schon erwähnt, hat C. Griebel[2]) vor sechs Jahren aus dem Safte der Preißelbeeren in geringer Menge einen Stoff isoliert, den er Vacciniin nannte und als eine Monobenzoyl-glucose ansprach. Allerdings gelang ihm die Krystallisation nicht, und auch auf die Analyse des amorphen Präparates, das zudem noch etwas Asche enthielt, mußte er verzichten, aber die Hydrolyse durch Alkali gab Benzoesäure und *d*-Glucose ungefähr in äquivalenter Menge. Ferner erhielt er durch Phenylhydrazin ein krystallisiertes Derivat von der Zusammensetzung eines Phenylhydrazons, $C_6H_5 \cdot CO \cdot C_6H_{11}O_5 : N_2H \cdot C_6H_5$, das bei 135 bis 136° schmolz. Endlich fand er die spezifische Drehung des amorphen Vacciniins in alkoholischer Lösung $[\alpha]_D = + 48°$. Man sieht daraus, daß das Vacciniin manche Ähnlichkeit mit unserer synthetischen Monobenzoyl-glucose zeigt; denn die Differenz im Schmelzpunkt des Phenylhydrazons, die etwa 11° beträgt, ist nicht groß genug, um die Verschiedenheit zu beweisen, da die Schmelzpunkte solcher Hydrazone durch geringe Verunreinigungen stark beeinflußt werden. Da auch in den Löslichkeitsverhältnissen, dem Geschmack und dem Verhalten gegen Fehlingsche Lösung zwischen dem natürlichen und künstlichen Stoff große Ähnlichkeit besteht, so haben wir geglaubt, einen Vergleich beider

---

[1]) E. Fischer und M. Bergmann, Sitzungsber. d. Akad. d. Wiss. **1916**, 586; Berichte d. D. Chem. Gesellsch. **51**, 298 [1918]. (*Depside 487.*)

[2]) Zeitschr. f. Unters. d. Nahr.- u. Genußm. **19**, 241—252 [1910].

vornehmen zu sollen. Leider waren wir nicht in der Lage, das Vacciniin aus Preißelbeersaft selbst zu isolieren, aber Hr. Griebel hatte die Freundlichkeit, uns den Rest seiner Präparate zur Verfügung zu stellen. Das eine war eine wäßrige Lösung von Rohvacciniin, die beim Verdunsten etwa 0,8 g hinterließ, das zweite eine alkoholische Lösung von reinem Vacciniin mit einem Gehalt von 0,2 g. Es ist möglich, daß bei dem jahrelangen Aufbewahren der Lösungen eine teilweise Veränderung des Stoffes stattgefunden hat. In der Tat war es uns nicht möglich, aus diesen beiden Präparaten durch Impfen mit unserem krystallisierten Stoffe die Benzoyl-glucose krystallisiert abzuscheiden. Dagegen ist es gelungen, aus dem Rückstand der wäßrigen Lösung durch Acetonylierung auf folgende Weise Benzoyl-monaceton-glucose zu erhalten:

Die durch Verdunsten der wäßrigen Lösung erhaltene amorphe, hygroskopische Masse im Gewicht von 0,94 g wurde mit 30 ccm trocknem Aceton, das 1% Chlorwasserstoff enthielt, übergossen und mechanisch durchgearbeitet. Dabei ging der größte Teil in Lösung, während eine zähe, bräunliche, stark reduzierende Masse zurückblieb. Die acetonische Lösung hatte nach 14stündigem Aufbewahren bei Zimmertemperatur die Fähigkeit, Fehlingsche Lösung zu reduzieren, verloren. Nach weiterem 2-tägigen Stehen wurde sie mit Silbercarbonat neutralisiert, das Filtrat unter Zusatz von wenig Silbercarbonat unter vermindertem Druck zur Trockne gebracht, der Rückstand mit Aceton ausgelaugt und das Filtrat im Exsiccator verdunstet. Der Rückstand (0,97 g) war ein Gemisch von viereckigen Plättchen mit einem gelblichen Öle, die sich beide in Ligroin kaum lösten. Die Gesamtmasse wurde in warmem Methylalkohol gelöst und durch vorsichtigen Zusatz von Wasser die Abscheidung der Krystalle bewerkstelligt. Ausbeute 0,25 g. Die völlige Reinigung der noch gefärbten Krystalle gelang, allerdings unter erheblichem Verlust, durch mehrmaliges Umlösen aus wenig warmem Methylalkohol unter Behandlung mit Tierkohle. Schließlich erhielten wir etwa 35 mg feine, farblose Nadeln, die ab 195° sinterten und den Schmp. 201—202° (korr.), die Löslichkeitsverhältnisse und auch die spezifische Drehung der zuvor beschriebenen Benzoylmonaceton-glucose besaßen.

Hr. Prof. F. Pregl in Graz hatte die Güte, mit dem Präparat zwei Mikroanalysen ausführen zu lassen, und stellte uns die von Hrn. Dr. Lieb erhaltenen Werte zur Verfügung:

I. 4,486 mg Sbst.: 9,615 mg CO_2, 2,44 mg H_2O. — II. 4,345 mg Sbst.: 9,305 mg CO_2, 2,32 mg H_2O.

Das Präparat enthielt noch 0,4% Asche. Wenn man danach obige Zahlen korrigiert, so ergeben sich Werte, die mit der Formel leidlich übereinstimmen.

$C_{16}H_{20}O_7$ (324,16). Ber. C 59,23, H 6,22.
Gef. „ 58,69, 58,64, „ 6,11, 6,00.

Wir sind deshalb überzeugt, daß die aus dem Vacciniin erhaltene Aceton-Verbindung mit der synthetischen Benzoyl-monaceton-glucose identisch ist. Daraus ergibt sich ferner, daß das Vacciniin, welches wir von Hrn. Griebel erhielten, die gleiche Monobenzoyl-glucose enthält, die von uns synthetisch bereitet wurde. Andererseits muß man aber aus der schlechten Ausbeute an Benzoyl-monaceton-glucose den Schluß ziehen, daß noch erhebliche Mengen anderer Stoffe zugegen waren. Ob das auch für das frische Präparat, wie es von Herrn Griebel beschrieben wurde, zutrifft, können wir nicht sagen. Es wäre aber immerhin möglich, daß in den Preißelbeeren verschiedene Monobenzoyl-glucosen enthalten sind, und wir beabsichtigen deshalb, nach Beendigung des Krieges den frischen Preißelbeersaft darauf zu prüfen.

Unter den angewendeten Versuchsbedingungen hätte allerdings aus der Monobenzoyl-glucose nicht die Monaceton-, sondern die Diacetonverbindung entstehen müssen. Wir vermuten deshalb, daß durch irgendeinen Zufall, vielleicht durch eine Spur von Säure, die ursprünglich entstandene Diacetonverbindung in die Benzoyl-monaceton-glucose zurückverwandelt wurde, deren Isolierung oben beschrieben ist. Jedenfalls zeigt unser positives Resultat die Vorteile, welche die vorher schon besprochene Acetonylierungsmethode zur Isolierung von Zuckerderivaten aus natürlichen Gemischen organischer Stoffe hat.

Das gleiche Verfahren dürfte sich auch in anderen Fällen zur Isolierung von manchen mehrwertigen Alkoholen oder Zuckern aus komplizierten Gemischen, z. B. pflanzlichen oder tierischen Säften, eignen, da die Aceton-Verbindungen ganz andere Löslichkeitsverhältnisse besitzen als die Ausgangsmaterialien. Wir haben darüber bereits einige Versuche angestellt und beabsichtigen, später das Ergebnis ausführlicher mitzuteilen.

Tetrabenzoyl-glucose, $C_6H_8O_6(C_7H_5O)_4$.

Ähnlich der Tetraacetyl-glucose entsteht sie aus der Benzobrom-*d*-glucose[1]) durch Behandlung mit Silbercarbonat. Zu dem Zweck löst man 10 g Benzobrom-*d*-glucose, die nicht krystallisiert zu sein braucht, in 30 ccm Aceton, fügt $^1/_2$ ccm Wasser und 7 g frisch dargestelltes Silbercarbonat zu und schüttelt $^5/_4$ Stunden auf der Maschine, wobei es nötig ist, von Zeit zu Zeit die frei werdende Kohlensäure abzulassen. Die halogenfreie, farblose Flüssigkeit wird über ein mit Tierkohle ge-

[1]) E. Fischer und B. Helferich, Liebigs Annal. d. Chem. **383**, 88 [1911]. (*S. 37.*)

dichtetes Filter abgesaugt, mit Aceton nachgewaschen und das Filtrat unter stark vermindertem Druck verdunstet. Der Rückstand ist eine farblose, amorphe, blasige Masse, und die Ausbeute ist fast quantitativ (8,7 g).

Zur Analyse wurde zwei Tage im Hochvakuum bei Zimmertemperatur über Phosphorpentoxyd getrocknet.

0,1435 g Sbst.: 0,3596 g CO_2, 0,0644 g H_2O.

$C_{34}H_{28}O_{10}$ (596,22). Ber. C 68,43, H 4,73.
Gef. „ 68,34, „ 5,02.

Dieses amorphe Präparat ist sehr wahrscheinlich ein Gemisch von zwei Stereoisomeren, deren Entstehung aus der Bromverbindung nichts Überraschendes hat. Dementsprechend besitzt es auch keinen bestimmten Schmelzpunkt. Es begann schon gegen 75° zu sintern, schmolz dann allmählich bei 105—110° und zeigte schon bei 130° Blasenbildung. Auch das optische Verhalten steht damit in Einklang, denn die alkoholische Lösung zeigt deutliche Mutarotation.

$$\text{Nach 10 Minuten: } [\alpha]_D^{17} = \frac{+1{,}88^\circ \times 1{,}9337}{1 \times 0{,}0937 \times 0{,}8054} = +48{,}17^\circ,$$

$$\text{nach 3 Tagen: } \alpha = +2{,}47^\circ,\ [\alpha]_D^{17} = +63{,}29^\circ.$$

Die amorphe Tetrabenzoyl-glucose ist in Wasser fast unlöslich. Auch in kaltem, verdünntem Alkali löst sie sich, im Gegensatz zu der entsprechenden Tetraacetyl-glucose[1]), kaum. In den gebräuchlichen organischen Lösungsmitteln, mit Ausnahme von Petroläther und Ligroin, ist sie leicht löslich.

Die Gewinnung der krystallisierten Tetrabenzoyl-glucose hat einige Mühe gekostet. Zwar erhält man leicht Krystalle aus Methylalkohol oder aus Pyridin, aber in beiden Fällen entstehen Additionsprodukte. Dagegen haben wir die reine, krystallisierte Substanz auf folgende Weise aus Ligroin erhalten:

Das amorphe Präparat wird in viel heißem Ligroin (Sdp. 90—120°) gelöst. Beim Abkühlen scheidet sich zunächst Öl ab, und aus der filtrierten Flüssigkeit fallen beim Stehen feine, farblose Nädelchen aus, die oft zentrisch angeordnet sind. Sie wurden abfiltriert, dann im Exsiccator über Paraffin und zum Schluß bei 78° im Hochvakuum getrocknet, wobei zwar Gewichtsverlust, aber keine Verwitterung bemerkbar war.

0,1535 g Sbst.: 0,3853 g CO_2, 0,0656 g H_2O. — 0,1710 g Sbst. (anderes Präparat): 0,4289 g CO_2, 0,0771 g H_2O.

$C_{34}H_{28}O_{10}$ (596,22). Ber. C 68,43, H 4,73.
Gef. „ 68,46, 68,40, „ 4,78, 5,04.

---

[1]) E. Fischer und K. Delbrück, Berichte d. D. Chem. Gesellsch. **42**, 2779 [1909]. (*S. 243.*)

Das Präparat schmolz nach geringem Sintern bei 119—120° (korr.) zu einer zähen Flüssigkeit. Die alkoholische Lösung zeigte bei anderthalbtägigem Aufbewahren keine Mutarotation.

$$[\alpha]_D^{21} = \frac{+3{,}01^\circ \times 1{,}7819}{1 \times 0{,}0943 \times 0{,}806} = +70{,}6^\circ.$$

Diese Beobachtungen sprechen dafür, daß das Präparat einheitlich ist.

Will man die Tetrabenzoyl-glucose aus Methylalkohol krystallisieren, so löst man das amorphe Rohprodukt in der doppelten Menge warmen Methylalkohols und läßt langsam eindunsten. Dabei scheiden sich lange, biegsame, oft kugelig angeordnete Nadeln ab. Im lufttrockenen Zustand zeigten sie keine bestimmte Zusammensetzung. Der Kohlenstoffgehalt war etwa 3% kleiner als derjenige der freien Tetrabenzoylglucose, und der Wasserstoffgehalt war etwas höher. Auch der Schmelzpunkt war ganz unkonstant. Sie scheinen sowohl Methylalkohol als auch Wasser zu enthalten. Schon im Vakuumexsiccator verwittern sie, und nach dem Trocknen bei 78° im Hochvakuum bleibt unter einem Gewichtsverlust von ungefähr 4,8% eine glasige, nicht hygroskopische Masse zurück, welche die Zusammensetzung der Tetrabenzoyl-glucose zeigt.

0,2005 g Sbst.: 0,5035 g CO_2, 0,0877 g H_2O. — Anderes Präparat: 0,1537 g Sbst.: 0,3854 g CO_2, 0,0684 g H_2O.

$C_{34}H_{28}O_{10}$ (596,22). Ber. C 68,43, H 4,73.
Gef. „ 68,49, 68,39, „ 4,89, 4,98.

Die alkoholische Lösung dieses glasigen Produktes zeigte geringe Mutarotation.

$$\text{Nach 10 Min.: } [\alpha]_D^{17} = \frac{+2{,}46^\circ \times 2{,}4221}{1 \times 0{,}1203 \times 0{,}8056} = +61{,}5^\circ,$$

$$\text{nach 4 Tagen: } \alpha = +2{,}56^\circ, \ [\alpha]_D^{17} = +64{,}0^\circ.$$

Verbindung der Tetrabenzoyl-glucose mit Pyridin. Löst man 3 g amorphe Tetrabenzoyl-glucose in 1,2 ccm heißem Pyridin, so verwandelt sich die Masse bei langsamem Abkühlen in einen dicken Brei von farblosen Nadeln. Diese wurden abgesaugt, gepreßt und im Vakuumexsiccator über Paraffin und Phosphorpentoxyd aufbewahrt. Sie riechen dann nicht mehr nach Pyridin. Sie wurden zur Analyse $1^1/_2$ Tage im Hochvakuum bei Zimmertemperatur getrocknet und zeigten die Zusammensetzung $C_{39}H_{33}O_{10}N$ (675,27), enthalten mithin Tetrabenzoyl-glucose und Pyridin im molekularen Verhältnis.

0,1779 g Sbst.: 0,4521 g CO_2, 0,0821 g H_2O. — 0,1643 g Sbst. (anderes Präparat): 3,2 ccm N (20°, 760 mm) über 33-prozentiger Kalilauge gemessen.

$C_{39}H_{33}O_{10}N$ (675,27). Ber. C 69,31, H 4,93, N 2,07.
Gef. „ 69,31, „ 5,16, „ 2,24.

Die Verbindung schmilzt im Capillarrohr ziemlich scharf bei 103 bis 104° (korr.). Von etwa 150° an tritt starke Zersetzung ein, wobei Pyridin entweicht. Eine ähnliche Zersetzung erfolgt langsam schon bei 100°, und der Gewichtsverlust entspricht dann dem Pyridingehalt.

0,5891 g Sbst. verloren bei 4-tägigem Erhitzen auf 78—100° im Hochvakuum über Chlorcalcium 0,0697 g.

$C_{34}H_{28}O_{10} + C_5H_5N$. Ber. 11,70% Pyridin. Gef. 11,83% Pyridin.

Dabei bräunte sich die Masse allmählich, und zum Schluß sublimierte eine geringe Menge von Benzoesäure. Auch beim Kochen mit Wasser entweicht Pyridin, und beim Umkrystallisieren aus Methylalkohol wird das Pyridin gleichfalls entfernt. Trotzdem haben wir die Drehung in alkoholischer Lösung noch bestimmt, weil die Pyridinverbindung wegen ihrer schönen Eigenschaften für die Identifizierung der Tetrabenzoyl-glucose geeignet erscheint.

$$\text{Nach 7 Min.: } [\alpha]_D^{24} = \frac{+2{,}39^\circ \times 1{,}4867}{1 \times 0{,}0715 \times 0{,}8006} = +62{,}07^\circ,$$

$$\text{nach 24 Stunden: } \alpha = +2{,}30^\circ,\ [\alpha]_D^{24} = +59{,}73^\circ.$$

Eine zweite Bestimmung gab nach 7 Min. $[\alpha]_D^{24} = +62{,}71^\circ$,
„ 24 Std. $[\alpha]_D^{24} = +60{,}45^\circ$.

Acetyl-diaceton-glucose, $C_6H_7O_6(C_3H_6)_2 \cdot C_2H_3O$.

20 g Diaceton-glucose werden mit einer auf 0° gekühlten Mischung von 15 g trockenem Pyridin und 9,5 g Essigsäureanhydrid bis zur rasch eintretenden Lösung geschüttelt und 14 Stunden im Eisschrank aufbewahrt. Gießt man dann die gelbliche Flüssigkeit in die doppelte Gewichtsmenge 1-prozentiger Schwefelsäure, die auf 0° gekühlt ist, so scheidet sich ein Öl ab, das bei mechanischer Durcharbeitung mit der Säure nach einiger Zeit zu einer festen, nahezu weißen Masse erstarrt. Ausbeute etwa 21 g oder 90% der Theorie. Zur Reinigung löst man in 60 ccm warmem Methylalkohol, fügt 30 ccm Wasser zu und kühlt die etwas trübe Flüssigkeit auf 0°. Man erhält so farblose Plättchen. Zur Analyse war nochmals umkrystallisiert und im Hochvakuum über Phosphorpentoxyd getrocknet.

0,1538 g Sbst.: 0,3122 g CO_2, 0,1042 g H_2O.

$C_{14}H_{22}O_7$ (302,18). Ber. C 55,59, H 7,34.
Gef. „ 55,36, „ 7,58.

Zur optischen Untersuchung diente die alkoholische Lösung:

$$[\alpha]_D^{22} = \frac{-1{,}23^\circ \times 2{,}1865}{1 \times 0{,}1067 \times 0{,}8002} = -31{,}5^\circ,$$

$$[\alpha]_D^{22} = \frac{-1{,}25^\circ \times 2{,}0828}{1 \times 0{,}1031 \times 0{,}8002} = -31{,}56^\circ.$$

Die Substanz schmilzt nach geringem Sintern bei 62—63°. Sie beginnt im Hochvakuum schon gegen 50—60° zu sublimieren und läßt sich darin unzersetzt destillieren. Sie schmeckt sehr bitter und reduziert Fehlingsche Lösung nicht. In warmem Wasser ist sie verhältnismäßig leicht löslich, auch in kaltem Wasser keineswegs unlöslich. Von den üblichen organischen Solvenzien wird sie leicht bis sehr leicht aufgenommen, selbst in Petroläther und Ligroin ist sie ziemlich leicht löslich. Beim Verdunsten der methylalkoholischen Lösung bilden sich meist viereckige Plättchen, oft auch charakteristische zehnseitige Formen.

Acetyl-monaceton-glucose, $C_6H_9O_6(C_3H_6) \cdot C_2H_3O$.

10 g Acetyl-diaceton-glucose werden in 40 ccm Alkohol bei 50° gelöst, dann 16 ccm 2 *n*.-Schwefelsäure von 50° zugegeben und die Mischung 70 Minuten bei derselben Temperatur gehalten. Man neutralisiert nun die eisgekühlte Lösung mit *n*.-Natronlauge gegen Lackmus, verdunstet die Flüssigkeit unter geringem Druck und extrahiert den Rückstand mehrmals mit warmem Essigäther. Beim Verdampfen dieser Lösung unter vermindertem Druck bleibt die Acetyl-monaceton-glucose als farblose Krystallmasse zurück. Ausbeute etwa 7 g oder 80% der Theorie.

Zur Analyse wurde zweimal in der 10fachen Menge warmem Aceton gelöst und die auf die Hälfte eingeengte Flüssigkeit durch Abkühlen zur Krystallisation gebracht.

0,1468 g Sbst. (bei 78° und 0,2 mm getrocknet): 0,2711 g CO_2, 0,0932 g H_2O.
$C_{11}H_{18}O_7$ (262,14). Ber. C 50,35, H 6,92.
Gef. „ 50,37, „ 7,10.

$$[\alpha]_D^{24} = \frac{-0{,}25° \times 2{,}2696}{1 \times 0{,}1130 \times 0{,}8002} = -6{,}27° \text{ (in Alkohol)},$$

$$[\alpha]_D^{24} = \frac{-0{,}22° \times 1{,}7003}{1 \times 0{,}0848 \times 0{,}8002} = -5{,}5° \text{ (in Alkohol)}.$$

Die Substanz beginnt im Capillarrohr gegen 140° zu sintern und schmilzt bei 144—146° (korr.). Im Hochvakuum läßt sie sich unzersetzt destillieren. Sie reduziert Fehlingsche Lösung nicht. Geschmack bitter und etwas fade.

Sie löst sich leicht in Wasser, ziemlich leicht in Methylalkohol, Alkohol, Aceton, Chloroform und dann sukzessive schwerer in Äther, Benzol und Petroläther.

Acetyl-dibenzoyl-aceton-glucose, $C_6H_7O_6(C_3H_6)(C_7H_5O)_2 \cdot C_2H_3O$.

5 g Acetyl-monaceton-glucose werden in 6,5 g Pyridin (4,3 Mol.) gelöst, auf 0° abgekühlt und unter dauernder Kühlung mit 5,6 g Ben-

zoylchlorid (2,1 Mol.) versetzt. Die Mischung erstarrt bald krystallinisch. Zur Vervollständigung der Reaktion wird sie noch 12 Stunden bei 50° aufbewahrt, dann in Wasser und wenig Äther gelöst, der abgehobene Äther noch mit Wasser gewaschen und in der Kälte verdunstet. Dabei scheidet sich die Substanz in mehrseitigen, oft langgestreckten Plättchen ab. Ausbeute 7,1 g oder fast 80% der Theorie.

Zur Analyse wurden sie zweimal aus wenig warmem Methylalkohol unter Kühlung auf 0° umkrystallisiert.

0,1403 g Sbst.: 0,3282 g CO_2, 0,0701 g H_2O.

$C_{25}H_{26}O_9$ (470,21). Ber. C 63,80, H 5,57.

Gef. „ 63,80, „ 5,59.

Für die optische Untersuchung diente die Lösung in trockenem Aceton:

$$[\alpha]_D^{25} = \frac{-2{,}95° \times 2{,}7930}{1 \times 0{,}1384 \times 0{,}8047} = -73{,}98°.$$

Ein anderes Präparat gab $[\alpha]_D^{22} = -74{,}41°$.

Die Substanz schmilzt nach geringem Sintern bei 114—115° (korr.). Sie ist in Wasser sehr schwer löslich und löst sich auch ziemlich schwer in kaltem Methyl- oder Äthylalkohol; denn eine in der Wärme bereitete 5-prozentige äthylalkoholische Lösung schied bei Zimmertemperatur noch reichlich Krystalle ab. In den übrigen gebräuchlichen organischen Lösungsmitteln mit Ausnahme von Petroläther und Ligroin ist sie leicht löslich.

Dibenzoyl-glucose, $C_6H_{10}O_6(C_7H_5O)_2$.

Sie entsteht aus dem vorhergehenden Körper durch Hydrolyse mit Schwefelsäure. Es ist aber nötig, ein Lösungsmittel zuzusetzen und, da Alkohol sekundäre Veränderungen hervorrufen kann, so haben wir dafür Aceton gewählt.

4 g Acetyl-dibenzoyl-monaceton-glucose werden in 40 ccm gewöhnlichem Aceton gelöst, mit 10 ccm 5 *n*.-Schwefelsäure versetzt und das Gemisch in einer Druckflasche 2 Stunden bei 90° aufbewahrt. Die Flüssigkeit bräunt sich dabei und reduziert zum Schluß stark die Fehlingsche Lösung. Sie wird nun mit 200 ccm Wasser versetzt, wobei ein braunes Öl ausfällt, und unter geringem Druck auf das ursprüngliche Volumen eingedampft. In zwei Fällen haben wir durch wiederholte Zugabe von Wasser und mehrmalige Destillation die Essigsäure ganz abgetrieben und durch Titration bestimmt. Ihre Menge entsprach ungefähr der berechneten. Die Säure wurde auch noch in Form des Silbersalzes isoliert. Handelt es sich ausschließlich um die Isolierung der Dibenzoyl-glucose, so wird der beim erstmaligen Eindampfen und Abtreiben des Acetons ausfallende Sirup direkt mehrmals ausgeäthert, der äthe-

rische Auszug zuerst mit wenig 1-prozentiger Kaliumbicarbonat-Lösung, dann mit Wasser gewaschen, filtriert und schließlich unter vermindertem Druck verdampft. Den braunen, sirupösen oder blasigen Rückstand löst man in warmem, käuflichem Chlorbenzol, konzentriert diese Lösung unter vermindertem Druck auf ungefähr 10 ccm und läßt bei Zimmertemperatur langsam verdunsten. Dabei scheidet sich die Dibenzoylglucose in feinen, schwach gelblichen Nädelchen (1,7 g) ab. Die Mutterlauge gab noch eine geringe zweite Krystallisation. Gesamtausbeute 1,9 g oder 57% der Theorie.

Zur völligen Reinigung wurde 1 g wieder in warmem Chlorbenzol gelöst und unter vermindertem Druck auf ungefähr 15 ccm eingeengt. Beim eintägigen Stehen fielen 0,8 g farbloser kurzer Nadeln aus. An Stelle der Nadeln erhält man zuweilen wetzsteinähnliche Formen oder wohlausgebildete, sechseckige Plättchen. Die lufttrockene Substanz verlor bei 78° und 0,2 mm nur sehr wenig an Gewicht.

0,1485 g Sbst.: 0,3374 g CO_2, 0,0696 g H_2O. — 0,1156 g Sbst.: 0,2617 g CO_2, 0,0530 g H_2O (anderes Präparat).

$C_{20}H_{20}O_8$ (388,16). Ber. C 61,83, H 5,19.
Gef. „ 61,97, 61,74, „ 5,25, 5,13.

Zur optischen Bestimmung diente die alkoholische Lösung:

$$\text{Nach 10 Minuten: } [\alpha]_D^{19} = \frac{+2{,}30^\circ \times 1{,}2621}{1 \times 0{,}0637 \times 0{,}8105} = +56{,}2^\circ.$$

$$\text{nach 6 Tagen: } \alpha = +2{,}73^\circ,\ [\alpha]_D^{19} = +66{,}7^\circ.$$

Ein zweites Präparat zeigte nach 10 Minuten: $[\alpha]_D^{19} = +55{,}0^\circ$.

Im Capillarrohr beginnt die Substanz gegen 141° zu sintern und schmilzt bei 145—146° (korr.) zu einer farblosen Flüssigkeit, die über 180° anfängt braun zu werden und sich gegen 200° stark zersetzt.

Sie löst sich in kaltem Wasser sehr schwer, in heißem etwas leichter, kommt aber beim Erkalten nicht wieder heraus. In Alkohol, Essigäther, Aceton, Pyridin ist sie leicht löslich, schwerer in Äther, Chloroform, Acetylentetrachlorid, sehr schwer in Tetrachlorkohlenstoff, Benzol und Ligroin. Sie läßt sich auch aus Äther, Essigäther, Benzol, leichter aus Äthylbutyrat, Bromoform und Diäthylmalonsäureester krystallisieren, aber nicht so gut wie aus Chlorbenzol. In kaltem Kaliumbicarbonat ist sie nahezu unlöslich. Von alkoholischem Alkali wird sie in der Kälte rasch verseift, wobei der Geruch nach Benzoesäureäthylester auftritt, und die mit Wasser versetzte Flüssigkeit reduziert dann stark die Fehlingsche Lösung.

Die Behandlung mit 3,5 Mol. *p*-Brom-benzoylchlorid und 7,5 Mol. Pyridin[1]), die 2 Tage bei 70—75° dauerte, gab eine Substanz, die nach

[1]) Vgl. Sitzungsber. d. Akad. d. Wiss. **1916**, 570 (Chem. Centralbl. **1916**, II, 132); Berichte d. D. Chem. Gesellsch. **51**, 298 [1918]. (*Depside 487.*)

der sorgfältigen Entfernung von *p*-Brombenzoesäure-anhydrid ein farbloses Pulver bildete, dessen Einheitlichkeit nicht sicher ist; denn es sinterte schon von 137° an und schmolz um 160° zu einer zähen Flüssigkeit, die erst gegen 175° leichtflüssig wurde. Es war in Wasser, Alkohol und Petroläther sehr schwer löslich, viel leichter in Essigäther, Aceton, Benzol, Chloroform und Eisessig. Nach einer Brombestimmung enthielt das Präparat dreimal die Gruppe Brombenzoyl:

0,1855 g Sbst.: 0,1115 g AgBr.

$C_{41}H_{29}O_{11}Br_3$ (937,11). Ber. Br 25,59. Gef. Br 25,58.

Zur optischen Untersuchung diente die Lösung in Chloroform:

$$[\alpha]_D^9 = \frac{+2{,}10° \times 2{,}4066}{1 \times 0{,}1049 \times 1{,}505} = +32{,}0°.$$

Trotz der ungenügenden Kennzeichnung der Substanz sprechen doch ihre Bildung und Zusammensetzung sehr zu gunsten der Formel, die wir für die Dibenzoyl-glucose angenommen haben.

Benzoyl-diaceton-fructose, $C_6H_7O_6(C_3H_6)_2 \cdot C_7H_5O$.

Wenn man 10 g trockene Diaceton-fructose in 6,5 g trockenem Chinolin (1,3 Mol.) und 5,9 g Benzoylchlorid (1,1 Mol.) unter gelindem Anwärmen löst und bei 70° gut verschlossen aufbewahrt, so erstarrt die rötlich gewordene Flüssigkeit binnen 1¾ Stunden zu einer festen Masse. Nach weiterem zweistündigen Erhitzen riecht sie nur noch schwach nach Benzoylchlorid. Der abgekühlte Krystallkuchen wird nun durch Schütteln mit 20 ccm Wasser und 40 ccm Äther gelöst, die abgehobene ätherische Lösung nacheinander mit 50 ccm 1-prozentiger Schwefelsäure, 50 ccm 1-prozentiger Kaliumbicarbonatlösung und 150 ccm Wasser durchgeschüttelt und durch Natriumsulfat getrocknet. Nachdem der Äther unter vermindertem Druck entfernt ist, bleiben 13,6 g eines gelblichen, schwach nach Benzoylchlorid riechenden Öles zurück, das beim Erkalten krystallin erstarrt. Zur Entfernung des öligen Teiles wird der Krystallbrei hydraulisch gepreßt, wobei der noch anhaftende Geruch nach Benzoylchlorid verschwindet. Man erhält so 12,8 g Rohprodukt oder 91% der Theorie.

An Stelle von Chinolin läßt sich bei obigem Verfahren auch trockenes Pyridin verwenden, und die Ausbeute ist noch etwas besser. Da die Reaktion anfänglich unter starker Erwärmung vor sich geht, so ist es nötig, sie durch Kühlung oder durch Zugabe von etwas trockenem Chloroform zu mäßigen.

Das Rohprodukt wird aus der sechsfachen Menge heißem Ligroin (Sdp. 90°) unter Zusatz von etwas Tierkohle umkrystallisiert. Die Gesamtausbeute an reiner, zweimal umkrystallisierter Substanz betrug 10,2 g, entsprechend 73% der Theorie.

Zur Analyse war im Vakuum über Phosphorpentoxyd getrocknet.

0,1241 g Sbst.: 0,2856 g CO_2, 0,0739 g H_2O.

$C_{19}H_{24}O_7$ (364,19). Ber. C 62,60, H 6,64.
Gef. „ 62,77, „ 6,66.

Das Drehungsvermögen wurde in etwa 5-prozentiger alkoholischer Lösung bestimmt:

$$[\alpha]_D^{20} = \frac{-5{,}68^\circ \times 1{,}9223}{1 \times 0{,}0844 \times 0{,}8024} = -161{,}2^\circ.$$

Ein anderes Präparat zeigte:

$$[\alpha]_D^{20} = \frac{-6{,}50^\circ \times 2{,}8600}{1 \times 0{,}1427 \times 0{,}8061} = -161{,}6^\circ.$$

Die Benzoyl-diaceton-fructose schmilzt nach geringem Sintern bei 107—108° (korr.) und destilliert bei vorsichtigem Erwärmen im Hochvakuum unzersetzt. Sie schmeckt schwach bitter. In kaltem Wasser löst sie sich kaum, in warmem schwer. Sie ist leicht löslich in den üblichen organischen Solvenzien mit Ausnahme von Petroläther und Ligroin.

Sie reduziert weder Fehlingsche Lösung noch reagiert sie in alkoholischer Lösung mit Phenylhydrazin.

Wenn die Aceton-Verbindung ähnlich wie das entsprechende Glucosederivat mit Schwefelsäure in essigsaurer Lösung behandelt wird, so entsteht ein Produkt, welches wir für Monobenzoyl-fructose halten. Wir haben es als schaumige, amorphe, schwach gelbe Masse isoliert, die in Wasser leicht, in Alkohol schwerer löslich war und die Fehlingsche Lösung stark reduzierte. Die Krystallisation ist aber bisher nicht gelungen und deshalb auch keine Analyse ausgeführt worden.

Benzoyl-monaceton-fructose, $C_6H_9O_6(C_3H_6) \cdot C_7H_5O$.

Wird eine Lösung von 8 g Benzoyl-diaceton-fructose in 20 ccm Aceton mit 6 ccm *n*.-Salzsäure versetzt, so bilden sich zwei Schichten, die sich beim Erwärmen auf 50° klar mischen. Gibt man, immer bei 50°, nach 10 Minuten 4 ccm *n*.-Salzsäure, nach weiteren 10 Minuten nochmals 4 ccm *n*.-Salzsäure zu und läßt abkühlen, so entsteht ein dicker Brei von feinen Nädelchen. Sie werden nach dem Abkühlen in Eis abgesaugt. Aus der Mutterlauge erhält man durch Verdunsten des Acetons noch eine erhebliche Menge. Die Gesamtausbeute an dieser ziemlich reinen Substanz betrug 6,8 g oder 95% der Theorie. An Stelle von Aceton kann man bei obigem Versuch auch Alkohol als Lösungsmittel anwenden.

Die Substanz läßt sich leicht reinigen durch Umkrystallisieren aus warmem Aceton, Methyl- oder Äthylalkohol. Zur Analyse war bei 100° und 15 mm über Phosphorpentoxyd getrocknet.

0,1463 g Sbst.: 0,3173 g CO_2, 0,0837 g H_2O. — 0,2022 g Sbst. (anderes Präparat): 0,4397 g CO_2, 0,1136 g H_2O.

$C_{16}H_{20}O_7$ (324,16). Ber. C 59,23, H 6,22.
Gef. „ 59,15, 59,31, „ 6,40, 6,29.

Für die optische Untersuchung diente die alkoholische Lösung, die sich leider nur sehr verdünnt herstellen läßt:

$$[\alpha]_D^{16} = \frac{-2{,}41° \times 3{,}2626}{2 \times 0{,}0326 \times 0{,}7953} = -151{,}64°.$$

$$[\alpha]_D^{16} = \frac{-2{,}42° \times 3{,}5030}{2 \times 0{,}0350 \times 0{,}7954} = -152{,}25°.$$

Der Schmelzpunkt ist nicht ganz konstant. Im Capillarrohr aus Jenaer Glas sintert sie von etwa 185° (korr.) in wachsendem Maße und schmilzt bei 202—204° (korr.). Sie schmeckt sehr bitter. Sie löst sich in kaltem Wasser äußerst schwer, in warmem etwas mehr. Von heißem Alkohol wird sie leicht aufgenommen, aber in der Kälte scheidet schon die 5-prozentige Lösung viel Krystalle ab. Leichter ist sie in kaltem Aceton löslich. Sie löst sich schwer in Petroläther, Äther, Tetrachlorkohlenstoff, leichter in Chloroform, warmem Benzol und Eisessig, sehr leicht in Pyridin. Sie reduziert die Fehlingsche Lösung nicht und reagiert gegen Lackmus neutral.

Die Benzoyl-monaceton-fructose läßt sich, ebenso wie das entsprechende Glucosederivat, leicht weiter benzoylieren. Dabei entsteht ein Produkt von der Zusammensetzung der Tribenzoyl-monaceton-fructose. Obschon wir es nicht krystallisiert erhalten haben, wollen wir doch seine Darstellung und Eigenschaften beschreiben.

5 g Benzoyl-monaceton-fructose werden in eine Mischung von 4,5 g Benzoylchlorid (2,1 Mol.) und 4 g trocknem Pyridin (3,3 Mol.) eingetragen, wobei Erwärmung und Krystallisation stattfindet. Nachdem das Gemisch noch 18 Stunden bei 50° aufbewahrt ist, wird es in Äther und Wasser gelöst und die ätherische Schicht zuerst mit 1-prozentiger Schwefelsäure, dann mit 1-prozentiger Kaliumbicarbonat-Lösung und schließlich mit Wasser gewaschen. Beim Verdampfen des Äthers bleibt dann ein amorpher, farbloser, blasiger Rückstand. Ausbeute etwa 6,7 g oder 82% der Theorie.

Zur Analyse war im Hochvakuum bei Zimmertemperatur getrocknet.

0,1859 g Sbst.: 0,4579 g CO_2, 0,0899 g H_2O.

$C_{30}H_{28}O_9$ (532,22). Ber. C 67,64, H 5,30.
Gef. „ 67,18, „ 5,41.

Wie die Zahlen zeigen, war das Präparat nicht ganz rein, und auch weitere Analysen gaben stets für Kohlenstoff etwas zu niedrige Werte (bis zu 1%).

Die Substanz ist in Wasser äußerst schwer löslich, dagegen leicht löslich in den üblichen organischen Solvenzien mit Ausnahme von Petroläther und Ligroin. Sie reduziert die Fehlingsche Lösung nicht.

Durch mäßige Behandlung mit verdünnten Mineralsäuren läßt sich das Aceton leicht abspalten, und man gelangt zu einem Produkt, das die Fehlingsche Lösung stark reduziert und die Zusammensetzung der Tribenzoyl-fructose hat. Aber auch hier ist die Krystallisation nicht gelungen.

Für seine Darstellung werden 5 g Tribenzoyl-aceton-fructose in 40 ccm Eisessig gelöst und 20 ccm konzentrierte Salzsäure (D = 1,19) zugegeben. Dabei fällt ein farbloser Niederschlag aus, der bei kurzem Erwärmen auf etwa 40° und tüchtigem Umschütteln wieder in Lösung geht. Man kühlt dann wieder auf Zimmertemperatur und läßt eine Stunde stehen. Man fügt Eis und Wasser zu, wobei ein zähes Öl ausfällt, extrahiert mit Äther, neutralisiert die ätherische Lösung durch Schütteln mit 25-prozentiger Kaliumbicarbonat-Lösung, wäscht schließlich mit Wasser, schüttelt dann mit Tierkohle und verdampft die filtrierte, ätherische Flüssigkeit unter vermindertem Druck. Dabei bleibt eine farblose, amorphe, blasige Masse zurück. Ausbeute etwa 3,6 g oder 78% der Theorie.

Zur Reinigung löst man in etwa 40 ccm kaltem Benzol und gießt in dünnem Strahl in 100 ccm stark gekühlten Petroläther. Das abgeschiedene Öl wird nach Abgießen der Mutterlauge noch mit Petroläther durchgearbeitet, mit Äther gelöst und die mit etwas Tierkohle geklärte ätherische Flüssigkeit im Vakuum verdampft. Die zurückbleibende farblose, blasige Masse war zur Analyse 15 Stunden bei 18° und 0,2 mm über Phosphorpentoxyd getrocknet.

0,1623 g Sbst.: 0,3900 g CO_2, 0,0743 g H_2O.

$C_{27}H_{24}O_9$ (492,19). Ber. C 65,83, H 4,91.
Gef. „ 65,53, „ 5,12.

Für die optische Untersuchung diente die alkoholische Lösung:

$$[\alpha]_D^{15} = \frac{-10{,}09^\circ \times 1{,}4182}{1 \times 0{,}0707 \times 0{,}8104} = -249{,}75^\circ.$$

Eine zweite Bestimmung gab $[\alpha]_D^{15} = -248{,}4^\circ$. Selbstverständlich können diese Zahlen keinen Anspruch auf Genauigkeit machen, da die Einheitlichkeit der amorphen Substanz zweifelhaft ist. Sie zeigt auch keinen scharfen Schmelzpunkt, ist in Wasser sehr schwer, in den üblichen organischen Solvenzien, mit Ausnahme von Petroläther und Ligroin, aber leicht löslich. Sie reduziert die Fehlingsche Lösung ungefähr so stark wie die entsprechende Menge Traubenzucker, nur muß man bei der Probe ebenso wie in ähnlichen Fällen durch kurze Verseifung mit kaltem, alkoholischem Alkali die Benzoylgruppen teilweise abspalten und dadurch die Substanz in Wasser löslich machen.

p-Brombenzoyl-diaceton-fructose, $C_6H_7O_6(C_3H_6)_2 \cdot C_7H_4OBr$.

10 g Diaceton-fructose werden mit 6 g trocknem Chinolin und 8,9 g *p*-Brom-benzoylchlorid 4 Stunden auf 70° erhitzt, wobei die ölige Mischung allmählich fest wird. Die Masse wird nun mit 20 ccm Wasser und 100 ccm Äther gelöst, die abgehobene ätherische Schicht erst mit 100 ccm 1-prozentiger Schwefelsäure, dann mit 100 ccm 1-prozentiger Kaliumbicarbonat-Lösung und schließlich mit Wasser gewaschen. Der Äther hinterläßt beim Verdampfen eine gelbliche, krystallinische Masse, die aus 150 ccm heißem Alkohol umkrystallisiert wird. Die Ausbeute betrug 14,9 g oder 87% der Theorie.

Die Analyse, zu der nochmals aus Alkohol umkrystallisiert war, hat leider keine scharfen Zahlen gegeben.

I. 0,1703 g Sbst.: 0,3196 g CO_2, 0,0810 g H_2O. — 0,2004 g Sbst.: 0,0875 g AgBr. — II. Anderes Präparat, dreimal aus Ligroin (Sdp. 90°) umkrystallisiert: 0,1601 g Sbst.: 0,3001 g CO_2, 0,0730 g H_2O. — 0,2043 g Sbst.: 0,0895 g AgBr.

$C_{19}H_{23}O_7Br$ (443,14). Ber. C 51,45, H 5,23, Br 18,04.
Gef. I. „ 51,18, „ 5,32, „ 18,58.
„ II. „ 51,12, „ 5,10, „ 18,65.

Die Substanz schmolz nach geringem Sintern bei 136—137° (korr.). Sie ist leicht löslich in Äther, Aceton, Benzol, Chloroform und heißem Alkohol und krystallisiert daraus in Prismen oder Nadeln.

p-Brombenzoyl-monaceton-fructose, $C_6H_9O_6(C_3H_6) \cdot C_7H_4OBr$.

2,5 g *p*-Brombenzoyl-diaceton-fructose werden in 25 ccm Aceton gelöst, mit 15 ccm *n*.-Salzsäure versetzt und solange auf dem Wasserbad erwärmt, bis die entstandene Trübung wieder verschwunden ist. Man fügt dann weitere 10 ccm *n*.-Salzsäure zu und erwärmt von neuem bis zur Klärung. Wird das Aceton bei ungefähr 50° langsam verdunstet, so krystallisiert die *p*-Brombenzoyl-monaceton-fructose allmählich. Schließlich wird auf 0° abgekühlt. Die Ausbeute betrug dann 2,1 g oder 92% der Theorie.

Zur Analyse wurde das Rohprodukt mit Äther gewaschen, dann zweimal aus warmem Methylalkohol umkrystallisiert, abermals mit Äther gewaschen und schließlich bei 100° im Hochvakuum getrocknet.

0,1567 g Sbst.: 0,2730 g CO_2, 0,0680 g H_2O. — 0,1878 g Sbst.: 0,0871 g AgBr.

$C_{16}H_{19}O_7Br$ (403,07). Ber. C 47,63, H 4,75, Br 19,83.
Gef. „ 47,51, „ 4,86, „ 19,74.

Die Substanz zeigte keinen scharfen Schmelzpunkt. Sie sinterte im Jenaer Capillarrohr schwach von etwa 203° ab und schmolz zwischen 222—225° (korr.). Sie ist in Wasser äußerst wenig löslich, auch schwer löslich in Äther, Benzol und Ligroin, ziemlich leicht in Essigäther und noch leichter in Alkohol, Aceton und Pyridin. Zum Umkrystallisieren eignen sich Methylalkohol und Essigäther.

Tri-(*p*-brom-benzoyl)-aceton-fructose, $C_6H_7O_6(C_3H_6)(C_7H_4OBr)_3$.

10 g *p*-Brombenzoyl-monaceton-fructose werden mit 8,3 g trocknem Chinolin und 12 g *p*-Brombenzoylchlorid 2 Stunden auf 75° erhitzt, dann die erstarrte Masse durch Schütteln mit Wasser und Äther gelöst, die abgehobene ätherische Schicht in der üblichen Weise mit Schwefelsäure und Kaliumbicarbonat gewaschen, schließlich filtriert und verdunstet. Nach einmaliger Krystallisation aus etwa der achtfachen Menge heißem Alkohol betrug die Ausbeute 16,5 g oder 86% der Theorie.

Zur Analyse war zweimal aus heißem Methylalkohol umgelöst und bei 100° im Hochvakuum getrocknet.

0,1560 g Sbst.: 0,2676 g CO_2, 0,0481 g H_2O. — 0,1985 g Sbst.: 0,1469 g AgBr.
$C_{30}H_{25}O_9Br_3$ (768,96). Ber. C 46,82, H 3,28, Br 31,18.
Gef. „ 46,78, „ 3,45, „ 31,49.

Für die optische Bestimmung diente die Lösung in trocknem Aceton:

$$[\alpha]_D^{16} = \frac{-14{,}87° \times 1{,}6132}{1 \times 0{,}0805 \times 0{,}8164} = -365{,}0°.$$

$$[\alpha]_D^{16} = \frac{-29{,}68° \times 3{,}1687}{2 \times 0{,}1582 \times 0{,}8164} = -364{,}1°.$$

Die Substanz schmilzt bei 142—143° (korr.). Sie ist in Wasser fast unlöslich, dagegen leicht löslich in Äther, Essigäther, Chloroform, Aceton, schwerer in kaltem Alkohol und Benzol, sehr schwer in Petroläther.

Die durch Hydrolyse der Aceton-Verbindung mit Salzsäure in essigätherischer Lösung entstehende freie Tri-(*p*-brom-benzoyl)-fructose reduziert die Fehlingsche Lösung stark und bildet eine in Wasser schwer lösliche, amorphe Masse. In den gebräuchlichen organischen Solvenzien, mit Ausnahme von Petroläther und Ligroin, ist sie leicht löslich. Da sie nicht krystallisierte, wurde sie nicht analysiert.

Acetyl-diaceton-fructose, $C_6H_7O_6(C_3H_6)_2 \cdot C_2H_3O$.

Die Acetylierung der Diaceton-fructose gelingt leicht mit Essigsäure-anhydrid und Pyridin.

10 g gepulverte und trockne Diaceton-fructose werden mit einer auf 0° gekühlten Mischung von 7,6 g (2,5 Mol.) trocknem Pyridin und 4,7 g (1,2 Mol.) destilliertem Essigsäureanhydrid bis zur Lösung geschüttelt und verschlossen 14 Stunden bei 0° aufbewahrt. Gießt man die gelbliche Mischung in dünnem Strahl unter Umrühren in 100 ccm

Eiswasser, so scheidet sich ein dickes Öl ab, das bald krystallinisch erstarrt. Die abgesaugte Masse wird in 100 ccm warmem Ligroin (Sdp. 70—75°) gelöst, nach dem Abkühlen zum völligen Entfernen des Pyridins mit 30 ccm $^{n}/_{4}$-Schwefelsäure kurz geschüttelt und die abgehobene Ligroinlösung auf etwa die Hälfte eingedampft. Beim Kühlen in Kältemischung krystallisiert die Acetyl-diaceton-fructose in farblosen, spießartigen Nadeln oder harten Warzen. Ausbeute 8,6 g oder 74% der Theorie.

Zur Analyse war nochmals aus warmem Ligroin umkrystallisiert und bei 1 mm und 56° getrocknet, wobei ein Teil der Substanz bereits sublimierte.

0,1769 g Sbst.: 0,3603 g CO_2, 0,1194 g H_2O.

$C_{14}H_{22}O_7$ (302,18). Ber. C 55,59, H 7,34.

Gef. „ 55,55, „ 7,55.

Für die optische Untersuchung diente die alkoholische Lösung:

$$[\alpha]_D^{18} = \frac{-6{,}56^\circ \times 1{,}7977}{1 \times 0{,}0832 \times 0{,}8040} = -176{,}3^\circ,$$

$$[\alpha]_D^{17} = \frac{-6{,}74^\circ \times 1{,}6615}{1 \times 0{,}0788 \times 0{,}8040} = -176{,}75^\circ.$$

Die Substanz schmilzt bei 76—77°. Wie schon erwähnt, sublimiert sie im Vakuum leicht und läßt sich, auch bei gewöhnlichem Druck, in kleiner Menge destillieren. Geschmack bitter. Sie löst sich in heißem Wasser in nicht unerheblicher Menge und krystallisiert in der Kälte teilweise in langen, glänzenden Nadeln. Eine weitere Menge läßt sich durch Kochsalz fällen. Sie löst sich leicht in den gewöhnlichen organischen Solvenzien mit Ausnahme von Petroläther und Ligroin. Auch von den letzteren wird sie in der Wärme ziemlich leicht gelöst und krystallisiert daraus in farblosen, ziemlich starken Nadeln. Sie reduziert Fehlingsche Lösung nicht.

Acetyl-monaceton-fructose, $C_6H_9O_6(C_3H_6)C_2H_3O$.

10 g Acetyl-diaceton-fructose werden in 40 ccm Alkohol gelöst und bei 40° mit 40 ccm $^{n}/_{3}$-Schwefelsäure von der gleichen Temperatur versetzt. Die klare Mischung bleibt eine Stunde bei derselben Temperatur, wird dann mit reinem Bariumcarbonat gegen Kongo neutralisiert, abfiltriert, der Niederschlag nochmals mit warmem Alkohol ausgelaugt und die vereinigten Filtrate unter geringem Druck völlig verdampft. Der Rückstand ist farblos und krystallinisch. Ausbeute 7,3 g, entsprechend 84% der Theorie. Er wird aus warmem Essigäther umkrystallisiert. Zur Analyse war bei 100° und 0,6 mm getrocknet, wobei geringe Sublimation eintrat.

0,1472 g Sbst.: 0,2717 g CO_2, 0,0933 g H_2O.

$C_{11}H_{18}O_7$ (262,14). Ber. C 50,35, H 6,92.

Gef. „ 50,34, „ 7,09.

$$[\alpha]_D^{19} = \frac{-7{,}00^\circ \times 1{,}7447}{1 \times 0{,}0840 \times 0{,}8052} = -180{,}6^\circ \text{ (in Alkohol)},$$

$$[\alpha]_D^{18} = \frac{-7{,}00^\circ \times 2{,}3999}{1 \times 0{,}1160 \times 0{,}8063} = -179{,}6^\circ.$$

Die Substanz schmilzt nach geringem Sintern bei 154—155° (korr.). Sie löst sich leicht in Wasser, Alkohol, Äther, Chloroform, schwerer in Petroläther und Schwefelkohlenstoff. Die Lösungen in warmem Benzol und Tetrachlorkohlenstoff werden beim Abkühlen gallertig. Fehlingsche Lösung wird nicht reduziert.

Durch stärkere Hydrolyse, z. B. durch Erhitzen mit $^n/_2$-Schwefelsäure auf 70°, wird die Aceton-Verbindung ziemlich rasch in ein Produkt umgewandelt, das Fehlingsche Lösung stark reduziert. Wir vermuten, daß hierbei zuerst die freie Monacetyl-fructose gebildet wird, die allerdings durch weitere Hydrolyse in Fructose übergehen kann. Es ist uns bisher nicht gelungen, das Acylderivat in reinem Zustand zu isolieren.

Triacetyl-monaceton-fructose, $C_6H_7O_6(C_3H_6)(C_2H_3O)_3$.

10 g trockne Acetyl-monaceton-fructose werden mit einem auf 0° gekühlten Gemisch von 11,2 g (3,7 Mol.) trocknem Pyridin und 8,6 g (2,2 Mol.) Essigsäureanhydrid bis zur Lösung geschüttelt und 14 Stunden bei 0° aufbewahrt. Gießt man dann die klare Lösung in feinem Strahl in 100 ccm $^n/_4$-Schwefelsäure, so fällt ein zähes Öl aus, das bald krystallinisch erstarrt. Es wird scharf abgesaugt, mit kaltem Wasser gewaschen und in 500 ccm heißem Wasser gelöst. Beim Abkühlen krystallisiert ein Teil der Substanz. Die unter geringem Druck verdampfte Mutterlauge gibt eine zweite Krystallisation. Ausbeute 9,4 g oder 71% der Theorie.

Zur Analyse war nochmals aus heißem Wasser umkrystallisiert und im Hochvakuum bei 56° getrocknet:

0,1497 g Sbst.: 0,2847 g CO_2, 0,0889 g H_2O.

$C_{15}H_{22}O_9$ (346,18). Ber. C 52,00, H 6,41.

Gef. „ 51,87, „ 6,65.

$$[\alpha]_D^{23} = \frac{-5{,}83^\circ \times 1{,}0644}{1 \times 0{,}0575 \times 0{,}8002} = -134{,}9^\circ \text{ (in Alkohol)},$$

$$[\alpha]_D^{22} = \frac{-5{,}92^\circ \times 1{,}3686}{1 \times 0{,}0751 \times 0{,}7956} = -135{,}6^\circ.$$

Die Substanz schmilzt nach geringem Sintern bei 99—101° (korr.) und destilliert bei gewöhnlichem Druck unter geringer Zersetzung. Sie krystallisiert aus Wasser in farblosen Prismen, die vielfach zentrisch verwachsen sind. Sie löst sich leicht in den üblichen organischen Solvenzien, mit Ausnahme von Petroläther und Ligroin, in denen sie etwas schwerer löslich ist. Sie schmeckt sehr bitter und reduziert Fehlingsche Lösung nicht.

In der 10-fachen Menge einer Mischung von 1 Tl. rauchender Salzsäure und 9 Tln. 50-proz. Essigsäure löst sie sich bei 50° rasch. Erwärmt man dann eine Stunde auf dieselbe Temperatur, so ist das Aceton abgespalten und eine stark reduzierende Substanz entstanden. Wir vermuten, daß diese teilweise aus Triacetyl-fructose besteht, haben sie aber bisher nicht krystallisiert erhalten.

Benzoyl-diacetyl-monaceton-fructose, $C_6H_7O_6(C_3H_6)(C_2H_3O)_2 \cdot C_7H_5O$.

5 g trockne Benzoyl-monaceton-fructose werden in 6 g trocknem Pyridin (4,9 Mol.) und 3,8 g destilliertem Essigsäureanhydrid (2,4 Mol.) durch kurzes Erwärmen auf 40° gelöst, sofort wieder abgekühlt und 18 Stunden im Eisschrank verschlossen aufbewahrt. Dann gießt man die Mischung in dünnem Strahl unter gutem Rühren in 100 ccm Eiswasser und arbeitet unter Erneuerung des Wassers das abgeschiedene Öl kräftig durch, bis es zähe und fadenziehend wird. Zur Entfernung der letzten Pyridinreste kann man das Öl mit 150 ccm Ligroin (Sdp. 90°) und 10 ccm Essigäther aufnehmen und mit 1-proz. Schwefelsäure (50 ccm) schnell durchschütteln. Die Lösung wird dann abgehoben, filtriert und im Vakuum zur Hälfte eingedampft. Beim langen Stehen scheiden sich Krystalle ab. Rascher erfolgt die Krystallisation beim Impfen, aber auch hier muß man mehrere Tage stehen lassen, und selbst dann läßt die Ausbeute an krystallisierter Substanz zu wünschen übrig. Nebenher entsteht ein Sirup. Die aus blumenkohl-ähnlichen Aggregaten bestehende Krystallmasse wird abgepreßt und aus warmem Ligroin (Sdp. 90°) umkrystallisiert.

Zur Analyse war bei 56° und 0,3 mm getrocknet:

0,1596 g Sbst.: 0,3430 g CO_2, 0,0864 g H_2O.

$C_{20}H_{24}O_9$ (408,19). Ber. C 58,79, H 5,92.
Gef. „ 58,61, „ 6,06.

$$[\alpha]_D^{22} = \frac{-5{,}34^\circ \times 1{,}2071}{1 \times 0{,}0604 \times 0{,}8054} = -132{,}5^\circ \text{ (in Alkohol)},$$

$$[\alpha]_D^{17} = \frac{-5{,}32^\circ \times 1{,}4171}{1 \times 0{,}0708 \times 0{,}8089} = -131{,}6^\circ.$$

Die Substanz sintert gegen 75°, schmilzt bei 77—78° und läßt sich schon bei gewöhnlichem Druck in geringer Menge destillieren. Sie reduziert Fehlingsche Lösung nicht und schmeckt bitter. Während sie sich in Wasser nur sehr schwer löst, ist sie in den üblichen organischen Solvenzien, mit Ausnahme von Petroläther, Ligroin und Schwefelkohlenstoff, leicht löslich.

Acetyl-dibenzoyl-monaceton-fructose, $C_6H_7O_6(C_3H_6)(C_7H_5O)_2 \cdot C_2H_3O$.

Acetyl-monaceton-fructose wird mit 2,3 Mol. Chinolin und 2,1 Mol. Benzoylchlorid 12 Stunden bei 55° aufbewahrt und die Masse in der gewöhnlichen Weise aufgearbeitet. Wenn der nach Entfernung des Äthers im Kolben bleibende Rückstand mit heißem Methylalkohol gelöst und bis zur Trübung mit Wasser versetzt wird, so krystallisiert die Substanz beim Abkühlen in scharfumrissenen Plättchen. Gesamtausbeute 70% der Theorie.

Zur Analyse wurde die zweimal aus heißem Methylalkohol unter Wasserzusatz umkrystallisierte Substanz bei 0,2 mm und 56° getrocknet:

0,1469 g Sbst.: 0,3439 g CO_2, 0,0746 g H_2O.

$C_{25}H_{26}O_9$ (470,21). Ber. C 63,80, H 5,57.
Gef. „ 63,85, „ 5,68.

$$[\alpha]_D^{21} = \frac{-21{,}34° \times 2{,}0658}{2 \times 0{,}1023 \times 0{,}8014} = -269{,}4° \text{ (in Alkohol)},$$

$$[\alpha]_D^{24} = \frac{-5{,}33° \times 1{,}4422}{0{,}5 \times 0{,}0712 \times 0{,}8014} = -269{,}4°.$$

Die Substanz schmilzt nach geringem Sintern bei 108—109° (korr.). Sie ist in Wasser äußerst schwer löslich und wahrscheinlich deshalb auch geschmacklos. In den gebräuchlichen organischen Lösungsmitteln mit Ausnahme von Petroläther und Ligroin löst sie sich leicht.

Acetyl-di-(*p*-brom-benzoyl)-aceton-fructose, $C_6H_7O_6(C_3H_6)(C_7H_4OBr)_2 \cdot C_2H_3O$.

Löst man 2 g Acetyl-monaceton-fructose in 2,6 g trocknem Chinolin (2,6 Mol.), fügt 3,7 g *p*-Brom-benzoylchlorid zu (2,2 Mol.) und erwärmt auf 60°, so beginnt schon nach etwa einer halben Stunde eine Krystallisation, und nach 3 Stunden ist die Masse ganz fest geworden. Man löst in Wasser (10 ccm) und Äther (40 ccm), wäscht die abgehobene ätherische Schicht erst mit 2-proz. Schwefelsäure (60 ccm), dann mit 2-proz. Kaliumbicarbonat-Lösung (75 ccm) und endlich mit 100 ccm Wasser. Wird schließlich die filtrierte ätherische Lösung verdampft, so bleibt die Acetyl-di-(*p*-brom-benzoyl)-aceton-fructose in fast quantitativer Ausbeute krystallinisch zurück. Bei langsamem Abdunsten der ätherischen Lösung entstehen $^1/_2$ cm große Krystalle. Zur Analyse war zweimal aus heißem Alkohol umkrystallisiert.

0,1498 g Sbst.: 0,2628 g CO_2, 0,0537 g H_2O. — 0,2022 g Sbst.: 0,1223 g AgBr.
$C_{25}H_{24}O_9Br_2$ (628,03). Ber. C 47,77, H 3,85, Br 25,45.
Gef. „ 47,85, „ 4,01, „ 25,74.

$$[\alpha]_D^{15} = \frac{-23{,}53^\circ \times 2{,}8167}{2 \times 0{,}1408 \times 0{,}8171} = -288{,}0^\circ \text{ (in Aceton)},$$

$$[\alpha]_D^{17} = \frac{-23{,}45^\circ \times 3{,}8843}{2 \times 0{,}1939 \times 0{,}8149} = -288{,}2^\circ.$$

Die Substanz schmilzt nach geringem Sintern bei 146—147° (korr.). Sie ist in Wasser kaum löslich und schmeckt nicht. Sie löst sich ziemlich leicht in Essigäther, Benzol und noch leichter in heißem Alkohol.

(Triacetyl-galloyl)-diaceton-fructose, $C_6H_7O_6(C_3H_6)_2$ [$CO \cdot C_6H_2(C_2H_3O_2)_3$].

10 g Diaceton-fructose werden in 23 g trocknem Chloroform und 6,4 g trocknem Chinolin gelöst und nach Zusatz von 13,3 g pulverisiertem Triacetyl-galloylchlorid[1]) in verschlossener Flasche 60 Stunden auf 60° erwärmt. Jetzt wird die klare, schwach gelbliche Mischung mit 100 ccm 1-proz. Salzsäure durchgeschüttelt, die abgehobene Chloroformschicht noch mit Wasser gewaschen, dann filtriert und unter vermindertem Druck verdampft. Löst man den Rückstand in 300 ccm warmem, trocknem Äther, so bleiben etwa 2 g eines bräunlichen Pulvers zurück, das nicht näher untersucht wurde. Zur Zerstörung von Säureanhydrid, das bei der Reaktion entstehen kann, wird nun die filtrierte ätherische Lösung 20 Stunden mit der gleichen Menge Wasser auf der Maschine geschüttelt. Dabei entsteht eine Emulsion, zu deren Beseitigung man Essigäther zufügt. Die ätherische Schicht wird wiederholt mit je 100 ccm einer 2-proz. Kaliumbicarbonat-Lösung geschüttelt, um alle Säure zu entfernen, dann mit Wasser mehrmals gewaschen, filtriert und unter vermindertem Druck verdampft. Den zum Teil öligen Rückstand löst man in der 16-fachen Menge (400 ccm) heißem Methylalkohol. Bei längerem Stehen scheiden sich aus der kalten methylalkoholischen Lösung gut ausgebildete Prismen ab. Es ist aber zweckmäßiger, erst die methylalkoholische Lösung unter vermindertem Druck auf etwa $^1/_6$ einzuengen, wobei schon starke Krystallisation erfolgt. Bei Aufarbeitung der Mutterlauge betrug die Ausbeute 14,3 g gut krystallisierter Substanz oder 69% der Theorie.

Zur Analyse wurde dieses Produkt nochmals in etwa 20 Tln. warmem Methylalkohol gelöst und durch starkes Abkühlen krystallisiert:

0,1454 g Sbst. (bei 100° und 0,3 mm über Pentoxyd getr.): 0,2967 g CO_2, 0,0779 g H_2O.

---

[1]) Berichte d. D. Chem. Gesellsch. **51**, 55 [1918]. (*Depside 442.*)

$C_{25}H_{30}O_{13}$ (538,24). Ber. C 55,74, H 5,62.
Gef. „ 55,65, „ 5,99.

Das Drehungsvermögen wurde in trocknem Aceton bestimmt:

$$(\text{Gehalt } 5\,\%)\ [\alpha]_D^{16} = \frac{-4{,}81^\circ \times 2{,}7549}{1 \times 0{,}1379 \times 0{,}8121} = -118{,}33^\circ,$$

$$(\text{Gehalt } 1\,\%)\ [\alpha]_D^{20} = \frac{-0{,}94^\circ \times 2{,}2795}{1 \times 0{,}0228 \times 0{,}7953} = -118{,}17^\circ.$$

Die Substanz zeigt geringes Sintern von 154° und schmilzt bei 157—159° (korr.). Sie ist in Wasser fast unlöslich. Aus warmem Methylalkohol und Aceton krystallisiert sie in hübschen Prismen bzw. Nadeln. Sie ist leicht löslich in Essigäther und Benzol, sehr leicht in Chloroform, ziemlich schwer dagegen in kaltem Alkohol und Äther und fast unlöslich in Petroläther.

Galloyl-diaceton-fructose, $C_6H_7O_6(C_3H_6)_2 \cdot C_7H_5O_4$.

Die Verseifung der Acetylverbindung durch Alkali muß bei Luftabschluß erfolgen. Man übergießt 15 g gepulverte Triacetylgalloyldiaceton-fructose in einem Kolben, durch den Wasserstoff geleitet wird, mit 140 ccm Alkohol und läßt, wenn alle Luft verdrängt ist, aus einem Tropftrichter binnen 10 Minuten 112 ccm 2 *n*.-Natronlauge unter starkem Umschütteln zutropfen. Dabei tritt nur sehr geringe Erwärmung ein. Die Substanz geht binnen wenigen Minuten in Lösung und die Farbe der Mischung schlägt von grünlichgelb über gelb in braun um. Man fügt nun 95 ccm Wasser zu und läßt eine Stunde stehen, während dauernd ein Wasserstoffstrom das Gefäß durchstreicht. Schließlich wird, auch noch im Wasserstoffstrom, mit *n*.-Schwefelsäure gegen Lackmus neutralisiert und dann der Alkohol ohne weitere Vorsichtsmaßregeln unter geringem Druck abdestilliert. Dabei scheidet sich ein Teil der Galloyl-diaceton-fructose als bräunlicher Sirup ab. Sie wird mit Essigäther extrahiert, diese Lösung abgehoben, mit wenig Wasser gewaschen, filtriert und unter geringem Druck verdampft. Dabei bleibt ein amorpher, bräunlicher Rückstand. Übergießt man ihn mit 60 ccm Chloroform, so geht er allmählich in Lösung, aber schon nach kurzer Zeit findet die Abscheidung eines mikrokrystallinen Niederschlages statt. Wenn die ganze amorphe Masse in dieser Weise umgewandelt ist, wird der Krystallbrei scharf abgesaugt und im Vakuum getrocknet. Bei Verarbeitung der Mutterlauge betrug die Ausbeute 10,8 g oder 94% der Theorie.

Zur Reinigung wurden 9 g in 45 ccm Essigäther gelöst und die filtrierte Flüssigkeit mit 100 ccm Petroläther vermischt. Läßt man diese Flüssigkeit nach Eintragen von Impfkrystallen langsam verdunsten, so scheiden sich allmählich mikroskopische Nädelchen ab, die meist zu Aggregaten verwaschen sind.

Zur Analyse wurden sie bei 100° im Hochvakuum getrocknet.

0,1276 g Sbst.: 0,2590 g CO_2, 0,0692 g H_2O.

$C_{19}H_{24}O_{10}$ (412,19). Ber. C 55,31, H 5,87.
Gef. „ 55,36, „ 6,07.

Für die optische Untersuchung diente die Lösung in trockenem Aceton:

$$[\alpha]_D^{18} = \frac{-5,75° \times 2,2569}{1 \times 0,1130 \times 0,8131} = -141,24°,$$

$$[\alpha]_D^{15} = \frac{-5,78° \times 1,7721}{1 \times 0,0886 \times 0,8153} = -141,79°.$$

Die Substanz hat keinen konstanten Schmelzpunkt. Sie sintert im Capillarrohr aus Jenaer Glas von ungefähr 180° an und schmilzt unter gelinder Bräunung bei 199—200° (korr.). Sie schmeckt sehr bitter und schwach adstringierend. Sie löst sich leicht in Alkohol, Aceton, Essigäther, Äther, schwerer in Chloroform, Ligroin und kaltem Wasser, fast gar nicht in kaltem Benzol und Petroläther. Aus den meisten Lösungsmitteln kommt sie beim Verdunsten amorph heraus. Benzol- und Chloroformlösung gaben allerdings Nädelchen, aber sie nehmen so wenig auf, daß sie für die praktische Krystallisation nicht geeignet sind. Löst man dagegen in Äther, fügt Chloroform zu und läßt dann im Exsiccator verdunsten, so findet im Laufe von einigen Tagen reichliche Krystallisation statt. Die alkoholische Lösung gibt mit Eisenchlorid eine tiefblaue Farbe.

Monogalloyl-fructose, $C_6H_{11}O_6 \cdot CO \cdot C_6H_2(OH)_3$.

Gibt man 5 g Galloyl-diaceton-fructose zu 50 ccm $^n/_2$-Schwefelsäure von 70°, so entsteht beim Umschütteln binnen weniger Minuten eine klare Lösung, die $1^1/_2$ Stunden bei derselben Temperatur aufbewahrt wird. Nach dem Abkühlen auf 0° wird die schwach gelbliche Lösung mit *n*.-Natronlauge neutralisiert und unter geringem Druck verdampft. Der Rückstand wird mit lauwarmem Alkohol mehrmals ausgezogen und die filtrierte Lösung unter vermindertem Druck abermals zur Trockne gebracht. Der farblose Rückstand ist schaumig und amorph. Die Ausbeute ist sehr gut.

Zur Krystallisation wurde dieses Produkt in wenig warmem Propylalkohol gelöst, filtriert, im Vakuum bis zur Sirupkonsistenz eingeengt und an der Luft langsam verdunstet. Nach ungefähr zwei Tagen war die ganze Masse in verfilzten Nadeln krystallisiert.

Zur Analyse wurde hydraulisch abgepreßt, nochmals auf die beschriebene Weise aus Propylalkohol umkrystallisiert und wieder abgepreßt. Für die Verbrennung war bei 56° im Hochvakuum getrocknet, wobei erheblicher, aber bei verschiedenen Präparaten wechselnder Gewichtsverlust eintrat.

0,1568 g Sbst.: 0,2696 g CO_2, 0,0675 g H_2O. — 0,1960 g Sbst. (anderes Präparat): 0,3389 g CO_2, 0,0900 g H_2O.

$C_{13}H_{16}O_{10}$ (332,13). Ber. C 46,97, H 4,86.
Gef. „ 46,89, 47,16, „ 4,82, 5,14.

$$[\alpha]_D^{19} = \frac{-3{,}86^\circ \times 2{,}2317}{1 \times 0{,}1054 \times 1{,}0169} = -80{,}4^\circ \text{ (in Wasser)}.$$

Eine zweite Bestimmung gab $[\alpha]_D^{18} = -80{,}9^\circ$. Mutarotation wurde nicht beobachtet.

Beim Erhitzen im Capillarrohr tritt schon bei 110° Sinterung und bei 150—155° starkes Aufschäumen ein. Die Monogalloyl-fructose löst sich leicht in Wasser, ziemlich leicht in kaltem Alkohol, Propylalkohol, Pyridin, schwer in Essigäther, Aceton, Benzol, Acetylentetrachlorid und ist in Äther, Petroläther und Chloroform fast unlöslich. Beim spontanen Eindunsten der acetonischen und wäßrigen Lösungen entstehen feine Nadeln.

Die wäßrige Lösung reagiert gegen Lackmus neutral. Sie schmeckt nur schwach bitter und reduziert Fehlingsche Lösung beim Erwärmen stark. Die alkoholische Lösung gibt mit einer 10-proz. alkoholischen Lösung von Kaliumacetat sofort einen farblosen, amorphen Niederschlag, der beim Erwärmen zähflüssig wird. Eisenchlorid ruft in der wäßrigen Lösung sehr starke Blaufärbung hervor. Eine 5-proz. wäßrige Lösung gibt mit den wäßrigen Lösungen von Pyridin, Chinin- und Brucinacetat oder auch einer 1-proz. Leimlösung keine Fällungen.

In allen diesen Reaktionen gleicht die Monogalloyl-fructose der entsprechenden Monogalloyl-glucose. Sie unterscheidet sich aber von dieser durch die Gallertbildung mit Arsensäure. Versetzt man nämlich ihre 25-proz. alkoholische Lösung mit der gleichen Menge einer 10-proz. alkoholischen Lösung von Arsensäure, so gesteht die Mischung rasch zu einer dicken Gallerte. Auch bei Anwendung einer 10-proz. Lösung der Galloylverbindung ist die Gallertbildung noch deutlich, aber das Gemisch gesteht nicht mehr. Da die Monogalloyl-glucose die Erscheinung nicht zeigt[1]), so ergibt sich, daß diese von kleinen Unterschieden der Zusammensetzung abhängig ist. In Einklang damit steht die Beobachtung, daß die Galloyl-diaceton-fructose die Gallertbildung auch nicht gibt. Anderseits haben wir gefunden, daß die letzte Verbindung im Gegensatz zu der Galloyl-fructose in fast 1-proz. wäßriger Lösung sowohl mit wäßrigen Lösungen von Pyridin (20%) wie von Brucinacetat (10% Brucin) milchige Trübungen bildet.

---

[1]) E. Fischer und M. Bergmann, Sitzungsber. d. Berl. Akad. d. Wiss. **1916**, 571; Berichte d. D. Chem. Gesellsch. **51**, 298 [1918]. (*Depside 487.*)

30. Emil Fischer und Rudolf Oetker: Über einige Acylderivate der Glucose und Mannose.

Berichte der Deutschen Chemischen Gesellschaft **46**, 4029 [1914].

(Eingegangen am 9. Dezember 1913.)

Durch die Erkenntnis, daß die Gerbstoffe der Tanninklasse acylartige Verbindungen der Glucose mit Gallussäure und ähnlichen Phenolcarbonsäuren sind, haben die Verbindungen der Zucker mit aromatischen Säuren an Interesse gewonnen.

E. Fischer und K. Freudenberg haben bereits nach der allgemeinen Methode, welche den Aufbau der Galloyl-glucose ermöglichte, auch die Benzoylverbindung der Glucose durch Schütteln mit Benzoylchlorid und Chinolin in Chloroformlösung dargestellt und hierbei aus α-Glucose ein neues Pentabenzoat von $[\alpha]_D^{25} = + 107,6$ (in Chloroform) erhalten[1]).

Noch leichter als die Benzoylierung geht die Cinnamoylierung nach demselben Verfahren vonstatten, und wir haben sie deshalb nicht allein auf die α- und β-Glucose, sondern auch auf die Mannose und den Mannit angewandt.

Der Vollständigkeit halber wurden ferner noch das Pentabenzoat und das Pentaacetat der Mannose, letzteres nach dem Verfahren von Behrend[2]) mit Essigsäureanhydrid und Pyridin, dargestellt.

Es verdient bemerkt zu werden, daß die Derivate der Mannose von uns bisher nur in einer Form erhalten wurden. Da sie alle drei aus der krystallisierten Mannose hergestellt wurden und wie diese nach links drehen, so ist es wahrscheinlich, daß sie alle drei dieselbe Konfiguration wie der krystallisierte Zucker haben. Die Entdeckung der stereoisomeren Formen sowohl beim Zucker wie bei den Acylderivaten wird wohl nur eine Frage der Zeit sein.

Wir haben dann ferner noch die Verbindung der Glucose mit Kaffeesäure ganz nach dem Muster der Pentagalloyl-glucose dargestellt. Dazu waren das Dicarbomethoxyderivat der Kaffeesäure und sein Chlorid nötig, die sich nach bekannten Methoden leicht bereiten

---

[1]) Berichte d. D. Chem. Gesellsch. **45**, 2725 [1912]. (*Depside 303.*)

[2]) Liebigs Annal. d. Chem. **331**, 362 [1904].

ließen. Die Verbindung der Glucose mit Dicarbomethoxykaffeesäure bezeichnen wir als Penta-(3,4-dicarbomethoxy-dioxycinnamoyl)-glucose. Durch gelinde Behandlung mit Alkali können sämtliche Carbomethoxygruppen abgespalten werden, und es entsteht ein in Wasser fast unlöslicher, in Alkalien leicht löslicher Stoff, den man nach der Bildung als Penta-(3,4-dioxy-cinnamoyl)-glucose auffassen kann. Aber leider haben die Analysen verschiedener Präparate keine zu dieser Formel scharf stimmenden Zahlen gegeben.

Hexacinnamoyl-mannit, $C_6H_8O_6(C_9H_7O)_6$.

2,7 g sehr fein gepulverter und getrockneter Mannit werden mit einer auf 0° abgekühlten Mischung von 20 g Zimtsäurechlorid (8 Mol.), 16 g Chinolin (8½ Mol.) und 80 ccm trocknem Chloroform übergossen und einige Tage auf der Maschine geschüttelt, bis klare Lösung erfolgt. Nachdem die braune Flüssigkeit dann noch zwei Tage bei Zimmertemperatur gestanden hat, wird sie zur Entfernung des Chinolins 2—3-mal mit verdünnter, etwa 10-prozentiger Schwefelsäure ausgeschüttelt, danach mit Wasser gewaschen, schließlich mit Methylalkohol bis zur beginnenden Trübung versetzt, und die Mischung unter Umrühren in etwa 800 ccm gekühlten Methylalkohol eingegossen. Dabei fällt eine fast farblose, amorphe Masse, die nach starkem Abkühlen der Flüssigkeit abgesaugt und mit kaltem Methylalkohol gewaschen wird. Ausbeute ungefähr 14 g. Aus etwa der 3-fachen Menge heißem Essigäther krystallisiert die Substanz in büschelförmig angeordneten Prismen oder Nadeln. Zur Analyse war sie noch dreimal in dieser Weise umkrystallisiert (10 g) und bei 78° und 15 mm über Phosphorpentoxyd getrocknet.

0,1323 g Sbst.: 0,3633 g CO_2, 0,0632 g H_2O.

$C_{60}H_{50}O_{12}$ (962,4). Ber. C 74,81, H 5,24.
Gef. „ 74,89, „ 5,35.

0,4756 g Sbst. Gesamtgewicht der Lösung in Chloroform 5,8311 g. $d_4^{21} = 1,4568$. Drehung im 1-dm-Rohr bei 21° für Natriumlicht 1,54° nach rechts. Mithin $[\alpha]_D^{21} = + 12,96°$ (in Chloroform).

0,1360 g Sbst. Gesamtgewicht der Chloroform-Lösung 1,7982 g. $d_4^{20} = 1,458$. Drehung im 1-dm-Rohr bei 20° und Natriumlicht 1,45° nach rechts. Mithin $[\alpha]_D^{20} = + 13,15°$ (in Chloroform).

Die Substanz beginnt im Capillarrohr bei 94° zu sintern und ist bei 99—100° zu einem klaren zähflüssigen Öl geschmolzen. Sie löst sich sehr leicht in kaltem Chloroform, Aceton, leicht in Essigäther und Benzol, viel schwerer in Alkohol und fast gar nicht in Wasser.

α-Pentacinnamoyl-glucose, $C_6H_7O_6(C_9H_7O)_5$.

3,6 g sehr fein zerriebene, gesiebte und getrocknete α-Glucose werden mit einem durch Eis gekühlten Gemisch von 19,1 g frisch im Vakuum destillierten Zimtsäurechlorid (5,75 Mol.), 15 g trocknem Chinolin (5,75 Mol.) und 75 ccm trocknem Chloroform übergossen und bei Zimmertemperatur geschüttelt. Ist die Glucose sehr fein zerkleinert, so tritt schon im Laufe von einer Stunde fast völlige Lösung ein. Das Schütteln wird noch $1^1/_2$ Stunden fortgesetzt, wobei eine hellgelbe Lösung entsteht. Nur in einem einzigen Falle war aus bisher unbekannten Gründen der Inhalt der Flasche durch Abscheidung des festen Reaktionsproduktes breiartig geworden. Die Flüssigkeit wird nun mit wenig Methylalkohol bis zur beginnenden Fällung versetzt und die Mischung in dünnem Strahl unter Umrühren in 200 ccm Methylalkohol eingegossen. Dabei fällt das Reaktionsprodukt in fast farblosen Flocken. Es wird nach einigem Stehen in Kältemischung abgesaugt und mit Methylalkohol gewaschen. Ausbeute 13,7 g.

Man löst in ungefähr der 60-fachen Menge siedendem Essigäther. Beim Abkühlen krystallisieren farblose, meist sternförmig angeordnete, mikroskopische Nadeln. Für die Analyse wurde nochmals auf dieselbe Art umkrystallisiert und bei 100° und 15—20 mm Druck getrocknet.

0,1476 g Sbst.: 0,3990 g CO_2, 0,0687 g H_2O.

$C_{51}H_{42}O_{11}$ (830,34). Ber. C 73,70, H 5,10.

Gef. „ 73,72, „ 5,21.

0,0943 g Sbst. Gesamtgewicht der Lösung in Chloroform 3,3836 g. $d_4^{20} = 1,465$. Drehung im 1-dm-Rohr bei 20° und Natriumlicht 8,09° nach rechts. Mithin $[\alpha]_D^{20} = + 198,1°$ (in Chloroform).

0,1019 g Sbst. Gesamtgewicht der Lösung 3,7216 g. $d_4^{20} = 1,465$. Drehung im 1-dm-Rohr bei 18° und Natriumlicht 7,99° nach rechts. Mithin $[\alpha]_D^{18} = + 199,2°$ (in Chloroform). Eine 3. Bestimmung gab + 198,8°.

Die Substanz schmilzt im Capillarrohr nach geringem Sintern bei 225—226° (korr.). Sie ist äußerst schwer löslich in kaltem Wasser und Alkohol, leichter in Eisessig, Aceton und Essigäther, noch leichter in Benzol und Chloroform.

β-Pentacinnamoyl-glucose.

Die Mengen von fein gepulverter und getrockneter β-Glucose, Zimtsäurechlorid, Chinolin und Chloroform waren dieselben wie im vorhergehenden Falle. Um aber eine Umlagerung der β-Glucose in die α-Form möglichst zu vermeiden, haben wir das flüssige Gemisch stark abgekühlt auf den Zucker gegossen und das Ganze in einer Mischung von Eis und Salz 8 Stunden unter öfterem Umschütteln aufbewahrt. Dabei ging der allergrößte Teil des Zuckers in Lösung. Die Flüssigkeit blieb noch 12 Stunden bei Zimmertemperatur stehen und war dann vollkommen klar. Zur Entfernung des Chinolins wurde nun mit verdünnter

Schwefelsäure und dann mit Wasser gewaschen, und die Chloroform-Lösung mit dem doppelten Volumen Methylalkohol versetzt. Bei 12-stündigem Stehen im Eisschrank fiel der größte Teil des Reaktionsproduktes als undeutlich krystallinische Masse. Ausbeute ungefähr 14 g. Zur Reinigung löst man in heißem Chloroform und fügt zu dieser Lösung etwa das sechsfache Volumen heißen Methylalkohol, wobei sehr bald Krystallisation erfolgt. Man läßt auf Zimmertemperatur abkühlen und filtriert. Die Krystallisation muß einigemal wiederholt werden, bevor Drehung und Schmelzpunkt konstant sind. Zur Analyse war unter 15—20 mm Druck bei 78° über Phosphorpentoxyd getrocknet.

0,1260 g Sbst.: 0,3404 g CO_2, 0,0584 g H_2O.

$C_{51}H_{42}O_{11}$ (830,34). Ber. C 73,70, H 5,10.

Gef. „ 73,68, „ 5,19.

0,2030 g Sbst. Gesamtgewicht der Lösung in Chloroform 4,5723 g. $d_4^{20} = 1,455$. Drehung im 1-dm-Rohr bei 20° für Natriumlicht 0,23° nach links. Mithin $[\alpha]_D^{20} = -3,6°$ (in Chloroform).

0,1005 g Sbst. Gesamtgewicht der Lösung 2,3020 g. $d_4^{20} = 1,455$. Drehung im 1-dm-Rohr bei 20° für Natriumlicht 0,23° nach links. Mithin $[\alpha]_D^{20} = -3,6°$ (in Chloroform).

Die β-Pentacinnamoyl-glucose schmilzt bei 191—192° (korr.). Sie bildet mikroskopische, lange, schmale Blättchen, die meist sternförmig angeordnet sind, und hat ähnliche Löslichkeit wie die α-Verbindung.

Pentacinnamoyl-mannose.

Krystallisierte, sehr fein gepulverte und scharf getrocknete Mannose wurde mit denselben Mengen von Zimtsäurechlorid, Chinolin und Chloroform wie bei der Glucose übergossen und bei Zimmertemperatur bis zur völligen Lösung (8 Stunden) geschüttelt. Die Flüssigkeit blieb noch zwei Tage bei Zimmertemperatur stehen, wurde nun mit verdünnter Schwefelsäure und Wasser gewaschen, und die abgehobene Chloroformlösung in das achtfache Volumen kalten Methylalkohols eingegossen. Dabei fiel eine amorphe, schwach gelbe Masse. Ausbeute ca. 15 g. Nach dem Trocknen im Exsiccator wurde sie in wenig heißem Benzol gelöst. Impft man mit Kryställchen, so scheidet sich im Laufe einiger Tage ein Brei sehr feiner Nadeln ab. Die ersten, später zum Impfen benutzten Kryställchen erhielten wir durch längeres Stehen einer Lösung in Benzol-Toluol. Die abgesaugten Nadeln wurden zur Analyse nochmals in wenig trocknem thiophenfreiem Benzol gelöst und diese Lösung nach dem Impfen acht Tage im Eisschrank aufbewahrt, dann die Krystalle abgesaugt, zuerst mit wenig kaltem Benzol, später mit einer Mischung von Benzol und Petroläther gewaschen. Diese Krystalle sind eine Verbindung der Pentacinnamoyl-mannose mit 1 Mol. Benzol, wie die Analyse des bei 18° im Vakuumexsiccator bis zur Gewichtskonstanz getrockneten Produkts zeigt.

0,1512 g Sbst.: 0,4170 g CO_2, 0,0722 g H_2O. — 0,1504 g Sbst.: 0,4151 g CO_2, 0,0715 g H_2O.

$C_{51}H_{42}O_{11} + C_6H_6$ (908,38). Ber. C 75,30, H 5,33.
Gef. „ 75,22, 75,27, „ 5,34, 5,32.

Das Benzol entweicht bei 78° unter 12—15 mm Druck langsam.

0,1898 g krystallisierte Substanz verloren beim 11-stündigen Erhitzen auf 78° unter 12 mm 0,0168 g.

0,2363 g verloren beim 10-stündigen Erhitzen unter 12 mm Druck auf 100° 0,0205 g, wobei die Substanz schmolz.

$C_{51}H_{42}O_{11} + C_6H_6$. Ber. Benzol 8,59. Gef. Benzol 8,85, 8,68.

Die getrocknete Substanz gab folgende Zahlen:

0,1648 g Sbst.: 0,4443 g CO_2, 0,0758 g H_2O.

$C_{51}H_{42}O_{11}$ (830,34). Ber. C 73,70, H 5,10.
Gef. „ 73,53, „ 5,15.

Für die optische Bestimmung diente die Lösung der Krystalle in Benzol.

0,2054 g benzol-haltiger Substanz. Gesamtgewicht der Lösung 2,0593 g. $d_4^{20} = 0,8991$. Drehung im 1-dm-Rohr bei 20° für Natriumlicht 8,19° nach links. Mithin für Pentacinnamoyl-mannose + Benzol $[\alpha]_D^{20} = -91,3°$ (in Benzol) und für Pentacinnamoyl-mannose allein $[\alpha]_D^{20} = -99,9°$.

Eine zweite Bestimmung mit einem anderen Präparat ergab bei derselben Konzentration $[\alpha]_D^{20} = -91,66°$ für benzol-haltige Substanz und $[\alpha]_D^{20} = -100,3°$ für benzolfreie.

Die benzolhaltige krystallisierte Substanz schmilzt gegen 108—112° nach Sintern von 100° an. Die Pentacinnamoyl-mannose krystallisiert aus Benzol in sehr feinen, zu pilzmycel-artigen Gebilden vereinigten Nadeln. Sie ist sehr leicht löslich in Chloroform, Aceton und warmem Benzol, ziemlich schwer in Äther, noch schwerer in Alkohol und fast gar nicht in Wasser.

Pentabenzoyl-mannose, $C_6H_7O_6(C_7H_5O)_5$.

4 g sorgfältig gepulverte und getrocknete, krystallisierte Mannose werden mit einer auf 0° gekühlten Mischung von 60 ccm trocknem Chloroform, 18,7 g Benzoylchlorid (6 Mol.) und 20 g trocknem Chinolin übergossen und auf der Maschine geschüttelt, bis völlige Lösung eingetreten ist. Nachdem die rote Flüssigkeit dann noch 24 Stunden gestanden hat, wird sie zur Entfernung des Chinolins mehrmals mit verdünnter Schwefelsäure ausgeschüttelt, schließlich mit Wasser gewaschen, mit dem gleichen Volumen Alkohol versetzt und unter vermindertem Druck eingedampft, bis alles Chloroform verjagt ist. Löst man das zurückblei-

bende rötliche Öl, das bald erstarrt, in heißem Alkohol, so scheiden sich beim Erkalten und Reiben lange, meist sternförmig verwachsene Nadeln ab, welche nach dem Abkühlen durch Kältemischung die Flüssigkeit breiartig erfüllen. Ausbeute 14 g. Zur Analyse wurde noch 2-mal aus heißem Alkohol umkrystallisiert und bei 15 mm und 100° über Phosphorpentoxyd getrocknet.

0,1513 g Sbst.: 0,3887 g CO_2, 0,0616 g H_2O.

$C_{41}H_{32}O_{11}$ (700,26). Ber. C 70,26, H 4,61.
Gef. „ 70,07, „ 4,56.

0,2824 g Sbst. Gesamtgewicht der Lösung in Chloroform 3,1650 g. $d_4^{20} = 1,462$. Drehung im 1-dm-Rohr bei 20° für Natriumlicht 10,49° nach links. Mithin $[\alpha]_D^{20} = -80,44°$ (in Chloroform).

0,2790 g Sbst. Gesamtgewicht der Lösung 3,0584 g. $d_4^{20} = 1,462$. Drehung im 1-dm-Rohr bei 20° für Natriumlicht 10,77° nach links. Mithin $[\alpha]_D^{20} = -80,7°$ (in Chloroform).

Die Substanz schmilzt bei 161—161,5° (korr.) nach geringem Sintern. Sie löst sich sehr leicht in Chloroform, Aceton und Essigäther, schwerer in Äther, ziemlich schwer in Alkohol und nur sehr wenig in kaltem Ligroin und Wasser.

Pentaacetyl-mannose, $C_6H_7O_6(C_2H_3O)_5$.

Zu ihrer Darstellung dient das Verfahren, das Behrend für die Glucose empfohlen hat. 10 g sorgfältig getrocknete und gepulverte krystallisierte Mannose werden mit einem auf 0° abgekühlten Gemisch von 67 g trocknem Pyridin und 50 g Essigsäure-anhydrid übergossen und bei 0° einige Stunden bis zur völligen Lösung geschüttelt. Die fast farblose Flüssigkeit bleibt noch 2 Tage im Eisschrank und wird dann in 250 ccm Eiswasser gegossen. Dabei scheidet sich ein dickes Öl ab, das beim Verreiben mit dem Wasser krystallinisch erstarrt. Es wird aus wenig heißem, 96-prozentigem Alkohol umkrystallisiert. Die Ausbeute an reiner Substanz betrug nach 3-maligem Umlösen 13,5 g oder 62% der Theorie. Zur Analyse wurde bei 78° unter 15—20 mm getrocknet.

0,1660 g Sbst.: 0,2990 g CO_2, 0,0858 g H_2O.

$C_{16}H_{22}O_{11}$ (390,18). Ber. C 49,21, H 5,68.
Gef. „ 49,12, „ 5,78.

0,2877 g Sbst. Gesamtgewicht der Chloroform-Lösung 3,0167. $d_4^{18} = 1,466$. Drehung im 1 dm-Rohr bei 18° für Natriumlicht 3,47° nach links. Mithin $[\alpha]_D^{18} = -24,8°$ (in Chloroform).

0,2775 g Sbst. Gesamtgewicht 3,4408. $d_4^{20} = 1,47$. Drehung im 1 dm-Rohr bei 20° für Natriumlicht 2,95° nach links. Mithin $[\alpha]_D^{20} = -24,9°$.

Die Pentaacetyl-mannose schmilzt nach sehr geringem Sintern bei 117,5° (korr.). Sie löst sich sehr leicht in Chloroform, Essigäther,

Aceton, Benzol und heißem Alkohol, ziemlich schwer in heißem Ligroin und heißem Wasser, sehr schwer in kaltem Wasser und fast gar nicht in kaltem Petroläther. Sie schmeckt stark bitter. Aus Alkohol krystallisiert sie in kurzen, derben, aus heißem Ligroin in länglichen, meist verwachsenen, flachen Formen. Sie reduziert Fehlingsche Lösung beim Kochen stark und gleicht im allgemeinen den beiden Pentaacetylglucosen.

Löst man die Acetylverbindung in wenig Eisessig, vermischt mit der 4-fachen Menge käuflichem, bei 0° gesättigtem Eisessig-Bromwasserstoff und gießt nach 1-stündigem Stehen bei Zimmertemperatur in Eiswasser, so fällt ein Öl aus, das sich mit Chloroform leicht aufnehmen läßt. Es entspricht wahrscheinlich der Aceto-bromglucose, wurde aber noch nicht krystallisiert erhalten[1]).

Dicarbomethoxy-kaffeesäure, $(CH_3OOC \cdot O)_2C_6H_3 \cdot CH : CH \cdot COOH$.

Die angewandte Kaffeesäure war synthetisch nach Tiemann und Nagai hergestellt[2]). 20 g werden in einer Wasserstoff-Atmosphäre durch 167 ccm 2-*n*. Natronlauge (3 Mol) gelöst, auf — 5° abgekühlt und durch einen Tropftrichter in mehreren Portionen unter kräftigem Schütteln 23 g chlorkohlensaures Methyl (2,2 Mol) im Laufe von 30—40 Minuten zugefügt. Die Temperatur steigt dabei vorübergehend, wird aber durch die fortdauernde starke Kühlung rasch wieder erniedrigt. Um die Reaktion ganz sicher zu Ende zu führen, haben wir schließlich zur stark abgekühlten Flüssigkeit nochmals 42 ccm 2-*n*. Natronlauge und 8 g chlorkohlensaures Methyl zugefügt und 15 Minuten bei — 5° geschüttelt. Dann wurde mit verdünnter Salzsäure angesäuert, die breiartige Masse mit Wasser verdünnt, der farblose Niederschlag abgesaugt, mit Wasser gewaschen, abgepreßt, dann in 150 ccm warmem Aceton gelöst, die schwach gelb gefärbte Flüssigkeit mit Tierkohle behandelt und nach dem Filtrieren mit 400 ccm Wasser von 60° versetzt. Beim Erkalten krystallisierte die Dicarbomethoxy-kaffeesäure in gebogenen Nadeln, welche die Flüssigkeit breiartig erfüllen. Nochmals in derselben Weise umkrystallisiert, war sie analysenrein. Die Ausbeute an reiner Substanz betrug 30 g oder 91% der Theorie.

0,1009 g Sbst. (bei 78° und 15 mm getrocknet): 0,1953 g CO_2, 0,0383 g H_2O.
$C_{13}H_{12}O_8$ (296,10). Ber. C 52,68, H 4,09.
Gef. „ 52,79, „ 4,25.

---

[1]) Dagegen ist es auf die gleiche Art ohne Mühe gelungen, eine krystallisierte Aceto-bromrhamnose, $C_{12}H_{17}O_7Br$, zu gewinnen, die gegen 70° schmilzt und stark nach links dreht. (*Vgl. S. 119.*) Sie wird z. Zt. im hiesigen Institut für verschiedene Synthesen verwendet. E. F.

[2]) Berichte d. D. Chem. Gesellsch. **11**, 656 [1878].

Die Säure schmilzt bei 145—146° (korr.) und etwa 20° höher tritt Gasentwicklung ein. Sie löst sich sehr leicht in heißem, viel schwerer in kaltem Alkohol, ziemlich leicht in kaltem Aceton, Essigäther, Eisessig, heißem Benzol und Chloroform, viel weniger in Äther.

Dicarbomethoxy-kaffeesäurechlorid,
$(CH_3OOC \cdot O)_2C_6H_3 \cdot CH : CH \cdot CO \cdot Cl$.

59 g trockne Säure werden mit 120 ccm trocknem Chloroform übergossen und nach Zusatz von 50 g zerriebenem Phosphorpentachlorid ($1^1/_4$ Mol.) auf etwa 50° erwärmt. Unter Salzsäure-Entwicklung gehen Säure und Pentachlorid allmählich in Lösung. Diese wird bei 15—20 mm Druck und 50—60° verdampft und der Rückstand in warmem, trocknem Tetrachlorkohlenstoff gelöst. Beim Abkühlen scheidet sich das Chlorid in glänzenden Nadeln ab, die rasch abgesaugt und abgepreßt werden. Sie wurden zur völligen Reinigung nochmals aus warmem Tetrachlorkohlenstoff umkrystallisiert. Ausbeute an ganz reinem Chlorid 45 g oder 72% der Theorie.

0,1524 g Sbst. (bei 78° und 15 mm getrocknet): 0,2762 g CO_2, 0,0489 g H_2O. — 0,1943 g Sbst.: (nach Carius) 0,0905 g Chlorsilber.

$C_{13}H_{11}O_7Cl$ (314,55). Ber. C 49,59, H 3,53, Cl 11,27.
Gef. „ 49,43, „ 3,59, „ 11,52.

Das Chlorid schmilzt bei 108,5—109,5° (korr.). Außer von Tetrachlorkohlenstoff wird es auch von heißem Chloroform und Benzol leicht, von heißem Ligroin schwerer gelöst. Durch Wasser wird es selbst in der Wärme nur langsam angegriffen. Mit Alkohol und Methylalkohol gibt es sehr leicht die entsprechenden Ester.

Dicarbomethoxy-kaffeesäure-äthylester, $C_{13}H_{11}O_7 \cdot OC_2H_5$.

Löst man das Chlorid in der $2^1/_2$-fachen Menge heißem, absolutem Alkohol, so scheidet sich der Ester beim Abkühlen in farblosen, vielfach sternförmig angeordneten, flachen Nadeln oder Prismen ab, die beim starken Abkühlen die Flüssigkeit breiartig erfüllen. Ausbeute 85% der Theorie. Zur Analyse war nochmals aus heißem Ligroin umkrystallisiert und bei 78° und 20 mm getrocknet.

0,1591 g Sbst: 0,3250 g CO_2, 0,0707 g H_2O.

$C_{15}H_{16}O_8$ (324,13). Ber. C 55,53, H 4,98.
Gef. „ 55,71, „ 4,97.

Der Ester schmilzt bei 98° (korr.). Er ist in Aceton, Benzol, Essigäther sehr leicht, in Alkohol und Äther schwerer löslich.

Der entsprechende Methylester wurde auf die gleiche Weise gewonnen. Er war für die Analyse ebenfalls aus heißem Ligroin umkrystallisiert und bei 78° und 20 mm getrocknet.

0,1511 g Sbst.: 0,3014 g CO_2, 0,0647 g H_2O.

$C_{14}H_{14}O_8$ (310,11). Ber. C 54,18, H 4,55.
Gef. „ 54,40, „ 4,79.

Er schmilzt bei 95—96,5° (korr.), krystallisiert aus heißem Ligroin in farblosen, meist büschelförmig vereinigten und ziemlich langen Spießen. Auch in der Löslichkeit gleicht er dem Äthylester.

Penta-(3,4-dicarbomethoxy-dioxycinnamoyl)-glucose,
$C_6H_7O_6(C_{13}H_{11}O_7)_5$.

0,9 g fein zerriebene, gebeutelte und scharf getrocknete α-Glucose wurden mit einer Lösung von 10 g reinem Dicarbomethoxy-kaffeesäure-chlorid (6,5 Mol.) in 27 ccm trocknem, reinem Chloroform, der 6,5 g Chinolin zugefügt war, übergossen und etwa 20 Stunden geschüttelt, bis völlige Lösung eingetreten war. Die Flüssigkeit wurde dann mit der gleichen Menge Chloroform verdünnt, um sie optisch untersuchen zu können, und blieb noch 3 Tage bei gewöhnlicher Temperatur stehen. Dabei war das anfängliche Drehungsvermögen im $^1/_2$-dm-Rohr von + 5,91° nur auf + 5,63° zurückgegangen. Man konnte deshalb annehmen, daß die Reaktion beendet sei. Zur Entfernung des Chinolins wurde nun die Chloroform-Lösung mehrmals mit 10-prozentiger Schwefelsäure ausgeschüttelt, mit Wasser gewaschen, dann mit Methylalkohol bis zur beginnenden Trübung verdünnt und unter Umrühren in dünnem Strahl in 250 ccm eiskalten Methylalkohol eingegossen. Dabei fiel eine farblose, amorphe Masse. Sie wurde abgesaugt, dreimal in Chloroform gelöst und durch Eingießen in Methylalkohol wieder gefällt. Die Ausbeute betrug schließlich 4,9 g oder 62% der Theorie.

0,1384 g Sbst. (bei 56° unter 15—20 mm getrocknet): 0,2751 g CO_2, 0,0502 g H_2O.

$C_{71}H_{62}O_{41}$ (1570,50). Ber. C 54,25, H 3,98.
Gef. „ 54,22, „ 4,06.

Da die Tetra-(dicarbomethoxy-dioxycinnamoyl)-glucose fast die gleichen Werte (C 53,85, H 4,06) verlangt, so ist die Analyse für die Formel nicht entscheidend. Aus Analogiegründen darf man aber schließen, daß es sich auch im vorliegenden Falle vorzugsweise um die Pentaacylverbindung handelt.

Für die optische Bestimmung diente die Chloroform-Lösung. 0,1958 g Sbst. Gesamtgewicht der Lösung 1,9184 g. d_4^{20} = 1,492. Drehung im 1-dm-Rohr bei 20° für Natriumlicht 17,77° nach rechts. Mithin $[\alpha]_D^{20}$ = + 116,7° (in Chloroform).

0,2169 g Sbst. (andere Darstellung). Gesamtgewicht der Lösung 2,0514 g. d_4^{20} = 1,492. Drehung im 1-dm-Rohr bei 20° für Natriumlicht 17,84° nach rechts. Mithin $[\alpha]_D^{20}$ = + 113,1° (in Chloroform).

Bestimmungen von andren Präparaten ergaben auch stärkere Abweichungen, z. B. $[\alpha]_D^{20}$ = + 108,2°, + 111,4°, + 120,6°.

Das ist nicht auffallend, da es sich um eine amorphe Substanz handelt, und da nach früherer Darlegung[1]) bei dieser Synthese wohl immer Gemische von Derivaten der α- und β-Glucose entstehen.

Das Präparat, welches für obige Analyse diente, fing gegen 80° an zu sintern und schmolz bei höherer Temperatur langsam zu einer farblosen, zähen Flüssigkeit. Beim Reiben wurde es stark elektrisch. Es löste sich leicht in Chloroform, Aceton, Essigäther, fast gar nicht in Äther, kaltem Alkohol und Ligroin.

Verseifung der Carbomethoxyverbindung. Penta-(3,4-dioxy-cinnamoyl)-glucose (?).

6,28 g ($^4/_{1000}$ Mol.) gereinigte Penta-(3,4-dicarbomethoxy-dioxy-cinnamoyl)-glucose werden in einer Flasche, durch die ein Wasserstoffstrom hindurchgeht, in 32 ccm Aceton gelöst und durch Eiswasser gekühlt. Dann läßt man aus einem Tropftrichter 44 ccm 2-*n*. Natronlauge ($^{88}/_{1000}$ Mol.) unter Umschütteln langsam zufließen, wobei durch Kühlung die Temperatur der Lösung unter 20° gehalten wird. Durch die Natronlauge wird die anfangs farblose Lösung orangerot und scheidet nach wenigen Minuten Natriumcarbonat ab. Man gibt deshalb noch 30 ccm Wasser zu, wobei klare Lösung eintritt, und hält die Flüssigkeit unter zeitweisem Umschütteln noch $^1/_2$ Stunde bei 20°, während dauernd ein Wasserstoffstrom durch das Gefäß geht. Schließlich fügt man 20 ccm 5-*n*. Salzsäure zu, wobei Kohlensäure entweicht, die Farbe der Lösung von orangerot in hellgelb umschlägt und eine goldgelbe, harzige Masse ausfällt. Um die Fällung zu vervollständigen, verdünnt man noch mit dem doppelten Volumen kalten Wassers und rührt um, bis der Niederschlag zusammengeballt ist und die wäßrige Lösung sich ohne Verlust abgießen läßt. Die feste Masse wird mehrmals mit warmem Wasser durchgeknetet, um alle anorganischen Substanzen und Aceton zu entfernen. In der Kälte läßt sie sich leicht zerreiben. Eine Probe davon haben wir ohne weitere Reinigung erst im Exsiccator und dann bei 134° und 1 mm Druck bis zur Gewichtskonstanz getrocknet.

0,1308 g Sbst.: 0,2922 g CO_2, 0,0502 g H_2O.

$C_{51}H_{42}O_{21}$ (990,34). Ber. C 61,80, H 4,27.

Gef. „ 60,93, „ 4,30.

Da im Kohlenstoff noch eine erhebliche Differenz vorhanden war, so haben wir das Präparat, das keine Neigung zur Krystallisation zeigte, in warmem Essigäther gelöst und in der Kälte fraktioniert mit Chloroform gefällt. Die erste, dunkelgelb gefärbte Partie wurde entfernt. Die späteren Fraktionen waren hellgelb. Sie wurden erst im

---

[1]) E. Fischer und K. Freudenberg, Berichte d. D. Chem. Gesellsch. **45**, 2710 [1912]. (*Depside 288.*)

Exsiccator und dann bei 109° und 1 mm getrocknet und gaben folgende Zahlen:

0,1422 g Sbst.: 0,3197 g CO_2, 0,0528 g H_2O.
$C_{51}H_{42}O_{21}$ (990,34). Ber. C 61,80, H 4,27.
Gef. ,, 61,32, ,, 4,16.

Die gefundenen Zahlen weichen noch immer im Kohlenstoff ziemlich von den berechneten ab und nähern sich dem Werte, der für die Tetra-(3,4-dioxy-cinnamoyl)-glucose paßt (C = 60,85%, H = 4,38%). Wir müssen es deshalb unentschieden lassen, ob das Präparat vorzugsweise Penta- oder Tetraacylverbindung ist, da eine Garantie für die Reinheit ohnehin bei solchen amorphen Substanzen nicht gegeben ist.

Für die optische Bestimmung diente die alkoholische Lösung des gereinigten und analysierten Präparates. Wegen der gelben Farbe war sie nur in dünner Schicht durchsichtig.

0,1944 g Sbst. Gesamtgewicht der Lösung 1,9257 g. Drehung im $^1/_2$-dm-Rohr bei 20° für Natriumlicht 2,41° nach rechts. $d_4^{20} = 0,833$. Mithin $[\alpha]_D^{20} = + 57,4°$ (in Alkohol).

0,1085 g Sbst. Gesamtgewicht der Lösung 1,0509 g. $d_4^{20} = 0,833$. Drehung im $^1/_2$-dm-Rohr bei 20° für Natriumlicht 2,37° nach rechts. Mithin $[\alpha]_D^{20} = + 55,0°$ (in Alkohol).

Wir bemerken übrigens auch hier ausdrücklich, daß die Einheitlichkeit des Präparates in stereochemischer Beziehung keineswegs garantiert und sogar ziemlich unwahrscheinlich ist.

Die Substanz hat keinen bestimmten Schmelzpunkt. Im Capillarrohr rasch erhitzt, bläht sie sich gegen 180° stark auf, nach vorherigem Sintern und Farbvertiefung. Sie löst sich sehr leicht in Aceton und Essigäther und dann sukzessive schwerer in Alkohol, Äther, Chloroform und Ligroin. In Wasser ist sie selbst in der Wärme so schwer löslich, daß das Verhalten gegen Leimlösung schwer zu prüfen war. Offenbar aus demselben Grunde ist sie so gut wie geschmacklos. Die Lösung in verdünntem Alkohol wird durch Eisenchlorid stark grün gefärbt. Die alkoholische Lösung gibt mit einer alkoholischen Lösung von Kaliumacetat sofort einen hübsch aussehenden, aber amorphen, schwach gelben Niederschlag. Ferner erzeugt sie in einer alkoholischen Brucin-Lösung einen amorphen Niederschlag, der sich in der Wärme löst und beim Erkalten wieder ausfällt.

In diesen Eigenschaften sowie in der geringen Löslichkeit in Wasser gleicht sie dem Glucose-Derivat der Pyrogallol-carbonsäure[1]).

---

[1]) Berichte d. D. Chem. Gesellsch. **46**, 2397 [1913]. (*Depside 196.*)

31. Emil Fischer und Karl Zach: Neue Synthese von Basen der Zuckergruppe.

Berichte der Deutschen Chemischen Gesellschaft **44**, 132 [1911].

(Eingegangen am 27. Dezember 1910.)

Die Basen vom Typus des biologisch so interessanten Glucosamins sind bisher an Zahl sehr gering. Da sie aber in der Mitte zwischen den Kohlenhydraten und Aminosäuren stehen, so wird man ihnen voraussichtlich noch öfters in der Lebewelt begegnen. Um ihre Auffindung zu erleichtern, halten wir es für zweckmäßig, möglichst viele von ihnen synthetisch herzustellen, und wir haben hierfür einen neuen Weg eingeschlagen. Durch langdauernde Wirkung von flüssigem trocknem Bromwasserstoff auf Pentacetylglucose entsteht nach E. Fischer und E. F. Armstrong[1]) die β-Acetodibromglucose, die beim Schütteln der methylalkoholischen Lösung mit Silbercarbonat ein Brom gegen Methoxyl austauscht und in das sog. Triacetyl-methylglucosid-bromhydrin übergeht. Wie der Name ausdrückt, ist letzteres zu betrachten als ein Methylglucosid, in welchem ein Hydroxyl durch Brom ersetzt ist und die drei anderen Hydroxyle acetyliert sind. Diese Verbindung bildet das Ausgangsmaterial für unsere Versuche. Sie wird durch flüssiges Ammoniak schon bei gewöhnlicher Temperatur zersetzt. An die Stelle von Brom tritt die Aminogruppe, gleichzeitig werden die Acetylgruppen als Acetamid abgespalten und es entsteht das ziemlich leicht krystallisierende Hydrobromid einer Base $C_7H_{15}O_5N$. Diese reduziert die Fehlingsche Lösung nicht; dagegen wird sie durch Erwärmen mit verdünnter Salzsäure in das Salz einer sehr stark reduzierenden Base verwandelt, die von dem gewöhnlichen Glucosamin verschieden ist. Die nicht reduzierende Base betrachten wir als ein glucosidartiges Methylderivat der zweiten oder mit anderen Worten als ein Methylglucosid, in welchem ein Hydroxyl durch Amid ersetzt ist. Da über die Stellung dieses Amids und auch über die Konfiguration des ganzen Moleküls sich noch kein Urteil fällen läßt, so wollen wir die Verbindung $C_7H_{15}O_5N$

[1]) Berichte d. D. Chem. Gesellsch. **35**, 833 [1902]. (*Kohlenh. I, 815.*)

vorläufig als Amino-methylglucosid bezeichnen mit dem Vorbehalt, diesen Namen später durch einen besseren zu ersetzen.

Die gleiche Methode haben wir angewandt auf das Tetracetylmannitdichlorhydrin[1]) und ebenfalls das Hydrochlorid einer organischen Base erhalten, deren Zusammensetzung allerdings noch nicht festgestellt werden konnte. Wir beabsichtigen ferner, die erwähnten Halogenkörper der Wirkung von Reduktionsmitteln oder Basen zu unterwerfen und hierbei auch die Möglichkeit einer Änderung der Konfiguration zu prüfen.

Amino-methylglucosid.

In ein stark gekühltes Einschmelzrohr leitet man durch Calciumoxyd getrocknetes Ammoniak ein, bis die Menge der Flüssigkeit 12—15 ccm beträgt, läßt das Ammoniak gefrieren, gibt dann 10 g reines gepulvertes Triacetyl-methylglucosid-bromhydrin zu und schließt das Rohr durch Abschmelzen. Dabei ist zu beachten, daß keine Feuchtigkeit durch die Flammengase in das Rohr eingeführt wird. Beim Auftauen des Ammoniak erfolgt im Verlauf von 1—2 Stunden klare Lösung. Das Rohr wird nun 7 Tage bei 15—18° aufbewahrt, dann nach starkem Abkühlen bis zum Gefrieren die Capillare geöffnet und das Ammoniak durch ruhiges Stehenlassen des Rohres außerhalb der Kühlflüssigkeit verdunstet. Hierbei bleibt ein Sirup zurück. Um das Ammoniak möglichst vollständig zu entfernen, empfiehlt es sich, zum Schluß die Capillare mit einer Luftpumpe zu verbinden und den Sirup auf 30—40° zu erwärmen. Man löst nun den Sirup in absolutem Alkohol, verdampft die Lösung in einem ziemlich geräumigen Kolben unter vermindertem Druck und extrahiert den zurückbleibenden Sirup unter häufigem Schütteln mehrmals mit warmem getrocknetem Essigäther. Dadurch wird das leicht lösliche Acetamid entfernt, während ein Gemisch von bromwasserstoffsaurem Aminoglucosid und Bromammonium als zähe Masse zurückbleibt. Diese wird in wenig heißem trocknem Methylalkohol gelöst und die Flüssigkeit mit viel trocknem Essigäther gefällt. Beim Stehen über Nacht erstarrt die anfangs sirupöse Ausscheidung krystallinisch. Sie wird abgesaugt, zerkleinert und mit absolutem Äthylalkohol ausgekocht, um das Bromammonium zu entfernen.

Der krystallinische Rückstand ist in der Regel farblos und besteht aus fast reinem Amino-methylglucosid-Hydrobromid. Die Ausbeute beträgt ungefähr 4 g oder 56% der Theorie. Zur völligen Reinigung wird das Salz in heißem trocknem Methylalkohol gelöst und durch trocknen Äther wieder gefällt. Es scheidet sich dabei gewöhnlich sofort

---

[1]) E. Fischer und E. F. Armstrong, Berichte d. D. Chem. Gesellsch. **35**, 842 [1902]. *(Kohlenh. I, 825.)*

hübsch krystallinisch aus. Für die Analyse und die optischen Bestimmungen wurde die Substanz bei 78° unter 15—20 mm Druck über Phosphorpentoxyd getrocknet.

0,1717 g Sbst.: 0,1930 g CO_2, 0,0931 g H_2O. — 0,1826 g Sbst.: 0,1245 g AgBr. — 0,1996 g Sbst.: 8,6 ccm N (15°, 754 mm).

$C_7H_{16}O_5NBr$ (274,09). Ber. C 30,65, H 5,88, Br 29,17, N 5,11.
Gef. „ 30,66, „ 6,06, „ 29,02, „ 5,01.

0,2476 g Sbst. gelöst in Wasser. Gesamtgewicht 2,6201 g. d^{20} = 1,041. Drehung im 1-dm-Rohr bei 20° und Natriumlicht 2,08° (± 0,02°) nach links. Mithin

$$[\alpha]_D^{20} = -21{,}2° \ (\pm 0{,}2°).$$

0,1980 g Sbst. gelöst in Wasser. Gesamtgewicht 2,1988 g. d^{20} = 1,039. Drehung im 1-dm-Rohr bei 20° und Natriumlicht 1,97° nach links. Mithin

$$[\alpha]_D^{20} = -21{,}1° \ (\pm 0{,}2°).$$

Das Hydrobromid hat keinen scharfen Schmelzpunkt. Im Capillarrohr rasch erhitzt, färbt es sich gegen 200° braun und schmilzt bis etwa 205° (korr.) unter Aufbrausen und Schwarzfärbung. Es löst sich äußerst leicht in Wasser, auch noch leicht in warmem Methylalkohol, dagegen ist es in absolutem Äthylalkohol selbst in der Hitze recht schwer löslich. Von Essigäther, Benzol, Chloroform und Äther wird es kaum aufgenommen. Aus methylalkoholischer Lösung mit Äther abgeschieden, krystallisiert es in farblosen langen Nadeln, die zu Büscheln oder kugeligen Aggregaten vereinigt sind, zuweilen aber auch blumen- oder tannenzweigartige Formen bilden. Der Geschmack ist schwach salzig, aber wenig charakteristisch. Die wäßrige Lösung reagiert auf Lackmus äußerst schwach sauer.

Das Hydrochlorid läßt sich leicht bereiten durch Schütteln der wäßrigen Lösung des Hydrobromids mit Chlorsilber und bleibt beim Verdunsten des Filtrats als krystallinische Masse zurück. Es wurde erst mit absolutem Alkohol gewaschen, dann gerade so wie das Hydrobromid in warmem Methylalkohol gelöst und durch Äther wieder abgeschieden. Für die Analyse und optische Bestimmung wurde ebenfalls bei 78° unter 15—20 mm Druck getrocknet.

0,1986 g Sbst.: 0,1235 g AgCl.

$C_7H_{16}O_5NCl$ (229,58). Ber. Cl 15,44. Gef. Cl 15,38.

0,2592 g Sbst. in Wasser gelöst. Gesamtgewicht 2,6825 g. d^{20} = 1,034. Drehung im 1-dm-Rohr bei 20° und Natriumlicht 2,51° (± 0,02°) nach links. Mithin

$$[\alpha]_D^{20} = -25{,}1° \ (\pm 0{,}2°).$$

Das Salz gleicht dem Hydrobromid in Krystallform, Löslichkeit und Geschmack. Im Capillarrohr rasch erhitzt, zersetzt es sich nach vorheriger Gelbfärbung gegen 210° (215° korr.).

Um das freie Aminomethylglucosid zu gewinnen, haben wir die methylalkoholische Lösung des Hydrobromids mit Silberoxyd geschüttelt, aus dem Filtrat das ziemlich reichlich gelöste Silber durdch Schwefelwasserstoff gefällt und das Filtrat zum Sirup verdampft. Dieser löst sich leicht in Methylalkohol und auf Zusatz von Äther fällt ein flockiger Niederschlag aus.

Hydrolyse des Amino-methylglucosids.

Da starke Säuren sekundäre Zersetzungen veranlassen, so haben wir die Hydrolyse mit *n*-Salzsäure durchgeführt. Das Hydrochlorid wird mit der zehnfachen Menge *n*-Salzsäure im geschlossenen Gefäß 2 Stdn. auf 100° erhitzt, und die ganz schwach gelb gefärbte Lösung im Vakuumexsiccator über Schwefelsäure und Natronkalk verdunstet. Der zurückbleibende Sirup wird beim Verreiben mit Äthylalkohol fest. Dieses Produkt zeigt alle Eigenschaften eines salzsauren Aminozuckers. Es reduziert in der Wärme sehr stark die Fehlingsche Lösung und bräunt sich rasch beim Erhitzen mit Alkalien. In beiden Fällen wird Ammoniak entbunden. Das Salz ist aber sicher verschieden von dem salzsauren Glucosamin, denn es löst sich in Wasser und starker Salzsäure viel leichter. Außerdem wird es beim Erwärmen mit starker Salzsäure auf dem Wasserbade ähnlich den gewöhnlichen Zuckern ziemlich rasch zersetzt, wobei die Lösung sich erst gelb und später tief dunkel färbt. Unter denselben Bedingungen ist das salzsaure Glucosamin beständig. Endlich scheint es beim Erhitzen mit salzsaurem Phenylhydrazin und Natriumacetat in wäßriger Lösung kein Phenylglucosazon, sondern ein anderes, schwerer krystallisierendes Osazon zu geben.

32. Emil Fischer und Karl Zach: Über neue Anhydride der Glucose und Glucoside.

Berichte der Deutschen Chemischen Gesellschaft **45**, 456 [1912].

(Eingegangen am 9. Februar 1912.)

Das Triacetyl-methyl-glucosid-bromhydrin[1]) ist für die Gewinnung neuer Derivate des Methyl-glucosids und der Glucose ein sehr geeignetes Ausgangsmaterial. Vor Jahresfrist haben wir seine Zersetzung durch Ammoniak geschildert[2]). Hierbei entsteht ein Amino-methylglucosid und daraus durch nachträgliche Hydrolyse eine Base, die wahrscheinlich mit dem Glucosamin isomer ist.

Wir haben jetzt die Wirkung von Barythydrat auf das Triacetyl-methyl-glucosid-bromhydrin untersucht, in der Erwartung, durch Ablösung des Broms und der drei Acetylgruppen wieder Methyl-glucosid oder eine stereoisomere Verbindung zu erhalten. Denn beim Eintritt des Broms und seiner späteren Wiederablösung konnte ja leicht eine Waldensche Umkehrung eintreten. Das Resultat war aber ganz anders. An Stelle eines Methylglucosids entsteht in ziemlich glatter Weise ein Körper von der Formel $C_7H_{12}O_5$, der ein Mol. Wasser weniger als das Glucosid enthält, und den wir deshalb vorläufig Anhydro-methyl-glucosid nennen. Dasselbe läßt sich unter sehr geringem Druck unzersetzt destillieren, bildet ein krystallinisches Hydrat und wird durch Emulsin nicht in Zucker verwandelt. Dagegen läßt es sich leicht durch warme, verdünnte Säuren hydrolysieren. Hierbei entsteht ein schön krystallisierender Stoff $C_6H_{10}O_5$, den wir nach seiner Bildungsweise als intramolekulares Anhydrid der Glucose betrachten und deshalb einstweilen als Anhydro-glucose bezeichnen wollen. Er zeigt die größte Ähnlichkeit mit den Hexosen, unterscheidet sich aber durch das Verhalten gegen fuchsinschweflige Säure die er, ähnlich den gewöhnlichen Aldehyden, allerdings viel langsamer, färbt. Mit Phenylhydrazin gibt er in der Kälte ein Hydrazon und in der Wärme ein

[1]) E. Fischer und E. F. Armstrong, Berichte d. D. Chem. Gesellsch. **35**, 833 [1902]. *(Kohlenh. I, 815.)*

[2]) Berichte d. D. Chem. Gesellsch. **44**, 132 [1911]. (*S. 353.*)

Osazon, das sich wiederum vom Phenylglucosazon durch den Mindergehalt von 1 Mol. Wasser unterscheidet. Daraus darf man den Schluß ziehen, daß der Körper die reaktionsfähige Atomgruppe der Aldohexosen enthält.

Ob die in dem übrigen Teil des Moleküls liegende Anhydridbindung dem Äthylenoxyd oder Trimethylenoxyd entspricht, oder ob es sich um einen Hydrofuranring handelt, wie es die Formel

$$\underbrace{CH_2 \cdot CH(OH) \cdot CH(OH) \cdot CH}_{O} \cdot CH(OH) \cdot COH$$

anzeigt, können wir noch nicht entscheiden. Selbstverständlich besteht auch die Möglichkeit, daß mit der Einführung und Ablösung des Broms eine Änderung der Konfiguration gegenüber der ursprünglichen Glucose stattgefunden hat. Die Anhydroglucose ist sicherlich verschieden von den Produkten, die man bisher als Anhydride der Glucose bezeichnete, z. B. dem Glucosan, Lävoglucosan usw., und wir sind überzeugt, daß sie einen bisher unbekannten Typus von Zuckerderivaten darstellt. Wir werden uns deshalb bemühen, durch Abbau ihre Struktur festzustellen. Die Beständigkeit und glatte Bildungsweise dieses Glucosederivates und der entsprechenden Glucoside machen es wahrscheinlich, daß sie auch in der Natur gebildet werden, und man wird gut tun, zukünftig bei der Untersuchung von natürlichen Glucosiden, die durch Emulsin nicht spaltbar sind, an die Anwesenheit dieser Anhydride zu denken. Das für obige Versuche als Ausgangsmaterial dienende Triacetyl-methyl-glucosid-bromhydrin wird bereitet aus der Aceto-dibrom-glucose[1]), die aus Pentaacetyl-glucose durch längere Einwirkung von Bromwasserstoff entsteht. Im Besitz größerer Mengen haben wir noch folgende Verwandlungen des Dibromids untersucht. Ebenso wie mit Methylalkohol läßt es sich durch Menthol und Silbercarbonat in das entsprechende Triacetyl-menthol-glucosid-bromhydrin verwandeln, und dieses wird durch Alkalien in Anhydro-menthol-glucosid übergeführt.

Ferner gibt die Acetodibromglucose in feuchter Acetonlösung mit Silbercarbonat ein Produkt $C_{12}H_{17}O_8Br$, das der Tetraacetylglucose[2]) verglichen werden kann. Es ist offenbar das Bromhydrin der Triacetyl-glucose.

Anhydro-methyl-glucosid, $C_6H_9O_5 \cdot CH_3$.

10 g reines Triacetyl-methyl-glucosid-bromhydrin wurden in 150 ccm eines Gemisches von gleichen Raumteilen Wasser und Alkohol heiß

---

[1]) Berichte d. D. Chem. Gesellsch. **35**, 833 [1902]. (*Kohlenh. I, 815.*)

[2]) Ebenda **42**, 2778 [1909]. (*S. 243.*)

gelöst und nach Zugabe von 50 g reinem Bariumhydroxyd [Ba(OH)$_2$ + 8 H_2O] 2 Stunden auf dem Wasserbade erhitzt. Die Temperatur der Lösung war 85—90°. Die gelb gefärbte und getrübte Lösung wurde zum Schluß mit etwas Tierkohle aufgekocht, filtriert, unter vermindertem Druck eingedampft und der Rückstand mit einem Gemisch von gleichen Teilen Alkohol und Essigäther 4—5-mal ausgekocht. Beim Verdampfen der vereinigten Auszüge unter vermindertem Druck blieb ein schwach gelb gefärbter Sirup, den wir in einem Claisen-Kolben aus dem Ölbade unter 0,2—0,3 mm Druck destilliert haben. Als die Temperatur des Bades 160—165° betrug, ging das Anhydrid als farbloser, dicker Sirup über. Für die Analyse dienten zwei Präparate verschiedener Darstellung.

0,1706 g Sbst.: 0,3000 g CO_2, 0,1071 g H_2O. — 0,1586 g Sbst.: 0,2785 g CO_2, 0,0981 g H_2O.

$C_7H_{12}O_5$ (176,10).	Ber.	C 47,70,	H 6,87.
	Gef.	„ 47,96, 47,89,	„ 7,02, 6,92.

Die Analyse läßt über die Zusammensetzung der Substanz keinen Zweifel. Dagegen ist bei ihren Eigenschaften schwer zu entscheiden, ob sie einheitlich oder ein Gemisch von Isomeren ist.

Die Ausbeute betrug im Durchschnitt 3,5 g oder 76% der Theorie.

Zu den optischen Bestimmungen diente die wäßrige Lösung des frisch destillierten Sirups.

I. 0,1772 g Sbst. Gesamtgewicht der Lösung 2,146 g. $d^{23} = 1,024$. Drehung im $^1/_2$-dm-Rohr bei 23° und Natriumlicht 5,79° nach links. Mithin: $[\alpha]_D^{23} = -136,95°$.

Eine zweite Bestimmung mit demselben Präparat gab $[\alpha]_D^{20} = -136,3°$. Dagegen wurden bei anderen Präparaten auch niedrigere Werte beobachtet.

Das Anhydro-methyl-glucosid schmeckt stark bitter; es ist in Wasser äußerst leicht, auch in Alkohol noch leicht, dagegen in Essigäther ziemlich schwer löslich. Es ist etwas hygroskopisch. Unter günstigen Bedingungen gelingt es, ein krystallinisches Hydrat zu gewinnen. Wir erhielten es zuerst bei dem Versuch, das Anhydrid durch 2-stündiges Kochen mit der 20-fachen Menge Wasser in Methyl-glucosid zurückzuverwandeln. Beim Verdunsten dieser wäßrigen Lösung im Vakuumexsiccator war nach einigen Tagen der Rückstand größtenteils krystallinisch erstarrt. Er wurde in ziemlich viel Chloroform (40—50 Gewichtsteile) kalt gelöst und die von dem geringen Rückstand abfiltrierte Flüssigkeit wieder im Vakuumexsiccator verdunstet. Die Masse war wiederum nur teilweise krystallisiert, und der anhaftende Sirup ließ sich nicht vollständig entfernen. Wir können deshalb die Zusammensetzung der Krystalle nicht genau angeben. Das Wasser geht bei

56° unter 12 mm Druck noch nicht fort. Wir haben deshalb unter demselben Druck bei 100° über Phosphorpentoxyd getrocknet. Dabei schmilzt die Substanz und verliert alles Krystallwasser, denn der sirupöse Rückstand zeigte dieselbe Zusammensetzung wie das destillierte Anhydro-methyl-glucosid.

0,1051 g Sbst.: 0,1835 g CO_2, 0,0636 g H_2O.
$C_7H_{12}O_5$ (176,10). Ber. C 47,70, H 6,87.
Gef. ,, 47,62, ,, 6,77.

Von Emulsin wird das Anhydrid nicht hydrolysiert, wie folgender Versuch zeigt:

Eine Lösung von 1 g Anhydro-methyl-glucosid in 10 ccm Wasser blieb mit 0,5 g käuflichem, aber stark wirksamem Emulsin unter den üblichen Vorsichtsmaßregeln 48 Stunden bei 35° stehen. In der Flüssigkeit war nach Entfernung der Eiweißstoffe kein reduzierender Zucker nachweisbar.

Anhydro-glucose, $C_6H_{10}O_5$.

Die Hydrolyse des Glucosids muß mit sehr verdünnten Säuren ausgeführt werden, da der Zucker gegen stärkere Säuren sehr empfindlich ist. Deshalb wird Anhydro-methyl-glucosid mit der 7-fachen Menge 4,5-proz. Schwefelsäure eine Stunde auf 100° erhitzt, dann die schwach gelb gefärbte Lösung in der Kälte durch Bariumcarbonat von Schwefelsäure befreit, mit etwas Tierkohle entfärbt, filtriert und unter geringem Druck eingedampft. Der zurückbleibende Sirup wird zunächst mit einem Gemisch von gleichen Teilen Alkohol und Essigäther aufgenommen, wobei noch eine geringe Menge Bariumsalze zurückbleibt. Versetzt man das Filtrat bis zur bleibenden Trübung mit Petroläther, so krystallisieren allmählich feine, lange Nadeln, die vielfach bis 1 cm lang werden. Durch Wiederholung dieser Operation gelingt es, die Substanz fast aschefrei zu bekommen. Zur Analyse und den optischen Bestimmungen diente ein dreimal auf diese Weise umkrystallisiertes Präparat, das im Vakuumexsiccator über Schwefelsäure getrocknet war.

0,1554 g Sbst.: 0,2537 g CO_2, 0,0895 g H_2O.
$C_6H_{10}O_5$ (162,08). Ber. C 44,42, H 6,21.
Gef. ,, 44,52, ,, 6,44.

I. 0,1240 g Sbst. Gesamtgewicht der wäßrigen Lösung 1,3274 g. $d^{20} = 1,033$. Drehung im 1-dm-Rohr bei 20° und Natriumlicht 5,20° nach rechts. Mithin: $[\alpha]_D^{20} = + 53,89°$.

II. 0,1350 g Sbst. Gesamtgewicht der Lösung 1,4451 g. $d^{20} = 1,033$. Drehung im 1-dm-Rohr bei 20° und Natriumlicht 5,18° nach rechts. Mithin: $[\alpha]_D^{20} = + 53,68°$.

Die **Anhydro-glucose** schmeckt süßlich mit einem ganz schwachen Anklang an bitter. Sie ist in Wasser sehr leicht, auch in absolutem Alkohol noch recht leicht, aber in Essigäther ziemlich schwer löslich. Sie schmilzt nach geringem Sintern bei 117° (korr. 118°) zu einer farblosen Flüssigkeit. Bei höherer Temperatur zersetzt sie sich. Mit Alkalien gibt sie in der Wärme eine gelbe und später tief dunkle Färbung. Mit 5-prozentiger Salzsäure im Wasserbade erhitzt, zeigt sie schon nach einer Stunde je nach der Konzentration Gelb- bis Braunfärbung.

Bemerkenswert ist ihr Verhalten gegen Fuchsinschwefligesäure. Bei einem Gehalt von 0,5% Fuchsin wird diese Lösung durch eine kleine Menge Anhydroglucose schon nach mehreren Minuten stark rot-violett gefärbt, während Traubenzucker unter denselben Bedingungen auch nach 12 Stunden keine Färbung erzeugt.

War dieselbe Fuchsinschwefligesäure durch Wasser auf das 10-fache verdünnt, so begann die Färbung durch die Anhydroglucose erst nach 15—20 Minuten, während die entsprechende Menge Benzaldehyd schon nach $^1/_2$ Minute kräftig färbte.

Die zum Vergleich herangezogene Tetraacetylglucose[1]) zeigte mit der starken Lösung von Fuchsinschwefligesäure erst nach einigen Stunden eine Färbung, die nach 16 Stunden ziemlich stark geworden war. Mit der verdünnten Lösung gab sie aber auch nach 20 Stunden noch keine Färbung. Es besteht also hier offenbar ein ziemlich starker Unterschied zwischen Glucose und ihrem Tetraacetylderivat auf der einen Seite und der Anhydroglucose auf der anderen Seite.

Da das Anhydromethylglucosid sehr wahrscheinlich die jetzt für Methylglucosid allgemein angenommene Gruppe C · C · C · CH · OCH_3
(C · O · C-Brücke: O)

enthält, so könnte man in der Anhydroglucose die analoge Gruppe C · C · C · CH · OH annehmen, welche der Traubenzuckerformel von
(C · O · C-Brücke: O)

Tollens entsprechen würde.

Dem scheinen nun allerdings das Verhalten gegen Fuchsinschwefligesäure und das Fehlen der Mutarotation zu widersprechen. Aber soll man daraus folgern, daß zwischen der Glucose und der Anhydroglucose trotz aller sonstigen Ähnlichkeiten ein struktureller Unterschied besteht, daß also die erste ein intramolekulares Halbacetal und die zweite ein wahrer Aldehyd ist? Oder genügt die Annahme, daß die Halbacetalgruppe bei der Anhydroglucose sich leicht in die Aldehydgruppe verwandelt, und daß die Mutarotation ebenso wie bei dem später beschrie-

---

[1]) E. **Fischer** und K. **Delbrück**, Berichte d. D. Chem. Gesellsch. **42**, 2778 [1909]. *(S. 243.)*

benen Triacetylglucosebromhydrin nur zufällig der Beobachtung bisher entgangen ist? Wir halten diese Frage noch nicht für spruchreif[1]).

Die Anhydroglucose ist isomer mit dem ebenfalls schön krystallisierenden Lävoglucosan (β-Glucosan) Tanrets (Bull. soc. chim. [3] **11**, 949 [1894]), unterscheidet sich aber davon scharf nicht allein durch die physikalischen Eigenschaften, sondern auch durch das chemische Verhalten.

Phenylhydrazon der Anhydro-glucose, $C_6H_{10}O_4 \cdot N_2H \cdot C_6H_5$. Es bildet sich sehr leicht beim Zusammentreffen der Anhydroglucose mit Phenylhydrazin sowohl in wäßriger, wie auch in essigsaurer Lösung. Am leichtesten wird es dargestellt durch Verreiben der Substanz mit der doppelten Menge reinen Phenylhydrazins. Dabei entsteht zuerst eine gelbe ölige Lösung. Nach einiger Zeit, rascher beim gelinden Erwärmen, erstarrt die Masse und wird durch Waschen mit Äther vom überschüssigen Phenylhydrazin befreit. Für die Analyse haben wir sie aus heißem Wasser umkrystallisiert und im Vakuumexsiccator getrocknet.

---

[1]) Ich benutze diese Gelegenheit zu einer Meinungsäußerung über die Struktur der Glucose selbst.

Da ich früher wiederholt betont habe, daß die alte Aldehydformel die meisten Verwandlungen des Traubenzuckers einfacher darzustellen erlaubt als die von Tollens vorgeschlagene Formel, und daß das Verhalten gegen Fuchsinschwefligesäure allein kein zwingender Grund sei, die erste zu verlassen, so ist, wie mir privatim angedeutet wurde, die Meinung verbreitet, daß ich dauernd an der Aldehydformel festhalte. Das trifft nicht zu. Ich habe allerdings bei der Diskussion der Struktur der Glucose, ihrer beiden Pentaacetate und der Glucoside darauf aufmerksam gemacht, daß die Formel von Tollens auch die Annahme von zwei stereoisomeren Formen des Traubenzuckers notwendig mache, die man damals noch nicht kannte. (Berichte d. D. Chem. Gesellsch. **26**, 2406 [1893].) (*Kohlenh. I, 686.*)

Ich habe mich ferner im Jahre 1895 (Berichte d. D. Chem. Gesellsch. **28**, 1148 [1895]) (*Kohlenh. I, 738*), nachdem Villiers und Fayolle (Bull. soc. chim. [3] **11**, 692 [1894]) die Färbung einer möglichst neutralen Lösung von Fuchsinschwefligersäure durch Glucose angegeben hatten, wiederum dahin geäußert, daß noch kein Grund vorliege, die Aldehydformel zu verlassen.

Ich muß aber jetzt gestehen, daß dem Versuch von Villiers und Fayolle, die möglichst neutrales Reagens und außerordentlich große Mengen von Glucose zum Erzeugen der Färbung anwandten, gegenüber den negativen Resultaten anderer Beobachter keine große Bedeutung zugeschrieben werden kann.

Ferner haben sich bald nachher durch Tanrets Entdeckung der zweiten krystallisierten Form der Glucose [1895] unsere Vorstellungen über die Ursache der Mutarotation wesentlich geändert. Die Mehrzahl der Beobachtungen spricht z. Z. dafür, daß nur zwei Formen des Traubenzuckers bestehen, die sich in wäßriger Lösung gegenseitig ineinander verwandeln und deshalb schließlich im Gleichgewicht befinden.

Seitdem endlich E. F. Armstrong gezeigt hat, daß diese beiden Formen der Glucose sehr wahrscheinlich zuerst aus den beiden stereoisomeren Methylglucosiden durch Enzyme entstehen, bin auch ich der Ansicht, daß die Formel von Tollens der alten Aldehydformel vorzuziehen ist. E. Fischer.

0,1564 g Sbst.: 0,3282 g CO_2, 0,0907 g H_2O. — 0,1568 g Sbst.: 14,7 ccm N (33 proz. KOH) (16°, 757 mm).

$C_{12}H_{16}O_4N_2$ (252,15). Ber. C 57,11, H 6,40, N 11,11.
Gef. „ 57,23, „ 6,49, „ 10,94.

Es bildet glänzende Blättchen mit einem Stich ins Gelbliche. Daß diese Färbung der Substanz eigentümlich ist, scheint uns aber nicht sicher zu sein. Beim Erhitzen im Capillarrohr färbt es sich über 150° etwas stärker gelb und schmilzt nach vorherigem Sintern bei 155—156° (korr. 157—158°). In kaltem Wasser ist es schwer, in der Wärme aber leicht löslich. Es kann deshalb zur Erkennung und Abscheidung der Anhydroglucose benutzt werden. Das Hydrazon löst sich leicht in Alkohol und Essigäther, dagegen sehr schwer in Äther und Benzol.

Phenylosazon, $C_6H_8O_3(N_2H \cdot C_6H_5)_2$. Es entsteht unter denselben Bedingungen wie das Derivat des Traubenzuckers. Gibt man zu einer Lösung von 2 Tln. Phenylhydrazinchlorhydrat und 3 Tln. wasserhaltigem Natriumacetat in 20 Tln. Wasser 1 Tl. Anhydroglucose, so scheidet sich besonders bei gelindem Erwärmen bald das Hydrazon krystallinisch ab. Beim Erhitzen auf dem Wasserbade geht es wieder in Lösung und nach 10—15 Minuten beginnt die Abscheidung des gelben, krystallinischen Osazons, das sich beim längeren Erhitzen rötlich färbt. Die Operation wurde nach einer Stunde unterbrochen, das Osazon nach dem Erkalten abfiltriert, mit kaltem Wasser gewaschen und aus heißem, etwa 40-prozentigem Alkohol umkrystallisiert. Es bildet äußerst feine, biegsame Nädelchen. Die Ausbeute ist etwa gleich der Menge der angewandten Anhydroglucose.

Zur Analyse wurde bei 78° über Phosphorpentoxyd bei 10 mm Druck getrocknet.

0,1542 g Sbst.: 0,3600 g CO_2, 0,0809 g H_2O. — 0,1686 g Sbst.: 23,8 ccm N (33-proz. KOH) (15°, 766 mm).

$C_{18}H_{20}O_3N_4$ (340,20). Ber. C 63,49, H 5,93, N 16,47.
Gef. „ 63,67, „ 5,87, „ 16,69.

Beim Erhitzen im Capillarrohr färbt es sich erst dunkler und schmilzt dann nicht scharf gegen 180° (korr.) zu einer dunkelroten Flüssigkeit, die sich beim weiteren Erhitzen unter Gasentwicklung zersetzt. Es ist leicht löslich in absolutem Alkohol, Essigäther, schwerer in warmem Benzol und Äther, dagegen fast unlöslich in Wasser.

Triacetyl-menthol-*d*-glucosid-bromhydrin.

In einer Schüttelflasche werden 10 g Acetodibromglucose, 6 g Silbercarbonat und eine Lösung von 50 g Menthol in 100 ccm absolutem Äther etwa 1 Stunde geschüttelt, bis die Flüssigkeit über dem abgeschiedenen Bromsilber klar geworden ist. Dann wird durch ein mit Tierkohle gedichtetes Filter gegossen und die Lösung sofort mit Wasserdampf destilliert. Wenn der größte Teil des überschüssigen Menthols übergegangen ist, erstarrt der Rückstand krystallinisch. Um die letzten Reste des Menthols zu entfernen, löst man in Alkohol, scheidet durch Zusatz von Wasser wieder ab und leitet abermals Wasserdampf ein, bis das Destillat nicht mehr nach Menthol riecht. Der Krystallbrei wird abgesaugt und aus absolutem Alkohol umkrystallisiert. Die Ausbeute betrug ungefähr 9,5 g oder 80% der Theorie.

Zur Analyse wurde nochmals aus Alkohol umkrystallisiert und im Exsiccator über Schwefelsäure getrocknet.

0,1655 g Sbst.: 0,3163 g CO_2, 0,1044 g H_2O. — 0,1767 g Sbst.: 0,0647 g AgBr.
$C_{22}H_{35}O_8Br$ (507,20). Ber. C 52,05, H 6,95, Br 15,76.
Gef. „ 52,12, „ 7,06, „ 15,58.

Zu den optischen Bestimmungen diente die Lösung in Chloroform.

I. 0,2145 g Sbst. Gesamtgewicht der Lösung 2,8390 g. $d^{20} = 1,454$. Drehung bei 20° und Natriumlicht 5,45° nach links (1-dm-Rohr). Mithin: $[\alpha]_D^{20} = -49,62°$.

Ein anderes Präparat gab: $[\alpha]_D^{20} = -49,89°$.

Der Körper krystallisiert in langen Nadeln vom Schmp. 140° (korr.). Er ist unlöslich in Wasser, aber in den meisten üblichen organischen Lösungsmitteln besonders in der Wärme recht leicht löslich.

Triacetyl-benzyl-glucosid-bromhydrin. Es wurde auf dieselbe Weise wie die Mentholverbindung aus Acetodibromglucose und Benzylalkohol bereitet mit einer Ausbeute von 75% der Theorie. Zur Analyse wurde aus heißem Alkohol umkrystallisiert und im Vakuumexsiccator getrocknet.

0,1616 g Sbst.: 0,2957 g CO_2, 0,0754 g H_2O. — 0,1728 g Sbst.: 0,0707 g AgBr.
$C_{19}H_{23}O_8Br$ (459,10). Ber. C 49,66, H 5,05, Br 17,41.
Gef. „ 49,90, „ 5,22, „ 17,41.

Für die optische Bestimmung diente die Lösung in Chloroform:

0,2060 g Sbst. Gesamtgewicht der Lösung 2,9441 g. $d^{20} = 1,464$. Drehung im 1-dm-Rohr bei 20° und Natriumlicht 4,79° nach links. Mithin $[\alpha]_D^{20} = -46,76°$.

Der Körper krystallisiert aus Alkohol in langen farblosen Nadeln und schmilzt nach vorherigem Sintern bei 141° (korr.).

Anhydro-menthol-glucosid, $C_6H_9O_5 \cdot C_{10}H_{19}$.

10 g Triacetyl-menthol-glucosid-bromhydrin wurden in 150 ccm Alkohol gelöst und nach Zugabe von 15 g festem Natriumhydroxyd 2 Stunden am Rückflußkühler gekocht, wobei ein Niederschlag von Natriumsalzen entstand. Nachdem die Hauptmenge des überschüssigen Natriumhydroxyds mit Salzsäure neutralisiert war, haben wir den Alkohol bei geringem Druck verdampft, den Rückstand, der noch

freies Natriumhydroxyd enthielt, in Wasser gelöst und die filtrierte Flüssigkeit unter guter Kühlung mit überschüssiger Salzsäure versetzt, worauf das Glucosid sofort krystallinisch ausfiel. Nach dem Waschen mit Wasser und Trocknen im Exsiccator betrug die Ausbeute durchschnittlich 4 g oder 62% der Theorie. Zur völligen Reinigung haben wir aus Essigäther und Petroläther umkrystallisiert. Die im Exsiccator getrockneten Krystalle enthalten Wasser, dessen Menge bei verschiedenen Präparaten zwischen 4% und 8% schwankte. Für die Analyse haben wir deshalb bei 78° und 10 mm Druck über Phosphorpentoxyd getrocknet:

0,1501 g Sbst.: 0,3520 g CO_2, 0,1257 g H_2O. — 0,1656 g Sbst.: 0,3875 g CO_2, 0,1387 g H_2O.

$C_{16}H_{28}O_5$ (300,22). Ber. C 63,95, H 9,40.
Gef. „ 63,96, 63,82, „ 9,37, 9,37.

Für die optischen Bestimmungen wurde ebenfalls das bei 78° getrocknete Präparat benutzt und in Alkohol gelöst.

I. 0,1025 g Sbst. Gesamtgewicht der Lösung 1,2409 g. $d^{25} = 0{,}806$. Drehung bei 25° und Natriumlicht im 1-dm-Rohr 6,44° nach links. Mithin $[\alpha]_D^{25} = -96{,}73°$.

II. 0,1489 g Sbst. Gesamtgewicht der Lösung 1,3245 g. $d^{25} = 0{,}825$. Drehung bei 25° und Natriumlicht im 1-dm-Rohr 8,95° nach links. Mithin $[\alpha]_D^{25} = -96{,}50°$.

Eine dritte Bestimmung gab $[\alpha]_D^{16} = -95{,}80°$.

Das Glucosid krystallisiert in langen Nadeln. Getrocknet schmilzt es nach geringem Sintern bei 113° (korr.). In den üblichen organischen Lösungsmitteln ist es besonders in der Wärme leicht löslich. Beim Kochen mit Wasser schmilzt es teilweise und löst sich in merkbarer Menge. Beim Erkalten krystallisiert es daraus in sehr feinen Nädelchen. Von wäßriger Natronlauge wird es auch in der Wärme nicht mehr gelöst als von Wasser. Das ist bemerkenswert, weil man bei der obigen Darstellung eine alkalische Lösung des Glucosids erhält, aus der es beim Ansäuern ausfällt. Worauf dieser Unterschied des ursprünglichen Produkts von dem mit Säuren gefällten beruht, haben wir nicht festgestellt.

Triacetyl-glucose-bromhydrin, $C_6H_8O_5Br(C_2H_3O)_3$.

Schüttelt man 5 g Acetodibromglucose mit 50 g gewöhnlichem wasserhaltigem Aceton und 3 g Silbercarbonat bei Zimmertemperatur, so geht sie unter Entwicklung von Kohlensäure und Abscheidung von Bromsilber in Lösung. Die Reaktion ist gewöhnlich nach 1 Stunde beendet. Man filtriert durch ein gedichtetes Filter und verdampft unter vermindertem Druck. Der Rückstand, der meist spontan krystallisiert, läßt sich durch Umlösen aus warmem Äther leicht reinigen.

Die Ausbeute betrug 3,9 g oder 90% der Theorie. Zur Analyse wurde unter 20 mm Druck bei 78° über Phosphorpentoxyd getrocknet.

0,1756 g Sbst.: 0,2523 g CO_2, 0,0724 g H_2O. — 0,1715 g Sbst.: 0,0863 g AgBr.
$C_{12}H_{17}O_8Br$ (369,06). Ber. C 39,02, H 4,64, Br 21,66.
Gef. „ 39,19, „ 4,61, „ 21,41.

0,1661 g Sbst. Gesamtgewicht der Lösung in Aceton 1,9077 g. $d^{20} = 0,827$. Drehung im 1-dm-Rohr bei 20° und Natriumlicht 1,68° nach rechts. Mithin $[\alpha]_D^{20} = + 23,33°$.

Zwei andere Bestimmungen ergaben $[\alpha]_D^{20} = + 23,30°$ und $+ 22,96°$.

Nach 24 Stunden war in beiden Fällen die Drehung unverändert. Mutarotation wie bei der ähnlich konstituierten Tetraacetylglucose war hier nicht zu erkennen. Voraussichtlich wird man diese aber bei Anwendung anderer Lösungsmittel noch finden. Der Körper schmilzt bei 119° (korr.) und krystallisiert in feinen Nadeln, die oft stern- oder fächerförmig vereinigt sind. Er löst sich leicht in Aceton, Essigäther, kaltem Alkohol und Chloroform. In kochendem Wasser löst er sich ebenfalls ziemlich leicht und fällt beim Erkalten zuerst als zähes Öl wieder aus. In Ligroin ist er außerordentlich schwer löslich.

33. Emil Fischer und Karl Zach: Neue Verwandlungen der Anhydro-glucose.

Berichte der Deutschen Chemischen Gesellschaft **45**, 2068 [1912].

(Eingegangen am 26. Juni 1912.)

Die vor einigen Monaten von uns beschriebene Anhydro-glucose[1]) zeigt in ihrem Verhalten gegen Phenylhydrazin und Alkalien oder in ihren Beziehungen zum Anhydro-methylglucosid die größte Ähnlichkeit mit dem Traubenzucker. Man durfte deshalb die gleiche Analogie bei der Reduktion und Oxydation erwarten. In der Tat haben wir durch Behandlung mit Natriumamalgam den entsprechenden Alkohol $C_6H_{12}O_5$ und durch Oxydation mit Brom in wäßriger Lösung die einbasische Säure $C_6H_{10}O_6$ ohne Schwierigkeit erhalten.

Wenn die Anhydroglucose, wie man nach der Bildungsweise vermuten darf, wirklich ein Anhydrid des Traubenzuckers ist, so muß man für den Alkohol und die Säure das gleiche Verhältnis zum Sorbit und der Gluconsäure annehmen. Dementsprechend bringen wir die Namen Anhydro-sorbit und Anhydro-gluconsäure in Vorschlag. Wir müssen allerdings dazu bemerken, daß die durch den Namen ausgedrückten Beziehungen keineswegs sicher erwiesen sind; denn es besteht noch die Möglichkeit, daß bei der Bildung der Anhydroglucose über die Acetodibromglucose und das Anhydro-methyl-glucosid eine Konfigurationsänderung eintritt.

Der Anhydro-sorbit ist isomer mit dem Mannitan und anderen künstlich erhaltenen Anhydriden der Hexite. Er ist ferner isomer mit einem Naturprodukt, dem von Y. Asahina in der Fruchtschale von Styrax Obassia aufgefundenen Styracit[2]). Wir verdanken Hrn. Asahina eine Probe seines interessanten Stoffes und können die Verschiedenheit von unserem künstlichen Produkt sicher behaupten. Immerhin ist die Beobachtung von Asahina ein Beweis dafür, daß solche Anhydride im Pflanzenreich gebildet werden; sie bestärkt ferner die von

---

[1]) Berichte d. D. Chem. Gesellsch. **45**, 456 [1912]. (*S. 357.*)

[2]) Archiv d. Pharmazie **245**, 325 [1907] und **247**, 157 [1909].

uns früher ausgesprochene Vermutung, daß auch die Anhydride der Glucose und der Glucoside in der Natur vorhanden sein werden.

Die Anhydro-gluconsäure ist ähnlich den gewöhnlichen Hexonsäuren sehr geneigt, in ein Lacton überzugehen. Wir haben letzteres ebenso wie die freie Säure krystallisiert erhalten. Das Lacton verwandelt sich umgekehrt in wäßriger Lösung wieder langsam teilweise in die Säure. Ferner wird das Lacton in alkoholischer Lösung durch Ammoniak außerordentlich leicht in das ebenfalls hübsch krystallisierende Säureamid verwandelt.

Die leichte Bildung des Lactons spricht dafür, daß es sich um eine γ-Verbindung handelt. Daraus würde folgen, daß in der Anhydrogluconsäure und mithin auch in der Anhydroglucose am γ-Kohlenstoffatom ein Hydroxyl sich befindet. Dieser Schluß ist in Übereinstimmung mit der Existenz des Anhydro-methylglucosids und der jetzt geltenden Anschauung über die Struktur der Glucoside. Da die Anhydroglucose ferner ein Osazon bildet, so kommen für die Anhydridbildung nur die ursprünglichen β-, δ- und ε-Hydroxyle der Glucose in Betracht. Für die Anhydro-gluconsäure besteht also nur die Wahl zwischen folgenden 3 Strukturformeln:

$$\text{I. } \underbrace{CH_2 \cdot CH}_{O} \cdot CH(OH) \cdot CH(OH) \cdot CH(OH) \cdot COOH\,.$$

$$\text{II. } \underbrace{CH_2 \cdot CH(OH) \cdot CH(OH) \cdot CH}_{O} \cdot CH(OH) \cdot COOH\,.$$

$$\text{III. } CH_2(OH) \cdot \underbrace{CH \cdot CH(OH) \cdot CH}_{O} \cdot CH(OH) \cdot COOH\,.$$

Falls es gelingt, durch Oxydation der Säure mit Wasserstoffsuperoxyd und Eisensalz nach der Vorschrift von O. Ruff oder durch Abbau der Anhydroglucose mittels des Oxims nach Wohl eine Anhydropentose zu gewinnen, so wäre es wahrscheinlich möglich, diese Strukturfrage zu entscheiden. Bildet nämlich der Zucker noch ein Osazon, so würde als einzige Möglichkeit Formel I bleiben. Ist er aber dazu nicht mehr befähigt, so darf man folgern, daß das β-Hydroxyl der ursprünglichen Glucose an der Anhydridbindung beteiligt ist und dieser Bedingung genügen nur die Formeln II und III.

Leider ist die Bereitung der Anhydroglucose infolge der zahlreichen Operationen recht mühsam, und unser Material hat deshalb nicht ausgereicht, obige Versuche mit der erforderlichen Sorgfalt durchzuführen. Wir haben aber doch geglaubt, diesen Weg andeuten zu müssen, weil sich daraus ergibt, daß der experimentellen Behandlung solcher Strukturfragen in der Zuckergruppe kein außergewöhnliches Hindernis im Wege steht.

Anhydro-sorbit, $C_6H_{12}O_5$.

Die Anhydroglucose wird rascher durch Natriumamalgam reduziert als der Traubenzucker selbst. Die besten Resultate erhielten wir in schwach alkalischer Lösung. Dementsprechend wird eine Lösung von 5 g Anhydroglucose in 50 ccm Wasser mit 10 g möglichst reinem Natriumamalgam von 2,5% unter Kühlung mit kaltem Wasser kräftig geschüttelt. Sobald das Amalgam verbraucht ist, neutralisiert man mit Schwefelsäure. Diese Operation wird dann wiederholt, bis die Flüssigkeit Fehlingsche Lösung nicht mehr reduziert. Dafür waren etwa 120 g Amalgam erforderlich, und die Operation dauerte im ganzen nur 2 Stunden. Zum Schluß neutralisiert man genau mit Schwefelsäure und verdampft unter stark vermindertem Druck zur Trockne. Der Rückstand wird mit absolutem Alkohol ausgekocht; beim Verdampfen des Alkohols bleibt dann ein Sirup zurück, der beim längeren Stehen, oder wenn man impfen kann, sehr rasch zum größeren Teil krystallinisch erstarrt. Durch Umkrystallisieren aus ziemlich viel heißem Essigäther gelingt es leicht, ein reines Produkt zu gewinnen. Die Ausbeute betrug ungefähr 60% des angewandten Zuckers. Nebenher entsteht ein Sirup, der in Essigäther sehr wenig löslich ist und den wir nicht weiter untersucht haben. Für die Analyse wurde nochmals aus Essigäther krystallisiert und im Vakuumexsiccator getrocknet:

0,1619 g Sbst.: 0,2587 g CO_2, 0,1063 g H_2O. — 0,1548 g Sbst.: 0,2560 g CO_2, 0,1050 g H_2O.

$C_6H_{12}O_5$ (164,1). Ber. C 43,88, H 7,37.
Gef. „ 43,58, 44,08, „ 7,35, 7,42.

Für die optische Bestimmung diente die wäßrige Lösung.

I. 0,1005 g Sbst. Gesamtgewicht der Lösung 1,1053 g. $d_{20} = 1,031$. Drehung bei 20° und Natriumlicht im 1-dm-Rohr 0,70° nach links. Mithin $[\alpha]_D^{20} = -7,47°$.

II. 0,1242 g Sbst. Gesamtgewicht der Lösung 1,3209 g. $d_{20} = 1,030$. Drehung bei 20° und Natriumlicht im 1-dm-Rohr 0,70° nach links. Mithin $[\alpha]_D^{20} = -7,23°$.

Der Anhydro-sorbit schmilzt im Capillarrohr nach Sintern bei 113° (korr.), er schmeckt süß und hinterher schwach bitter. Er löst sich leicht in Wasser, warmem Äthyl- und Amylalkohol. Aus heißem Essigäther krystallisiert er in farblosen langen Nadeln, aus warmem Amylalkohol in federartigen Krystallaggregaten, und aus Alkohol scheidet er sich meist in kleinen, ziemlich dicken, in der Regel vierseitigen Plättchen ab. In Äther, Chloroform, Benzol ist er sehr wenig löslich. Er läßt sich verhältnismäßig leicht destillieren.

Der Anhydrosorbit hat in Geschmack, Löslichkeit und Art der Krystallisation manche Ähnlichkeit mit dem Styracit. Andererseits aber ist dieser durch den höheren Schmelzpunkt (155°) und das viel größere Drehungsvermögen ($[\alpha]_D^{12} = -56{,}47°$)[1]) scharf unterschieden.

Anhydro-gluconsäure, $C_6H_{10}O_6$.

Die Oxydation der Anhydroglucose durch Brom in wäßriger Lösung vollzieht sich unter denselben Bedingungen wie diejenige des Traubenzuckers. Dementsprechend wurde eine Lösung von 3 g Anhydroglucose in 12 ccm Wasser nach Zusatz von 5 g Brom 3 Tage bei Zimmertemperatur aufbewahrt. Das Brom war beim öfteren Umschütteln schon am zweiten Tage gelöst. Zum Schluß wird die Lösung verdünnt und das überschüssige Brom durch Kochen verjagt. Aus der farblosen Flüssigkeit läßt sich die Anhydrogluconsäure sehr leicht als Calciumsalz abscheiden. Man kocht zu dem Zweck die etwa 50 ccm betragende Flüssigkeit mit gefälltem Calciumcarbonat 15 Minuten und filtriert heiß. Beim Abkühlen krystallisiert sehr bald das Calciumsalz in feinen Nädelchen. Kühlt man auf 0° ab, so ist die Abscheidung des Salzes ziemlich vollständig, denn aus der Mutterlauge wird durch Eindampfen nur noch eine geringe Menge gewonnen. Die Gesamtausbeute beträgt etwa 3 g lufttrocknes Salz.

Das Calciumsalz läßt sich aus heißem Wasser leicht umkrystallisieren. Es enthält Krystallwasser, dessen völlige Austreibung Schwierigkeiten macht. Infolgedessen haben wir keine genau stimmenden Analysen erhalten. Das lufttrockne Salz scheint 4 Moleküle Krystallwasser entsprechend der Formel $(C_6H_9O_6)_2Ca + 4\,H_2O$ zu enthalten. Der größere Teil davon entweicht schon im Vakuumexsiccator, aber der Rest haftet hartnäckig. Wir haben schließlich über Phosphorsäureanhydrid bei 10—15 mm Druck 13 Stunden bei 112° getrocknet. Dabei betrug der Gewichtsverlust 16%, während für obige Formel 15,45% berechnet sind. Auch die Calciumbestimmung gab dann 10,1% Ca während für das wasserfreie Salz 10,2% Ca berechnet sind. Aber das Präparat hatte beim Trocknen eine deutlich wahrnehmbare Veränderung erfahren, und die Elementaranalysen verschiedener Präparate gaben 1—2% Kohlenstoff zu wenig.

Zur Darstellung der freien Säure bzw. des Lactons wurde das Calciumsalz in heißer, wäßriger Lösung mit reiner Oxalsäure zersetzt, das Filtrat durch 10 Minuten langes Kochen mit reinem Bleicarbonat von Oxalsäure befreit und die wieder filtrierte Flüssigkeit mit Schwefelwasserstoff entbleit. Die vom Schwefelblei filtrierte Lösung enthält jetzt die Anhydrogluconsäure, die aber große Neigung zur Lactonbildung hat. Wird die wäßrige Lösung unter 10—15 mm Druck rasch eingedampft, der sirupöse Rückstand mit wenig Alkohol aufgenommen

---

[1]) Asahina, a. a. O.

und wieder im Vakuumexsiccator schnell verdunstet, so bleibt ein krystallinischer Rückstand. Aus diesem Präparat haben wir bei der ersten Darstellung durch Umlösen aus wenig warmem Propylalkohol die freie Anhydro-gluconsäure, wie es scheint, in reinem Zustand in mikroskopischen, meist langgestreckten Blättchen vom Schmp. 123—125° (korr.) und mit stark saurem Geschmack erhalten. Das nur einige Stunden im Exsiccator getrocknete Präparat gab folgende Zahlen:

0,1610 g Sbst.: 0,2388 g CO_2, 0,0826 g H_2O.
$C_6H_{10}O_6$ (178,08). Ber. C 40,43, H 5,66.
Gef. „ 40,45, „ 5,74.

Nach 14-tägigem Stehen im Exsiccator war es zum größten Teil in Lacton übergegangen, denn es wurden jetzt gefunden 44,05% C und 5,5% H.

Bei späteren Versuchen ist es uns nicht mehr gelungen, die reine Anhydrogluconsäure zu isolieren, sondern wir erhielten auch beim vorsichtigsten Einengen der wäßrigen Lösung ein krystallisiertes Gemisch von Säure und Lacton. Die Isolierung des letzteren bietet gar keine Schwierigkeiten.

Lacton der Anhydro-gluconsäure, $C_6H_8O_5$.

Aus dem Calciumsalz wird, wie oben beschrieben, die wäßrige Lösung der Anhydrogluconsäure bereitet, diese ohne besondere Vorsicht unter vermindertem Druck zur Trockne verdampft, der sirupöse Rückstand mehrmals mit Alkohol abgedampft und die schließlich zurückbleibende Krystallmasse in viel Essigäther gelöst. Aus der etwas eingeengten Lösung fällt das Lacton in kleinen, würfelähnlichen Krystallen. Bei langsamer Krystallisation entstehen mehrere Millimeter große Formen, die dem Kochsalz recht ähnlich sind. Die Ausbeute an Lacton aus dem Calciumsalz ist sehr gut.

Für die Analyse wurde im Vakuumexsiccator über Schwefelsäure getrocknet:

0,1696 g Sbst.: 0,2800 g CO_2, 0,0746 g H_2O.
$C_6H_8O_5$ (160,06). Ber. C 44,98, H 5,04.
Gef. „ 45,03, „ 4,92.

Es schmilzt bei 115° (korr.). Es löst sich sehr leicht in Wasser und auch leicht in Alkohol, zumal bei gelindem Erwärmen. In Äther ist es äußerst schwer löslich. Die frisch bereitete, wäßrige Lösung reagiert auf Lackmus fast neutral und ist auch so gut wie geschmacklos. Aber schon nach kurzer Zeit wird sie stark sauer, offenbar weil das Lacton in die Säure übergeht; wahrscheinlich stellt sich ein Gleichgewichtszustand zwischen Säure und Lacton ein. Diese Umwandlung in Säure spricht sich auch in dem optischen Verhalten der wäßrigen Lösung aus, denn die anfangs recht hohe Drehung geht bei Zimmertemperatur langsam zurück und wird nach etwa 7 Tagen konstant.

I. 0,1214 g Sbst. Gesamtgewicht der Lösung 1,3220 g. $d^{20} = 1,032$. Drehung bei 20° und Natriumlicht im 1-dm-Rohr 7,80° nach rechts. Mithin $[\alpha]_D^{20} = + 82,30°$.

Endwert nach 7 Tagen $[\alpha]_D^{20} = + 66,48°$.

II. 0,1257 g Sbst. Gesamtgewicht der Lösung 1,4459 g. $d^{20} = 1,030$. Drehung bei Natriumlicht und 20° im 1-dm-Rohr 7,36° nach rechts. Mithin $[\alpha]_D^{20} = + 82,19°$.

Endwert nach 7 Tagen $[\alpha]_D^{20} = + 66,33°$.

Durch Kochen der wäßrigen Lösung mit Calciumcarbonat läßt sich das Lacton rasch in das krystallisierte Calciumsalz der Anhydro-gluconsäure zurückverwandeln. Auf dieselbe Weise haben wir das Bariumsalz und das Kupfersalz hergestellt. Letzteres scheidet sich beim Eindunsten der Lösung in grünen Krystallen ab; das Bariumsalz läßt sich durch Alkohol krystallinisch fällen.

Amid der Anhydro-gluconsäure, $C_6H_{11}O_5N$.

Sättigt man eine Lösung des Lactons in der 12-fachen Menge absolutem Alkohol unter mäßiger Kühlung mit Ammoniakgas, so beginnt sehr bald die Krystallisation des Amids, das schließlich die Flüssigkeit breiartig erfüllt. Nach etwa $^1/_2$ Stunde wird abgesaugt und mit Alkohol und Äther gewaschen. Die Ausbeute ist fast quantitativ. Zur völligen Reinigung wird aus trocknem, heißem Methylalkohol umkrystallisiert, wobei farblose, vielfach sternförmig vereinigte Nädelchen entstehen. Für die Analyse wurde im Vakuumexsiccator getrocknet.

0,1533 g Sbst.: 0,2290 g CO_2, 0,0880 g H_2O. — 0,1546 g Sbst.: 10,7 ccm N über 33-proz. Kalilauge (21°, 758 mm).

$C_6H_{11}O_5N$ (177,10). Ber. C 40,66, H 6,26, N 7,91.
Gef. „ 40,74, „ 6,42, „ 7,90.

Im Capillarrohr erhitzt, färbt es sich erst gelb und schmilzt nicht ganz konstant gegen 149° (korr.) unter Aufschäumen zu einer braunen Flüssigkeit. Es löst sich leicht in Wasser; die Lösung ist geschmacklos und reagiert auf Lackmus fast neutral. In kaltem Äthylalkohol ist es recht schwer löslich, ebenso in den anderen neutralen organischen Solvenzien. In einer 10-prozentigen Lösung von Platinchlorwasserstoffsäure löst es sich klar, erwärmt man aber, so beginnt sehr rasch die Krystallisation von Platinsalmiak. Ebenso leicht wird das Amid von Alkalien gespalten. Auch in wäßriger Lösung erfolgt ganz langsam die Verseifung des Amids, und darauf beruht offenbar auch die starke Abnahme des Drehungsvermögens, die beim Aufbewahren der wäßrigen Lösung eintritt.

I. 0,1207 g Sbst. Gesamtgewicht der Lösung 1,3208 g. $d^{20} = 1{,}033$. Drehung bei 20° und Natriumlicht im 1-dm-Rohr 7,34° nach rechts. Mithin $[\alpha]_D^{20} = + 77{,}75°$.

Nach 7 Tagen $[\alpha]_D^{20} = + 52{,}84°$.

II. 0,0809 g Sbst. Gesamtgewicht der Lösung 0,8900 g. $d^{20} = 1{,}032$. Drehung bei 20° und Natriumlicht im 1-dm-Rohr 7,26° nach rechts. Mithin $[\alpha]_D^{20} = + 77{,}40°$.

---

34. Emil Fischer und Karl Zach: Verwandlung der *d*-Glucose in eine Methyl-pentose.

Berichte der Deutschen Chemischen Gesellschaft **45**, 3761 [1912].

(Eingegangen am 6. Dezember 1912.)

Die gemäßigte Reduktion des Traubenzuckers hat bisher nur zu 6-wertigem Alkohol — Sorbit oder Mannit — geführt. Dagegen ist es nicht gelungen, einzelne Alkoholgruppen zu entfernen und zu sauerstoffärmeren Zuckern zu gelangen.

Die Möglichkeit einer solchen Reduktion schien nun gegeben zu sein bei dem Triacetyl-methylglucosid-bromhydrin, das aus der Aceto-dibromglucose durch Austausch eines Broms gegen Methoxyl entsteht[1]). Das Studium dieser merkwürdigen Verbindung hat uns früher zur Entdeckung des Amino-methylglucosids[2]) und des Anhydromethylglucosids bzw. der Anhydroglucose[3]) geführt.

Wir haben jetzt gefunden, daß das Brom bei der Behandlung mit Essigsäure und Zinkstaub leicht gegen Wasserstoff ausgetauscht wird. Dabei entsteht zunächst ein Triacetyl-Derivat und durch dessen Verseifung ein Glucosid, das endlich durch Hydrolyse in eine Methylpentose verwandelt wird. Ihre Struktur war leicht zu ermitteln, denn sie wird ähnlich den bisher bekannten Methyl-pentosen durch Erwärmen mit Salzsäure in Methyl-furfurol übergeführt. Daraus geht hervor, daß die Reduktion der Glucose an der endständigen Alkoholgruppe stattgefunden hat, und daß mithin auch in dem als Ausgangsmaterial dienenden Triacetyl-methylglucosid-bromhydrin das Halogen am Ende der Kohlenstoffkette steht.

Da somit kein asymmetrisches Kohlenstoffatom bei den vorhererwähnten Reaktionen in Mitleidenschaft gezogen ist, und auch keine Walden'sche Umkehrung eintreten kann, so muß die neue Methylpentose, ebenso wie die als Zwischenprodukt dienenden Acetyl- und Bromkörper, die gleiche Konfiguration wie *d*-Glucose haben.

Nun hat sich ferner ergeben, daß die neue Methylpentose der optische Antipode der Isorhamnose[4]) ist, die aus der Rhamnose

[1]) E. Fischer und E. F. Armstrong, Berichte d. D. Chem. Gesellsch. **35**, 837 [1902]. (*Kohlenh. I, 819.*)

[2]) Ebenda **44**, 132 [1911]. (*S. 353.*)

[3]) Ebenda **45**, 456, 2068 [1912]. (*S. 357 und 367.*)

[4]) E. Fischer und H. Herborn, Berichte d. D. Chem. Gesellsch. **29**, 1961 [1896]. (*Kohlenh. I, 536.*)

über die entsprechende Rhamnonsäure durch Umlagerung gewonnen wurde. Sie muß also identisch sein mit der Isorhodeose, die von E. Votoček als Bestandteil der Purginsäure entdeckt und ebenfalls als Antipode der Isorhamnose erkannt wurde[1]).

Dadurch scheint uns der viel jüngere Name Isorhodeose entbehrlich zu werden; denn für die Bezeichnung von optischen Antipoden sind die Buchstaben „*d*" und „*l*" allgemein im Gebrauch. Wir schlagen deshalb vor, den alten Namen „Isorhamnose" beizubehalten und die aus der *d*-Glucose entstehende, mit Isorhodeose identische Form als *d*-Verbindung zu bezeichnen, während die alte aus Rhamnose dargestellte Isorhamnose jetzt den Zusatz „*l*" erhält[2]).

Durch dieses Resultat wird auch die Konfiguration der Rhamnose eindeutig festgelegt. In der früher aufgestellten Formel[3]) blieb die Anordnung an dem mit Methyl verbundenen asymmetrischen Kohlenstoffatom unbestimmt. Sie läßt sich jetzt aus der Formel der *l*-Isorhamnose folgern, und die Rhamnose steht mithin zur *l*-Mannose im selben Verhältnis wie die *d*-Isorhamnose zum Traubenzucker. Dieses Resultat steht im Einklang mit der Regel von Hudson über die Beziehung zwischen der optischen Drehung und der Konfiguration bei den Lactonen der einbasischen Säuren der Zuckergruppe, aus der er für die Rhamnose schon den Schluß gezogen hat, daß sie Methyl-*l*-mannose sei (Journ. of the Americ. Chemic. Society **32**, 345 [1910]).

In der folgenden Zusammenstellung haben wir die jetzt übliche

---

[1]) Berichte d. D. Chem. Gesellsch. **44**, 819, 3287 [1911].

[2]) Hr. Votoček hat den von mir gewählten alten Namen Isorhamnose in „Epirhamnose" umgewandelt, weil er allgemein die Körper der Zuckergruppe die im selben sterischen Verhältnis zueinander stehen wie Glucose und Mannose, als Epimere bezeichnen möchte. Ich halte die Einführung solcher Sonderwörter, die sich nur auf den Unterschied der Konfiguration an einzelnen asymmetrischen Kohlenstoffatomen beziehen, nicht für nötig. Zudem würde die konsequente Durchführung des Vorschlags von Votoček erfordern, daß man optische Antipoden mit einem asymmetrischen Kohlenstoff, z. B. die beiden aktiven Milchsäuren, auch Epimere nennt.

Noch weniger glücklich ist der weitere Versuch von Votoček, für optische Antipoden die Bezeichnung „*anti*" einzuführen, wie die von ihm gebrauchten Wörter Antirhamnose und Antirhamnonsäure zeigen. Der Ausdruck „*anti*" war bisher für die inaktiven, nicht spaltbaren Körper vom Typus der Mesoweinsäure (inaktive Weinsäure) reserviert und eine Änderung dieser Gewohnheit würde nur eine bedauerliche Verwirrung zur Folge haben.

Wenn ich auch gerne die Verdienste des Hrn. Votoček um die Erforschung und Klassifikation der Methylpentosen anerkenne, so bedauere ich aus den angeführten Gründen doch, seine speziellen Nomenklatur-Vorschläge in der Rhamnose-Gruppe ablehnen zu müssen. E. Fischer.

[3]) E. Fischer und R. S. Morell, Berichte d. D. Chem. Gesellsch. **27**, 382 [1894]. (*Kohlenh. I, 503.*)

I. Aceto-dibromglucose . $Br\,CH_2 \cdot CH(OAc) - CH - C(H)(OAc) - CH(OAc) - CH \cdot Br$

H H OAc H
$Br\,CH_2 \cdot$ C—C—C—C—CH · Br
OAc H O Ac.
—O— (ring)

II. Triacetyl-methylglucosid-bromhydrin . .

H H OAc H
$Br\,CH_2$C—C—C—C—CH · OCH_3
OAc H OAc.
—O— (ring)

III. Amino-methylglucosid

H H OH H
$NH_2 \cdot CH_2 \cdot$C—C—C—C—CH · OCH_3
OH H OH
—O— (ring)

IV. Anhydro-*d*-glucose

H H OH H
$CH_2 \cdot$C—C—C—C—CH · OH
O (bridging CH_2 and C) H OH
—O— (ring)

oder

—O— (ring)
H H H
$CH_2 \cdot$C—C—C—C—CH · OH
OH H OH
—O— (ring)

V. *β*-Methyl-*d*-isorhamnosid

H H OH H
$CH_3 \cdot$C—C—C—C—CH · OCH_3
OH H OH
—O— (ring)

VI. *d*-Isorhamnose (Isorhodeose) . . .

H H OH H
$CH_3 \cdot$C—C—C—C—CH · OH
OH H OH
—O— (ring)

VII. *l*-Isorhamnose . . . .

—O— (ring)
OH H OH
$CH_3 \cdot$C—C—C—C—CH · OH
H H OH H

VIII. *l*-Rhamnose (Isodulcit) .

—O— (ring)
OH H H
$CH_3 \cdot$C—C—C—C—CH · OH
H H OH OH

Tollensche Formel der Zucker benutzt, obschon sie für die Darstellung der Konfiguration weniger übersichtlich ist als die alte Aldehyd-Formel.

Für die Anhydroglucose sind zwei Formeln angeführt, zwischen denen man noch nicht sicher entscheiden kann[1]).

Mit der Gewinnung der *d*-Isorhamnose aus Traubenzucker ist die erste Synthese einer Methylpentose verwirklicht. Da es ferner keinem Zweifel unterliegt, daß die *d*-Isorhamnose nach den bekannten Methoden in die entsprechende *d*-Rhamnose verwandelt werden kann[2]), und daß sich alle diese Reaktionen auch in der *l*-Reihe ausführen lassen werden, so darf man sagen, daß die Gruppe der Rhamnosen jetzt der Synthese völlig erschlossen ist.

Ob man die neue Reduktions-Methode auf die Galaktose und andere Stereoisomere des Traubenzuckers übertragen kann, wird davon abhängen, ob sich die der Aceto-dibrom-glucose entsprechenden Verbindungen gewinnen lassen.

Wir beabsichtigen, auch andere Halogenderivate der Zuckergruppe, z. B. die Aceto-bromglucose, das Tetracetyl-mannit-dichlor-hydrin usw., in den Kreis der Versuche zu ziehen.

Die *β*-Glucoside, welche sich vom Traubenzucker ableiten, werden bekanntlich von Emulsin hydrolytisch gespalten, und dabei ist es gleichgültig, ob das mit dem Zucker verbundene Radikal ein Alphyl oder Aryl ist. Auch die Derivate des Resorcins und Phloroglucins[3]) und das Amid der *β*-*d*-Glucosido-glykolsäure[4]) unterliegen der Wirkung des Fermentes. Eine Ausnahme bilden allerdings die *β*-*d*-Glucosido-glykolsäure und ihre Salze[5]), während die aromatischen Glucosidosäuren[6]) einschließlich der Glucosido-gallussäure[7]) wieder gespalten werden. Auch für die einfachen *β*-Galaktoside[8]) wurde eine positive Wirkung des Emulsins festgestellt, dagegen hat dasselbe versagt bei den Derivaten der Anhydro-*d*-glucose[9]), der *l*-Glucose und mancher anderer Zucker.

---

1) Vergl. Berichte d. D. Chem. Gesellsch. **45**, 2069 [1912]. (*S. 368.*)

2) Einen derartigen Versuch hat bereits Votoček (Berichte d. D. Chem. Gesellsch. **44**, 824 [1911]) ausgeführt, um die Konfiguration der Isorhodeose festzustellen. Aber allem Anschein nach ist weder die *d*-Rhamonsäure, noch die *d*-Rhamnose von ihm isoliert worden.

3) E. Fischer und H. Strauß, Berichte d. D. Chem. Gesellsch. **45**, 2467 [1912]. (*S. 42.*)

4) E. Fischer und B. Helferich, Liebigs Annal. d. Chem. **383**, 85. (*S. 35.*)

5) Ebenda, Liebigs Annal. d. Chem. **383**, 84. (*S. 34.*) *Vergl. S. 500ff.*

6) Vergl. M. Slimmer, Berichte d. D. Chem. Gesellsch. **35**, 4160 [1902].

7) E. Fischer und H. Strauß, vgl. folgende Abhandlung. (*Depside 421.*)

8) E. Fischer, Berichte d. D. Chem. Gesellsch. **28**, 1155 [1895]. (*Kohlenhydrate I, 744.*)

9) E. Fischer und K. Zach, Berichte d. D. Chem. Gesellsch. **45**, 456 [1912]. (*S. 357.*)

Wir waren nun gespannt auf das Verhalten des β-Methyl-*d*-isorhamnosids, welches sich nach obigen Betrachtungen von dem β-Methylglucosid nur dadurch unterscheidet, daß es Methyl an Stelle der endständigen $CH_2 \cdot OH$-Gruppe enthält. Der Versuch hat ergeben, daß dieses Isorhamnosid von Emulsin ziemlich leicht gespalten wird. Für den Angriff des Enzyms ist also die endständige Alkoholgruppe des Traubenzuckers nicht nötig. Um so beachtenswerter erscheint nun das Verhalten der beiden Methylxyloside, welche aus Xylose durch alkoholische Salzsäure unter denselben Bedingungen[1]) gebildet werden wie α- und β-Methylglucosid aus dem Traubenzucker. Aus der Ähnlichkeit der Bildungsweise und der Konfiguration der Xylose hat der eine von uns früher[2]) für die beiden Xyloside folgende Konfigurationsformeln abgeleitet, die wir mit den Formeln des α- und β-Methyl-glucosids sowie des β-Methyl-*d*-isorhamnosids zusammenstellen:

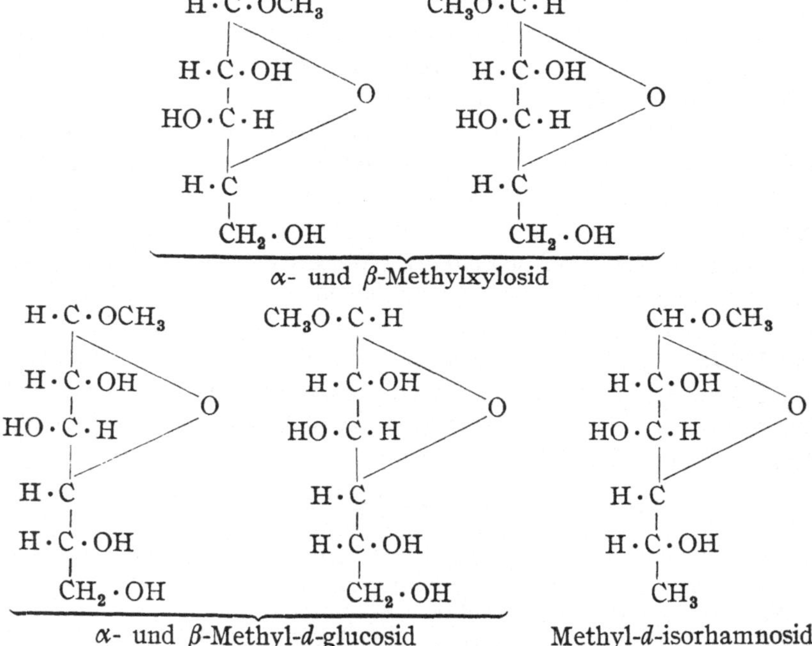

Daraus ergibt sich, daß das Isorhamnosid in der Mitte zwischen den beiden anderen steht. Es ist das nächste Homologe des Xylosids und unterscheidet sich von dem Traubenzucker nur durch das Fehlen des

[1]) E. Fischer, Berichte d. D. Chem. Gesellsch. **28**, 1145 [1895]. (*Kohlenh. I, 734.*)

[2]) E. Fischer, ebenda **28**, 1430 [1895]. (*Kohlenh. I, 851.*)

endständigen Hydroxyls. Es erscheint nun sehr merkwürdig, daß die Wirkung des Enzyms auf die am anderen Ende der Kohlenstoffkette befindliche Methoxylgruppe abhängig ist von der Anwesenheit des sechsten Kohlenstoffatoms, daß sie also im Gegensatz zu allen bekannten chemischen Reaktionen bei der Grundform fehlt und erst beim Homologen eintritt. Wie wird sich das Enzym verhalten, wenn an Stelle des Methyls ein kohlenstoffreicheres Alkyl am Ende der Kette steht?

Die Betrachtungen über die Konfiguration der Zucker und der Glucoside haben innerhalb des Kreises von Beobachtungen, aus denen sie entstanden sind, allen neuen Tatsachen genügt, und auch die Resultate der vorliegenden Abhandlung, soweit sie rein chemischer Natur sind, können als Bestätigung dafür angesehen werden. Wenn sich hier aber kein Fehler nachweisen läßt und andererseits die Wirkung des Emulsins so scharfe Unterschiede anzeigt, so glauben wir mit Nachdruck auf einen bisher unbeachtet gebliebenen Ausspruch hinweisen zu dürfen, den der eine von uns vor 14 Jahren bei dem Vergleich von Xylosiden und Glucosiden getan hat[1]):

„Die Indifferenz der Xyloside gegen Emulsin und Hefenenzyme zeigt mithin, welch feine Unterschiede für den Angriff dieser Stoffe maßgebend sind, oder mit anderen Worten, wie grob die Vorstellungen noch sind, welche wir trotz aller Fortschritte der Struktur- und Stereochemie von dem Aufbau des chemischen Moleküls haben. Das weitere Studium der enzymatischen Prozesse scheint mir deshalb berufen zu sein, auch die Anschauungen über den molekularen Bau komplizierter Kohlenstoffverbindungen zu vertiefen."

Um Mißverständnissen vorzubeugen, bemerken wir, daß es für obige Betrachtungen gleichgültig ist, wieviel verschiedene Enzyme in dem Emulsin enthalten sind.

Experimenteller Teil.

Reduktion von Triacetyl-methylglucosid-bromhydrin.

10 g Triacetyl-methylglucosid-bromhydrin werden in 100 ccm Essigsäure von 50% in der Wärme gelöst. Unter stetem Umschütteln und Erhitzen auf dem Wasserbade gibt man dann in kleinen Portionen im Laufe von $^3/_4$ Stunden ungefähr 25 g Zinkstaub zu. Die Flüssigkeit ist zum Schluß schwach gelb gefärbt. Versäumt man das Umschütteln und ist Mangel an Zinkstaub, so kann die Färbung der Flüssigkeit viel stärker werden, und die Ausbeute wird dann erheblich schlechter. Zum Schluß überzeugt man sich, daß die Abspaltung des Broms beendet ist,

[1]) E. Fischer, Zeitschr. f. physiol. Chem. **26**, 68 [1898]. (*Kohlenh. I, 122.*)

indem man eine Probe der Lösung nach dem Ansäuern mit Salpetersäure in der Kälte mit überschüssigem Silbernitrat fällt und das Filtrat einige Zeit kocht, wobei es kein Bromsilber mehr abscheiden darf. Die gesamte Lösung wird nun filtriert und bei 10—15 mm Druck stark eingeengt. Der Rückstand wird mit Wasser versetzt und abermals in gleicher Weise eingedampft, um die Essigsäure möglichst zu entfernen. Behandelt man nun den Rückstand mit kaltem Wasser, so gehen die Zinksalze in Lösung und das Reaktionsprodukt — Triacetyl-methyl-*d*-isorhamnosid — bleibt als krystallinische Masse zurück. Es wird abgesaugt und mit kaltem Wasser sorgfältig gewaschen. Die Ausbeute beträgt gewöhnlich 4,5 g oder 54% der Theorie. Einmaliges Umkrystallisieren aus heißem Ligroin (Sdp. 90—100°) genügt zur völligen Reinigung. Zur Analyse und den optischen Bestimmungen wurde bei 10 mm Druck und 78° getrocknet.

0,1317 g Sbst.: 0,2473 g CO_2, 0,0765 g H_2O.

$C_{13}H_{20}O_8$ (304,16). Ber. C 51,29, H 6,63.

Gef. „ 51,21, „ 6,50.

0,1206 g Sbst. Gesamtgewicht der alkoholischen Lösung 1,2759 g. $d^{20} = 0,818$. Drehung bei 20° und Natriumlicht im 1-dm-Rohr 1,57° nach links. Mithin $[\alpha]_D^{20} = -20,31°$.

Eine zweite Bestimmung ergab $[\alpha]_D^{20} =$ 20,22°.

Die Substanz beginnt beim Erhitzen im Capillarrohr bei 94° zu sintern und schmilzt bei 100° (korr.) vollständig. Sie löst sich leicht in Alkohol, Äther, Essigäther, Benzol, Chloroform, Aceton, ziemlich schwer in kaltem Petroläther und Ligroin. Aus heißem Ligroin krystallisiert sie in schönen, farblosen Nadeln. In derselben Form kommt sie aus heißem Wasser, worin sie schwer löslich ist.

β-Methyl-*d*-isorhamnosid (s. Formel V).

10 g der vorhergehenden Acetylverbindung werden mit einer Lösung von 30 g reinem krystallisiertem Bariumhydroxyd in 500 ccm Wasser etwa 2 Stunden bis zur völligen Lösung auf der Maschine geschüttelt und über Nacht bei Zimmertemperatur aufbewahrt. Man fällt das überschüssige Bariumhydroxyd mit Kohlensäure und verdampft die filtrierte Lösung unter stark vermindertem Druck bis zur beginnenden Krystallisation. Versetzt man jetzt mit Alkohol, so fällt der größte Teil der Bariumsalze aus, während das Isorhamnosid in Lösung geht. Es bleibt beim Verdampfen des Alkohols krystallinisch zurück, enthält aber noch eine geringe Menge (einige Prozent) Barium. Die Ausbeute ist fast quantitativ. Für die Darstellung der *d*-Isorhamnose ist dieses Produkt direkt brauchbar. Handelt es sich aber um die völlige Reinigung des Präparats, so wird das Rohprodukt in Wasser gelöst, das

Barium mit Schwefelsäure genau gefällt, das klare Filtrat unter geringem Druck verdampft, der krystallinische Rückstand mit absolutem Alkohol aufgenommen, diese Lösung durch Schütteln mit wenig Tierkohle völlig geklärt und der beim Verdampfen des Alkohols bleibende Rückstand aus heißem Methyläthylketon umkrystallisiert. Die feinen farblosen Nadeln wurden für die Analyse und optischen Bestimmungen im Vakuumexsiccator getrocknet:

0,1416 g Sbst.: 0,2450 g CO_2, 0,1020 g H_2O.

$C_7H_{14}O_5$ (178,11). Ber. C 47,16, H 7,92.

Gef. „ 47,19, „ 8,06.

I. 0,1277 g Sbst. Gesamtgewicht der wäßrigen Lösung 1,4759 g. $d^{20} = 1,019$. Drehung im 1-dcm-Rohr bei 20° und Natriumlicht 4,86° nach links. Mithin $[\alpha]_D^{20} = -55,12°$.

II. 0,2008 g Sbst. Gesamtgewicht der wäßrigen Lösung 2,2289 g. $d^{20} = 1,019$. Drehung im 1-dcm-Rohr bei 20° und Natriumlicht 5,08° nach links. Mithin $[\alpha]_D^{20} = -55,34°$.

Die Substanz schmilzt, nachdem einige Grade vorher Sinterung eingetreten ist, bei 131—132° (133° korr.). Der Geschmack ist bitter. Sie ist leicht löslich in kaltem Wasser, Alkohol, Chloroform, warmem Aceton und Essigäther, recht schwer in Äther und Petroläther und reduziert Fehlingsche Lösung gar nicht.

Verhalten des *β*-Methyl-*d*-isorhamnosids und der beiden Xyloside gegen Emulsin.

Wie schon erwähnt, wird das *d*-Isorhamnosid von Emulsin in wäßriger Lösung hydrolysiert. Die Reaktion scheint aber etwas langsamer zu gehen als bei dem *β*-Methyl-*d*-glucosid. 0,2 g *d*-Isorhamnosid wurden in 2 ccm Wasser gelöst und nach Zusatz von 0,05 g Emulsin (aus Aprikosenkernen dargestellt) und 5 Tropfen Toluol in einem verschlossenen Glasröhrchen im Brutraum aufbewahrt. Schon nach 22 Stunden enthielt die Flüssigkeit viel Zucker. Nach 48 Stunden reduzierte sie das $8^1/_2$-fache Volumen Fehlingscher Lösung. Nimmt man an, daß das Reduktionsvermögen der *d*-Isorhamnose ebenso stark ist, wie das der Rhamnose, so ergibt die Rechnung, daß fast 50% des Isorhamnosids gespalten waren. Der Versuch wurde mit dem gleichen Resultat wiederholt.

Genau unter denselben Bedingungen konnte weder bei *α*- noch bei *β*-Methylxylosid nach 48-stündiger Einwirkung des Emulsins die Bildung von Zucker nachgewiesen werden. Das stimmt völlig überein mit den früheren Versuchen[1]) über das Verhalten der beiden Xyloside gegen Emulsin und Hefenauszug.

[1]) E. Fischer, Berichte d. D. Chem. Gesellsch. **28**, 1158 [1895]. (*Kohlenh. I, 746.*)

d-Isorhamnose (Isorhodeose) (Formel VI).

Für ihre Darstellung kann man das rohe β-Methyl-*d*-isorhamnosid, welches eine kleine Menge Barium enthält, benutzen. Zur Hydrolyse werden 3 g mit 30 ccm 5-prozentiger Schwefelsäure 1 Stunde auf dem Wasserbade erhitzt, dann die Säure durch reines Bariumcarbonat völlig entfernt, das Filtrat unter geringem Druck eingedampft und der Rückstand mehrmals mit Alkohol abgedampft, um das Wasser möglichst zu entfernen. Der Zucker bildet zuerst einen farblosen Sirup, der aber beim längeren Stehen (8—12 Tage) im offenen Gefäß teilweise krystallisiert. Zur Isolierung der Krystalle löst man die ganze Masse in Essigäther durch Kochen am Rückflußkühler, wobei ungefähr 140—150 ccm auf 1 g Sirup notwendig sind. Beim langsamen Erkalten und langen Stehen im offenen Gefäß scheidet sich der Zucker an den Gefäßwänden in festhaftenden Krusten ab. Die Krystallisation dauert einige Tage und ist nicht vollständig, weil offenbar der Zucker in 2 verschiedenen Formen existiert. Immerhin kann man bei sorgfältiger Arbeit auf 60% der Theorie rechnen. Die harten, farblosen Krystalle zeigen unter dem Mikroskop mancherlei Gestalt. Meist bilden sie kugelige Verwachsungen; einfachere Formen deuten auf Zwillingsbildung.

Für die Analyse und optische Bestimmung war bei 78° und 10 mm Druck 2 Stunden getrocknet.

0,1436 g Sbst.: 0,2318 g CO_2, 0,0943 g H_2O.

$C_6H_{12}O_5$ (164,10). Ber. C 43,87, H 7,37.
Gef. „ 44,02, „ 7,35.

Der Zucker ist bereits von E. Votoček[1]) krystallisiert erhalten worden. Seine kurzen Angaben werden durch die folgenden Beobachtungen ergänzt.

Der Zucker schmilzt nach vorherigem Sintern nicht scharf gegen 139—140° (korr.) zu einem dicken Sirup. Er schmeckt süß, löst sich leicht in Wasser und Alkohol, ziemlich schwer in kochendem Aceton und Essigäther. Fehlingsche Lösung wird sehr stark reduziert.

Die wäßrige Lösung zeigt starke Mutarotation:

0,1080 g Sbst. Gesamtgewicht der Lösung 1,3067 g. $d^{20} = 1,023$. Die Drehung betrug bei 20° und Natriumlicht im 1-dcm-Rohr 5 Minuten nach der Auflösung + 6,2° und nahm dann rasch ab. Nach weiteren je 5 Minuten betrug die Drehung + 5,95°, + 5,42°, + 5,06°, + 4,72°, + 4,45°, + 4,20°, 1 Stunde nach der Auflösung + 3,40°, nach 2 Stunden + 2,65°, nach 3 Stunden + 2,51° und blieb dann konstant.

Aus dem Anfangswert berechnet sich:

$$[\alpha]_D^{20} = + 73,33°.$$

Aus dem Endwert: $[\alpha]_D^{20} = + 29,69°$.

---

[1]) Berichte d. D. Chem. Gesellsch. **44**, 823 [1911].

Votoček gibt für die Isorhodeose $[\alpha]_D^{20} = + 31,5°$ an, ohne die Mutarotation zu erwähnen.

Die *l*-Isorhamnose, welche früher auf ganz anderem Wege aus Rhamnose gewonnen wurde[1]), ist nicht krystallisiert erhalten worden, wahrscheinlich weil sie weniger rein war. Bei dem sirupförmigen Zucker wurde aber beobachtet, daß er stark nach links dreht, nach einer approximativen Bestimmung etwa — 30°.

Zur Kennzeichnung der beiden Antipoden haben wir deshalb einerseits die Phenylosazone, anderseits die beiden einbasischen Säuren bzw. deren Lactone benutzt.

d-Rhamnose-phenylosazon.

Wie früher nachgewiesen wurde, geben Rhamnose und Isorhamnose dasselbe Phenylosazon[2]). Dementsprechend mußte aus der *d*-Isorhamnose der optische Antipode des bekannten Phenyl-rhamnosazons entstehen. Das ist in der Tat der Fall und wir bezeichnen die neue Verbindung wegen ihrer Beziehung zur *d*-Isorhamnose ebenfalls als *d*-Verbindung, obschon sie nach links dreht.

Sie ist zweifellos identisch mit dem Phenylosazon der Isorhodeose, das E. Votoček dargestellt und mit dem *l*-Rhamnose-phenylosazon verglichen hat[3]). Da sich kleine Unterschiede in den Beobachtungen ergaben, so wollen wir die unserigen ausführlich mitteilen.

Zur Darstellung wurde in der gewöhnlichen Weise 1 Tl. des sirupösen Zuckers mit 2 Tln. Phenylhydrazin-Hydrochlorid und 3 Tln. krystallisiertem (wasserhaltigem) Natriumacetat 1 Stunde auf dem Wasserbade erhitzt und die ausgeschiedenen gelben Nadeln aus verdünntem Alkohol umkrystallisiert. Die Ausbeute an reinem Präparat beträgt ungefähr die Hälfte des angewandten Zuckers.

Zur Analyse wurde im Vakuumexsiccator getrocknet.

0,1350 g Sbst.: 0,3111 g CO_2, 0,0772 g H_2O. — 0,1508 g Sbst.: 21,2 ccm N (KOH 33%) (18°, 755 mm).

$C_{18}H_{22}O_3N_4$ (342,22). Ber. C 63,12, H 6,48, N 16,38.
Gef. „ 62,85, „ 6,40, „ 16,18.

Die Substanz ist dem alten Phenylosazon aus Rhamnose (Isodulcit) in den äußeren Eigenschaften zum Verwechseln ähnlich. Insbesondere verhielten sich beide Substanzen ganz gleich beim Erhitzen. Sie schmolzen beim raschen Erhitzen nicht ganz scharf gegen 185°

1) E. Fischer und H. Herborn, Berichte d. D. Chem. Gesellsch. **29**, 1961 [1896]. (*Kohlenh. I, 536.*)

2) E. Fischer und J. Tafel, Berichte d. D. Chem. Gesellsch. **20**, 1091 [1887] (*Kohlenh. I, 245*); E. Fischer und H. Herborn, ebenda **29**, 1966 [1896]. (*Kohlenh. I, 542.*)

3) Ebenda **44**, 823 [1911].

(korr.) zu einer dunkelroten Flüssigkeit, in der schon Zersetzung bemerkbar war.

Votoček gibt den Schmelzpunkt konstant bei 186—187° an. Da der Schmelzpunkt der meisten Osazone von der Art des Erhitzens abhängt, so bedeutet die Differenz nicht viel. Daß er aber im vorliegenden Falle ganz konstant sei, können wir wegen der eintretenden Zersetzung nicht zugeben.

Die beiden Osazone drehen aber in entgegengesetztem Sinne.

Für den Versuch benutzten wir eine verdünnte 2-prozentige Lösung in Pyridin, die wegen der starken gelbroten Farbe im $^1/_2$-dm-Rohr bei weißem Licht (Auerlicht) geprüft wurde.

d-Rhamnose-phenylosazon.

I. 0,0305 g Sbst. Gesamtgewicht der Lösung 1,2872 g. $d^{20} = 0,985$. Drehung im $^1/_2$-dm-Rohr 1,1° nach links. Mithin $[\alpha]^{20} = -94,26°$.

II. 0,0201 g Sbst. Gesamtgewicht der Lösung 0,9900 g. $d^{20} = 0,983$. Drehung im $^1/_2$-dm-Rohr 0,95° (± 0,01°) nach links. Mithin $[\alpha^{20}] = -95,20°$ (± 1,6°).

l-Rhamnose-phenylosazon.

I. 0,0307 g Sbst Gesamtgewicht der Lösung 1,3100 g. $d^{20} = 0,985$. Drehung im $^1/_2$-dm-Rohr 1,07° (± 0,01°) nach rechts Mithin $[\alpha]^{20} = +92,70°$ (± 1,6°).

II. 0,0204 g Sbst. Gesamtgewicht der Lösung 1,0018 g. $d^{20} = 0,983$. Drehung im $^1/_2$-dm-Rohr 0,94° (± 0,01°) nach rechts. Mithin $[\alpha]^{20} = +93,92°$ (± 1,6°).

Infolge der starken Verdünnung und der geringen Rohrlänge ist der Beobachtungsfehler relativ groß; immerhin lassen die Zahlen keinen Zweifel darüber, daß es sich hier um optische Antipoden handelt. Wir haben dann endlich noch von beiden Osazonen je 0,1028 g zusammen in 10 ccm Pyridin gelöst. Die Flüssigkeit zeigte im $^1/_2$-dm-Rohr keine wahrnehmbare Drehung, unter Bedingungen, wo eine Drehung von 0,02—0,03° der Beobachtung nicht entgehen konnte. Das aus der Lösung durch Fällen mit Wasser isolierte inaktive Produkt — *d,l*-Rhamnose-phenylosazon — hatte nach dem Umkrystallisieren aus verdünntem Alkohol denselben Schmelz- bzw. Zersetzungspunkt wie die beiden Komponenten.

d-Isorhamnonsäure.

Die Verbindung ist unter dem Namen „Isorhodeonsäure" von Votoček und Krauz beschrieben, aber weder für sich, noch in Form der Salze krystallisiert erhalten worden[1]).

[1]) Berichte d. D. Chem. Gesellsch. **44**, 3287 [1911].

Der aus 2,5 g β-Methyl-*d*-isorhamnosid in der vorher beschriebenen Weise dargestellte sirupöse Zucker wurde in 20 ccm Wasser gelöst, mit 3 g Brom versetzt und 72 Stunden (am Tage bei Zutritt des Lichtes) aufbewahrt. Das Brom war vollständig gelöst. Nachdem das überschüssige Brom durch einen Luftstrom zuletzt unter gelindem Erwärmen fast ganz entfernt war, wurde die kalte Lösung durch Schütteln mit Silberoxyd vom Brom befreit, über Tierkohle filtriert und mit Schwefelwasserstoff das Silber ausgefällt. Das klare farblose Filtrat wurde nun unter geringem Druck eingedampft. Um die Säure in das ziemlich leicht krystallisierende Lacton zu verwandeln, haben wir den sirupösen Rückstand mehrmals in absolutem Alkohol gelöst und wieder verdampft. Nach einiger Zeit begann die Krystallisation. Beim Verreiben mit kaltem Aceton ging der Sirup in Lösung und die zurückbleibenden Krystalle konnten durch Umlösen aus heißem Aceton gereinigt werden. Die Acetonmutterlauge des Sirups gab beim wiederholten Abdampfen immer wieder neue Krystalle. Die Gesamtausbeute betrug ungefähr 1 g.

Für die Analyse wurde das Lacton bei 78° und 10 mm Druck getrocknet.

0,1325 g Sbst.: 0,2162 g CO_2, 0,0749 g H_2O.

$C_6H_{10}O_5$ (162,08). Ber. C 44,42, H 6,22.

Gef. „ 44,50, „ 6,33.

Die Substanz ist zweifellos der optische Antipode der früher unter dem Namen Isorhamnonsäure-lacton[1]) beschriebenen *l*-Verbindung. Sie schmilzt wie jene nicht ganz scharf nach vorherigem Sintern zwischen 150—151° (151—152° korr.), ist in Wasser sehr leicht löslich und verwandelt sich in dieser Lösung ziemlich rasch teilweise in die Säure. Entscheidend ist das optische Verhalten.

0,1007 g Sbst. Gesamtgewicht der wäßrigen Lösung 1,3136 g. $d^{20} = 1,024$. Drehung im 1-dm-Rohr bei 20° und Natriumlicht 4 Minuten nach der Auflösung 5,25° nach rechts, nach 20 Minuten 4,25°. Nach 20 Stunden war die Drehung konstant und betrug dann nur noch + 0,42°. Mithin $[\alpha]_D^{20}$ nach 4 Minuten + 66,88°, nach 20 Minuten + 54,14°. Für den Endwert berechnet sich $[\alpha]_D^{20} = +5,35°$.

Bei dem optischen Antipoden wurde früher gefunen kurz nach Auflösung $[\alpha]_D^{20} = -62°$; nach 20 Minuten war es auf — 46° gesunken, und der Endwert betrug hier $[\alpha]_D^{20} = -5,21°$.

Endlich haben wir noch das Phenylhydrazid der *d*-Isorhamnonsäure genau wie früher bei dem optischen Antipoden dargestellt und den gleichen Schmelzpunkt gefunden.

---

[1]) Berichte d. D. Chem. Gesellsch. **29**, 1961 [1896]. (*Kohlenh. I, 536.*)

Überführung der *d*-Isorhamnose in Methyl-furfurol.

Für den Versuch verwandten wir das *β*-Methyl-*d*-isorhamnosid und benutzten das Verfahren, welches Tollens und Günther[1]) für die quantitative Bestimmung der Pentosen empfehlen. 2 g *β*-Methyl-*d*-isorhamnosid wurden mit der 20-fachen Menge 12-prozentiger Salzsäure destilliert unter stetem Ersatz der verdampfenden Flüssigkeit. Nach etwa $^1/_4$ Stunde begann Gelbfärbung, die allmählich in dunkelbraun überging. Gleichzeitig wurde ein dunkles Harz in geringer Menge abgeschieden. Die Destillation dauerte 4 Stunden und gab ungefähr 400 ccm Destillat. Dieses wurde mit Natriumcarbonat nahezu neutralisiert, mit Kochsalz gesättigt und abermals 50 ccm abdestilliert. Im Destillat war das Methyl-furfurol teilweise als gelbes Öl ausgeschieden. Außer dem charakteristischen Geruch zeigte es: 1. Auf einem mit Anilin-acetat getränkten Streifen Filtrierpapier erst eine gelbe und später starke orangerote Färbung. 2. In alkoholischer Lösung auf konzentrierte Schwefelsäure geschichtet eine starke dunkelgrüne Färbung. 3. Mit Silberoxyd nach Hill und Jennigs[2]) oxydiert, lieferte es Methyl-brenzschleimsäure, die aus heißem Wasser in charakteristischen Plättchen krystallisiert und ebenso wie das Kontrollpräparat aus Rhamnose bei 108—110° (korr.) schmolz.

---

[1]) Berichte d. D. Chem. Gesellsch. **24**, 3575 [1891].

[2]) Proceedings of the American Academy **1892**, 193; Chem. Centralbl. **1893**, I, 822.

35. Emil Fischer und Karl Zach: Reduktion der Acetobromglucose und ähnlicher Stoffe.

Sitzungsberichte der Königlich Preußischen Akademie der Wissenschaften **16**, 311 [1913].

(Gesamtsitzung vom 27. März 1913.)

Nach der allgemein angenommenen Strukturformel der Acetobromglucose sollte man erwarten, daß beim Ersatz des Halogens durch Wasserstoff ein Tetraacetylderivat des Sorbits entstehe. Nun wird das Brom durch Behandlung mit Zinkstaub und Essigsäure bei gewöhnlicher Temperatur und sogar schon bei 0° rasch abgelöst, aber der Prozeß verläuft in ganz anderem Sinne, als obiger Erwartung entsprechen würde. Es entsteht in reichlicher Menge ein gut krystallisierender Körper, der nach der Analyse, Molekulargewichtsbestimmung und dem Resultat der Hydrolyse die Formel $C_{12}H_{16}O_7$ hat. Seine Entstehung aus der Acetobromglucose läßt sich also durch folgende empirische Gleichung ausdrücken

$$C_{14}H_{19}O_9Br + 2\,H = C_{12}H_{16}O_7 + C_2H_4O_2 + HBr.$$

Das neue Produkt addiert in Chloroformlösung sofort 2 Atome Brom, scheint mithin eine Äthylenbindung zu enthalten. Durch Alkalien oder Barytwasser wird es schon bei gewöhnlicher Temperatur leicht verseift. Dabei entsteht Essigsäure, und zwar entspricht ihre Menge 3 Molekülen. Das zweite Produkt ist ein in Wasser und Alkohol äußerst leicht löslicher dicker Sirup, den wir bisher nicht krystallisiert erhielten. Leider ist es auch nicht gelungen, krystallisierte Derivate zu bereiten, dagegen läßt es sich im hohen Vakuum destillieren, und die Analysen des Destillats stimmen am besten auf die Formel $C_6H_8O_3$. Es scheint deshalb aus dem Acetylprodukt nach folgender Gleichung zu entstehen:

$$C_{12}H_{16}O_7 + 2\,H_2O = C_6H_8O_3 + 3\,C_2H_4O_2.$$

Der neue Körper zeigt die Reaktionen der Aldehyde. Er färbt die fuchsinschweflige Säure, reduziert Silberoxyd und Fehlingsche Lösung in der Wärme und wird durch warme Alkalien rasch gelb bis braun gefärbt. Mit Phenylhydrazin, Benzylphenylhydrazin und Bromphenylhydrazin gibt er ölige Derivate, die den Hydrazonen, aber nicht den Osazonen gleichen. Von den gewöhnlichen Zuckern unterscheidet er sich ferner durch das Verhalten gegen Brom, das er in wässeriger Lösung sofort entfärbt, wie auch gegen Mineralsäuren, von denen er außerordentlich schnell in eine dunkle harzige Masse verwandelt wird. Endlich gibt er bei Gegenwart von Salzsäure eine intensive grüne Fichtenspanreaktion. Diese Eigenschaften haben uns auf die Vermutung geführt, daß er ein Derivat des Dihydrofurans ist, etwa von folgender Struktur

```
                  HC = CH
                   |    |
          HOC · HC      CH · CH2OH .
                   \O/
```

In der Acetylverbindung müßten dann allerdings 2 Essigsäure durch die Aldehydgruppe nach Analogie des Methylendiacetats gebunden sein. Da die Entstehung eines so konstituierten Körpers aus der Acetobromglucose ein recht verwickelter Vorgang wäre, so betonen wir ausdrücklich, daß obige Formel keineswegs durch unsere Versuche bewiesen wird, und daß wir sie nur als einen vorläufigen Versuch zur Veranschaulichung der Beobachtungen betrachten.

Das von uns angewandte Reduktionsverfahren ist nicht auf die Acetobromglucose beschränkt, denn die Erscheinungen wiederholten sich bei der Acetobromgalactose und der Acetobromlactose. Allerdings waren die Produkte hier weniger schön. Aus der Acetobromgalactose erhielten wir ein dickflüssiges Öl. Auch der Körper aus Acetobromlactose wurde bisher nicht krystallisiert gewonnen, aber er bildet eine feste, farblose Masse, deren Analyse sich gut ausführen läßt. Da es sich hier also offenbar um eine neue, ziemlich große und recht eigenartige Körperklasse handelt, für die eine rationelle Bezeichnung noch nicht möglich ist, so scheint es uns zweckmäßig, dafür empirische Namen zu wählen. Wir nennen deshalb das Derivat der Glucose entsprechend seiner Aldehydnatur Glucal und die zugehörige Acetylverbindung, in der die Bindung der 3 Essigsäurereste noch nicht sicher festgestellt ist, Acetoglucal. Für das erste Produkt aus Acetobromlactose ergibt sich der analoge Name Acetolactal.

Acetoglucal.

10 g Acetobromglucose werden mit 100 ccm abgekühlter 50-prozentiger Essigsäure übergossen und nach Zusatz von 20 g Zinkstaub $1^1/_2$ Stunden auf der Maschine bei Zimmertemperatur kräftig geschüttelt. Dabei geht die Acetobromglucose allmählich in Lösung. Die Reduktion kann auch bei 0° ausgeführt werden; da aber die Ausbeute dadurch nicht besser wird, so hat diese Abänderung keinen Zweck. Schließlich wird die klare Essigsäurelösung vom Zinkstaub abgesaugt und bei 10—20 mm Druck bis zur Abscheidung von Zinksalzen eingedampft. Man ver-

dünnt jetzt mit 100 ccm Wasser, extrahiert das gefällte Öl mit Äther und wäscht die ätherische Lösung erst sorgfältig mit Natriumbicarbonatlösung und dann mit Wasser. Beim Verdampfen des Äthers bleibt der Acetylkörper als farbloses Öl, das beim Impfen sehr rasch krystallisiert. Ausbeute 5,5 g oder 83% der Theorie. Ohne Impfung braucht das Öl Tage oder Wochen, bevor es spontan erstarrt. Durch einmaliges Umkrystallisieren aus verdünntem Alkohol ist die Substanz leicht ganz rein zu erhalten. Für die Analyse wurde im Vakuumexsiccator über Phosphorpentoxyd getrocknet.

0,1704 g Substanz: 0,3300 g CO_2, 0,0906 g H_2O
0,1490 g „ 0,2889 g CO_2, 0,0792 g H_2O

$C_{12}H_{16}O_7$ (M. G. 272,13)

	C	H
Berechnet:	52,91 % C	5,93 % H
Gefunden:	52,82 52,88 % C	5,95 5,95 % H

Zu den optischen Bestimmungen diente die alkoholische Lösung.

I. 0,1237 g Substanz. Gesamtgewicht der Lösung 1,3127 g. $d^{20} = 0,815$. Drehung im 1-dcm-Rohr bei 20° und Natriumlicht 1,0° nach links.

$$\text{Mithin } [\alpha]_D^{20} = -13,02°.$$

II. 0,1008 g Substanz. Gesamtgewicht der Lösung 1,0802 g. $d^{20} = 0,815$. Drehung im 1-dcm-Rohr bei 20° und Natriumlicht 0,99° nach links.

$$\text{Mithin } [\alpha]_D^{20} = -13,02°.$$

Die Molekulargewichtsbestimmung wurde in Bromoformlösung ausgeführt, für die $K = 143$ angenommen ist. Gewicht des Lösungsmittels 49,14 g.

I. 0,2878 g Substanz $\Delta = 0,308°$
Mithin $M = 271,9°$

II. 0,5980 g Substanz $\Delta = 0,658°$
Mithin $M = 264,5$

III. 0,9019 g Substanz $\Delta = 0,999°$
Mithin $M = 262,7$

Der Mittelwert aus diesen Bestimmungen ist 266,4 während 272,1 berechnet ist.

Die Substanz schmilzt nach vorherigem Sintern bei 54—55° und läßt sich in kleiner Menge sogar bei gewöhnlichem Druck destillieren. Sie löst sich leicht in allen gebräuchlichen organischen Lösungsmitteln, außer Petroläther und Ligroïn, von denen sie nur in der Wärme leicht aufgenommen wird. In heißem Wasser löst sie sich auch ziemlich gut und fällt beim Erkalten ölig aus. Sie reduziert die Fehlingsche Lösung in der Wärme stark, aber doch erheblich schwächer als Traubenzucker. Die in der Wärme bereitete und rasch abgekühlte wäßrige Lösung färbt fuchsinschweflige Säure, die in der üblichen Weise durch Lösen von 0,5 g Fuchsin in 100 ccm Wasser, Sättigen mit gasförmigem Schwefeldioxyd bereitet, und nach der Entfärbung durch Evakuieren von dem überschüssigen SO_2 befreit ist, nach einigen Minuten ganz schwach rosa. Die Färbung wird im Laufe von 1 bis 2 Stunden ganz deutlich, bleibt aber sehr viel schwächer als bei dem Glucal selbst. Die Acetylverbindung scheint also keine freie Aldehydgruppe zu besitzen und die schwache Reaktion mit fuchsinschwefliger Säure ist vielleicht nur durch eine vorhergehende geringe Zersetzung, d. h. Abspaltung von Acetylgruppen, hervorgerufen.

Einwirkung von Brom. Wie schon erwähnt, nimmt das Acetoglucal leicht 2 Atome Brom auf, wie folgender Versuch zeigt: 1 g wurde in 10 ccm reinem Chloroform gelöst, mit Eis abgekühlt und mit einer Lösung von Brom in Chloroform, die im Kubikzentimeter 0,05115 Brom enthielt, so lange versetzt, bis eben eine bleibende Gelbfärbung eintrat. Dazu waren 11,2 ccm Bromlösung nötig. Die Menge des addierten Broms betrug also 0,573 g, während 0,588 g nach der Gleichung $C_{12}H_{16}O_7 + 2\,Br = C_{12}H_{16}O_7Br_2$ berechnet sind. Eine zweite Bestimmung mit 1 g Substanz gab 0,583 g addiertes Brom.

Beim Verdunsten der Chloroformlösung blieb das Additionsprodukt als dickes farbloses Öl zurück, das bisher nicht krystallisierte. Darüber braucht man sich nicht zu wundern, da bei Addition von Brom an die Äthylengruppe eines asymmetrischen Moleküls 4 verschiedene stereoisomere Körper entstehen können. Der Bromkörper ist in kaltem Wasser sehr schwer löslich, beim Kochen geht er allmählich in Lösung, wird aber dabei in leicht lösliche Produkte verwandelt. Er reduziert sehr stark Fehlingsche Lösung.

Bestimmung der Acetylgruppen. Nachdem wir uns überzeugt hatten, daß das Acetoglucal schon durch verdünntes Barytwasser bei gewöhnlicher Temperatur völlig verseift wird, wurde 1 g gepulvertes reines Präparat mit 100 ccm $^n/_5$-Barytlösung bei gewöhnlicher Temperatur auf der Maschine geschüttelt. Schon nach 1 Stunde war der größte Teil gelöst. Nach 15stündigem Schütteln wurde das unverbrauchte Bariumhydroxyd durch *n*-Salzsäure mit Phenolphthalein als Indikator zurücktitriert. Dazu waren nötig beim ersten Versuch 8,95 ccm und beim zweiten, ganz unabhängig davon ausgeführten Versuch 9 ccm *n*-Salzsäure. Mithin waren verbraucht zur Neutralisation der Essigsäure 55,25 bzw. 55,0 ccm $^n/_5$-Barytwasser, während für 3 Moleküle Essigsäure 55,12 ccm berechnet sind.

Glucal.

10 g reine Acetverbindung wurden mit einer Lösung von 50 g krystallisiertem, reinem, wasserhaltigen Bariumhydroxyd in 700 ccm

Wasser 15 Stunden bei Zimmertemperatur geschüttelt, dann der Baryt genau mit Schwefelsäure ausgefällt und die filtrierte Flüssigkeit bei 10—15 mm Druck eingedampft. Wenn man jeden Überschuß von Schwefelsäure vermieden hat, bleibt das Glucal als farbloser Sirup zurück. Die einzige Reinigungsmethode, die wir bisher gefunden haben, ist die Destillation im hohen Vakuum. Zu dem Zweck wurde der Sirup mit Alkohol aufgenommen und wieder an der Wasserstrahlpumpe verdampft, um alle Essigsäure zu entfernen; dann wurde mit wenig Alkohol in ein kleines Fraktionierkölbchen umgefüllt, der Alkohol wieder verdunstet und der Rückstand aus dem Ölbad in der üblichen Weise unter 0,2 mm Druck destilliert. Bei einer Öltemperatur von 170—185° ging das Glucal langsam als dicker farbloser Sirup über, während im Destillationsgefäß eine dunkle Masse zurückblieb. Das Destillat wurde direkt analysiert.

0,1289 g Substanz: 0,2628 g CO_2, 0,0763 g H_2O
0,1435 g „ 0,2932 g CO_2, 0,0840 g H_2O

$C_6H_8O_3$ (128,06).

Berechnet: 56,22 % C 6,30 % H
Gefunden: 55,61, 55,72 % C 6,62 6,55 % H

Obschon die Zahlen an Genauigkeit zu wünschen übrig lassen, sprechen sie doch sehr für die angenommene Formel. Wir halten aber weitere Versuche zu ihrer Sicherstellung für nötig.

Das Glucal ist sehr leicht löslich in Wasser und Alkohol, schwer in Äther. Es reduziert stark Fehlingsche Lösung, bräunt sich mit Alkalien und ist besonders empfindlich gegen Mineralsäuren. Übergießt man es z. B. mit kalter, rauchender Salzsäure, so färbt es sich sofort dunkel und verwandelt sich in ein dunkles Harz. Mit 5 *n*.-Salzsäure geht die Veränderung langsamer vonstatten und das Harz hat eine schmutziggrüne Farbe. Die Harzbildung findet auch beim Erhitzen mit sehr verdünnter Salzsäure statt.

Mit fuchsinschwefliger Säure gibt es schon nach einigen Minuten eine starke rotviolette Färbung. Bringt man einen Fichtenspan erst in eine wäßrige Lösung des Glucals und dann in Salzsäuredampf oder in konzentrierte wäßrige Salzsäure, so färbt er sich intensiv grün.

Erhitzt man 1 Teil Glucal mit 2 Teilen salzsaurem Phenylhydrazin, 3 Teilen Natriumacetat (wasserhaltig) und 15 Teilen Wasser 1 Stunde auf dem Wasserbad, so färbt sich die Lösung gelb und scheidet in der Kälte ein gelbrotes Öl ab, das in heißem Wasser ziemlich leicht löslich ist und bisher nicht krystallisiert erhalten wurde. Ähnliche Produkte liefern Bromphenylhydrazin und Benzylphenylhydrazin.

Die wäßrige Lösung des Glucals entfärbt sofort Bromwasser. Das destillierte Präparat schmeckte stark bitter.

Rückverwandlung des Glucals in die Acetverbindung. 2 g möglichst trockenes, aber nicht destilliertes Glucal wurden mit 20 ccm

Essigsäureanhydrid und 2 g trockenem Natriumacetat $1^1/_2$ Stunden auf 100° erhitzt, dann die schwach gefärbte Lösung unter stark vermindertem Druck verdampft und der Rückstand noch mehrmals mit Alkohol abgedampft, um alles Essigsäureanhydrid zu entfernen. Schließlich wurde mit Wasser versetzt, das abgeschiedene Öl ausgeäthert, der ätherische Auszug mit Bicarbonat und Wasser gewaschen, filtriert und verdampft. Das zurückbleibende Öl erstarrte beim Impfen bald und zum größeren Teil. Anhaftendes Öl wurde durch scharfes Pressen zwischen Fließpapier entfernt und der Rückstand aus verdünntem Alkohol umkrystallisiert. Ausbeute 1,1 g. Das Präparat zeigte den Schmelzpunkt, das optische Drehungsvermögen und auch die Zusammensetzung der ursprünglichen Acetverbindung.

0,1524 g Substanz: 0,2959 g CO_2, 0,0796 g H_2O
$C_{12}H_{16}O_7$ (272,13). Berechnet: 52,91 % C 5,93 % H
Gefunden: 52,95 % C 5,85 % H

0,1100 g Substanz. Gesamtgewicht der alkoholischen Lösung 1,1756 g. $d^{20} = 0,816$. Drehung im 1-dcm-Rohr bei 20° und Natriumlicht 0,99° nach links. Mithin

$$[\alpha]_D^{20} = -12,97°.$$

Acetolactal.

Die Reduktion der Acetobromlactose verläuft genau so wie bei der Acetobromglucose. 5 g reine Acetobromlactose, die aus Oktacetyllactose durch Bromwasserstoff-Eisessiglösung hergestellt war[1]), wurden mit 50 ccm Essigsäure und 10 g Zinkstaub 1 Stunde bei Zimmertemperatur geschüttelt, dann die Lösung filtriert, mit festem Natriumbicarbonat neutralisiert und das abgeschiedene Öl ausgeäthert. Als der mit Wasser sorgfältig gewaschene Äther verdampft wurde, blieb eine farblose, blätterige, aber amorphe Masse zurück, die nach dem Trocknen im Vakuumexsiccator direkt zur Analyse diente.

0,1417 g Substanz: 0,2667 g CO_2, 0,0753 g H_2O
$C_{24}H_{32}O_{15}$ (560,26) Berechnet: 51,40 % C 5,76 % H
Gefunden: 51,33 % C 5,95 % H

Die Bildung des Acetolactals erfolgt also nach der Gleichung:

$$C_{26}H_{35}O_{17}Br + 2\,H = C_{24}H_{32}O_5 + C_2H_4O_2 + HBr.$$

Abgesehen von der geringeren Neigung zur Krystallisation gleicht es dem Acetoglucal nicht allein in den Löslichkeitsverhältnissen, sondern auch in dem Verhalten gegen Brom in Chloroformlösung, Verseifung durch Alkalien usw.

---

[1]) E. Fischer und H. Fischer, Berichte d. D. Chem. Gesellsch. **43**, 2530 [1910]. *(S. 227.)*

36. Emil Fischer: Über neue Reduktionsprodukte des Traubenzuckers: Glucal und Hydro-glucal[1]).

Berichte der Deutschen Chemischen Gesellschaft **47**, 196 [1914].

(Eingegangen am 29. Dezember 1913.)

Nach der allgemein angenommenen Strukturformel der Aceto-bromglucose sollte man erwarten, daß beim Ersatz des Halogens durch Wasserstoff ein Tetraacetyl-Derivat des Sorbits entstehe. Nun wird das Brom durch Behandlung mit Zinkstaub und Essigsäure bei gewöhnlicher Temperatur und sogar schon bei 0° rasch abgelöst, aber der Prozeß verläuft in ganz anderem Sinne, als obiger Erwartung entsprechen würde. Es entsteht in reichlicher Menge ein gut krystallisierender Körper, der nach der Analyse, Molekulargewichtsbestimmung und dem Resultat der Hydrolyse die Formel $C_{12}H_{16}O_7$ hat. Seine Entstehung aus der Aceto-bromglucose läßt sich also durch folgende empirische Gleichung ausdrücken:

$$C_{14}H_{19}O_9Br + 2\,H = C_{12}H_{16}O_7 + C_2H_4O_2 + HBr.$$

Das neue Produkt addiert in Chloroformlösung sofort 2 Atome Brom, scheint mithin eine Äthylen-Bindung zu enthalten. Durch Alkalien oder Barytwasser wird es schon bei gewöhnlicher Temperatur verseift. Dabei entsteht Essigsäure, und zwar entspricht ihre Menge 3 Molekülen. Das zweite Produkt ist ein in Wasser und Alkohol äußerst leicht löslicher, dicker Sirup, der bisher nicht krystallisierte. Er zeigt die Reaktionen der Aldehyde, denn er färbt die fuchsinschweflige Säure, reduziert Silberoxyd und Fehlingsche Lösung in der Wärme und wird durch warme Alkalien rasch gelb bis braun gefärbt. Mit Phenyl-

---

[1]) Die vorliegende Abhandlung bildet eine wesentliche Erweiterung der Publikation von E. Fischer und K. Zach, „Reduktion der Acetobromglucose und ähnlicher Stoffe" in den Sitzungsberichten der Akademie der Wissenschaften zu Berlin **16**, 311 [1913]; vergl. auch Chem. Centralbl. **1913**, I, 1668 (*S. 387*). An Stelle des Hrn. Zach, der in die Industrie übergetreten ist, hat mich Hr. Dr. Ernst Pfähler bei den neuen Versuchen, die besonders das Hydroglucal und seine Verwandlungen betreffen und eine veränderte Auffassung des Glucals zur Folge hatten, unterstützt, und ich sage ihm dafür auch hier herzlichen Dank.

hydrazin, Benzyl-phenyl-hydrazin und Bromphenyl-hydrazin gibt er ölige Derivate, die den Hydrazonen, aber nicht den Osazonen gleichen. Von den gewöhnlichen Zuckern unterscheidet er sich ferner durch das Verhalten gegen Brom, das er in wäßriger Lösung sofort entfärbt, wie auch gegen Mineralsäuren, von denen er außerordentlich schnell in eine dunkle, amorphe Masse verwandelt wird. Endlich gibt er bei Gegenwart von Salzsäure eine intensive grüne Fichtenspan-Reaktion.

Die direkte Feststellung der Zusammensetzung war bei den Eigenschaften des Produktes und seiner Derivate nicht möglich. Früher haben Zach und ich versucht, das Präparat im Hochvakuum zu destillieren, und erhielten dabei in ziemlich schlechter Ausbeute einen dicken Sirup, dessen Analyse annähernd auf die Formel $C_6H_8O_3$ stimmte. Die neueren Beobachtungen haben indessen gezeigt, daß bei der Destillation eine erhebliche Zersetzung unter Aufschäumen stattfindet, und daß dabei keineswegs immer ein Destillat von obiger Zusammensetzung entsteht.

Mehr geeignet zur Aufklärung der Formel ist deshalb die Reduktion mit katalytisch erregtem Wasserstoff. In wäßriger Lösung fixiert der Sirup bei Gegenwart von Platin zwei Atome Wasserstoff, und es entsteht ein krystallisierter Körper von der Zusammensetzung $C_6H_{12}O_4$. Zu demselben Resultat führte die Reduktion des Acetylkörpers. Er nimmt in essigsaurer Lösung bei Gegenwart von Platin ebenfalls zwei Atome Wasserstoff auf. Das Produkt wurde zwar nicht krystallisiert erhalten, ließ sich aber im Hochvakuum destillieren, und die Analysen stimmen leidlich auf die Formel $C_{12}H_{18}O_7$. Bei der Verseifung mit Baryt wird dieses Produkt in Essigsäure und den oben erwähnten krystallisierten Stoff $C_6H_{12}O_4$ gespalten nach der Gleichung:

$$C_{12}H_{18}O_7 + 3\,H_2O = 3\,C_2H_4O_2 + C_6H_{12}O_4.$$

Ich schließe aus diesen Beobachtungen, daß der zuckerartige Sirup nicht die Formel $C_6H_8O_3$ sondern $C_6H_{10}O_4$ hat und mithin aus der krystallisierten Acetylverbindung nach der Gleichung

$$C_{12}H_{16}O_7 + 3\,H_2O = C_6H_{10}O_4 + 3\,C_2H_4O_2$$

entsteht.

Er ist der Repräsentant einer bisher unbekannten Klasse von Substanzen und mit Rücksicht auf seine aldehydartige Natur und die Abstammung vom Traubenzucker nenne ich ihn Glucal. Die krystallisierte Acetyl-Verbindung ist sein Triacetyl-Derivat. Bemerkenswert ist ihre Zersetzung durch kurzes Kochen mit Wasser. Dabei wird nur ein Molekül Essigsäure abgespalten, und es entsteht ein Körper, der stark die fuchsin-schweflige Säure färbt und die Zusammensetzung eines Diacetyl-glucals hat. Ob er aber wirklich ein Derivat des

Glucals oder einer isomeren Verbindung ist, kann ich zur Zeit noch nicht entscheiden. Das durch Reduktion des Glucals entstehende krystallisierte Produkt nenne ich Hydro-glucal. Es zeigt nicht mehr die Reaktionen der Aldehyde bzw. Zuckerarten, addiert auch kein Brom mehr. Bei der Behandlung mit Essigsäureanhydrid und Natriumacetat nimmt es wieder drei Acetylgruppen auf und liefert einen Sirup, der wahrscheinlich mit dem aus dem Triacetyl-glucal entstehenden Reduktionsprodukt identisch ist. Man darf aus diesen Beobachtungen schließen, daß sowohl Hydroglucal wie Glucal drei Alkoholgruppen enthalten. Der vierte Sauerstoff scheint als Äthergruppe vorhanden zu sein.

Das Hydroglucal wurde noch mit rauchender Jodwasserstoffsäure und Jodphosphonium bei 100° reduziert in der Erwartung, dabei Hexyljodid zu erhalten. In Wirklichkeit entstand aber ein Dijodhexan, dessen Struktur noch nicht sicher festgestellt wurde.

Aus den vorliegenden Daten scheint mir hervorzugehen, daß das Hydroglucal das Anhydrid eines fünfwertigen Alkohols der Hexan-Reihe ist, und mit Rücksicht auf die angewandten milden Reaktionen darf man wohl annehmen, daß die normale Kohlenstoffkette des Traubenzuckers noch darin enthalten ist.

Sehr merkwürdig ist nun sein Verhältnis zum Glucal, das einerseits die Reaktionen der Aldehyde und andererseits das Verhalten der Äthylen-Körper zeigt. Alle diese Eigenschaften verschwinden mit der Anlagerung von zwei Wasserstoffatomen. Das hat mich auf den Gedanken gebracht, daß im Glucal eine Oxymethylen-Gruppe vorhanden sei. Und die sehr charakteristische Fichtenspan-Reaktion hat dann weiter zu der Vermutung geführt, daß es sich um ein Derivat des Hydro-furans handelt. In der Tat würden folgende Formeln für das Glucal (I), sein Triacetylderivat (III) und das Hydroglucal (II):

$$\text{I.}\quad \begin{array}{c} H_2C\text{—}CH\cdot OH \\ HO\cdot H_2C\cdot H\dot{C}\diagdown\!\diagup\dot{C}:CH\cdot OH \\ O \end{array} \qquad \text{II.}\quad \begin{array}{c} H_2C\text{—}CH\cdot OH \\ HO\cdot H_2C\cdot H\dot{C}\diagdown\!\diagup\dot{C}H\cdot CH_2\cdot OH \\ O \end{array}$$

$$\text{III.}\quad \begin{array}{c} H_2C\text{—}CH\cdot O(C_2H_3O) \\ (C_2H_3O)\,O\cdot H_2C\cdot H\dot{C}\diagdown\!\diagup\dot{C}:CH\cdot O\,(C_2H_3O) \\ O \end{array}$$

allen bisher studierten Umwandlungen und Eigenschaften entsprechen. Ich betone aber ausdrücklich, daß sie nur als ein vorläufiger Versuch, die Erscheinungen strukturell zu deuten, betrachtet werden dürfen, und ich würde sie gar nicht angeführt haben, wenn sie nicht zu neuen Versuchen Anregung geben könnten. Jedenfalls ist die schnelle Abänderung, welche die in der ersten Abhandlung vermutungsweise gegebene Strukturformel des Glucals

$$\begin{array}{c} HC{=\!=}CH \\ HO\cdot CH_2\cdot H\dot{C}\diagdown\diagup\dot{C}H\cdot COH \\ O \end{array}$$

erfahren hat, eine Warnung, diesen Spekulationen zu großen Wert beizulegen.

Man mag übrigens die Erscheinungen deuten, wie man will, auf alle Fälle glaube ich sagen zu dürfen, daß die Bildung des Triacetylglucals aus der Aceto-bromglucose, vom Standpunkt der Strukturchemie betrachtet, einer der merkwürdigsten Vorgänge ist, die man bisher in der Zuckergruppe kennen gelernt hat. Sie beweist von neuem, welch wunderbarer Stoff der Traubenzucker ist.

Die Reduktion mit Zinkstaub und Essigsäure wurde auch auf die Aceto-bromgalaktose und die Aceto-bromlactose übertragen, aber die Produkte sind hier weniger schön. Aus dem Galaktose-Derivat entstand ein dickflüssiges Öl; auch der Körper aus Aceto-bromlactose wurde bisher nicht krystallisiert erhalten, aber er bildet eine feste, farblose, amorphe Masse, deren Analyse sich gut ausführen ließ. Sie zeigt, daß das Produkt dem Triacetyl-glucal entsprechend zusammengesetzt ist, und ich bezeichne es deshalb als Aceto-lactal.

Triacetyl-glucal, $C_6H_7O_4(C_2H_3O)_3$.

10 g Aceto-bromglucose werden mit 100 ccm abgekühlter 50-prozentiger Essigsäure übergossen und nach Zusatz von 20 g Zinkstaub $1^1/_2$ Stunde auf der Maschine bei Zimmertemperatur kräftig geschüttelt. Dabei geht die Aceto-bromglucose allmählich in Lösung. Die Reduktion kann auch bei 0° ausgeführt werden; da aber die Ausbeute dadurch nicht besser wird, so hat diese Abänderung keinen Zweck. Schließlich wird die klare Essigsäure-Lösung vom Zinkstaub abgesaugt und bei 10—20 mm Druck bis zur Abscheidung von Zinksalzen eingedampft. Man verdünnt jetzt mit 100 ccm Wasser, extrahiert das gefällte Öl mit Äther und wäscht die ätherische Lösung erst sorgfältig mit Natriumbicarbonat-Lösung und dann mit Wasser. Beim Verdampfen des Äthers bleibt der Acetylkörper als farbloses Öl, das beim Impfen sehr rasch krystallisiert. Ausbeute 5,5 g oder 83% der Theorie. Ohne Impfung braucht das Öl Tage oder Wochen bevor es spontan erstarrt. Zur Reinigung kann man aus verdünntem Alkohol umkrystallisieren, noch schönere Krystalle erhält man durch Lösen in absolutem Alkohol und Versetzen mit Petroläther bis zur Trübung.

0,1704 g Sbst. (im Vakuumexsiccator über Phosphorpentoxyd getrocknet): 0,3300 g CO_2, 0,0906 g H_2O. — 0,1490 g Sbst.: 0,2889 g CO_2, 0,0792 g H_2O.

$C_{12}H_{16}O_7$ (272,13). Ber. C 52,91, H 5,93.
Gef. „ 52,82, 52,88, „ 5,95, 5,95.

Die Molekulargewichtsbestimmung wurde in Bromoformlösung ausgeführt, für die K = 143 angenommen ist. Gewicht des Lösungsmittels 49,14 g.

I. 0,2878 g Substanz $\Delta = 0{,}308°$. Mithin M = 271,9. II. 0,5980 g Substanz $\Delta = 0{,}658°$. Mithin M = 264,5. III. 0,9019 g Substanz $\Delta = 0{,}999°$. Mithin M = 262,7.

Der Mittelwert aus diesen Bestimmungen ist 266,4, während 272,1 berechnet ist.

Ein- bis zweimaliges Umkrystallisieren genügte, um ein Präparat von obiger Zusammensetzung, Molekulargewicht und dem Schmelzpunkt 54—55° zu erhalten, aber bei der optischen Untersuchung zeigte sich, daß das Drehungsvermögen in alkoholischer Lösung nur $[\alpha]_D = -13{,}02°$ betrug, und daß dieses beim erneuten Umkrystallisieren aus Alkohol und Petroläther allmählich stieg. Das Maximum $[\alpha]_D^{22} = -15{,}76°$ war nach 7-maligem Umlösen erreicht und blieb dann bis zum 12-maligen Umlösen konstant. Es scheint demnach das ursprüngliche Triacetylglucal ein Gemisch von zwei Isomeren zu sein.

0,1836 g Substanz (7-mal umkrystallisiert). Gesamtgewicht der absolut alkoholischen Lösung 1,7596 g. $d^{20} = 0{,}815$. Drehung im 1-dcm-Rohr bei 22° und Natriumlicht 1,34° nach links. Mithin $[\alpha]_D^{22} = -15{,}76°$.

0,1709 g Substanz (12-mal umkrystallisiert). Gesamtgewicht der absolut alkoholischen Lösung 1,7321 g. $d^{22} = 0{,}812$. Drehung im 1-dcm-Rohr bei 19° und Natriumlicht 1,26° nach links. Mithin $[\alpha]_D^{19} = -15{,}73°$.

Die optisch reine Substanz schmilzt bei 55° und läßt sich in kleiner Menge sogar bei gewöhnlichem Druck destillieren. Sie löst sich leicht in allen gebräuchlichen Lösungsmitteln, außer Petroläther und Ligroin, von denen sie nur in der Wärme leicht aufgenommen wird. In heißem Wasser löst sie sich auch ziemlich gut und fällt beim Erkalten ölig aus. Sie reduziert Fehlingsche Lösung in der Wärme stark, aber doch erheblich schwächer als Traubenzucker. Die in der Wärme bereitete und rasch abgekühlte wäßrige Lösung färbt fuchsinschweflige Säure, die in der üblichen Weise durch Lösen von 0,5 g Fuchsin in 100 ccm Wasser, Sättigen mit gasförmigem Schwefeldioxyd bereitet, und nach der Entfärbung durch Evakuieren von dem überschüssigen SO_2 befreit ist, nach einigen Minuten nur ganz schwach rosa. Die Färbung wird im Lauf von 1—2 Stunden ganz deutlich, bleibt aber sehr viel schwächer als bei dem Glucal selbst. Die Acetylverbindung scheint also keine freie Aldehydgruppe zu besitzen, und die schwache Reaktion mit fuchsinschwefliger Säure ist wohl durch eine vorhergehende geringe Zersetzung, d. h. Abspaltung von Acetylgruppen, hervorgerufen.

Einwirkung von Brom. Wie schon erwähnt, nimmt das Triacetylglucal leicht 2 Atome Brom auf, wie folgender Versuch zeigt:

1 g wurde in 10 ccm reinem Chloroform gelöst, mit Eis abgekühlt und mit einer Lösung von Brom in Chloroform, die im Kubikzentimeter 0,05115 g Brom enthielt, so lange versetzt, bis eben eine bleibende Gelbfärbung eintrat. Dazu waren 11,2 ccm Bromlösung nötig. Die Menge des addierten Broms betrug also 0,573 g, während 0,587 g nach der Gleichung $C_{12}H_{16}O_7 + 2\,Br = C_{12}H_{16}O_7Br_2$ berechnet sind. Eine zweite Bestimmung mit 1 g Substanz gab 0,583 g addiertes Brom.

Beim Verdunsten der Chloroformlösung blieb das Additionsprodukt als dickes, farbloses Öl zurück, das bisher nicht krystallisierte. Darüber braucht man sich nicht zu wundern, da bei Addition von Brom an die Äthylengruppe eines asymmetrischen Moleküls 4 verschiedene stereoisomere Körper entstehen können. Der Bromkörper ist in kaltem Wasser sehr schwer löslich, wird aber beim Kochen allmählich in leicht lösliche Produkte verwandelt. Er reduziert sehr stark Fehlingsche Lösung.

Bestimmung der Acetylgruppen. Nachdem festgestellt war, daß das Triacetyl-glucal schon durch verdünntes Barytwasser bei gewöhnlicher Temperatur völlig verseift wird, wurde 1 g gepulvertes reines Präparat mit 100 ccm $^{n}/_{5}$-Baryt-Lösung bei gewöhnlicher Temperatur auf der Maschine geschüttelt. Schon nach 1 Stunde war der größte Teil gelöst. Nach 15stündigem Schütteln wurde das unverbrauchte Bariumhydroxyd durch *n*.-Salzsäure mit Phenolphthalein als Indikator zurücktitriert. Dazu waren nötig beim ersten Versuch 8,95 ccm und beim zweiten, ganz unabhängig davon ausgeführten Versuch 9 ccm *n*.-Salzsäure. Mithin waren verbraucht zur Neutralisation der Essigsäure 55,25 bzw. 55,0 ccm $^{n}/_{5}$-Barytwasser, während für 3 Moleküle Essigsäure 55,12 ccm berechnet sind.

Diacetyl-glucal (?).

Wird Triacetyl-glucal mit der 20-fachen Menge Wasser erhitzt, so schmilzt es erst und löst sich dann auf, und nach 15 Minuten langem Kochen ist die Zersetzung beendet. Wird die Flüssigkeit jetzt unter stark vermindertem Druck verdampft, so bleibt ein farbloses Öl, das mit Äther aufgenommen wird. Man wäscht die ätherische Lösung zur Entfernung von etwas Essigsäure erst mit einer Lösung von Bicarbonat, dann mit Wasser, trocknet mit Natriumsulfat, verdampft den Äther und destilliert den Rückstand im Hochvakuum. Unter 0,4 mm ging das Produkt bei einer Badtemperatur von 165° als farbloses Öl über und im Kolben blieb nur ein geringer Rückstand.

0,1560 g Sbst.: 0,2969 g CO_2, 0,0845 g H_2O.

$C_{10}H_{14}O_6$ (230,11). Ber. C 52,15, H 6,13.
Gef. „ 51,92, „ 6,06.

Die Verbindung entsteht also aus dem Triacetyl-glucal nach der Gleichung:

$$C_{12}H_{16}O_7 + H_2O = C_{10}H_{14}O_6 + C_2H_4O_2.$$

Dem entspricht auch die Menge der in Freiheit gesetzten Essigsäure.

1 g Triacetyl-glucal wurde mit 20 ccm Wasser 30 Minuten unter Rückfluß gekocht. Zur Neutralisation der erkalteten Lösung waren bei Anwendung von Phenolphthalein 36,6 ccm $^{n}/_{10}$-Kalilauge nötig, während für 1 Mol. Essigsäure 36,7 ccm berechnet sind.

Im Einklang damit steht die Bestimmung der Acetylgruppen im Diacetyl-glucal. 0,8960 g destilliertes Präparat wurden mit 100 ccm $^{n}/_{5}$-Barytwasser 15 Minuten geschüttelt, bis Lösung eingetreten war. Nach 20-stündigem Aufbewahren der schwachgelben Flüssigkeit bei gewöhnlicher Temperatur waren 11,9 ccm *n.*-Salzsäure zur Neutralisation nötig. Mithin verbraucht zur Bindung der Essigsäure 40,5 ccm $^{n}/_{5}$-Barytlösung, während für 2 Acetylgruppen 38,94 ccm berechnet sind.

Obschon die empirische Formel der Substanz sicher zu sein scheint, so ist mir doch ihre Einheitlichkeit zweifelhaft, denn die optischen Bestimmungen in ungefähr 10-prozentiger alkoholischer Lösung gaben bei verschiedenen Präparaten stark abweichende Werte ($[\alpha]_D$ + 39,8°, + 51,68°, + 63,04°), und bei der amorphen Beschaffenheit ist auch keine sonstige Garantie für die Homogenität gegeben.

Die Substanz schmeckt stark bitter, sie löst sich leicht in Alkohol und Äther und ziemlich leicht in Wasser. Mit fuchsinschwefliger Säure gibt sie rasch eine stark rotviolette Färbung. Sie reduziert in der Wärme kräftig die Fehlingsche Lösung. Charakteristisch ist das Verhalten gegen rauchende Salzsäure (d 1,19), sie gibt damit sofort in der Kälte eine sehr starke violette Farbe, die aber nach kurzer Zeit in schmutziges Dunkel übergeht, während gleichzeitig in geringer Menge eine dunkle Masse ausfällt. Beim Erwärmen wird diese Abscheidung viel stärker.

Sie addiert ebenso wie das Triacetyl-glucal 2 Atome Brom. Der Versuch wurde hier in wäßriger Lösung ausgeführt:

0,8764 g destilliertes Präparat wurde in 10 ccm Wasser gelöst und dazu eine wäßrige Bromlösung, die im ccm 0,0107 g Brom enthielt, gegeben. Das Brom verschwand anfangs rasch, später langsamer. Es wurde deshalb ein Überschuß der Bromlösung zugefügt, 20 Minuten bei gewöhnlicher Temperatur aufbewahrt und dann in der Hälfte der Flüssigkeit das unverbrauchte Brom mit Jodkalium und Thiosulfat zurücktitriert. Es ergab sich, daß 0,6194 g Brom verbraucht waren, während 0,6088 g berechnet sind.

Bei einer zweiten Bestimmung mit destilliertem Diacetyl-glucal nahmen 0,2434 g Substanz 0,1718 g Brom auf, während die Theorie 0,1691 g verlangt.

Die Lösung des gebromten Produktes reduzierte noch Fehlingsche Lösung stark, gab aber zum Unterschied von Glucal und seinen Acetylverbindungen beim Kochen mit Salzsäure keine Dunkelfärbung.

Aus dem destillierten Diacetyl-glucal konnte durch Kochen mit Essigsäureanhydrid und Natriumacetat kein krystallisiertes Triacetyl-glucal zurückgewonnen werden.

Glucal.

Die Verseifung der Acetylverbindung geschieht am besten mit Bariumhydroxyd, von dem anfangs ein großer Überschuß, später aber nur $^4/_3$ der berechneten Menge angewandt wurden. Dem entspricht folgende Vorschrift:

15 g reines Triacetyl-glucal wurden mit einer Lösung von 35 g reinem krystallisiertem, wasserhaltigem Bariumhydroxyd in 400 ccm Wasser kurze Zeit bis zur Lösung geschüttelt und dann 15 Stunden bei 37° aufbewahrt. Nachdem nun der Baryt genau mit Schwefelsäure gefällt war, wurde die filtrierte Flüssigkeit bei 10—15 mm Druck eingedampft. Wenn man jeden Überschuß von Schwefelsäure vermieden hat, bleibt das Glucal als farbloser Sirup zurück. Anfänglich glaubten wir, es durch Destillation im Hochvakuum reinigen zu können. Unter 0,2 mm ging nämlich bei der Ölbadtemperatur 170—185° ein farbloser Sirup über, während im Destillationsgefäß eine dunkle Masse zurückblieb. Das Destillat gab Zahlen, welche annähernd für die Formel $C_6H_8O_3$ passen. Aber bei zahlreichen späteren Wiederholungen des Versuchs stellte sich doch heraus, daß die Destillation bei der hohen Temperatur mit einer tiefergehenden Zersetzung der Substanz verbunden ist. Darauf deutete schon die geringe Ausbeute an Destillat und die große Menge nichtflüchtiger dunkler Produkte hin, und auch die Analysen des Destillats haben später sehr schwankende Resultate ergeben (gef. C 53,9, 50,52, 50,00, H 6,6, 6,85, 6,64). Die Destillation ist also zur Reinigung des Präparates offenbar nicht geeignet.

Das nicht destillierte Glucal ist ein dicker farbloser Sirup, in Wasser und Alkohol sehr leicht, in Äther schwer löslich. Der Geschmack ist im ersten Moment schwach süß und dann ziemlich stark bitter. Das Präparat reduziert in der Wärme stark die Fehlingsche Lösung. Beim Erwärmen mit Alkalien färbt es sich erst gelb und dann braun. Besonders empfindlich ist es gegen Mineralsäuren. Übergießt man es z. B. mit kalter, rauchender Salzsäure, so färbt es sich sofort dunkel und verwandelt sich in ein dunkles Harz. Mit 5-*n*. Salzsäure geht die Veränderung langsamer vonstatten und das Harz hat eine schmutziggrüne Farbe. Die Harzbildung findet auch beim Erhitzen mit sehr verdünnter Salzsäure statt.

Mit fuchsin-schwefliger Säure gibt es schon nach einigen Minuten eine starke rotviolette Färbung. Bringt man einen Fichtenspan erst in eine wäßrige Lösung des Glucals und dann in Salzsäure-Dampf oder in konzentrierte wäßrige Salzsäure, so färbt er sich intensiv grün.

Erhitzt man 1 Tl. Glucal mit 2 Tln. salzsaurem Phenylhydrazin, 3 Tln. Natriumacetat (wasserhaltig) und 15 Tln. Wasser 1 Stunde auf dem Wasserbad, so färbt sich die Lösung gelb und scheidet in der Kälte ein gelbrotes Öl ab, das in heißem Wasser ziemlich leicht löslich ist und bisher nicht krystallisiert erhalten wurde. Ähnliche Produkte liefern Bromphenyl-hydrazin und Benzyl-phenyl-hydrazin.

Die wäßrige Lösung des Glucals entfärbt sofort Bromwasser.

Rückverwandlung des Glucals in die Triacetyl-Verbindung.

2 g möglichst trocknes, aber nicht destilliertes Glucal wurden mit 20 ccm Essigsäureanhydrid und 2 g trocknem Natriumacetat $1^1/_2$ Stunden auf 100° erhitzt, dann die schwach gefärbte Lösung unter stark vermindertem Druck verdampft und der Rückstand noch mehrmals mit Alkohol abgedampft, um alles Essigsäureanhydrid zu entfernen. Schließlich wurde mit Wasser versetzt, das abgeschiedene Öl ausgeäthert, der ätherische Auszug mit Bicarbonat und Wasser gewaschen, filtriert und verdampft. Das zurückbleibende Öl erstarrte beim Impfen bald und zum größeren Teil. Anhaftendes Öl wurde durch scharfes Pressen zwischen Fließpapier entfernt und der Rückstand aus verdünntem Alkohol umkrystallisiert. Ausbeute 1,1 g. Das Präparat zeigte den Schmelzpunkt und die Zusammensetzung der ursprünglichen Acetverbindung.

0,1524 g Sbst.: 0,2959 g CO_2, 0,0796 g H_2O.

$C_{12}H_{13}O_7$ (272,13). Ber. C 52,91, H 5,93.

Gef. „ 52,95, „ 5,85.

0,1100 g Substanz. Gesamtgewicht der alkoholischen Lösung 1,1756 g. $d^{20} = 0,816$. Drehung im 1-dcm-Rohr bei 20° und Natriumlicht 0,99° nach links. Mithin $[\alpha]_D^{20} = -12,97°$, was mit dem Drehungsvermögen des einmal krystallisierten Triacetylglucals übereinstimmt.

Triacetyl-hydroglucal, $C_6H_9O_4(C_2H_3O)_3$.

Die Reduktion des Triacetyl-glucals durch Wasserstoff läßt sich sowohl mit Palladiumchlorür und Gummi arabicum in alkoholischer Lösung, wie mit Platinmohr in essigsaurer Lösung bewerkstelligen. Da im ersten Fall der Katalysator nach ziemlich kurzer Zeit versagt, während er im zweiten Fall beim Gebrauch sogar wirksamer wird, so ist dieses Verfahren vorzuziehen.

30 g Triacetyl-glucal werden in 40 ccm Eisessig oder 50-prozentiger Essigsäure mit 2,5 g Platin, das nach Löw-Willstätter[1]) dargestellt ist, in einer Wasserstoffatmosphäre bei gewöhnlicher Temperatur geschüttelt, bis ungefähr $2^1/_2$ l Wasserstoff verschwunden sind und keine Ab-

[1]) Berichte d. D. Chem. Gesellsch. **23**, 289 [1890]; **45**, 1472 [1912].

sorption mehr stattfindet. Je nach der Qualität des Katalysators erreicht man das in $1^1/_2$—6 Stunden. Man läßt nun das Platin absitzen, dekantiert die klare farblose Lösung und verdampft bei 10—20 mm Druck. Das zurückbleibende Öl wird mit Äther aufgenommen, diese Lösung mit einer Lösung von Bicarbonat und dann mit Wasser gewaschen und nach dem Trocknen mit Natriumsulfat verdampft. Dabei bleibt ein farbloses Öl zurück. Dieses läßt sich unter 0,5 mm Druck aus dem Ölbad destillieren, wobei die Hauptmenge bei einer Badtemperatur von 160—165° übergeht. Die Ausbeute beträgt bei raschem Destillieren 27 g, und im Siedegefäß bleiben nur einige Gramm eines schwach gelb gefärbten Sirups, der in der Kälte glasig hart wird. Wird dagegen die Destillation langsam ausgeführt, so steigt die Menge des Rückstandes, offenbar weil bei der hohen Temperatur eine langsame Zersetzung des ursprünglichen Produkts eintritt.

0,1634 g Sbst.: 0,3159 g CO_2, 0,1034 g H_2O. — 0,1345 g Sbst.: 0,2618 g CO_2, 0,0828 g H_2O. — 0,1385 g Sbst.: 0,2698 g CO_2, 0,0811 g H_2O.

$C_{12}H_{18}O_7$ (274,14). Ber. C 52,53, H 6,62.
Gef. „ 52,73, 53,09, 53,13, „ 7,08, 6,89, 6,55.

Die Übereinstimmung von Theorie und Versuch läßt zu wünschen übrig, aber bei der amorphen Natur des Produktes und der zuvor erwähnten partiellen Zersetzung bei der Destillation war nichts Besseres zu erwarten. Auch die optischen Bestimmungen zeigten ähnliche Abweichungen:

0,1549 g Substanz. Gesamtgewicht der alkoholischen Lösung 1,6057 g. $d^{20} = 0,8157$. Drehung im 1-dcm-Rohr bei 17° und Natriumlicht + 2,67°. Mithin $[\alpha]_D^{17} = + 33,93°$.

0,1718 g Substanz. Gesamtgewicht der alkoholischen Lösung 1,8366 g. $d^{20} = 0,815$. Drehung im 1 dcm-Rohr bei 17° und Natriumlicht + 2,71°. Mithin $[\alpha]_D^{17} = + 35,55°$.

Das Triacetyl-hydroglucal ist in Wasser ziemlich leicht löslich und wird durch Chlornatrium wieder als Öl gefällt. Es reduziert die Fehlingsche Lösung kaum, färbt sich nicht beim Kochen mit Alkalien und Säuren und addiert in Chloroformlösung kein Brom mehr.

Bestimmung der Acetylgruppen. Daß die Substanz 3 Acetylgruppen enthält, wie nach der Bildung zu erwarten war, zeigt folgender Versuch: 1,080 g wurden mit 100 ccm $^n/_5$-Bariumhydroxydlösung bis zur Lösung geschüttelt und 14 Stunden bei 37° aufbewahrt. Zur Neutralisation der Flüssigkeit mit Phenolphthalein als Indikator waren jetzt 8,2 ccm *n.*-Salzsäure nötig. Mithin wurden zur Bindung der Essigsäure 59,0 ccm Barytlösung verbraucht, während für 3 Acetylgruppen 59,1 ccm berechnet sind.

Hydro-glucal, $C_6H_{12}O_4$.

Es wird am bequemsten durch Verseifung des Triacetyl-Derivats mit Baryt dargestellt, und man verwendet dafür am besten die nicht destillierte Acetylverbindung.

30 g der letzteren werden mit einer Lösung von 75 g reinem, krystallisiertem Bariumhydroxyd in 800 ccm Wasser bis zur Lösung geschüttelt und etwa 10 Stunden im Brutraum aufbewahrt. Zum Schluß erwärmt man noch etwa 15 Minuten auf dem Wasserbade und leitet in der Hitze Kohlensäure bis zur völligen Fällung des überschüssigen Baryts in. Schließlich wird die heiße Flüssigkeit filtriert, unter stark vermindertem Druck eingedampft und der Rückstand wiederholt mit je 100 ccm absolutem Alkohol ausgekocht, wobei das Bariumacetat zurückbleibt. Man verdampft die alkoholische Lösung und nimmt den Rückstand nochmals mit 20 ccm absolutem Alkohol auf. Versetzt man diese Lösung mit Petroläther bis zur beginnenden Trübung und fügt einige Impfkryställchen zu, so beginnt sehr bald die Abscheidung des Hydroglucals in farblosen 6-seitigen Prismen oder Plättchen, die manchmal einige Millimeter Durchmesser haben. Die Mutterlauge gibt eine zweite Krystallisation. Die Gesamtausbeute betrug in der Regel 12 g oder 74% der Theorie. Zur Reinigung wurde mehrmals in derselben Weise umkrystallisiert und für die Analyse bei 56° und 10 mm Druck bis zur Gewichtskonstanz getrocknet.

0,1374 g Sbst.: 0,2419 g CO_2, 0,1019 g H_2O. — 0,1246 g Sbst.: 0,2205 g CO_2, 0,0926 g H_2O.

$C_6H_{12}O_4$ (148,1). Ber. C 48,62, H 8,17.
Gef. „ 48,02, 48,26, „ 8,30, 8,32.

Zur optischen Bestimmung diente die wäßrige Lösung:

0,1337 g Substanz (4 Stunden unter 1 mm Druck über Phosphorpentoxyd bei 56° getrocknet). Gesamtgewicht der wäßrigen Lösung 1,3492 g. $d^{20} = 1,021$. Drehung im 1-dm-Rohr bei 20° und Natriumlicht 1,65° nach rechts. Mithin $[\alpha]_D^{20} = +16,31°$.

0,1540 g Substanz (über Phosphorpentoxyd bei 56° und 1 mm Druck getrocknet). Gesamtgewicht der wäßrigen Lösung 1,5523 g. $d^{20} = 1,022$. Drehung im 1-dm-Rohr bei 19° und Natriumlicht 1,66° nach rechts. Mithin $[\alpha]_D^{19} = +16,37°$.

Die Molekulargewichtsbestimmung wurde in Eisessig ausgeführt. Gewicht des Lösungsmittels 23,18 g.

I. 0,3150 g Substanz $\Delta = 0,332°$. Mithin M = 159,6. — II. 0,5245 g Substanz $\Delta = 0,533°$. Mithin M = 165,6.

Der Mittelwert ist 162,6, während 148,1 berechnet ist.

Das Hydroglucal schmilzt bei 86—87°. Es schmeckt schwach süß und ist so hygroskopisch, daß es an der Luft rasch zerfließt. Es löst sich leicht in Wasser, Methyl-, Äthylalkohol, Eisessig und Aceton, dagegen schwer in Essigäther, Benzol, Petroläther, Ligroin, Chloroform und Äther. Bei 1 mm Druck destilliert es größtenteils unverändert und geht bei einer Badtemperatur von 195—205° über. Das Destillat erstarrt bei eintägigem Stehen krystallinisch. Es reduziert die Fehlingsche Lösung auch beim Kochen nicht und wird ebensowenig durch heiße Alkalien gefärbt, dagegen reduziert es eine möglichst neutrale ammoniakalische Silberlösung beim längeren Erwärmen auf dem Wasserbade unter Bildung eines Silberspiegels. Die Erscheinung tritt aber langsamer ein als beim Mannit. Es färbt die fuchsin-schweflige Säure nicht. Ebensowenig entfärbt es wäßrige Bromlösung.

Aus allen diesen Reaktionen geht hervor, daß der ungesättigte Charakter und die Aldehydfunktion des Glucals durch die Reduktion ganz verschwunden sind.

Direkte Reduktion des Glucals zu Hydro-glucal.

2 g sirupöses, nicht destilliertes Glucal wurden in 30 ccm Wasser gelöst, mit 0,3 g Platinmohr versetzt und in einer Wasserstoff-Atmosphäre bei gewöhnlicher Temperatur geschüttelt. Im Laufe von 2 Stdn. wurden 325 ccm Gas aufgenommen, dann hörte die Absorption auf. Als die vom Platin abgegossene Lösung im Vakuum verdampft wurde, erstarrte der Rückstand beim Impfen krystallinisch, und das Präparat zeigte sowohl Schmpt. (86—87°) wie Drehungsvermögen ($[\alpha]_D^{17} = +16,33°$) des Hydro-glucals.

Der Vollständigkeit halber wurde noch das Diacetyl-glucal in derselben Weise reduziert. Dabei trat aber eine kompliziertere Reaktion ein; denn die Menge des absorbierten Wasserstoffs betrug das Doppelte der für 2 Atome berechneten. Trotzdem zeigte das Produkt noch starke Färbung mit fuchsin-schwefliger Säure und reduzierte auch noch die Fehlingsche Lösung, entfärbte allerdings nicht mehr wäßrige Bromlösung. Hier handelt es sich also offenbar um einen verwickelteren Vorgang, dessen weiteres Studium einstweilen aufgeschoben wurde.

Verhalten des Hydro-glucals gegen Wasser und Salzsäure.

Wie zuvor auseinandergesetzt wurde, scheint das Hydroglucal das Anhydrid eines fünfwertigen Alkohols zu sein. Nach dem Muster der verschiedenen Mannitane konnte man also erwarten, daß es leicht 1 Mol. Wasser aufnehmen werde. Das ist aber nicht der Fall.

Nach 5-stündigem Erhitzen mit der 10-fachen Menge Wasser auf 130° war es gar nicht verändert. Die Flüssigkeit zeigte keine Färbung und hinterließ beim Verdampfen reines Hydroglucal, das durch den Schmelzpunkt und die optische Bestimmung (gefunden $[\alpha]_D^{19} = +16,57°$) identifiziert wurde.

Als Hydroglucal mit der 10-fachen Menge 2-prozentiger Salzsäure 5 Stunden auf 150° erhitzt war, besaß die Lösung zwar gelbe Farbe und hatte auch eine geringe Menge brauner Flocken abgeschieden, aber beim Verdampfen blieb ein gelbbrauner Rückstand, der beim Impfen krystallinisch erstarrte, und aus dem ohne Schwierigkeit reines Hydroglucal vom Schmp. 86—87° gewonnen wurde.

Endlich wurde Hydroglucal mit der 10-fachen Menge konzentrierter Salzsäure unter Rückfluß $4^1/_2$ Stunden gekocht. Auch hier war die Flüssigkeit braun gefärbt und hatte einige Flocken abgeschieden, aber trotzdem war der größte Teil des Hydroglucals unverändert (Schmp. 86—87°).

Acetylierung des Hydro-glucals.

Obschon das Hydroglucal aus der Triacetylverbindung erhalten wurde, so war doch die Möglichkeit vorhanden, daß es bei der Acetylierung mehr Säurereste aufnehme. Der Versuch hat aber das Gegenteil ergeben.

1 g Hydroglucal wurde mit 1 g geschmolzenem Natriumacetat und 10 ccm Essigsäureanhydrid $1^1/_2$ Stunde unter Rückfluß gekocht. Dabei färbte sich die Flüssigkeit kaum. Sie wurde nun unter 15 mm Druck verdampft, mehrmals mit absolutem Alkohol aufgenommen und wiederum im Vakuum verdampft, um das Anhydrid möglichst zu entfernen. Schließlich wurde mit Wasser behandelt, das Öl mit Äther aufgenommen, die ätherische Lösung erst mit einer wäßrigen Lösung von Bicarbonat, dann mit Wasser gewaschen und über Natriumsulfat getrocknet. Beim Verdampfen des Äthers blieb ein schwach gelbes Öl, das von den letzten Resten des Lösungsmittels durch halbstündiges Erwärmen auf 65° unter 0,5 mm Druck befreit wurde. Dieses Präparat diente für den folgenden Verseifungsversuch:

0,9234 g Substanz wurden mit 100 ccm $^n/_5$-Barytwasser bis zur Lösung geschüttelt und 40 Stunden im Brutraum aufbewahrt. Zur Neutralisation waren schließlich 9,45 ccm *n*.-Salzsäure nötig, mithin verbraucht zur Verseifung 52,75 ccm Barytlösung, während 50,50 berechnet sind.

Reduktion des Hydro-glucals mit Jodwasserstoffsäure.

5 g Hydro-glucal wurden mit 30 ccm Jodwasserstoffsäure (d=1,96) und 7,5 g zerkleinertem Jodphosphonium im geschlossenen Rohr $3^1/_2$ Stunden bei 100° geschüttelt. Dabei schied sich ein farbloses Öl aus, dessen Menge beim Verdünnen mit Wasser noch zunahm. Es wurde ausgeäthert, die ätherische Lösung mit wäßrigem Bicarbonat, dann mit reinem Wasser gewaschen, mit Chlorcalcium getrocknet und nach dem Verdampfen des Äthers im Hochvakuum destilliert. Bei 0,4 mm und

der Badtemperatur von 90—95° ging es vollständig und gleichmäßig über. Das wasserklare Destillat blieb auch bei längerem Aufbewahren farblos und besaß ziemlich genau die Zusammensezung eines Dijodhexans, $C_6H_{12}I_2$. Allerdings sind die Werte für Dijod-hexamethylen, $C_6H_{10}I_2$, auch nicht weit entfernt (ber. C 21,43, H 3,00, I 75,57%).

0,2012 g Sbst.: 0,1544 g CO_2, 0,0613 g H_2O. — 0,2006 g Sbst.: 0,2791 g AgI.
$C_6H_{12}I_2$ (337,94). Ber. C 21,31, H 3,58, I 75,11.
Gef. „ 20,93, „ 3,41, „ 75,20.

$d^{15} = 2,031$.

Dasselbe Produkt entsteht, wenn die Behandlung mit Jodwasserstoffsäure und Jodphosphonium unter denselben Bedingungen 5 Stunden bei 150° ausgeführt wird (gef. 75,43% Jod und $d^{18} = 2,020$). Das Dijodid ist ein farbloses, in Wasser sehr schwer lösliches, optisch inaktives Öl. Es hat einen starken und anhaftenden, an ätherische Öle erinnernden Geruch und erstarrt nicht in einer Kältemischung. Bei 33 mm siedet es konstant bei 160° (korr.); es ist also verschieden von dem 1,6-Dijod-hexan, das unter demselben Druck bei 175° siedet und bei + 7° schmilzt. Dagegen gleicht es im Siedepunkt dem von Dionneau[1]) beschriebenen Präparat, dessen Struktur unbekannt ist.

Der Siedepunkt bei 12 mm konnte wegen Materialmangel nicht mehr genau festgestellt werden. Er lag zwischen 128 und 131°. Das entspricht ungefähr dem Siedepunkt des von Wurtz entdeckten und von Griner[2]) genau untersuchten 2,5-Dijod-hexan, dessen flüssige Modifikation unter 15 mm bei 132—133° kocht. Ob das aus Hydroglucal gewonnene Produkt damit identisch ist, kann aber erst ein genauerer Vergleich entscheiden.

Aceto-lactal.

Die Reduktion der Aceto-bromlactose verläuft genau so wie bei der Aceto-bromglucose. 5 g reine Aceto-bromlactose, die aus Octaacetyl-lactose durch Bromwasserstoff-Eisessig-Lösung hergestellt war[3]), wurden mit 50 ccm Essigsäure und 10 g Zinkstaub 1 Stunde bei Zimmertemperatur geschüttelt, dann die Lösung filtriert, mit festem Natriumbicarbonat neutralisiert und das abgeschiedene Öl ausgeäthert. Als der mit Wasser sorgfältig gewaschene Äther verdampft wurde, blieb eine farblose, blättrige, aber amorphe Masse zurück, die nach dem Trocknen im Vakuumexsiccator direkt zur Analyse diente.

---

[1]) Bull. soc. chim. [4] **7**, 330 [1910].

[2]) Annales de Chimie et de Physique [6] **26**, 330 [1892].

[3]) E. Fischer und H. Fischer, Berichte d. D. Chem. Gesellsch. **43**, 2530 [1910]. (*S. 227.*)

0,1417 g Sbst.: 0,2667 g CO_2, 0,0753 g H_2O.

$C_{24}H_{32}O_{15}$ (560,26). Ber. C 51,40, H 5,76.

Gef. „ 51,33, „ 5,95.

Die Bildung des Aceto-lactals erfolgt also nach der Gleichung:

$$C_{26}H_{35}O_{17}Br + 2\,H = C_{24}H_{32}O_{15} + C_2H_4O_2 + HBr.$$

Abgesehen von der geringeren Neigung zur Krystallisation, gleicht es dem Aceto-glucal nicht allein in den Löslichkeitsverhältnissen, sondern auch in dem Verhalten gegen Brom in Chloroformlösung, Verseifung durch Alkalien usw.

Für die Bestimmung der Acetylgruppen wurden 0,5353 g mit 50 ccm Barytwasser, von dem 3,9 ccm 1 ccm *n*-HCl entsprachen, eine Stunde bis zur Lösung geschüttelt und die Flüssigkeit 20 Stunden bei 37° aufbewahrt. Die Titration mit Salzsäure ergab dann, daß 23,63 ccm der betreffenden Barytlösung verbraucht waren, während für 6 Acetylgruppen im Aceto-lactal 22,4 ccm berechnet sind.

Die Übereinstimmung ist zwar nicht so scharf wie beim krystallisierten Triacetyl-glucal, aber das Resultat kann doch als Stütze für obige Formel des Aceto-lactals gelten.

---

37. Emil Fischer†, Max Bergmann und Herbert Schotte: Über das Glucal und seine Umwandlung in neue Stoffe aus der Gruppe des Traubenzuckers[1].

Berichte der Deutschen Chemischen Gesellschaft **53**, 509 [1920].

(Eingegangen am 3. November 1919.)

Über die Struktur des Glucals[2], jenes merkwürdigen Reduktionsproduktes des Traubenzuckers, dessen Acetat bei der Einwirkung von Zink und Essigsäure auf Aceto-bromglucose entsteht, ist noch nichts Sicheres bekannt. Wohl verrät die leichte Addition zweier Atome Brom eine Doppelbindung, und die Grünfärbung von Fichtenholz weist auf den Furan-Ring hin. Eine Reihe anderer Reaktionen läßt das Glucal als einen Stoff von aldehyd-ähnlichen Eigenschaften erscheinen, die aber verschwinden, wenn man an die Doppelbindung 2 Atome Wasserstoff katalytisch anlagert. Berücksichtigt man dann noch, daß von den vorhandenen drei Hydroxylen eines eine Sonderstellung einnimmt, so versteht man, daß es nicht ganz leicht ist, die empirische Formel $C_6H_{10}O_4$ des Glucals zu einem Strukturbild aufzulösen, das sämtlichen Beobachtungen gerecht wird.

Alle in dieser Richtung unternommenen Versuche mußten aber mehr oder minder hypothetischen Charakter behalten, solange keinerlei Feststellungen gemacht waren über die Natur des Kohlenstoffgerüstes, das dem Glucal zugrunde liegt, und solange ferner die Lage der Doppelbindung im Molekül nicht experimentell ermittelt war.

Über diese beiden Fragen geben unsere neuen Versuche Aufschluß. Sie nehmen ihren Ausgang von dem schön krystallisierten Glucal-triacetat. Es addiert, wie schon früher mitgeteilt wurde, leicht zwei Atome Brom. Das entstehende Dibromid-Gemisch läßt sich nun durch

---

[1]) Die Versuche, welche dieser Mitteilung zugrunde liegen, waren beim Tode Fischers schon zum größeren Teil durchgeführt. Nachdem ich von Anfang an an der Entwicklung der Arbeit teilgenommen hatte, übernahm ich nach Fischers Ableben ihre Leitung und berichte nunmehr gemeinsam mit Hrn. Schotte über das Ergebnis. M. Bergmann.

[2]) Emil Fischer, Berichte d. D. Chem. Gesellsch. **47**, 196 [1914] (*S. 393*); vergl. auch E. Fischer und G. O. Curme jr., ebenda **47**, 2047 [1914] und E. Fischer und K. v. Fodor, ebenda **47**, 2057 [1914]. (*S. 447 und 457*).

eine Folge von mild verlaufenden Reaktionen, die etwas weiter unten genauer besprochen werden sollen, umwandeln in das Monobromhydrin einer Hexose, welches mit Phenylhydrazin unter Verlust des Broms in das altbekannte *d*-Glucose-phenylosazon übergeht. Hieraus ergibt sich die wohl bisher immer stillschweigend vorausgesetzte, aber keineswegs selbstverständliche Folgerung, daß das Glucal bezw. sein Triacetat noch die normale Kohlenstoffkette des Traubenzuckers enthält.

Die Glucosazon-Bildung zeigt ferner, daß im Glucal kein sauerstofffreies, gesättigtes Kohlenstoffatom vorhanden ist. Damit scheidet auch die anfangs[1]) in Erwägung gezogene Glucal-Formel definitiv aus.

Als ungesättigte Verbindung reagiert das Triacetyl-glucal mit Ozon. Dabei wird ein Kohlenstoffatom abgesprengt, und es entstehen acetylhaltige Verbindungen der Fünf-Kohlenstoff-Reihe. Von ihnen konnten wir nach Entfernung der Acetyle am leichtesten eine Pentose in Form ihres Bromphenyl-hydrazons und Benzylphenyl-hydrazons charakterisieren. Es ist die *d*-Arabinose, und sie entsteht in ziemlich erheblicher Menge. Ihre Bildung zeigt, daß die Doppelbindung im Triacetyl-glucal zwischen dem ersten und zweiten Kohlenstoffatom der Kette liegt, wie es die folgende Formel I des Triacetats wiedergibt[2]). Ihr sind die Formeln des Traubenzuckers und der *d*-Arabinose beigefügt, um zu zeigen, daß nach der neuen Glucalformel der Verlauf der Ozonisierung und der Übergang in Phenylglucosazon struktur- und raumchemisch recht durchsichtige Vorgänge sind.

```
                                 I.
HO·HC ———\                      HC———\
   |      \                     ||    \                  HO·HC———\
 H—C—OH    \                    HC     \                    |     \
   |        O                   |       O                HO—C—H    \
HO—C—H     /            Ac·O—C—H       /                    |       O
   |      /                     |     /                   H—C—OH   /
 H—C ————/                    H—C ————/                     |     /
   |                            |                         H—C ————/
 H—C—OH                       H—C—O·Ac                      |
   |                            |                          CH2·OH
  CH2·OH                       CH2·O·Ac
d-Glucose                   Glucal-triacetat              d-Arabinose.
                            (Ac = CH3CO.)
```

Die Umwandlung des Glucal-acetats in Arabinose entspricht im Prinzip der gewohnten Aufspaltung von Doppelbindungen durch Ozon.

---

[1]) E. Fischer, Berichte d. D. Chem. Gesellsch. **47**, 199 [1914]. (*S. 396*).

[2]) Diese Formel wurde bereits früher als möglich in Betracht gezogen; vgl. Fischer, Berichte d. D. Chem. Gesellsch. **47**, 2048 Anm. [1914]. (*S. 448*).

In unserem Fall konnte man als erstes Abbauprodukt ein Arabinose-triacetat erwarten, dessen Untersuchung für gewisse Strukturfragen der Zuckerchemie von Interesse gewesen wäre. Sie mußte aber vorerst zurückgestellt werden. Dagegen wurde gelegentlich als weiteres Produkt der Ozon-Wirkung eine dreifach acetylierte Pentonsäure, wahrscheinlich Arabonsäure, beobachtet. Sie wird im Versuchsteil beschrieben werden.

Allen bisher für das Glucal aufgestellten Formeln gemeinsam ist das Vorhandensein einer Sauerstoffbrücke zwischen zwei Kohlenstoffatomen. In dem oben abgedruckten Strukturbild I sind auf diese Weise die Kohlenstoffatome 1 und 4 verknüpft[1]). Die Berechtigung dieser Annahme liegt darin, daß sie das Glucal als Furan-Derivat erscheinen läßt, also eine Erklärung für die charakteristische Farbreaktion mit Fichtenholz gibt, daß sie ferner die beobachtete Sonderstellung einer Acetylgruppe im Triacetyl-glucal wiedergibt und den Eigenschaften des Dihydroproduktes, des Hydro-glucals[2]), Rechnung trägt.

Unter milden Bedingungen aus Glucal entstanden, dürfte das Hydro-glucal noch dessen Oxydring enthalten. In der Tat sind von seinen 4 Sauerstoffatomen nur drei als Hydroxyle nachweisbar. Die Beständigkeit des Hydro-glucals gegen Salzsäure spricht nun überzeugend gegen die Anwesenheit eines Äthylen-oxyd- oder Trimethylen-oxyd-Ringes, so daß auch hier wieder das Hydro-furan als wahrscheinlichste Strukturgrundlage bleibt[3]).

An welche Stelle des Glucal-Moleküls man den Tetramethylen-oxyd-Ring zu setzen hat, kann aber nicht zweifelhaft sein, wenn man an den zuvor erwähnten glatten Übergang des Glucal-acetats in ein Derivat des Traubenzuckers denkt und wenn man die anderen im Versuchsteil wiedergegebenen Beobachtungen berücksichtigt. Insbesondere weisen wir noch hin auf den am Schluß erbrachten Nachweis, daß bei der Glucal-Bildung das Kohlenstoffatom 6 nicht beteiligt ist.

Alle am Glucal und seinen Umsetzungsprodukten festgestellten Eigenschaften finden in obiger Formel I ihre hinreichende Unterlage. Selbst für das aldehydähnliche Verhalten des Glucals bietet sie eine Erklärung, wenn man annimmt, daß die Oxydbrücke, die sich einseitig auf ein ungesättigtes Kohlenstoffatom stützt, leicht geöffnet wird.

---

[1]) Die Bezifferung geschieht nach dem Schema

$$\overset{6}{C}H_2(OH)\cdot\overset{5}{C}H(OH)\cdot\underset{\lfloor\_\_\_\_\_\_\_\_\_\_}{\overset{4}{C}H}\cdot\underset{\_\_\_\_\_O\_\_\_\_\_}{\overset{3}{C}H(OH)}\cdot\overset{2}{C}H=\underset{\_\_\_\_\_\rfloor}{\overset{1}{C}H}$$

analog der Bezeichnung beim Traubenzucker durch E. Fischer und M. Bergmann, Berichte d. D. Chem. Gesellsch. **51**, 1764 Anm. [1919]. (*Depside 353*).

[2]) Berichte d. D. Chem. Gesellsch. **47**, 198 [1914]. (*S. 395*).

[3]) Von der Annahme eines Ringsystems mit 5 Kohlenstoffatomen glauben wir aus anderen Gründen absehen zu dürfen.

Nachdem jetzt die Strukturfrage beim Glucal zu einem gewissen Abschluß gekommen ist, kann man sich von der Bildung seines Triacetates aus Aceto-bromglucose das folgende Bild machen:

$$CH_2(O \cdot Ac) \cdot CH(O \cdot Ac) \cdot \underbrace{CH \cdot CH(O \cdot Ac) \cdot CH(O \cdot Ac) \cdot CH}_{O} \cdot Br + 2\,H$$

$$= CH_2(O \cdot Ac) \cdot CH(O \cdot Ac) \cdot \underbrace{CH \cdot CH(O \cdot Ac) \cdot CH{=\!=}CH}_{O} + C_2H_4O_2$$

$$+ HBr \quad (Ac = CH_3CO \cdot),$$

d. h. bei der reduktiven Abspaltung des Broms als Bromwasserstoff wird gleichzeitig am benachbarten Kohlenstoffatom der Oxacetylrest entfernt in Form von freier Essigsäure und zwischen beiden Kohlenstoffatomen eine Doppelbindung ausgebildet. Daß ein derartiger Verlauf der Reduktion nicht eine spezielle Eigentümlichkeit der Acetohalogenzucker vorstellt, sondern auch in anderen Fällen bei acylierten Bromhydrinen vorkommt, haben H. Leuchs und H. Lemcke vor einigen Jahren gezeigt[1]). Überraschend bleibt aber, daß die Reduktion eines derartig komplizierten Systems, wie es die Aceto-bromglucose vorstellt, so glatt nach dem obigen Schema verläuft und zu einem Stoff von so eigenartiger Struktur und so merkwürdigen Eigenschaften führt.

Dem bei der Addition von Brom an Triacetyl-glucal entstehenden Dibromid[2]) kann man jetzt mit großer Wahrscheinlichkeit die Struktur:

$$\text{II.}\quad CH_2(O \cdot Ac) \cdot CH(O \cdot Ac) \cdot \underbrace{CH - CH(O \cdot Ac) - {}^*CHBr - {}^*CHBr}_{O}$$

zuschreiben, deren nahe Verwandtschaft mit der üblichen Formel der Aceto-bromglucose:

$$CH_2(O \cdot Ac) \cdot CH(O \cdot Ac) \cdot \underbrace{CH - CH(O \cdot Ac) - CH(O \cdot Ac) - CH}_{O} \cdot Br$$

ohne weiteres in die Augen fällt. Man könnte darum das Triacetyl-glucal-dibromid ebenso gut als Aceto-1, 2-dibrom-glucose bezeichnen. Aus historischen Gründen und um Verwechselungen mit anderen Stoffen gleicher Zusammensetzung zu vermeiden, wird aber besser ausschließlich der erste Name gebraucht werden.

Eines der beiden Halogenatome des Dibromids ist leicht gegen andere Gruppen austauschbar, genau wie das Halogen der Aceto-halogenzucker. Wird das Dibromid zum Beispiel mit essigsaurem Silber bei Zimmertemperatur geschüttelt, so wird die Hälfte des Broms gegen Oxacetyl ausgetauscht, und es resultiert ein Präparat, das man als

---

[1]) Berichte d. D. Chem. Gesellsch. **47**, 2576/7 [1914].

[2]) E. Fischer, Berichte d. D. Chem. Gesellsch. **47**, 197, und 201 [1914]. *S. 394 und 397*).

Tetracetyl-glucose-2-bromhydrin von folgender Strukturformel III auffassen darf:

III. $CH_2(O \cdot Ac) \cdot CH(O \cdot Ac) \cdot \underbrace{CH - CH(O \cdot Ac) - CHBr - CH}_{O}(O \cdot Ac)$.

Durch Verseifung der vier Acetyle läßt sich daraus ein sirupöser, bromhaltiger Stoff gewinnen, der Fehlingsche Lösung reduziert und sich auch sonst ganz wie ein Zucker verhält. Er dürfte in der Hauptsache aus Glucose-2-bromhydrin (Formel IV) bestehen:

IV. $CH_2(OH) \cdot CH(OH) \cdot \underbrace{CH - CH(OH) - CHBr - CH}_{O} \cdot OH$.

Bei der üblichen Form der Osazonprobe, Erhitzen der wäßrigen Lösung mit salzsaurem Phenylhydrazin in Gegenwart von Natriumacetat, verliert er sein Brom und liefert Phenyl-*d*-glucosazon. Wie oben dargelegt wurde, betrachteten wir seine Bildung als Beweis dafür, daß die sechs Kohlenstoffatome im Triacetyl-glucal in unverzweigter Kette angeordnet sind. Sie bildet aber auch eine Stütze für die Richtigkeit der in den Formeln II—IV angenommenen Stellung des Broms.

Bei der Bildung des Dibromids (Formel II) aus Triacetyl-glucal entstehen zwei neue asymmetrische Kohlenstoffatome, die in der Strukturformel durch * markiert sind. Nach der Theorie können also bei der Brom-Anlagerung nebeneinander vier Isomere entstehen, und das mag an der öligen Beschaffenheit des Rohproduktes schuld sein. Für die eben geschilderte Beweisführung ist das ohne Belang. Denn wenn auch das aus dem rohen Dibromid erhaltene Glucose-2-bromhydrinacetat (III.) und das freie Bromhydrin (IV.) selbst sicherlich Gemische von Stereoisomeren sind, so scheinen diese doch schließlich alle in das gewöhnliche Glucosazon überzugehen, an dem eine sehr befriedigende Ausbeute erzielt wurde.

Einmal ist es uns gelungen, das Dibromid in schönen Krystallen zu erhalten, die bei weiteren Versuchen als Impfmaterial verwendet werden konnten. Leider war das Präparat so wenig haltbar, daß auch die ganz reine Substanz in der heißen Jahreszeit verdarb, und spätere Krystallisationsversuche hatten keinen Erfolg mehr. Viel angenehmere Eigenschaften hat das entsprechende Chlorid, das Triacetyl-glucaldichlorid:

V. $CH_2(O \cdot Ac) \cdot CH(O \cdot Ac) \cdot \underbrace{CH - CH(O \cdot Ac) - CHCl - CH}_{O} \cdot Cl$,

das aus Glucal-triacetat und freiem Chlor entsteht. Wir konnten ohne besondere Mühe regelmäßig mit einer Ausbeute von 60% ein schön krystallisiertes Präparat erhalten, das im allgemeinen einen recht einheitlichen Eindruck machte, aber beim Umkrystallisieren sein Drehungsvermögen dauernd änderte. Das dürfte mit der leichten Beweglichkeit des Halogens am ersten Kohlenstoffatom zusammenhängen. Nach der Theorie kann das Dichlorid ebenfalls in vier stereoisomeren Formen entstehen. Wir haben aber darauf verzichtet, in den Mutterlaugen unseres krystallisierten Präparates nach Isomeren zu suchen.

Das Dichlorid gibt bei der Behandlung mit Silberacetat ein Halogenatom ab und liefert ein Tetracetat, das folgende Formel haben dürfte:

$$CH_2(O \cdot Ac) \cdot CH(O \cdot Ac) \cdot \underbrace{CH - CH(O \cdot Ac) - CHCl - CH}_{O}(O \cdot Ac).$$

Wir nennen den schön krystallisierten, beständigen Stoff Tetra-acetyl-glucose-2-chlorhydrin.

Die Halogenverbindungen des Glucals und die analogen Derivate anderer Zucker werden gewiß noch vielfach Anwendung bei synthetischen Arbeiten in der Zuckergruppe finden. Wir selbst haben schon mit ihrer Hilfe mehrere neue Stoffe bereitet, die wegen ihrer einfachen Beziehung zum Traubenzucker einiges Interesse beanspruchen dürfen.

Bei der Behandlung des Triacetyl-glucal-dibromids (Formel II) mit trocknem Methylalkohol in Gegenwart von Silbercarbonat wird z. B. das eine Brom gegen Methoxyl ausgetauscht, und wir konnten zwei krystallisierte Stoffe der gleichen Zusammensetzung $C_{13}H_{19}O_8Br$, aber von ganz verschiedenen Drehungsvermögen, isolieren. Ihre Isomerie schreiben wir der verschiedenen räumlichen Anordnung des Broms am Kohlenstoff 2 zu. Sie mögen vorerst als Triacetyl-methylglucosid-2-bromhydrine bezeichnet werden; und zwar soll das rechtsdrehende ($[\alpha]_D = +50°$) als Form I von der linksdrehenden Form II ($[\alpha]_D = -92°$) unterschieden werden, solange ihre räumlichen Beziehungen zu Glucose und Mannose nicht geklärt sind. Bei der Abspaltung der Acetylgruppen mit alkoholischem Ammoniak bei Zimmertemperatur erhält man die freien Glucoside, das Methyl-glucosid-2-bromhydrin I und das Methylglucosid-2-bromhydrin II, denen wir folgende Formeln VI und VII zuschreiben, die sich nur in der Stellung der Substituenten am Kohlenstoff 2 unterscheiden.

```
      (CH3O)HC———             (CH3O)HC———
           |     \                 |     \
        H—C—Br    \            Br—C—H     \
           |       O               |       O
       HO—C—H     /            HO—C—H     /
           |     /                 |     /
VI.     H—C———             VII. H—C———
           |                       |
        H—C—OH                  H—C—OH
           |                       |
          CH2·OH                  CH2·OH
```

Methylglucosid-2-bromhydrin Form I und Form II.

Es muß aber vorerst unentschieden bleiben, wie die beiden Konfigurationsbilder unter die zwei Formen des Bromhydrins zu verteilen sind.

Beide Glucoside wurden in hübschen Krystallen erhalten. Von ihren Eigenschaften ist vor allem zu erwähnen, daß sie von den gewöhnlichen glucosid-spaltenden Fermenten nicht angegriffen werden[1]).

In bemerkenswerter Weise unterscheiden sich die beiden Glucoside in ihrem Verhalten gegen Säuren und Ammoniak. Form I wird selbst von konz. Salzsäure bei 100° kaum angegriffen. Dagegen wird das Isomere schon durch normale Säure in der Hitze ziemlich rasch gespalten in Methylalkohol und einen bromhaltigen Zucker, vermutlich Glucose-2-bromhydrin. Wir haben seine genauere Untersuchung noch aufgeschoben und einstweilen nur festgestellt, daß er leicht *d*-Glucosephenylosazon liefert. Auch schon von heißer Fehlingscher Lösung wird Form II rasch hydrolysiert und reduziert sie darum stark. Gerade umgekehrt ist die Widerstandsfähigkeit der beiden Glucoside gegen Ammoniak. Während Bromhydrin-glucosid II auch bei recht energischer Behandlung mit starker Ammoniaklösung keine merkbaren Mengen Halogen abspaltet, verliert Form I ihr Brom unter diesen Umständen sehr viel leichter und geht dabei in eine Base über, von der sogleich noch ausführlicher zu sprechen sein wird.

Daß die Isomerie der beiden gebromten Glucoside an das Halogen geknüpft ist, wie es durch die Formeln VI und VII ausgedrückt wurde, zeigt sich bei der Einwirkung von Natriumamalgam in schwach alkalischer Lösung. Beide Bromhydrine gehen dabei in das gleiche, halogenfreie, stark linksdrehende Glucosid über, das als 2-Desoxy-methylglucosid (Formel VIII) aufzufassen ist.

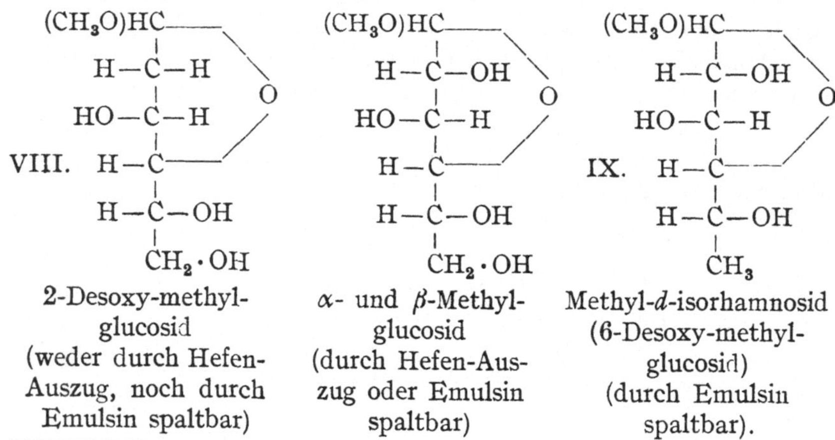

VIII. 2-Desoxy-methylglucosid (weder durch Hefen-Auszug, noch durch Emulsin spaltbar)

α- und β-Methylglucosid (durch Hefen-Auszug oder Emulsin spaltbar)

IX. Methyl-*d*-isorhamnosid (6-Desoxy-methylglucosid) (durch Emulsin spaltbar).

[1]) Auch das isomere β-Methylglucosid-6-bromhydrin wird von Emulsin nicht angegriffen; vergl. E. Fischer, Zeitschr. f. physiol. Chem. **107**, 178 [1919]. (*S. 501 f.*).

Das Glucosid zeichnet sich durch leichte Spaltbarkeit aus; denn kurzes Erwärmen mit $^{n}/_{10}$-Salzsäure genügt schon, um es größtenteils in eine Verbindung zu verwandeln, die Fehlingsche Lösung kräftig reduziert und die von stärkerer Säure in der Wärme rasch zerstört wird. Wahrscheinlich handelt es sich um 2-Desoxy-glucose. Aus Materialmangel mußten wir die genauere Untersuchung dieses interessanten Stoffes noch verschieben. Einstweilen haben wir nur das Verhalten des 2-Desoxy-methylglucosids gegen die Fermente des Hefen-Extraktes und des Emulsins geprüft. Das Glucosid blieb ganz unangegriffen.

Diese Tatsache verdient um so mehr Beachtung, weil ein anderes Desoxy-methylglucosid, nämlich das β-Methyl-*d*-isorhamnosid verhältnismäßig leicht durch Emulsin gespalten wird[1]). Wir haben seine Formel (IX) oben neben der des 2-Desoxy-methylglucosids abgedruckt und dazu noch die des α- und β-Methyl-glucosids gefügt, weil diese Zusammenstellung aufs neue die oft beobachtete Spezifität der Fermente beleuchtet. Noch lehrreicher wird der Vergleich werden, sobald festgestellt werden kann, ob unser neues Glucosid der α- oder der β-Reihe angehört. Schon jetzt zeigt aber der negative Ausfall der Fermentversuche, daß das Hydroxyl am Kohlenstoffatom 2 bei der enzymatischen Spaltung des entsprechenden Methyl-glucosids eine wesentliche Rolle spielt. Voraussetzung für die Gültigkeit dieses Schlusses ist allerdings, daß das 2-Desoxy-methylglucosid in seinem Bau dem α- und β-Methyl-glucosid vergleichbar ist und nicht etwa eine andere Struktur, ähnlich wie etwa das γ-Methyl-glucosid, hat.

Wir haben ganz besonderen Grund, diesen Vorbehalt zu machen, denn neuere Beobachtungen, über die bald berichtet werden soll, haben gezeigt, daß man mit der Bildung von leicht spaltbaren Glucosiden nach Art des γ-Methyl-glucosids viel häufiger zu rechnen hat, als man bisher annahm.

Den Besitz von Methyl-glucosid-halogenhydrinen haben wir zu Versuchen benutzt, sie in Aminoderivate des Traubenzuckers zu verwandeln. Wie schon erwähnt, gelang nur bei Form I des Bromhydrins (Formel VI oder VII) die Abspaltung des Halogens mittels Ammoniaks, und wir können jetzt hinzufügen, daß bei dieser Reaktion ohne allzu große Schwierigkeit eine Base der Formel $C_7H_{15}O_5N$ erhalten wurde.

Sie ist charakterisiert durch ihr salzsaures und ihr bromwasserstoffsaures Salz, die beide leicht krystallisieren und ganz verschieden sind von den entsprechenden Abkömmlingen des Glucosamins aus Chitin[2]). Bei der Behandlung mit Essigsäure-anhydrid und Pyridin

[1]) E. Fischer und K. Zach, Berichte d. D. Chem. Gesellsch. **45**, 3761 [1912]. (*S. 374*).

[2]) J. C. Irvine, D. Mc. Nicoll und A. Hynd, Journ. of the chem. Soc. of London **99**, 250 [1911].

nehmen die Salze vier*) Acetyle auf und bilden ein neutral reagierendes Acetat, das im Gegensatz zur ursprünglichen Base unzersetzt flüchtig ist. Bemerkenswert ist auch die beträchtliche Löslichkeit des Acetats in Wasser. So weit sich beurteilen läßt, ist es verschieden von dem Tetracetyl-methyl-glucosamin, das M. L. Hamlin[1]) aus dem sogenannten Glucosamin-triacetat-bromhydrin bereitet hat. Deshalb wird die Base $C_7H_{15}O_5N$ im Folgenden als Methyl-*epi*-glucosamin[2]) bezeichnet werden, ohne daß aber damit die Ansicht festgelegt werden soll, daß sie ein Epimeres des Methyl-glucosamins im Sinne des Nomenklaturprinzips von Votoček sei. Die bisher bei ähnlichen Reaktionen gemachten Erfahrungen lassen es vielmehr als nicht ausgeschlossen erscheinen, daß die erste Wirkung des Ammoniaks auf das Methyl-glucosid-2-bromhydrin in der Abspaltung von Bromwasserstoff besteht, wodurch das Kohlenstoffatom 2 äthylenoxyd-artig mit einem der anderen Kohlenstoffatome verbunden wird. Sekundär würde dann die eben gebildete Sauerstoffbrücke wieder durch weiteres Ammoniak gesprengt, wobei die Elemente der Base angelagert werden. Dann kann aber die Öffnung des Ringes auch auf die Art erfolgen, daß die Aminogruppe an ein anderes Kohlenstoffatom, z. B. in Stellung 3, und dafür ein Hydroxyl an Kohlenstoff 2 tritt.

Von Säuren wird Methyl-*epi*-glucosamin nur sehr schwer gespalten. Es unterscheidet sich hierin nicht nur von dem Methylderivat des gewöhnlichen Glucosamins, sondern auch von dem isomeren 6-Amino-methylglucosid[3]), das etwa den gewöhnlichen Glucosiden gleicht. α-Glucosidase und Emulsin greifen das Methyl-*epi*-glucosamin in Form seines salzsauren Salzes nicht an, auch nicht, wenn man beim Optimum der Wasserstoff-ionen-Konzentration arbeitet.

Für die praktische Darstellung der Base kann man auch vom Methylglucosid-2-chlorhydrin ausgehen, das aus dem Triacetyl-glucal-dichlorid (Formel V), ganz analog wie die beiden Bromhydrine, entsteht:

---

*) *Im Original steht versehentlich: fünf.*

[1]) Journ. of the Americ. Chem. Soc. Am. **33**, 766 [1911].

[2]) Prof. Fischer, der diesen Namen wählte, hat bei Gesprächen über diesen Gegenstand wiederholt zum Ausdruck gebracht, daß er seine früheren Bedenken (vgl. Berichte d. D. Chem. Gesellsch. **45**, 3762, Anm.) (*S. 375*) gegen die von Votoček (ebenda **44**, 360 [1911]) angeführte Bezeichnung „Epimerie" nicht aufrecht erhalten wolle, um so weniger als diese Bezeichnung inzwischen mehr und mehr in Aufnahme gekommen sei. Der Name Methyl-*epi*-glucosamin scheint jedoch nur als vorläufige Benennung gedacht gewesen zu sein; denn Prof. Fischer hat selbst gelegentlich Zweifel über die Struktur der zugrunde liegenden Zuckerbase geäußert.

[3]) E. Fischer und K. Zach, Berichte d. D. Chem. Gesellsch. **44**, 132 [1911]. (*S. 353*).

$$CH_2(O\cdot Ac)\cdot CH(O\cdot Ac)\cdot \underline{CH-CH(O\cdot Ac)-CHCl-CH}\cdot Cl$$
$$\quad\quad\quad\quad O$$

$$+ CH_3\cdot OH + Ag_2CO_3$$
$$\longrightarrow CH_2(O\cdot Ac)\cdot CH(O\cdot Ac)\cdot \underline{CH-CH(O\cdot Ac)-CHCl-CH}\cdot OCH_3\,.$$
$$\quad\quad\quad\quad O$$

Da wir von krystallisiertem Dichlorid ausgingen, wurde das Chlorhydrin nur in einer Form beobachtet.

Gelegentlich haben wir auch das Verhalten des Triacetyl-glucals gegen starke Bromwasserstoffsäure in Eisessiglösung untersucht und nach manchen Mißerfolgen schließlich in ziemlich guter Ausbeute ein schön krystallisiertes, aber ziemlich unbeständiges Präparat erhalten von der Zusammensetzung $C_{10}H_{15}O_6Br$, das als Glucal-hydrobromid-diacetat bezeichnet werden mag. Es bildet sich durch Anlagerung eines Moleküls Bromwasserstoff unter gleichzeitigem Verlust eines Acetyls. Es reduziert Fehlingsche Lösung stark, rötet aber nicht fuchsin-schweflige Säure. Von wäßrigen Mineralsäuren wird es rasch zersetzt. Sein Brom ist ziemlich fest gebunden. Die Fichtenspan-Reaktion des Glucals ist verschwunden, ebenso der ungesättigte Charakter. Über die Struktur der Substanz, die Mutarotation zeigt, können wir noch nichts Endgültiges sagen, doch haben wir die Anwesenheit einer freien Hydroxylgruppe durch Acetylierung festgestellt. Das dabei entstehende Triacetat ist erheblich beständiger und vor allem weniger empfindlich gegen starke Mineralsäuren. Wir nennen es Glucal-hydrobromid-triacetat.

Bevor die meisten der voranstehend beschriebenen Versuche angestellt waren, bemühten wir uns, auf anderem Wege einen Einblick in den Prozeß der Bildung des Glucals und ähnlicher Stoffe zu bekommen. Durch Einwirkung von Zink und Essigsäure auf Aceto-dibromglucose[1]) wurde ein glucal-artiger Stoff der Formel $C_{10}H_{13}O_5Br$ gewonnen, der als Diacetyl-glucal-6-bromhydrin aufzufassen ist. Man darf seine Bildung als Bestätigung der in den vorausgehenden Darlegungen enthaltenen Ansicht betrachten, daß das Kohlenstoffatom 6 bei der Glucal-Bildung keine wesentliche Rolle spielt.

Um den Überblick über die in dieser Arbeit mitgeteilten Umwandlungen des Triacetylglucals zu erleichtern, sind sie auf Seite 419 in Form einer Tabelle zusammengestellt.

Eine Reihe der hier beschriebenen Stoffe wurde in gut ausgebildeten Krystallen erhalten. Hr. Dr. H. Steinmetz hat im Institut von Hrn. Prof. P. von Groth ihre krystallographische Untersuchung ausgeführt. Beiden Herren möchten wir auch an dieser Stelle unsern ver-

[1]) E. Fischer und E. F. Armstrong, Berichte d. D. Chem. Gesellsch. **35**, 833 [1902]. (Kohlenh. I, *815.*)

bindlichsten Dank für ihre liebenswürdige Hilfe aussprechen. Die Beobachtungen des Hrn. Dr. Steinmetz sind in dem Versuchsteil eingefügt. Es handelt sich um die folgenden Verbindungen:

Tetracetyl-glucose-2-chlorhydrin,
Triacetyl-methylglucosid-2-bromhydrin, Form I,
Triacetyl-methylglucosid-2-bromhydrin, Form II,
Tetracetyl-methyl-*epi*-glucosamin,
Triacetyl-2-desoxy-methylglucosid.

Versuche.

Verwandlung des Triacetyl-glucals in *d*-Arabinose.

Die Oxydation des Triacetyl-glucals mit Ozon verläuft in Eisessiglösung bei gewöhnlicher Temperatur ziemlich rasch. Das Ende der Reaktion läßt sich leicht an einer Probe mit Brom erkennen, das nicht mehr entfärbt werden darf.

Durch eine Lösung von 10 g Triacetyl-glucal in 100 g Eisessig leitet man bei einer Anfangstemperatur von etwa 12° einen ziemlich raschen Sauerstoffstrom, der 4—5% Ozon enthält. Die Temperatur steigt durch die Reaktion etwas, und nach ungefähr 2 Stunden ist der Prozeß beendet. Die Lösung wird dann unter stark vermindertem Druck aus einem Bade von 35—40° verdampft, der zurückbleibende Sirup mit 300 ccm Wasser versetzt und dann wiederholt mit insgesamt 500 ccm Äther ausgeschüttelt.

In der Ätherlösung befinden sich außer Essigsäure noch andere Stoffe von saurer Natur, darunter eine acetylierte Pentonsäure, von der am Schluß dieses Abschnittes noch die Rede sein wird. Um sie zu entfernen, schüttelt man kurze Zeit energisch mit einer wäßrigen Lösung von Kaliumbicarbonat. Der beim Verdampfen des Äthers unter vermindertem Druck zurückbleibende Sirup, dessen Menge erheblich geringer ist als vor der Behandlung mit Bicarbonat, verwandelt sich beim Aufbewahren im Vakuumexsiccator bald in ein lockeres stark hygroskopisches Pulver. Ausbeute etwa 5—6 g.

Das Rohprodukt enthält neben anderen Stoffen, die wir nicht näher untersucht haben, ziemlich viel Triacetyl-*d*-arabinose. Da sie aber nur geringe Neigung zur Krystallisation besitzt, haben wir auf die Isolierung des Acetats verzichtet und es direkt zur freien *d*-Arabinose verseift, die durch ihr Bromphenyl-hydrazon und Benzylphenyl-hydrazon identifiziert wurde.

Die Verseifung des rohen Acetats kann mit wenig Alkali in alkoholischer Lösung oder auch mit Bariumhydroxyd ausgeführt werden. Wir haben es aber vorgezogen, bei größeren Mengen die Acetyle mit ganz verdünnten Säuren zu entfernen.

Zusammenstellung der neu beschriebenen Umwandlungen des Triacetyl-glucals.

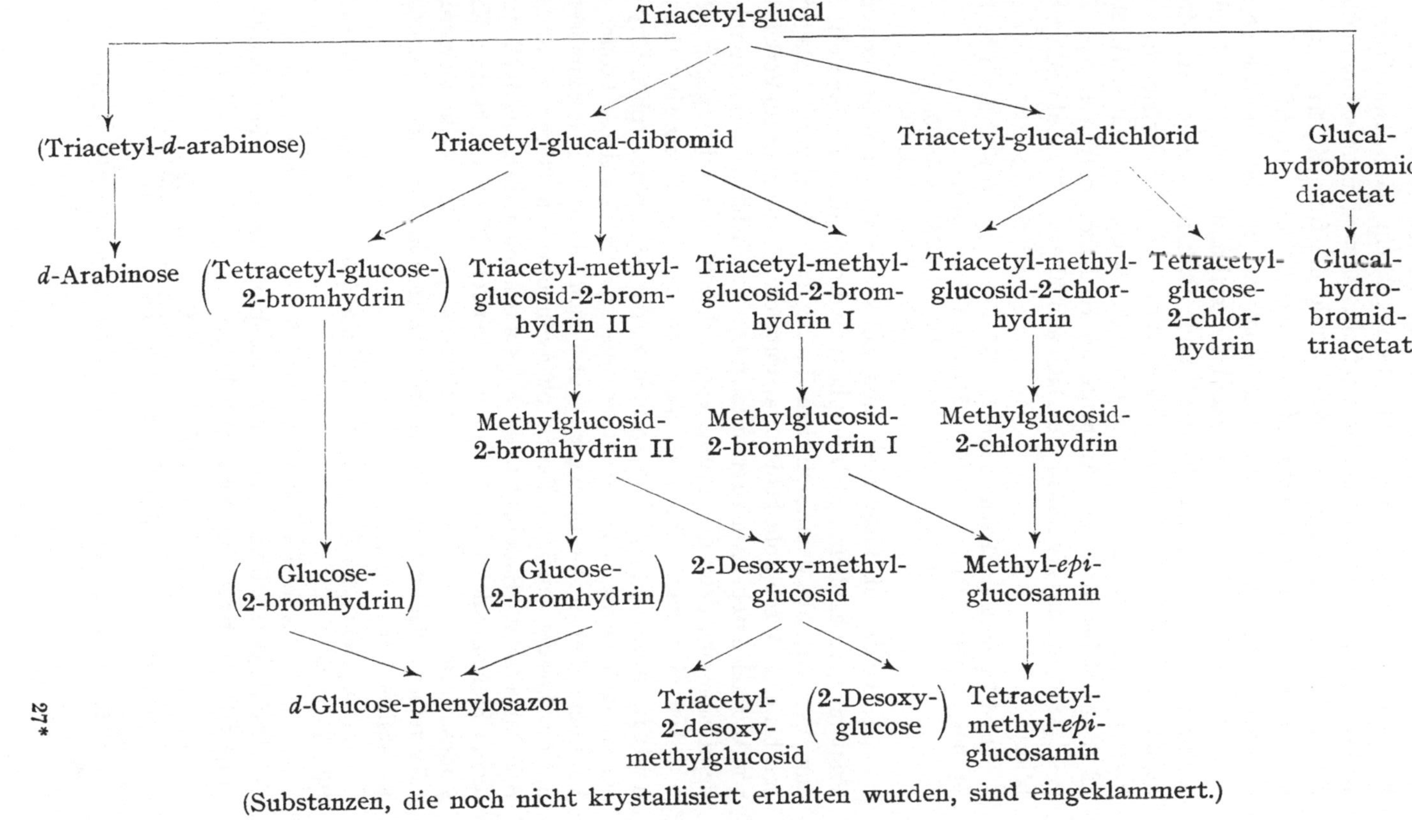

(Substanzen, die noch nicht krystallisiert erhalten wurden, sind eingeklammert.)

Zu diesem Zweck wurden 5 g des Oxydationsproduktes mit 150 ccm $^n/_{20}$-Salzsäure drei Stunden unter Rückfluß gekocht, dann etwas Tierkohle zugesetzt, filtriert und die goldgelb gefärbte Lösung unter vermindertem Druck auf 30 ccm eingeengt. Nun wurde die freie Mineralsäure mit essigsaurem Natrium abgestumpft, und eine Lösung von 3,5 g *p*-Bromphenyl-hydrazin in 7 ccm 50-proz. Essigsäure und 50 ccm Wasser zugesetzt. Nach einiger Zeit entstand ein rotbrauner, flockiger Niederschlag, von dem nach einer halben Stunde abfiltriert wurde. Im Filtrat begann bald die Abscheidung des *d*-Arabinose-*p*-bromphenylhydrazons in meist kugelförmigen Aggregaten. Sie war nach etwa 12 Stunden beendet. Die Ausbeute an Hydrazon betrug 1,75 g. Zur Analyse wurde das Hydrazon mehrfach aus 50-proz. Alkohol umkrystallisiert.

0,1627 g Sbst. (im Hochvakuum bei 18° über P_2O_5 getr.): 12,5 ccm N (16°, 741 mm, 33 proz. KOH). — 0,1932 g Sbst.: 0,1150 g AgBr.

$C_{11}H_{15}O_4N_2Br$ (319,06). Ber. N 8,78, Br 25,05.
Gef. „ 8,75, „ 25,33.

In Bezug auf Löslichkeit und Schmelzpunkt verhielt sich das Präparat ganz ähnlich dem Bromphenylhydrazon der l-Arabinose[1]), das zum Vergleich aus dem käuflichen Zucker dargestellt wurde. Dagegen trat bei einer Mischprobe beider Präparate, die zu einander im Verhältnis von Antipoden stehen, wie zu erwarten war, eine erhebliche Schmelzpunktsdepression ein; denn die Hauptmenge schmolz dann schon gegen 140°.

Auf eine ganz ähnliche Weise wurde das Benzyl-phenylhydrazon bereitet. Hierfür wurden wieder 5 g des amorphen Oxydationsproduktes mit Salzsäure verseift, die erhaltene Arabinose-Lösung im Vakuum auf etwa 10 ccm eingeengt und nach Zusatz von Natriumacetat mit der Lösung von $1^1/_2$ g Benzyl-phenyl-hydrazin in 30 ccm absolutem Alkohol versetzt. Bald begann die Krystallisation und war nach 12-stündigem Stehen, zuletzt im Eisschrank, beendet. Nach zweimaliger Krystallisation aus der 70- bis 80-fachen Menge 75-proz. Methylalkohol wurden 1,5 g reines *d*-Arabinose-benzylphenylhydrazon in glänzenden, farblosen Krystallblättern erhalten.

0,1586 g Sbst. (bei 78° und 15 mm Druck über P_2O_5 getr.): 11,65 ccm N (16°, 757 mm).

$C_{18}H_{22}O_4N_2$ (330,29). Ber. N 8,48. Gef. N 8,55.

Drehungsvermögen einer 0,4—0,5-proz. Lösung des Analysenpräparates in trocknem Methylalkohol:

$$[\alpha]_D^{16} = \frac{+0{,}12^\circ \times 9{,}5610}{2 \times 0{,}7981 \times 0{,}0505} = +14{,}2^\circ.$$

---

[1]) E. Fischer, Berichte d. D. Chem. Gesellsch. **27**, 2490 [1894]. (Kohlenh. I, *190*).

Nochmals umkrystallisiert:

$$[\alpha]_D^{16} = \frac{+0{,}117° \times 9{,}6925}{2 \times 0{,}7979 \times 0{,}0492} = +14{,}4°.$$

Schmp. 175—176° (korr. 177—178°). Genau bei der gleichen Temperatur schmolz ein aus *l*-Arabinose hergestelltes Vergleichspräparat. Auch sonst paßten die Eigenschaften genau zu der Beschreibung von W. A. van Ekenstein und C. A. Lobry de Bruyn, bis auf die Drehungsrichtung; denn das Benzyl-phenyl-hydrazon der *l*-Arabinose zeigt unter den oben angegebenen Versuchsbedingungen $[\alpha]_D = -14{,}6°$.

Wie schon erwähnt, entsteht bei der Behandlung des Triacetylglucas mit Ozon in beträchtlicher Menge eine Triacetyl-pentonsäure, welche das rohe Arabinose-acetat begleitet, wenn man es unterläßt, dessen ätherische Lösung mit Bicarbonat zu behandeln. Bei monatelangem Stehen eines solchen Präparates haben wir die Säure krystallinisch erhalten. Der anhaftende Sirup konnte durch mehrmaliges Verreiben mit ganz trocknem Äther entfernt werden. Das Produkt war dann nicht mehr hygroskopisch und nach einmaliger Krystallisation aus der 30-fachen Menge Benzol rein.

0,1553 g Sbst. (bei 78° und 10 mm Druck über P_2O_5 getr.): 0,2578 g CO_2, 0,0715 g H_2O.

$C_{11}H_{16}O_9$ (292,13). Ber. C 45,19, H 5,52.
Gef. „ 45,27, „ 5,15.

Drehungsvermögen des Analysenpräparates:

$$[\alpha]_D^{17} = \frac{+2{,}04° \times 2{,}2710}{1 \times 0{,}822 \times 0{,}2048} = +27{,}5° \text{ (in Alkohol).}$$

Noch zweimal aus Benzol krystallisiert zeigte es:

$$[\alpha]_D^{17} = \frac{+2{,}42° \times 1{,}4148}{1 \times 0{,}822 \times 0{,}1530} = +27{,}23° \text{ (in Alkohol).}$$

Die Säure krystallisiert in langen, manchmal gebogenen Nadeln oder auch in Prismen. Ihr Schmelzpunkt ist ziemlich unscharf. Schon bei 120° findet starke Sinterung statt, die weiterhin noch zunimmt; aber erst bei 127° ist alles zu einem zähen, schwach gelben Sirup geschmolzen. Die Substanz löst sich leicht in Alkohol, Aceton, Essigäther und Chloroform, mäßig leicht in Wasser, schwer in Benzol und Äther und besonders in Petroläther. Geschmack und Reaktion der wäßrigen Lösung sind ausgesprochen sauer.

Verwandlung des Triacetyl-glucals in *d*-Glucose-phenylosazon.

Der theoretisch ziemlich verwickelte Vorgang läßt sich praktisch leicht auf folgende Weise durchführen:

Eine gut gekühlte Lösung von 5 g Triacetyl-glucal in 10 ccm Chloroform wird mit einer Mischung von 3 g Brom in 50 ccm Chloroform solange versetzt, bis die Flüssigkeit eine bleibende, schwach gelbe Färbung zeigt. Um die Hälfte des Broms gegen den Rest der Essigsäure auszutauschen, fügt man sofort 6—7 g feingepulvertes Silberacetat zu und schüttelt etwa 6 Stunden bei gewöhnlicher Temperatur.

Eine abfiltrierte Probe darf dann beim Verdampfen des Chloroforms kein leicht abspaltbares Brom mehr enthalten. Die von den Silbersalzen abgesaugte Chloroformlösung wird nun unter vermindertem Druck verdampft und der bleibende, farblose, zähe Sirup im Hochvakuum möglichst von dem Chloroform befreit. Ausbeute etwa 6,8 g.

Wie früher auseinandergesetzt, enthält dieses Präparat wahrscheinlich Tetracetyl-glucose-2-bromhydrin und zwar als Mischung stereoisomerer Formen.

Die Entfernung der Acetylgruppen wurde erst mit Barium-hydroxyd versucht. Dabei entsteht in der Tat ein Produkt, das bei geeigneter Behandlung Phenylglucosazon liefert. Die Ausbeute ist aber schlecht, weshalb auf eine genauere Schilderung des Versuches verzichtet wird.

Viel bessere Ausbeuten werden erzielt durch Verseifung mit heißer, sehr verdünnter Salzsäure: Zu dem Zweck werden 5 g des eben erwähnten Sirups mit 200 ccm $^1/_{20}$-*n*. Salzsäure 3 Stunden am Rückflußkühler gekocht, wobei schon im Laufe der ersten Stunde klare Lösung eintritt. Die Flüssigkeit ist zum Schluß schwach gelb gefärbt. Sie enthält jetzt allem Anscheine nach ein Bromhydrin der Glucose.

Dieses kann als Sirup gewonnen werden, wenn man zunächst die Salzsäure durch vorsichtige Zugabe von Silbercarbonat und Schütteln entfernt, die filtrierte Flüssigkeit mit Schwefelwasserstoff entsilbert und das Filtrat vom Schwefelsilber unter geringem Druck aus einem Bade von etwa 40° eindampft. Wird der Rückstand zuletzt im Hochvakuumexsiccator aufbewahrt, so bleibt ein schwach gefärbter Sirup zurück. Ausbeute etwa 3 g. Er enthält viel Brom, das ziemlich fest gebunden ist und erst bei längerem Kochen mit Salpetersäure und Silbernitrat als Bromsilber gefällt wird. Der Sirup schmeckt stark bitter und färbt sich mit Alkali schon in der Kälte gelb, in der Wärme stark braun. Er reduziert die Fehlingsche Lösung in der Wärme stark und gibt mit Fuchsin-schwefliger Säure schon nach wenigen Minuten Rotfärbung.

Endlich wird er bei der üblichen Behandlung mit Phenylhydrazin rasch in Phenylglucosazon verwandelt.

Für die Ausführung der letzten Reaktion ist seine Isolierung übrigens gar nicht nötig. Man kann ebensogut die Lösung benutzen, die durch Kochen mit $^1/_{20}$-*n*.-Salzsäure entsteht.

Ist man von 5 g des bromhaltigen Sirups, der durch die Behandlung des Triacetylglucal-dibromides mit Silberacetat entsteht, ausgegangen, so wird die salzsaure Lösung direkt mit etwa 30 g krystallisiertem Natriumacetat und 10 g Phenylhydrazin-Hydrochlorid versetzt und kurze Zeit in der Kälte bis zur Lösung geschüttelt. Dabei entsteht ein amorpher Niederschlag, dessen Natur wir nicht festgestellt haben, und der nach etwa 3/4 Stunden abgesaugt wird. Die Mutterlauge wird dann im siedenden Wasserbade etwa 3 Stunden erhitzt und nach dem Erkalten das reichlich ausgeschiedene Phenyl-*d*-glucosazon abfiltriert. Die Mutterlauge gibt bei weiterem Erhitzen eine zweite aber viel kleinere Menge. Die Gesamtausbeute beträgt etwa 1,4 g.

Das Glucosazon wurde in der üblichen Weise nach dem Waschen mit Alkohol, wenig Aceton und Äther durch Umlösen aus heißem, verdünntem Alkohol gereinigt. Es schmolz bei raschem Erhitzen bei 210—213°.

0,1500 g Sbst. (bei 100° und 1 mm Druck über P_2O_5 getr.): 0,3324 g CO_2, 0,0832 g H_2O. — 0,1251 g Sbst.: 16,9 ccm N (16°, 757 mm).

$C_{18}H_{22}O_4N_4$ (358,31).	Ber. C 60,31,	H 6,19,	N 15,64.
	Gef. „ 60,44,	„ 6,21,	„ 15,72.

Das Präparat zeigte ferner eine Linksdrehung in Pyridin-Alkohol-Lösung, die den von Neuberg[1]) ermittelten Werten entsprach:

0,0400 g Analysensubstanz wurden unter gelinder Erwärmung in 0,8 ccm trocknem, über Bariumoxyd destilliertem Pyridin gelöst und 1,2 ccm käuflicher absoluter Alkohol hinzugesetzt.

Die im 1-dm-Rohr abgelesenen Werte des Drehungsvermögens waren dann in je drei verschiedenen Versuchen folgende:

Vergleichspräparat	Osazon aus Glucal
— 1,44°	— 1,40°
— 1,50°	— 1,48°
— 1,46°	— 1,54°
Mittel — 1,47°	Mittel — 1,47°

Die Ausbeute an Phenyl-*d*-glucosazon ist ziemlich befriedigend, denn obige 1,4 g wurden gewonnen aus 3,7 g Triacetyl-glucal, die 2,45 g Traubenzucker entsprechen; da dieser bei der üblichen Ausführung der Osazonprobe etwa die gleiche Menge an Phenylglucosazon liefert, so würde der Übergang vom Triacetyl-glucal zum Glucosazon mit einer praktischen Ausbeute von nahezu 60% verlaufen.

Dieses günstige Resultat wird offenbar nur dadurch ermöglicht, daß die verschiedenen stereoisomeren Formen aus dem Triacetyl-glucaldibromid alle in das gleiche Phenylglucosazon übergehen können.

---

[1]) Neuberg, Berichte d. D. Chem. Gesellsch. **32**, 3384 [1899].

Triacetyl-glucal und Bromwasserstoff.

Wie in der Einleitung erwähnt ist, addiert das Triacetylglucal in essigsaurer Lösung 1 Mol. Bromwasserstoff, verliert aber gleichzeitig ein Acetyl und verwandelt sich in einen Körper $C_{10}H_{15}O_6Br$, den wir als

Glucal-hydrobromid-diacetat

auffassen.

Für seine Bereitung werden 10 g Triacetyl-glucal mit 60 g käuflicher, bei 0° gesättigter Lösung von Bromwasserstoff in Eisessig (Kahlbaum) übergossen, kurze Zeit bis zur völligen Lösung geschüttelt und 5—5$^1/_2$ Stunden im Eisschrank aufbewahrt. Dabei tritt manchmal, aber nicht immer, eine dunkelviolette Färbung auf, über deren Ursache wir nichts sagen können.

Die Flüssigkeit wird nun mit 150 ccm Äther verdünnt, in 300 ccm Eiswasser gegossen und kräftig durchgeschüttelt. Nach Abheben des Äthers wird die wäßrige Schicht nochmals mit 150 ccm Äther extrahiert. Die vereinigten Ätherlösungen enthalten viel Essigsäure und auch etwas Bromwasserstoff. Deshalb werden sie nach Waschen mit etwa 50 ccm Wasser und Trocknen mit Natriumsulfat durch Schütteln mit Silberacetat vom Bromwasserstoff befreit. Der größte Teil der Essigsäure läßt sich nunmehr mit in wenig Wasser aufgeschlämmtem Calciumcarbonat neutralisieren, doch ist sie erst nach 3-tägigem Stehen im Vakuumexsiccator vollkommen verschwunden.

Währenddessen erstarrt das rückständige Öl zu einer festen Krystallmasse. Die Rohausbeute beträgt 8,5 g, die, in etwa 13 ccm schwach erwärmtem Benzol gelöst, durch die gleiche Menge Petroläther in feinen Nadeln wieder abgeschieden wird. Nunmehr beträgt die Ausbeute an dem schon ziemlich reinen, aber noch etwas gelb gefärbten Produkt 6 g oder 52% der Theorie.

Zur völligen Reinigung wurde es noch 2—3-mal auf dieselbe Weise umkrystallisiert und für die Analyse bei 55° und 1 mm Druck über P_2O_5 getrocknet.

0,1662 g Sbst.: 0,2354 g CO_2, 0,0742 g H_2O. — 0,1880 g Sbst.: 0,1140 g AgBr.
$C_{10}H_{15}O_6Br$ (311,1). Ber. C 38,57, H 4,86, Br 25,69.
Gef. „ 38,63, „ 4,99, „ 25,80.

Der Körper zeigt in verschiedenen Lösungsmitteln Mutarotation: 10 Minuten nach der Auflösung in Acetylentetrachlorid war $[\alpha]_D^{19} = \frac{+7,38^\circ \times 4,0999}{1 \times 1,600 \times 0,4073} = +46,4^\circ$ und nach 15 Stunden betrug $[\alpha]_D^{19} = +38,8^\circ$. Nochmals aus Benzol und Petroläther umgelöst: $[\alpha]_D^{17} = +46,9^\circ$ nach 8 Min. Endwert nach 15 Stunden: $[\alpha]_D^{17} = +39,0^\circ$.

In Chloroformlösung:

$[\alpha]_D^{16} = \frac{+7,24° \times 3,3110}{1 \times 1,495 \times 0,3300} = +48,58°$ nach 10 Minuten, und der Endwert $[\alpha]_D^{16} = +43,74°$ war nach etwa 30 Stunden erreicht.

In abs. alkoholischer Lösung war nach 3 Minuten:

$[\alpha]_D^{17} = \frac{+3,37° \times 1,9972}{1 \times 0,8314 \times 0,2029} = +39,9°$. Der Endwert betrug nach 90 Stunden $[\alpha]_D^{17} = +34,1°$.

Wurde zu einer Lösung von etwa 0,2 g desselben Präparates in 1,9 ccm abs. Alkohol 0,3 ccm trocknes Pyridin hinzugefügt, so wurde die Konstanz des Drehungsvermögens bereits nach etwa 3 Stunden erreicht:

$[\alpha]_D^{17} = \frac{+3,37° \times 2,0014}{1 \times 0,8612 \times 0,1952} = +40,1°$ nach 2 Minuten, und nach 3 Stunden $[\alpha]_D^{17} = +33,70°$.

Aus einer solchen Lösung ließ sich, auch nach Erreichung des Endwertes der Drehung, durch Verdunsten von Alkohol und Pyridin im Vakuum-Exsiccator das krystallisierte Präparat mi trecht befriedigender Ausbeute zurückgewinnen. Es erwies sich in jeder Beziehung als unverändert und zeigte auch bei der optischen Untersuchung wieder Mutarotation mit den oben angegebenen Werten der Anfangs- und Enddrehung.

Das Glucal-hydrobromid-diacetat schmilzt bei 99—100° zu einem farblosen Sirup, der in der Kälte nicht wieder erstarrt. Bei längerem Erhitzen auf 100° färbt sich die geschmolzene Masse langsam unter schwacher Gasentwicklung dunkel, und bei höherer Temperatur verkohlt sie. Schon nach längerem Stehen bei einigermaßen hoher Zimmertemperatur verwandelt sich die Substanz, selbst wenn sie ganz rein ist, allmählich in eine schwarze Gallerte.

Der Körper löst sich in etwa 12 Tln. kochendem Wasser und fällt beim Erkalten zunächst als Öl wieder aus, krystallisiert aber langsam. Er reagiert gegen Lackmus fast neutral und schmeckt sehr bitter. Beim Kochen mit einer verdünnten Lösung von Silbernitrat tritt langsam Abscheidung von Bromsilber ein. Mit Alkalien erfolgt in der Wärme erst Gelb- und dann Braunfärbung. Heiße Fehlingsche Lösung wird stark reduziert. Von Mineralsäuren wird die Verbindung rasch unter Braunfärbung und Abscheidung amorpher Flocken zersetzt.

Daß die Substanz noch eine freie Hydroxylgruppe enthält, zeigt die Behandlung mit Essigsäure-anhydrid und Pyridin, bei der noch eine dritte Acetylgruppe aufgenommen wird.

Glucal-hydrobromid-triacetat, $C_6H_8O_4(C_2H_3O)_3Br$.

2 g des eben beschriebenen Diacetats wurden in 1,7 ccm trocknem Pyridin gelöst und zu der abgekühlten Lösung 1,5 g ($2^1/_2$ Mol.) Essigsäure-anhydrid hinzugefügt. Nach etwa 24 Stunden wurde die schwach gefärbte Lösung in 20 ccm Eiswasser gegossen. Das anfangs ausfallende Öl erstarrte beim Verreiben bald. Die Ausbeute an Rohprodukt betrug 2 g.

Es wurde in 10 ccm warmem Alkohol gelöst. Auf Zusatz von wenig Wasser krystallisierten schöne Prismen. Beim Verdunsten der Mutterlauge ließen sich noch weitere Mengen gewinnen, so daß die Gesamtausbeute 1,7 g betrug, das sind nur 75% der Theorie. Worauf die Verluste zurückzuführen sind, wurde nicht weiter untersucht.

0,1680 g Sbst. (bei 18° und 15 mm Druck über P_2O_5): 0,2516 g CO_2, 0,0758 g H_2O. — 0,1945 g Sbst.: 0,1032 g AgBr.

$C_{12}H_{17}O_7Br$ (353,12). Ber. C 40,80, H 4,85, Br 22,63.
Gef. „ 40,84, „ 5,04, „ 22,58.

Zur polarimetrischen Untersuchung diente das aus Alkohol umgelöste Analysenpräparat:

$$[\alpha]_D^{19} = \frac{+8,78^\circ \times 3,000}{1 \times 1,580 \times 0,3068} = +54,34^\circ \text{ (in Acetylentetrachlorid).}$$

Nach nochmaliger Umkrystallisation aus Alkohol war:

$$[\alpha]_D^{19} = \frac{+8,68^\circ \times 3,0178}{1 \times 1,580 \times 0,3046} = +54,43^\circ \text{ (in Acetylentetrachlorid).}$$

Mutarotation wurde nicht beobachtet.

Die Verbindung schmilzt nicht ganz scharf von 82—85° und erstarrt beim Abkühlen und Reiben wieder krystallinisch.

Von Alkohol wird sie namentlich in der Wärme leicht aufgenommen; ebenso von Äther, Aceton, Chloroform, Eisessig und Essigester, weniger von heißem Petroläther. Dagegen löst Wasser selbst in der Hitze nur sehr schwer. Die Substanz krystallisiert meist in Prismen.

Das Triacetat addiert kein Brom mehr und gibt die Fichtenspanreaktion nicht. Beim Erwärmen mit Alkali erfolgt erst Gelb-, dann Braunfärbung. Auch gegen Fehlingsche Lösung verhält es sich wie das Diacetat, ist aber im Gegensatz dazu fast geschmacklos. Das hängt vielleicht mit seiner geringen Löslichkeit in Wasser zusammen.

Triacetyl-glucal-dibromid, $C_6H_7O_4(C_2H_3O)_3Br_2$.

Wie schon in der ersten Mitteilung erwähnt, addiert das Triacetylglucal in einem indifferenten Lösungsmittel, wie Chloroform oder

Tetrachlorkohlenstoff, sofort zwei Atome Brom, und beim Verdunsten des Lösungsmittels bleibt ein dickes, farbloses, leicht veränderliches Öl zurück.

Es ist ein Gemisch verschiedener Dibromide, von denen eins unter besonderen Bedingungen krystallisiert erhalten werden konnte. Das gelang, als eine Lösung von 10 g Triacetyl-glucal in 30 ccm Tetrachlorkohlenstoff mit einer Mischung von gleichen Teilen Brom und Tetrachlorkohlenstoff im Überschuß versetzt wurde.

Beim Verdampfen des Lösungsmittels unter vermindertem Druck aus einem Bade von 40° ging mit dem Tetrachlorkohlenstoff das überschüssige Brom fort, und es hinterblieb ein farbloser Sirup, der in Äther gelöst wurde. Nach Verdampfen dieser ätherischen Lösung schieden sich dann hübsche, meist zu Büscheln vereinigte, farblose Nadeln aus. Die Ausbeute schwankte, stieg aber bis zu 30% der Theorie.

Solange Impfkrystalle vorhanden waren, gelang es, das krystallisierte Dibromid regelmäßig wieder zu gewinnen. Aber leider sind bei einer mehrwöchentlichen Unterbrechung der Arbeit sämtliche Präparate verdorben, und seitdem ist die Krystallisation nicht mehr möglich gewesen.

Das krystallisierte Dibromid wurde zur Analyse aus Essigäther umkrystallisiert und im Hochvakuum bei Zimmertemperatur über P_2O_5 getrocknet.

0,1723 g Sbst.: 0,2108 g CO_2, 0,0566 g H_2O. — 0,2024 g Sbst.: 0,1762 g AgBr.
$C_{12}H_{16}O_7Br_2$ (432,03). Ber. C 33,35, H 3,73, Br 37,00.
Gef. „ 33,37, „ 3,68, „ 37,05.

Trotz seiner schönen Eigenschaften ist das Präparat nicht einheitlich; denn, wie später geschildert wird, wechselt sein Drehungsvermögen; zudem enthält es in verhältnismäßig kleinen Mengen einen Stoff, der viel schwerer löslich ist und nicht Nadeln, sondern kompaktere Krystalle bildet.

Der Hauptteil des Präparates besteht aus den erwähnten Nadeln und schmilzt bei 116—117° (korr. 117—118°). Es löst sich leicht in Benzol, Chloroform und warmem Aceton, erheblich schwerer in Äther, aus dem er aber leicht krystallisiert. Durch Petroläther wird das Dibromid aus allen eben erwähnten Lösungsmitteln abgeschieden.

Für die optische Untersuchung diente die Lösung in Acetylentetrachlorid. Sie ergab für Präparate, die den gleichen Schmelzpunkt zeigten, aber verschieden oft aus verschiedenen Lösungsmitteln krystallisiert waren, abweichende Zahlen:

$$[\alpha]_D^{21} = \frac{+2{,}76^\circ \times 3{,}087}{1 \times 0{,}3043 \times 1{,}608} = +17{,}42^\circ \text{ (in Acetylentetrachlorid).}$$

Aus Aceton-Petroläther umkrystallisiert:

$$[\alpha]_D^{16} = \frac{+1{,}38^\circ \times 2{,}9736}{1 \times 1{,}614 \times 0{,}3014} = +8{,}45^\circ \text{ (in Acetylentetrachlorid).}$$

Nochmals aus Benzol-Petroläther krystallisiert:

$$[\alpha]_D^{14} = \frac{+1{,}18^\circ \times 3{,}0814}{1 \times 1{,}617 \times 0{,}3092} = +7{,}27^\circ \text{ (in Acetylentetrachlorid).}$$

Das Triacetyl-glucal-dibromid ist sehr zersetzlich. Unreine Präparate verwandeln sich schon im Laufe von 24 Stunden in ein braunes, nach Essigsäure riechendes Öl. Aber auch die reinsten Präparate gehen beim längeren Aufbewahren zugrunde. Wie schon erwähnt, wurde auf diese Weise alles krystallisierte Material verloren.

Triacetyl-glucal-dichlorid, $C_6H_7O_4(C_2H_3O)_3Cl_2$.

Eine Lösung von 10 g Triacetyl-glucal in 50 ccm Tetrachlorkohlenstoff wird im Eis-Kochsalz-Gemisch abgekühlt und trocknes Chlor in geringem Überschuß eingeleitet. Verdampft man dann unter geringem Druck aus einem Bade von 35—40°, so bleibt ein farbloser Sirup, der rasch krystallisiert.

Er wird in 25 ccm warmem Äther gelöst, durch starke Abkühlung im Kältegemisch wieder zur Krystallisation gebracht, dann abgesaugt und abgepreßt. Ausbeute etwa 10 g. Durch nochmaliges Umkrystallisieren aus Äther erhält man ein Präparat, das für alle weiteren Operationen genügend rein ist, und dessen Menge ungefähr 7,3 g oder 60% der Theorie beträgt.

Für die Analyse wurde ein mehrfach aus Äther umgelöstes Präparat verwendet.

0,2000 g Sbst. (viermal umkrystallisiert, über Phosphorpentoxyd und Natronkalk bei Zimmertemperatur und 10 mm Druck getrocknet): 0,1677 g AgCl.

$C_{12}H_{16}O_7Cl_2$ (343.11). Ber. Cl 20,67. Gef. Cl 20,74.

Das Präparat scheint trotz seines schönen Aussehens nicht einheitlich zu sein, sondern wie das Dibromid aus einem wechselnden Gemisch stereoisomerer Formen zu bestehen. Darauf deutet das Schwanken der Drehung, für deren Bestimmung die Lösung in Acetylentetrachlorid diente.

Das Analysenpräparat zeigte nach zweimaligem Umkrystallisieren:

$$[\alpha]_D^{16} = \frac{+28{,}25^\circ \times 3{,}8939}{1 \times 1{,}569 \times 4{,}038} = +173{,}6^\circ \text{ (in Acetylentetrachlorid).}$$

Nach viermaligem Umkrystallisieren war $[\alpha]_D^{17} = +179{,}4^\circ$, nach fünfmaligem Umlösen $+184{,}6^\circ$, und wahrscheinlich war damit das Ende noch nicht erreicht; denn ein anderes Präparat zeigte:

$$[\alpha]_D^{15} = \frac{+30{,}52^\circ \times 3{,}1086}{1 \times 1{,}569 \times 0{,}3027} = +199{,}7^\circ \text{ (in Acetylentetrachlorid).}$$

Auch der Schmelzpunkt war nicht scharf. Er lag bei 92—94°, änderte sich aber beim Umkrystallisieren nicht mehr. Die gleichen Erscheinungen wurden übrigens beim Dibromid auch beobachtet und sind nicht auffällig, da das am ersten Kohlenstoff stehende Halogenatom seine räumliche Stellung leicht ändern kann.

Das Dichlorid ist selbst in heißem Wasser nur sehr wenig löslich; es scheidet sich daraus beim Erkalten wieder ölig aus. Die wäßrige Lösung reagiert sauer auf Kongorot und schmeckt stark bitter. Es löst sich leicht in Aceton, Chloroform, Benzol, Tetrachlorkohlenstoff, ebenso in warmem Äther und warmem Alkohol, aus denen es beim starken Abkühlen leicht krystallisiert.

In Petroläther ist es schwer löslich und wird dadurch aus den anderen Lösungsmitteln gefällt. Aus Äther krystallisiert es in der Regel in kleinen Nadeln, die warzenförmig verwachsen sind. Die Lösung des Dichlorids in Aceton oder Alkohol gibt beim Erwärmen mit Silbernitrat-Lösung rasch einen Niederschlag von Chlorsilber. Es reduziert auch die Fehlingsche Lösung in der Wärme stark.

Im Gegensatz zu dem leicht zersetzlichen Dibromid ist es ziemlich haltbar. Denn wir konnten es über Natronkalk und Phosphorpentoxyd viele Wochen aufbewahren, ohne daß eine merkliche Veränderung eintrat.

Tetracetyl-glucose-2-chlorhydrin, $C_6H_7O_5(C_2H_3O)_4Cl$.

Es wird aus dem eben beschriebenen Dichlorid erhalten, wenn man von seinen beiden Chloratomen eines mit Silberacetat umsetzt, und läßt sich im Gegensatz zum Tetracetyl-bromhydrin leicht in krystallisierter Form gewinnen.

8 g reines Triacetyl-glucal-dichlorid wurden in der 10-fachen Menge Eisessig gelöst und mit etwa 15 g fein gepulvertem Silberacetat unter häufigem Umschütteln solange auf 100° erhitzt, bis eine abfiltrierte Probe beim Erwärmen mit Silbernitrat keinen Niederschlag mehr gab. Das war nach etwa $1^1/_2$ Stunden der Fall.

Nach Entfernung der Silberverbindungen wurde das Lösungsmittel unter stark vermindertem Druck verjagt und der sirupöse Rückstand noch mehrmals mit Wasser abgedampft. Schließlich erstarrte er zum großen Teil und wurde dann gründlich mit Wasser verrieben und abgesaugt. Da die Krystallmasse aber noch mit viel Sirup vermengt war, wurde sie nun mit 35 ccm warmem Äther aufgenommen und daraus wieder durch starkes Abkühlen abgeschieden. Die Ausbeute betrug 4,5 g oder 53% der Theorie.

Zur Analyse wurde das Rohprodukt noch dreimal aus etwa der vierfachen Menge Methylalkohol umgelöst und bei Zimmertemperatur im Hochvakuum über P_2O_5 getrocknet.

0,1616 g Sbst.: 0,2707 g CO_2 und 0,0800 g H_2O. — 0,1978 g Sbst.: 0,0772 g AgCl.

$C_{14}H_{19}O_9Cl$ (366,7). Ber. C 45,83, H 5,22, Cl 9,67.
Gef. „ 45,68, „ 5,54, „ 9,65.

Die optische Untersuchung des Analysenpräparates ergab:

$$[\alpha]_D^{19} = \frac{+8{,}53^\circ \times 3{,}7076}{1 \times 1{,}552 \times 0{,}3984} = +51{,}2^\circ \text{ (in Acetylentetrachlorid).}$$

Nach nochmaliger Krystallisation aus Methylalkohol war:

$$[\alpha]_D^{18} = \frac{+8{,}42^\circ \times 3{,}7541}{1 \times 1{,}554 \times 0{,}3972} = +51{,}1^\circ \text{ (in Acetylentetrachlorid).}$$

Das Tetracetyl-glucose-2-chlorhydrin schmilzt nach kurzem Sintern bei 110—111° ohne Zersetzung zu einem farblosen Sirup, der beim Abkühlen erst allmählich wieder erstarrt. Es reduziert die Fehlingsche Lösung in der Wärme sehr stark. Der Geschmack ist bitter.

In Äther, Methyl- und Äthylalkohol ist es in der Kälte mäßig, beim Erwärmen leichter löslich. In Aceton, Benzol, Essigester und Tetrachlorkohlenstoff löst es sich leicht und wird daraus durch Petroläther wieder krystallinisch abgeschieden. In heißem Wasser ist es sehr schwer löslich und fällt beim Abkühlen der nicht zu konzentrierten Lösung wieder krystallinisch aus. Die schönsten und flächenreichsten Krystalle wurden durch langsames Verdunsten der methylalkoholischen Lösung gewonnen.

Herr Dr. Steinmetz hat sie gemessen und hat uns darüber Folgendes mitgeteilt:

„Monoklin-sphenoidisch; a : b : c = 0,7786 : 1 : 0,7030.
$\beta = 117^\circ 53^1/_2{}'$.

Das Präparat zeigte einige nach c {001} tafelige und nach der b-Achse verlängerte Krystalle, sowie eine Anzahl dicktafeliger kleinerer Krystalle von c {001} vorherrschend.

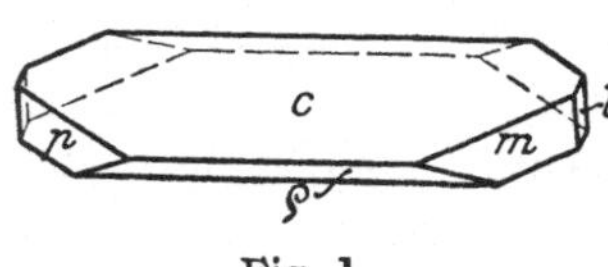

Fig. 1.

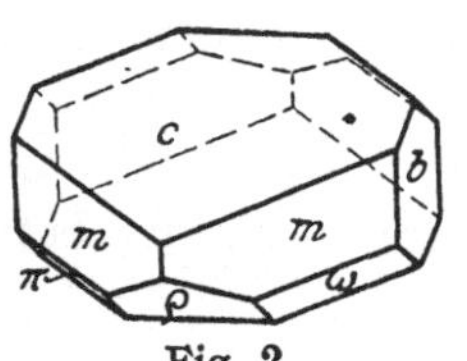

Fig. 2.

m {110}, p {1$\bar{1}$0}, ω {$\bar{1}$11}, π {$\bar{1}\bar{1}$1}, ϱ {$\bar{1}$01}.

	Berechnet	Beobachtet
m : p = (110) : (1$\bar{1}$0) =	—	*69° 04′
m : c = (110) : (001) =	—	*67° 20′
ϱ : c = ($\bar{1}$01) : (001) =	—	*54° 06′
m : ϱ = ($\bar{1}$10) : ($\bar{1}$01) =	68° 40′	68° 48′
ω : c = ($\bar{1}$11) : (001) =	60° 16′	60° 22′
ω : ω = ($\bar{1}$11) : ($\bar{1}$11) =	64° 28′	64° 44′

Die Krystalle waren stark angeätzt, ohne jedoch deutlich umrissene Ätzfiguren zu zeigen; doch zeigten übereinstimmend drei Krystalle einen deutlichen Unterschied in der Oberflächenbeschaffenheit der Flächen (110) und ($\bar{1}10$), gegen ($1\bar{1}0$) und ($\bar{1}\bar{1}0$); letztere gaben gute, fast glänzende Reflexe, erstere waren fast vollkommen matt; diese Erscheinung beweist den Mangel einer Symmetrieebene parallel {010} und die Zugehörigkeit zur sphenoidischen Klasse.

Nach {001} ist ziemlich vollkommene Spaltbarkeit vorhanden.

Die Ebene der optischen Achsen ist {010}".

Wird das Tetracetyl-glucose-2-chlorhydrin, wie es bei der Bromverbindung beschrieben ist, durch Kochen mit $^1/_{20}$-*n*. Salzsäure verseift und mit dem Verseifungsprodukt die Osazonprobe angestellt, so erhält man kein krystallisiertes Phenylglucosazon, sondern nur geringe Mengen eines braungefärbten Öles.

Triacetyl-methylglucosid-2-bromhydrin, $C_6H_7O_4(C_2H_3O)_3(OCH_3)Br$.

Für seine Bereitung wird am besten das rohe Dibromid benutzt, das beim Bromieren von Triacetyl-glucal entsteht und beim Verdampfen des Lösungsmittels als Sirup zurückbleibt.

Man löst diesen in der 10-fachen Menge trocknem Methylalkohol, gibt einen Überschuß von fein gepulvertem Silbercarbonat zu und schüttelt etwa 1 Stunde bei gewöhnlicher Temperatur. Eine Probe der Lösung darf dann beim gelinden Erwärmen mit Silbernitrat kein Bromsilber mehr abscheiden. Wird die filtrierte methylalkoholische Lösung jetzt auf etwa $^1/_5$ eingeengt, so scheidet sich der größere Teil des Glucosides krystallinisch aus. Es wird abgesaugt. Die Mutterlauge gibt beim Abkühlen auf etwa $-40°$ eine zweite Krystallisation, die aber zum größeren Teil aus einem anderen, leichter löslichen, nach links drehenden Glucosid besteht.

Die Ausbeute schwankte bei verschiedenen Versuchen. Gewöhnlich betrug sie 10—15% der Theorie für die schwer lösliche Form, und für die leichter lösliche Form 6—8% der Theorie, berechnet auf das angewandte Triacetyl-glucal. In günstigen Fällen stieg sie aber bis zu etwa 20% für jede Form. Die wechselnde Ausbeute scheint verschiedene Ursachen zu haben. Unter anderem dürfte sie auch von der Beschaffenheit des verwendeten Silbercarbonats abhängen.

Das

Triacetyl-methylglucosid-2-bromhydrin I

ist leicht zu reinigen. Am schnellsten krystallisiert es aus Aceton, entweder beim Verdunsten oder bei vorsichtigem Zusatz von Petroläther. Es scheidet sich dann in wasserklaren, kompakten, flächenreichen Krystallen aus, die leicht mehrere Millimeter Durchmesser haben.

Diese Krystalle dienten nach dem Trocknen im Vakuum-Exsiccator auch für die Analyse.

0,1629 g Sbst.: 0,2444 g CO_2, 0,0752 g H_2O. — 0,2010 g Sbst.: 0,0979 g AgBr.

$C_{13}H_{19}O_8Br$ (383,14). Ber. C 40,74, H 5,00, Br 20,86.
Gef. „ 40,92, „ 5,17, „ 20,73.

Schmp. 138° (korr. 139°). Die Schmelze erstarrt beim Abkühlen wieder krystallinisch. Die Verbindung löst sich schwer in heißem Wasser und krystallisiert daraus beim Abkühlen in feinen Nadeln oder langgestreckten Blättern. In Äthylalkohol ist sie in der Wärme leicht, in der Kälte schwerer löslich. Auch von kaltem Äther und Petroläther wird sie sehr schwer aufgenommen. Dagegen löst sie sich leicht in Chloroform. Sie reduziert Fehlingsche Lösung nicht.

$$[\alpha]_D^{18} = \frac{+8{,}82^\circ \times 3{,}6735}{1 \times 1{,}580 \times 0{,}4078} = +50{,}2^\circ \text{ (in Acetylentetrachlorid).}$$

Bei einem anderen Präparat war:

$$[\alpha]_D^{15} = \frac{+6{,}88^\circ \times 4{,}6802}{1 \times 1{,}582 \times 0{,}4040} = +50{,}4^\circ \text{ (in Acetylentetrachlorid).}$$

Herr Dr. Steinmetz berichtet über das Ergebnis der krystallographischen Untersuchung:

„Rhombisch-bisphenoidisch; a : b : c = 0,2602 : 1 : 0,2855.

Das vorliegende, aus Aceton krystallisierte Präparat bestand aus 2—5 mm großen Krystallen von gleichartiger Ausbildung zweier Prismen: m {110}, und q {011} mit dem Pinakoid b {010}. Infolge der Winkelähnlichkeit der Prismen m und q haben die Krystalle bei einigermaßen gleich großer Ausbildung jener beiden Prismen das Aussehen von tetragonalen Bipyramiden mit Basis; häufig überwiegt jedoch m etwas. Die m-Flächen sind meist gestreift; ihnen gesellen sich selten noch die Flächen von n {120} zu, die den theoretischen Werten nur schlecht entsprechen.

	Berechnet:	Beobachtet:
m : b = (110) : (010) =	—	*75° 25′
n : b = (120) : (010) =	62° 30½′	63° 23′—64° 35′
q : b = (011) : (010) =	—	*74° 04′
q : m = (011) : (110) =	86° 02′	86° 02′
q : n = (011) : (120) =	82° 42′	82° 51′

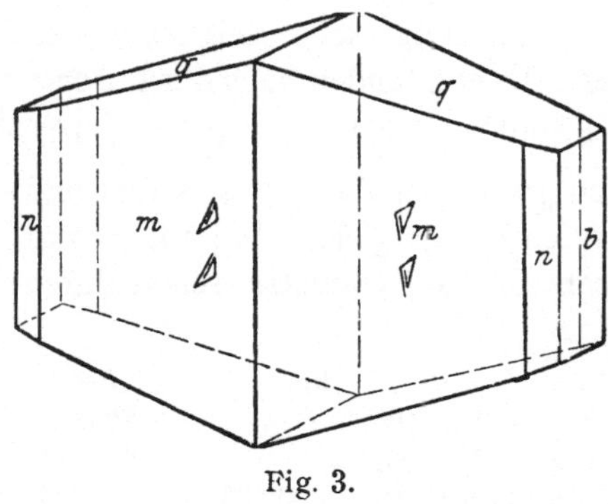

Fig. 3.

Nach {010} ist vollkommene, nach {100}, das nicht als Krystallfläche auftritt, deutlich Spaltbarkeit vorhanden.

Die Ebene optischer Achsen ist {100}; auf Spaltungsplättchen parallel {010} ist das Interferenzbild der spitzen Bisektrix zu sehen, diese also parallel der b-Achse.

Die Ätzfiguren beweisen die Zugehörigkeit zur bisphenoidischen Klasse (vgl. Fig. 3)."

Das

Triacetyl-methylglucosid-2-bromhydrin II

ist in den meisten Lösungsmitteln leichter löslich als sein Isomeres. Deshalb bietet seine Reinigung größere Schwierigkeiten.

Wie schon gesagt, fällt es erst beim starken Abkühlen der Mutterlauge von Form I. mit den Resten dieses Glucosides aus. Zur Reinigung ist die fraktionierte Krystallisation aus Aceton und Petroläther am geeignetsten. Es krystallisiert beim langsamen Verdunsten des Lösungsmittels in langen monoklinen Prismen, die häufig zentrisch verwachsen sind. Sie schmelzen bei 115—116° ohne Zersetzung und erstarren beim Erkalten wieder krystallinisch. Schon geringe Mengen Verunreinigung bedingen eine starke Schmelzpunktsdepression.

0,1575 g Sbst.: (bei 55° und 10 mm Druck über P_2O_5 getr.): 0,2348 g CO_2, 0,0726 g H_2O.

$C_{13}H_{19}O_8Br$ (383,14). Ber. C 40,74, H 5,00.
Gef. „ 40,66, „ 5,15.

$$[\alpha]_D^{16} = \frac{-6{,}32° \times 1{,}9926}{0{,}5 \times 1{,}583 \times 0{,}1730} = -92{,}0° \text{ (in Acetylentetrachlorid);}$$

anderes Präparat:

$$[\alpha]_D^{11} = \frac{-7{,}09° \times 1{,}660}{0{,}5 \times 1{,}584 \times 0{,}1615} = -92{,}0° \text{ (in Acetylentetrachlorid).}$$

Das Glucosid schmeckt bitter und verhält sich auch sonst seinem Isomeren sehr ähnlich; so ist es in Methyl- und Äthylalkohol, sowie Aceton leicht löslich, schwer in Petroläther. Es reduziert die Fehlingsche Lösung nicht, wohl aber nach vorheriger Behandlung mit alkoholischem Kali.

Herr Dr. Steinmetz hat auch Krystalle der Form II gemessen mit folgendem Ergebnis:

„Monoklin-sphenoidisch; a : b : c = 2,7028 : 1 : 1,6237. $\beta = 99° 52'$.

Da die vorliegenden Krystalle zur Messung nicht geeignet waren, wurden sie aus Aceton umkrystallisiert. Es entstanden nach der b-Achse prismatische Krystalle von a {100}, c {001}, ϱ {10$\bar{1}$}, m {110}, p {1$\bar{1}$0}, ω {$\overline{111}$}. a und c sind ungefähr gleich groß entwickelt, ϱ ist selten und nur schmal ausgebildet. m und p treten immer gleichzeitig auf, ω nur am linken Ende. Damit ist die sphenoidische Symmetrie schon durch die Ausbildung festgestellt.

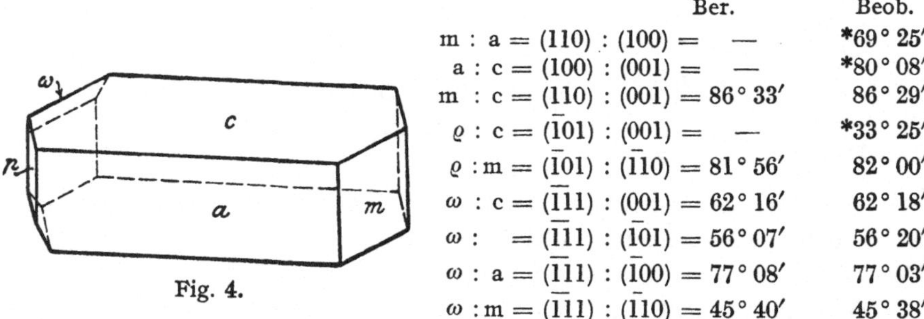

Fig. 4.

	Ber.	Beob.
m : a = (110) : (100) =	—	*69° 25′
a : c = (100) : (001) =	—	*80° 08′
m : c = (110) : (001) =	86° 33′	86° 29′
ϱ : c = ($\bar{1}$01) : (001) =	—	*33° 25′
ϱ : m = ($\bar{1}$01) : ($\bar{1}$10) =	81° 56′	82° 00′
ω : c = ($\overline{11}$1) : (001) =	62° 16′	62° 18′
ω : = ($\overline{11}$1) : ($\bar{1}$01) =	56° 07′	56° 20′
ω : a = ($\overline{11}$1) : ($\bar{1}$00) =	77° 08′	77° 03′
ω : m = ($\overline{11}$1) : ($\bar{1}$10) =	45° 40′	45° 38′

Nach {100} sehr vollkommen, nach {001} etwas weniger vollkommen spaltbar. Die Ebene der optischen Achsen ist {010}; auf {100} ist das Achsenbild der spitzen Bisektrix zu sehen."

Die beiden eben beschriebenen Glucosid-acetate werden durch methylalkoholisches Ammoniak in die freien Glucoside verwandelt.

Zur Darstellung von

Methylglucosid-2-bromhydrin I

wurde das Triacetat I in der 25-fachen Menge trockenem Methylalkohol warm gelöst, dann die Flüssigkeit rasch abgekühlt, und, bevor die Krystallisation begann, mit gasförmigem Ammoniak gesättigt, zuletzt bei 0°. Sie blieb dann 6—7 Stdn. bei 20° stehen. Als nunmehr das Lösungsmittel unter vermindertem Druck verdampft wurde, schied sich das Methylglucosid-2-bromhydrin I krystallinisch ab. Die Ausbeute war fast quantitativ und einmaliges Umkrystallisieren aus heißem Essigester genügte zur völligen Reinigung.

0,1668 g Sbst. (bei 100° und 10 mm Druck über P_2O_5 getr.): 0,2005 g CO_2, 0,0758 g H_2O. — 0,2000 g Sbst.: 0,1456 g AgBr.

$C_7H_{13}O_5Br$ (257,1). Ber. C 32,68, H 5,10, Br 31,07.
Gef. „ 32,78, „ 5,09, „ 30,85.

Die polarimetrische Untersuchung des Analysenpräparates ergab die folgenden Werte:

$$[\alpha]_D^{14} = \frac{+0{,}06^\circ \times 2{,}0415}{1 \times 1{,}040 \times 0{,}2006} = +0{,}59^\circ \text{ (in Wasser)};$$

nach Umkrystallisieren aus Alkohol:

$$[\alpha]_D^{14} = \frac{+0{,}09^\circ \times 1{,}5547}{1 \times 1{,}041 \times 0{,}1547} = +0{,}87^\circ \text{ (in Wasser).}$$

Da die beobachteten Werte sehr niedrig sind, können die Bestimmungen keinen Anspruch auf große Genauigkeit machen, und so erklärt sich die verhältnismäßig große Differenz zwischen beiden Werten. Eine dritte Bestimmung mit einem anderen Präparat im 2-dm-Rohr ergab:

$$[\alpha]_D^{16} = \frac{+0{,}15^\circ \times 3{,}7654}{2 \times 1{,}044 \times 0{,}3802} = +0{,}69^\circ \text{ (in Wasser).}$$

Das Methylglucosid-2-bromhydrin I schmilzt bei 179—180° (korr. 181—182°) unter geringer Zersetzung. Es löst sich leicht in Wasser und reagiert auf Lackmus fast neutral. In Alkohol ist es in der Wärme leicht, in der Kälte ziemlich schwer löslich. In Äther, Chloroform, Benzol, Petroläther ist es sehr schwer oder fast gar nicht löslich.

Es reduziert die Fehlingsche Lösung nicht. Das Brom ist verhältnismäßig fest gebunden. Denn es wird durch Silbernitrat oder -acetat in kochender wäßriger Lösung nicht abgespalten. Dagegen wirkt Alkali rasch bromentziehend.

Ähnlich wie die Form I des Triacetats, läßt sich auch die Form II leicht verseifen und man gelangt zu dem

Methylglucosid-2-bromhydrin II.

Die Verseifung wird gleichfalls mit methylalkoholischem Ammoniak in etwa 10-proz. Lösung ausgeführt, und die Aufarbeitung der Reaktionsflüssigkeit ist auch ähnlich wie bei Form I.

Man verjagt nämlich nach 7 Stdn. Ammoniak und Methylalkohol und kocht den bald krystallisierenden Sirup zur Entfernung des anhaftenden Acetamids mit etwas Essigäther aus. Ist man von einem Triacetat ausgegangen, das noch etwas von der Form I des Acetats enthielt, so ist auch dem freien Glucosid zunächst etwas von der isomeren Form I beigemischt. Er kann aber durch fraktionierte Krystallisation aus Essigäther unschwer davon befreit werden, weil die Beimengung darin leichter löslich ist.

0,1560 g Sbst. (bei 80° und 10 mm Druck über P_2O_5 getr.): 0,1885 g CO_2 [1]).
$C_7H_{13}O_5Br$ (257,1). Ber. C 32,68. Gef. C 32,95.

$$[\alpha]_D^{15} = \frac{-7{,}02^\circ \times 2{,}0290}{1 \times 1{,}040 \times 0{,}2148} = -63{,}8^\circ \text{ (in Wasser).}$$

[1]) Die Wasserstoff-Bestimmung ging durch ein Mißgeschick verloren. Aus Materialmangel konnten wir sie mit unserem reinsten Präparat zunächst nicht wiederholen. Nachdem aber mehrfache Analysen von Präparaten, die noch eine geringe Menge der isomeren Form I des Glucosids enthielten, genau stimmende Zahlen ergeben hatten, kann die elementare Zusammensetzung der ganz reinen Verbindung nicht zweifelhaft sein. Wir werden aber trotzdem ihre Analyse nachholen, sobald wir wieder Material in Händen haben.

Nach nochmaligem Umkrystallisieren war:

$$[\alpha]_D^{16} = \frac{-6{,}66^\circ \times 2{,}7592}{1 \times 1{,}044 \times 0{,}2757} = -63{,}8^\circ \text{ (in Wasser)}.$$

Das Methylglucosid-2-bromhydrin II schmilzt bei ziemlich raschem Erhitzen unter Gasentwicklung und schwacher Bräunung bei 180—181° (korr. 182—183°). Es löst sich in den meisten Solvenzien schwerer als Form I. Sehr leicht in Wasser; von Alkohol benötigt es etwa die 10-fache Menge. Recht schwer löst es sich in Aceton, so gut wie gar nicht in Chloroform, Benzol, Tetrachlorkohlenstoff und Petroläther. Sein Geschmack ist schwach bitter.

Eine Besonderheit des Glucosids ist seine leichte Spaltbarkeit, die bewirkt, daß Fehlingsche Lösung schon nach ziemlich kurzem Kochen stark reduziert wird. Auch *n*-Salzsäure spaltet in der Hitze ziemlich rasch, während die isomere Form I durch *n*-Salzsäure gar nicht, durch konzentrierte nur zum geringen Teil und unter teilweise tiefergreifender Zersetzung angegriffen wird.

1,5 g Bromhydrin-glucosid II wurden mit 15 ccm *n*-Salzsäure etwa 3 Stdn. im Wasserbade erhitzt, wobei schwache Färbung auftrat. Die mit 25 ccm Wasser verdünnte Lösung wurde mit etwa 15 g kryst. Natriumacetat und 3 g salzsaurem Phenylhydrazin versetzt und weitere 3 Stdn. erhitzt. Hierbei fiel ein Osazon mit einer Gesamtausbeute von 0,7 g in sehr schönen Nadeln aus. Es war nach der Reinigung bromfrei und erwies sich nach Drehungsvermögen und Schmelzpunkt als Phenyl-*d*-glucosazon.

Was die Bildung des Osazons aus dem bromhaltigen Zuckerkomplex betrifft, so sei auf frühere Bemerkungen hingewiesen.

Triacetyl-methylglucosid-2-chlorhydrin,
$C_6H_7O_4(C_2H_3O)_3(OCH_3)Cl$,
entsteht aus dem Dichlorid so leicht, daß dessen Reinigung für die Darstellung des Glucosides unnötig ist.

Dementsprechend wird das aus 10 g Triacetyl-glucal bereitete rohe Dichlorid sofort in 10 ccm trocknem Methylalkohol gelöst und mit etwa 10 g sorgfältig zerriebenem Silbercarbonat 3—4 Stunden am Rückflußkühler gekocht, bis eine filtrierte Probe der Flüssigkeit, mit Silbernitrat erwärmt, keinen Niederschlag mehr gibt.

Aus der warm filtrierten Lösung scheidet sich beim starken Abkühlen der größte Teil des Glucosids krystallinisch ab. Durch Verarbeiten der Mutterlauge wird noch eine weitere, aber viel kleinere Menge gewonnen. Die Gesamtausbeute an diesem Produkt beträgt 6 g oder 50% der Theorie, berechnet auf das angewandte Triacetyl-glucal.

Zur Reinigung wird das Rohprodukt in etwa 35 ccm warmem

Aceton gelöst und durch langsamen Zusatz von Petroläther wieder abgeschieden. Die so erhaltenen dünnen, vielfach sternförmig verwachsenen Prismen schmelzen bei 149—150° (korr. 150—151°) ohne Zersetzung, und dieser Schmelzpunkt ändert sich bei weiterem Umkrystallisieren nicht mehr.

Für die Analyse diente ein zweimal umkrystallisiertes, an der Luft getrocknetes Präparat.

0,1987 g Sbst.: 0,0840 g AgCl.

$C_{13}H_{19}O_8Cl$ (338,69). Ber. Cl 10,48. Gef. Cl 10,46.

Dasselbe Präparat wurde zur polarimetrischen Untersuchung verwendet:

$$[\alpha]_D^{17} = \frac{+6{,}83^\circ \times 3{,}6073}{1 \times 1{,}556 \times 0{,}3942} = +40{,}2^\circ \text{ (in Acetylentetrachlorid).}$$

Nach Umlösen aus Aceton und Petroläther:

$$[\alpha]_D^{18} = \frac{+6{,}73^\circ \times 3{,}0033}{1 \times 1{,}552 \times 0{,}3256} = +40{,}0^\circ \text{ (in Acetylentetrachlorid).}$$

Das Triacetyl-methylglucosid-2-chlorhydrin löst sich recht schwer in heißem Wasser und krystallisiert daraus in dünnen Tafeln. Es reagiert auf Lackmus neutral. Es löst sich schwer in kaltem Wasser, leichter in warmem Alkohol, ferner leicht in Chloroform und warmem Benzol, dagegen ziemlich schwer in Äther und recht schwer in Petroläther.

Ein isomeres Glucosid-acetat wurde nicht beobachtet.

Methylglucosid-2-chlorhydrin, $C_6H_{10}O_4(OCH_3)Cl$.

Eine Lösung von 10 g Triacetat in 200 ccm heißem Methylalkohol wird rasch abgekühlt und sofort bei 0° mit gasförmigem Ammoniak gesättigt. Erfolgt dabei Krystallisation des Triacetats, so genügt kurzes Schütteln, um es wieder in Lösung zu bringen. Die Lösung bleibt 6—7 Stunden bei Zimmertemperatur stehen, wird dann unter vermindertem Druck verdampft und der Rückstand in etwa 200 ccm heißem Essigäther gelöst. Aus der eingeengten Lösung scheidet sich beim Abkühlen auf 0° das Methylglucosid-2-chlorhydrin in feinen Nadeln ab. Ausbeute etwa 6 g oder 96% der Theorie.

0,2017 g Sbst. (bei 100° und 0,5 mm Druck über P_2O_5 getr.): 0,1361 g AgCl.

$C_7H_{13}O_5Cl$ (212,59). Ber. Cl 16,68. Gef. Cl 16,70.

$$[\alpha]_D^{18} = \frac{-1{,}27^\circ \times 2{,}0268}{1 \times 1{,}031 \times 0{,}2036} = -12{,}27^\circ \text{ (in Wasser);}$$

nach Umkrystallisieren aus Alkohol:

$$[\alpha]_D^{18} = \frac{-1{,}33^\circ \times 2{,}1022}{1 \times 1{,}033 \times 0{,}2248} = -12{,}05^\circ \text{ (in Wasser).}$$

Trotz der schönen äußeren Eigenschaften besitzt das Präparat keinen scharfen Schmelzpunkt. Es erweicht im Capillarrohr gegen 159° und schmilzt bei 164°. Dabei findet allerdings geringe Bräunung und schwache Gasentwicklung statt. Trotzdem erstarrt die geschmolzene Masse beim Abkühlen auf 155° wieder größtenteils krystallinisch.

Es löst sich in Wasser leicht, und diese Lösung reagiert schwach sauer auf Lackmus, dagegen ziemlich schwer in kaltem Alkohol, woraus es in langen, büschelförmig angeordneten Nadeln krystallisiert. In wasserhaltigem Aceton löst es sich leicht, in trocknem erheblich schwerer; von heißem Essigäther braucht es ungefähr 15 Tle. In Äther, Chloroform, Benzol, Tetrachlorkohlenstoff ist es sehr schwer löslich. Es reduziert die Fehlingsche Lösung nicht, wohl aber nach vorherigem Kochen mit konz. Salzsäure.

Methyl-*epi*-glucosamin, $C_6H_{10}O_4(OCH_3) \cdot NH_2$.

Seine Salze entstehen aus dem zuvor beschriebenen Methylglucosid-2-bromhydrin I und dem Methylglucosid-2-chlorhydrin durch Ammoniak. Die Einwirkung erfolgt aber erst bei höherer Temperatur, am besten beim Erhitzen mit konz. wäßriger Ammoniaklösung auf 100°. Bei gewöhnlicher Temperatur wirkt selbst flüssiges Ammoniak kaum ein.

Der Versuch wurde zuerst mit dem Methylglucosid-2-bromhydrin ausgeführt und das bromwasserstoffsaure Salz der Base erhalten.

Für die praktische Ausführung wird das Methylglucosid-2-bromhydrin mit der 10-fachen Menge wäßrigem Ammoniak (25-proz.) etwa 4 Stunden auf 90—100° erhitzt und dann die schwach gelb gefärbte Lösung verdampft. Der Rückstand krystallisiert zum größten Teil und kann durch Lösen in heißem Alkohol und Abkühlen der eingeengten Flüssigkeit umkrystallisiert werden. Ausbeute etwa 60% der Theorie. In der Mutterlauge befinden sich, neben etwas unverändertem Ausgangsmaterial, noch leichter lösliche Stoffe, die nicht isoliert wurden.

Die Krystalle sind das Hydrobromid des Methyl-*epi*-glucosamins.

0,1379 g Sbst. (bei 100° und 10 mm Druck über P_2O_5 getr.) verbrauchten bei der Titration nach Mohr 5,04 ccm $^n/_{10}$-$AgNO_3$. — 0,1750 g Sbst. entsprachen bei der Bestimmung nach Kjeldahl: 6,54 ccm $^n/_{10}$-H_2SO_4.

$C_7H_{15}O_5N,HBr$ (274,1). Ber. N 5,11, Br 29,17.
Gef. „ 5,24, „ 29,29.

Zur polarimetrischen Untersuchung diente die wäßrige Lösung des analysierten Präparates:

$$[\alpha]_D^{22} = \frac{-12{,}49° \times 2{,}0505}{1 \times 1{,}042 \times 0{,}1991} = -123{,}5° \text{ (in Wasser).}$$

Nach nochmaligem Umkrystallisieren aus Alkohol war:

$$[\alpha]_D^{22} = \frac{-12,40^\circ \times 2,0980}{1 \times 1,042 \times 0,2017} = -123,8^\circ \text{ (in Wasser)}.$$

Das Salz krystallisiert in Nadeln. Es schmilzt bei raschem Erhitzen gegen 215° unter Gasentwicklung und Dunkelfärbung. Es löst sich sehr leicht in Wasser, viel schwerer in Äthyl- und Methylalkohol und fast gar nicht in den übrigen organischen Solvenzien.

Das entsprechende Hydrochlorid kann leicht aus dem Hydrobromid durch Schütteln der wäßrigen Lösung mit Chlorsilber bereitet werden. Es bleibt beim Verdampfen der Lösung krystallinisch zurück und ist in den vorgenannten organischen Lösungsmitteln noch schwerer löslich als das Hydrobromid.

0,2137 g Sbst. (bei 100° und 10 mm Druck über P_2O_5 getr.): 0,1334 g AgCl.
$C_7H_{16}O_5NCl$ (229,64). Ber. Cl 15,44. Gef. Cl 15,44.

$$[\alpha]_D^{21} = \frac{-15,94^\circ \times 1,6212}{1 \times 1,036 \times 0,1703} = -146,5^\circ \text{ (in Wasser)}.$$

Die Drehungswerte von Hydrobromid und Hydrochlorid stehen also ungefähr im umgekehrten Verhältnis wie die Molekulargewichte. Denn aus dem gefundenen Wert für das Hydrobromid würde sich für das Hydrochlorid unter dieser Voraussetzung $[\alpha]_D = -147,8^\circ$ berechnen, was ja ganz gut mit dem gefundenen Wert übereinstimmt.

Dasselbe Methyl-*epi*-glucosamin-Hydrochlorid wurde erhalten, als das Methyl-glucosid-2-chlorhydrin mit der 10-fachen Menge wäßrigem Ammoniak 12—15 Stunden auf 100° erhitzt wurde.

Bei einer Verarbeitung von 5 g reinem Chlor-glucosid konnten 5 g Methyl-*epi*-glucosamin-Hydrochlorid isoliert werden, also 58% der Theorie. Aber aus der Mutterlauge wurden außerdem noch 2,2 g Ausgangsmaterial wiedergewonnen.

Daß das Produkt mit dem aus dem Hydrobromid gewonnenen identisch ist, ließ sich durch den Zersetzungspunkt (210—211°), durch die Bestimmung des Drehungsvermögens, die Analyse und Löslichkeit erweisen.

0,1677 g Sbst. (bei 100° und 10 mm Druck über P_2O_5 getr.): 7,30 ccm $n/_{10}$-H_2SO_4 (nach Kjeldahl).
$C_7H_{16}O_5NCl$ (229,64). Ber. N 6,10. Gef. N 6,10.

Ein zweimal aus Alkohol krystallisiertes Produkt gab bei der optischen Untersuchung:

$$[\alpha]_D^{19} = \frac{-14,69^\circ \times 2,0762}{1 \times 1,035 \times 0,2010} = -146,6^\circ \text{ (in Wasser)}.$$

Das entspricht fast genau dem Wert, der vorher für das Präparat aus dem Bromhydrin angegeben wurde.

Das Glucosid wird durch Emulsin und Hefe-Auszug nicht gespalten.

Das freie Methyl-*epi*-glucosamin läßt sich leicht durch Behandlung der Salze mit Silbercarbonat herstellen, konnte jedoch bisher nicht krystallisiert erhalten werden. Zu seiner Bereitung wurde die Lösung von 1 g salzsaurem Salz in 10 ccm Wasser mit etwa 2 g Silbercarbonat, das allmählich zugegeben wurde, $1^1/_2$ Stunden bei Zimmertemperatur geschüttelt. Die vom Silberniederschlag abfiltrierte Flüssigkeit schied beim Einleiten von Schwefelwasserstoff noch erhebliche Mengen Schwefelsilber ab. Nach Absaugen über reine Tierkohle wurde die Lösung im Vakuum eingedampft und der rückständige Sirup zur vollständigen Entfernung des Wassers noch zweimal mit Alkohol eingedampft.

Der chlor- und schwefelfreie Sirup war in Wasser und Alkohol leicht löslich, in Essigester dagegen schwer und so gut wie unlöslich in Chloroform, Benzol, Petroläther usw.

Mit alkoholischer Salzsäure gibt die freie Base sofort eine krystallinische Verbindung, die in Krystallform und Zersetzungspunkt dem salzsauren Salz vollkommen gleicht. Auch mit Eisessig geht sie eine krystallinische Verbindung ein, die in Wasser leicht löslich ist und sich aus Alkohol umkrystallisieren läßt. Sie fällt beim Abkühlen der alkoholischen Lösung in lanzettförmigen Krystallen.

Der Sirup destilliert beim Erhitzen im Reagensglas nur spurenweise und zersetzt sich zum größten Teil unter Verkohlung. Er reduziert die Fehlingsche Lösung nicht, wohl aber schwach nach Abrauchen mit konz. Salzsäure. Gegen heiße 33-proz. Kalilauge scheint er sehr beständig zu sein und färbt sich erst nach längerem Kochen gelb.

Tetracetyl-methyl-*epi*-glucosamin, $C_6H_7O_4(C_2H_3O)_3(NH \cdot COCH_3)(OCH_3)$.

Wird das salzsaure Salz des Methyl-*epi*-glucosamins mit frisch destilliertem Essigsäure-anhydrid und trocknem Pyridin bei Zimmertemperatur übergossen, — wir wendeten von beiden je 6 g auf 1 g Salz an — so tritt nach kurzem Schütteln starke Selbsterwärmung auf, und der größte Teil des Salzes geht in Lösung. Der Rest löst sich bei weiterem, etwa 1-stündigem Schütteln gleichfalls. Man läßt über Nacht stehen, verdampft dann den Überschuß aus einem Bade von 70° unter vermindertem Druck möglichst vollständig, nimmt den größtenteils krystallinischen Rückstand noch zweimal mit Alkohol auf und verdampft wieder. Schließlich wird er mit sehr wenig Wasser in einen Scheidetrichter übergeführt, mit gesättigter Bicarbonat-Lösung schwach alkalisch gemacht und mit der 25—30-fachen Menge Chloroform, bezogen auf die angewandte Substanz, ausgeschüttelt. Dabei kommt das Chloroform in mehreren Portionen zur Anwendung. Nach Verdampfen der Chloroform-Auszüge wird der krystallinische Rückstand mit wenig Aceton aufgenommen und vorsichtig mit Petroläther gefällt. Die Ausbeute betrug 92% der Theorie, war also fast quantitativ.

0,1611 g Sbst. (bei Zimmertemperatur und 15 mm Druck über P_2O_5 getr.): 0,2932 g CO_2, 0,0924 g H_2O. — 0,2005 g Sbst. entsprachen 5,5 ccm $^n/_{10}$-H_2SO_4 (nach Kjeldahl).

$C_{15}H_{23}O_9N$ (361,27). Ber. C 49,85, H 6,42, N 3,88.
Gef. „ 49,65, „ 6,42, „ 3,84.

Das Analysenpräparat zeigte:

$$[\alpha]_D^{20} = \frac{-15{,}91^\circ \times 1{,}9792}{1 \times 1{,}454 \times 0{,}1820} = -119{,}0^\circ \text{ (in Chloroform).}$$

Nach nochmaliger Krystallisation aus Aceton und Petroläther war:

$$[\alpha]_D^{18} = \frac{-15{,}64^\circ \times 2{,}1806}{1 \times 1{,}452 \times 0{,}1972} = -119{,}2^\circ \text{ (in Chloroform).}$$

Das Tetracetyl-methyl-*epi*-glucosamin schmilzt bei 188° ohne Zersetzung, destilliert bei höherer Temperatur und erstarrt beim Erkalten wieder krystallinisch.

Es löst sich auffallenderweise zu etwa 8% in kaltem Wasser. In Methyl- und Äthylalkohol, in Essigester und Isoamylacetat, sowie in Aceton und Chloroform ist es leicht löslich, weniger in Benzol, schwer in Äther und Petroläther, selbst beim Erwärmen. Durch rasche Fällung seiner Lösungen mit Petroläther kann man es in glänzenden, kleinen Blättchen erhalten. Größere und flächenreiche Krystalle wurden durch langsames Verdunstenlassen der Chloroform- oder Acetonlösung gewonnen. Sie dienten Hrn. Dr. Steinmetz für die krystallographische Untersuchung:

„Rhombisch-bisphenoidisch; a : b : c = 0,4279 : 1 : 0,3906. Meist nach b {010} dicktafelige Krystalle, selten nach der a- oder c-Achse verlängert; Kombination überwiegend b {010}, m {110}, q {011}; selten kommt noch die undeutlich entwickelte Form n {120} dazu. Die Messungen sind nicht sehr genau infolge der vielfach gestörten Flächen von m {001} und der Streifung auf m {110}.

	Berechn.	Beob.
m : b = (110) : (010) =	—	*66° 50′
q : b = (011) : (010) =	—	*68° 40′
m : q = (110) : (011) =	81° 46½′	81° 44′
n : b = (120) : (010) =	49° 27′	49° 32′

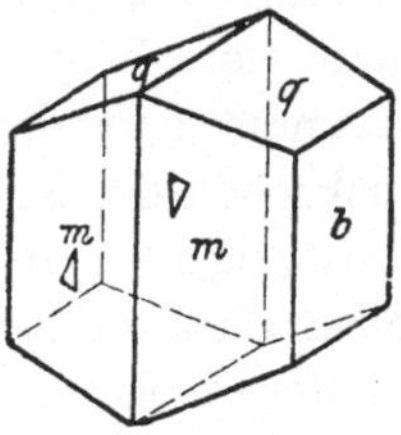

Fig. 5.

vollkommen spaltbar nach {010}.

Die Ebene der optischen Achsen ist {010}: spitze Bisectrix ist die a-Achse."

Das Acetat reduziert Fehlingsche Lösung nicht. Mit Silbernitrat gibt es in wäßriger Lösung keinen Niederschlag und in Benzol mit Salzsäuregas nur eine schwache Trübung. Das von M. L. Hamlin hergestellte Tetracetyl-methyl-glucosamin, das schon bei 105° schmilzt, scheint mit unserem Präparat nicht identisch zu sein. Zwar ist es ebenfalls in Wasser und Alkohol leicht löslich und in Äther schwer. Doch ist es nach den Angaben des Darstellers praktisch unlöslich in Chloroform, Aceton, Essigester, Isoamylacetat, sowie in Kohlenwasserstoffen. Die Drehung und die Krystallform ist leider nicht angegeben.

2-Desoxy-methylglucosid, $C_6H_{11}O_4(OCH_3)$.

Aus den Methylglucosid-2-bromhydrinen läßt sich das Halogen durch Natrium-amalgam leicht entfernen, und es ist dabei ganz gleichgültig, ob man von Form I oder II des Bromhydrins ausgeht; denn in beiden Fällen erhält man das gleiche halogenfreie Produkt, das als 2-Desoxy-methylglucosid bezeichnet werden mag. Dagegen gibt das analoge Chlorhydrin bei der Behandlung mit Natrium-amalgam sein Halogen nur außerordentlich langsam ab.

Zur praktischen Durchführung der Reaktion wurde das Methylglucosid-2-bromhydrin in der 10-fachen Menge Wasser gelöst und unter ständiger Eiskühlung mit $2^1/_2$-proz. Natrium-amalgam, das allmählich zugegeben wurde, anhaltend kräftig geschüttelt. Der Prozeß verlief am raschesten, wenn die Flüssigkeit durch öfteren Zusatz kleiner Mengen verd. Schwefelsäure stets schwach alkalisch gehalten wurde. Die Reaktion war dann nach etwa $1^1/_2$ Stdn. beendet, und eine Probe der wäßrigen Flüssigkeit gab nach Versetzen mit Silbernitrat und Salpetersäure und Filtration beim Kochen keine Fällung von Halogensilber mehr. Von gutem Amalgam wurden auf 1 g Bromhydrin 40—60 g verbraucht.

Jetzt wurde vom Quecksilber abgegossen, mit verd. Schwefelsäure angesäuert und mit Silbersulfat geschüttelt, bis die Lösung bromfrei war. Das mit Schwefelwasserstoff entsilberte Filtrat wurde im Vakuum vom Schwefelwasserstoff befreit, mit Natronlauge genau gegen Lackmus neutralisiert und unter geringem Druck eingedampft. Beim Auskochen des Rückstandes mit etwa der 8-fachen Menge Alkohol und abermaligem Verdampfen wurde das Glucosid als dünnflüssiger, etwas gelber Sirup erhalten. Da aber eine direkte Reinigung Schwierigkeiten bereitete, solange noch keine Impfkrystalle vorhanden waren, wurde zunächst der Umweg über das Triacetat eingeschlagen.

Dementsprechend wurde das Rohprodukt nach dem Trocknen im Hochvakuum in der üblichen Weise mit einem kleinen Überschuß von Essigsäure-anhydrid und Pyridin bei Zimmertemperatur behandelt. Nach 6—10-stündigem Stehen wurde die schwach gelb gefärbte Lösung in die dreifache Menge Eiswasser gegossen. Das ölig ausfallende Acetat erstarrte bald. Seine Menge betrug etwa 60—65% der Theorie, berechnet auf den angewandten Bromkörper.

Zur Analyse wurde nochmals aus Alkohol krystallisiert und bei Zimmertemperatur und 15 mm Druck über P_2O_5 getrocknet.

0,1538 g Sbst.: 0,2884 g CO_2, 0,0934 g H_2O.

$C_{13}H_{20}O_8$ (304,23). Ber. C 51,28, H 6,63.
Gef. „ 51,14, „ 6,80.

Dasselbe Präparat diente auch zur Bestimmung des Drehungsvermögens:

$$[\alpha]_D^{19} = \frac{-4,82^\circ \times 2,4672}{1 \times 1,544 \times 0,2554} = -30,16^\circ \text{ (in Acetylentetrachlorid).}$$

Nach nochmaligem Umkrystallisieren aus Alkohol war:

$$[\alpha]_D^{19} = \frac{-4,73^\circ \times 2,2376}{1 \times 1,5444 \times 0,2264} = -30,31^\circ \text{ (in Acetylentetrachlorid).}$$

Das Triacetyl-2-desoxy-methylglucosid erweicht bei 91°, schmilzt bei 96—97° ohne Zersetzung und erstarrt beim Erkalten wieder krystallinisch. Eine im Reagensglas erhitzte Probe destillierte größtenteils unter geringer Dunkelfärbung; das Destillat erstarrte aber nur zum Teil wieder krystallinisch.

Das Acetat löst sich in Methyl- und Äthylalkohol in der Kälte ziemlich reichlich, in der Wärme leicht. Auch in warmem Petroläther löst es sich gut. Besonders leicht lösen Aceton, Benzol, Essigester und Chloroform, dagegen löst warmes Wasser nur sehr wenig. Gut ausgebildete Krystalle wurden durch freiwilliges Verdunsten der Chloroform- oder Acetonlösung erhalten.

Über das Ergebnis ihrer krystallographischen Untersuchung teilte Hr. Dr. Steinmetz Folgendes mit:

„Rhombisch-bisphenoidisch; a : b : c = 0,4701 : 1 : 0,5636. Die vorliegenden, etwas gelblich gefärbten Krystalle waren wegen sehr schlechter Flächenausbildung nicht meßbar; nach dem Umkrystallisieren aus Benzol entstanden vollkommen farblose, tafelige Krystalle mit folgenden Formen: b {010} vorherrschend, a {100}, r {101}, n {120}, o {111}, ω $\{1\bar{1}1\}$, p {131}. Es bilden sich im wesentlichen die zwei Typen nebeneinander: dünne Tafeln nach {010} mit o und ω in ziemlich gleicher Ausbildung, von r schmal abgestumpft; daneben noch p {131}, ohne das andere Sphenoid $\{1\bar{3}1\}$, untergeordnet dazu n {120} und a {100}

(Fig. 6); dickere Tafeln nach b zeigten nur das Sphenoid o {111} und schmal r {101} (Fig. 7).

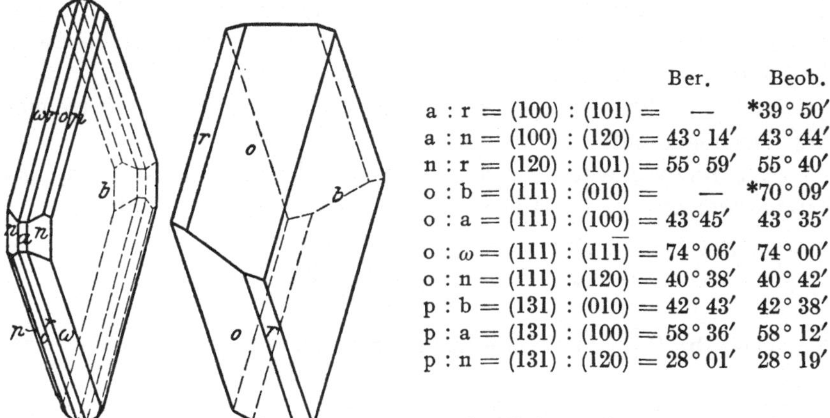

Fig. 6. Fig. 7.

	Ber.	Beob.
a : r = (100) : (101) =	—	*39° 50′
a : n = (100) : (120) =	43° 14′	43° 44′
n : r = (120) : (101) =	55° 59′	55° 40′
o : b = (111) : (010) =	—	*70° 09′
o : a = (111) : (100) =	43° 45′	43° 35′
o : ω = (111) : $(11\bar{1})$ =	74° 06′	74° 00′
o : n = (111) : (120) =	40° 38′	40° 42′
p : b = (131) : (010) =	42° 43′	42° 38′
p : a = (131) : (100) =	58° 36′	58° 12′
p : n = (131) : (120) =	28° 01′	28° 19′

Ziemlich vollkommen spaltbar nach b.

Die Ebene der optischen Achsen ist wahrscheinlich {001} mit a als spitzer Bisectrix. Zur ganz sicheren Feststellung wäre etwas mehr Material als das vorhandene nötig, das nur stets kleine Fragmente von Krystallen erhalten ließ, die zwar zur vollständigen Flächenmessung ausreichten, für die optische Bestimmung jedoch nicht genügten.

Das freie Desoxy-methylglucosid wurde zum erstenmal in krystallisierter Form bei Verseifung des oben beschriebenen Triacetats mit methylalkoholischem Ammoniak erhalten. Mit Hilfe dieser Krystalle konnte die Substanz bei späteren Versuchen stets ohne den Umweg über das Triacetat rein gewonnen werden.

Wurde nämlich das sirupöse Rohprodukt, dessen Bereitung aus dem Bromhydrin im vorhergehenden Abschnitt geschildert ist, im Vakuum gut getrocknet und dann mit Impfkrystallen verrieben, so erstarrte bald die Hauptmenge krystallinisch. Sie wurde erst mit wenig Aceton verrieben, um den sirupös verbliebenen Anteil zu entfernen, dann mit der 6—7-fachen Menge desselben Lösungsmittels unter Anwendung einer Kältemischung umkrystallisiert und nach dem Absaugen sofort im Exsiccator getrocknet. Die Ausbeute aus 8 g Bromkörper betrug dann aber nur 1,4 g, weil erhebliche Mengen in den Mutterlaugen verblieben. Sie ließen sich aber daraus großenteils abscheiden durch Überführung in die Acetylverbindung, von der noch 2,4 g erhalten wurden, so daß die Gesamtausbeute etwa 50% der Theorie entsprach.

Zur Analyse und zur optischen Bestimmung wurde das freie Glucosid noch dreimal aus Aceton krystallisiert und bei Zimmertemperatur im Vakuumexsiccator über P_2O_5 getrocknet.

0,1600 g Sbst.: 0,2780 g CO_2, 0,1164 g H_2O.

$C_7H_{14}O_5$ (178,2). Ber. C 47,16, H 7,92.

Gef. „ 47,39, „ 8,14.

$$[\alpha]_D^{17} = \frac{-4,70° \times 1,9465}{1 \times 1,022 \times 0,1852} = -48,38°$$ (in Wasser):

nach noch zweimaligem Umkrystallisieren war:

$$[\alpha]_D^{17} = \frac{-4,76° \times 2,0072}{1 \times 1,022 \times 0,1938} = -48,22°$$ (in Wasser).

Das 2-Desoxy-methylglucosid schmilzt bei 121—122° (korr. 122 — 123°) zu einer farblosen Flüssigkeit, die beim Abkühlen wieder krystallinisch erstarrt.

Es löst sich sehr leicht in Wasser und Alkohol, viel schwerer in Essigester und so gut wie gar nicht in Chloroform und Petroläther. Es reduziert die Fehlingsche Lösung nicht, wird aber bereits durch kurzes Erwärmen mit $^1/_{10}$-*n*.-Salzsäure gespalten. Die Flüssigkeit reduziert dann 60—70% der Menge Fehlingscher Lösung, die von der gleichen Menge Traubenzucker verbraucht werden würde.

Diacetyl-glucal-6-bromhydrin,

$Br \cdot CH_2 \cdot CH(O \cdot COCH_3) \cdot CH \cdot CH(O \cdot COCH_3)CH = CH$ (?).
(Ringschluss über O zwischen CH und CH)

Die Aceto-dibromglucose[1]) liefert bei der Reduktion mit Zink und Essigsäure eine Verbindung, welche fast alle die Reaktionen zeigt, die als charakteristisch für glucal-artige Substanzen zu betrachten sind. Ihr dürfte darum die obige Formel zukommen. Weil wir aber dafür noch keine weiteren experimentellen Belege beigebracht haben, wurde der Formel vorerst noch ein Fragezeichen beigefügt.

10 g Aceto-dibromglucose werden in 400 ccm warmem Eisessig gelöst und zu der auf 22—24° abgekühlten Flüssigkeit 50 g Zinkstaub gegeben. Man schüttelt die Aufschlämmung 2 Stdn. bei dieser Temperatur, bis der ätherische Auszug einer mit Wasser verdünnten Probe kein leicht abspaltbares Brom mehr enthält. Die verhältnismäßig großen Mengen von Eisessig und Zinkstaub sind notwendig, um das Dibromid in Lösung zu halten und damit die Reduktion in der angegebenen Zeit beendet wird. Nach beendeter Reduktion wird von den Zinkverbindungen abfiltriert und die Eisessiglösung aus einem Bade von nicht mehr als 35—40° im guten Vakuum verdampft. Der Rückstand wird mit Wasser gefällt und ausgeäthert, die ätherischen Auszüge durch Schütteln mit Kaliumcarbonat neutralisiert, mit Wasser gewaschen und schließlich im Vakuum verdampft.

---

[1]) E. Fischer und E. F. Armstrong, Berichte d. D. Chem. Gesellsch. **35**, 833 [1902]. *(Kohlenh. I, 815).*

Es hinterbleibt ein Öl, dessen Hauptmenge beim Impfen rasch erstarrt. Zur Reinigung wird die von Öl durchgesetzte Krystallmasse in 15 ccm Alkohol gelöst. Beim Abkühlen mit einer Kältemischung scheiden sich wieder große Mengen Krystalle ab, die auch bei Zimmertemperatur nicht wieder in Lösung gehen, wenn man allmählich noch 20 ccm Wasser zusetzt. Die Ausbeute an diesem Rohprodukt betrug 5 g oder 70% der Theorie.

Nach dreimaligem Umkrystallisieren ist die Substanz rein und schmilzt dann nach vorherigem Sintern bei 44—45°. Will man sie in schönen Nadeln erhalten, so muß man mehr Alkohol zur Lösung verwenden und durch behutsamen Zusatz von Wasser wieder zur Krystallisation bringen.

Zur Analyse wurde bei Zimmertemperatur im Hochvakuum getrocknet.

0,1611 g Sbst.: 0,2411 g CO_2, 0,0680 g H_2O. — 0,1620 g Sbst.: 0,1026 g AgBr.

$C_{10}H_{13}O_5Br$ (293,1). Ber. C 40,96, H 4,47, Br 27,27.

Gef. „ 40,82, „ 4,73, „ 26,95.

$$[\alpha]_D^{16} = \frac{-7{,}11^\circ \times 3{,}8353}{1 \times 1{,}589 \times 0{,}3989} = -43{,}03^\circ \text{ (in Acetylentetrachlorid).}$$

Bei nochmaliger Umkrystallisation blieb das Drehungsvermögen ungeändert.

Das Glucal-6-bromhydrin-diacetat ist im Gegensatz zur Acetodibromglucose in Äther spielend leicht löslich. Schwer löst es sich in Wasser, von dem in der Hitze etwa 150 Tle. zur praktischen Lösung benötigt werden. Die Verbindung addiert in Chloroform Brom, reduziert nach alkalischer Verseifung Fehlingsche Lösung stark und gibt mit einem Fichtenspan eine schöne Grünfärbung. Dagegen bleibt die Färbung der fuchsin-schwefligen Säure auch bei längerer Einwirkung aus. Die Verbindung zersetzt sich beim Aufbewahren unter Abspaltung von Essigsäure.

Hrn. Dr. Fritz Brauns sind wir für seine freundliche Hilfe zu bestem Dank verpflichtet.

38. Emil Fischer und Georg O. Curme jr.: Über Lactal und Hydro-lactal.

Berichte der Deutschen Chemischen Gesellschaft **47**, 2047 [1914].

(Eingegangen am 15. Juni 1914.)

Wie früher schon erwähnt[1]), wird die Aceto-bromlactose durch Zinkstaub und Essigsäure leicht reduziert. Das dabei entstehende Produkt $C_{24}H_{32}O_{15}$ entspricht dem aus Aceto-bromglucose erhaltenen Triacetyl-glucal. Es wurde in der ersten Mitteilung als Aceto-lactal bezeichnet. Nachdem es aber gelungen ist, die Substanz zu krystallisieren und ihre Einheitlichkeit festzustellen, halten wir es für zweckmäßig, ihr den genaueren Namen „Hexaacetyl-lactal" zu geben.

Durch Verseifung mit Baryt entsteht daraus das freie Lactal, $C_{12}H_{20}O_9$, das ebenso wie der Milchzucker mit einem Mol. Wasser schön krystallisiert und deshalb leicht zu reinigen war. Die sichere Feststellung seiner Zusammensetzung ist wichtig für die Formel des Glucals, das wegen seiner sirupösen Beschaffenheit[2]) nicht analysiert werden konnte, und dessen Formel $C_6H_{10}O_4$ indirekt abgeleitet werden mußte. Das Lactal zeigt manche Ähnlichkeit mit dem Glucal, denn es färbt die Fuchsin-schwefligsäure rotviolett, und wird durch Erwärmen mit Salzsäure rasch in eine dunkle, unlösliche Masse verwandelt. Dagegen ist es beständiger gegen Alkalien, und reduziert auch die Fehlingsche Lösung kaum. Ferner gibt es mit Fichtenspan und Salzsäure nicht die schöne grüne Farbe des Glucals.

Bei der Behandlung mit Wasserstoff und Platinmohr verwandelt es sich in das ebenfalls gut krystallisierende Hydro-lactal, $C_{12}H_{22}O_9$, das auch aus Hexaacetyl-lactal durch Reduktion und nachträgliche Verseifung mit Baryt erhalten wird. Das Hydro-lactal gleicht durchaus

---

[1]) Berichte d. D. Chem. Gesellsch. **47**, 209 [1914]. *(S. 406.)*

[2]) Beim monatelangen Stehen im Exsiccator verwandelte sich ein solcher Sirup zum größten Teil in eine strahlig-krystallinische Masse, die aber noch nicht genau untersucht ist. Fischer.

dem Hydroglucal; es zeigt nicht mehr die Färbung der fuchsin-schwefligen Säure und gibt ebensowenig beim Erhitzen mit Säuren humusartige Stoffe. Die Verwandtschaft des Lactals und Hydro-lactals mit dem Milchzucker verrät sich am deutlichsten in der Bildung der Schleimsäure durch Erhitzen mit Salpetersäure, sowie in der Hydrolyse durch verdünnte Säuren oder Emulsin.

Speziell der enzymatische Prozeß wurde genauer verfolgt bei dem Hydro-lactal, und es gelang hier die Bildung von Hydro-glucal mit Sicherheit nachzuweisen. Daraus geht hervor, daß Lactal und Hydro-lactal zum Milchzucker genau in demselben Verhältnis stehen, wie Glucal und Hydro-glucal zum Traubenzucker. Solange die Struktur des Glucals noch unsicher ist[1]), scheint es uns zwecklos, für die neuen Derivate des Milchzuckers Strukturformeln aufzustellen. Wir betonen aber, daß die Verkettung der Galaktose mit der Glucose im Milchzucker unabhängig sein muß von demjenigen Teile des Glucose-Moleküls, in welchem sich die Bildung der für das Glucal und Hydro-glucal charakteristischen Atomgruppe vollzieht. Ferner geht aus unseren Versuchen

---

[1]) Obschon ich ausdrücklich früher darauf hingewiesen habe, daß die vorliegenden Daten zur Lösung dieser Frage nicht ausreichen, hat Hr. Nef kürzlich (Liebigs Annal. d. Chem. **403**, 334 [1914]) ohne neue Beobachtungen für das Triacetyl-glucal eine neue Formel

$$CH_2(OAc)-\underset{OAc}{\overset{H}{C}}-\underset{OAc}{\overset{H}{C}}-\overbrace{CH-CH=CH}^{O}$$

mit großer Bestimmtheit aufgestellt. Ich halte es deshalb für nötig, darauf aufmerksam zu machen, daß dieselbe in Widerspruch steht 1. mit den aldehydartigen Reaktionen des Glucals, 2. mit der Ausnahmestellung, die eine Acetylgruppe im Triacetyl-glucal hat, 3. mit der großen Beständigkeit des Hydroglucals gegen Salzsäure, die wohl auf einen Tetramethylenoxyd-Ring, aber nicht auf eine Trimethylenoxyd-Gruppe zu passen scheint. Endlich sind auch die Gründe, die Hr. Nef für seine neue Formel der Aceto-bromglucose anführt und die zugleich als Grundlage für diejenige des Triacetyl-glucals dienen, m. E. hinfällig (vergl. die auf S. 1980ff. vorhergehende Mitteilung über die Struktur der beiden Methylglucoside usw.) *(S. 1).* Etwas mehr Beachtung würde folgende Formel des Glucals verdienen:

$$CH_2(OH)\cdot CH(OH)\cdot\overbrace{CH-CH(OH)-CH=CH}^{O}.$$

Ich habe an sie längst gedacht, aber sie nicht publiziert, weil sie mit dem aldehydartigen Verhalten des Glucals nur gezwungen, d. h. durch die Annahme einer überaus leichten Spaltung des Oxydrings in Einklang gebracht werden kann. Die neueren Beobachtungen am Lactal, insbesondere seine Beständigkeit gegen freies Phenylhydrazin, machen nun allerdings die Anwesenheit einer fertigen Aldehyd- oder Oxymethylengruppe in ihm zweifelhaft. Dadurch wird auch für das Glucal diese Annahme unsicherer. Aber widerlegt ist sie noch nicht. Kurzum, ich bin der Meinung, daß augenblicklich noch alle Spekulationen über die Struktur des Glucals in der Luft schweben. Fischer.

mit größter Wahrscheinlichkeit hervor, daß Aceto-bromglucose und Aceto-bromlactose analoge Struktur haben, was man zwar stillschweigend angenommen hat, wofür aber außer der ähnlichen Bildungsweise bisher kein Grund angeführt werden konnte.

Hexaacetyl-lactal, $C_{24}H_{32}O_{15}$.

Bei größeren Mengen empfiehlt es sich, die Reduktion der Aceto-bromlactose nicht bei Zimmertemperatur, sondern bei 0° auszuführen. 125 g Aceto-bromlactose, die aus Octaacetyl-lactose mit Bromwasserstoff in Eisessig hergestellt war[1]), wurde mit 1250 ccm gut gekühlter 50-prozentiger Essigsäure übergossen, und nach Zusatz von 250 g Zinkstaub unter Kühlung mit Eis 3 Stunden auf der Maschine geschüttelt. Dabei geht die Aceto-bromlactose vollständig in Lösung. Schließlich wird die Flüssigkeit filtriert, mit festem Natrium-bicarbonat neutralisiert, und die abgeschiedene klebrige Masse ausgeäthert. Ist man bereits im Besitz von Krystallen, so genügt es, den bei Verdampfen des Äthers bleibenden amorphen Rückstand in Alkohol zu lösen und Impfkrystalle einzutragen. Im Laufe von einigen Stunden entsteht dann eine starke Krystallisation von farblosen Nadeln. Ausbeute 65 g oder 65% der Theorie. Die Gewinnung der ersten Krystalle ist etwas mühsamer. Man löst zu dem Zweck das amorphe Produkt in der zehnfachen Menge Alkohol und kühlt auf — 20°. Dabei fällt das Acetyllactal zunächst als körnige, aber noch amorphe Masse aus. Wird diese jedoch bei derselben Temperatur abgesaugt und dann noch mehrmals in der gleichen Art aus Alkohol abgeschieden, so wird sie plötzlich krystallinisch.

Das rohe Hexaacetyl-lactal wurde für die Analyse aus heißem Alkohol zweimal umkrystallisiert und im Vakuumexsiccator über Schwefelsäure getrocknet.

0,2005 g Sbst.: 0,3772 g CO_2, 0,1046 g H_2O.
$C_{24}H_{32}O_{15}$ (560,26). Ber. C 51,40, H 5,76.
Gef. „ 51,31, „ 5,84.

Der Schmelzpunkt dieses Präparates war 113—114° (korr.) und blieb beim weiteren Umkrystallisieren unverändert. Trotzdem war es noch nicht rein, wie die optische Prüfung zeigte, denn das Drehungsvermögen in Acetylentetrachlorid-Lösung war zuerst $[\alpha]_D^{18} = -8,30°$, stieg aber beim weiteren Umkrystallisieren aus Alkohol. Das Maximum $[\alpha]_D^{19} = -12,27$ war nach sechsmaliger Umlösung erreicht.

---

[1]) Vergl. E. Fischer und H. Fischer, Berichte d. D. Chem. Gesellsch. **43**, 2530 [1910] *(S. 227)*. Nur wurde an Stelle von Essigsäureanhydrid zum Lösen des Octa-acetyl-milchzuckers Eisessig genommen.

0,2226 g Sbst. (6-mal umkrystallisiert). Gesamtgewicht der Acetylentetrachlorid-Lösung 2,9534 g. $d^{19} = 1,568$. Drehung im 1-dcm-Rohr bei 19° und Natriumlicht 1,45° nach links. Mithin $[\alpha]_D^{19} = -12,27$.

0,3316 g Sbst. (noch 2-mal umkrystallisiert). Gesamtgewicht der Acetylentetrachlorid-Lösung 3,8864 g. $d^{19} = 1,564$. Drehung im 1-dcm-Rohr bei 19° und Natriumlicht 1,62° nach links. Mithin $[\alpha]_D^{19} = -12,14°$.

Genau dieselbe Erscheinung wurde auch bei dem Triacetylglucal beobachtet. In beiden Fällen sind die unreinen Präparate sehr wahrscheinlich Mischkrystalle von zwei Isomeren. Wie erwähnt schmilzt auch das optisch reine Hexaacetyl-lactal bei 113—114° (korr.). Es ist leicht löslich in Chloroform, Aceton, Methylalkohol, heißem Äthylalkohol und warmem Essigester; erheblich schwerer in kaltem Alkohol und Äther. Aus heißem Alkohol krystallisiert es meist in dünnen schief abgeschnittenen Prismen. In kochendem Wasser löst es sich ziemlich schwer, und fällt beim Erkalten ölig aus. Beim Kochen mit starker Salzsäure nimmt die Lösung bald eine rotbraune Farbe an. Beim Erhitzen mit verdünnter Salpetersäure löst es sich langsam und beim Verdampfen auf dem Wasserbade entsteht eine reichliche Menge von Schleimsäure.

Die Zahl der Acetylgruppen wurde bereits früher mit dem amorphen Präparat bestimmt[1]). Da aber das Resultat nicht scharf war, so haben wir den Versuch mit dem krystallisierten Material wiederholt. Eine abgewogene Menge wurde mit überschüssigem $^n/_5$-Barytwasser bis zur völligen Lösung geschüttelt, dann 24 Stunden bei 37° aufbewahrt, und schließlich das überschüssige Bariumhydroxyd mit $^n/_5$-Salzsäure und Phenolphthalein zurücktitriert.

0,5010 g Sbst. verbrauchten 26,58 ccm $^n/_5$-Barytwasser. — 0,5016 g Sbst. verbrauchten 26,62 ccm $^n/_5$-Barytwasser.

$C_{24}H_{32}O_{15}$. Ber. 6-Acetyl 46,08. Gef. 45,65, 45,67.

Hexaacetyl-lactal-dibromid, $C_{24}H_{32}O_{15}Br_2$.

Das Acetyl-lactal addiert, ebenso wie die Glucal-Verbindung leicht zwei Atome Brom, wie folgender Versuch zeigt:

0,4990 g Hexaacetyl-lactal wurden in 10 ccm reinem Chloroform gelöst, dann eine chloroformische Bromlösung von bekanntem Gehalt in mäßigem Überschuß zugesetzt. Nach zehn Minuten wurde verdünnte Schwefelsäure und Jodkalium-Lösung zugefügt, und das freigewordene Jod mit Natriumthiosulfat zurücktitriert. Addiert waren 0,1411 g Brom, während 0,1424 g berechnet sind. Bei einem zweiten Versuch waren auf 0,5000 g Hexaacetyl-lactal 0,1416 g Brom verbraucht statt der berechneten 0,1427 g.

---

[1]) Berichte d. D. Chem. Gesellsch. **47**, 210 [1914] (*S. 407.*)

Die Addition des Halogens geht also recht glatt vonstatten, aber das dabei entstehende Produkt ist trotzdem ein Gemisch, vielleicht von Stereoisomeren.

Eine Lösung von 5 g optisch reinem Hexaacetyl-lactal in 20 ccm Chloroform wurde bei 0° allmählich mit einer chloroformischen Lösung von Brom versetzt, bis dessen Farbe nicht mehr verschwand. Als dann das Chloroform unter geringem Druck verdampft wurde, blieb ein harziger Rückstand, der sich in 20 ccm Aceton völlig löste. Bei Zugabe des dreifachen Volumens Äther entstand ein farbloser krystallinischer Niederschlag des Dibromids, der nach mehrstündigem Stehen in der Kälte abgesaugt wurde. Ausbeute 1,7 g oder 26% der Theorie. Der in der Mutterlauge gebliebene Teil des Brom-Additionsproduktes wurde nicht weiter untersucht. Das krystallinische Dibromid war für die Analyse nochmals aus Aceton und Äther umkrystallisiert und im Vakuumexsiccator getrocknet.

0,1826 g Sbst.: 0,0956 g AgBr.
$C_{24}H_{32}O_{15}Br_2$ (720,10). Ber. Br 22,20. Gef. Br 22,28.

Das Dibromid krystallisiert in mikroskopischen, langen, sehr dünnen Prismen und schmilzt beim raschen Erhitzen im Capillarrohr gegen 207° (korr.) unter Zersetzung.

0,2104 g Sbst. gelöst in Acetylentetrachlorid. Gesamtgewicht der Lösung 3,4744 g. $d^{18} = 1,592$. Drehung im 1-dcm-Rohr bei 18° und Natriumlicht 13,06° nach rechts. Mithin $[\alpha]_D^{18} = + 135,5°$.

0,1342 g Sbst. Gesamtgewicht der Lösung 2,5820 g. $d_{16} = 1,595$. Drehung im 1-dcm-Rohr bei 16° und Natriumlicht 11,25° nach rechts. Mithin $[\alpha]_D^{16} = + 135,7°$.

Lactal, $C_{12}H_{20}O_9$.

20 g Hexaacetyl-lactal werden mit einer Lösung von 50 g reinem krystallisiertem Bariumhydroxyd in 550 ccm Wasser bis zur Lösung geschüttelt und dann 24 Stunden bei 37° aufbewahrt. Nachdem nun das Barium genau mit Schwefelsäure ausgefällt ist, wird die filtrierte Flüssigkeit unter 15—20 mm Druck verdampft und der krystallinische Rückstand zur Reinigung in der zehnfachen Menge heißem 90-prozentigem Alkohol gelöst. Beim Erkalten krystallisieren lange dünne Prismen, die makroskopisch wie Nadeln aussehen. Ausbeute 9 g oder 77% der Theorie.

Sie schmelzen nicht konstant bei 184—186° (korr.) unter schwacher Braunfärbung und enthalten ein Mol. Wasser, das im Hochvakuumexsiccator schon bei gewöhnlicher Temperatur, allerdings sehr langsam, entweicht.

1,0080 g lufttrockne Sbst. verloren über Phosphorpentoxyd im Hochvakuum im Laufe von 115 Stunden 0,0539 g.

0,9115 g lufttrockne Sbst. verloren über Phosphorpentoxyd bei 56° und 20 mm Druck in 18 Stunden 0,0493 g.

$C_{12}H_{20}O_9 + H_2O$ (326,18). Ber. H_2O 5,52. Gef. H_2O 5,35, 5,41.

Beim Trocknen bekommt das ursprünglich ganz weiße Pulver einen ganz schwachen Stich ins Gelbe. Beim Trocknen bei höherer Temperatur wird diese Färbung viel stärker und zeigt dann eine deutliche Zersetzung an.

0,1980 g Sbst. (im Hochvakuum getrocknet): 0,3379 g CO_2, 0,1184 g H_2O.
$C_{12}H_{20}O_9$ (308,16). Ber. C 46,73, H 6,54.
Gef. „ 46,54, „ 6,69.

0,2017 g lufttrocknes Hydrat: 0,3258 g CO_2, 0,1235 g H_2O.
$C_{12}H_{20}O_9 + H_2O$ (326,18). Ber. C 44,15, H 6,80.
Gef. „ 44,05, „ 6,85.

0,2034 g Sbst. (im Hochvakuum getrocknet). Gesamtgewicht der wäßrigen Lösung 2,0104 g. $d_{22} = 1,036$. Drehung im 1-dcm-Rohr bei 22° und Natriumlicht 2,99° nach rechts. Mithin $[\alpha]_D^{22} = + 28,53°$ oder in Hydrat umgerechnet $[\alpha]_D^{22} = + 26,95°$.

Drehung des Hydrats: 0,2123 g Sbst. (an der Luft getrocknet). Gesamtgewicht der wäßrigen Lösung 2,1411 g. $d_{19} = 1,034$. Drehung im 1-dcm-Rohr bei 19° und Natriumlicht 2,76° nach rechts. Mithin $[\alpha]_D^{19} = + 26,92°$.

0,1554 g Sbst. (lufttrocken). Gesamtgewicht der wäßrigen Lösung 1,6037 g. $d_4^{19} = 1,033$. Drehung im 1-dcm-Rohr bei 19° und Natriumlicht 2,68° nach rechts. Mithin $[\alpha]_D^{19} = + 26,77°$.

Man ersieht aus den optischen Werten, daß die wasserhaltige und die trockene Substanz sich in optischer Beziehung gleich verhalten. Das ist beachtenswert, weil das getrocknete Präparat etwas niedriger, das heißt bei 165—170° ebenfalls unter Zersetzung schmolz.

Das Lactal schmeckt schwach süß, löst sich sehr leicht in Wasser, schwer in heißem absol. Alkohol, noch schwerer in Aceton, und ist fast unlöslich in Äther und Chloroform. Tränkt man einen Fichtenspan mit einer Lösung des Lactals und bringt ihn dann in starke Salzsäure, so nimmt er nicht die schöne grüne Farbe an, die das Glucal unter denselben Umständen gibt[1]). Auch gegen Fehlingsche Lösung ist das Lactal beständiger, denn selbst beim Kochen tritt nur eine ganz schwache Reduktion ein. Auch gegen freies Phenylhydrazin ist es ziemlich beständig. Als eine Lösung von 0,3 g Lactal in 0,5 ccm Wasser und 0,3 g Phenylhydrazin 5 Stunden im Wasserbad erhitzt war, konnte durch

---

[1]) Berichte d. D. Chem. Gesellsch. 47, 204 [1914]. *(S. 400)*

Auslaugen mit Äther eine erhebliche Menge von unverändertem Lactal krystallinisch abgeschieden werden. Dagegen zeigt sich die Ähnlichkeit mit Glucal in den folgenden Reaktionen:

1. Die gewöhnliche farblose Lösung von fuchsin-schwefliger Säure, die mit Lactal versetzt war, begann nach etwa 20 Minuten sich schwach zu färben; nach 3/4 Stunden war die Farbe schon ziemlich kräftig, und nach 1 1/2 Stunden stark rot-violett. Die Schnelligkeit der Färbung hängt übrigens von der Beschaffenheit der fuchsinschwefligen Säure ab.

2. Eine wäßrige Lösung des Lactals entfärbt sofort Bromwasser.

3. Erwärmt man Lactal mit 5 *n*. Salzsäure, so färbt sich die Flüssigkeit sehr rasch dunkel und scheidet, wenn sie nicht zu verdünnt ist, bald darauf einen dunklen amorphen Niederschlag ab.

Ähnlich dem Milchzucker wird das Lactal von Emulsin verändert. Läßt man nämlich eine Lösung von einem Teil Lactal in 10 Tln. Wasser mit 0,4 Tln. käuflichem Emulsin und einigen Tropfen Toluol 24 Stunden bei 37° stehen, so reduziert die filtrierte Flüssigkeit Fehlingsche Lösung sehr stark. Obschon wir die Spaltungs-Produkte nicht nachgewiesen haben, so ist es doch kaum zweifelhaft, daß Hydrolyse in Galaktose und wahrscheinlich Glucal stattgefunden hat.

Hexaacetyl-hydrolactal, $C_{24}H_{34}O_{15}$.

25 g Hexaacetyl-lactal werden in 100 ccm Eisessig gelöst, mit 2,2 g Platinmohr, das nach Löw-Willstätter[1]) bereitet ist, versetzt und in dem gebräuchlichen Apparat mit Wasserstoff geschüttelt, bis ungefähr 1 1/4 l des Gases verbraucht sind und keine Absorption mehr stattfindet. Bei Anwendung von gutem Katalysator und Vermeidung von Kautschuk-Stopfen am Apparate ist die Operation gewöhnlich in 3 Stunden beendet. Man läßt nun das Platin absitzen, dekantiert und filtriert die Lösung, verdünnt mit etwas Wasser und neutralisiert mit festem Natriumbicarbonat. Die hierdurch ausgeschiedene klebrige Masse wird ausgeäthert, und der Äther verdampft. Leider ist es uns nicht gelungen, die Verbindung krystallisiert zu erhalten. Zur Reinigung haben wir sie in etwa 10 Tln. Alkohol gelöst und durch Abkühlen auf — 20° wieder ausgeschieden. Sie fällt dabei erst als zähes Öl, das aber erstarrt und sich dann in der Kälte leicht absaugen läßt. Schon bei 0° wird sie allerdings wieder klebrig. Für die Analyse diente ein Material, das sechsmal in dieser Weise aus Alkohol abgeschieden war. Um die letzten Reste des Alkohols, die das Erweichen bei höherer Temperatur verursachen, zu ent-

---

[1]) Berichte d. D. Chem. Gesellsch. **23**, 289 [1890]; **45**, 1472 [1912].

fernen, war das Präparat in wenig Äther gelöst und diese Lösung bei 15 mm an der Wasserstrahlpumpe verdampft. Hierbei blieb eine blasige Masse, die sich verreiben ließ und die dann noch fünf Tage über Phosphorpentoxyd bei 15—20 mm getrocknet war.

0,2001 g Sbst.: 0,3747 g CO_2, 0,1108 g H_2O.

$C_{24}H_{34}O_{15}$ (562,27). Ber. C 51,22, H 6,09.
Gef. „ 51,07, „ 6,20.

Zur Ergänzung der Elementaranalyse haben wir auch die Zahl der Acetylgruppen in derselben Weise wie beim Hexaacetyl-lactal bestimmt.

0,5071 g Sbst. verbrauchten 26,58 ccm $^n/_5$-Barytwasser. — 0,4990 g Sbst. verbrauchten 26,18 ccm $^n/_5$-Barytwasser.

$C_{24}H_{34}O_{15}$ (562,27). Ber. 6 Acetyl 45,91. Gef. 45,10, 45,15.

Das Hexaacetyl-hydrolactal ist ein farbloses, amorphes Pulver, das zwischen 50 und 60° weich wird. Es ist in den gewöhnlichen Lösungsmitteln, mit Ausnahme von Wasser und Petroläther, sehr leicht löslich.

Hydro-lactal, $C_{12}H_{22}O_9$.

Da es leicht krystallisiert, so kann man zu seiner Bereitung die rohe Acetylverbindung benutzen. 27 g der letzteren wurden mit einer Lösung von 68 g wasserhaltigem Bariumhydroxyd in 750 ccm Wasser bis zur Lösung geschüttelt, dann 18 Stunden im Brutraum aufbewahrt und zum Schluß kurze Zeit auf dem Wasserbade erhitzt. Nachdem nun der Baryt genau mit Schwefelsäure gefällt war, hinterließ die filtrierte Flüssigkeit beim Verdampfen unter vermindertem Druck das Hydrolactal als krystallinische Masse, die aus der zehnfachen Menge heißem 80-prozentigem Alkohol umkrystallisiert wurde. Ausbeute 14,0 g oder 89% der Theorie, berechnet nach der rohen, aber von Äther ganz befreiten Hexaacetylverbindung.

Für die Analyse war dieses Präparat noch zweimal aus heißem 80-prozentigem Alkohol umkrystallisiert. Die so erhaltenen langen, schmalen Prismen, die makroskopisch wie Nadeln aussehen, enthalten nach dem Trocknen im Vakuumexsiccator über Schwefelsäure 1 Mol. Wasser, das durch längeres Trocknen bei 100° und 20 mm über Phosphorpentoxyd ausgetrieben wurde.

0,7960 g verloren 0,0438 g. — 0,8919 g verloren 0,0503 g.

$C_{12}H_{22}O_9 + H_2O$ (328,19). Ber. H_2O 5,49. Gef. H_2O 5,50, 5,64.

0,1944 g wasserhaltige Sbst.: 0,3124 g CO_2, 0,1298 g H_2O.

$C_{12}H_{22}O_9 + H_2O$ (328,19). Ber. C 43,88, H 7,37.
Gef. „ 43,83, „ 7,47.

0,2000 g getrocknete Sbst.: 0,3400 g CO_2, 0,1284 g H_2O.

$C_{12}H_{22}O_9$ (310,18). Ber. C 46,42, H 7,15.
Gef. „ 46,36, „ 7,18.

0,2082 g Sbst. Gesamtgewicht der wäßrigen Lösung 2,1512 g. $d_{19} = 1,034$. Drehung im 1-dcm-Rohr bei 19° und Natriumlicht 2,84° nach rechts. Mithin $[\alpha]_D^{20} = + 28,38°$ oder berechnet für Hydrat $[\alpha]_D^{20} = + 26,82°$.

Die Drehung des Hydrats wurde auch mit einem mehrmals umkrystallisierten Präparat bestimmt.

1. 0,1976 g Sbst. Gesamtgewicht der wäßrigen Lösung 2,2528 g. $d_{19} = 1,030$. Drehung im 1-dcm-Rohr bei 19° und Natriumlicht 2,42° nach rechts. Mithin $[\alpha]_D^{19} = + 26,79°$.

2. $[\alpha]_D^{19} = + \frac{2,71 \times 2,0054}{1 \times 1,030 \times 0,1985} = + 26,59°$.

In optischer Beziehung verhalten sich trockne und wasserhaltige Substanz ganz gleich; dasselbe gilt für den Schmp. 204—205° (korr.), wobei schwache Gelbfärbung eintritt. Das Hydrolactal schmeckt schwach süß: es löst sich schon in der Kälte in der doppelten Menge Wasser, dagegen ist es in heißem Methylalkohol schon ziemlich schwer und in den anderen indifferenten organischen Lösungsmitteln sehr schwer oder gar nicht löslich. Es entfärbt Bromwasser nicht, reduziert auch nicht die Fehlingsche Lösung und gibt mit fuchsin-schwefliger Säure keine Färbung. Ferner unterscheidet es sich von dem Lactal durch das Verhalten gegen warme Salzsäure. Erhitzt man es nämlich mit 5 *n*.-Salzsäure zum Kochen, so tritt nicht wie beim Lactal Dunkelfärbung und Abscheidung eines dunklen Niederschlages ein, sondern die Flüssigkeit färbt sich nach einigen Minuten schwach gelbrot, und dies rührt zweifellos her von der Hydrolyse in Galaktose und Hydroglucal, von denen die erstere durch die starke Salzsäure allmählich in gefärbte Produkte verwandelt wird. Glatter verläuft diese Hydrolyse des Hydrolactals bei längerem Erhitzen mit *n*.-Salzsäure oder verdünnter Schwefelsäure im Wasserbade, wobei sich dann die Bildung des Zuckers mit Fehlingscher Lösung leicht nachweisen läßt. Zum Beweis, daß es sich hier um Galaktose handelt, haben wir 1 g mit verdünnter Salpetersäure auf dem Wasserbad erhitzt, dann verdampft und die in reichlicher Menge (0,25 g) gebildete Schleimsäure durch den Schmp. 213° charakterisiert.

Bildung des Hydro-lactals aus Lactal. Die Reaktion verläuft so glatt, daß sie mit ganz kleinen Mengen ausgeführt werden kann. 0,5 g reines Lactal wurde in wäßriger Lösung bei Gegenwart von Platinmohr mit Wasserstoff behandelt, dann die filtrierte Flüssigkeit verdampft und der Rückstand aus 80-prozentigem Alkohol umkrystallisiert. Ausbeute 0,4 g Hydrolactal, das den richtigen Schmelzpunkt, die richtige Drehung, $[\alpha]_D^{19} = + 26,72°$, und alle übrigen Eigenschaften der Hydroverbindung zeigte.

Hydrolyse des Hydro-lactals durch Emulsin.

Wie schon erwähnt, wird das Hydrolactal beim Erhitzen mit verdünnten Mineralsäuren auf dem Wasserbade ziemlich rasch verändert, und die Flüssigkeit reduziert dann stark die Fehlingsche Lösung. Es liegt nahe zu vermuten, daß hierbei ein Zerfall in Galaktose und Hydroglucal stattfindet. Als wir aber versuchten, diese beiden Körper im reinen Zustand zu isolieren, zeigten sich unerwartete Schwierigkeiten. Insbesondere wollte die Krystallisation des Hydroglucals, auf dessen Nachweis es uns am meisten ankam, nicht gelingen. Ob dieser Mißerfolg auf die Schwierigkeit der Trennung oder auf einen komplizierteren Verlauf der Reaktion zurückzuführen ist, können wir nicht sagen. Wir haben es deshalb vorgezogen, die Hydrolyse des Hydrolactals durch Emulsin zu bewerkstelligen und die hierbei entstehende Galaktose durch Vergärung mit Bierhefe zu entfernen. Auf diese Weise ist es in der Tat ohne Schwierigkeit gelungen, das Hydroglucal in reinem Zustand zu isolieren.

2,2 g Hydrolactal wurden in 20 ccm Wasser gelöst, mit 0,4 g käuflichem Emulsin (Merck) und 10 Tropfen Toluol versetzt und im verschlossenen Gefäß drei Tage bei 37° gehalten. Dann wurde die filtrierte Lösung 10 Minuten gekocht, wobei sich Eiweiß abschied, abermals filtriert, nach dem Abkühlen unter den üblichen Vorsichtsmaßregeln mit 0,5 g frischer obergäriger Bierhefe versetzt und die mit Wattebausch verschlossene Flasche zwei Tage bei 37° aufbewahrt. Die Flüssigkeit reduzierte jetzt die Fehlingsche Lösung nicht mehr. Sie wurde filtriert, unter vermindertem Druck verdampft, der Rückstand mit Alkohol ausgekocht, dann die alkoholische Lösung verdampft und der hierbei bleibende Rückstand mit ziemlich viel Essigäther mehrmals ausgekocht. Aus der eingeengten Essigätherlösung schieden sich beim Einimpfen rasch und in reichlicher Menge Krystalle aus. Sie wurden nochmals mit Essigäther aufgenommen und schließlich aus wenig Alkohol durch Zusatz von Petroläther krystallinisch abgeschieden. Nach dem Trocknen bei 20 mm Druck und 56° über Phosphorpentoxyd zeigten sie den Schmp. 84° und in 10-prozentiger wäßriger Lösung $[\alpha]_D^{18} = +16,32°$.

Auch die Analyse bestätigte alle diese Beobachtungen.

0,1638 g Sbst.: 0,2894 g CO_2, 0,1202 g H_2O.

$C_6H_{12}O_4$ (148,1). Ber. C 48,62, H 8,17.
Gef. „ 48,19, „ 8,21.

Auf die Isolierung der Galaktose haben wir verzichtet, da die Bildung der Schleimsäure aus Hydrolactal als Ersatz dafür gelten kann.

39. Emil Fischer und Kálmán von Fodor: Über Cellobial und Hydro-cellobial.

Berichte der Deutschen Chemischen Gesellschaft 47, 2057 [1914].

(Eingegangen am 15. Juni 1914.)

Das Reduktionsverfahren, welches vom Traubenzucker zum Glucal und Hydro-glucal[1]) geführt hat, läßt sich auch auf die Cellobiose anwenden. Durch Behandlung von Aceto-bromcellobiose mit Zinkstaub und Essigsäure entsteht zunächst Hexaacetyl-cellobial,

$$C_{26}H_{35}O_{17}Br + 2\,H = C_{24}H_{32}O_{15} + C_2H_4O_2 + HBr.$$

Diese Acetylverbindung gibt ein Dibromid. Ferner liefert sie bei der Verseifung mit Barytwasser das Cellobial, $C_{12}H_{20}O_9$. Endlich nimmt sie bei Gegenwart von Platin in essigsaurer Lösung leicht 2 Atome Wasserstoff auf unter Bildung von Acetyl-hydrocellobial, $C_{24}H_{34}O_{15}$, aus dem wieder durch Verseifung mit Barytwasser das Hydro-cellobial selbst, $C_{12}H_{22}O_9$, entsteht.

Alle diese Produkte sind ausgezeichnet durch die Neigung zur Krystallisation und übertreffen darin noch die in der voranstehenden Mitteilung*) beschriebenen Derivate des Milchzuckers, denen sie im übrigen sehr ähnlich sind. Die nahen Beziehungen zum Glucal und Hydroglucal ließen sich beweisen durch die Hydrolyse des Hydrocellobials mit Emulsin. Ähnlich der Cellobiose wird es von dem Enzym ziemlich rasch gespalten in einen stark reduzierenden, gärungsfähigen Zucker (jedenfalls *d*-Glucose) und in Hydro-glucal, das wir in krystallisierter Form gewinnen konnten.

Hexaacetyl-cellobial, $C_{12}H_{14}O_9(C_2H_3O)_6$.

Es ist ratsam, als Ausgangsmaterial ganz reine Aceto-bromcellobiose, deren Bromgehalt durch die Analyse kontrolliert ist, anzuwenden, denn wenn derselben noch unveränderte Octaacetyl-cellobiose beigemengt ist, so wird später die Reinigung des Cellobial-Derivats

---

[1]) E. Fischer, Berichte d. D. Chem. Gesellsch. 47, 196 [1914]. *(S. 393.)*

*) *S. 447.*

recht schwierig. 10 g Aceto-bromcellobiose werden in 100 ccm eines Gemisches von 95 Tln. Eisessig und 5 Tln. Wasser gelöst und nach Zusatz von 20 g Zinkstaub 20 Stunden bei 10—15° geschüttelt. Es empfiehlt sich, dabei die Flasche mehrmals zu öffnen, um angesammelten Wasserstoff freizugeben; schließlich wird vom Zink abgesaugt, mit Wasser nachgewaschen und das Filtrat mit etwa 300 ccm Wasser verdünnt. Die milchig getrübte Flüssigkeit wird mit 100 ccm Chloroform ausgeschüttelt, die Chloroform-Lösung bis zur neutralen Reaktion gewaschen, mit Natriumsulfat getrocknet und unter vermindertem Druck verdampft. Den amorphen, blasigen Rückstand löst man in etwa 15 ccm Aceton und versetzt mit 60 ccm Äther. Beim mehrstündigen Stehen krystallisiert das Acetyl-cellobial in farblosen, dünnen Prismen. Ausbeute etwa 3,6 g. Das Präparat zeigt den Schmp. 128—135° und ist schon ziemlich rein. Die Mutterlauge gibt beim Verdunsten einen dicken Sirup, der beim Verreiben mit wenig Äther krystallinisch erstarrt (etwa 2,3 g). Dieses Präparat ist etwas weniger rein als die erste Krystallisation. Die Gesamtausbeute von 5,9 g entspricht etwa 73% der Theorie.

Zur Reinigung löst man die ganze Menge in 15 ccm Chloroform und versetzt mit Petroläther, so daß die Lösung eben noch klar bleibt. Beim längeren Stehen erfolgt dann die Abscheidung des Hexaacetyl-cellobials in kleinen, schiefen, rhombischen Blättchen, die sich an die Wandung des Gefäßes ansetzen. Ausbeute etwa 4,6 g eines Präparates vom Schmp. 134—135°. Enthält das Rohprodukt eine größere Menge von unveränderter Octaacetyl-cellobiose, so erfolgt die Abscheidung aus der Chloroform-Lösung als voluminöse, in der ganzen Flüssigkeit verteilte Masse. Die Reinigung des Präparates wird dann umständlich, denn sie erfordert mehrmaliges Umkrystallisieren aus Aceton und der vierfachen Menge Äther.

Zur Analyse wurde das Hexaacetyl-cellobial noch zweimal aus Chloroform und Petroläther umkrystallisiert und im Vakuumexsiccator über Phosphorpentoxyd getrocknet.

0,1504 g Sbst.: 0,2846 g CO_2, 0,0780 g H_2O. — 0,1538 g Sbst.: 0,2890 g CO_2, 0,0805 g H_2O.

$C_{24}H_{32}O_{15}$ (560,26). Ber. C 51,40, H 5,76.
Gef. „ 51,61, 51,25, „ 5,80, 5,86.

0,2321 g Sbst. Gesamtgewicht der Acetylentetrachlorid-Lösung 3,4368 g. $d_4^{20} = 1,560$. Drehung im 1-dcm-Rohr bei 17° und Natriumlicht 2,09° nach links. Mithin $[\alpha]_D^{17} = -19,8°$.

Ein Präparat von anderer Darstellung gab $[\alpha]_D^{17} = -19,6°$.

Die Substanz schmilzt bei ziemlich raschem Erhitzen gegen 134 — 135° (korr.) zu einer klaren, farblosen Flüssigkeit. Der Schmelzpunkt hängt aber von der Art des Erhitzens ab, was sich durch eine partielle Zersetzung erklärt, denn schon bei längerem Erhitzen im Wasserbade entwickelt sich auch ohne Schmelzung der Geruch nach Essigsäure.

Sie löst sich leicht in warmem Alkohol und krystallisiert daraus beim Erkalten meist in langen, schmalen Prismen, die häufig büschelförmig vereinigt sind; ferner leicht löslich in kaltem Chloroform, Acetylentetrachlorid, Aceton, ziemlich schwer in Äther und fast gar nicht in Petroläther. Sie reduziert die Fehlingsche Lösung beim kurzen Kochen kaum.

Bestimmung der Acetyl-Gruppen. 0,9766 g fein verriebene Substanz wurden mit 100 ccm $^n/_5$-Baryt-Lösung mehrere Stunden bis zur völligen Lösung geschüttelt. Nachdem die Flüssigkeit noch 15 Stunden bei Zimmertemperatur gestanden hatte, wurde das unverbrauchte Bariumhydroxyd durch *n*.-Salzsäure mit Phenolpthalein als Indicator zurücktitriert. Hierzu waren nötig 9,6 ccm *n*.-Salzsäure. Mithin waren zur Bindung der Essigsäure verbraucht 52,0 ccm $^n/_5$-Baryt-Lösung, während für Hexaacetyl-cellobial 52,3 ccm berechnet sind.

Hexaacetyl-cellobial-dibromid, $C_{12}H_{14}O_9Br_2(C_2H_3O)_6$.

Das Hexaacetyl-cellobial addiert in Chloroform-Lösung bei gewöhnlicher Temperatur sofort 2 Atome Brom, wie folgender Versuch beweist. 0,9250 g wurden in 10 ccm Chloroform gelöst und mit 20 ccm einer Lösung von Brom in Chloroform versetzt, welche nach einer besonderen Titration 47,35 ccm $^n/_{10}$-Natriumthiosulfat-Lösung entsprachen. Nach einer Minute wurde die Menge des überschüssigen Broms in der Chloroform-Lösung mit Kaliumjodid und Natriumthiosulfat-Lösung zurücktitriert. Nötig waren dazu 14,65 ccm Thiosulfat-Lösung; mithin waren zur Addition verbraucht 0,2613 g Brom, während 0,2639 g berechnet sind.

Dementsprechend wurden zur praktischen Darstellung des Dibromids 3 g reines Hexaacetyl-cellobial in 10 ccm gereinigtem Chloroform gelöst und mit ungefähr 15 ccm einer chloroformischen Bromlösung, die gerade die berechnete Menge Brom, d. h. 0,8563 g enthielt, bei gewöhnlicher Temperatur versetzt und die schwach gelb gefärbte Flüssigkeit sofort unter geringem Druck verdampft. Der fast farblose, blasige, amorphe Rückstand wurde in 10 ccm reinem Chloroform gelöst und mit soviel Petroläther versetzt, daß die Flüssigkeit noch eben klar blieb. Nach kurzer Zeit schied sich das Dibromid in ganz schwach gelben mikroskopischen Prismen ab. Ausbeute etwa 2,7 g oder 70% der Theorie. Zur Analyse wurde noch dreimal in derselben Weise umkrystallisiert und schließlich unter 10—15 mm bei 78° über Phosphorpentoxyd getrocknet.

0,1579 g Sbst.: 0,2303 g CO_2, 0,0647 g H_2O. — 0,1926 g Sbst.: 0,1015 g AgBr.
$C_{24}H_{32}O_{15}Br_2$ (720,10). Ber. C 39,99, H 4,48, Br 22,20.
Gef. „ 39,78, „ 4,59, „ 22,43.

0,2190 g Sbst. Gesamtgewicht der Acetylentetrachlorid-Lösung 3,4087 g. $d_4^{20} = 1,582$. Drehung im 1-dcm-Rohr bei 20° und Natriumlicht 5,88° nach rechts. Mithin $[\alpha]_D^{20} = + 57,9$.

Eine zweite Bestimmung gab + 57,4°.

Die Substanz schmilzt bei raschem Erhitzen im Capillarrohr gegen 165—166° (korr.) zu einer schwach braunen Flüssigkeit, die schnell dunkler wird und etwas höher erhitzt aufschäumt. Sie löst sich leicht in heißem Alkohol, Chloroform, Acetylentetrachlorid, Aceton.

Cellobial, $C_{12}H_{20}O_9$.

6 g fein gepulvertes Hexaacetyl-cellobial wurden mit 420 ccm $^n/_5$-Barytwasser bei Zimmertemperatur bis zur völligen Lösung geschüttelt, was 3—4 Stunden dauerte. Nachdem die Lösung noch 15 Stunden gestanden hatte, wurde der Baryt genau mit Schwefelsäure gefällt und die filtrierte Flüssigkeit bei 15—20 mm zur Trockne verdampft. Als der Rückstand in Alkohol gelöst und diese Lösung auf etwa 30 ccm eingeengt war, schied sich beim mehrstündigen Stehen das Cellobial in mikroskopischen, farblosen, ziemlich dicken und meist zugespitzten Prismen ab. Ausbeute etwa 2 g oder 60% der Theorie. Dieses Produkt schmolz gewöhnlich bei ungefähr 153°. Der Schmelzpunkt ging beim Umkrystallisieren aus Alkohol allmählich in die Höhe und blieb nach 4-maligem Umlösen bei 175—176° (korr.) konstant.

Dieses Präparat wurde zur Analyse und optischen Bestimmung benutzt, nachdem es im Vakuumexsiccator über Phosphorpentoxyd getrocknet war.

0,1533 g Sbst.: 0,2613 g CO_2, 0,0910 g H_2O.
$C_{12}H_{20}O_9$ (308,16). Ber. C 46,73, H 6,54.
Gef. „ 46,49, „ 6,65.

0,1858 g Sbst.: Gesamtgewicht der wäßrigen Lösung 2,1252 g. $d_4^{20} = 1,0255°$. Drehung bei 20° im 1-dm-Rohr und Natriumlicht 0,09° nach rechts. Mithin $[\alpha]_D^{20} = + 1,0°$.

Das Cellobial schmilzt bei raschem Erhitzen gegen 175—176° (korr.) zu einer farblosen Flüssigkeit, die gegen 200° aufschäumt.

Es löst sich leicht in Wasser, viel schwerer in Alkohol und ist fast unlöslich in Äther. Zum Unterschied von Glucal reduziert es die Fehlingsche Lösung beim kurzen Aufkochen kaum und gibt nicht die grüne Fichtenspan-Reaktion. Dagegen färbt es sich beim Erhitzen mit 5-*n*. Salzsäure sehr rasch dunkel und scheidet einen dunklen Niederschlag ab. Bei Anwendung von 2-*n*. Salzsäure tritt bei 100° die Färbung erst nach einigen Minuten ein. In wäßriger Lösung entfärbt es Bromwasser. Gegen fuchsin-schweflige Säure verhält es sich ungefähr so wie das Lactal. Die Färbung tritt ein innerhalb $^1/_2$—$1^1/_2$ Stunden, je nach der Beschaffenheit der fuchsin-schwefligen Säure und der Konzentration der Lösung.

Hexaacetyl-hydrocellobial, $C_{12}H_{16}O_9(C_2H_3O)_6$.

3 g Hexaacetyl-cellobial wurden in 20 ccm kaltem Eisessig gelöst und nach Zusatz von 0,3 g Platinmohr (dargestellt nach Löw-Willstätter[1])) unter dauerndem Schütteln bei gewöhnlicher Temperatur mit Wasserstoff behandelt, bis keine merkbare Absorption mehr stattfand. Nötig waren 126 ccm, während für 2 Atome Wasserstoff 121 ccm berechnet sind. Die essigsaure Lösung wurde nun abgegossen, das Platinmohr mit wenig Eisessig nachgewaschen, dann die gesamte Flüssigkeit auf etwa 100 ccm verdünnt und unter geringem Druck bei 40—50° eingedampft, wobei bald die Krystallisation des Hexaacetyl-hydrocellobials begann. Löst man den farblosen Rückstand in wenig warmem Alkohol, so scheiden sich beim Abkühlen mikroskopische, farblose, lange Prismen oder kleine Tafeln ab. Ausbeute etwa 2,2 g oder 73% der Theorie.

Zur Analyse wurde noch zweimal aus Alkohol umkrystallisiert. Bei einem zweiten Versuch wurde zweimal aus Alkohol und einmal aus Chloroform und Petroläther umkrystallisiert.

0,1466 g Sbst.: 0,2773 g CO_2, 0,0803 g H_2O. — 0,1600 g Sbst.: 0,3006 g CO_2, 0,0867 g H_2O.

$C_{24}H_{34}O_{15}$ (562,27).	Ber.	C 51,22,	H 6,10.
	Gef.	„ 51,59, 51,23,	„ 6,13, 6,06.

0,2014 g Sbst. Gesamtgewicht der Acetylentetrachlorid-Lösung 3,4055 g. $d_4^{20} = 1,565$. Drehung bei 19° und Natriumlicht im 1-dm-Rohr 1,04° nach rechts. Mithin $[\alpha]_D^{19} = +11,2°$.

Ein Präparat von anderer Darstellung gab $[\alpha]_D^{18} = +11,1°$.

Die Substanz schmilzt bei 133—134° zu einer farblosen Flüssigkeit, also fast bei der gleichen Temperatur wie Hexaacetyl-cellobial. Sie löst sich leicht in Chloroform, Acetylentetrachlorid, Benzol, Essigäther, Aceton und heißem Alkohol, schwer in Äther. Sie reduziert nicht Fehlingsche Lösung und addiert in kalter Chloroformlösung kein Brom.

Hydro-cellobial, $C_{12}H_{22}O_9$.

5,6 g ($^1/_{100}$ Mol.) Acetylverbindung werden mit 450 ccm $^1/_5$ *n*. Barytwasser bis zur völligen Lösung geschüttelt, dann noch 16 Stunden bei

[1]) Berichte d. D. Chem. Gesellsch. **23**, 289 [1890]; **45**, 1472 [1912].

gewöhnlicher Temperatur aufbewahrt, nun der Baryt genau mit Schwefelsäure gefällt und das Filtrat bei 15—20 mm verdampft. Löst man den krystallinischen Rückstand in etwa 20 ccm Wasser und versetzt mit dem 10-fachen Volumen Alkohol, so krystallisiert beim eintägigen Stehen im Eisschrank das Hydro-cellobial in farblosen, kleinen Prismen. Ausbeute 2,6 g oder 79% der Theorie. Zur Analyse war noch dreimal in derselben Weise umkrystallisiert. Die lufttrocknen Krystalle enthalten 1 Mol. Wasser, das durch mehrstündiges Trocknen bei 100° und 15—20 mm über Phosphorpentoxyd bestimmt wurde.

0,5023 g Sbst. verloren 0,0268 g Wasser. — 0,8450 g Sbst. verloren 0,0486 g Wasser.

$C_{12}H_{22}O_9 + H_2O$ (328,19). Ber. H_2O 5,49. Gef. H_2O 5,69, 5,75.

0,1503 g trockne Sbst.: 0,2552 g CO_2, 0,0955 g H_2O.

$C_{12}H_{22}O_9$ (310,18). Ber. C 46,42, H 7,15.
Gef. „ 46,31, „ 7,11.

0,1971 g Sbst. Gesamtgewicht der wäßrigen Lösung 2,1031 g. $d_4^{18} = 1{,}031°$. Drehung im 1-dm-Rohr bei 18° für Natriumlicht 0,42° nach rechts. Mithin $[\alpha]_D^{18} = +4{,}3°$.

Eine zweite Bestimmung gab $[\alpha]_D^{21} = +4{,}1°$.

Die Substanz sintert gegen 218° (korr.) und schmilzt bis 222° (korr.) zu einer klaren, schwach braunen Flüssigkeit. Geschmack schwach süß und hinterher etwas bitter. Sie löst sich sehr leicht in Wasser, weniger gut in Methylalkohol, recht schwer in warmem Äthylalkohol. Reduziert Fehlingsche Lösung nicht. Addiert kein Brom und färbt nicht fuchsin-schweflige Säure. Beim Erwärmen mit verdünnter Säure entsteht ziemlich rasch reduzierender Zucker.

Hydrolyse des Hydro-cellobials mit Emulsin.

Eine Lösung von 2 g Hydrocellobial in 20 ccm Wasser blieb mit 0,8 g käuflichem Emulsin und einigen Tropfen Toluol in verschlossenem Gefäß 2 Tage bei 37°, wurde dann filtriert, aufgekocht, abermals filtriert und nochmals gekocht. Um die jetzt in der Lösung in reichlicher Menge enthaltene Glucose zu entfernen, haben wir mit 0,5 g obergäriger Hefe versetzt und unter den üblichen Vorsichtsmaßregeln wieder 24 Stunden bei 37° gehalten. Die von der Hefe abfiltrierte Lösung, welche jetzt kaum noch reduzierte, wurde unter vermindertem Druck verdampft, der Rückstand mit Alkohol ausgekocht, das alkoholische Filtrat wieder verdampft und der Rückstand mehrmals mit Essigäther ausgekocht. Beim Verdampfen des Essigäthers blieb ein Sirup. Es wurde in sehr wenig Alkohol gelöst, bis zur beginnenden Trübung mit Petroläther versetzt und mit einem Kryställchen von Hydroglucal geimpft. Alsbald begann die Abscheidung von schön ausgebildeten Prismen (0,4 g). Die

Mutterlauge gab beim weiteren Zusatz von Petroläther eine zweite Krystallisation (0,1 g).

Die Krystalle schmolzen bei 85—86°. Sie wurden nochmals in derselben Weise umkrystallisiert, schmolzen dann bei 85—87°, glichen in jeder Beziehung dem Hydroglucal und zeigten dieselbe Zusammensetzung und das gleiche Drehungsvermögen.

0,1043 g Sbst.: 0,1855 g CO_2, 0,0747 g H_2O.

$C_6H_{12}O_4$ (148,1). Ber. C 48,62, H 8,17.

Gef. „ 48,51, „ 8,02.

0,2229 g Sbst. Gesamtgewicht der wäßrigen Lösung 2,1282 g. $d_4^{20} = 1,025$. Drehung im 1-dm-Rohr bei 22° für Natriumlicht 1,78° nach rechts. Mithin $[\alpha]_D^{22} = +16,6°$.

40. Emil Fischer †, Burckhardt Helferich und Paul Ostmann: Über Verbindungen und Derivate des *d*-Glucose-6-bromhydrins[1]).

Berichte der Deutschen Chemischen Gesellschaft **53**, 873 [1920].

(Eingegangen am 23. März 1920.)

Die Aceto-dibromglucose (Formel I) hat schon mehrfach als Ausgangsmaterial zur Synthese von neuen und interessanten Verbindungen der Zuckergruppe gedient. Erinnert sei besonders an die Arbeiten von Emil Fischer und Karl Zach[2]), in denen die Darstellung eines Amino-methylglucosids, die Entdeckung der Anhydro-glucose und ihrer Glucoside und die Synthese der Isorhamnose beschrieben ist.

In der folgenden Arbeit wird gezeigt, daß eine Reihe von Reaktionen der Aceto-bromglucose sich auch auf die Aceto-dibromglucose übertragen lassen und bei geeigneten Versuchsbedingungen zu Verbindungen führen, in denen das die endständige Hydroxylgruppe ersetzende Bromatom im Zuckermolekül erhalten geblieben ist, die sich also von einem Glucose-6-bromhydrin ableiten.

Zunächst wurde festgestellt, daß in dem aus der Aceto-dibromglucose dargestellten Triacetyl-methylglucosid-bromhydrin[3]) (Formel II) die Acetylgruppen entfernt werden können, ohne daß Bromatom dabei gleichzeitig mit anzugreifen. Durch Verseifung mit alkoholischem Ammoniak bei Zimmertemperatur wurde dies Ziel erreicht und das *β*-Methyl-*d*-glucosid-6-bromhydrin (Formel III) gewonnen.

Dieser Körper unterscheidet sich von dem *β*-Methyl-*d*-glucosid nur dadurch, daß die endständige Hydroxylgruppe durch Brom ersetzt ist. Er hat zu einer wichtigen Prüfung der spezifischen Wirkung des Emulsins auf Glucoside gedient[4]). Das Ferment wirkt auf ihn nicht ein, während Ersatz der endständigen Hydroxylgruppe des *β*-Methyl-*d*-glu-

[1]) Die meisten Versuche dieser Arbeit sind noch unter Leitung von Emil Fischer ausgeführt. Nach seinem Ableben habe ich sie zusammen mit Hrn. Ostmann beendet. B. Helferich.

[2]) Berichte d. D. Chem. Gesellsch. **44** 132 [1911]; **45**, 456, 2068, 3761 [1912]. *(S. 353, 357, 367, 374.)*

[3]) Ebenda **35**, 833 [1902]. *(Kohlenh. I, 815.)*

[4]) Emil Fischer, Zeitschr. f. physiol. Chem. **107**, 178 [1919]. *(S. 501f.)*

cosids durch Wasserstoff die Spaltbarkeit durch Emulsin nicht verhindert. Denn das schon früher von Emil Fischer und K. Zach dargestellte Methyl-*d*-isorhamnosid wird durch Emulsin kräftig gespalten[1]).

Behandelt man die Aceto-dibromglucose, gelöst in Eisessig, mit Silberacetat, so erhält man in guter Ausbeute ein Tetracetyl-*d*-glucose-6-bromhydrin (Formel IV.), das mit der bisher bekannten Aceto-bromglucose isomer ist.

Aus diesem Körper sowohl wie aus dem Methylglucosid-6-bromhydrin und aus der Aceto-dibromglucose selber wurde versucht, durch geeignete Verseifung zu einer Bromglucose:

$$HO \cdot CH \cdot CH(OH) \cdot CH(OH) \cdot CH \cdot CH(OH) \cdot CH_2Br$$
$$\text{|}\underline{\qquad\qquad O \qquad\qquad}\text{|}$$

zu gelangen:

Das Methylglucosid-6-bromhydrin wird durch Erwärmen mit *n*-Salzsäure rasch gespalten, aber trotz zahlreicher Versuche gelang es **nicht**, aus dem sirupösen Reaktionsprodukt die reine Bromglucose zu isolieren. Ebenso ergab Verseifung der Aceto-dibromglucose durch Kochen mit Wasser stets sirupöse Produkte. In beiden Fällen ist aber die gesuchte Bromglucose zu etwa 50% entstanden, denn eine Brombestimmung ergab etwa die Hälfte der für Bromglucose theoretisch erforderlichen Menge, und außerdem konnte in beiden Fällen durch Behandeln mit Äthylmercaptan und Salzsäure ein *d*-Glucose-äthylmercaptal (Formel V.) isoliert werden. Die andere Hälfte des Reaktionsproduktes besteht im wesentlichen aus der von Fischer und Zach beschriebenen Anhydro-glucose[2]), die als Bromphenylhydrazon abgetrennt und aus diesem durch Formaldehyd in reiner Form dargestellt und identifiziert werden konnte.

Auf die Aceto-dibromglucose ist die Methode zur Darstellung von Purin-glucosiden, die von E. Fischer und B. Helferich[3]) für die Aceto-bromglucose beschrieben ist, ebenfalls anwendbar. Als Beispiel hierfür wurde das Triacetyl-theophyllin-*d*-glucosid-6-bromhydrin (Formel VI.) dargestellt und aus ihm durch vorsichtige Verseifung das Theophyllin-*d*-glucosid-6-bromhydrin (Formel VII.) gewonnen[4]).

Aus dem Acetylkörper dieses Glucosids läßt sich durch Reduktion mit Zinkstaub in essigsaurer Lösung und Abspaltung der Acetylgruppen das Theophyllin-*d*-isorhamnosid darstellen (Formel VIII.)

---

[1]) Berichte d. D. Chem. Gesellsch. **45**, 3768 [1912]. *(S. 381.)*

[2]) Ebenda **45**, 459 [1912]. *(S. 360.)*

[3]) Ebenda **47**, 210 [1914]. *(S. 137.)*

[4]) Formulierung und Isomerie-Möglichkeiten der Theophyllin-glucoside siehe Berichte d. D. Chem. Gesellsch. **47**, 212 [1914]. *(S. 139.)*

Auch ein Triacetyl-rhodan-*d*-glucose-6-bromhydrin (Formel IX.), entsprechend der von Emil Fischer[1]) beschriebenen Acetorhodanglucose, und sein Thio-urethan (Formel X.) konnten in krystallinischer Form gewonnen werden.

Die Konfiguration aller dieser Verbindungen ist die gleiche wie in der *d*-Glucose. Das Methylglucosid-6-bromhydrin gehört sicher der *β*-Reihe an, da das aus seinem Acetyl-Derivat dargestellte *β*-Methyl-*d*-isorhamnosid durch Emulsin gespalten wird[2]).

Bei den anderen Verbindungen ist entsprechend ihrer Darstellungsweise die räumliche Anordnung am Aldehyd-Kohlenstoffatom mit großer Wahrscheinlichkeit die gleiche wie in den *β*-Glucosiden, wenn auch der Beweis dafür sich nicht erbringen läßt, weil Derivate des Glucose-6-bromhydrins und Purin-glucoside durch Emulsin nicht gespalten werden.

Wir glauben, daß diese und ähnliche Verbindungen der Bromglucose ein wertvolles Material für weitere Synthesen sind. Denn da in ihnen das Brom in Zuckerrest als endständig erkannt ist, wird man hoffen können, bei seinem Ersatz durch andere Gruppen zu wohl charakterisierten, einheitlichen Derivaten zu gelangen.

I. $Br \cdot CH \cdot CH(O_2C_2H_3) \cdot CH(O_2C_2H_3) \cdot CH \cdot CH(O_2C_2H_3) \cdot CH_2 \cdot Br$ [3])
|————————O————————|

II. $CH_3O \cdot CH \cdot CH(O_2C_2H_3) \cdot CH(O_2C_2H_3) \cdot CH \cdot CH(O_2C_2H_3) \cdot CH_2 \cdot Br$
|————————O————————|

III. $CH_3O \cdot CH \cdot CH(OH) \cdot CH(OH) \cdot CH \cdot CH(OH) \cdot CH_2 \cdot Br$
|————————O————————|

IV. $CH(O_2C_2H_3) \cdot CH(O_2C_2H_3) \cdot CH(O_2C_2H_3) \cdot CH \cdot CH(O_2H_2O_3) \cdot CH_2 \cdot Br$
|————————O————————|

V. $(C_2H_5S)_2CH \cdot [CH \cdot OH]_4 \cdot CH_2 \cdot Br$

VI. $C_7H_7O_2N_4 \cdot CH \cdot CH(O_2C_2H_3) \cdot CH(O_2C_2H_3) \cdot CH \cdot CH(O_2C_2H_3) \cdot CH_2 \cdot Br$
|————————O————————|

VII. $C_7H_7O_2N_4 \cdot CH \cdot CH(OH) \cdot CH(OH) \cdot CH \cdot CH(OH) \cdot CH_2 \cdot Br$
|————————O————————|

VIII. $C_7H_7O_2N_4 \cdot CH \cdot CH(OH) \cdot CH(OH) \cdot CH \cdot CH(OH) \cdot CH_3$
|————————O————————|

IX. $SCN \cdot CH \cdot CH(O_2C_2H_3) \cdot CH(O_2C_2H_3) \cdot CH \cdot CH(O_2C_2H_3) \cdot CH_2 \cdot Br$
|————————O————————|

X. $C_2H_5O \cdot SC \cdot NH \cdot CH \cdot CH(O_2C_2H_3) \cdot CH(O_2C_2H_3) \cdot CH \cdot CH(O_2C_2H_3) \cdot CH_2 \cdot Br$
|————————O————————|

---

[1]) Berichte d. D. Chem. Gesellsch. **47**, 1378 [1914]. *(S. 185.)*

[2]) Ebenda **45**, 3764 [1912]. *(S. 378.)*

[3]) $O_2C_2H_3 = \cdot O \cdot COCH_3$.

Versuche.

β-Methyl-*d*-glucosid-6-bromhydrin (Formel III).

10 g des nach der Vorschrift von E. Fischer und E. F. Armstrong[1]) dargestellten Triacetyl-methylglucosid-6-bromhydrins (Formel II) werden in 150 ccm warmem trocknem Methylalkohol gelöst und unter Eiskühlung mit trocknem Ammoniak gesättigt. Die Lösung wird 5 Stunden bei Zimmertemperatur aufbewahrt und dann unter vermindertem Druck eingedampft. Es bleibt ein krystallinischer Rückstand, der in 100 ccm siedendem Essigester gelöst und mit etwas Tierkohle behandelt wird. Aus dem auf etwa $^2/_3$ eingeengten Filtrat scheidet sich das *β*-Methyl-*d*-glucosid-6-bromhydrin in schönen Prismen aus. Ausbeute 5,9 g oder 88% der Theorie.

Zur Analyse wurde noch zweimal auf die gleiche Weise umkrystallisiert und bei 76° (Alkoholdampf!) und 15 mm Druck über Phosphorpentoxyd getrocknet.

0,1883 g Sbst.: 0,2270 g CO_2, 0,0868 g H_2O. — 0,2122 g Sbst.: 0,1545 g AgBr.

$C_7H_{13}O_5Br$ (257,02). Ber. C 32,68, H 5,10, Br 31,06.
Gef. „ 32,88, „ 5,18, „ 30,98.

Zur optischen Bestimmung diente die wäßrige Lösung:

$$[\alpha]_D^{15} = \frac{-1,95° \times 2,9500}{1,025 \times 0,1598} = -35,12°.$$

Durch nochmaliges Umkrystallisieren wurde die Drehung nicht weiter verändert.

$$[\alpha]_D^{15} = \frac{-2,09° \times 2,7422}{1,026 \times 0,1600} = -34,91°.$$

Mutarotation wurde nicht beobachtet.

Der Körper schmilzt beim Erhitzen im Röhrchen gegen 148° unter Braunfärbung und stürmischer Gasentwicklung. Er ist in Aceton, Methylalkohol und Eisessig leicht löslich, schwerer in Alkohol und Essigäther, sehr schwer in Äther, Chloroform und Benzol. Fehlingsche Lösung wird auch beim Kochen durch ihn nicht reduziert. Durch Kochen mit verdünnten Mineralsäuren wird er hydrolysiert. Von Emulsin wird er nicht angegriffen. Der Geschmack ist schwach bitter.

Tetracetyl-*d*-glucose-6-bromhydrin (Formel IV.).

Zu einer heißen Lösung von 15 g Aceto-dibromglucose[2]) in 100 ccm Eisessig werden 7,3 g trocknes Silberacetat hinzugefügt und die Mischung auf dem Wasserbade unter häufigem Umschütteln erwärmt. Es entsteht dabei rasch und in reichlicher Menge Brom-

---

[1]) Berichte d. D. Chem. Gesellsch. **35**, 833 [1902]. *(Kohlenh. I, 815.)*

[2]) Ebenda **35**, 833 [1902]. *(Kohlenh. I, 815.)*

silber. Nach $^1/_2$ Stunde wird die Flüssigkeit heiß abgesaugt, unter vermindertem Druck auf etwa 30 ccm eingeengt und dann mit der zehnfachen Menge Wasser versetzt. Dabei scheidet sich das Tetracetyl-glucose-6-bromhydrin als voluminöser, undeutlich krystallisierter Niederschlag ab. Ausbeute 11,8 g, d. i. 83% der Theorie. Durch Umkrystallisieren aus der zehnfachen Menge Alkohol von 75% ist die Verbindung leicht rein zu erhalten.

Ein dreimal auf diese Weise umkrystallisiertes Produkt gab nach dem Trocknen bei 100° und 15 mm Druck über Phosphorpentoxyd die folgenden Zahlen:

0,1614 g Sbst.: 0,2423 g CO_2, 0,0672 g H_2O. — 0,1608 g Sbst.: 0,2420 g CO_2, 0,0675 g H_2O. — 0,1860 g Sbst.: 0,0862 g AgBr.

$C_{14}H_{19}O_9Br$ (411,07). Ber. C 40,87, H 4,67, Br 19,44.
Gef. „ 40,94, 40,95, „ 4,66, 4,70, „ 19,72.

Zur optischen Bestimmung diente die Lösung in Acetylen-tetrachlorid:

$$[\alpha]_D^{13} = \frac{+1,46^\circ \times 3,2937}{1,596 \times 0,2465} = +12,14^\circ.$$

Der nochmals umkrystallisierte Körper hatte die gleiche Drehung:

$$[\alpha]_D^{15} = \frac{+1,69^\circ \times 2,7753}{1,585 \times 0,2439} = +12,13^\circ.$$

Mutarotation wurde nicht beobachtet.

Die Tetracetyl-6-bromglucose schmilzt bei 127° (korr.) nach vorherigem Sintern. Aus Alkohol krystallisiert sie meist in Nadeln, manchmal zum Teil auch in 4seitigen Prismen. Sie ist in Wasser und Alkohol schwer löslich, etwas leichter in Methylalkohol und Äther und ziemlich leicht in Eisessig, Aceton und Essigäther. Fehlingsche Lösung wird beim Kochen reduziert. Beim Kochen mit Natronlauge tritt rasch Braunfärbung ein. Löst man die Tetracetyl-bromglucose in der berechneten (4 Mol.) oder einer überschüssigen Menge von $^n/_{20}$- oder $^n/_5$-Natriummethylat, so werden beim Aufbewahren bei Zimmertemperatur die Acetylgruppen langsam abgespalten, wie man dies durch Titration von Proben feststellen kann, aber gleichzeitig wird auch das Brom mit angegriffen.

Verseifung des β-Methyl-*d*-glucosid-6-bromhydrins; Darstellung des *d*-Glucose-äthylmercaptal-6-bromhydrins.

5 g Brom-methylglucosid werden in 50 ccm *n*-Salzsäure durch Erwärmen gelöst und 3 Stunden auf dem Wasserbade erhitzt. Die schwach gelb gefärbte Lösung wurde unter vermindertem Druck eingedampft. Zur Entfernung der Salzsäure wird der zurückbleibende bräunliche Sirup mehrmals mit Wasser aufgenommen und wieder ein-

gedampft. Da Krystallisationsversuche nicht zum Ziel führten, wurde ein indirekter Weg eingeschlagen, um das Vorhandensein der 6-Brom-glucose in dem Reaktionsprodukt zu beweisen. Es wurde der Sirup in 7 ccm konz. Salzsäure gelöst, unter Eiskühlung mit Salzsäuregas gesättigt und 2,7 g Äthylmercaptan zugegeben. Nach einstündigem Schütteln bei Zimmertemperatur erstarrt die Masse zu einem dicken Krystallbrei. Sie wird in Eis gekühlt, der schwach rosa gefärbte Niederschlag abgesaugt und im Vakuum-Exsiccator getrocknet. Ausbeute 3,7 g oder 55% der Theorie. Aus viel Äther umkrystallisiert, erhält man das *d*-Glucose-äthylmercaptal-6-bromhydrin in langen, seideglänzenden Nadeln.

Ein dreimal umkrystallisiertes exsiccatortrocknes Produkt diente zur Analyse:

0,1790 g Sbst.: 0,2274 g CO_2, 0,1062 g H_2O. — 0,1933 g Sbst.: 0,1041 g AgBr. — 0,2210 g Sbst.: 0,2983 g $BaSO_4$. — 0,2071 g Sbst.: 0,2762 g $BaSO_4$.

$C_{10}H_{21}O_4S_2Br$ (349,23). Ber. C 34,36, H 6,06, Br 22,89, S 18,37.
Gef. „ 34,65, „ 6,64, „ 22,92, „ 18,54, 18,32.

Die optische Bestimmung wurde mit einer Lösung in abs. Alkohol ausgeführt. Die Substanz war dazu durch dreimaliges Umkrystallisieren aus Chloroform-Petroläther gereinigt.

$$[\alpha]_D^{17} = \frac{+0{,}23^\circ \times 2{,}1338}{2 \times 0{,}8046 \times 0{,}0602} = +5{,}08^\circ \text{ (Alkohol)}.$$

Weiteres Umkrystallisieren änderte die Drehung nicht:

$$[\alpha]_D^{16} = {}^1/_2 \times \frac{+0{,}22^\circ \times 3{,}1658}{0{,}8043 \times 0{,}0878} = +4{,}92^\circ.$$

Die Substanz schmilzt bei 107° (korr.) unter Zersetzung. Sie ist leicht löslich in Methyl- und Äthylalkohol und Aceton, etwas schwerer in Essigäther, Chloroform und Benzol, fast unlöslich in Wasser und Petroläther. Beim Kochen in Natronlauge tritt der Geruch nach Mercaptan auf.

Verseifung der Aceto-dibromglucose.

Kocht man 20 g Aceto-dibromglucose mit 1 l Wasser am Rückflußkühler, so ist nach etwa einer Stunde eine klare Lösung entstanden. Man setzt das Kochen noch $2^1/_2$ Stunden fort, kühlt dann auf 0° ab und bindet die entstandene Bromwasserstoffsäure durch Schütteln der Lösung mit 12 g Silbercarbonat. Vom Filtrat entfernt man mit Schwefelwasserstoff das in Lösung gegangene Silber und dampft dann unter vermindertem Druck ein. Es bleibt ein Sirup zurück, der wiederholt mit Wasser aufgenommen und erneut unter vermindertem Druck eingedampft wird, um die Essigsäure möglichst zu entfernen.

Das so dargestellte Produkt enthält noch reichlich Brom und reduziert stark die Fehlingsche Lösung. Krystallisationsversuche führten auch hier nicht zum Ziel. Eine Brombestimmung des im Hochvakuum getrockneten und fein gepulverten Produkts ergab nur 17,5% Brom an Stelle von 32,9%, die für eine Brom-glucose berechnet waren.

Demnach ist auch bei dieser Verseifung ein Teil des fester gebundenen Broms abgespalten. Wieder ließ sich durch Darstellung des *d*-Glucose-äthylmercaptal-6-bromhydrins nach der eben beschriebenen Vorschrift nachweisen, daß tatsächlich die gesuchte Bromglucose in einer Menge von etwa 50% in dem amorphen Reaktionsprodukt enthalten ist. Schmelzpunkt und Mischschmelzpunkt unter Zersetzung bei 106°.

Drehung in abs. Alkohol:

$$[\alpha]_D^{14} = {}^1/_2 \times \frac{+0{,}216^\circ \times 1{,}9032}{0{,}8047 \times 0{,}0493} = +5{,}18^\circ.$$

Der andere Teil des Derivats besteht ganz oder zum weitaus größten Teil aus der von Fischer und Zach beschriebenen Anhydro-glucose, wie die folgenden Versuche beweisen.

p-Brom-phenylhydrazon der Anhydro-glucose, $C_6H_4Br \cdot N_2H : C_6H_{10}O_4$.

Der aus 20 g Aceto-dibromglucose durch Kochen mit Wasser (s. oben) gewonnene Sirup wird in 15 ccm Wasser gelöst, mit 7 g kryst. Natriumacetat versetzt und unter Eiskühlung eine Lösung von 9 g *p*-Brom-phenylhydrazin in 220 ccm Wasser und 22 ccm 50-proz. Essigsäure allmählich zugegeben. Schon nach einigen Minuten beginnt die Abscheidung des *p*-Brom-phenylhydrazons der Anhydro-glucose. Nach $1^1/_2$-stündigem Aufbewahren im Eisschrank wurde das Hydrazon abgesaugt. Ausbeute 4,3 g oder 28% der Theorie. Zur Reinigung wurde es einmal aus 50-proz. Alkohol umkrystallisiert, dann in kaltem Pyridin gelöst und durch Zusatz von Äther gefällt. Man erhält es so in dünnen, perlmutterglänzenden, nur noch ganz schwach gefärbten Blättchen.

Zur Analyse wurde bei 76° und 15 mm Druck über Phosphorpentoxyd getrocknet:

0,1334 g Sbst.: 0,2123 g CO_2, 0,0566 g H_2O. — 0,1551 g Sbst.: 11,8 ccm N (über 33-proz. KOH, 17°, 747 mm). — 0,1612 g Sbst.: 0,0929 g AgBr.

$C_{12}H_{15}O_4N_2Br$ (331,06). Ber. C 43,51, H 4,57, N 8,66, Br 24,14.
Gef. „ 43,40, „ 4,74, „ 8,69, „ 24,53.

Die optische Bestimmung wurde in wasserfreiem Pyridin ausgeführt. Die Lösung zeigte Mutarotation:

Anfangsdrehung nach 10 Min.:

$$[\alpha]_D^{16} = \frac{-1,67^\circ \times 2,3463}{1,023 \times 0,2081} = -18,41^\circ.$$

Enddrehung nach 6 Stdn.:

$$[\alpha]_D^{16} = \frac{-0,98^\circ \times 2,3463}{1,023 \times 0,2081} = -10,80^\circ.$$

Eine zweite Bestimmung gab nach zweimaligem Umkrystallisieren aus Pyridin und Äther die folgenden Werte:

Anfangsdrehung nach 10 Min.:

$$[\alpha]_D^{16} = \frac{-1,67^\circ \times 1,2252}{1,018 \times 0,1064} = -18,89^\circ.$$

Enddrehung nach 6 Stdn.:

$$[\alpha]_D^{16} = \frac{-0,96^\circ \times 1,2252}{1,018 \times 0,1064} = -10,86^\circ.$$

Das *p*-Brom-phenylhydrazon der Anhydro-glucose schmilzt nach kurzem Sintern bei 184° (korr.) zu einem rotbraunen Sirup. Es ist in Pyridin sehr leicht löslich, schwer in Methyl-, Äthylalkohol, Eisessig, Essigäther und Aceton, sehr schwer löslich in Wasser, Chloroform, Äther und Ligroin.

Spaltung des *p*-Brom-phenylhydrazons mit Formaldehyd[1].

0,5 g Hydrazon werden in 1,5 ccm frisch destilliertem 30—40-proz. Formaldehyd heiß gelöst und im Wasserbade $1^1/_4$ Stunde erhitzt. Nach dem Abkühlen wird mit 15 ccm Wasser verdünnt und das Hydrazon des Formaldehyds durch mehrmaliges Ausäthern entfernt. Die wäßrige Lösung wird mit Tierkohle filtriert und im Vakuum eingedampft. Durch wiederholtes Aufnehmen mit Wasser und Verdampfen im Vakuum erhält man einen von Formaldehyd freien Sirup, der größtenteils krystallisiert. Er wird mit wenig Essigäther und Alkohol aufgenommen und mit Petroläther bis zur bleibenden Trübung versetzt. So scheidet sich die Anhydro-glucose allmählich in dünnen Nadeln aus. Sie zeigt die gleichen Eigenschaften wie die bereits von E. Fischer und K. Zach[2]) beschriebene Anhydro-glucose: Schmp. 118° (korr.), ebenso der Mischschmelzpunkt mit dem Originalpräparat von E. Fischer und K. Zach, das zur Reinigung noch einmal umkrystallisiert wurde. Gegen fuchsin-schweflige Säure zeigt die Substanz dasselbe Verhalten. Eine Mikro-Drehungsbestimmung in Wasser ergab + 51,4°, während E. Fischer und K. Zach + 53,7° gefunden haben.

---

[1]) Berichte d. D. Chem. Gesellsch. **32**, 3234—3237 [1899].

[2]) Ebenda **45**, 456 [1912]. *(S. 357.)*

Triacetyl-*β*-theophyllin-*d*-glucosid-6-bromhydrin (Formel VI.).

8 g bei 130° getrocknetes Theophyllin-silber werden mit einer Lösung von 10 g Aceto-dibromglucose in 25 ccm trocknem Xylol 20 Minuten gekocht. Wie man an der Farbänderung sehen kann, entsteht dabei Bromsilber. Die Flüssigkeit wird heiß abgesaugt, mit etwas Xylol verdünnt und mit 500 ccm Petroläther allmählich versetzt. Dabei fällt ein weißer amorpher Niederschlag aus, der rasch fest wird und sich gut absaugen läßt. Er wird mit Petroläther gewaschen und in 100 ccm heißem Alkohol glatt gelöst. Beim langsamen Abkühlen krystallisiert das Triacetyl-*β*-theophyllin-*d*-glucosid-6-bromhydrin in feinen, meist büschelförmig angeordneten Nädelchen aus. Ausbeute 6,5 g oder 78% der Theorie. Zur weiteren Verarbeitung ist das Produkt genügend rein.

Zur Analyse wurde es noch zweimal aus Alkohol umkrystallisiert und bei 76° und 15 mm Druck getrocknet:

0,2424 g Sbst.: 0,3797 g CO_2, 0,0985 g H_2O. — 0,1663 g Sbst.: 16 ccm N (über 33-proz. KOH, 18°, 754 mm). — 0,1748 g Sbst.: 0,0617 g AgBr.

$C_{19}H_{23}O_9N_4Br$ (531,14). Ber. C 42,93, H 4,37, N 10,55, Br 15,06.
Gef. „ 42,72, „ 4,55, „ 11,06, „ 15,02.

Zur optischen Bestimmung diente die Lösung in Acetylen-tetrachlorid:

$$[\alpha]_D^{13} = \frac{-1{,}055° \times 3{,}1141}{1{,}595 \times 0{,}2058} = -10{,}01°.$$

Durch erneutes Umkrystallisieren änderte sich die Drehung nicht:

$$[\alpha]_D^{13} = \frac{-1{,}13° \times 3{,}2055}{1{,}5895 \times 0{,}2297} = -9{,}92°.$$

Die Substanz schmilzt bei 193—194° (korr.) zu einer farblosen Flüssigkeit. Sie reduziert Fehlingsche Lösung bei Siedehitze nicht. Durch Kochen mit verdünnten Mineralsäuren wird sie hydrolysiert. Sie ist in Eisessig, Chloroform und heißem Alkohol leicht löslich, schwer in Methylalkohol, Äther und Wasser, in Petroläther und Ligroin so gut wie unlöslich.

β-Theophyllin-*d*-glucosid-6-bromhydrin (Formel VII.).

3 g Acetylkörper werden in 60 ccm warmem trocknem Methylalkohol gelöst und die Lösung unter Eiskühlung mit trocknem gasförmigem Ammoniak gesättigt. Ein anfänglich entstehender Niederschlag löst sich bald wieder auf. Die klare, farblose Lösung läßt man $2^1/_2$ Stunden bei Zimmertemperatur stehen. Beim Verdampfen des Methylalkohols im Vakuum bleibt ein krystallinischer Rückstand

zurück, der in 35 ccm heißem wasserhaltigen Aceton gelöst wird. Beim Erkalten scheidet sich dann das *β*-Theophyllin-*d*-glucosid-6-bromhydrin in derben Prismen ab, die $2^1/_2$ Mol. H_2O enthalten.

Zur Analyse wird noch einmal auf gleiche Weise umkrystallisiert.

0,1958 g Sbst. verloren bei 110° und 15 mm Druck über Phosphorpentoxyd 0,0202 g; 0,3012 g Sbst. verloren ebenso 0,0301 g.

$C_{13}H_{17}O_6N_4Br + 2^1/_2 H_2O$ (450,1). Ber. H_2O 10,00. Gef. H_2O 10,32, 10,00.

Die getrocknete Substanz gab folgende Zahlen:

0,1836 g Sbst.: 0,2609 g CO_2, 0,0680 g H_2O. — 0,1884 g Sbst.: 22,2 ccm N (über 33-proz. KOH, 16°, 763 mm). — 0,1756 g Sbst.: 0,0801 g AgBr.

$C_{13}H_{17}O_6N_4Br$ (405,09). Ber. C 38,60, H 4,33, N 13,83, Br 19,72.
Gef. „ 38,76, „ 4,15, „ 13,79, „ 19,41.

Das Glucosid schmilzt nach geringem Sintern gegen 217° unter lebhafter Gasentwicklung und Braunfärbung. Es schmeckt stark bitter. In heißem Wasser ist es leicht löslich, schwerer in Methylalkohol, Äthylalkohol und trocknem Aceton, fast unlöslich in Petroläther, Chloroform, Äther und Benzol.

Die Drehung der getrockneten Substanz wurde in wäßriger Lösung bestimmt:

$$[\alpha]_D^{16} = {}^1/_2 \times \frac{-0{,}62^\circ \times 3{,}8717}{1{,}006 \times 0{,}0629} = -18{,}98^\circ.$$

Nach nochmaligem Umkrystallisieren war die Drehung unverändert:

$$[\alpha]_D^{13} = {}^1/_2 \times \frac{-0{,}63^\circ \times 3{,}4819}{1{,}008 \times 0{,}0573} = -18{,}99^\circ.$$

Beim Aufbewahren der Lösung trat keine Änderung der Drehung ein. Die Lösung des Glucosids in *n*.-Salzsäure dreht ebenfalls nach links:

$$[\alpha]_D^{14} = {}^1/_2 \times \frac{-0{,}454^\circ \times 3{,}7614}{1{,}026 \times 0{,}0622} = -13{,}41^\circ.$$

Eine zweite Bestimmung mit einem anderen Präparat ergab folgende Werte:

$$[\alpha]_D^{18} = {}^1/_2 \times \frac{-0{,}367^\circ \times 2{,}7251}{1{,}024 \times 0{,}0352} = -13{,}87^\circ.$$

Nach 18-stündigem Aufbewahren war die Drehung unverändert.

Fehlingsche Lösung wird auch in der Hitze nicht reduziert. Durch Kochen mit Mineralsäuren wird das Glucosid gespalten.

Triacetyl-*β*-theophyllin-*d*-isorhamnosid,
$(C_2H_3O)_3C_7H_7O_2N_4 \cdot C_6H_8O_4$.

10 g Triacetyl-theophyllin-*d*-glucosid-6-bromhydrin werden in 100 ccm 50-proz. Essigsäure unter Erwärmen gelöst. Unter dauerndem Schütteln werden in die auf dem Wasserbad erhitzte Lösung im

Laufe von 1 Stunde 25 g Zinkstaub eingetragen. Nach beendeter Reaktion wird filtriert und die gelb gefärbte Lösung im Vakuum aus einem Bade von 35° stark eingeengt und, um die Essigsäure möglichst zu entfernen, noch dreimal mit je 50 ccm Wasser aufgenommen und wieder unter vermindertem Druck eingedampft. Zum Schluß wird ganz zur Trockne verdampft, der Rückstand, der fast völlig krystallinisch erstarrt, mit ganz wenig Wasser verrührt, abgesaugt und durch Abpressen auf Ton getrocknet. Durch Umkrystallisieren aus 120 ccm Alkohol erhält man das Triacetyl-*β*-theophyllin-*d*-isorhamnosid leicht rein. Ausbeute 4 g oder 48% der Theorie.

Zur Analyse wurde noch zweimal aus Alkohol umkrystallisiert und bei 76° und 15 mm über Phosphorpentoxyd getrocknet:

0,1405 g Sbst.: 0,2590 g CO_2, 0,0642 g H_2O. — 0,2204 g Sbst.: 23,6 ccm N (16,5°, 764 mm, über 33-proz. KOH).

$C_{19}H_{24}O_9N_4$ (452,23). Ber. C 50,42, H 5,35, N 12,39.
Gef. „ 50,28, „ 5,11, „ 12,54.

Die Substanz zeigt weder in Acetylen-tetrachlorid, noch in Eisessig eine wahrnehmbare Drehung. Sie schmilzt bei 230° (korr.) nach kurzem Sintern. Sie ist leicht löslich in Aceton, Chloroform, Eisessig und heißem Alkohol, etwas schwerer in Essigäther und Benzol und recht schwer in Wasser und Petroläther.

β-Theophyllin-*d*-isorhamnosid (Formel VIII.).

4 g des eben beschriebenen Triacetylkörpers werden in 240 ccm trocknem Methylalkohol heiß gelöst, rasch abgekühlt und die Lösung unter Eiskühlung mit trocknem Ammoniak gesättigt. Ein zunächst entstehender Niederschlag löst sich bald wieder auf. Nach vierstündigem Stehen bei gewöhnlicher Temperatur wird die klare, farblose Flüssigkeit im Vakuum vollständig eingedampft. Dabei bleibt ein Sirup zurück, der häufig von selbst krystallisiert. Zur Reinigung wird er aus Essigäther umkrystallisiert. Ausbeute 2,4 g oder 83% der Theorie.

Zur Analyse wurde nochmals auf die gleiche Weise umkrystallisiert und bei 15 mm und 76° über Phosphorpentoxyd getrocknet:

0,1688 g Sbst.: 0,2958 g CO_2, 0,0850 g H_2O. — 0,1968 g Sbst.: 29,2 ccm N (21°, 763 mm, über 33-proz. KOH).

$C_{13}H_{18}O_6N_4$ (326,18). Ber. C 47,83, H 5,56, N 17,18.
Gef. „ 47,80, „ 5,64, „ 16,60.

Zur optischen Bestimmung diente die wäßrige Lösung:

$$[\alpha]_D^{16} = \frac{-1{,}03^\circ \times 2{,}1517}{1{,}003 \times 0{,}0987} = -22{,}39^\circ.$$

Nach nochmaligem Umkrystallisieren blieb die Drehung unverändert:

$$[\alpha]_D^{16} = \frac{-1{,}15^\circ \times 2{,}0445}{1{,}028 \times 0{,}1027} = -22{,}27^\circ.$$

Mutarotation wurde nicht beobachtet.

Das Isorhamnosid schmilzt bei 254° (korr.) zu einem farblosen Sirup. Es löst sich leicht in Wasser und Alkohol, schwerer in Aceton und Essigäther; sehr schwer löst es sich in Benzol, Chloroform und Äther. Es reduziert Fehlingsche Lösung nicht. Durch Kochen mit verdünnten Mineralsäuren wird es gespalten. Der Geschmack ist bitter.

Triacetyl-rhodanglucose-6-bromhydrin (Formel IX.).

25 g Aceto-dibromglucose werden in 175 ccm trocknem Xylol heiß gelöst und mit 11,5 g scharf getrocknetem Rhodansilber unter häufigem Schütteln 15 Min. gekocht. Von den Silbersalzen wird heiß abgesaugt. Beim Einengen des Filtrats im Vakuum auf etwa 100 ccm scheidet sich die Rhodanglucose krystallinisch ab; die Krystallisation wird durch Zugabe von etwa 250 ccm Petroläther vervollständigt. Nach kurzem Aufbewahren in Eis wird abgesaugt und mit Petroläther gewaschen. Ausbeute 21 g oder 89% der Theorie. Zur Reinigung wird das farblose Produkt in 100 ccm Chloroform unter Erwärmen gelöst. Beim allmählichen Zugeben von Petroläther scheidet sich das Triacetyl-rhodanglucose-6-bromhydrin in feinen, meist drusenartig verwachsenen Nadeln ab.

Zur Analyse wurde nochmals auf die gleiche Weise umkrystallisiert und bei 76° und 10 mm über Phosphorpentoxyd getrocknet.

0,1609 g Sbst.: 0,2247 g CO_2, 0,0604 g H_2O. — 0,2042 g Sbst.: 6,5 ccm N (17°, 754 mm, über 33-proz. KOH). — 0,2132 g Sbst.: 0,0991 g AgBr.

$C_{13}H_{16}O_7BrNS$ (410,13). Ber. C 38,04, H 3,93, N 3,41, Br 19,50.
Gef. „ 38,09, „ 4,20, „ 3,67, „ 19,78.

Zur optischen Bestimmung diente die Lösung in Acetylen-tetrachlorid:

$$[\alpha]_D^{18} = \frac{+1{,}43^\circ \times 4{,}8700}{1{,}5951 \times 0{,}2691} = +16{,}22^\circ.$$

Nach nochmaligem Umkrystallisieren war die Drehung unverändert:

$$[\alpha]_D^{16} = \frac{+1{,}87^\circ \times 3{,}4877}{1{,}5915 \times 0{,}2540} = +16{,}14^\circ.$$

Die Triacetyl-6-brom-rhodanglucose schmilzt nach vorherigem Sintern bei 164,5° (korr.). Sie ist leicht löslich in Aceton, Chloroform, Methylalkohol und heißem Benzol, etwas schwerer in Essigäther und Äther. In heißem Alkohol löst sie sich leicht und bildet bei längerem Kochen das weiter unten beschriebene Thiourethan. In Wasser ist sie sehr schwer löslich und fast unlöslich in Petroläther. Sie verändert Fehlingsche Lösung in der Kälte nicht, beim Erwärmen tritt Mißfärbung und Bildung eines schwarzen Niederschlages (von Schwefelkupfer) ein. Beim Erwärmen mit alkoholischem Alkali geht sie ziemlich rasch mit gelber Farbe in Lösung.

Triacetyl-*d*-glucose-thiourethan-6-bromhydrin (Formel X.).

Kocht man 5 g Aceto-rhodan-glucosebromhydrin mit 50 ccm Alkohol 1 Stde. am Rückflußkühler, so scheiden sich beim Erkalten der kaum gefärbten Lösung dünne, seideglänzende Blättchen aus, die, nach einigem Aufbewahren in Eis, abgesaugt und mit Alkohol gewaschen werden. Ausbeute: 4,6 g oder 83% der Theorie an fast reinem Triacetyl-*d*-glucose-thiourethan-6-bromhydrin.

Zur Analyse wurde noch einmal aus Alkohol umkrystallisiert und im Vakuum bei 76° über Phosphorpentoxyd getrocknet:

0,1382 g Sbst.: 0,2002 g CO_2, 0,0570 g H_2O. — 0,1574 g Sbst.: 4,1 ccm N (16°, 752 mm, über 33-proz. KOH). — 0,1845 g Sbst.: 0,0746 g AgBr. — 0,1971 g Sbst.: 0,1021 g $BaSO_4$.

$C_{15}H_{22}O_8BrNS$ (456,18). Ber. C 39,46, H 4,86, N 3,07, Br 17,50, S 7,03.
Gef. „ 39,51, „ 4,64, „ 3,01, „ 17,20, „ 7,11.

Zur optischen Untersuchung diente die Lösung in Acetylen-tetrachlorid:

$$[\alpha]_D^{15} = \frac{+1,17° \times 3,4588}{1,5895 \times 0,2502} = +10,17°.$$

Nach nochmaligem Umkrystallisieren war die Drehung unverändert:

$$[\alpha]_D^{15} = \frac{+1,28° \times 3,0305}{1,5880 \times 0,2381} = +10,27°.$$

Die Substanz schmilzt bei 128—129° (korr.) zu einer farblosen Flüssigkeit. Sie krystallisiert aus Alkohol in dünnen, seideglänzenden Blättchen. Sie löst sich etwas in heißem Wasser, leicht in heißem Alkohol, heißem Essigäther, kaltem Aceton und besonders in Chloroform und Benzol, sehr schwer in kaltem Ligroin. Beim längeren Kochen mit Fehlingscher Lösung tritt Mißfärbung und Bildung eines schmutziggrünen Niederschlages ein.

Schließlich sagen wir Hrn. Dr. Fritz Brauns für seine eifrige Mithilfe besten Dank.

41. Emil Fischer und Hans v. Neyman: Notiz über ω-Chlormethyl- und Äthoxymethyl-furfurol*).

Berichte der Deutschen Chemischen Gesellschaft **47**, 973 [1914].

(Eingegangen am 9. März 1914.)

Vor 15 Jahren haben H. Fenton und M. Gostling[1]) die interessante Beobachtung gemacht, daß verschiedene Hexosen und ganz besonders leicht die Fructose durch Behandlung mit einer ätherischen Lösung von Bromwasserstoff ω-Brommethyl-furfurol liefern. Auf ähnliche Art erhielten sie später die entsprechende Chlorverbindung, und als beste und billigste Darstellung für diesen Körper empfahlen sie die Zersetzung von Filtrierpapier durch eine warme Lösung von Salzsäure in Kohlenstofftetrachlorid, wobei die Ausbeute ca. 10% vom Gewicht der Cellulose beträgt.

Für einen bestimmten Zweck hatten wir größere Mengen dieses Materials nötig, und wir haben deshalb ein bequemeres Verfahren dafür ausgearbeitet. Es besteht darin, Rohrzucker mit konzentrierter wäßriger Salzsäure (D. 1,19) möglichst rasch auf etwa 70° zu erhitzen, dann abzukühlen, zu neutralisieren und auszuäthern.

Wie Fenton und Gostling weiter gezeigt haben, ist das Halogen in diesen Körpern sehr beweglich und läßt sich leicht durch Acetyl, Benzoyl oder Hydroxyl ersetzen. Ferner hat E. Erdmann[2]) beobachtet, daß in alkoholischer Lösung aus dem Brommethyl-furfurol durch Silbernitrat ein „Äthoxymethyl-furfurol als fruchtartig riechendes, im hohen Vakuum unzersetzt destillierendes Öl gebildet wird" und in der unter Leitung von Erdmann ausgeführten Arbeit von Curt Schäfer[3]) ist auch ein krystallisiertes Semioxamazon, $C_{10}H_{13}N_3O_4$, des Aldehyds beschrieben. Wir sind diesem Äthoxymetyl-furfurol auf andrem Wege begegnet, als wir versuchten, das Chlor- oder Brommethyl-furfurol durch alkoholische Salzsäure in das entsprechende

*) *Vgl. den Nachtrag S. 482.*

[1]) Journ. of the Chem. Soc. of London **75**, 423; **79**, 361, 807.

[2]) Berichte d. D. Chem. Gesellsch. **43**, 2391 [1910].

[3]) Inauguraldiss. „Zur trocknen Destillation der Cellulose", Halle a. S. 1909.

Acetal zu verwandeln. Es hat sich dann ferner ergeben, daß die beiden Halogenkörper sich schon mit Alkohol allein in Äthoxymethyl-furfurol umsetzen, und daß die Reaktion beschleunigt wird durch gleichzeitige Neutralisation des entstehenden Halogenwasserstoffs mit milden Basen, z. B. Bariumcarbonat.

Wir haben den Besitz größerer Mengen des Präparates benutzt, um die oben erwähnten, kurzen Angaben Erdmanns und seines Schülers über die Eigenschaften zu ergänzen und einige Derivate, z. B. Semicarbazon, Diäthylacetal und die zugehörige Äthoxymethyl-brenzschleimsäure, zu bereiten.

Darstellung des ω-Chlormethyl-furfurols.

Für die Ausbeute ist es wesentlich, daß die Zersetzung des Zuckers durch die Salzsäure rasch vonstatten geht und das Produkt der Wirkung der warmen Säure schnell entzogen wird. Dem entspricht folgende Vorschrift:

200 g zerkleinerter Rohrzucker werden in 1400 ccm rauchender Salzsäure (1,19), die schon auf etwa 40° vorgewärmt ist, gelöst und dann möglichst schnell auf 75—80° erhitzt, bis kräftige Schaumbildung eintritt. Die ganze Operation soll nicht mehr als 15 Minuten dauern.

Jetzt gießt man sofort auf 600 g Eis, neutralisiert den größten Teil der Salzsäure durch 200 g calcinierter Soda und extrahiert die tiefdunkle, trübe Flüssigkeit dreimal mit je 300 ccm Äther. Die Abtrennung des Äthers wird erschwert durch Bildung einer Emulsion. Man läßt deshalb die wäßrige Schicht im Scheidetrichter abfließen und klärt die ätherische Emulsion durch Zusatz von gepulvertem, entwässertem Natriumsulfat. Die vereinigten ätherischen Auszüge werden mit wenig Wasser gewaschen und mit Natriumsulfat getrocknet.

Beim Verdampfen des Äthers hinterbleibt ein gelbbraunes Öl, das beim Abkühlen auf 0° und Eintragen von Impfkrystallen zum größten Teil krystallinisch erstarrt. Die Masse wird durch Aufstreichen auf porösen Ton von öligen Bestandteilen befreit. Diese braungelben Krystalle können direkt für die Darstellung von Äthoxymethyl-furfurol benutzt werden. Es verdient bemerkt zu werden, daß sie nicht haltbar sind, sondern sich schon im Laufe von 1—2 Tagen unter teilweiser Zersetzung schwarz färben. Ausbeute 35—40 g. Wir haben diese Operation wiederholt auch mit 1 kg Rohrzucker ausgeführt, wobei die Temperatur der Lösung nur auf 70—72° gebracht wurde und das ganze Erhitzen etwa $^1/_2$ Stunde dauerte. Die Ausbeute betrug 160 bis 200 g.

Zur Reinigung des Chlormethyl-furfurols genügt einmaliges Umkrystallisieren aus Ligroin (Sdp. 90°). Die schwach gelben Krystalle zeigten den von Fenton und Gostling angegebenen Schmp. 37—38°.

ω-Äthoxymethyl-furfurol, $C_2H_5 \cdot O \cdot CH_2 \cdot C_4H_2O \cdot COH$.

Die Umsetzung des Chlorkörpers mit Alkohol erfolgt langsam schon bei gewöhnlicher Temperatur, rascher beim Erhitzen und wird begünstigt durch Anwesenheit von schwachen Basen, z. B. Calcium- oder Bariumcarbonat. Deshalb werden 200 g roher Chlorkörper in 1400 ccm Alkohol gelöst, mit 200 g Bariumcarbonat versetzt und auf dem Wasserbade bis nahe zum Sieden erhitzt. Sobald der Eintritt der Reaktion sich durch lebhafte Gasentwicklung bemerkbar macht, entfernt man den Kolben vom Wasserbad und läßt unter häufigem Umschütteln stehen, bis die Temperatur auf etwa 40° gesunken ist. Zur Vollendung der Reaktion erhitzt man dann noch 1—2 Stunden unter Rückfluß und häufigem Umschütteln auf dem Wasserbade. Zum Schluß muß die Reaktion der Flüssigkeit neutral sein, im andren Falle ist noch Bariumcarbonat zuzufügen. Nach dem Erkalten wird abgesaugt, der Rückstand mit wenig Alkohol gewaschen und das Filtrat durch Eindampfen unter vermindertem Druck vom größten Teil des Alkohols befreit. Das zurückbleibende Öl wird in Äther gelöst, mit wenig Wasser gewaschen, dann die ätherische Lösung mit Natriumsulfat getrocknet, der Äther abdestilliert und der Rückstand (ca. 220 g) unter vermindertem Druck destilliert. Der Siedepunkt liegt unter 8,5 mm bei 114—115°. Zur Gewinnung eines analysenreinen Öles ist es erforderlich, größere Mengen, mindestens 100 g sorgfältig zu fraktionieren, da die letzten Spuren Wasser nur schwierig zu entfernen sind.

0,1384 g Sbst.: 0,3155 g CO_2, 0,0798 g H_2O.

$C_8H_{10}O_3$ (154,08). Ber. C 62,31, H 6,54.

Gef. „ 62,17, „ 6,45.

Das Äthoxymethyl-furfurol hat einen schwachen, aber sehr feinen, fruchtäther-artigen und etwas an Camillen erinnernden Geruch. Es löst sich in kaltem Wasser in ziemlich erheblicher Menge und wird durch Kochsalz daraus abgeschieden. Mit Wasserdämpfen ist es etwas flüchtig. In rauchender Salzsäure löst es sich schon in der Kälte leicht. Die Flüssigkeit färbt sich allmählich schon bei Zimmertemperatur, rascher beim Erwärmen blau bis grünblau. In konzentrierter Schwefelsäure löst es sich unter Erwärmung und gibt bald eine schmutzig dunkle Färbung. Diese Lösung gibt nach längerem Aufbewahren beim Verdünnen mit Wasser einen fast schwarzen, amorphen Niederschlag. In kalter Salpetersäure (1,4) löst es sich fast farblos, beim Erwärmen tritt starke Oxydation ein. Es färbt fuchsin-schweflige Säure stark rotviolett. Die Fehlingsche Lösung reduziert es beim Kochen ziemlich stark, und wenn genügend Kupferlösung vorhanden ist, so scheidet sich Kupferoxydul ab, während die Mutterlauge rotbraun gefärbt ist.

Semicarbazon, $C_2H_5 \cdot O \cdot CH_2 \cdot C_4H_2O \cdot CH : N \cdot NH \cdot CO \cdot NH_2$.

1 g Äthoxymethyl-furfurol wird in 20 ccm Wasser und etwas Alkohol gelöst. Dazu gibt man je 1 g Semicarbazid-chlorhydrat und Kaliumacetat in wenig Wasser gelöst. Nach kurzem Stehen krystallisiert das Semicarbazon in kleinen, schmalen, schwach gelb gefärbten Prismen aus. Durch Umkrystallisieren aus heißem Wasser unter Zusatz von etwas Tierkohle wird es völlig rein und farblos erhalten. Schmp. 169° (korr.). Ausbeute 1,2 g. Das Produkt ist in kaltem Wasser schwer löslich, leicht in heißem. In Äther, kaltem Alkohol und Chloroform ist es mäßig löslich, leicht dagegen in heißem Alkohol.

0,1700 g Sbst.: 0,3189 g CO_2, 0,0945 g H_2O. — 0,1592 g Sbst.: 27,6 ccm Stickgas (19°, 760 mm, über 33-prozent. KOH).

$C_9H_{13}N_3O_3$ (211,13). Ber. C 51,15, H 6,20, N 19,91.
Gef. „ 51,16, „ 6,22, „ 20,00.

Äthylacetal des Äthoxymethyl-furfurols.

Seine Bereitung gelingt leicht nach dem Verfahren von Claisen: 15 g frisch destillierten Aldehyds werden mit 15 g absolutem Alkohol, 15 g frisch destilliertem Orthoameisensäure-äthylester und 0,3 g trocknem Salmiak gemischt und 10 Minuten am Rückflußkühler unter Ausschluß von Feuchtigkeit gekocht. Nachdem dann der größte Teil des Alkohols und des gebildeten Ameisensäureesters abdestilliert ist, wird der Rückstand mit Wasser und Kaliumcarbonat-Lösung gewaschen. Ausbeute etwa 17 g. Da das Produkt Fehlingsche Lösung noch schwach reduzierte und mithin noch etwas Aldehyd enthielt, so wurde die ätherische Lösung des Öles mit einem wäßrigen Gemisch von Hydroxylamin-chlorhydrat und *n.*-Natronlauge $^1/_2$ Std. geschüttelt, abgehoben, nochmals mit sehr verdünnter Natronlauge und zuletzt mit Wasser gewaschen, dann mit Natriumsulfat getrocknet und nach Verjagen des Äthers im Vakuum destilliert. Sdp. 126° bei 8—9 mm. Ausbeute 12 g.

0,1258 g Sbst.: 0,2916 g CO_2, 0,0977 g H_2O.

$C_{12}H_{20}O_4$ (228,16). Ber. C 63,11, H 8,84.
Gef. „ 63,22, „ 8,69.

Das Präparat ist ein farbloses Öl von sehr schwachem Geruch und in Wasser schwer löslich.

ω-Äthoxymethyl-brenzschleimsäure,
$C_2H_5 \cdot O \cdot CH_2 \cdot C_4H_2O \cdot COOH$.

10 g Äthoxymethyl-furfurol werden in 100 ccm Wasser suspendiert, mit überschüssigem, frisch gefälltem Silberoxyd (aus 30 g Silbernitrat) versetzt und unter häufigem Umschütteln 2 Stunden auf dem Wasserbade erhitzt. Nach dem Abkühlen gibt man Kaliumcarbonat bis zur

alkalischen Reaktion zu, saugt ab und extrahiert das Filtrat zur Entfernung nicht saurer Produkte mit Äther. Die wäßrige Lösung wird mit Schwefelsäure übersättigt und die Äthoxymethyl-brenzschleimsäure ausgeäthert, dann die ätherische Lösung mit Natriumsulfat getrocknet und der Äther verjagt. Das zurückbleibende Öl erstarrt bald krystallinisch. Ausbeute 6,2 g. Durch Umkrystallisieren aus heißem Ligroin erhält man farblose Nadeln, die zur Analyse unter 12 mm bei etwa 50° getrocknet wurden.

0,1504 g Sbst.: 0,3122 g CO_2, 0,0805 g H_2O.

$C_8H_{10}O_4$ (170,08). Ber. C 56,44, H 5,93.

Gef. „ 56,61, „ 5,99.

Die Säure schmilzt bei 62°. Sie schmilzt auch beim Übergießen mit kaltem Wasser und löst sich darin in ziemlich erheblicher Menge. Noch leichter wird sie von heißem Wasser aufgenommen. Aus der wäßrigen Lösung wird sie durch Chlornatrium ölig gefällt. Der Geschmack ist sauer. In kleiner Menge rasch erhitzt, destilliert sie zum Teil unzersetzt, während der Rückstand sich bräunt und schließlich schwärzt. In konzentrierter Schwefelsäure löst sie sich mit dunkler Farbe, und beim Verdünnen mit Wasser fällt eine dunkle, humusartige Masse. Die mit Ammoniak neutralisierte Lösung der Säure scheidet auf Zusatz von Silbernitrat ein krystallinisches Silbersalz ab. Kocht man die wäßrige Lösung der Säure mit überschüssigem gefälltem Kupferoxyd, so krystallisiert aus dem genügend eingeengten Filtrat allmählich ein blaues Kupfersalz in mikroskopischen ziemlich flächenreichen Formen. Die mit Calciumcarbonat gekochte, wäßrige Lösung der Säure gibt beim völligen Eindunsten das Calciumsalz als krystallinische Masse, die aus mikroskopisch feinen, vielfach rautenartig verwachsenen Nädelchen besteht und in Wasser sehr leicht löslich ist.

---

42. Emil Fischer und Hans v. Neyman: Nachtrag zur „Notiz über ω-Chlormethyl- und -Äthoxymethyl-furfurol"[1]).

Berichte der Deutschen Chemischen Gesellschaft 47, 1323 [1914].

(Eingegangen am 14. April 1914.)

Als wir vor kurzem das bereits von E. Erdmann und seinem Schüler Schäfer 1909 dargestellte und durch ein Semioxamazon charakterisierte ω-Äthoxymethyl-furfurol ausführlicher beschrieben, war es uns leider entgangen, daß bereits 1911 die HHrn. W. F. Cooper und W. H. Nuttall (Journ. of the Chem. Soc.. of London **99**, 1193) die Substanz aus ω-Brommethylfurfurol in derselben Weise, wie wir aus ω -Chlormethyl-furfurol bereitet und nicht allein durch ein Phenylhydrazon und ein Bromphenylhydrazon, sondern auch durch Oxydation zur entsprechenden ω- Äthoxy-brenzschleimsäure gekennzeichnet haben, worauf Hr. Nuttall uns privatim aufmerksam machte. Unsere Angaben über die Herstellung und Eigenschaften des Äthoxymethyl-furfurols und der Äthoxymethylbrenzschleimsäure sind also im wesentlichen nur eine Bestätigung, in einigen Punkten aber auch eine Ergänzung der Beobachtungen von Cooper und Nuttall.

---

[1]) Berichte d. D. Chem. Gesellsch. 47, 973 [1914]. (*S. 477*).

43. Emil Fischer, Kurt Heß und Alex Stahlschmidt[1]): Verwandlung der Dihydrofuran-dicarbonsäure in Oxy-pyridin-carbonsäure.

Berichte der Deutschen Chemischen Gesellschaft **45**, 2456 [1912].

(Eingeg. am 1. Aug. 1912; vorgetr. i. d. Sitz. v. 22. Juli 1912 v. Hrn. E. Fischer.)

Bekanntlich werden Schleimsäure und Zuckersäure durch Erhitzen mit konzentrierten Mineralsäuren teilweise in Dehydroschleimsäure (Furan-2,5-dicarbonsäure) umgewandelt. Andererseits entstehen aus dem schleimsauren Ammoniak durch Erhitzen Pyrrol und Carbopyrrolamid (Amid der Pyrrol-2-carbonsäure).

Um diese historisch interessante und experimentell wichtige Bildung von Pyrrolkörpern aus Schleimsäure, bezw. Kohlehydraten zu verallgemeinern, haben wir versucht, die Dehydroschleimsäure durch Erhitzen mit Ammoniak in Pyrroldicarbonsäure überzuführen, aber bisher keinen Erfolg gehabt.

Dagegen wird die von Hill und Wheeler aus der Dehydroschleimsäure durch Reduktion mit Natriumamalgam erhaltene α-Dihydrofuran-dicarbonsäure (I) von wäßrigem Ammoniak bei Gegenwart von Bromammonium bei 160° verändert. Dabei entsteht aber kein Körper der Pyrrolgruppe, sondern eine Oxy-pyridin-carbonsäure. Diese geht beim Erhitzen unter Verlust von Kohlensäure in 2-Oxy-pyridin über. Ferner wird sie durch Phosphorpentachlorid in eine Chlor-pyridin-carbonsäure verwandelt, die bei der Reduktion mit Jodwasserstoff Picolinsäure (Pyridin-2-carbonsäure) liefert.

```
                                              CH
          HC═══CH                          HC╱  ╲CH
              I.                             II. ‖
  HO₂C·HC╲   ╱CH·CO₂H ,              OH·C╲    ╱C·CO₂H
            O                                 N
```

α-Dihydrofuran-dicarbonsäure — 2-Oxy-pyridin-6-carbonsäure.

---

1) Hr. Stahlschmidt hat die Entstehung der Oxy-pyridin-carbonsäure und ihre Verwandlung in Oxy-pyridin bearbeitet, Hr. Heß führte die Umwandlung in Picolinsäure aus und stellte die Amide der Dihydrofuran-dicarbonsäure dar. E. F.

Die Struktur der Oxy-pyridin-carbonsäure entspricht also der Formel II. Bei ihrer Bildung wird offenbar der Furanring durch Eintritt von Ammoniak geöffnet, und indem die Stickstoffgruppe mit einem Carboxyl in Reaktion tritt, kommt der Pyridinring zustande. Der Vorgang spielt sich wahrscheinlich in verschiedenen Phasen ab. Wir haben uns bemüht, diese ausfindig zu machen. In der Tat gelang es, durch geringe Abänderung der Bedingungen ein anderes Produkt zu isolieren, das als Halbamid der α-Dihydrofuran-dicarbonsäure erkannt wurde. Man erhält es fast frei von dem Pyridinderivat, wenn die α-Dihydrofuran-dicarbonsäure mit gewöhnlichem Ammoniak in Abwesenheit von Bromammonium auf 150° erhitzt wird. Unsere Versuche, dieses Monamid auf andere Art, z. B. durch wasserentziehende Mittel, in die Oxy-pyridin-carbonsäure zu verwandeln, sind aber bisher erfolglos geblieben. Wir haben ferner noch das Diamid der α-Dihydrofuran-dicarbonsäure aus ihrem Dichlorid durch Ammoniak hergestellt, aber auch hier ist die Überführung in ein Pyridinderivat durch andere Mittel als Erhitzen mit Ammoniak bisher nicht gelungen. Dagegen wird die γ-Dihydrofuran-dicarbonsäure, die aus der α-Verbindung durch Kochen mit Alkali entsteht, ebenso leicht wie jene durch Ammoniak in dieselbe Oxy-pyridin-carbonsäure umgewandelt. Über die Rolle, welche das Bromammonium bei der Bildung des Pyridinderivats spielt, können wir nichts Näheres angeben. Jedenfalls begünstigt es diese Reaktion.

Der Weg vom Traubenzucker zur Oxy-pyridin-carbonsäure ist zwar ziemlich lang, denn er führt über die Zuckersäure, Dehydroschleimsäure und Dihydrofurandicarbonsäure.

Da aber die Kohlehydrate direkt oder indirekt das Baumaterial für zahllose Produkte des Pflanzenkörpers sind, so bieten alle Brücken, die wir von dort zu anderen Körpergruppen schlagen, selbst dann noch ein Interesse, wenn die dazu verwandten Mittel so brutaler Natur sind, daß sie für die Vorgänge in der Lebewelt gar nicht in Betracht kommen können.

Ein unmittelbarer Übergang vom Traubenzucker zum Pyridin ist schon von P. Brandes und C. Stoehr[1]) beobachtet worden. Sie erhielten die Base neben vielen anderen Produkten beim langen Erhitzen des Zuckers mit wäßrigem Ammoniak auf 100°. Da aber die Ausbeute nur 0,2% des Zuckers betrug, so handelt es sich offenbar um einen recht verwickelten Vorgang, der mit obiger Bildung der Oxy-pyridin-carbonsäure kaum verglichen werden kann. Den umgekehrten Weg vom Pyridin zu den Pentosen durch Oxydation mit Eisensalzen und Wasserstoffsuperoxyd scheint C. Neuberg[2]) be-

[1]) Journ. f. prakt. Chemie [2] **54**, 481 [1896].

[2]) Biochem. Zeitschr. **20**, 526 [1909].

obachtet zu haben. Allerdings ist auch hier die Ausbeute außerordentlich gering, so daß er als Beweis für die Bildung des Zuckers nur die bekannten Farbreaktionen und die Isolierung sehr kleiner Mengen Furfurols, das aus dem Zucker erhalten und in das Nitrophenylhydrazon verwandelt wurde, anführen konnte.

Die für unsere Versuche nötige Dehydro-schleimsäure haben wir nach dem Verfahren von Yoder und Tollens[1]) dargestellt. Sie wurde weiter nach der Vorschrift von Hill und Wheeler[2]) mit Natriumamalgam zu α-Dihydrofuran-dicarbonsäure reduziert[3]).

2-Oxy-pyridin-6-carbonsäure.

2 g α-Dihydrofuran-dicarbonsäure werden mit 20 ccm wäßrigem Ammoniak von 25% und 2 g Bromammonium im geschlossenen Rohr 12 Stunden auf 160° erhitzt. Die klare Flüssigkeit ist dann schwach bräunlich gefärbt. Sie wird verdampft, der Rückstand mit etwa 10 ccm Wasser aufgenommen und in der Hitze mit Salzsäure übersättigt. Beim Erkalten scheidet sich die Oxy-pyridin-carbonsäure ab. Sie wird nach einigem Stehen bei 0° abgesaugt, mit wenig kaltem Wasser gewaschen, dann wieder in nicht zu viel heißem Wasser gelöst und mit wenig Tierkohle gekocht. Aus dem heißen Filtrat scheidet sich die Säure als wenig gefärbte, krystallinische Masse aus, und die Ausbeute an diesem schon ziemlich reinen Produkt betrug durchschnittlich 0,7 g oder 40% der Theorie. Durch weiteres Umkrystallisieren aus heißem Wasser unter Zusatz von Tierkohle erhält man ganz farblose, lange Nadeln.

0,1866 g Sbst.: 0,3557 g CO_2, 0,0606 g H_2O. — 0,1675 g Sbst.: 14,4 ccm N (16°, 764 mm) über 33-proz. Kalilauge.

$C_6H_5O_3N$ (139,05). Ber. C 51,78, H 3,63, N 10,08.
Gef. „ 51,99, „ 3,63, „ 10,10.

Die Säure hat keinen konstanten Schmelzpunkt. Beim raschen Erhitzen im Capillarrohr sintert sie unter Bräunung gegen 275° (korr.) und zersetzt sich unter starker Gasentwicklung gegen 282° (korr.). Sie wird am besten aus kochendem Wasser (der etwa 40-fachen Menge)

---

[1]) Berichte d. D. Chem. Gesellsch. **34**, 3447 [1901].

[2]) Americ. Chemic. Journal **25**, 464 [1901].

[3]) Diese Reaktion verläuft schon bei 0° rasch und liefert gute Ausbeute, während die Brenzschleimsäure von Natriumamalgam in schwach alkalischer Lösung sehr langsam angegriffen wird und Produkte liefert, deren Untersuchung noch nicht abgeschlossen ist.

Ähnliches habe ich in der Pyrrolreihe beobachtet. Im Gegensatz zu der Pyrrol-2-carbonsäure läßt sich die von Ciamician und Silber (Berichte d. Deutsch. Chem. Gesellsch. **19**, 1959 [1886]) dargestellte Pyrrol-2,5-dicarbonsäure durch das Amalgam leicht reduzieren. Dabei entsteht eine Dihydroverbindung, die ich bei späterer Gelegenheit beschreiben werde. E. Fischer.

umgelöst und bildet dann lange, dünne Prismen oder Nadeln. Sie schmeckt und reagiert sauer. Sie löst sich leicht in Alkalien und Ammoniak sowie in konzentrierter Salzsäure. Die wäßrige Lösung färbt sich auf Zusatz von wenig Eisenchlorid gelbrot. Silbernitrat erzeugt in schwach ammoniakalischer Lösung einen farblosen Niederschlag von Silbersalz.

Bariumsalz. Versetzt man die nicht zu verdünnte ammoniakalische Lösung in der Hitze mit Bariumchlorid, so krystallisiert beim Erkalten das Salz recht bald. Es läßt sich aus kochendem Wasser leicht umkrystallisieren und bildet lange, schmale Prismen, die meist schief abgeschnitten und vielfach büschelförmig verwachsen sind. Manchmal sehen sie auch wie Nadeln aus und sind zu dichten Aggregaten vereinigt. In dem an der Luft getrockneten Salz finden wir 1 Mol. Krystallwasser.

0,2124 g Sbst. verloren unter 12—15 mm Druck im Dampf von Acetylentetrachlorid 0,0086 g Wasser.

$C_{12}H_8O_6N_2Ba + H_2O$ (431,47). Ber. H_2O 4,17. Gef. H_2O 4,05.

0,1792 g getrocknetes Salz: 0,1016 g $BaSO_4$.

$C_{12}H_8O_6N_2Ba$ (413,45). Ber. Ba 33,22. Gef. Ba 33,40.

Calciumsalz. Wird die Lösung der Säure in der 40-fachen Menge heißen Wassers mit überschüssigem, frisch gefälltem Calciumcarbonat neutralisiert, so fällt aus dem heißen Filtrat beim Abkühlen das Salz krystallinisch aus. Es enthält Krystallwasser, das unter 12—15 mm Druck bei 144° ausgetrieben wurde, und dessen Menge zwischen den Werten für 4 und $4^1/_2$ Molekülen lag.

0,2364 g Sbst. verloren 0,0472 g H_2O. — 0,1579 g Sbst. verloren 0,0311 g H_2O.

$C_{12}H_8O_6N_2Ca + 4\ H_2O$ (388,22). Ber. H_2O 18,56.
$C_{12}H_8O_6N_2Ca + 4^1/_2\ H_2O$ (397,2). „ „ 20,4.
Gef. „ 19,96, 19,70.

0,1890 g getrocknetes Salz: 0,0338 g CaO. — 0,1301 g getrocknetes Salz: 0,0234 g CaO. — 0,1228 g Sbst.: 0,2040 g CO_2, 0,0320 g H_2O.

$C_{12}H_8O_6N_2Ca$ (316,15). Ber. C 12,68, Ca 45,55, H 2,55.
Gef. „ 12,78, 12,80, „ 45,31, „ 2,92.

Das Krystallwasser entweicht auch schon bei mehrtägigem Stehen im Vakuumexsiccator über Phosphorpentoxyd bei gewöhnlicher Temperatur.

Das Salz krystallisiert aus heißem Wasser in ganz kleinen Nadeln, die unter dem Mikroskop als ziemlich lange Prismen erscheinen. Außer den Prismen beobachtet man noch andere, kleinere Krystalle von wenig ausgeprägter Form.

Kupfersalz. Versetzt man die heiße, wäßrige Lösung der Säure mit Kupfersulfatlösung, so fällt das Salz rasch als krystallinischer Niederschlag aus. Der Gewichtsverlust, den das lufttrockne Salz unter

12—15 mm Druck bei 144° über Phosphorpentoxyd erfuhr, entspricht 2 Mol. Wasser.

0,2130 g Sbst. verloren 0,0205 g.

$C_{12}H_8O_6N_2Cu + 2\,H_2O$ (375,69). Ber. H_2O 9,59. Gef. H_2O 9,62.

0,1925 g getrocknetes Salz: 0,0437 g CuO, 0,3016 g CO_2, 0,0451 g H_2O.

$C_{12}H_8O_6N_2Cu$ (339,65). Ber. Cu 18,72, C 42,40, H 2,37.
Gef. „ 18,14, „ 42,73, „ 2,62.

Das hellblaue Salz ist auch in kochendem Wasser sehr schwer löslich. Es bildet mikroskopische, kurze, schief abgeschnittene Prismen oder schmale Tafeln. In wäßrigem Ammoniak löst es sich mit grünblauer Farbe.

Bildung von Oxy-pyridin-carbonsäure aus γ-Dihydro-furan-dicarbonsäure.

Sie erfolgt genau unter denselben Bedingungen wie bei der α-Verbindung. Auch die Ausbeute ist ungefähr dieselbe.

Verwandlung der 2-Oxy-pyridin-6-carbonsäure in 2-Oxy-pyridin.

Die getrocknete Säure wurde in Mengen von 1—2 g in einem mit erweitertem Ansatz versehenen Fraktionskolben im Ölbad auf etwa 285° erhitzt, bis sie völlig geschmolzen und die anfangs ziemlich starke Gasentwicklung sehr schwach geworden war. Die Operation dauerte 10—15 Minuten. Dann wurde das Kölbchen sofort evakuiert und das entstandene Oxy-pyridin unter 0,5 mm Druck destilliert. Das hellgelbe Destillat erstarrte bald krystallinisch. Das Produkt wurde in heißem Benzol gelöst, mit wenig Tierkohle aufgekocht und das Filtrat mit Petroläther versetzt. Die Ausbeute an farblosem, krystallinischem Produkt betrug die Hälfte der angewandten Säure oder 73% der Theorie. Zur Analyse wurde nochmals aus Benzol umgelöst und im Vakuumexsiccator getrocknet.

0,1411 g Sbst.: 0,3249 g CO_2, 0,0678 g H_2O.

C_5H_5ON (95,05). Ber. C 63,12, H 5,30.
Gef. „ 62,80, „ 5,50.

Das Oxy-pyridin schmolz bei 106—107° (korr.) und zeigte auch sonst die Eigenschaften des 2-Oxy-pyridins[1]); z. B. wurde der Schmelzpunkt der in langen Nadeln krystallisierten Verbindung mit Quecksilberchlorid bei 193—195° (korr.) gefunden.

2-Chlor-pyridin-6-carbonsäure.

2 g Oxy-pyridin-carbonsäure wurden mit 3 ccm Phosphoroxychlorid übergossen und nach Zusatz von 10 g Phosphorpentachlorid ge-

[1]) Berichte d. D. Chem. Gesellsch. **17**, 590 [1884]; **24**, 3144 [1891].

linde erwärmt. Dabei fand lebhafte Reaktion statt, wobei die Säure wahrscheinlich unter Bildung ihres Säurechlorids in Lösung ging. Um nun weiter das Hydroxyl gegen Chlor auszutauschen, haben wir das Gefäß unter Ausschluß von Feuchtigkeit 4 Stunden auf 100° erwärmt. Da das Pentachlorid in erheblichem Überschuß vorhanden war, so verschwand es nicht vollständig. Zum Schluß wurde das Phosphoroxychlorid unter stark vermindertem Druck abdestilliert, der Rückstand mit zerstoßenem Eis vermischt und so lange geschüttelt, bis alle Chloride des Phosphors zerstört waren. Dabei ging die Masse bis auf einen kleinen Rest von schmierigen Produkten in Lösung. Nachdem diese durch festes Natriumbicarbonat neutralisiert war, wurde filtriert, das Filtrat mit Salzsäure übersättigt und wiederholt ausgeäthert. Beim Verdampfen des Äthers blieb die Chlorsäure als hellgelb gefärbte, krystallinische Masse zurück. Zur Reinigung wurde aus der 20-fachen Menge Wasser unter Zusatz von wenig Tierkohle umkrystallisiert. Die Ausbeute an diesem fast reinen, aus kleinen, glänzenden Blättchen bestehenden Produkt betrug 75% der angewandten Oxysäure. Für die Analyse wurde nochmals aus heißem Ligroin umkrystallisiert, wovon auf 1 g ungefähr 800 ccm notwendig sind, und bei 100° und 15 mm Druck über Phosphorpentoxyd getrocknet.

0,1553 g Sbst.: 0,2581 g CO_2, 0,0365 g H_2O. — 0,0950 g Sbst.: 0,0871 g AgCl.

$C_6H_4O_2NCl$ (157,50). Ber. C 45,71, H 2,56, Cl 22,51.

Gef. „ 45,33, „ 2,63, „ 22,68.

Im Capillarrohr rasch erhitzt, sintert die Substanz gegen 180° stark und schmilzt gegen 190° (korr.). Bald nach dem Schmelzen erfolgt starke Zersetzung, wobei ein pyridinartiger Geruch (vielleicht von Chlor-pyridin herrührend) auftritt. Nur in ganz geringer Menge erfolgt Sublimation. Die Säure löst sich leicht in warmem Alkohol und krystallisiert beim starken Abkühlen in farblosen Täfelchen. Ähnlich verhält sie sich gegen Essigäther und Chloroform. In Äther ist sie ziemlich schwer, in Ligroin noch schwerer löslich.

Kupfersalz. Versetzt man die heiße, wäßrige Lösung mit Kupfervitriol, so krystallisiert nach einiger Zeit das Salz in meist mikroskopischen Säulen, die anfangs auffallend schwach gefärbt, aber nach mehrstündigem Stehen hellblau sind. Wir fanden darin 4 Mol. Krystallwasser, die verhältnismäßig schwer weggehen.

0,1064 g Sbst. verloren unter 12—15 mm Druck bei 144° über Phosphorpentoxyd 0,0167 g H_2O.

$C_{12}H_6O_4N_2Cl_2Cu + 4\,H_2O$ (448,62). Ber. H_2O 16,06. Gef. H_2O 15,69.

0,0770 g getrocknetes Salz, das hellgrünblau ist: 0,0158 g CuO.

$C_{12}H_6O_4N_2Cl_2Cu$ (376,56). Ber. Cu 16,88. Gef. Cu 16,39.

Das Silbersalz ist in Wasser außerordentlich schwer löslich. Es fällt auf Zusatz von Silbernitrat zu der warmen, wäßrigen Lösung der Säure als dicker, farbloser Niederschlag aus. Er besteht aus äußerst feinen, mikroskopischen, sehr biegsamen Nädelchen, die manchmal wie Fäden aussehen. Das Salz löst sich leicht in Ammoniak oder Salpetersäure.

Zur Bereitung des Calciumsalzes wurde eine Lösung der Säure in der 300-fachen Menge Wasser kurze Zeit mit Calciumcarbonat bis zur neutralen Reaktion gekocht. Beim teilweisen Verdunsten des Filtrats im Exsiccator schied sich das Salz in ziemlich derben, verwachsenen, kleinen Spießen aus. Das lufttrockne Salz enthielt 1 Mol. Wasser.

0,1202 g Sbst. verloren unter 15 mm Druck bei 95° 0,0057 g H_2O.

$(C_6H_3O_2NCl)_2Ca + H_2O$ (371,07). Ber. H_2O 4,86. Gef. H_2O 4,74.

0,1142 g trockne Sbst : 0,0426 g $CaSO_4$.

$(C_6H_3O_2NCl)_2Ca$ (353,06). Ber. Ca 11,35. Gef. Ca 10,98.

Unter den 3 bekannten Chlor-pyridin-carbonsäuren, die als Derivate der Picolinsäure betrachtet werden, zeigt die von Seyfferth[1]) beschriebene Verbindung mit der unserigen manche Ähnlichkeit, z. B. in der Zusammensetzung des Calciumsalzes. Die Differenz im Schmelzpunkte (180° gegen 190°) würde sich aus der Zersetzlichkeit der Säure und der verschiedenen Art des Erhitzens erklären.

Aber die Identität kann doch unseres Erachtens nur durch direkten Vergleich, wozu uns das Material von Seyfferth fehlte, bewiesen werden.

Verwandlung der 2-Chlor-pyridin-carbonsäure in Picolinsäure.

Entsprechend der Erfahrung von Seyfferth[2]) über das Verhalten der Picolinsäure und ihrer Chlorderivate gegen Reduktionsmittel haben wir 1 g unserer Chlor-pyridin-carbonsäure mit 8 ccm Jodwasserstoffsäure vom spez. Gew. 1,9 ohne Phosphor bezw. Jodphosphonium im geschlossenen Rohr $3^1/_2$ Stunden auf 160° erhitzt, dann die dunkle Lösung auf dem Wasserbad verdampft, den Rückstand mit Wasser gekocht, bis alles freie Jod verschwunden war, das Jod durch Kochen mit Bleioxyd entfernt, durch Schwefelwasserstoff entbleit und die wieder filtrierte Lösung nach dem Ansäuern mit Salzsäure verdampft. Hierbei blieb die Picolinsäure als krystallinisches Hydrochlorid zurück und wurde auf die übliche Art in das charakteristische, von Weidel beschriebene Kupfersalz verwandelt.

Die Ausbeute an reinem, aus Wasser umkrystallisiertem Salz betrug 60% der angewandten Chlor-pyridin-carbonsäure. Im luft-

[1]) Journ. f. prakt. Chemie [2] **34**, 252 [1886].

[2]) Ebenda [2] **34**, 241 [1886].

trocknen Zustand enthielt das Salz 2 Mol. Wasser, das aber schon bei 12-stündigem Stehen im Vakuumexsiccator über Schwefelsäure wegging.

0,1493 g Sbst. verloren 0,0158 g H_2O.

$C_{12}H_8O_4N_2Cu + 2\,H_2O$ (343,69). Ber. H_2O 10,48. Gef. H_2O 10,58.

0,1333 g getrocknetes Salz: 0,0344 g CuO. — 0,1438 g getrocknetes Salz: 11,4 ccm N (21,5°, 762 mm).

$C_{12}H_8O_4N_2Cu$ (307,65). Ber. Cu 20,66, N 9,11.
Gef. „ 20,62, „ 9,07.

Da Weidel für sein Salz kein Krystallwasser angegeben hat, so haben wir uns Picolinsäure aus käuflichem Picolin durch Oxydation mit Permanganat bereitet und ihr Kupfersalz in derselben Weise behandelt. Diese enthielt im lufttrocknem Zustand ebenfalls 2 Mol. Wasser, das im Vakuumexsiccator wegging.

0,3691 g Sbst. verloren 0,0374 g H_2O.

$C_{12}H_8O_4N_2Cu + 2\,H_2O$ (343,69). Ber. H_2O 10,48. Gef. H_2O 10,13.

0,1147 g getrocknetes Salz: 0,0294 g CuO.

$C_{12}H_8O_4N_2Cu$ (307,65). Ber. Cu 20,66. Gef. Cu 20,48.

Vergleich der 2-Oxy-pyridin-6-carbonsäure mit der α-Oxy-picolinsäure.

In dem neuesten Lexikon der Kohlenstoffverbindungen von M. M. Richter sind nicht weniger als acht Oxy-pyridin-carbonsäuren angeführt. Von fünf ist die Struktur festgestellt, und es ergibt sich daraus deren Verschiedenheit von unserer Säure. Es bleiben noch die drei Derivate der Picolinsäure, die von H. Ost[1]) entdeckten α- und β-Verbindungen und die von seinem Schüler Th. Bellmann[2]) beschriebene γ-Säure. Die β-Oxy-picolinsäure ist von Ost in das 4-Oxy-pyridin verwandelt worden und scheidet deshalb ebenfalls aus. Dasselbe gilt noch für die γ-Säure, denn sie unterscheidet sich von unserer Verbindung durch den Gehalt von 1 Mol. Krystallwasser und dadurch, daß das Bariumsalz frei von Krystallwasser ist.

Dagegen hat die α-Oxy-picolinsäure große Ähnlichkeit mit unserer Verbindung.

Wir verdanken Hrn. Ost eine kleine Probe der Säure und haben bei dem Vergleich mit der unserigen in Bezug auf die äußere Form der kleinen Kryställchen und namentlich auch im Verhalten gegen Hitze keinen Unterschied beobachten können. Ebenso zeigte ein Gemisch der beiden Säuren fast den gleichen Zersetzungspunkt. Darauf ist allerdings kein besonderer Wert zu legen, da nur bei scharfen Schmelzpunkten ohne Zersetzung eine ausgesprochene Depression für ein

---

1) Journ. f. prakt. Chemie [2] **27**, 288 [1883]; **29**, 64 [1884].

2) Ebenda [2] **29**, 7 [1884].

Gemisch verschiedener Substanzen zu erwarten ist. Ferner enthält das von Ost beschriebene Bariumsalz der α-Oxy-picolinsäure ebenso wie unsere Verbindung 1 Mol. Krystallwasser.

Dagegen besteht ein Unterschied beim Calciumsalz. Ost fand sein Salz frei von Krystallwasser, während das unsere im lufttrocknen Zustand etwas mehr als 4 Mol. Wasser enthielt. Aber dieses Krystallwasser entweicht, wie oben angeführt, schon im Vakuumexsiccator, und es wäre deshalb möglich, daß Ost, der über die Trocknung des Salzes keine Angaben macht, dieses Wasser nicht beobachtet hat. Leider reichte die Menge der Säure, die Hr. Ost uns zur Verfügung stellte, nicht mehr zur Bereitung des Calciumsalzes aus. Da es uns ferner nicht möglich war, die α-Oxy-picolinsäure nach dem von Ost beschriebenen, ziemlich umständlichen Verfahren darzustellen, so müssen wir die Frage der Identität mit unserer Verbindung noch unentschieden lassen.

Monamid der α-Dihydrofuran-dicarbonsäure,

$$C_4H_4O\langle{}^{CO \cdot NH_2}_{COOH} .$$

Wie oben erwähnt, bildet es sich unter ähnlichen Bedingungen wie die Oxy-pyridin-carbonsäure beim Erhitzen der α-Dihydrofuran-dicarbonsäure mit Ammoniak. Es ist also Neben- oder Zwischenprodukt dieser Reaktion. Seine Menge überwiegt, wenn man Ammoniak von gewöhnlicher Konzentration ohne Bromammonium anwendet und die Temperatur nicht über 150° steigert. Dementsprechend wurden für seine Bereitung 2 g α-Dihydrofuran-dicarbonsäure mit 20 ccm wäßrigem Ammoniak von 25% auf 150° erhitzt. Beim Verdampfen der bräunlichen Flüssigkeit blieb ein gelblich gefärbter Rückstand. Er wurde in 10 ccm Wasser gelöst und in der Wärme mit Salzsäure schwach übersättigt. Beim Abkühlen schieden sich mikroskopische Säulen ab, die aus der 20-fachen Menge heißen Wassers unter Zusatz von wenig Tierkohle umkrystallisiert wurden. Die Ausbeute an reinem Präparat betrug 40% der Theorie. Für die Analyse wurde bei 144° unter 12—15 mm Druck getrocknet, wobei aber kein Gewichtsverlust für die exsiccatortrockne Substanz beobachtet wurde.

0,2917 g Sbst.: 0,4929 g CO_2, 0,1146 g H_2O. — 0,2463 g Sbst.: 18,8 ccm N (20°, 753 mm).

$C_6H_7O_4N$ (157,07). Ber. C 45,84, H 4,49, N 8,92.
Gef. „ 46,08, „ 4,39, „ 8,68.

Beim raschen Erhitzen im Capillarrohr schmilzt die Substanz gegen 244° (korr.) unter Zersetzung. Sie löst sich leicht in warmem Alkohol, aber sehr schwer in Äther. Beim Kochen der wäßrigen Lösung mit Calciumcarbonat entsteht ein leicht lösliches Calciumsalz.

Hierdurch unterscheidet sich das Halbamid scharf von der Oxy-pyridincarbonsäure. Ein weiterer Unterschied besteht darin, daß das Amid sehr leicht durch Erwärmen mit Alkalien oder Säuren unter Bildung von Ammoniak zerstört wird. Dabei entsteht wieder α-Dihydrofuran-dicarbonsäure, wie folgender Versuch zeigt.

Das Amid wurde mit der 20-fachen Menge *n.*-Salzsäure $^1/_2$ Stunde auf dem Wasserbade erwärmt. Die Lösung enthielt dann Chlorammonium, und durch wiederholtes Ausäthern ließ sich α-Dihydrofuran-dicarbonsäure in einer Ausbeute von 75% der Theorie isolieren, die frei von Stickstoff war und den richtigen Schmp. 145° zeigte.

α-Dihydrofuran-dicarbonsäurechlorid, $C_4H_4O(COCl)_2$.

Da die Säure mit Phosphorpentachlorid recht lebhaft reagiert, so haben wir zur Milderung des Vorgangs scharf getrocknetes Chloroform zugesetzt. 28 g zerkleinertes Phosphorpentachlorid wurden mit 25 ccm Chloroform übergossen und 10 g trockne Dihydrofuran-dicarbonsäure unter gutem Umschütteln in mehreren Portionen zugefügt. Unter lebhafter Salzsäureentwicklung entstand eine wenig gefärbte Lösung, die schließlich von einer geringen Menge Phosphorpentachlorid abgegossen und durch Destillation unter geringem Druck bei 40—50° von Chloroform und Phosphoroxychlorid befreit wurde. Das hierbei bleibende bräunliche Öl haben wir unter 28 mm Druck fraktioniert, wobei 9 g von 145—148° übergingen. Eine neue Fraktionierung unter 28 mm gab 7 g eines bei 146° siedenden Öls, das direkt analysiert wurde.

0,4120 g Sbst.: 0,6066 g AgCl.

$C_6H_4O_3Cl_2$ (194,95). Ber. Cl 36,38. Gef. Cl 36,42.

Das Dichlorid ist ein farbloses, stark lichtbrechendes, ziemlich leicht bewegliches Öl von heftigem Geruch, das sich beim Aufbewahren dunkel färbt. Es reagiert lebhaft mit Wasser und Alkohol und wird schon durch den Wasserdampf der Luft in die α-Dihydrofurandicarbonsäure zurückverwandelt, deren Schmelzpunkt wir wieder bei 145° fanden.

Diamid der α-Dihydrofuran-dicarbonsäure, $C_4H_4O(CO \cdot NH_2)_2$.

Man trägt das zuvor erwähnte Chlorid in kleinen Portionen in eine gut gekühlte, ätherische Lösung von Ammoniak ein und sorgt durch Einleiten von gasförmigem Ammoniak dafür, daß stets ein Überschuß von diesem vorhanden ist. Dabei entsteht sofort ein dicker, farbloser Niederschlag von Diamid und Chlorammonium. Er wird abgesaugt, in wenig heißem Wasser gelöst, mit etwas Tierkohle aufgekocht und heiß filtriert. Beim Abkühlen fällt das Diamid als farblose Krystallmasse aus, die meist aus mikroskopischen Tafeln besteht.

Sie werden abgesaugt und durch Waschen mit wenig kaltem Wasser völlig von Chlorammonium getrennt. Die Ausbeute betrug ungefähr 75% des angewandten Chlorids. Zur Analyse wurde nochmals aus heißem Wasser umgelöst und unter 15 mm bei 96° getrocknet.

0,1271 g Sbst.: 0,2158 g CO_2, 0,0590 g H_2O. — 0,1546 g Sbst.: 24,4 ccm N (22°, 756 mm) über 33-proz. Kalilauge.

$C_6H_8O_3N_2$ (156,08). Ber. C 46,13, H 5,17, N 17,95.
Gef. „ 46,30, „ 5,19, „ 17,88.

Das α-Dihydrofuran-dicarbonsäurediamid läßt sich bequem aus heißem Wasser umlösen. Es bildet dann farblose, derbe Krystalle, meist Tafeln. Es schmilzt nach vorherigem Sintern bei 211—212° (korr.). Es löst sich leicht in heißem Wasser und Alkohol, sehr schwer in Äther und anderen indifferenten organischen Solvenzien.

Das Diamid wird beim Kochen mit Alkalien oder Säuren rasch hydrolysiert; nachdem es mit der 40-fachen Menge *n.*-Salzsäure auf dem Wasserbade $^1/_2$ Stunde erhitzt war, konnten wir durch Ausäthern der Flüssigkeit eine reichliche Menge von α-Dihydrofuran-dicarbonsäure vom Schmp. 145° gewinnen.

44. Emil Fischer und Géza Zemplén: Verhalten der Cellobiose und ihres Osons gegen einige Enzyme.*)

Liebigs Annalen der Chemie **365**, 1 [1909].
(Eingelaufen am 24. Januar 1909.)

Die durch H. Skraup und J. König[1]) aufgefundene, und als Disaccharid der Glucose charakterisirte Cellobiose wird nach der Beobachtung der Entdecker von gewöhnlicher Bierhefe nicht vergoren. Im übrigen scheint die Wirkung von hydrolysirenden Enzymen und Fermenten auf diesen Zucker nicht studirt zu sein. Da aber solche Beobachtungen gewisse Rückschlüsse auf Structur und Configuration erlauben, so haben wir das Disaccharid mit Emulsin und Hefenauszug geprüft. Von dem ersten wird der Zucker leicht gespalten, dagegen ist der Auszug von trockner Hefe ohne sichtbare Wirkung, wie man nach der Unfähigkeit, mit Hefe zu gären, erwarten durfte. Die Cellobiose verhält sich also gegen die beiden Enzyme ebenso, wie die Gentiobiose[2]) und Isomaltose[3]), und nähert sich auch dem Milchzucker.

Es liegt nahe, daraus den Schluß zu ziehen, daß Cellobiose, Isomaltose und Gentiobiose in bezug auf die Verkuppelung der beiden Glucosereste die gleiche Configuration besitzen, während die Maltose in dieser Beziehung sich von ihnen unterscheidet.

Macht man ferner die nicht unwahrscheinliche Annahme, daß Emulsin, welches bekanntlich die β-Glucoside spaltet, ein spezifisches Reagens auf die β-Configuration ist, so würde man die sämtlichen 3 Disaccharide als β-Glucosidoglucosen bezeichnen dürfen. Diese allgemeine Betrachtungsweise, welche der eine von uns zuerst angestellt hat, ist im Laufe der Zeit in immer bestimmterer Form in der Literatur der Kohlenhydrate aufgetreten. — Wir haben durchaus keinen Grund, sie zu be-

---

[1]) Monatsh. f. Chem. **22**, 1011 [1901].

[2]) Ém. Bourquelot et H. Hérissey. Compt. rend. **135**, 399 [1902].

[3]) E. Fischer, Berichte d. Deutsch. Chem. Gesellsch. **28**, 3024 [1895], (*Kohlenh. I, 668*), siehe auch E. F. Armstrong, Proc. Royal Soc. London **76**, Serie B, 592—99.

*) *Vgl. S. 498.*

streiten, aber wir möchten doch davor warnen, sie als ganz sicher anzusehen. Denn Voraussetzung ist dabei, daß dasselbe Enzym sowohl die Alkoholglucoside, wie die Glucosidoglucosen hydrolysirt. Solange man aber keine reinen Enzyme hat, und mit so komplicirten Gemengen, wie Emulsin oder Hefenauszug, arbeiten muß, besteht dafür keine Gewähr.

So groß der Nutzen auch ist, den die Anwendung der Enzyme als specifische Reagentien bietet, so können aus jener Unsicherheit Fehler in den Schlußfolgerungen entstehen, über deren Möglichkeit man sich jederzeit klar bleiben muß.

Die Cellobiose bildet bekanntlich ein in heißem Wasser ziemlich leicht lösliches Phenylosazon[1]). Dieses läßt sich nach dem bei Maltosazon ausgearbeiteten Verfahren[2]) leicht in das entsprechende Cellobioson verwandeln. Leider ist uns die Krystallisation des Productes ebensowenig wie bei den anderen bis jetzt bekannten Osonen gelungen, aber wir konnten feststellen, daß es sich gegen Emulsin ebenso verhält, wie das Disaccharid selbst.

Im Anschluß an die Versuche mit Emulsin und Hefenauszug haben wir das Verhalten der Cellobiose gegen die Enzyme von Aspergillus niger und gegen den wäßrigen Auszug von Kefirkörnern geprüft und ein negatives Resultat erhalten.

Cellobiose und Emulsin.

Eine Lösung von 0,5 g Cellobiose ($[\alpha]_D^{19} = 33,27°$) in 10 ccm Wasser wurde mit 0,25 g käuflichem Emulsin (Präparat von Merck) versetzt und 32 Stunden bei 36° aufbewahrt. Nachdem das Gemisch durch Kochen unter Zusatz von 0,5 g Natriumacetat von den gelösten Proteïnen größtentheils befreit war, diente zum Nachweis der Glucose im Filtrat die Osazonprobe. Zu dem Zwecke wurde 1 g salzsaures Phenylhydrazin und 1,5 g Natriumacetat zugegeben und $1^1/_4$ Stunde auf dem Wasserbade erhitzt. Nach etwa 10 Minuten begann schon die Ausscheidung des Phenylglucosazons. Seine Gesamtmenge betrug schließlich 0,2 g, und das Präparat zeigte nach dem Umkrystallisieren aus verdünntem Alkohol sowohl den Schmelzpunkt, wie die Löslichkeit und Zusammensetzung des Glucosazons. Unveränderte Cellobiose war durch die Osazonprobe nicht mit Sicherheit nachzuweisen.

0,1753 g gaben 23,8 ccm Stickgas über 33% KOH bei 17° und 761 mm Druck.

	Ber. für $C_{18}H_{22}O_4N_4$	Gef.
N	15,64.	15,81

---

[1]) H. Skraup und J. König, Monatsh. f. Chem. **22**, 1021 [1901].

[2]) E. Fischer und E. F. Armstrong, Berichte d. Deutsch. Chem. Gesellsch. **35**, 3141 [1902]. (*Kohlenh. I, 182*).

Ein zweiter Versuch in derselben Weise ausgeführt, gab genau das gleiche Resultat, während bei dem Kontrollversuch ohne Emulsin die Cellobiose unter denselben Bedingungen unverändert blieb.

Versuche mit Hefenauszug.

Eine Lösung von 0,5 g Cellobiose in 5 ccm eines wäßrigen Auszuges von trockner Frohberg-Hefe, der in der früher beschriebenen Weise[1]) bereitet war, wurde nach Zusatz von 0,25 ccm Toluol 23 Stunden auf 36° erhitzt. In der Lösung war nach Entfernung der Proteïne durch die Osazonprobe kein Traubenzucker nachweisbar. Dagegen fanden wir die unveränderte Cellobiose in Form des Osazons, das analysirt wurde.

0,2549 g gab en23,6 ccm Stickgas über 33% KOH bei 16° und 764 mm Druck.

	Ber. für $C_{24}H_{32}O_2N_4$.	Gef.
N	10,77	10,87

Ebenso negativ blieb das Resultat, als wir an Stelle des Hefenauszuges die trockne Frohberg-Hefe selber, und zwar in dem Mengenverhältnis: 1 Theil Cellobiose, 10 Theile Wasser, 1 Theil Hefe verwandten.

Von der Wirksamkeit des Hefenauszuges gegen Maltose haben wir uns in einem besonderen Versuch überzeugt, denn dieses Disaccharid wurde unter den gleichen Bedingungen hydrolysirt.

Versuche mit Aspergillus niger.

Der Pilz war auf die gewöhnliche Weise in einer Lösung gezüchtet, die 2% Rohrzucker, 0,5% Weinsäure, 0,25% Asparagin, 0,25% Ammoniumsulfat, 0,1% Dinatriumhydrophosphat, 0,01% Magnesiumsulfat und Spuren Kochsalz enthielt, und deren Zusammensetzung uns von Herrn Dr. H. Pringsheim privatim angerathen wurde.

Das Trocknen des Pilzes geschah nach den Angaben von E. Bourquelot[2]). Zur Bereitung des wäßrigen Auszuges wurden 2 g getrockneten und zerriebenen Materials mit 45 ccm Wasser 24 Stunden bei 36° ausgelaugt und die Flüssigkeit durch ein Pukall'sches Thonfilter filtrirt.

0,5 g Cellobiose wurde mit 10 ccm Pilzauszug und 0,25 ccm Toluol 22 Stunden bei 36° aufbewahrt. In der Flüssigkeit war dann durch die Osazonprobe keine Glucose nachweisbar.

Ebenso negativ blieb das Resultat, als eine Lösung von 0,5 g Cellobiose in 5 ccm Wasser mit 0,25 g trocknem und zerriebenem Aspergillus niger und 0,25 ccm Toluol 22 Stunden im Brutraum behandelt war.

Durch einen Controlversuch haben wir uns überzeugt, daß der

---

[1]) Emil Fischer, Berichte d. Chem. Gesellsch. **27**, 2985 [1894]. (*Kohlenh. I, 836*).

[2]) Compt. rend. **116**, 826 [1893].

oben verwendete wäßrige Auszug des Aspergillus die Maltose leicht hydrolysirte.

Versuche mit Kefirlactase.

0,5 g Cellobiose wurden in 5 ccm eines wäßrigen Auszuges, welcher nach der Vorschrift von E. Fischer und E. F. Armstrong[1]) bereitet war, gelöst und nach Zusatz von 1 ccm Toluol 70 Stunden im Brutraum aufbewahrt. Durch Phenylhydrazin war jetzt keine Hexose nachweisbar, dagegen wurden reichliche Mengen (0,18 g) von Phenylcellobiosazon (Schmelzp. gegen 197—198°) erhalten. Mithin war keine nachweisbare Hydrolyse eingetreten. Durch einen besonderen Versuch haben wir uns überzeugt, daß dieselbe Lösung von Kefirlactase bei Milchzucker unter den gleichen Bedingungen eine reichliche Spaltung in Hexosen hervorrief.

Cellobioson.

Die Darstellung geschah genau nach der Vorschrift, die E. Fischer und E. F. Armstrong[2]) für die Bereitung des Maltosons gegeben haben. Das Cellobioson bildet zuerst einen Syrup, der im Exsiccator langsam zu einer glasigen Masse eintrocknet, die sich zerreiben läßt und ein nahezu farbloses Pulver bildet. Seine wäßrige Lösung gibt auf Zusatz von salzsaurem Phenylhydrazin und Natriumacetat schon nach kurzer Zeit bei gewöhnlicher Temperatur einen Niederschlag des Osazons.

Eine Lösung von 1 g Cellobioson in 8 ccm Wasser blieb mit 0,5 g Emulsin 20 Stunden bei 36° stehen. Nach dem Aufkochen mit wenig Natriumacetat wurde filtrirt. Die Flüssigkeit enthielt jetzt Glucoson und Traubenzucker, denn sie gab in der Kälte auf Zusatz von salzsaurem Phenylhydrazin und Natriumacetat sehr bald einen reichlichen Niederschlag von Phenylglucosazon, der nach 2stündigem Stehen bei Zimmertemperatur abfiltrirt und in der üblichen Weise gereinigt wurde. Aus der Mutterlauge fiel beim Erhitzen auf dem Wasserbade eine weitere reichliche Menge von Glucosazon aus, das offenbar von dem vorhandenen Traubenzucker herrührte.

0,2817 g gaben 39,2 ccm Stickgas über 33% KOH bei 17° und 745 mm Druck.

	Ber. für $C_{18}H_{22}O_4N_4$.	Gef.
N	15,64	15,84

[1]) Berichte d. D. Chem. Gesellsch. **35**, 3151 [1902]. (*Kohlenh. I, 836.*)
[2]) Ebenda **35**, 3141 [1902]. (*Kohlenh. I, 182.*)

45. Emil Fischer und Géza Zemplén: Berichtigung. Verhalten der Cellobiose gegen einige Enzyme.

Liebigs Annalen der Chemie **372**, 254 [1910].

(Eingelaufen am 21. März 1910.)

In der ersten Mittheilung über den gleichen Gegenstand[1]) haben wir angegeben, daß ein wäßriger Auszug von Aspergillus niger unter den von uns angewandten Bedingungen keine durch Phenylhydrazin nachweisbare Hydrolyse der Cellobiose bewirkt. Inzwischen sind ähnliche Versuche von G. Bertrand und M. Holderer[2]) veröffentlicht worden, die ein positives Resultat erhielten. Allerdings haben diese Herren die Fermentlösung in anderer Weise bereitet und in viel größerer Menge angewandt; auch war die Dauer ihres Versuches erheblich länger. Wir haben in Folge dessen unsere Versuche wiederholt, und nach Veränderung der Culturbedingungen des Pilzes sowie durch Verlängerung der Einwirkung der Fermentlösung auf das Disaccharid ebenfalls eine starke Spaltung erreicht.

Wir wollen von den verschiedenen Versuchen nur einen anführen:

0,5 g Cellobiose wurde mit 10 ccm der Fermentlösung, die aus 2 g getrocknetem und zerriebenem Aspergillus niger durch 24stündiges Auslaugen mit 20 ccm Wasser bei 37° bereitet war, unter Zusatz von 4 Tropfen Toluol 84 Stunden bei 37° behandelt, und dann die Flüssigkeit in gewöhnlicher Weise mit Phenylhydrazin auf Glucose geprüft. Erhalten 0,2 g Phenylglucosazon. In der Mutterlauge war nur noch eine geringe Menge von Cellobiosazon vorhanden.

Unser früherer Mißerfolg ist sehr wahrscheinlich durch die Beschaffenheit des Pilzes und die zu kurze Dauer der Einwirkung der Fermentlösung (22 Stunden) verursacht worden.

Wir haben deshalb auch die früher negativen Versuche mit *Kefirauszug* wiederholt und hier gleichfalls durch Veränderungen der Bedingungen ein positives Resultat erhalten.

---

1) Liebigs Annal. d. Chem. **365**, 1 [1909]. (*S. 494.*)

2) Compt. rend. **149**, 1385 [1909]; **150**, 230 [1910].

Zur Bereitung der Enzymlösung ist es nöthig, die Kefirkörner, die wir immer frisch von der hiesigen Meierei C. Bolle bezogen haben, mit kaltem Wasser einige Minuten durchzuschütteln und das Wasser wegzugießen. Versäumt man diese Maßregel, so gibt die Fermentlösung nach mehrtägigem Stehen im Brutraum manchmal auch ohne Zusatz eines Kohlenhydrats geringe Mengen eines schwerlöslichen Phenylosazons. — Zur Bereitung des Auszuges haben wir 25 g gewaschene Kefirkörner mit 150 ccm destillirtem Wasser und 2,5 ccm Toluol bei Zimmertemperatur 48 Stunden bei 20—23° unter zeitweisem Umschütteln stehen gelassen. Dauerndes Schütteln scheint nicht vorteilhaft zu sein. Will man den Auszug ganz klar haben, so ist es nöthig, schließlich durch ein Pukall'sches Thonfilter zu filtriren. —

Mit der so bereiteten Enzymlösung konnten wir die Hydrolyse der Cellobiose feststellen; sie erfolgt allerdings recht langsam, wie folgender Versuch zeigt.

0,5 g Cellobiose wurden mit 5 ccm Kefirauszug und 1 ccm Toluol 72 Stunden bei 37° aufbewahrt. Erhalten 0,045 g Phenylglucosazon. Unter denselben Bedingungen ist die Hydrolyse des Milchzuckers schon nach 24 Stunden recht stark.

Deutlicher wird die Spaltung der Cellobiose, wenn die Fermentlösung vermehrt und die Dauer der Enzymwirkung verlängert wird.

Als 0,5 g Cellobiose mit 10 ccm Kefirauszug und 0,5 ccm Toluol 10 Tage im Brutraum (37°) gestanden hatten, betrug die Menge des unlöslichen Phenylosazons bei verschiedenen Versuchen 0,15—0,18 g.

Nach 15tägigem Stehen im Brutraum wurden sogar 0,28 g Osazon erhalten.

Durch diese Beobachtung wird die Ähnlichkeit der Cellobiose mit dem Milchzucker, die schon durch das gleichartige Verhalten gegen das käufliche Emulsin von uns dargelegt wurde, noch größer. Allerdings erfolgt die Hydrolyse der Cellobiose durch den Kefirauszug erheblich langsamer.

Wie wir früher betonten, ist es schwer zu sagen, ob die gleichartige Wirkung einer Enzymlösung auf verschiedene Substrate durch dasselbe oder durch verschiedene Enzyme vor sich geht. Ganz sichere Resultate werden sich hier wohl erst erzielen lassen, wenn man im Stande ist, einheitliche Enzyme zu bereiten. — Wir lassen es deshalb dahingestellt, ob die Hydrolyse der Cellobiose durch die in den Kefirkörnern enthaltene Lactase oder durch ein anderes Enzym bewirkt wird.

---

46. E. Fischer: Einfluß der Struktur der β-Glukoside auf die Wirkung des Emulsins.

Zeitschrift für physiologische Chemie **107**, 176 [1919].

(Der Redaktion zugegangen am 14. Juli 1919.)

Wie das Studium der Glukoside ergeben hat, ist die hydrolytische Wirkung der beiden Glukosidasen Emulsin und Hefenenzym in hohem Grade abhängig von der Zusammensetzung und der Konfiguration des Zuckerrestes[1]). Von geringerem Einfluß schien nach den bisher vorliegenden Beobachtungen die Natur der zweiten Glukosidkomponente zu sein, denn die d-Glukoside der aliphatischen ein- und mehrwertigen Alkohole sowie der ein- und mehrwertigen Phenole zeigen qualitativ keinen wesentlichen Unterschied, wenn auch in der Schnelligkeit der Hydrolyse erhebliche Differenzen bestehen. Dasselbe gilt für die β-Derivate der Phenolalkohole, Phenolaldehyde und der Phenolketone, die leicht von Emulsin angegriffen werden[2]).

Anders lauten die Erfahrungen bei den Glukosidosäuren. Während manche Derivate der Phenolcarbonsäuren, z. B. Glukovanillinsäure[3]), Glukosyringasäure[4]), Glukosidogallussäure[5]) von Emulsin gespalten werden, wurde die Glukosidoglykolsäure als widerstandsfähig gegen das Enzym erkannt im Gegensatz zu ihrem Amid, das leicht hydrolysiert wird[6]).

Es schien mir deshalb wünschenswert, eine vergleichende Untersuchung über eine größere Anzahl von d-Glukosiden anzustellen, in denen der mit dem Zuckerrest verbundene Bestandteil erhebliche Strukturunterschiede zeigt. Ich habe dafür die jetzt durch Synthese zugäng-

---

[1]) E. Fischer, Ztschr. f. physiol. Chem. **26**, 60 [1898]. (*Kohlenh. I, 116.*)

[2]) Die Zahl der Stoffe ist zu groß, um hier einzeln angeführt zu werden. Ich verweise deshalb auf die Sammelwerke z. B. van Rijn, Glucoside, oder Abderhalden, Biochem. Handlexikon Bd. II.

[3]) F. Tiemann und Reimer, Berichte d. D. Chem. Gesellsch. **8**, 515 [1875].

[4]) Körner, Gazzetta Chim. Italiana **18**, 209 [1888].

[5]) E. Fischer und H. Strauß, Berichte d. D. Chem. Gesellsch. **45**, 3773 [1912]. (*Depside* 421.)

[6]) E. Fischer und B. Helferich, Liebigs Annal. d. Chem. **383**, 68 [1911]. (*S. 23.*)

lichen Glukoside der Oxysäuren mit ihren Salzen, Estern, Amiden und Nitrilen gewählt, von denen die letzteren bekanntlich im Pflanzenreich weit verbreitet sind. Zur Untersuchung gelangten die Derivate der Glykolsäure, α-Oxyisobuttersäure und Mandelsäure, ferner die Amygdalinsäure und Cellosidoglykolsäure.

Die Glukosidomandelsäure wurde schon früher aus dem Tetraacetat ihres Äthylesters[1]) durch Baryt als amorphe Masse gewonnen und war offenbar ein Gemisch der Glukoside von d- und l-Mandelsäure. Daraus läßt sich die reine kristallisierte Glukosido-d-mandelsäure mit Hilfe des Chininsalzes isolieren. Auf dieselbe Weise wurde aus der alten amorphen Amygdalinsäure[2]), die bekanntlich ebenfalls ein Gemisch ist, mittels des Cinchoninsalzes die d-Verbindung, d. h. das Derivat der d-Mandelsäure gewonnen. Die bisher unbekannte Cellosidoglykolsäure wurde aus dem Heptacetat ihres Esters in der bekannten Weise durch Verseifung mit Bariumhydroxyd bereitet. Näheres über die Einzelheiten dieser präparativen Versuche finden sich am Schluß dieser Abhandlung.

Das Verhalten all dieser Stoffe gegen Emulsin erschien anfangs recht verwirrt. Denn die freien Säuren erwiesen sich als widerstandsfähig, während einige Salze, wie die Barium- und Zinkverbindungen, sowie Ester und Amid gespalten wurden. Die nähere Untersuchung[3]) zeigte aber, daß es sich hier um eine längst bekannte Erscheinung handelt, nämlich um die Abhängigkeit der Enzymwirkung von der Konzentration der Wasserstoffionen[4]). Beträgt diese etwa 10^{-5}, so werden die meisten oben erwähnten Stoffe von dem Emulsin hydrolysiert. Nur in der Schnelligkeit der Reaktion zeigen sich sehr erhebliche Unterschiede.

Ferner wurden noch zwei bromhaltige Glukoside geprüft. Das eine ist Bromallylglukosid[5]) $C_3H_4Br \cdot C_6H_{11}O_6$. Es wird von Emulsin außerordentlich leicht gespalten. Im Gegensatz dazu enthält das zweite Präparat das Brom im Zuckerrest. Es ist das 6-Bromhydrin des β-Methylglukosids von folgender Struktur

---

[1]) E. Fischer und M. Bergmann, Berichte d. D. Chem. Gesellsch. **50**, 1053 [1917]. (*S. 74.*)

[2]) Wöhler und Liebig, Liebigs Annal. d. Chem. **22**, 11 [1837].

[3]) Vergl. vorläufige Notiz, Berichte d. D. Chem. Gesellsch. **52**, 200 [1919]. (*S. 109.*)

[4]) S. P. L. Sörensen, Biochem. Zeitschr. **21**, 131 [1909]. L. Michaelis und Davidsohn, ebenda **35**, 386 [1911]. Vergl. ferner das treffliche Buch von Leonor Michaelis „Die Wasserstoffionen-Konzentration" oder den Artikel von Sörensen in Asher-Spiros „Ergebnissen der Physiologie" [1912].

[5]) Das Präparat wird in einer später folgenden Abhandlung über Allylglucosid beschrieben. (*S. 209.*)

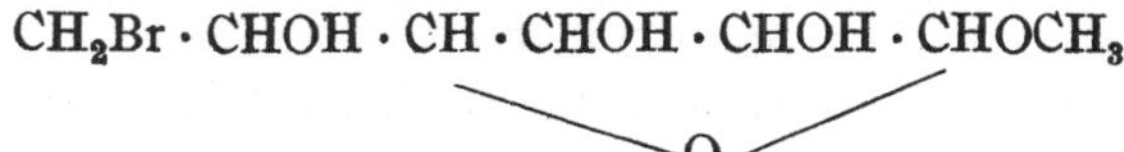

und entsteht nach Versuchen, die ich durch Herrn Paul Ostmann ausführen ließ, durch vorsichtige Verseifung seines schon bekannten Triacetats[1]). Dieses bromhaltige, in Wasser leicht lösliche Glukosid, das sich gegen 148° zersetzt und $[\alpha]_D^{16}$ — 34,9° (in 6%iger wäßriger Lösung) hat, wird von Emulsin nicht angegriffen. Zum Vergleich wurde das früher schon mit positivem Erfolge geprüfte Methyl-isorhamnosid von neuem untersucht, weil es zu dem Bromhydrin in sehr naher Beziehung steht.

Für die in der nachfolgenden Tabelle zusammengestellten Versuche gilt folgendes:

Die schwierige Beschaffenheit mancher synthetischen Stoffe zwang zur Sparsamkeit. Deshalb wurde das Verfahren so ausgebildet, daß es auch mit kleinen Mengen verhältnismäßig zuverlässige Resultate gibt. Einige Versuche sind noch in der alten Weise ohne genaue Bestimmung der Konzentration der Wasserstoffionen ausgeführt. Bei der Mehrzahl aber ist die für das Emulsin als günstig bekannte Konzentration von etwa 10^{-5} hergestellt. Das geschah meist nach der bequemen Vorschrift von Sörensen[2]) durch einen sogen. Puffer, d. h. durch ein Gemisch von primärem und sekundärem Natriumcitrat oder Natriumphosphat, in einigen Fällen auch nach dem sehr zweckmäßigen Vorschlag von L. Michaelis durch Natriumacetat und Essigsäure. Die Konzentration ist bei jedem einzelnen Versuch durch den von Sörensen eingeführten Ausdruck p_H angeführt.

Für die Versuche dienten die reinsten Präparate und die Ausführung geschah folgendermaßen:

Von neutralen Stoffen (Estern, Amiden, Nitrilen) wurden 0,75 g in 15 ccm $^n/_{10}$-Natriumcitrat- oder $^n/_{15}$-Natriumphosphatmischung gelöst und mit 3 Tropfen Toluol geschüttelt. Von dieser Flüssigkeit dienten 5 ccm für die Kontrollprobe, die übrigen 10 ccm wurden mit 0,05 g wirksamem Emulsin (E. Merck) sehr sorgfältig vermischt und genau 5 ccm dieser Lösung für den hydrolytischen Versuch in gut verschlossenen Röhrchen zusammen mit der Kontrollprobe im Thermostaten erwärmt. Der Rest der Mischung diente für die kolorimetrische Schätzung der Konzentration der Wasserstoffionen nach Sörensen.

Die freien Säuren wurden in der gleichen Konzentration und mit derselben Menge Emulsin und Toluol, aber selbstverständlich ohne Zu-

[1]) E. Fischer und K. Zach, Berichte d. D. Chem. Gesellsch. **45**, 465 [1912]. (*S. 365.*)

[2]) Biochem. Zeitschr. **21**, 131 [1909].

satz von Citrat oder Phosphat behandelt. Das Resultat war dann stets negativ. Nur bei der Amygdalinsäure, Cellosidoglykolsäure und Glukosyringasäure sind aus ganz besonderen Gründen, die später erörtert werden, noch Versuche mit viel größeren Mengen Emulsin angestellt und ergaben ein positives Resultat. Die Salze kamen zum kleineren Teil als reine kristallisierte Präparate zur Anwendung, meistens aber wurden sie aus der Säure durch Neutralisation mit der Base direkt für den Versuch dargestellt, z. B. wurden für Natrium- und Kaliumsalz 0,75 g Glukosidosäure in 2 ccm Wasser gelöst, mit n-Lauge vorsichtig gegen Lackmus neutralisiert und die etwa 3,5 ccm betragende Mischung mit $^{n}/_{15}$ primärem Kaliumphosphat auf 15 ccm aufgefüllt. Die Lösung enthielt dann ungefähr 5% der Glukosidosäure als Natriumsalz und hatte außerdem die geeignete Konzentration der Wasserstoffionen.

Für die Bereitung der Calcium- und Bariumsalze wurden wieder 0,75 g Säure in 2 ccm Wasser gelöst, mit überschüssigem reinem Calcium- oder Bariumcarbonat bis zur Neutralisation geschüttelt, dann abfiltriert, mit wenig Wasser nachgewaschen und mit Natriumcitratlösung auf 15 ccm und die richtige Konzentration der Wasserstoffionen gebracht.

Von den im Thermostaten behandelten Mischungen wurden nach einer bestimmten Zeit Proben von je 1 ccm entnommen, durch ein gewöhnliches Filterchen gegossen, sorgfältig nachgewaschen und das Filtrat genau auf 5 ccm gebracht. Je 1 ccm dieser fast klaren Flüssigkeit diente zu den Titrationen mit Fehlingscher Lösung. Das so erhaltene Resultat erfuhr noch eine Korrektion durch Abzug der kleinen Menge Fehlingscher Lösung, welche durch die Kontrollprobe und das Emulsin allein verbraucht wurde. Die verbesserten Zahlen dienten dann für die Berechnung des durch die Hydrolyse entstandenen Traubenzuckers, und daraus sind die Prozentzahlen für die Spaltung des Glukosids abgeleitet, welche in der Tabelle angeführt werden. Diese können um einige Einheiten fehlerhaft sein infolge der Ungenauigkeit der Methode; aber das ist für den verfolgten Zweck gleichgültig.

Der unsicherste Faktor bei diesen Versuchen ist die Beschaffenheit des Emulsins, das bekanntlich mehrere Enzyme enthält, für die noch keine richtige Wertbestimmung ausgearbeitet ist. Da aber immer dasselbe Präparat benutzt wurde, so kann man die Zahlen als relativ richtig ansehen.

Den Gang der Hydrolyse in einer größeren Anzahl von Zeitabschnitten zu verfolgen und durch Kurven darzustellen, lag nicht in meiner Absicht, weil dafür mehr Material, eine genauere Bestimmung der Wasserstoffionenkonzentration nach der Gaskettenmethode und auch eine sorgfältigere Feststellung des Optimums dieser Konzentration für jede einzelne Substanz nötig gewesen wäre. Aus demselben Grunde habe ich darauf verzichtet, äquimolekulare Lösungen der verschiedenen Stoffe anzuwenden.

In der Tabelle (vgl. S. 505ff.) sind mehrere ältere Beobachtungen über Hydrolyse durch Emulsin mit Literaturangaben aufgeführt. Nur bei den natürlichen Stoffen — Linamarin, l- und d-Mandelnitrilglukosid — habe ich darauf verzichtet, die ganze ältere Literatur zu zitieren. Wo sonst die Literaturangaben fehlen, ist der Versuch jetzt zum ersten Male ausgeführt.

Was die einzelnen Resultate betrifft, so ist folgendes hervorzuheben:

1. Die freien Säuren werden von kleinen Mengen Emulsin nicht angegriffen, offenbar weil die Konzentration der Wasserstoffionen zu groß ist. Durch starke Steigerung der Emulsinmengen können sich die Verhältnisse aber ändern, wie an dem Beispiel der Amygdalinsäure, Cellosidoglykolsäure und Glukosyringasäure gezeigt wurde.
2. Von den Derivaten sind die Amide, Ester und Nitrile am leichtesten hydrolysierbar. Bei den Nitrilen ist der Vorgang bekanntlich dadurch kompliziert, daß nicht allein der Zucker in Freiheit gesetzt, sondern auch die Cyangruppe als Blausäure abgespalten wird.
3. Bei den Salzen zeigen sich kleine quantitative Unterschiede, die aber unregelmäßig sind und von Zufälligkeiten abhängen können.
4. Die Derivate der Glukosido-α-oxyisobuttersäure sind auffallend resistent; denn die Salze zeigen kaum eine Spaltung, und auch bei Ester, Amid und Nitril (Linamarin) geht die Hydrolyse sehr langsam von statten. Bei dem Nitril ist diese Erscheinung längst bekannt, denn unsere Beobachtungen sind hier im wesentlichen nur eine Bestätigung der Angaben von H. Armstrong und Horton. Offenbar hängt das zusammen mit der Bindung des Zuckerrestes an das tertiäre Kohlenstoffatom. Auch bei dem Amylenhydratglukosid, wo ebenfalls der Zuckerrest an eine tertiäre Alkoholgruppe gebunden ist, findet die Hydrolyse durch Emulsin verhältnismäßig langsam statt[1]).
5. Bei der Glukosidomandelsäure besteht ein Unterschied zwischen den Derivaten der d- und l-Mandelsäure. Denn die Salze und das Amid der d-Mandelsäure werden nicht angegriffen. Dagegen werden die Salze der l-Verbindung offenbar gespalten, wie die Versuche mit dem Gemisch der beiden Glucosidomandelsäuren zeigen.

Die natürlich vorkommenden Nitrile der Glukosidomandelsäure (Mandelnitrilglukosid und Sambunigrin) werden, wie be-

[1]) E. Fischer und K. Raske, Berichte d. D. Chem. Gesellsch. 42, 1468 [1909]. (*S. 15.*)

Bedeutung der Zeichen:
* kristallisiertes Präparat, ° zweimal oder öfter ausgeführter Versuch, — ohne bestimmtes p_H ausgeführt, Citr.: mit Citrat hergestelltes p_H, Phos.: mit Phosphat hergestelltes p_H, S.: mit der gleichen Säure hergestelltes p_H, Ac.: mit Natrium acetat und Essigsäure hergestelltes p_H.

	Versuchstemperatur	Exponent der Konzentration der Wasserstoffionen p_H	Dauer des Versuchs in Stunden	Prozent der Hydrolyse
Glucosidoglykolsäure*				
Freie Säure*° [1])	35°	—		negativ
Natriumsalz*	36°	5 Citr.	38	11
,,	36°	5 Citr.	101	20
,, (and. Präp.)	34°	5,2 Ac.	36	20
Calciumsalz	36°	4,3 Citr.	38	29
,,	36°	4,3 Citr.	100	57
,, (and. Präp.)	34°	5,4 Ac.	24	17
Methylester	36°	5 Citr.	57	76
			101	78
Amid*° [1])	36°	5 Citr.	62	89
			102	96
,, (and. Präp.)	37°	—	24	70
Nitril[2])	34°	4,9 Citr.	20	33
			85	51
,, (and. Präp.)	35°	5,2 Citr.	24	35
			96	52
Glukosido-α-oxyisobuttersäure*				
Freie Säure*	35°	—	24	negativ
Natriumsalz°	37°	4,9 Phos.	47	nurSpuren
,, ° (and. Präp.)	35°	—	24	negativ
Calciumsalz	37°	4,9 S.	65	nurSpuren
Methylester°	37°	5,0 Phos.	69	6
			136	13
,, (and. Präp.)	35°	—	24	negativ
Amid*° [3])	34°	—	24	4
,,	34°	—	168	15
,, (and. Präp.)	37°	5,6 Citr.	40	nurSpuren
			238	11
Nitril (Linamarin)[4]) synthet.*°	37°	—	24	5
			168	17—20

[1]) Vgl. Liebigs Annal. d. Chem. **383**, 84, 86. (*S. 34, 35.*)

[2]) Vgl. Berichte d. D. Chem. Gesellsch. **52**, 197 [1919]. (*S. 106.*) Zu beachten ist die Unreinheit des Präparates, die zweifellos das Resultat der Hydrolyse ungünstig beeinflußt.

[3]) Ebenda **52**, 859 [1919]. (*S. 96.*)

[4]) Ältere Literatur ist zusammengestellt ebenda **52**, 854 [1919]. (*S. 91.*)

	Versuchstemperatur	Exponent der Konzentration der Wasserstoffionen p_H	Dauer des Versuchs in Stunden	Prozent der Hydrolyse
Nitril (Limarin) synthet* ° (and. Präp.)	36 °	5 Citr.	38	8
			101	11
,, ,, ,, ...	36 °	5 Citr.	14	4
			465	16
Glukosidomandelsäure (Gemisch. v. d- u. l-Form)				
Freie Säure	35 °	—	48	negativ
Natriumsalz	36 °	4,9 Citr.	26	34
			465	61
Calciumsalz	36 °	4,1 Citr.	26	44
			465	58
Bariumsalz	35 °	S. sehr schwach sauer	48	25
Methylester°	36 °	5 Citr.	26	47
,, (and. Präp.)			432	83
	34 °	5,9 Phos.	136	57
Nitril° [1])	37 °	—	—	starke Hydrolyse
Glukosido-d-mandelsäure*				
Freie Säure*°	37 °	—	—	negativ
Natriumsalz	37 °	4,9 Phos.	47	nur Spuren
			363	,, ,,
Calciumsalz	37 °	4,1 S.	65	nur Spuren
Chininsalz*	37 °	4,9 Phos.	40	negativ
			238	,,
Methylester*°	39 °	—	15	44
,, ...	35 °	—	38	45
,, (and. Präp.)	37 °	5,0 Phos.	69	60
			136	70
,, ,, ,, ...	35 °	5,3 Phos.	40	43
Amid °	37 °	5,3 Phos.	48	negativ
,, (and. Präp.)	34 °	—	20	,,
Nitril (Sambunigrin)[2]) synthet.*°	34 °	—	24	90
Glukosido-l-mandelsäure				
Amid[3])	34 °	—	20	starke Hydrolyse
Nitril*[4]) (Mandelnitrilglukosid) . .	34 °	—	22	86

[1]) Hérissey, Chem. Centralbl. **1906**, I, 367; Journ. de Pharm. et de Chim. [6] **23**, 5 [1906].

[2]) Berichte d. D. Chem. Gesellsch. **50**, 1065 [1917]. *(S. 86.)*

[3]) Ebenda **50**, 1054 [1917]. *(S. 75.)*

[4]) Ebenda **50**, 1065 [1917]. *(S. 86.)*

	Versuchstemperatur	Exponent der Konzentration der Wasserstoffionen p_H	Dauer des Versuchs in Stunden	Prozent der Hydrolyse
Amygdalinsäure (Gemisch von d- und l-Form)				
Freie Säure° [1]) m. $^1/_{10}$ Emulsin	35°	2,3 ohne Zusätze	45	negativ
„ „ „ $^1/_1$ „	35°	3,6 ohne Zusätze	45	33
„ „ „ $^2/_1$ „	35°	4,3 ohne Zusätze	45	43
Natriumsalz °	35°	S. sehr schwach sauer	48	38
„	35°	S. eben sauer	23	29
„ (and. Präp.)	37°	5,0 Phos.	39	69
			231	73
Kaliumsalz	35°	eben sauer	35	40
Calciumsalz°	35°	„ „	23	41
Calciumsalz (and. Präp.)	37°	5,5 Phos.	39	50
			231	61
„ (drittes Präp.) . . .	33°	neutral	39	28
Bariumsalz°	37°	—	123	65
„	38°	—	48	58
Magnesiumsalz	35°	Spur sauer	23	19
Zinksalz	35°	„ „	23	26
Methylester°	37°	5,0 Phos.	69	65
			156	74
„ (and. Präp.)	38°	—	41	72
„ (drittes Präp.)	38°	—	41	73
d-Amygdalinsäure				
Freie Säure	35°	—	45	negativ
Natriumsalz°	37°	4,9 Phos.	47	45
„ (and. Präp.)	37°	4,9 Phos.	47	44
Calciumsalz°	37°	4,7 S.	65	31
„ (and. Präp.)	37°	5,0 S.	65	40
Cinchoninsalz*	37°	5,1	40	51
			238	51
Methylester	37°	5,0	69	52
			136	58
l-Amygdalinsäurenitril (Amygdalin)*	37°	—	24	fast vollst.
Cellosidoglykolsäure*				
Freie Säure mit $^1/_{10}$ Emulsin	34°	—	22	negativ
„ „ „ $^1/_2$ „ °	34°	—	30	33
Natriumsalz	34°	5,4 Ac.	30	41
„ (and. Präp.)	34°	5,3 Ac.	24	43

[1]) Vgl. Slimmer, Berichte d. D. Chem. Gesellsch. **35**, 4160 [1902].

	Versuchstemperatur	Exponent der Konzentration der Wasserstoffionen p_H	Dauer des Versuchs in Stunden	Prozent der Hydrolyse
Amid* [1])	35°	—	26	92
„ (and. Präp.)	35°	—	26	95
Nitril° [1])	34°	—	24	92—96
Glukosidosyringasäure[2])*				
„ mit 1/10 Emulsin . . .	34°	3 S. (ungef.)	40	5
„ „ 1/2 „ . . .	34°	—	22	43
„ „ 1/2 „ . . .	34°	3,7S. (ungef.)	22	45
Glukosidogallussäure*				
„ mit 1/10 Emulsin	34°	—	22	32
		—	40	44
„ „ 1/10 „ (and. Präp.)	34°	—	40	50
β-Bromallyl-d-Glukosid*	36°	—	24	96
β-Methylglukosid-6-bromhydrin* .	36°	—	24	negativ
	36°	5,3 Phos.	70	„
β-Methyl-d-isorhamnosid* mit 1/10 Emulsin	36°	—	22	22
			140	67
„ 1/10 „	36°	5,3 Phos.	22	21
„ 1/5 „	36°	—	70	78
	36°	—	140	95

kannt, beide leicht von dem Emulsin angegriffen. Die Asymmetrie des einen Kohlenstoffatoms in dem Mandelnitrilrest ist also für die Wirkung des Enzyms ohne Bedeutung. Bekanntlich werden aber diese beiden Nitrile auch schon durch sehr geringe Mengen Basen bei gewöhnlicher Temperatur ineinander umgewandelt, und ich habe auf die Möglichkeit hingewiesen, daß dabei vorübergehend eine tautomere Form

$$C_6H_{11}O_5 \cdot O \cdot \underset{\displaystyle C_6H_5}{\overset{}{C}} = NH$$

entsteht[3]). Dasselbe könnte bei der Wirkung des Emulsins eintreten.

[1]) E. Fischer und G. Anger, Berichte d. D. Chem. Gesellsch. **52**, 866ff. [1919]. (*S. 102ff.*)

[2]) Die Säure ist in Wasser so schwer löslich, daß aus der 5%igen Lösung bei 34° langsam ein Teil auskrystallisiert. Dadurch wird natürlich p_H verändert, aber auch der Prozentsatz der Hydrolyse beeinflußt. Die angegebenen Werte sind also mit einem nicht unerheblichen Fehler belastet. Da sie aber für den verfolgten Zweck genügen, so sind keine weiteren Versuche angestellt worden.

[3]) Berichte d. D. Chem. Gesellsch. **50**, 1050 [1917].

Man kann sich aber auch vorstellen, daß bei der enzymatischen Hydrolyse zuerst Blausäure abgelöst und dadurch die Asymmetrie im Mandelrest aufgehoben wird.

Noch merkwürdiger ist das Verhalten der Methylester. Auch hier werden die Derivate beider Mandelsäuren durch Emulsin gespalten. Für die d-Verbindung, die im reinen kristallisierten Zustand gewonnen werden konnte, ist das direkt nachgewiesen, für die l-Verbindung folgt es aus dem Verhalten des Gemisches von d- und l-Derivat. Für Glukosido-d-mandelester wird später der Beweis erbracht, daß durch die enzymatische Hydrolyse neben Zucker der Methylester der d-Mandelsäure gebildet wird. Hier fällt also die Möglichkeit fort, daß vorübergehend eine tautomere Form ohne asymmetrisches Kohlenstoffatom entsteht.

Der Fall des Glukosido-d-mandelsäuremethylesters verdient also bei allgemeinen stereochemischen Betrachtungen über Zusammenhang von Enzymwirkung und Konfiguration eine besondere Berücksichtigung.

6. Komplizierter liegen die Verhältnisse bei der Amygdalinsäure und ihren Derivaten; denn sie leiten sich ab von einem Disaccharid, das selbst von Emulsin angegriffen und in Traubenzucker verwandelt wird. Hier hat man also zu unterscheiden zwischen der Abspaltung von einem Molekül Traubenzucker aus dem Disaccharid und der Löslösung des zweiten Moleküls Traubenzucker aus der Glukosidgruppe. Infolgedessen ist zu erwarten, daß bei den Salzen der d-Amygdalinsäure höchstens die Hälfte der theoretisch möglichen Menge Traubenzucker entstehen kann, was mit den Beobachtungen übereinstimmt. Bei den Derivaten der l-Amygdalinsäure ist dagegen eine vollständige Loslösung des Zuckers unter günstigen Bedingungen zu erwarten. Leider kennt man diese l-Säure noch nicht in reinem Zustand. Aber die Beobachtungen bei dem Gemisch von d- und l-Säure machen jenen Schluß recht wahrscheinlich.

Bei Ester und Nitril ist nach den jetzigen Erfahrungen auch für die Derivate der d-Mandelsäure völlige Abspaltung des Zuckers als d-Glukose kaum zu bezweifeln.

Ähnlich liegen die Verhältnisse bei der Cellosidoglykolsäure und ihren Derivaten. Bemerkenswert ist die völlige Spaltung des Nitrils in Glukose und Blausäure im Gegensatz zu dem Verhalten des Nitrils der Glukosidoglykolsäure. Dieses wird unter denselben Bedingungen viel langsamer und auch unvollständiger angegriffen, was aber jedenfalls zum Teil durch die Unreinheit des Präparates verursacht wird, während das Cellosidoglykolnitril trotz seiner amorphen Beschaffenheit sich leicht in fast reinem Zustand isolieren läßt.

Bei der freien Amygdalinsäure standen unsere ersten Versuche, die mit einer kleinen Menge Emulsin (10%) ausgeführt wurden und negativ ausfielen, in Widerspruch mit einer älteren Angabe von Slimmer[1]). Dieser hatte deutliche Hydrolyse beobachtet, aber über die Bedingungen des Versuches nichts Näheres angegeben. Da die Vermutung nahe lag, daß er eine viel größere Menge Emulsin verwandte, so wurden die beiden anderen in der Tabelle angeführten Versuche angestellt, bei denen die Quantität des Emulsins auf das 10- und 20fache erhöht war. Dann trat in der Tat Hydrolyse ein, aber die kolorimetrische Messung ergab auch, daß dadurch in der Konzentration der Wasserstoffionen eine erhebliche Verminderung und mithin eine Annäherung an das Optimum stattgefunden hatte. Schuld daran sind offenbar die Eiweißkörper, die das gewöhnliche Emulsin enthält.

Dieses Beispiel zeigt von neuem, wie notwendig es ist, bei allen Versuchen mit Enzymen die Bedingungen genau anzuführen. Wo diese fehlen, wie das in der älteren Literatur so häufig der Fall ist, wird man gut tun, die Resultate vorsichtig zu beurteilen.

Als weiteres Beispiel dafür führe ich an die in der Einleitung erwähnten Glukoside der Vanillinsäure und Syringasäure. Für sie ist von älteren Beobachtern kurzweg angegeben, daß sie von Emulsin gespalten werden. Bei der Wiederholung der Versuche mit der Glukosyringasäure zeigte sich aber, daß eine 5%ige Lösung der Säure eine Konzentration der Wasserstoffionen von ungefähr 10^{-2} hat, also für die Wirkung des Emulsins zu sauer ist. In der Tat findet hier nur sehr geringe Hydrolyse (einige Prozent) statt, wenn man nur $^1/_{10}$ von dem Gewicht der Säure an Emulsin zusetzt. Wird aber die Menge des Emulsins 5mal so groß gewählt, so tritt so starke Hydrolyse ein, daß in 22 Stunden bei 35^0 etwa 43% des Glukosids gespalten sind. Die kolorimetrische Untersuchung zeigte auch hier, daß durch die große Menge des Ferments die Konzentration der Wasserstoffionen stark zurückgegangen war.

Etwas anders liegen die Verhältnisse bei der Glukosidogallussäure. Denn hier tritt schon bei Anwendung von $^1/_{10}$ Emulsin

[1]) Berichte d. D. Chem. Gesellsch. 35, 4161 [1902].

in 5%iger wäßriger Lösung eine ziemlich erhebliche Hydrolyse ein, die sich natürlich mit der Erhöhung der Emulsinmenge unter Neutralisation der Flüssigkeit noch erheblich steigert[1]).

In ähnlichem Sinne ist wohl auch meine schon recht alte Beobachtung über die Indifferenz der Lactobionsäure[2]) und ihres Calciumsalzes gegen Emulsin zu deuten, die mir damals wegen der Verwandtschaft dieser Präparate mit dem Milchzucker auffällig erschien. Der Versuch sollte deshalb mit Berücksichtigung der Konzentration der Wasserstoffionen wiederholt werden.

7. Das negative Verhalten des 6-Bromhydrins des β-Methylglukosids ist sehr auffällig. Denn wie ein Blick auf die drei folgenden Strukturformeln

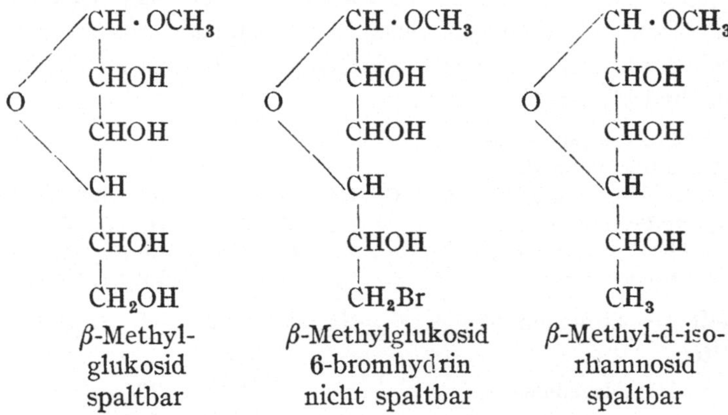

zeigt, steht es in der Mitte zwischen dem β-Methylglucosid und dem β-Methyl-d-isorhamnosid. Auch die Konfiguration des Zuckerrestes ist in allen drei Fällen gleich. Da nun das Brom allein die Wirkung des Emulsins nicht verhindert, wie das Verhalten des Bromallylglukosids zeigt, so liegt hier ein neuer Beweis für die außerordentlich feine Spezifität des Enzyms vor.

Noch merkwürdiger ist das negative Verhalten der beiden Methylxyloside gegen Emulsin und Hefenenzym, auf das ich früher[3]) ausführlich hingewiesen habe. Voraussetzung für die damals gemachten Betrachtungen ist allerdings die Annahme, daß die beiden Xyloside eine ähnliche Struktur wie die β-Glukoside in bezug auf den Oxydring haben. Früher hat man das für

---

[1]) E. Fischer und H. Strauß, Berichte d. D. Chem. Gesellsch. **45**, 3773 [1912]. (*Depside 421.*)

[2]) E. Fischer, Ebenda **22**, 361 [1889]. (*Kohlenh. I, 655.*)

[3]) E. Fischer, Ztschr. f. physiol. Chem. **26**, 68 [1898] (*Kohlenh. I, 121*) und Berichte d. D. Chem. Gesellsch. **45**, 3765 [1912]. (*S. 378.*)

selbstverständlich gehalten. Seitdem aber das γ-Methylglukosid[1]) existiert, muß man mit dieser Voraussetzung vorsichtig sein. Immerhin spricht das ganze Verhalten der Methylxyloside, besonders ihre relative Beständigkeit gegen Mineralsäuren, dafür, daß sie wirklich die gleiche Struktur wie die α- und β-Glukoside haben.

Im allgemeinen werden bei ähnlicher Struktur die Glukoside der Phenole und Phenolcarbonsäuren leichter gespalten als die Derivate der aliphatischen Alkohole und Alkoholsäuren.

Das gilt aber nicht allein für die Wirkung des Emulsins, sondern auch für die Hydrolyse durch Säuren. Ich habe dies früher schon durch einen Vergleich von α- und β-Methylglukosid mit den entsprechenden Phenolglukosiden bewiesen. Das Resultat der Versuche ist in der folgenden Tabelle mit einigen neuen Beobachtungen zusammengestellt.

Mit der 25fachen Menge $^{n}/_{10}$-Salzsäure 30 Minuten auf 100° erhitzt werden hydrolysiert:

von	β-Glukosidogallussäure	96 %
„	Glukosido-dl-mandelsäure	7 %
„	α-Methylglukosid (Ber. d. D. Ch. Ges. 49, 2818) [1916] *(S. 53)*	4,5 %
„	β-Methylglukosid („ „ „ „ „ 49, 2818) [1916] *(S. 53)*	9 %
„	α-Phenolglukosid („ „ „ „ „ 49, 2818) [1916] *(S. 53)*	68 %
„	β-Phenolglukosid („ „ „ „ „ 49, 2818) [1916] *(S. 53)*	32 %

Mit der 25fachen Menge $^{n}/_{100}$-Salzsäure auf 100° erhitzt werden gespalten:

β-Glukosidogallussäure	in 30 Min.	13%
„	in 2 Std.	44%
γ-Methylglukosid	in 30 Min.	quantitativ.

Bei der Glukosidogallussäure genügt auch schon Erhitzen mit Wasser ohne Salzsäure, um langsame Autolyse herbeizuführen. Die Spaltung betrug 6% nach 2 stündigem Erhitzen mit der 25fachen Menge Wasser auf 100°.

Glukosidomandelsäure (Gemisch von d- und l-Form).

$$C_6H_{11}O_5 \cdot O \cdot CH \cdot C_6H_5 \cdot COOH\,.$$

Sie entsteht durch Verseifung des Tetracetyl-glukosido-mandelsäure-äthylesters[2]), der ebenfalls ein Gemisch von Derivaten der d- und l-Mandelsäure ist. Werden 12 g des fein gepulverten Esters bei Zimmertemperatur mit Wasser und überschüssigem Bariumhydroxyd (3 Mol.) geschüttelt, so löst er sich langsam auf. Nach weiterem 24stündigem Stehen wird das Barium genau mit Schwefelsäure gefällt und das

[1]) E. Fischer, Berichte d. D. Chem. Gesellsch. **47**, 1980 [1914]. *(S. 1.)*
[2]) E. Fischer und M. Bergmann, ebenda **50**, 1052 [1917]. *(S. 73.)*

Filtrat unter vermindertem Druck verdampft. Dabei bleibt die Säure als farblose amorphe hygroskopische Masse. Ausbeute nahezu theoretisch.

Sie wurde bisher nicht kristallisiert erhalten, aber trotzdem analysiert und optisch untersucht, um sie mit der reinen d-Verbindung vergleichen zu können. Zur Analyse war in trockenem Aceton gelöst, filtriert, verdampft, der Rückstand wieder mit Wasser gelöst, abermals verdampft und schließlich über Phosphorpentoxyd bei 56° und 3 mm getrocknet.

0,1820 g Subst.: 0,3580 g CO_2, 0,0969 g H_2O. 0,1746 g Subst. (anderes Präparat 0,3415 g CO_2, 0,0908 g H_2O.

$C_{14}H_{18}O_8$ (314,21): Ber. C 53,49, H 5,77.
Gef. „ 53,66, 53,36, „ 5,96, 5,82.

Erstes Präparat $[\alpha]_D^{16} = \frac{-2{,}58° \times 2{,}8290}{0{,}1279 \times 1 \times 1{,}0193} = -56{,}0°$ (in Wasser).

Zweites Präparat $[\alpha]_D^{13} = \frac{-4{,}03° \times 1{,}6136}{0{,}1084 \times 1 \times 1{,}0253} = -58{,}51°$.

Die Säure löst sich leicht in Wasser, Alkohol und warmem Pyridin, auch ziemlich leicht in Aceton, warmem Propyl- und Amylalkohol, schwerer in Essigäther und sehr schwer in Benzol und Ligroin.

Durch Diazomethan wird sie leicht in den amorphen Methylester verwandelt. Derselbe dreht ebenfalls stark nach links.

$$[\alpha]_D^{15} = \frac{-3{,}20° \times 2{,}0877}{0{,}1440 \times 1 \times 1{,}0210} = -45{,}4° \text{ (in Wasser).}$$

Das Natriumsalz wird von Emulsin unter den üblichen optimalen Bedingungen leicht gespalten. Aus einem Präparat, in dem 43% Zucker freigemacht waren, wurde nach dem Ansäuern die Mandelsäure durch mehrmaliges Ausschütteln mit Äther isoliert. Durch Eindunsten der filtrierten Lösung wurde die krystallisierte Säure erhalten.

$$[\alpha]_D^{20} = \frac{-6{,}07° \times 2{,}0720}{0{,}0915 \times 1 \times 1{,}0118} = -135{,}9° \text{ (in Wasser).}$$

Es handelt sich also um l-Mandelsäure. Die Ausbeute betrug 76% der Menge, die sich nach dem freigewordenen Zucker berechnet.

Glukosido-d-mandelsäure[1]).

10 g der vorstehend beschriebenen amorphen Säure und 12 g Chinin (ungefähr äquimolekulare Mengen) werden in 160 ccm heißem Methylalkohol gelöst. Schon beim Erkalten kann Kristallisation erfolgen. Es ist aber bequemer, unter vermindertem Druck zu verdampfen und

[1]) Vorläufige Notiz: Berichte d. D. Chem. Gesellsch. **52**, 200 [1919]. (*S. 109.*). Inzwischen ist die Säure auf anderem Wege von P. Karrer, C. Nägeli und H. Weidmann dargestellt worden. Helvetica chimica acta II, 259 [1919].

den Rückstand, der teilweise kristallisiert ist, mit der dreifachen Menge heißem Alkohol auszulaugen. Hierbei bleibt das kristallisierte Salz der Glukosido-d-mandelsäure zurück. Ausbeute 9—10 g. Es wird in der 20fachen Menge kochendem Wasser gelöst. Beim Abkühlen beginnt bald die Kristallisation. Um sie zu vervollständigen, läßt man längere Zeit bei 0° stehen, wobei etwa 70% des Salzes zurückgewonnen werden. Dieses Salz scheint schon ganz rein zu sein, denn bei mehrmaliger Wiederholung der Kristallisation veränderte sich das Drehungsvermögen kaum mehr.

Das einmal umkristallisierte Produkt wurde zur Analyse bei 100° und 2,5 mm über P_2O_5 getrocknet.

0,1252 g Sbst.: 0,2938 g CO_2, 0,0770 g H_2O. — 0,1000 g Sbst.: 4,2 ccm N (20°, 767 mm, 33-proz. KOH).

$C_{34}H_{42}O_{10}N_2$ (638,53) Ber. C 63,93, H 6,63, N 4,39.
Gef. „ 64,02, „ 6,88, „ 4,87.

Zur optischen Bestimmung diente die wäßrige Lösung

$$[\alpha]_D^{20} = \frac{-0{,}80^\circ \times 3{,}9922}{0{,}0226 \times 2 \times 1{,}000} = -70{,}66^\circ.$$

Ein noch dreimal aus Wasser umkrystallisiertes Produkt zeigte

$$[\alpha]_D^{20} = \frac{-0{,}68^\circ \times 3{,}9976}{0{,}0196 \times 2 \times 1{,}000} = -69{,}35^\circ.$$

Das Salz bildet derbe, schräg abgeschnittene Prismen oder auch flächenreichere Formen. Im Kapillarrohr rasch erhitzt sintert es ab 240° unter zunehmender Bräunung und schmilzt gegen 248° (korr.) unter Zersetzung. Es löst sich in etwa 20 Teilen siedendem Wasser, erheblich schwerer in kaltem Wasser und Methylalkohol.

Zur Umwandlung in die freie Säure wird das Chininsalz in der 50fachen Menge heißem Wasser gelöst, rasch auf etwa 10° abgekühlt, mit einem mäßigen Überschuß von Barytwasser das Chinin gefällt, abfiltriert und der geringe Rest des Chinins aus dem Filtrat durch zweimaliges Ausschütteln mit Chloroform entfernt. Aus der abermals filtrierten Flüssigkeit fällt man das Barium genau mit Schwefelsäure und verdampft die Mutterlauge unter geringem Druck und zuletzt im Vakuumexsikkator bis zur Trockne.

Der Rückstand ist zunächst eine amorphe glasige oder lockere schaumige Masse. Die Menge ist fast theoretisch. Löst man rasch in etwa der 7fachen Menge heißem Amylalkohol, so scheiden sich häufig schon beim Abkühlen, sonst bei längerem Stehen feine, vielfach büschelig verwachsene, biegsame Nadeln aus, die nach dem Absaugen und Trocknen rein sind. Ausbeute etwa 55% der Theorie. Beim Einengen der Mutterlauge im Vakuum entsteht eine zweite, erhebliche, aber nicht ganz so reine Kristallisation.

0,1259 g Subst. (bei 75° und 1 mm über Phosphorpentoxyd getrocknet): 0,2473 g CO_2, 0,0635 g H_2O.

$C_{14}H_{18}O_8$ (314,21). Ber. C 53,49, H 5,77.
Gef. „ 53,58, „ 5,64.

$$[\alpha]_D^{18} = \frac{+2{,}53^\circ \times 2{,}3161}{0{,}1132 \times 1 \times 1{,}0145} = +51{,}02^\circ \text{ (in Wasser).}$$

Ein anderes, 2 mal aus Amylalkohol unkristallisiertes Präparat gab

$$[\alpha]_D^{20} = \frac{+0{,}81^\circ \times 2{,}2726}{0{,}0366 \times 1 \times 1{,}0002} = +50{,}3^\circ \text{ (in Wasser).}$$

Da das amorphe Gemisch der d- und l-Verbindung ein Drehungsvermögen von etwa −58° hat, so kann man daraus schließen, daß die reine Glukosido-l-mandelsäure, die bisher unbekannt ist, sehr stark nach links drehen muß.

Die Glukosido-d-mandelsäure hat keinen scharfen Schmelzpunkt. Beim raschen Erhitzen im Kapillarrohr sintert sie von etwa 170° ab und schmilzt bei 175—177° (korr.) zu einer von Bläschen getrübten Flüssigkeit, die gegen 186° stark aufschäumt. Sie löst sich leicht in Wasser, Methylalkohol und warmem Alkohol, etwas schwerer in warmem Amylalkohol, Chinolin und Pyridin, schwer in Aceton, Essigäther, Benzol, Chloroform und Äther. Sie reagiert und schmeckt sauer. Beim kurzen Kochen reduziert sie die Fehlingsche Lösung nicht.

Von warmen Mineralsäuren wird sie mäßig rasch in Zucker und d-Mandelsäure gespalten. So betrug beim einstündigen Erhitzen mit der 20 fachen Menge $^n/_2$-Salzsäure die Menge des Zuckers nach dem Reduktionsvermögen berechnet etwa 60%. Zum Nachweis der d-Mandelsäure wurde eine andere Probe 3 Stunden mit der 5 fachen Menge gewöhnlicher verdünnter Schwefelsäure auf 90° erwärmt und dann die Mandelsäure mit Äther ausgeschüttelt. Die Menge betrug 90% der Theorie, und die Säure zeigte $[\alpha]_D^{20} = +151^\circ$, also nahezu das Drehungsvermögen der reinen d-Mandelsäure $[\alpha]_D^{20} = +157{,}6$ (in Wasser).

Glukosido-d-mandelsäure-methylester
$C_6H_{11}O_5 \cdot O \cdot CH \cdot (C_6H_5)COOCH_3$.

Eine auf 0° gekühlte Lösung von 1 g Glukosido-d-mandelsäure in 30 ccm trockenem Methylalkohol wird mit einer stark gekühlten Lösung von Diazomethan und trocknem Äther bis zur bleibenden schwachen Gelbfärbung versetzt, dann 15 Minuten bei Zimmertemperatur aufbewahrt und unter geringem Druck verdampft. Der amorphe Rückstand kristallisiert bei längerem Aufbewahren. Man kann ihn auch in wenig Chloroform lösen und mit Tetrachlorkohlenstoff bis zur Trübung versetzen. Wird dann geimpft und gut gekühlt, so erfolgt bald reichliche Kristallisation von farblosen Nadeln, die filtriert und mit einem Gemisch von Tetrachlorkohlenstoff und Chloroform gewaschen werden. Aus der Mutterlauge erhält man nach dem Eindunsten durch abermalige Kristallisation noch erhebliche Mengen. Gesamtausbeute an lufttrockener Substanz etwa 0,65 g oder 62% der Theorie.

0,1380 g Subst.: (20 Std. bei 56° und 13 mm über P_2O_5 getr.): verloren 0,0050 g H_2O, entsprechend 3,62%. 0,1612 g Subst. (mit 3,62% H_2O): 0,3115 g CO_2, 0,0911 g H_2O. 0,1329 g Subst. (getr.): 0,2690 g CO_2, 0,0720 g H_2O.

$C_{15}H_{20}O_8$ (328,24). Ber. C 54,86, H 6,14.
Gef. „ 54,68, 55,22, „ 6,14, 6,06.

$$[\alpha]_D^{19} = \frac{+0{,}65^\circ \times 2{,}0215}{0{,}0631 \times 0{,}5 \times 1{,}0106} = +41{,}2^\circ \text{ (in Wasser)}.$$

$$[\alpha]_D^{15} = \frac{+0{,}81^\circ \times 1{,}5510}{0{,}0607 \times 0{,}5 \times 1{,}0135} = +40{,}8^\circ \text{ (in Wasser)}.$$

Der Ester schmilzt nach vorherigem Sintern oft nicht sehr scharf bei 88—89°. Er löst sich leicht in Wasser mit neutraler Reaktion und reduziert Fehlingsche Lösung bei kurzem Kochen nicht. Es löst sich auch leicht in Alkohol, Essigäther, Chloroform und Pyridin, schwerer in Aceton und noch schwerer in Äther, Kohlenstofftetrachlorid und Benzol.

Um ihn als Derivat der d-Mandelsäure zu kennzeichnen, wurden 0,304 g mit 3 ccm 2 n-Schwefelsäure 4 Stunden verschlossen in einem Bad von 90° aufbewahrt. Die freie Mandelsäure wurde durch 3maliges Ausschütteln mit je 10 ccm Äther, Filtrieren und Eindunsten bei Zimmertemperatur in einer Ausbeute von 0,1007 g (etwa 70% der Theorie) kristallisiert erhalten. Sie schmolz nach geringem Sintern bei 133—134° (korr.) und erwies sich als d-Verbindung $[\alpha]_D^{15} = +154{,}7^\circ$ (in Wasser).

Von Emulsin wird der Ester leicht gespalten (vergl. Tabelle). Dabei entsteht d-Mandelsäure-methylester. Der Versuch wurde in 5%iger Lösung bei 35° und $p_H = 5$ mit Emulsin ($^1/_{10}$ vom Gewicht der Substanz) ausgeführt und dauerte 46 Stunden. Der d-Mandelsäure-methylester ließ sich leicht durch mehrmaliges Ausäthern isolieren und wurde in kristallisierter Form mit dem Schmelzpunkt 55—58° isoliert. Die Ausbeute betrug in einem Falle etwa 90%, bei einem anderen Versuche aber nur 46% der Menge, die der Quantität des entstandenen Zuckers entsprechen würde. Der Verlust war im zweiten Falle vielleicht durch eine teilweise Verseifung bei der langen Dauer des Versuches verursacht. Der Ester besaß in 5%iger acetonischer Lösung das Drehungsvermögen $[\alpha]_D^{17} + 130^\circ$, während für den reinen l-Mandelsäure-methylester $[\alpha]_D^{32^\circ} - 145{,}4^\circ$, allerdings ohne Anführung des Lösungsmittels angegeben ist[1]).

d-Amygdalinsäure.

Sie wird aus der gewöhnlichen Amygdalinsäure über das Cinchoninsalz gewonnen. Um letzteres herzustellen, löst man 6,5 g gewöhnliche

Amygdalinsäure (aus Amygdalin durch Kochen mit Bariumhydroxyd hergestellt) und 4 g gepulvertes Cinchonin in einem heißen Gemisch von Methyl- und Äthylalkohol. Verdampft man dann unter vermindertem Druck, so bleibt ein farbloser schaumiger Rückstand. Er wird in etwa 15 ccm kaltem Wasser gelöst, die trübe Flüssigkeit am besten durch ein Membranfilter filtriert und das klare farblose Filtrat auf dem Wasserbade zum Sirup eingedampft. Bei längerem Stehen tritt Kristallisation ein, die durch Impfen und Reiben sehr beschleunigt werden kann. Die Masse verwandelt sich dabei in einen Brei langer feiner Nadeln, der schließlich halbfest wird. Er wird zunächst mit etwa 5 ccm eiskaltem Wasser verrieben und scharf abgesaugt, dann mit wenig kaltem Alkohol in gleicher Weise behandelt. Ausbeute etwa 3,8 g. Zur völligen Reinigung wird in der doppelten Menge warmem Wasser gelöst und durch Kühlen auf 0° wieder kristallisiert.

Zur Analyse wurde bei 56° und 4 mm über Phosphorpentoxyd getrocknet.

0,1611 g Subst.: 0,3601 g CO_2, 0,0993 g H_2O. 0,1887 g Subst.: 6,25 ccm N (17°, 760 mm, 33 % KOH). 0,1397 g Subst. (anderes Präparat): 0,3112 g CO_2, 0,0842 g H_2O. 0,1470 g Subst.: 4,45 ccm N (15°, 771 mm, 33 % KOH).

$C_{39}H_{50}N_2O_{14}$ (770,62).	Ber. C 60,75,	H 6,54,	N 3,64.
	Gef. „ 60,77,	„ 6,74,	„ 3,60,
	60,98,	6,90,	3,85.

$$[\alpha]_D^{18} = \frac{+1,70^\circ \times 1,7922}{0,0377 \times 1 \times 1,001} = +80,7^\circ \text{ (in Wasser)}.$$

Nach weiterer zweimaliger Kristallisation aus der doppelten Menge lauwarmem Wasser betrug

$$[\alpha]_D^{13} = \frac{+2,71^\circ \times 1,5269}{0,0513 \times 1 \times 1,0116} = +79,7^\circ \text{ (in Wasser)}.$$

Im Kapillarrohr sintert das Salz von etwa 230° an, färbt sich braun und zersetzt sich gegen 240° (korr.) unter Aufschäumen. Es löst sich sehr leicht in warmem Wasser, auch noch recht leicht in warmem Methylalkohol. In kaltem Äthylalkohol ist es schon recht schwer löslich. Es reduziert die Fehlingsche Lösung nicht und wird durch Emulsin hydrolysiert.

0,0861 g Substanz, 0,012 g Emulsin, 3 ccm Wasser, 3 Tropfen Toluol 41 Stunden bei 38°. Nach Entfernung des Eiweißes durch Aufkochen mit Natriumacetat war das Reduktionsvermögen der Lösung so groß, daß es etwa 50% der theoretisch möglichen Menge an Traubenzucker entsprach.

Um das Salz als Derivat der d-Mandelsäure zu kennzeichnen, wurde es mit verdünnter Schwefelsäure in der Wärme hydrolysiert und

---

[1]) Guye und Aston, Compt. rend. **124**, 196 [1897].

die gebildete Mandelsäure ausgeäthert. Sie schmolz bei 130—131° (korr.) und zeigte $[\alpha]_D^{23} = + 135°$.

Zur Bereitung der freien d-Amygdalinsäure werden 5 g Cinchoninsalz in 50 ccm lauwarmem Wasser gelöst, nach dem Abkühlen auf 5° mit 35 ccm kaltem n/5-Barytwasser versetzt und vom gefällten Cinchonin rasch abgesaugt. Um Spuren von Cinchonin zu entfernen, wird das Filtrat mehrmals ausgeäthert, dann der Baryt genau mit Schwefelsäure ausgefällt und die filtrierte farblose Lösung unter vermindertem Druck verdampft. Die so erhaltene d-Amygdalinsäure bildet ein farbloses, nicht deutlich kristallinisches Pulver von saurem Geschmack, das aber lange nicht so hygroskopisch ist wie die gewöhnliche Amygdalinsäure.

0,1437 g Substanz (bei 13 mm, 56°, über P_2O_5 getrocknet), 0,2660 g CO_2, 0,0770 g H_2O.

$C_{20}H_{28}O_{13}$ (476,32). Ber. C 50,41, H 5,93.
Gef. „ 50,50, „ 6,00 (amorphe Substanz).

$$[\alpha]_D^{18} = \frac{+ 0,87° \times 2,4284}{0,1200 \times 1 \times 1,0194} = + 17,27° \text{ (in Wasser).}$$

Ein anderes Präparat

$$[\alpha]_D^{17} = \frac{+ 0,86° \times 2,3248}{0,1163 \times 1 \times 1,0198} = + 16,86° \text{ (in Wasser).}$$

Ein drittes Präparat gab $[\alpha]_D^{15} + 18,0°$.

Die Säure löst sich leicht in Wasser, Methyl- und Äthylalkohol und in warmem Amylalkohol, dagegen ziemlich schwer in Aceton und Essigäther.

Wie aus der früheren Tabelle ersichtlich ist, werden die Salze der Säuren bei richtiger Konzentration der Wasserstoffionen von Emulsin gespalten. Die Menge des erhaltenen Zuckers blieb immer unter 50% der berechneten Menge. Es ist deshalb wahrscheinlich, daß die d-Amygdalinsäure unter diesen Umständen die Hälfte ihres Traubenzuckers verliert und in Glukosido-d-mandelsäure übergeht. Isoliert wurde diese aber nicht.

Cellosido-glykolsäure. $C_{12}H_{21}O_{10} \cdot O \cdot CH_2 \cdot COOH$.

10 g fein gepulverter, reiner Heptacetylcellosidoglykolester[1]) werden mit 30 g gepulvertem, kristallisiertem Bariumhydroxyd und 500 ccm Wasser bis zur Lösung geschüttelt, was mehrere Stunden in Anspruch nimmt. Die Flüssigkeit bleibt dann noch $1^1/_2$—2 Tage bei gewöhnlicher Temperatur stehen. Da die genaue Ausfällung des Bariums mit Schwefelsäure aus einem unbekannten Grunde hier ungewöhnliche Schwierigkeiten bereitet, so ist es besser, die Cellosidoglykolsäure als Bleisalz zu

[1]) E. Fischer und G. Anger, Berichte d. D. Chem. Gesellsch. **52**, 864 [1919]. (*S. 101.*)

isolieren. Für den Zweck wird zunächst der allergrößte Teil des Bariums mit Schwefelsäure kalt gefällt, die filtrierte Lösung, die keine überschüssige Schwefelsäure enthalten darf, auf etwa 50 ccm unter geringem Druck eingeengt, dann stark ammoniakalisch gemacht und mit 50 ccm einer 10%igen Lösung von neutralem Bleiacetat gefällt. Der farblose amorphe Niederschlag wird abgesaugt, mit schwach ammoniakalischem Wasser gründlich gewaschen, um die Bariumsalze völlig zu entfernen, dann auf Ton getrocknet, gepulvert, in 100 ccm Wasser sorgfältig aufgeschlämmt und unter kräftigem Schütteln mit Schwefelwasserstoff zerlegt. Die von Bleisulfid abfiltrierte Lösung hinterläßt beim Verdampfen unter geringem Druck die Cellosidoglykolsäure als farblos schaumige Masse. Diese löst sich bis auf einen ganz geringen flockigen Rückstand in wenig trockenem Methylalkohol. Versetzt man die Lösung bis zur Trübung mit Essigester und läßt im Vakuumexsikkator verdunsten, so scheidet sich die Cellosidoglykolsäure in mikroskopischen, ziemlich kompakten, vielfach zu Aggregaten vereinigten Kristallen ab. Ausbeute etwa 3 g oder 55% der Theorie.

Zur Analyse wurde bei 78° und 12 mm über Phosphorpentoxyd getrocknet.

0,1443 g Substanz gaben 0,2216 g CO_2 und 0,0790 g H_2O.

$C_{14}H_{24}O_{13}$ (400,26). Ber.: C 41,99, H 6,04.
Gef.: „ 41,89 „ 6,12.

Das gleiche Präparat zeigte

$$[\alpha]_D^{20} = \frac{-2,74^\circ \times 1,4560}{1 \times 1,046 \times 0,1487} = -25,65^\circ \text{ (in Wasser).}$$

Bei einem anderen Präparat war

$$[\alpha]_D^{20} = \frac{-2,59^\circ \times 1,6201}{1 \times 1,044 \times 0,1601} = -25,12^\circ \text{ (in Wasser).}$$

Beim raschen Erhitzen im Capillarrohr zersetzt sich die Säure nach vorherigem Sintern gegen 195°. Sie löst sich leicht in Wasser, dagegen ist sie, wenn einmal kristallisiert, im Gegensatz zur amorphen Form auch in warmem Methylalkohol ziemlich schwer löslich. In den übrigen indifferenten gebräuchlichen organischen Solventien ist sie sehr wenig oder gar nicht löslich. Sie reduziert die Fehlingsche Lösung auch bei längerem Erwärmen nicht.

Bei der Mehrzahl dieser Versuche habe ich mich der wertvollen Hilfe des Herrn Dr. Hartmut Noth erfreut.

Zum Schluß bin ich auch von Fräulein Dr. Anger unterstützt worden. Ich sage beiden dafür meinen herzlichen Dank.

Sachregister.

Bei Fachausdrücken mit wechselnder Schreibweise im Text ist für die Registrierung die zuletzt gebrauchte Schreibweise gewählt. Demgemäß ist zu suchen Tetraacetat unter Tetracetat, Monoacetat unter Monacetat usw. Glukose und Glukosid sind grundsätzlich unter Glucose usw. registriert.